"十四五"国家重点出版物出版规划项目

城市安全出版工程·城市基础设施生命线安全工程丛书

名誉总主编　范维澄
总　主　编　袁宏永

城市燃气安全工程

中国市政工程华北设计研究总院有限公司　组织编写
高文学　主　编

URBAN GAS SAFETY
ENGINEERING

中国建筑工业出版社

图书在版编目（CIP）数据

城市燃气安全工程 = URBAN GAS SAFETY
ENGINEERING / 中国市政工程华北设计研究总院有限公司
组织编写；高文学主编 . -- 北京：中国建筑工业出版
社，2024.12. --（城市基础设施生命线安全工程丛书 /
范维澄，袁宏永主编）. -- ISBN 978-7-112-30526-1

Ⅰ . TU996.9

中国国家版本馆 CIP 数据核字第 2024YM4178 号

本书包括 15 章，分别是：城市燃气安全工程概述、城市燃气质量与输配设施、燃气泄漏与扩散、城市燃气设施风险辨识与评估方法、城市燃气设施安全风险因素与指标、城市燃气风险管控、燃气系统物联网与智能感知技术、城市燃气泄漏监测检测、城市燃气设施检验检测、城市燃气管网运行模拟与安全防控系统、城市燃气生命线安全运行技术平台、城市燃气系统安全运行、城市燃气突发事件应急处置、城市燃气安全应急保障体系、城市燃气安全法规与制度。本书系统地梳理和全面总结了城市燃气安全领域的最新研究成果和实践经验，充分展现了我国在城市燃气基础设施建设、运营、管理过程中安全保障的最新技术和创新成果，突出技术的科学性、实用性、可靠性和经济性。

本书可供地方政府尤其是住房和城乡建设领域、安全领域的行政主管部门、科研机构使用，也可供城市燃气经营企业、高等院校和相关科研技术人员、燃气专业学者使用，还可供城市公共安全管理者、城市燃气规划人员、行业管理者、建设人员、操作人员使用。

丛书总策划：范业庶
责任编辑：胡明安　杜　洁　胡欣蕊
责任校对：赵　力

城市安全出版工程·城市基础设施生命线安全工程丛书
名誉总主编　范维澄
总　主　编　袁宏永

城市燃气安全工程
URBAN GAS SAFETY ENGINEERING

中国市政工程华北设计研究总院有限公司　组织编写
高文学　主　编
*
中国建筑工业出版社出版、发行（北京海淀三里河路9号）
各 地 新 华 书 店 、 建 筑 书 店 经 销
北京海视强森图文设计有限公司制版
北京中科印刷有限公司印刷
*
开本：787毫米×1092毫米　1/16　印张：37　字数：780千字
2024 年 12 月第一版　2024 年 12 月第一次印刷
定价：**128.00元**
ISBN 978-7-112-30526-1
　　（43159）

城市安全出版工程·城市基础设施生命线安全工程丛书
编委会

名誉总主编：范维澄

总　主　编：袁宏永

副总主编：付　明　陈建国　章林伟　刘锁祥　张荣兵　高文学　王　启　赵泽生　牛小化
　　　　　　李　舒　王静峰　吴建松　刘胜春　丁德云　高昆仑　于　振

编　　　委：韩心星　汪正兴　侯龙飞　徐锦华　贾庆红　蒋　勇　屈　辉　高　伟　谭羽非
　　　　　　马长城　林建芬　王与娟　王　芃　牛　宇　赵作周　周　宇　甘露一　李跃飞
　　　　　　油新华　周　睿　汪亦显　柳　献　马　剑　冯　杰　罗　娜

组织单位：清华大学安全科学学院
　　　　　中国建筑工业出版社

编写单位：清华大学合肥公共安全研究院
　　　　　中国城镇供水排水协会
　　　　　北京市自来水集团有限责任公司
　　　　　北京城市排水集团有限责任公司
　　　　　中国市政工程华北设计研究总院有限公司
　　　　　中国土木工程学会燃气分会
　　　　　金卡智能集团股份有限公司
　　　　　中国城镇供热协会
　　　　　北京市热力工程设计有限责任公司
　　　　　合肥工业大学
　　　　　中国矿业大学（北京）
　　　　　北京交通大学
　　　　　北京九州一轨环境科技股份有限公司
　　　　　中国电力科学研究院有限公司

参 编 单 位（排名不分先后）：

清华大学

哈尔滨工业大学

重庆大学

中国石油大学（北京）

东北林业大学

北京建筑大学

天津城建大学

中国特种设备检测研究院

中国科学院空天信息创新研究院

北京市燃气集团有限责任公司

深圳市燃气集团股份有限公司

上海燃气有限公司

津燃华润燃气有限公司

山东港华燃气集团有限公司

河北中石油昆仑天然气有限公司

杭州市燃气集团有限公司

金卡智能集团股份有限公司

济南市公明新技术开发有限公司

天津市华迈燃气装备股份有限公司

成都千嘉科技股份有限公司

杭州星曜航天科技有限公司

我们特别欣喜地看到由袁宏永教授领衔，中国建筑工业出版社和清华大学合肥公共安全研究院共同组织，国内住房和城乡建设领域、公共安全领域的相关专家、学者共同编写的"城市安全出版工程·城市基础设施生命线安全工程丛书"正式出版。丛书全面梳理和阐述了城市生命线安全工程的理论框架和技术体系，系统总结了我国城市基础设施生命线安全工程的实践应用。这是一件非常有意义的工作，可谓恰逢其时。

城市发展要把安全放在第一位，城市生命线安全是国家公共安全的重要基石。城市生命线安全工程是保障城市燃气、供水、排水、供热、桥梁、综合管廊、轨道交通、电力等城市基础设施安全运行的重大民生工程。我国城市生命线设施规模世界第一，城市生命线设施长期高密度建设、高负荷运行，各类地下管网长度超过 550 万 km。城市生命线设施在地上地下互相重叠交错，形成了复杂巨系统并在加速老化，已经进入事故集中爆发期。近 10 年来，城市生命线发生事故两万多起，伤亡超万人，每年造成 450 多万居民用户停电，造成重大人员伤亡和财产损失。全面提升城市生命线的保供、保畅、保安全能力，是实现高质量发展的必由之路，是顺应新时代发展的必然要求。

国内有一批长期致力于城市生命线安全工程科学研究和应用实践的学者和行业专家，他们面向我国城市生命线安全工程建设的重大需求，深入推进相关研究和实践探索，取得了一系列基础理论和技术装备创新成果，并成功应用于全国 70 多个城市的生命线安全工程建设中，创造了显著的社会效益和经济效益。例如，清华大学合肥公共安全研究院在国家部委和地方政府大力支持下，开展产学研用联合攻关，探索出一条以场景应用为依托、以智慧防控为导向、以创新驱动为内核、以市场运作为抓手的城市生命线工程安全发展新模式，大幅提升了城市安全综合保障能力。

丛书坚持问题导向，结合新一代信息技术，构建了城市生命线风险

"识别—评估—监测—预警—联动"的全链条防控技术体系，对各个领域的典型应用实践案例进行了系统总结和分析，充分展现了我国城市生命线安全工程在风险评估、工程设计、项目建设、运营维护等方面的系统性研究和规模化应用情况。

丛书坚持理论与实践相结合，结构比较完整，内容比较翔实，应用覆盖面广。丛书编者中既有从事基础研究的学者，也有从事技术攻关的专家，从而保证了内容的前沿性和实用性，对于城市管理者、研究人员、行业专家、高校师生和相关领域从业人员系统了解学习城市生命线安全工程相关知识有重要参考价值。

目前，城市生命线安全工程的相关研究和工程建设正在加快推进。期待丛书的出版能带动更多的研究和应用成果的涌现，助力城市生命线安全工程在更多的城市安全运行中发挥"保护伞""护城河"的作用，有力推动住建行业与公共安全学科的进一步融合，为我国城市安全发展提供理论指导和技术支撑作用。

中国工程院院士、清华大学公共安全研究院院长

2024 年 7 月

党和国家高度重视城市安全，强调要统筹发展和安全，把人民群众生命安全和身体健康作为城市发展的基础目标，把安全工作落实到城市工作和城市发展的各个环节、各个领域。城市供水、排水、燃气、热力、桥梁、综合管廊、轨道交通、电力等是维系城市正常运行、满足人民群众生产生活需要的重要基础设施，是城市的生命线，而城市生命线是城市运行和发展的命脉。近年来，我国城市化水平不断提升，城市规模持续扩大，城镇化加快导致城市功能结构日趋复杂，安全风险不断增大，燃气爆炸、桥梁垮塌、路面塌陷、城市内涝、大面积停水停电停气等城市生命线事故频发，造成严重的人员伤亡、经济损失及恶劣的社会影响。

城市生命线工程是人民群众生活的生命线，是各级领导干部的政治生命线，迫切要求采取有力措施，加快城市基础设施生命线安全工程建设，以公共安全、科技为核心，以现代信息、传感等技术为手段，搭建城市生命线安全监测网，建立监测运营体系，形成常态化监测、动态化预警、精准化溯源、协同化处置等核心能力，支撑宜居、安全、韧性城市建设，推动公共安全治理模式向事前预防转型。

2015年以来，清华大学合肥公共安全研究院联合国内优势单位，针对影响城市生命线安全的系统性风险，开展基础理论研究、关键技术突破、智能装备研发、工程系统建设以及管理模式创新，攻克了一系列城市风险防控预警技术难关，形成了城市生命线安全工程运行监测系统和标准规范体系，在守护城市安全方面蹚出了一条新路，得到了国务院的充分肯定。2023年5月，住房和城乡建设部在安徽合肥召开推进城市基础设施生命线安全工程现场会，部署在全国全面启动城市生命线安全工程建设，提升城市安全综合保障能力、维护人民群众生命财产安全。

为认真贯彻国家关于推进城市安全发展的精神，落实住房和城乡建设部关于城市基础设施生命线安全工程建设的工作部署，中国建筑出版传媒有限公司对住房和城乡建设部的相关司局、城市建设领域的相关协会以及公共安全领域的重点科研院校进行了多次走访和调研，经过深入地沟通和交流，确定与清华大学合肥公共安全研究院共同组织编写"城市安全出版工程·城市基础设施生命线安全工程丛书"。通过全面总结全国城市生命线安全领域的现状和挑战，坚持目标驱动、需求导向，系统梳理和提炼最新研究成果和实践经验，充分展现我国在城市生命线安全工程建设、运行和保障方面的最新科技创新和应用实践成果，力求为城市生命线安全工程建设和运行保障提供理论支撑和技术保障。

"城市安全出版工程·城市基础设施生命线安全工程丛书"共 9 册。其中，第 1 分册《城市生命线安全工程》在整套丛书中起到提纲挈领的作用，介绍城市生命线安全运行现状、风险评估方法、综合监测理论、预警技术方法、应用系统平台、监测运营体系、案例应用实践和标准规范体系等。其他 8 个分册分别围绕供水安全、排水安全、燃气安全、供热安全、桥梁安全、综合管廊安全、轨道交通安全、电力设施安全，介绍这些领域的行业发展现状、风险识别评估、风险防范控制、安全监测监控、安全预测预警、应急处置保障、工程典型案例和现行标准规范等。各分册相互呼应，配套应用。

"城市安全出版工程·城市基础设施生命线安全工程丛书"的编委和作者有来自清华大学、清华大学合肥公共安全研究院、北京交通大学、中国矿业大学（北京）等著名高校和科研院所的知名教授，有中国市政工程华北设计研究总院、国网智能电网研究院等企业的知名专家，也有中国城镇供水排水协会、中国城镇供热协会等行业专家。通过多轮的研讨碰撞和互相交流，经过诸位作者的辛勤耕耘，丛书得以顺利出版，问世于众。本套丛书可供地方政府尤其是住房和城乡建设领域、公共安全领域的主管部门使用，也可供行业企业、科研机构和高等院校使用。

衷心感谢住房和城乡建设部的大力指导和支持，衷心感谢各位编委、各位作者和各位编辑的辛勤付出，衷心感谢来自全国各地城市基础设施生命线安全工程的科研工作者、政府行业主管部门的科学研究和应用实践，共同为全国城市生命线安全工程发展贡献力量。

随着全球气候变化、工业化与城镇化持续加速，城市面临的极端灾害发生频度、破坏强度、影响范围和级联效应等超预期、超认知、超承载。城市生命线安全工程的科技发展和实践应用任重道远，需要不断深化加强系统性、联锁性、复杂性风险研究。希望"城市安全出版工程·城市基础设施生命线安全工程丛书"能够起到抛砖引玉作用，欢迎大家批评指正。

安全是人类生存与发展永恒的主题，是最重要和最基本的需求，也是当今和未来人类社会重点关注的焦点问题之一。应通过管理和技术手段相结合，进行安全管理，消除事故隐患；控制事故是安全管理工作的核心，其最佳方式就是实施事故预防，这也是"安全第一，预防为主"的本质所在。工业生产中传统的安全技术工作已有160余年的历史。在我国燃气安全管理工作虽起步较晚，但发展潜力很大。

随着陕气进京、西气东输、川气东送、海气登陆等大型工程的实施，拉开了我国天然气大规模应用的序幕，近年来我国城镇燃气应用规模增长迅猛。燃气作为低碳、清洁、灵活的化石能源，在我国能源转型进程中，是承接高碳燃料有序退出的补位能源和支撑可再生能源大规模开发利用的"稳定器"。未来中国燃气快速发展的基本面没有变，燃气消费持续增长的客观条件依然存在；目前我国面临城市燃气管网老化、腐蚀严重、燃气事故频发等问题，燃气安全形势严峻。2021年"6·13"和2023年"6·21"等燃气爆炸事故发生后，党和国家领导人多次作出重要批示指示，强调要"全面排查各类安全隐患，防范重大突发事件发生""牢固树立安全发展理念，坚持人民至上、生命至上"。

在燃气安全的大背景下，亟须深入了解燃气设施及系统的安全性能，发现潜在安全隐患和问题，并采取有效措施进行预防和解决，以确保燃气系统安全运行，避免事故发生；不断引入新的技术和方法，探索更加安全、高效的燃气输配与利用方式，以推动技术进步和创新，提升燃气行业整体水平；同时完善燃气安全标准与法规制度，规范燃气系统的设计、施工、运行、维护等方面的安全要求，保障公共安全和社会稳定。

本书凝练和概括了燃气安全领域的最新研究成果和实践经验，不仅是对既往研究成果和实践经验的系统梳理和总结，更是对未来燃气安全领域发展的前瞻和指引。书中不仅关注技术的科学性、实用性和可靠性，还致力于突出重点节点场景，对诸如燃气泄漏与扩散、管网运行模拟与安全管控等焦点内容浓墨重彩、阐释解析，旨在将近些年最新、最前沿的行业技术成果反馈呈现给读者；以上工作和努力，为燃气安全工程提供了科学参考、宝贵案例和技术实践，进一步丰富了本书的内容和实用性，有助于推动我国城市燃气安全领域的整体发展和进步。

燃气安全工程建设是打造安全、宜居、智慧、韧性城市的重要手段。相信《城市燃气安全工程》一书的出版，将为维护城市燃气行业安全发展，保障人民群众生命财产安全，推动经济社会持续健康发展作出积极贡献。

"十四五"和未来的较长一段时间，将是我国城镇燃气稳定发展的重要时期和阶段，祝城镇燃气事业在新时代取得更大发展，燃气工程专业得到更好更快地发展。

李献青

中国工程院院士

全国工程勘察设计大师

2024 年 5 月 22 日于天津

　　城市燃气、供水、排水、热力等是维系城市正常运行、满足人民群众生产生活需要的重要基础设施，是城市的生命线，而城市生命线是城市运行和发展的命脉。宁夏银川"6·21"特别重大燃气爆炸事故、河北燕郊"3·13"燃气爆燃事故等的发生，给人们敲响了安全的警钟，如何完善城市燃气安全管理体系，推动城市燃气基础设施安全治理模式向事前预防转型，这是全社会需要思考和重视的问题。城市燃气安全工程是建设宜居、安全、韧性城市的有力抓手。

　　本书由中国市政工程华北设计研究总院有限公司牵头负责，联合清华大学、哈尔滨工业大学、重庆大学、中国石油大学（北京）、东北林业大学、北京建筑大学、天津城建大学、中国特种设备检测研究院、中国科学院空天信息创新研究院、北京市燃气集团有限责任公司、深圳市燃气集团股份有限公司、上海燃气有限公司、津燃华润燃气有限公司、山东港华燃气集团有限公司、河北中石油昆仑天然气有限公司、杭州市燃气集团有限公司、金卡智能集团股份有限公司、济南市公明新技术开发有限公司、天津市华迈燃气装备股份有限公司、成都千嘉科技股份有限公司、杭州星曜航天科技有限公司22家高等院校、科研院所和行业企业等单位，共计67位编写人员、多位专家组成编写团队。

　　本书从体系框架上分为4个板块：理论与方法、技术与系统、运行与应急、制度与保障；从城市燃气安全防控和风险处置的全链条出发，进行基于事前、事中、事后的全流程管控。本书从内容结构上分为15章，涵盖了城市燃气安全工程概述、城市燃气质量与输配设施、燃气泄漏与扩散、城市燃气设施风险辨识与评估方法、城市燃气设施安全风险因素与指标、城市燃气风险管控、燃气系统物联网与智能感知技术、城市燃气泄漏监测检测、城市燃气设施检验检测、城市燃气管网运行模拟与安全防控系统、城市燃气生命线安全运行技术平台、城市燃气系统安全运行、城市燃气突发事件应急处置、城市燃气安全应急保障体系、城市燃气安全法规与制度。本书系统梳理和全面总结了城市燃气安全领域的最新研究成果和实践经验，充分展现我国在城市燃气基础设施建设、运营、管理过程中安全保障的最新技术和创新成果，突出技术的科学性、实用性、可靠性和经济性，为相关应用场景提供技术、设备、工艺、方法等的选型或者案例分析，体现其技术使用的可参考性和可复制性，并结合北京、深圳、合肥等试点城市在城市燃气安全工程领域的先进示范经验，为我国城市公共安全提供理论支撑、方法指导和技术保障。

本书得到中国土木工程学会燃气分会、中国城市燃气协会、中国市政工程华北设计研究总院有限公司、国家燃气用具质量检验检测中心的大力支持，同时，金卡智能集团股份有限公司、济南市公明新技术开发有限公司、成都千嘉科技股份有限公司、杭州星曜航天科技有限公司、天津市华迈燃气装备有限公司等单位也提供了实际技术实践和宝贵的运行经验，进一步丰富和完善了本书的内容，使本书成为一部重视理论、关注实践、注重实效的工具书。

本书由中国市政工程华北设计研究总院有限公司高文学任主编，清华大学袁宏永、哈尔滨工业大学谭羽非、北京建筑大学詹淑慧任副主编。第1章由严荣松、王启、杨明畅编写，第2章由王艳、户英杰、杨克、董先聚编写，第3章由王雪梅、谭羽非、毕秀新编写，第4章由黄小美、邓渤凡、李言编写，第5章由王俊强、张贵元、刘哲、徐卫编写，第6章由董绍华、于晓鹏、包毅红、胡珍莉编写，第7章由林建芬、张承、万向伟、郑水云、丛培雪编写，第8章由貊泽强、胡芸华、王玉林、刘洋、郑越、胡瑞颖编写，第9章由闻亚星、陈金忠、李长春、邵卫林编写，第10章由刘建辉、单克、沈威、张浩编写，第11章由侯龙飞、陈建国、李润婉、端木维可编写，第12章由韩金丽、马长城、陈江、吴庆益、吕淼、陈寿安编写，第13章由詹淑慧、徐鹏、钊田、唐绍刚、高晨翔、张华武编写，第14章由玉建军、孙博、葛欣军、孙春艳编写，第15章由杨林、苗庆伟、冯颖、张庆伟、赵宁编写。在此表示诚挚的谢意。

编者还要特别向本书参考文献的所有作者，向广大读者及所有给予帮助的朋友们表示深深的敬意。

由于编者知识、能力、阅历的局限性，且编写时间仓促，不妥之处在所难免，恳请各位同行、同事和朋友们以及广大读者提出宝贵的意见和建议。

编　者

目录

第1章　城市燃气安全工程概述

1.1　城市燃气发展现状 —————————————————————— 2

    1.1.1　我国气源现状 2

    1.1.2　城市燃气设施发展现状 3

    1.1.3　城市燃气安全现状 5

1.2　城市燃气安全及发展 —————————————————————— 6

    1.2.1　城市燃气安全工程范畴 6

    1.2.2　城市燃气安全发展进程 7

    1.2.3　城市燃气安全管理目标及要求 9

1.3　城市燃气安全工程技术和实践 ———————————————— 10

    1.3.1　城市燃气安全工程技术内涵 10

    1.3.2　城市燃气安全工程组成 11

    1.3.3　燃气安全工程新技术、新动向介绍 13

    1.3.4　城市燃气安全工程研究及应用 13

本章参考文献 —————————————————————————— 16

第2章　城市燃气质量与输配设施

2.1　城市燃气基本性质 —————————————————————— 18

    2.1.1　燃气物理化学性质 18

    2.1.2　燃气热力与燃烧特性 20

2.2　城市燃气质量要求 —————————————————————— 21

    2.2.1　城镇燃气质量指标 21

    2.2.2　城镇燃气的加臭 22

2.3　城市燃气设施构成 —————————————————————— 24

    2.3.1　市政燃气设施 24

    2.3.2　用户燃气设施 30

本章参考文献 —————————————————————————— 33

第3章 燃气泄漏与扩散

3.1 燃气管道的泄漏与扩散 —————————————— 35

3.1.1 燃气管道的泄漏   35

3.1.2 燃气扩散形式   39

3.1.3 燃气向无限大空间泄漏扩散模型   42

3.1.4 燃气沿有限空间泄漏扩散模型   43

3.2 燃气沿无限大空间泄漏扩散的模拟研究 —————— 49

3.2.1 模型建立与求解   49

3.2.2 模拟结果分析   53

3.2.3 影响因素分析   55

3.3 燃气沿有限空间扩散的数值模拟研究 —————————— 61

3.3.1 泄漏燃气沿排水管道扩散的数值模拟   61

3.3.2 综合管廊内燃气泄漏扩散的数值模拟   75

本章参考文献 —————————————————————— 92

第4章 城市燃气设施风险辨识与评估方法

4.1 风险评估概述 ———————————————————— 94

4.1.1 风险相关概念   94

4.1.2 燃气设施风险评估体系构建   96

4.2 风险识别 —————————————————————— 98

4.2.1 安全检查表法   99

4.2.2 危险与可操作分析   100

4.2.3 失效模式与影响分析   101

4.3 风险评估 ————————————————————— 103

4.3.1 定性风险评估方法   103

4.3.2　半定量风险评估方法　　　　105

4.3.3　定量风险评估方法　　　　108

4.3.4　风险可接受性评估　　　　118

4.3.5　燃气设施失效后果评估　　　　119

本章参考文献 —————————————— **135**

第 5 章　城市燃气设施安全风险因素与指标

5.1　燃气设施风险因素分类及相互作用 —————— **137**

5.1.1　设备风险因素　　　　137

5.1.2　外部环境风险因素　　　　148

5.1.3　工艺过程风险因素　　　　151

5.1.4　其他风险因素　　　　153

5.2　燃气设施风险因素辨识 ——————————— **153**

5.2.1　风险因素识别原则　　　　153

5.2.2　风险因素识别与分析流程　　　　154

5.3　燃气设施风险指标体系及权重 —————— **157**

5.3.1　失效可能性指标体系　　　　157

5.3.2　失效后果指标体系　　　　162

5.3.3　风险单元划分　　　　163

5.3.4　风险计算　　　　164

5.4　燃气设施失效事件分类及事故分级 ———— **165**

5.4.1　燃气设施失效事件分类　　　　165

5.4.2　燃气事故后果分级　　　　168

5.5　燃气管道风险评估案例 ——————————— **171**

本章参考文献 —————————————— **177**

第 6 章　城市燃气风险管控

6.1　事故预防理论及策略 —————————————————— 179
6.1.1　城市燃气安全事故原因分析　179
6.1.2　城市燃气事故预防理论　179
6.1.3　城市燃气事故预防策略　181

6.2　网格化风险管控方法 —————————————————— 182
6.2.1　网格化概念　183
6.2.2　网格化风险评估　183
6.2.3　网格化管控措施　186

6.3　城市燃气安全管理 ——————————————————— 187
6.3.1　安全管理中存在的问题　187
6.3.2　城市燃气安全管理对策建议　189
6.3.3　城市燃气管道完整性管理　190

本章参考文献 ————————————————————————— 198

第 7 章　燃气系统物联网与智能感知技术

7.1　物联网与智能感知技术概述 ——————————————— 200
7.1.1　物联网与智能感知概念　200
7.1.2　物联网与智能感知技术在城市燃气行业的发展应用　202

7.2　物联网系统 —————————————————————— 204
7.2.1　感知设备信息采集　204
7.2.2　设备运行监控　205
7.2.3　数据分析与应用　207
7.2.4　信息安全　208

7.3　通信技术 ——————————————————————— 210

7.4　智能终端 ——————————————————————— 210

7.4.1　芯片 210

7.4.2　无线通信模组 211

7.4.3　感知设备 212

7.5　信息融合技术 ——————————————————— 216

7.6　物联网与智能感知技术应用场景 ———————————— 217

7.6.1　厂站巡视过程应用 217

7.6.2　调压厂站设备技术应用 218

7.6.3　管线运维中的应用 221

7.6.4　厨房中的安全应用 222

7.6.5　工商业用户场所安全管理应用 226

7.6.6　液化石油气钢瓶智能感知技术应用 226

7.6.7　燃气设备接入物联网开放平台安全应用 227

7.6.8　信息融合技术在城市燃气行业的应用 229

本章参考文献 —————————————————————— 232

第8章　城市燃气泄漏监测检测

8.1　地下燃气管网泄漏监测技术 ——————————————— 234

8.1.1　技术原理 234

8.1.2　技术现状与发展趋势 240

8.2　地上燃气设施泄漏监测技术 ——————————————— 241

8.2.1　技术原理 242

8.2.2　技术现状与发展趋势 246

8.2.3　地上燃气设施泄漏风险防控技术 248

8.2.4　居民住宅与公共场所燃气泄漏预警应用 249

8.3　便携式燃气泄漏巡检技术 ———————————————— 250

8.3.1　便携式燃气泄漏巡检技术装置 251

8.3.2　便携式燃气泄漏巡检技术现状与发展趋势 252

8.4　车载燃气泄漏巡检技术 —————————— **253**

　　8.4.1　车载巡检技术原理　254

　　8.4.2　车载巡检技术现状与发展趋势　259

　　8.4.3　车载巡检技术风险预警应用　260

8.5　其他燃气泄漏检测技术 —————————— **260**

　　8.5.1　气体示踪检测技术　261

　　8.5.2　无人机泄漏检测技术　261

　　8.5.3　卫星甲烷泄漏探测技术　262

本章参考文献 —————————— **264**

第 9 章　城市燃气设施检验检测

9.1　金属管道内检测 —————————— **267**

　　9.1.1　漏磁内检测技术　267

　　9.1.2　涡流内检测技术　269

　　9.1.3　超声内检测技术　270

　　9.1.4　管道变形内检测技术　272

　　9.1.5　其他内检测技术　273

　　9.1.6　内检测技术对比　274

　　9.1.7　小结　275

9.2　金属管道外检测 —————————— **275**

　　9.2.1　内腐蚀直接检测　275

　　9.2.2　外腐蚀直接检测　278

　　9.2.3　穿、跨越段检验　281

　　9.2.4　其他位置无损检测　281

　　9.2.5　理化检验　283

　　9.2.6　小结　288

9.3　非金属管道外检测 —————————— **288**

9.3.1 宏观检验 288

9.3.2 非金属管道检测 290

9.3.3 焊接接头检测 290

9.3.4 小结 295

9.4 压力容器检测技术 **295**

9.4.1 常规无损检测技术 295

9.4.2 超声相控阵检测技术 300

9.4.3 声发射检测技术 303

9.4.4 X射线数字成像检测技术 304

9.4.5 衍射时差法超声检测技术 307

9.4.6 阵列涡流检测技术 309

9.4.7 无损检测方法对比 311

9.4.8 小结 312

本章参考文献 **312**

第10章 城市燃气管网运行模拟与安全防控系统

10.1 城市燃气负荷预测技术 **317**

10.1.1 燃气负荷预测技术概况 317

10.1.2 影响燃气负荷量的客观因素分析 319

10.1.3 燃气负荷量预测方法适用范围对比 322

10.1.4 燃气负荷预测应用场景分析 324

10.1.5 某南方城市天然气日消耗量预测案例分析 325

10.1.6 某北方城市天然气年消耗量预测案例分析 327

10.2 城市燃气管网工况模拟系统 **330**

10.2.1 工况模拟技术概况 330

10.2.2 工况模拟系统建设 333

10.2.3 工况模拟实践 334

10.3 城市燃气管网完整性管理系统 ———————— **337**

    10.3.1 城市燃气管道完整性管理关键技术   337

    10.3.2 系统功能模块   337

10.4 智慧燃气安全管控平台 ———————— **345**

    10.4.1 智慧燃气安全管控平台体系架构   345

    10.4.2 智慧燃气安全管控平台数据底座   346

    10.4.3 智慧燃气应用场景   349

10.5 本章小结 ———————— **352**

本章参考文献 ———————— **353**

第 11 章 城市燃气生命线安全运行技术平台

11.1 城市燃气生命线安全运行技术平台研发 ———————— **357**

    11.1.1 城市燃气生命线安全运行技术平台需求分析   358

    11.1.2 城市燃气生命线安全运行技术平台架构设计   359

    11.1.3 城市燃气生命线安全运行技术平台核心功能   361

11.2 城市燃气生命线前端感知网络构建 ———————— **361**

    11.2.1 复杂地下环境内可燃气体前端监测设备选取   362

    11.2.2 燃气管线相邻地下空间点位优化布设功能   363

11.3 城市燃气生命线数据服务系统 ———————— **365**

11.4 城市燃气生命线风险隐患管理系统 ———————— **366**

    11.4.1 燃气生命线耦合隐患管理子系统   366

    11.4.2 燃气生命线地下管线耦合风险评估子系统   366

    11.4.3 燃气生命线燃气管线综合风险评估子系统   367

11.5 城市燃气生命线相邻地下空间动态监测报警系统 ———————— **368**

    11.5.1 燃气管网相邻地下空间动态监测报警功能   368

    11.5.2 燃气管网相邻地下空间报警燃气沼气辨识功能   369

11.6 城市燃气生命线泄漏研判分析系统 ———————— **369**

11.6.1 燃气管线泄漏溯源功能 369

11.6.2 燃气管网泄漏扩散功能 371

11.6.3 燃气管线相邻地下空间爆炸分析功能 371

11.7 城市燃气生命线安全运行技术平台运行机制 ——— **372**

11.7.1 燃气生命线安全运行技术平台运行框架 372

11.7.2 燃气生命线安全运行技术平台运行服务模式 373

11.7.3 监测预警与联动处置机制 374

11.8 燃气生命线安全运行技术平台监测典型案例 ——— **375**

本章参考文献 ——— **377**

第 12 章　城市燃气系统安全运行

12.1 燃气安全运行管理 ——— **380**

12.1.1 燃气输配系统安全运行范围 380

12.1.2 风险隐患管理 381

12.1.3 生产作业 389

12.1.4 泄漏管理 391

12.1.5 设施维修安全措施 396

12.1.6 燃气安全联防联控 397

12.1.7 监督与持续改进 398

12.2 巡检运行 ——— **399**

12.2.1 基本概念 400

12.2.2 燃气管线巡检 400

12.2.3 调压站（箱）巡检 407

12.2.4 调压站巡检 409

12.2.5 阀门、阀室巡检 411

12.2.6 关键附属设施等巡检 412

12.2.7 管线及附属设施巡检示例 413

12.2.8 户内巡检 416

12.3 维护维修 **418**

12.3.1 调压设施运行维护 421

12.3.2 门站设施运行维护 426

12.3.3 防腐管理 428

12.3.4 第三方破坏 442

12.3.5 燃气管道更新 446

12.4 液化石油气安全运行要点 **453**

12.4.1 液化石油气安全运行 453

12.4.2 液化石油气安全检查 454

12.4.3 液化石油气瓶装供应站运行 455

12.4.4 液化石油气运输安全 455

12.5 人工煤气安全运行要点 **456**

12.5.1 煤气安全制度 456

12.5.2 煤气设备与管道附属设施安全要求 457

12.6 小结 **460**

本章参考文献 **461**

第 13 章 城市燃气突发事件应急处置

13.1 燃气突发事件应急处置任务及基本流程 **463**

13.1.1 事故应急管理各阶段任务 463

13.1.2 应急处置政策要求与优先原则 465

13.1.3 应急响应任务 466

13.1.4 应急响应基本流程 467

13.1.5 突发事件的分级标准 469

13.1.6 应急响应级别及触发条件 472

13.1.7 应急处置现场区域划分及要求 474

13.1.8　燃气突发事件协同处置　　　476

13.2　应急抢修处置技术 ——————————— 478

13.2.1　泄漏点定位与泄漏抢修　　　479

13.2.2　紧急切断　　　485

13.2.3　带压封堵　　　488

13.2.4　带气作业　　　491

13.2.5　异形套筒与智慧套筒修复技术　　　494

13.2.6　恢复供气　　　497

13.3　应急供气技术装置 ——————————— 500

13.3.1　应急供气的发展历程　　　500

13.3.2　应急供气技术装置分类　　　501

13.3.3　天然气应急供气装置　　　501

13.3.4　液化石油气（LPG）应急供气装置　　　506

13.3.5　人工煤气应急供气装置　　　506

13.4　本章小结 ——————————————— 507

本章参考文献 ——————————————— 507

第14章　城市燃气安全应急保障体系

14.1　城市燃气事故紧急状况的特征和应急保障体系的建立 —— 510

14.1.1　燃气泄漏状态下的主要特征　　　510

14.1.2　燃气爆燃状态的主要特征　　　511

14.1.3　一氧化碳中毒　　　511

14.1.4　燃气供应不足或中断　　　512

14.1.5　燃气紧急状况下的应急处置与保障体系　　　512

14.2　城市燃气应急保障体系 ——————————— 514

14.2.1　应急保障体系理论研究　　　514

14.2.2　政府、企业两级燃气应急保障体系的构建　　　515

14.2.3　燃气安全应急物资保障清单　516

14.2.4　燃气应急物资采购、储存、调配管理　517

14.2.5　专业燃气应急团队建设　518

14.2.6　应急资金与后勤保障　520

14.2.7　燃气应急保障的动态管理　523

14.3　燃气应急保障智能化管理平台 ──── 526

14.3.1　应急保障信息化平台的体系结构　527

14.3.2　应急保障信息化平台的功能模块　528

14.3.3　构建智能应急保障信息化平台　530

14.4　现代应急管理中应急保障系统的建设方向 ──── 531

14.4.1　现代应急保障管理概念　531

14.4.2　现代应急保障建设目标──全民应急保障体系　531

14.4.3　现代应急保障的"核心能力"建设　533

14.4.4　借鉴国外应急保障管理经验，

构建我国新型应急保障管理体系　534

本章参考文献 ──── 535

第15章　城市燃气安全法规与制度

15.1　城市燃气安全相关法律法规 ──── 537

15.1.1　燃气相关法律　537

15.1.2　燃气行政法规　537

15.1.3　燃气行政规章　538

15.1.4　燃气地方性法规、规章　539

15.2　城市燃气行业相关技术标准 ──── 540

15.2.1　城市燃气行业工程建设标准　540

15.2.2　城市燃气行业产品标准　541

15.2.3　城市燃气行业主要标准汇总 　　　　　　　541

15.3　城市燃气安全相关管理制度 ————————— **542**

15.3.1　燃气工程建设安全管理制度 　　　　　　　542

15.3.2　燃气经营者安全运营管理制度 　　　　　　542

15.4　城市燃气安全行政监管 ————————— **545**

15.4.1　城市燃气安全监管内容 　　　　　　　　　545

15.4.2　城市燃气安全监管主体和职责 　　　　　　553

本章参考文献 ————————————————— **560**

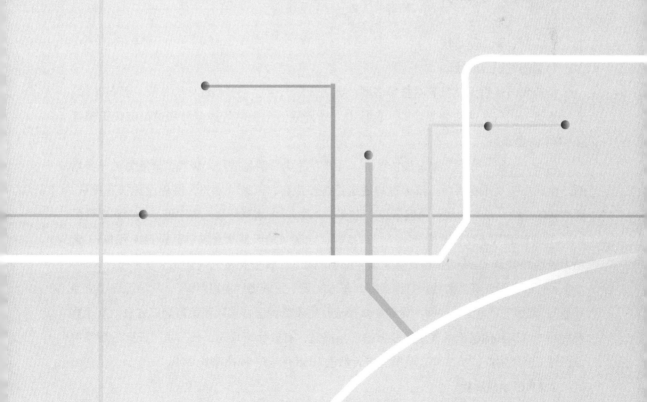

第 1 章　城市燃气安全工程概述

1.1 城市燃气发展现状

城市燃气是市政公用事业的重要组成部分，是重要的市政基础设施，与经济社会发展和人民生活息息相关。随着我国城镇化进程加快，燃气工程建设也取得快速发展，燃气互联互通供应网络已基本建成，燃气供应链体系在不断完善，供气规模等指标大幅提高，对优化能源结构、改善环境质量、促进城乡发展、提高人民生活水平等起到了极其重要的作用。然而，为满足人身健康和生命财产安全、国家安全、生态环境安全等需求，仍须关注城市燃气工程的供应保障与安全管控能力问题。

1.1.1 我国气源现状

1.1.1.1 气源供应现状

1. 管道气供应现状

目前我国长输天然气管网基本成型，国内天然气供应主要呈现四大格局：西气东输、北气南运、川气东送和海气登陆，包括中海油开采海上天然气的登陆和进口液化天然气（LNG）的登陆。

同时"全国一张网"建设加快推进，互联互通能力明显提升，储气调峰能力进一步增强，供暖季实现平稳供气。四大进口通道进一步完善，互联互通重大基础设施快速推进，西气东输三线、陕京四线、中俄东线（北段、中段）、中靖联络线、青宁线、天津深圳地区LNG外输管道等干线管道相继投产，2023 年，全国长输天然气管道总里程 12.4 万 km（含地方及区域管道），新建长输管道里程 4000km 以上。集中实施干线管道互联互通，天津、广东、广西、浙江等重点地区打通瓶颈，基本实现干线管道"应联尽联"，气源孤岛"应通尽通"。天然气"全国一张网"骨架初步形成，主干管网已覆盖除西藏外全部省份，京津冀及周边、中南部地区天然气供应能力进一步提升，有效保障华北、长三角、东南沿海等重点区域天然气供应。2023 年，我国进口天然气 1656 亿 m^3，同比增长 9.9%。

2. LNG 供应现状

2023 年，LNG 进口量 984 亿 m^3，同比增长 12.6%（上年为 –19.5%），主要来自澳大利亚、卡塔尔、马来西亚、俄罗斯、印度尼西亚、巴布亚新几内亚、美国。新签 LNG 长期购销协议连续 3 年保持相对高位，新履约长协合同量 914 万 t / 年。LNG 进口增速由负转正。

我国国产 LNG 主要分布在内蒙古、陕西、四川、新疆等地区。塔里木、四川、鄂尔多斯等地区天然气储量丰富，为国产 LNG 产能建设奠定了坚实的资源基础。整体来看，内蒙古、陕西、山西、四川四省份生产的 LNG 占比分别为 26.14%、22.58%、11.01% 和 10.41%。

1.1.1.2　燃气消费现状

中国天然气发展报告（2024 年）数据显示，2023 年，国民经济回升向好，市场调节作用增强，用气结构持续优化，多能互补成效初显，市场需求较快增长。全年天然气消费量 3945 亿 m^3，同比增长 7.6%；天然气在一次能源消费总量中占比 8.5%，较上年提高 0.1 个百分点。从消费结构看，城市燃气消费同比增长 10%，占比 33%，公服商业、交通物流加快恢复，LNG 重卡销量爆发式增长，居民生活、供暖用气稳定增加；工业燃料用气较快恢复，同比增长 8%，占比 42%，主要受工业生产提速，轻工、冶炼、机械等传统产业持续向好，锂电池、光伏板等新动能成长壮大等因素影响；发电用气同比增长 7%，占比 17%，新增气电装机超过 1000 万 kW，总装机规模达到 1.3 亿 kW，气电顶峰保供能力显著增强，在迎峰度夏、冬季保供中发挥重要作用；化工化肥用气基本稳定，占比 8%。分省看，广东、安徽、重庆等 10 个省（自治区、直辖市）消费增速超过 10%，广东消费量超过 380 亿 m^3，江苏消费量连续 3 年保持在 300 亿 m^3 以上，北京、河北、山东和四川消费量处于 200 亿～300 亿 m^3 之间。对比 2021 年和 2022 年，天然气消费重回快速增长轨道，消费规模再创新高。

近 10 年来，中国天然气行业快速发展，天然气累计消费量达到 2.87 万亿 m^3，消费增量占全球总增量的 37%。天然气行业立足保民生、促减排，持续优化用气结构和能源结构，有效促进了城市燃气、交通、工业、发电等领域的低碳转型。在城市燃气领域，着力发挥低碳环保优势，大力推进民生用能结构优化，实施清洁供暖工程，助力构建绿色低碳交通体系；在工业燃料领域，天然气广泛应用于陶瓷、玻璃、钢铁等传统工业行业，也正在成为光伏玻璃、新能源汽车等新兴产业的重要生产用能；在电力领域，着力发挥多能协同优势，天然气发电及分布式能源工程稳步实施；为大气污染治理与美丽中国建设作出突出贡献。

1.1.2　城市燃气设施发展现状

1.1.2.1　城市燃气管网现状

我国城市人工煤气管道长度经过 20 世纪 90 年代的大幅增长后，由于进入 21 世纪后使用人数逐渐减少，煤气管道长度也随之减少。1991—2003 年，我国城市人工煤气管道长度不断增加，2003 年达到巅峰值的 5.7 万 km，随后开始逐年下降，2021 年降至 9165km。城市用气人口也在 2003 年达到巅峰值的 4792 万人后，开始逐步下降，2021 年仅为 455.8 万人。

我国城市天然气管道长度在 1991—2021 年逐年上升，1991 年城市天然气管道长度仅为 0.81 万 km，而 2021 年则达到约 92.9 万 km；经过前期快速发展，后期增速逐步放缓，2021 年增速为 9.2%。1991—2001 年我国城市使用天然气的人数保持缓慢增长，1991 年使用天然气人数仅为 0.1 亿人，2001 年增加至 0.3 亿人，进入 21 世纪我国城市使用天然气的人数直线上升，到 2021 年达到了 4.4 亿人。

我国城市液化石油气管道长度前期经历了稳定增长，由 1991 年的 2762km 增加至 2004 年的 20119km，之后有所下降，2008 年经过飞速增长后达到 28590km，随后逐步下降，到 2021 年降至 2910km。我国城市液化石油气用气人口在 1991 年仅为 0.4 亿人，2007 年达到峰值 1.8 亿人，之后则不断下降，2021 年用气人口仅 1.0 亿人。

1.1.2.2 储气设施现状

近年来，我国储气设施建设步伐加快，调峰能力短板明显改善。各方储气责任进一步压实，基本形成了以地下储气库和沿海 LNG 接收站储存为主，其他调峰方式为补充的综合调峰体系，在调节季节峰谷差、满足冬季高峰用气需求、保障重点地区供应等方面发挥重要作用。2022 年，全国新增储气能力约 50 亿 m^3。

1. 地下储气库

我国储气库建库地域分布不均，气库主要集中在中西部地区，而主要消费城市位于东南部地区，对于此供需分离现状，西气东输与储气库同步规划，实现了能源供给与需求的无缝衔接。储气库在保障骨干管网安全平稳运行方面发挥了不可替代的作用。

2022 年，大港油田驴驹河储气库、大港油田白 15 储气库、吉林油田双坨子储气库、长庆油田苏东 39-61 储气库、吐哈温吉桑储气库群温西一库、江汉盐穴天然气储气库 - 王储 6 号等地下储气库相继建成投产，新增工作气量 21 亿 m^3。截至 2023 年底，我国累计在役储气库（群）29 座，总工作气量 230 亿 m^3，占全国天然气消费量比重 5.9%。

2. LNG 接收站

LNG 接收站是我国接收进口 LNG 资源的重要中转站，其建设情况直接影响我国的 LNG 供应能力。近年来我国 LNG 接收站数量呈现上涨趋势，并且未来仍有一大批 LNG 接收站的规划建设即将落地，以强化我国 LNG 接收能力。2022 年，国内有 3 座新建、扩建 LNG 接收站投产，新增接收能力 600 万 t / 年。数据显示，截至 2024 年底，全国在运行 LNG 接收站将达 33 座，总接收能力 1.2 亿 t / 年。

3. 地方储气设施建设

各地根据国家要求出台落实文件，明确重点建设任务，以完成储气能力建设目标任务。例如，云南省着力构建"1 个地下储气库 +6 个省级重点实施的 LNG 储气项目 +17 个州（市）

级重点实施的 LNG 储气项目"为补充的储气体系；江西省重点推进湖口 LNG 储配项目工程和樟树地下盐穴储气库前期研究工作；湖北省加快构建以地下盐穴储气库、沿江 LNG 接收站和大中型 LNG 储罐为主的储气体系；河南省则通过"苏豫模式"在江苏滨海 LNG 接收站投资建设 LNG 储罐，满足储气能力需求并拓展气源渠道。此外，各地燃气经营企业也根据各自运营情况、未来发展需要自建 LNG 储配站。例如长春市城市 LNG 应急调峰储配站项目主要建设 2 座 5 万 m^3 的 LNG 储罐，储气能力可满足长春市 20 天以上的用气总量需求。

1.1.3　城市燃气安全现状

1. 城市燃气事故定义

城市燃气事故是指涉及可燃气体（天然气、液化石油气和人工煤气等），导致人员、设备、环境或财产受到损害或遭受不良影响的突发事件或不可预料的情况。

按照事故发生的活动领域不同，事故可划分为城市燃气生产安全事故与城市燃气非生产安全事故。城市燃气生产安全事故是指城市燃气生产经营活动（包括与生产经营有关的活动）过程中，突然发生的伤害人身安全和健康或者损坏设备、设施或者造成经济损失，导致原活动暂时中止或永远中止的意外事件。《生产安全事故报告和调查处理条例》（国务院令第 493 号）将"生产安全事故"定义为：生产经营活动中发生的造成人身伤亡或直接经济损失的意外事件。城市燃气非生产安全事故是指发生在生活活动（非生产经营性活动）中人身伤亡或直接经济损失的意外事件。

2. 我国燃气事故统计

城市燃气事故统计是为了全面了解事故发生的情况、趋势和原因，是城市燃气系统管理中必不可少的一项工作。通过事故统计分析，可以取得以下成效：（1）获得关于事故的数量、类型、发生地点和发生时间等信息，识别主要的事故模式和高风险区域，为进一步的风险管理提供基础数据；（2）分析事故发生的主要原因和相关因素，有助于识别和理解导致事故的根本原因，以便采取相应的预防措施和风险控制措施；（3）发现事故的发生趋势和变化，识别事故发生率的变化和可能的风险因素，以及评估风险管理措施的有效性。

截至目前，中国城市燃气协会安全管理工作委员会连续发布每年度《全国燃气事故分析报告》。报告指出：2020 年全年共收集到媒体报道的国内（不含港澳台）燃气事故为 615 起；按事故气源种类统计：天然气事故 278 起，液化石油气事故 312 起，人工煤气事故 7 起，气源待核实事故 18 起。按事故类型统计：居民用户事故 345 起，工商用户事故 108 起，管网事故 151 起，厂站事故 11 起，待核实 3 起。2021 年燃气事故 1140 起；按事故气源种类统计：天然气事故 455 起，液化石油气事故 639 起，气源待核实事故 46 起；按事故类型统计：居民用户事故 610 起，工商用户事故 185 起，管网事故 339 起，厂站事故 6 起；2022 年燃气事故 802 起；按气源种类统计：天然气事故 270 起，液化石油气事故 450 起，气源待核实事故 82 起；按事故类型统计：居民用户事故 457 起，工商用户事故 123 起，管网事故 212 起，厂站事故 10 起；2023 年燃气事故 612 起；按气源种类统计：天然气事故 285 起，液化石油气事故 300 起，气源待核实事故 27 起；按事故类型统计：居民用户事故 300 起，工商用户事故 97 起，管网事故 211 起，厂站事故 4 起。

2020 年用户事故率 0.159 起／十万户，管网事故率 0.157 起／千公里；2021 年用户事故率为 0.049 起／十万户，管网事故率为 0.321 起／千公里；2022 年天然气用户事故率为 0.023 起／十万户，液化石油气用户事故率为 0.794 起／十万户，管网事故率 0.184 起／千公里；2023 年天然气用户事故率为 0.031 起／十万户，液化石油气用户事故率为 0.567 起／十万户，天然气管网事故率 0.175 起／千公里。

为遏制燃气事故多发势头，2021 年底起，国务院安全生产委员会、住房和城乡建设部等管理部门部署了全国范围内城镇燃气安全排查整治工作。分析燃气事故数据可知，随着燃气安全专项整治工作的推进，2023 年全国燃气事故数量继续出现明显下降，2023 年燃气事故同比 2022 年下降 23.7%，凸显了专项整治的效果，但燃气总体安全形势仍需重点关注。

1.2 城市燃气安全及发展

随着我国人民生活水平的提高，城镇化进程不断推进，燃气在能源供应领域占比的增加，但其存在的安全问题也逐渐暴露。近年来燃气安全事故数量高居不下，造成严重的人员伤亡和财产损失，已逐渐成为继交通事故、工伤事故后影响人民生命安全的第三大威胁。为维护城市燃气安全，开展燃气安全工程问题研究，探索更加高效、完善的监测预警措施和应急救援手段，对保障人民的生命财产安全、推动社会高质量发展具有重要意义。

1.2.1 城市燃气安全工程范畴

城市燃气安全工程涉及识别、评估和管理潜在危险以及减少事故风险等工程领域，同时也涵盖了多个领域，包括燃气工程技术、信息技术、机械工程等，旨在确保各种燃气系统和设施的安全性。

（1）燃气的稳定供应对于满足居民生活需求和基础设施正常运行至关重要，城市燃气工程应依据国民经济和社会发展规划、土地利用总体规划、城乡规划、能源规划，制订城市燃气规划和设计方案，确定燃气管网布局、站点选址、管道规格等，确保燃气系统的合理布局与设计，以提高其供应保障能力及其应用安全性。

（2）燃气运维安全是确保燃气系统在运营阶段能够持续稳定地运行和安全使用，燃气运维安全需要建立完善的燃气管理体系、监测与预警装置和系统、数据管理与共享平台等，确保能够适应智慧城市建设的需要，防范燃气安全风险。

1.2.2　城市燃气安全发展进程

伴随燃气行业的发展，我国也在不断加强燃气安全法规标准制定、设施管控、技术开发和事故应急管理等方面的工作，提升城市燃气的安全性和可靠性，保障人民生活稳定和社会安全。我国城市燃气安全发展经历了以下几个阶段：

1. 初期发展阶段

20 世纪 80 年代初期，城市燃气供应开始在中国逐渐发展。在初期阶段，燃气安全意识相对较低，安全管理和监管还不够完善。

1865 年由英国承包商建设的城市煤气管道在上海租界开始供应，我国的城市燃气安全管理体制正处于空白阶段。

1953 年 3 月 11 日，鞍山钢铁公司燃气厂第二煤气管理室因 8 号高炉送来的粗煤气压力升高，将洗涤器前后水封鼓开，冒出大量煤气，造成死亡 11 人，重伤 13 人，轻伤 6 人的重大伤亡事故，引发政府部门对城市燃气安全的重视。

1963 年 3 月，国务院发布《关于加强企业生产安全工作的几项规定》，对安全生产责任制、安全技术措施计划、安全生产教育、安全生产的定期检查、伤亡事故的调查和处理等方面作了规定。自此，企业安全生产责任制有了全国统一的规定。

1975 年 9 月，国家劳动总局成立，内设劳动保护局、锅炉压力容器安全监察局等安全工作机构。1979 年 4 月 25 日，国家劳动总局为贯彻国家安全生产方针，加强对气瓶的安全监察与使用，发布《气瓶安全监察规程》，并于 1980 年 1 月 1 日起实施。1982 年 2 月 15 日，国务院批转国家城建总局《确保民用液化石油气钢瓶使用安全问题报告的通知》，加强我国当时民用液化石油气钢瓶的安全监察工作。1986 年 2 月 20 日，城乡建设环境保护部、国家经济委员会、劳动人事部、公安部发出《关于加强城市煤气安全工作的通知》，对于城市煤气（包含液化石油气和天然气）的建设、设计、生产、管理进行明确的规定和要求，进一步推动我国城市燃气安全事业的发展。

2. 法规和标准制定阶段

从 20 世纪 80 年代开始，我国逐步建立了一系列燃气安全的法规制度和技术标准，如

《城市煤气设计手册》《城市燃气设计规范》等，为城市燃气安全提供了法律依据和技术支持。

1991 年 3 月 30 日，建设部、劳动部、公安部发布《城市燃气安全管理规定》，该规定明确，根据国务院规定的职责分工和有关法律法规的规定，建设部负责管理全国城市燃气安全工作，劳动部负责安全监察。

3. 安全管理体系建立阶段

20 世纪 90 年代，中国开始建立城市燃气设施的安全管理体系，提出了"安全第一、预防为主"和"一切事故可以预防"的管理理念。城市燃气企业开始加强安全人员培训、安全管理和设施安全监控。

1997 年 12 月 23 日，建设部发布《城市燃气管理办法》(建设部令第 62 号)，该办法对城市燃气规划和建设、城市燃气经营、城市燃气器具、城市燃气使用、城市燃气安全、法律责任等作出明确规定。

2002 年，第九届全国人大常委会第二十八次会议通过了《中华人民共和国安全生产法》。该法加强了我国城市燃气的安全生产监督管理，有利于防止和减少生产安全事故，保障人民群众生命和财产安全，促进经济发展。

2005 年，国务院第 97 次常务会议通过了《中华人民共和国工业产品生产许可证管理条例》(国务院令第 440 号)。该条例为了保证直接关系到公共安全、人体健康、生命财产安全的重要工业产品的质量安全，促进社会主义市场经济健康、协调发展而制定的。其中规定了国家对生产燃气燃烧器具，如燃气热水器等可能危及人身安全、财产安全的产品的生产企业实行生产许可证制度。

2007 年，第十届全国人大常委会第二十九次会议通过《中华人民共和国突发事件应对法》。该法为预防和减少突发的燃气安全事件的发生，控制、减轻和消除燃气安全事件引起的严重社会危害，规范事件应对活动，保护人民生命财产安全，维护国家安全、公共安全、环境安全和社会秩序提供保障。该法适用于突发事件的预防与应急准备、监测与预警、应急处置与救援、事后恢复与重建等应对活动。

2010 年，第十一届全国人大常务委员会第十五次会议通过了《中华人民共和国石油天然气管道保护法》，该法律保护石油、天然气管道，保障石油、天然气输送安全，维护国家能源安全和公共安全。

2010 年，《城镇燃气管理条例》加强了我国城镇燃气管理，保障了燃气供应，促进了燃气事业健康发展，有助于维护燃气经营者和燃气用户的合法权益，保障公民生命、财产安全和公共安全，促进社会和谐稳定。

4. 技术进步和自动化应用阶段

进入 21 世纪，随着技术的发展和创新，城市燃气安全得到了更好的保障。大量采用先进技术、自动化监控系统和智能设备，提高了燃气供应系统的安全性和可靠性。

利用传感器和监测设备对燃气管道网络的压力进行实时监测，当压力异常时，系统会自动发出警报并触发相应的应急措施。

使用气体传感器和监测设备来监测燃气泄漏，一旦发现泄漏，系统会自动报警并采取必要的措施，如切断燃气供应。

监视、控制和数据采集系统（SCADA）是一种远程集中控制系统，用于对燃气系统进行实时监测和管理。通过 SCADA 系统，操作人员可以远程监测和控制燃气设备，实时获取数据并进行故障诊断。

通过使用具有远程读取功能的智能表，能够实时监测并管理燃气的消耗，这样可以更好地根据需求进行燃气供应调节。

5. 基础设施升级和智慧化发展阶段

当前，我国城市燃气安全发展步入加强基础设施升级替代与更新改造、增强风险管理能力阶段，更加注重灾害预防、应急响应和灾害恢复，加强对燃气产业链各环节的风险管控和监测；同时，为了促进智慧燃气行业发展，我国颁布了多项支持、鼓励、规范智慧燃气行业发展的相关政策。

2016 年，住房城乡建设部发布了《城镇燃气工程智能化技术规范》CJJ/T 268—2017，提出推动燃气行业向数字化、网络化、自动化、一体化、低能耗方向发展。

2022 年 2 月，国务院发布《"十四五"国家应急体系规划》，规划指出"推进城市电力、燃气、供水、排水管网和桥梁等城市生命线及地质灾害隐患点、重大危险源的城乡安全监测预警网络建设。推动淘汰落后技术、工艺、材料和设备，加大重点设施设备、仪器仪表检验检测力度。"

2022 年 5 月 10 日，国务院办公厅发布《关于印发城市燃气管道等老化更新改造实施方案（2022—2025 年）的通知》。加快推进我国城市燃气管道等老化更新改造，加强市政基础设施体系化建设，保障安全运行，提升城市安全韧性，促进城市高质量发展。

2023 年 3 月，国家能源局发布《国家能源局关于加快推进能源数字化智能化发展的若干意见》，提出推动基于人工智能的能源装备状态识别、可靠性评估及故障诊断技术发展，推动能源系统智能调控技术突破，推动面向能源装备和系统的数字孪生模型及智能控制算法开发，推动能源流与信息流高度融合的智能调控及安全仿真方法研究。

1.2.3　城市燃气安全管理目标及要求

作为城市基础设施重要的组成部分，城市燃气行业服务对象广泛，管理技术要求高，对城市的运行和社会稳定起到基本保障作用。然而，城市燃气易燃易爆属性决定了其容易在输送或用户使用过程中诱发火灾、爆炸和中毒事故，且具有很强的区域差异性，实际的安全管理难度相对较大。其安全管理目标及要求概括如下：

1. 保障燃气系统正常运行

为确保充足、稳定的气源供应，需建立健全的供应链管理机制，使用先期预测和定期评估手段，确保城市燃气系统能够满足不断增长的需求。同时，制订应对气源紧缺和突发情况的紧急预案，以保障气源的连续供应，维护城市居民的正常生活和工业生产。其次，通过定期设备检查和维护，确保管道、阀门、计量设备等关键设施处于良好状态，减少设备故障和泄漏的风险；通过全面的安全管理，协调各环节的运作，保障城市燃气系统的正常运行。

2. 建立有效的监测和预警系统

建立先进的监测和预警系统，及时发现燃气系统中的异常情况。引入先进的监、检、探测技术，包括传感器、数据采集和分析系统，能够实时监测城市燃气系统的运行状态，提高对潜在危险的感知能力，确保在事故发生前能够采取预防和应对措施，最大限度地降低安全风险。

3. 强化法规和标准制定

通过建立健全的法规体系、安全标准和规定，加强设备检查和维护，以及实施全面的宣传教育活动，明确燃气企业和从业人员的责任和义务，规范其行为，提高燃气系统的管理水平，确保安全管理工作的顺利实施。

4. 建立健全应急预案

通过制订详细、科学的应急预案，明确各个层级的责任和任务，提前做好各类事故的处置准备。在发生事故时，最大限度地减小事故对居民和城市的影响。

5. 提高突发事件应对能力

定期组织演练活动模拟各类突发事件的场景，培训相关人员的应急处置技能，提高应对突发事件的实战能力；建立起多部门、跨行业的信息共享机制，及时分享各类预警信息和安全事件，提高对潜在风险的感知和应对速度，不断提升应对能力和水平。

1.3　城市燃气安全工程技术和实践

1.3.1　城市燃气安全工程技术内涵

城市燃气安全工程技术是从系统安全分析、系统安全评价和系统风险控制出发，综合运用安全设计、监测与检测、安全设备与防护装置、紧急响应、智能化与自动化以及新兴技术等多方面技术手段,提高城市燃气系统整体安全水平和管理能力的一门科学。其目标旨在降低事故发生的可能性,及时发现潜在问题,预防事故,最小化事故影响以及提高应急响应能力。

1.3.2 城市燃气安全工程组成

1.3.2.1 设施系统安全

随着我国城市化进程的加快和"煤改气"工程的实施,城市燃气需求和燃气系统设施建设将越来越多,城市燃气系统安全运行的压力也日益凸显,燃气管道设施的管理工作更加纷繁复杂,和谐社会发展的需求对我国城市燃气系统安全提出更高的要求。因为城市化的进程不同,燃气设施投入使用的时间也不同,很多投入使用较早的城市出现管道老化、设备损坏、腐蚀严重等问题,很容易造成燃气泄漏。城市燃气的发展对社会发展具有推动作用,但是城市燃气系统若频繁发生事故就会减少社会对燃气的使用,从而影响燃气产业的蓬勃发展。

为了使城市燃气系统在运行过程中降低自身安全隐患,在前期建设过程中,需要确保燃气管道等设施系统前期安装工作十分规范,城市燃气系统前期建设不合理存在以下方面:管道选择不合理,导致其无法胜任长期的燃气输配工作;施工焊接质量问题,容易产生燃气泄漏事件;管道设备的防腐措施不到位,也会导致燃气泄漏。

在城市燃气设施系统的运行过程中,安全问题仍将长期存在,如部分城市燃气中压燃气管网已接近或达到设计工作年限、管道设施老化腐蚀、阀门及法兰连接不严等,若检测维修不及时,易引发燃气泄漏等安全问题;因此,在城市燃气运维阶段,城市燃气经营企业或管理部门应重视燃气系统管理问题,不断完善与更新安全管理机制,确保在燃气设施系统使用过程中,各方面的安全管理工作能够落实到位,避免在系统中出现缺陷与遗漏。

1.3.2.2 终端用气安全

终端用户用气事故是燃气主要事故之一,首先是燃烧器具的质量及其自身缺陷问题,当前仍有部分地区在销售不带熄火安全保护装置的燃气器具、无烟道式的燃气热水器,极易引起燃气中毒和泄漏事故。部分用户由于安全意识淡薄,燃气胶管超期使用或疏于检查,尤其对隐蔽敷设的燃气胶管发生老化、龟裂、鼠虫咬破等情况不易察觉导致燃气泄漏,另外灶具保养不善、超期使用,购买和使用未经气源适配性检测的灶具,产品质量低劣等也会引起燃气泄漏。其次是用户缺乏必要的安全知识,使用不当,如燃气热水器操作方法错误,无证擅自安装燃气热水器,不注意通风。另外,部分餐饮场所安全生产主体责任不明确，安全意识淡薄，制度不健全，措施不到位，违章储存，火锅店、餐饮经营场所尤为严重。

为了能够在更大程度上提高居民使用燃气的安全性，燃气行业采取一系列技术措施来预防事故和降低风险。如通过安装智能燃气报警器，检测燃气浓度超过安全标准时发出警报，提醒居民及时采取措施；引入过流阀、自闭阀等自动关闭系统，在检测到用气异常、燃气泄漏时自动切断燃气供应，实现及时的自动应急反应，减少事故发生可能性；选择符合国家标准和安全认证的燃气具和管道材料，确保其质量和安全性；实施定期的燃气设备巡检和维护，包括燃气灶具、热水器、燃气管道等，及时发现并修复潜在问题，确保设备正常运行，减少事故风险。

燃气行政主管部门必须切实履行好监管职责，督促燃气企业对用户开展安全宣传和安全检查。监管的相关情况和数据应该记载到企业信用信息系统，向政府相关部门报告和社会公开。

1.3.2.3　事故应急处置

由于燃气事故极易造成人员伤亡和经济损失，给城市公共安全带来严重影响，因此，燃气经营企业应强化应急能力建设，提高应急管理水平，在发生燃气管道设施泄漏险情时能够快速、有效地处置，避免次生灾害的发生。

燃气经营企业应结合燃气泄漏事故特点，制订专项应急预案，对应急机构的职责、人员、技术、设备设施、物资等方面预先进行详细地安排。编制燃气泄漏事故应急处置卡，从而实现专项应急预案或应急处置方案的简明化、卡片化。

燃气经营企业应定期组织开展切合实际的应急演练，坚持"演练—总结—再演练—再总结"模式，提升应急演练效果。《燃气服务导则》GB/T 28885—2012规定，燃气经营企业应向社会公布24h报险、抢险电话。燃气经营企业要结合供气规模、管网长度和用户数量等因素，配备足额的应急抢修人员，保证24h应急值守。

《城镇燃气设施运行、维护和抢修安全技术规程》CJJ 51—2016规定，城镇燃气供应单位应根据供应规模设立抢修机构和配备必要的抢修车辆、抢修设备、抢修器材、通信设备、防护用具、消防器材、检测仪器等装备，并应保证设备处于良好状态。为有效处置埋地燃气管道泄漏等突发险情，燃气经营企业要配备发电机、防爆风机、防爆照明灯、便携式气体检测仪、四合一检测仪、三脚架、PE阀门钥匙以及警示带、灭火器、管材管件等各类应急抢修设备物资。

燃气经营企业应建立基于管网地理信息系统（GIS）和数据采集与监视控制系统的综合智能调度抢修平台，一旦发生泄漏险情，利用系统确认漏气管道管材、管径、埋深等基本属性，以及控制气源阀门位置，通过平台调度指挥应急抢修人员赶赴现场，从而实现"远

程决策指挥 + 现场应急处置"于一体的应急处置模式。

1.3.3　燃气安全工程新技术、新动向介绍

燃气安全工程的新技术和新动向是指旨在提高燃气系统的安全性、可靠性和管理效率，并推动燃气行业的创新发展，在燃气领域中涌现出的具有创新性和前瞻性的技术和动向。

1.3.3.1　智能传感技术

智能传感技术应用于燃气安全领域，可以实时监测和检测燃气系统中的变化和异常情况。通过智能传感器和网络技术，可以快速发现燃气泄漏、异常压力和设备故障等问题，并发送警报以及采取相应的应急措施。

1.3.3.2　燃气安全监测和管理系统

使用先进的数据分析、大数据和云计算技术，构建关于城市燃气系统的全面监测和管理系统。该系统可以实时监测燃气供应、设备运行和安全状况，并对数据进行分析和预测，提供即时警报和决策支持，以帮助尽早识别和解决潜在的安全风险。

1.3.3.3　智能维护和故障预测

借助物联网、人工智能和大数据分析技术，进行燃气设备的智能监测和维护预测，提前发现设备的故障和潜在问题，采取相应的维修和维护措施，提高设备的可靠性和安全性。

1.3.3.4　燃气安全应急培训平台

借助虚拟现实和仿真平台，为燃气系统操作员和维护人员提供沉浸式的安全培训和模拟练习。通过模拟实际场景和操作，可以反复训练和熟悉安全程序，提升人员的安全意识和应急响应能力。

此类新技术和新动向在燃气安全工程中具有广泛的应用前景，可以提高城市燃气系统的安全性、可靠性和管理效率。同时，可以更早地发现和处理潜在的安全风险，减少燃气事故的发生，并保障公众和工作人员的安全。

1.3.4　城市燃气安全工程研究及应用

1.3.4.1　城市燃气管道完整性管理

随着我国城市化建设飞速发展和能源革命有力推进，城市面临着燃气管网规模巨大、

结构复杂、管控困难的巨大压力和挑战。2021 年 6 月 13 日发生在湖北十堰的燃气爆炸事故，造成巨大经济损失和社会危害，敲响了全国尤其是超大城市燃气安全管理的警钟。提升城市燃气生命线的风险管控能力已成为保障城市公共安全的重点方向。

燃气管道与长输天然气管道相比具有明显不同的特点。其一，压力低、管径小、分支多且部分采用非金属管材。其二，基本位于人口密集地区，管道周边人员活动较多，第三方破坏往往是管道失效的主要原因。其三，低压力导致泄漏量相对较少难以被管道自身的监控系统发现而持续泄漏，泄漏的天然气极易充满周边的密闭空间，泄漏时间越长，在密闭空间积聚的气体量就越大，遇火源导致的后果就越严重。由于这些不同特点，燃气管道完整性管理不能简单照搬长输管道完整性管理的做法。

目前城市燃气管网面临着"泄漏点定位难""完整性评价难""风险管控难"三大技术难题，具体体现为国内城市燃气管道等设施系统泄漏点检测精度低，PPB 级高精度泄漏检测长期受到国外技术垄断；超大城市燃气管网规模巨大、结构复杂、影响因素多且不同压力级制管道风险因素差异大，缺乏系统完善的超大城市燃气管道风险评价模型与方法；此外燃气管道泄漏点快速修复翻转内衬技术工艺及材料长期依靠国外进口，亟待国产化技术的研发。因此，结合现有的成熟技术和管理现状，建立城市燃气管道的完整性管理体系，实施燃气管道完整性管理是城市燃气工程的迫切需求。

我国从 2010 年开始，逐步开展了燃气管道完整性管理的研究与实践工作，尤其是以深圳燃气集团股份有限公司（以下简称深燃集团）、北京市燃气集团有限公司（以下简称北燃集团）以及中石油昆仑燃气有限公司为代表的燃气企业，在燃气管道完整性管理方面均进行了有益的探索。

住房和城乡建设部先后发布了《燃气系统运行安全评价标准》GB/T 50811—2012、《城镇燃气管网泄漏检测技术规程》CJJ/T 215—2014、《城镇燃气设施运行、维护和抢修安全技术规程》CJJ/T 51—2016 等燃气安全管理相关的标准，有力推动了城市燃气系统设施完整性管理的标准化建设。

1.3.4.2　燃气泄漏检测技术

在燃气系统设施长期运行过程中，燃气管道等会因腐蚀、焊接缺陷、第三方破坏等原因而失效，从而导致泄漏事故的发生。泄漏事故不仅影响到系统的正常运行，而且还威胁到环境和人身安全。城市燃气系统的微小泄漏都可能会导致重大的安全事故和经济损失。燃气泄漏检测是否有效开展已成为燃气系统安全运行及完整性管理亟待解决的关键问题。

城市燃气泄漏检测，根据原理可以分为两类：第一类对甲烷等可燃气体检测，第二类对燃气管道等系统设施检测。目前，检测甲烷的方法主要有光纤吸收法、光干涉法。燃气系统设施检测方法主要有人工巡视法、管道外检测方法、管内检测方法等。

而在我国，对于城市燃气系统的日常泄漏检测大多仍然采用人工巡视检查的方式，虽然与发达国家的高科技技术相比，员工检测方法相对较为落后，但这种检测方法在当前仍然能够基本满足我国对城市燃气泄漏检测技术的需求。

城市燃气管道内检测方法所依托的是燃气管道清管器，清管器通常被用来清理管道内壁可能会对管道造成负面作用的物质，如积水和腐蚀性物质。且清管器能够在工作的同时搭载其他相关的技术。例如，在清管器上添加涡流技术，超声波技术以及电磁技术，就能够实现将管道泄漏检测准确度大幅度提高的目的。

对于管道外检测方法，特性阻抗法是一种把化学性质变化作为燃气管道渗漏检测依据的高效检测方法。

目前，检测甲烷的方法主要有光纤吸收法、光干涉法。光干涉法甲烷检测仪是利用甲烷与空气对光折射率差异来产生干涉条纹偏移，且偏移量大小与甲烷体积分数成比例的关系，来检测甲烷泄漏。当天然气管道发生泄漏时，空气中的甲烷含量增加，导致空气折射率变化，可根据干涉条纹偏移量，检测甲烷泄漏量。光纤吸收法甲烷检测仪利用 Beer-Lambert 原理对甲烷进行精确的检测，是应用最多，也是最普遍的检测仪器。

2020 年，港华燃气集团经过不断探索优化，首创车犬联动泄漏检测方案，使用车载检测系统对需要检测区域进行初检，针对初检后怀疑存在泄漏的区域，燃气嗅探犬通过捕捉空气中有无四氢噻吩（THT）气味，判断有无天然气泄漏，并对地表燃气泄漏点进行精准定位。截至 2022 年 1 月，车犬联动方案已在江苏、吉林、辽宁、湖北、安徽、江西、广西、广东、山东、四川等省、自治区对超过 3000km 管道进行了周期泄漏检测。

北燃集团等应用的高精准车载移动式燃气泄漏检测系统，采用第四代激光分析技术，结合北斗惯导精准定位以提供超高精准（PPB 级）的燃气泄漏快速检测。系统将 ABB 甲烷 / 乙烷分析仪、北斗精准定位模块、超声波风速仪相结合，依托北斗精准服务网和科学的算法将检测到泄漏的地理位置坐标（北斗精准定位）、气体浓度（CH_4、C_2H_6）以及超声波风向、风速仪测得的气象数据相融合，用以判断气体性质（天然气 / 沼气）、浓度及泄漏逸出点最可能的范围。截至 2023 年底，该高精准车载移动式燃气泄漏检测系统，已经完成近 2000 个检测任务，检测 100 余万公里燃气管线，为我国 150 余个燃气企业提供检测服务与技术支持。为北京冬奥会、中国共产党第二十次全国代表大会、建党 100 周年庆典、世界互联网大会、中华人民共和国成立 70 周年、"一带一路"高峰论坛、中非合作论坛等国际国内重大会议活动提供了燃气安全保障服务。

1.3.4.3　智慧燃气平台

面对我国经济高质量发展的内在要求，城市燃气企业进行数字化转型、智能化发展、智慧化发展已成必然。城市燃气设施作为我国能源体系的一部分和重要的城市公共基础设施，在"十四五"规划总体要求下，燃气企业通过建立"智慧燃气"，融入智慧城市建设。

　　智慧燃气系统是基于地理信息系统，采用物联网技术，应用高端智能感知设备，感知城市燃气管网流量、压力、温度和泄漏等运行工况数据，基于可视化方式进行有机整合，形成"城市燃气物联网"，并应用大数据、人工智能技术将海量燃气信息进行实时分析、处理、挖掘和辅助决策的燃气系统综合管理系统。

　　国外典型的智慧燃气体系一般融入智慧能源的大体系中，能源互联网将电力、燃气、水务、热力、储能等资源作为整体，形成整个能源系统的智慧模式。东京燃气集团、法国燃气苏伊士集团及意大利飞奥集团均对智慧燃气进行了构架，以建立安全、可靠、高效、低碳的能源体系。在国内，北燃集团是较早提出建设"智能燃气网"的燃气企业，在行业内率先提出"智慧燃气"的理念框架，主持编制了燃气智能化的行业标准，并在2014年启动亦庄地区智能管网示范建设。深燃集团是国内燃气智能化建设领先的服务商，形成了以数据采集与监控系统SCADA、地理信息系统GIS、气量管理系统、管道完整性管理系统、管网仿真等为核心的信息系统，构建智慧型燃气服务运营模式。另外，上海燃气依托北斗高精度定位、管网地理信息、信息感知等，初步实现了燃气管网设施数字化全生命周期管理、量化管网安全评估、更新改造辅助决策、实时巡线检漏等智能应用。

　　2015年，合肥市政府与清华大学合作启动城市基础设施安全工程建设，探索出城市基础设施安全运行监测新模式（"清华方案·合肥模式"），针对城市燃气系统中的监管盲区和堵点，为城市燃气安全运行提供了另一类型保障方案。

本章参考文献

［1］　中国石油国家高端智库研究中心，等. 中国天然气发展报告（2024）[M]. 北京：石油工业出版社，2024.

［2］　姜正侯. 燃气工程技术手册 [M]. 上海：同济大学出版社，1993.

［3］　盛威，张伟，赵挺生. 燃气管道安全事故统计分析 [J]. 工业安全与环保，2023（12）：1-5.

［4］　苏国锋，魏娜. 城市燃气安全风险与治理策略 [J]. 城市管理与科技，2023，24（1）：10-14.

［5］　仲文旭，薛庆. 新形势下的城镇燃气风险隐患排查治理 [J]. 城市燃气，2023（1）：19-26.

［6］　孙伟，易晓玲. 新形势下城市燃气安全管理现状及其对策分析 [J]. 中国石油和化工标准与质量，2022（7）：83-85.

［7］　赖珊. 探索城市燃气低压公共管道的安全管理 [J]. 特种设备安全技术，2023（6）：28-30.

［8］　张海涛，王恩和，张青斌，等. 燃气装备安全科技发展策略和关键技术需求探析 [J]. 中国特种设备安全，2022，38（8）：1-6.

［9］　张彤，张黎来，徐清斯，等. 瓶装液化气智能监管平台和监管数字化探索 [J]. 中国建设信息化，2023（19）：68-73.

［10］ Atamuradov V，Medjaher K，Dersin P，et al. Prognostics and Health Management for Maintenance Practitioners–Review，Implementation and Tools Evaluation[J]. International Journal of Prognostics and Health Management，2020，8（3）：1-31.

［11］ 苏龙峰，郭越，王滨滨，等. 基于需求侧的在线监测与信息处理预警系统 [J]. 煤气与热力，2023，43（4）：B30-B33.

第 2 章　城市燃气质量与输配设施

2.1 城市燃气基本性质

城镇燃气一般包括天然气、液化石油气、人工煤气等。在城市范畴，本章重点针对涵盖天然气、液化石油气和人工煤气在内的城市燃气理化特性进行分析解读。天然气主要成分是烷烃，其中甲烷占绝大多数，另有少量的乙烷、丙烷和丁烷，此外一般还会含有微量的硫化氢、二氧化碳、氮、水汽、一氧化碳及稀有气体（如氦和氩）等。液化石油气的主要成分是丙烷、丁烷、丙烯、丁烯等，此外，还有少量气味难闻的硫醇。人工煤气因区域不同常存在巨大差异，但主要成分和掺杂物基本相同，主要成分为烷烃、烯烃、芳烃、一氧化碳和氢气等可燃气体，并含有少量的二氧化碳和氮气等不可燃气体。

2.1.1 燃气物理化学性质

2.1.1.1 密度

燃气的平均密度是指单位体积燃气所具有的质量。气态燃气的相对密度是指气体的密度与相同状态下空气密度的比值；液态燃气的相对密度是指液体的密度与水的密度的比值。由于4℃时水的密度为1kg/L，因此，液体的平均密度可近似认为与相对密度在数值上相等。

2.1.1.2 黏度

物质的黏度可用动力黏度和运动黏度表示。一般情况下，气体的黏度随温度的升高而增加；液体的黏度随温度的升高而降低。压力对液体黏度影响不大。混合气体的动力黏度随压力的升高而增大，而运动黏度随压力的升高而减小。在绝对压力小于1MPa的情况下，压力的变化对黏度影响较小，可以不考虑。至于温度的影响，却不容忽略。

液体碳氢化合物的动力黏度随分子量的增加而增大，随温度的升高而急剧减小。气态碳氢化合物的动力黏度则正好相反，随分子量的增加而减小，随温度的升高而增大。这对于一般的气体都适用。

2.1.1.3　沸点和露点

1. 沸点

通常所说的沸点是指一个大气压下液体沸腾时的温度。不同物质的沸点是不同的，同一物质的沸点随压力的改变而改变：压力升高时，沸点升高；压力降低时，沸点降低。

2. 露点

饱和蒸气经冷却或加压，立即处于过饱和状态，当接触冷凝核便液化成露，这时的温度称为露点。碳氢化合物的露点与其性质及压力有关。在输送气态碳氢化合物的管道中，应避免出现工作温度低于其露点温度的情况，以免产生凝析液。凝析液聚集在管道低洼处会使管道流通面积减小，甚至堵塞管道。

2.1.1.4　体积膨胀

大多数物质都具有热胀冷缩的性质。液态液化石油气的体积也会因温度的升高而膨胀，通常将温度每升高 1℃液体体积增加的倍数称为体积膨胀系数。

15℃时液化石油气（丙烷、丙烯）的体积膨胀系数很大，大约是水的 16 倍。因此，在液化石油气储罐及钢瓶灌装时，必须考虑温度升高时液体体积的增大，容器中要留有一定的膨胀空间。

2.1.1.5　水化物

1. 水化物及其生成条件

如果碳氢化合物中的水分超过一定含量，在一定温度压力条件下，水能与液相和气相的碳氢化合物生成结晶水化物 $C_mH_n \cdot x(H_2O)$（对于甲烷，$x=6 \sim 7$；对于乙烷，$x=6$；对于丙烷及异丁烷，$x=17$）。水化物在聚集状态下是白色的结晶体，或带铁锈色。依据它的生成条件，一般水化物类似于冰或致密的雪。水化物的生成会缩小管道的流通断面，甚至堵塞管线、阀件和设备。

水化物是不稳定的结合物，在低压或高温的条件下容易分解为气体和水。湿燃气中形成水化物的主要条件是高压力及低温度，次要条件是燃气含有杂质和燃气流动状态为高速、紊流、脉动（例如由活塞式压送机引起的）、急剧转弯等。

输送湿燃气、高压输送天然气并且管道中含有足够水分时，会遇到生成水化物的问题，此外，丙烷在容器内急速蒸发时也会形成水化物。此时应采取措施，防止水化物的形成。在寒冷地区，应对燃气中的水分加以控制，并采取降低输送压力、升高温度或加入防冻剂等措施以减少水化物形成。

2. 水化物的防止方法

防止形成水化物或分解已形成的水化物常见有两种方法：

（1）降低压力、升高温度、加入可使水化物分解的反应剂（又称防冻剂）。

最常用作分解水化物结晶的反应剂是甲醇（木精），此外，还可用甘醇（乙二醇）、二甘醇、三甘醇、四甘醇作为反应剂。在使用醇类的地方，一般装有排水装置，将输气管中液体排出。

（2）脱水。使燃气中水分含量降低到不致形成水化物的程度。

液化石油气脱水常采用沉淀法。容器装满液化石油气后，静置一段时间，使水分沉淀。实践证明，即使沉淀工作安排得很细致，液化石油气管道中也会出现水化物，所以，特别是冬季，必须添加反应剂。醇类注入量为所输送液化石油气体积的 0.1% ~ 0.15%。

2.1.1.6　含湿量

$1m^3$（或 1kg）干燃气中所含有的水蒸气质量称为燃气的含湿量，单位为（kg 水蒸气 /kg 干燃气）或（kg 水蒸气 /m^3 干燃气），工程上常用后者。燃气中所带水蒸气的多少还可用绝对湿度或相对湿度表示。每 $1m^3$ 湿燃气中所含水蒸气质量称为燃气的绝对湿度，其数值等于水蒸气在其分压力与温度下的密度。燃气中水蒸气的实际含量对同温度下最大可能含量的接近程度称为燃气的相对湿度。相对湿度反映了湿燃气水蒸气含量接近饱和的程度。燃气吸收水量与燃气压力、温度、组成有关。

2.1.2　燃气热力与燃烧特性

2.1.2.1　热值

燃气的热值是指单位体积的燃气完全燃烧时所放出的全部热量，单位为 kJ/m^3。燃气的热值分为高热值和低热值。高热值是指单位体积的燃气完全燃烧后，燃烧产物与周围环境恢复到燃烧前的原始温度，燃烧产物中的水蒸气凝结成同温度的水后所放出的全部热量；低热值则是指在上述条件下，烟气中的水蒸气仍以蒸气状态存在时所获得的全部热量。在实际燃烧中，烟气排放温度均比水蒸气冷凝温度高很多，水蒸气并没有冷凝为水，而是随烟气一起排入大气，水蒸气的冷凝热得不到利用。工程计算中，一般采用低热值作为计算依据。

2.1.2.2　着火温度

燃气开始燃烧时的温度称为着火温度。不同气体的着火温度是不同的。它与可燃气体在空气中的浓度、与空气的混合程度、燃气压力、燃烧空间的形状等许多因素有关。工程上，实际着火温度应由实验确定。

2.1.2.3　爆炸极限

当空气中可燃气体的浓度比理论混合比低时，生成物虽然相同，但燃烧速度变慢，直至某一浓度以下火焰便不再传播。若可燃气体的浓度比理论混合比高，可燃气体组分则不能完全氧化而产生不完全燃烧，生成一氧化碳，此时燃烧速度亦会减慢，直至在高于某一浓度时火焰不能传播。像这样火焰不再传播的浓度界限，称之为爆炸极限或燃烧极限。

因此，当可燃气体与空气或 O_2 混合时，存在因可燃气体的浓度过高或过低而不发生火焰传播的浓度界限。其中，浓度较低的称为爆炸下限，浓度较高的称为爆炸上限。上、下限之间称为爆炸界限。

爆炸极限受到混合气体的温度、压力的影响，不同的燃气种类具有不同的爆炸极限。一般常温、常压下不同可燃气体的爆炸极限可通过一定的方法测量出来。

2.2　城市燃气质量要求

2.2.1　城镇燃气质量指标

城镇燃气质量指标应符合下列要求：

（1）城镇燃气（应按基准气分类）的发热量（热值）和组分的波动应符合城镇燃气互换的要求。

（2）城镇燃气偏离基准气的波动范围宜按现行国家标准《城镇燃气分类和基本特性》GB/T 13611 的规定执行，并应当适当留有余地。

（3）天然气的质量要求应符合现行国家标准《天然气》GB 17820 的规定。

（4）人工煤气的质量要求应符合现行国家标准《人工煤气》GB/T 13612 的规定。

（5）液化石油气的质量指标应符合现行国家标准《液化石油气》GB 11174 和《燃气工程项目规范》GB 55009 的规定。

液化石油气应限制其中的硫分、水分、乙烷、乙烯的含量，并应控制残液（C_5 和 C_5 以上成分）量，因为 C_5 和 C_5 以上成分在常温下不能气化。作为民用及工业用燃料的液化石油气与汽车用液化石油气的质量标准有所不同，应符合国家相应的标准规定。

（6）液化石油气与空气的混合气做主气源时，液化石油气的体积分数应高于其爆炸上限的 2 倍，且混合气的露点温度应低于管道外壁温度 5℃。硫化氢含量不应大于 20mg/m^3。

2.2.2　城镇燃气的加臭

城镇燃气是具有一定毒性的易燃、易爆危险性气体，又是在压力下输送和使用的，由于管道及设备材质和施工方面存在的问题和使用不当，容易造成泄漏，引起爆炸、着火和人身中毒；因此，要求燃气必须具有独特的、可以使人察觉的气味。当燃气发生泄漏时，应能通过气味使人发现；作为城镇燃气的气源，如人工煤气（干馏煤气、水煤气、油制气等）、天然气和液化石油气，多数含有硫化物，因此其本身都具有臭味。但是当使用的城镇燃气不含有硫化物，或者无臭或臭味不足，须经过加臭后才进行输配使用。

1. 城镇燃气加臭剂的要求

根据现行国家标准《燃气工程项目规范》GB 55009，加入燃气中的加臭剂应符合下列规定：

（1）加臭剂的气味应明显区别于日常环境中的其他气味。加臭剂与燃气混合后应保持特殊的臭味，且燃气泄漏后，其臭味应消失缓慢。

（2）加臭剂及其燃烧产物不应对人体有毒害，且不应对与其接触的材料和设备有腐蚀或损害。

（3）加臭剂溶解于水的程度，其质量分数不应大于 2.5%。

2. 城镇燃气加臭剂的使用和投加量标准

（1）燃气加臭剂的种类及其性能

目前适宜用作加臭剂的主要有以下三类：一是硫醇类，如乙硫醇（现在停止使用）、丁硫醇、异丁硫醇；二是链状硫化物，如二甲硫醚、二乙硫醚、甲-乙硫醚；三是环状硫化物，如四氢噻吩。

硫醇类加臭剂是曾经被广泛使用的加臭剂，但其存在易与金属氧化物发生反应，使加臭剂失效及易冷凝、化学性质不稳定的缺点，现在我国城镇燃气一般很少使用。

硫醚类与四氢噻吩和硫醇类加臭剂相比气味较弱，单独使用效果不佳，且其有一定毒性，但可与硫醇类加臭剂混合使用。

四氢噻吩，是一种含硫饱和杂环化合物，是城镇燃气中普遍采用的加臭剂，具有抗氧化性能强、化学性质稳定、气味存留时间久、烧后无残留物、不污染环境、添加量少、腐蚀性小等优点。

四氢噻吩的沸点、闪点、含硫量、毒性等指标均优于乙硫醇，且四氢噻吩不溶于水，气味不会由于土壤和水的吸收而减弱。乙硫醇沸点低，对夏季加臭不利，含硫量是四氢噻吩的 1.4 倍，且其化学性质不稳定，能与设备或管道内壁的金属氧化物发生化学反应，生成硫醇盐类，使气味减淡甚至消失，导致加臭失效。理论上在加臭效果相同的条件下，四氢噻吩加臭剂燃烧产生的 SO_2 量仅为乙硫醇的 3/10。从加臭量及经济性比较，四氢噻吩比乙硫醇高出几倍，但从设备磨损、管网腐蚀等因素上综合分析，综合费用四氢噻吩比乙硫醇略省。四氢噻吩虽是发现较晚的一种加臭剂，但以其优良的加臭性能，在世界范围内迅速得到推广应用，是目前世界各国广泛使用的加臭剂之一。我国 20 世纪 90 年代以前主要使用乙硫醇为加臭剂，90 年代后主要使用四氢噻吩。

（2）液化石油气加臭剂的要求

《液化石油气》GB 11174—2011 规定液化石油气应具有可以察觉的臭味。为确保安全使用液化石油气，当液化石油气无臭味或臭味不足时，宜加入具有明显臭味的含硫化合物配制的加臭剂。

对瓶装液化石油气、液化石油气槽车或小型丙烷储罐加臭，液化石油气由液态变成气态过程中，会出现加臭剂与丙烷、丁烷气化不同步的现象，加臭剂气化滞后，会造成气态液化石油气臭味由浅到浓，前段容易造成加臭量检测不达标，尾段残液臭味大刺激性强的现象。因此，在液态的液化石油气中加臭，应当选择饱和蒸汽压较高的硫醇类加臭剂，以达到加臭剂与液化石油气同时气化的效果。四氢噻吩由于蒸气压较低，难以随着液化石油气共同气化，大部分留在残液中，不仅气相中含量低，发生泄漏时不利于及时发现，而且还造成加臭剂的浪费，因此不适合在液相液化石油气中做加臭剂试用。

所以，在液态液化石油气中加臭应选择饱和蒸气压较高的硫醇类加臭剂（如：乙硫醇、叔丁基硫醇、乙基硫醇等）。

在气态液化石油气中加臭，由于液化石油气本身处于气体状态，加臭剂可与液化石油气均匀混合，则无需考虑饱和蒸气压的问题，可选择硫醇类加臭剂、四氢噻吩、无硫加臭剂等。

（3）燃气加臭量计算

《燃气工程项目规范》GB 55009—2021 对燃气加臭剂的最小量作如下规定：无毒燃气泄漏到空气中，达到爆炸下限的 20% 时，应能察觉；有毒燃气泄漏到空气中，达到对人体允许的有害浓度时，应能察觉。

有毒燃气是指含有一氧化碳、氰化氢等有毒成分的燃气。对含有高浓度 CO 的燃气和无味的燃气规定施行强制加臭。规范中对加臭量没有提出明确要求，但提供了计算的思路。针对理论加臭量和实际加臭量，一些文献提出了不同的计算公式。而在理论加臭量中又分为无毒燃气加臭量计算和有毒燃气加臭量计算。在《城镇燃气加臭技术规程》CJJ/T 148—2010 条文说明中，对无毒燃气加臭量和有毒燃气加臭量的最小量给出了理论计算公式，但实际加臭量要考虑管道长度、材质、腐蚀情况和燃气成分等因素。因为影响加臭量的因素很多，如管道太长会造成管壁及土壤吸附量过大，臭味强度随着管道长度增加而越来越小，甚至会出现失效现象。由于燃气的种类很多，组成也非常复杂，再加上影响加臭效果的不确定因素较多，在决定加臭量时，可先进行理论计算，然后确定实际加臭量。

　　在一些特殊情况下，如临时利用加臭剂寻找地下管道的漏气点时，因管道漏失掉的加臭剂，可比上述理论计算定额高 10 倍，这是因为燃气经土壤漏失时，大部分加臭剂被土壤吸附了。新管线投入使用的最初阶段，加臭剂的加入剂量应比正常使用量高 2 ~ 3 倍，直到管壁铁锈和沉积物等被加臭剂饱和。在确定加臭剂用量时，还应结合当地燃气的具体情况和采用加臭剂的种类等因素，有条件时宜通过试验确定。

3. 燃气加臭工艺

　　从燃气、加臭剂两种物质进行混合的过程看，燃气加臭过程可以分为注入式和吸收式两种。注入式是将液态加臭剂的液滴或细液流直接加入燃气管道，加臭剂蒸发后与燃气气流混合。注入式加臭方式有直接滴入式（或称差压式）、计量泵加压注入式。吸收式是将液态加臭剂在加臭装置中蒸发，然后将部分燃气引至加臭装置中，使燃气与加臭剂蒸气混合，加臭后的燃气再返回主管道与主流燃气混合。吸收加臭方式有绒芯式、喷淋式、鼓泡式等。几种加臭工艺中，采用计量泵的自动控制加臭工艺最适合我国国情。首先，计量泵自动控制加臭工艺加臭精度较高，可以满足国家推荐的值。其次，目前计量泵自动控制加臭工艺设备造价虽比其他类型稍高，但由于加臭量准确，可以避免加臭剂的浪费，减少对管网的腐蚀，运行成本比其他方式要省，综合价格低。再次，这种工艺设备均采用不锈钢材质，无泄漏，维修量极少，只需简单监护。

2.3　城市燃气设施构成

　　燃气设施，是指人工煤气生产厂、燃气储配站、门站、气化站、混气站、加气站、灌装站、供应站、调压站、市政燃气管网等的总称，包括市政燃气设施、建筑区划内业主专有部分以外的燃气设施以及户内燃气设施等。典型的城市燃气系统构成如图 2-1 所示。

2.3.1　市政燃气设施

2.3.1.1　燃气厂站

　　燃气厂站包括用于燃气生产、净化、接收、储配、灌装和加气等的场所，主要类别有门站、储配站、气化站、混气站、瓶组站和加气站等。

　　其中，门站是燃气长输管线和城市燃气输配系统的交接场所，由过滤、调压、计量、配气、加臭等设施组成。是城市输配系统的气源点，也是天然气长输管线进入城市燃气管网的配气站，其任务是接收长输管线输送来的燃气，在站内进行过滤、调压、计量、加臭，

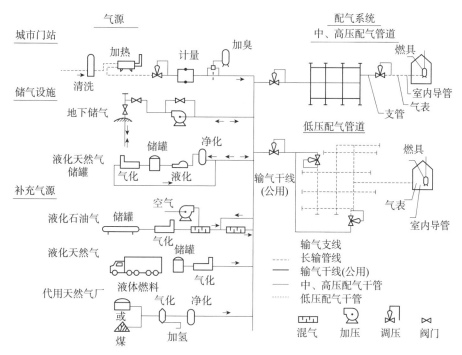

图 2-1　典型的城市燃气系统构成

分配后送入城市输配管网或直接送入大用户。主要设备包括除尘设备、计量设备和加臭装置。门站由下游城市燃气公司建设并运行，很多天然气分输站与门站毗邻建设。

　　储配站是城市燃气输配系统中，储存和分配燃气的场所，由具有接收、储存、配气、计量、调压或加压等功能的设施组成。主要设备包括储气罐和压缩机，其作用主要有储存一定量燃气以供用气高峰时调峰；当输气设施发生暂时故障、维修管道时，保证一定程度的供气；对使用的多种燃气进行混合，使其组分均匀；同时将燃气加压（减压）以保证输配管网或用户燃气具前燃气有足够的压力。

　　门站和储配站应具有过滤、调压、计量、气质检测、安全放散、安全切断、使用线和备用线的自动切换等主要功能，且要求在保证精确调压和流量计量的前提下，设计多重的安全措施，确保用气的长期性、安全性和稳定性。

　　气化站通过对液化气源进行气化、复热、调压、计量后对用气点供气，气化站主要工艺设备有储罐、气化器及仪表系统等。液化石油气气化站是由储存和气化设备组成，将液态液化石油气转变为气态液化石油气，经稳压后通过管道向用户供气的专门场所。液化天然气气化站是利用液化天然气储罐作为储气设施，具有接收、储存、气化、调压、计量、加臭功能，并向城市燃气输配管网输送天然气的专门场所。

　　瓶组站包括液化石油气瓶组气化站、压缩天然气瓶组供气站和液化天然气瓶组气化站等。瓶组站是利用气瓶组为储气设施，向城市燃气输配管网输送燃气或通过气化设备实现气化转换的专门场所。

加气站是通过加气机为燃气汽车储气瓶充装车用液化石油气、压缩天然气、液化天然气，或通过加气柱为压缩天然气车载储气瓶组充装压缩天然气，并可提供其他便利性服务的场所。加气站设备主要包括气体干燥器、压缩机组、储气瓶组、加气装置等。

混气站是配置有储存、气化和混气装置，将液态液化石油气转换为气态液化石油气后，与空气或其他可燃气体按一定比例混合配制成混合气，并向用户供气的生产设施，及布置这些设备、设施的房间、场地和辅助用房的统称。

燃气厂站是城市市政设施重要组成部分之一，其选址应符合城市总体规划和城市燃气规划的要求，同时应遵循保护环境、节约用地的原则；较大容积储存燃气的大型厂站，其危险性相对较大，发生事故时影响范围较大，可能造成严重后果，规定其建设在城乡的边缘或相对独立的安全地带，远离人员密集场所，避免造成重大人员伤亡。当燃气厂站具有汽车加气功能时，汽车加气区、加气服务用站房与站内其他设施应采取围护结构分隔，以减少燃气厂站各分区之间相互影响，同时也避免和厂站运营无关人员随意进入生产区域。燃气厂站边界应设置围护结构，以阻止无关车辆和人员进入站区。同时，燃气厂站内建筑物与厂站外建筑物之间的间距应符合防火的相关要求。燃气厂站内的建（构）筑物及露天钢质燃气储罐、设备和管道应采取防雷接地措施。

2.3.1.2　市政燃气管道

城市燃气管道包括输气管道、配气管道、用户引入管和室内燃气管道，其中输气管道指城市燃气门站至城市配气管道之间的管道；配气管道指在供气地区将燃气分配给居民用户、商业用户和工业企业用户的管道，包括街区和庭院的燃气分配管道；用户引入管指室外配气支管与用户室内进口管总阀门之间的管道；室内燃气管道指通过用户管道引入口的总阀门将燃气引向室内，并分配到每个燃气用具的管道。根据敷设方式分类，又可分为地下燃气管道和架空燃气管道，其中地下燃气管道是在城市中常采用的地下敷设的管道；架空燃气管道是在管道越过障碍时，或在工厂区为了管理维修方便，采用架空敷设的管道。

1. 管材

随着对燃气管道安全、环保、经济性要求的日益提高，管材的选择也变得越来越重要，必须根据燃气的性质、系统压力及施工要求来选用，并满足机械强度、抗腐蚀、抗震及气密性等各项基本要求。燃气管材选择需遵循管道经久耐用的原则，根据燃气管道的应用要求，更好地承受和抵抗气体压力及外在因素的侵蚀，保证输气管道的耐用性和安全性。常用燃气管道管材及特性如下：

（1）钢管

钢管是一种最常见的燃气管道材料，它具有强度高、耐热、易于安装和维护的优点，适用于各种压力级别的城市燃气管道。但钢管耐腐蚀性较差，必须采取可靠的防腐措施；为了降低这些风险现在采用的钢管已大大改进了质量，经过特殊处理，使其更具有抗腐蚀性。常用的钢管有普通无缝钢管和焊接钢管，钢管一般可以用螺纹、焊接和法兰等方式进行连接。

（2）聚乙烯管

聚乙烯管作为一种新型的管道材料，已经成为燃气供应领域的重要选项。它具有质轻、耐腐蚀、流体流动阻力小、气密性好、成本低等优点，而且安装方便快捷，可以采用热熔方式进行连接。但是，其机械强度较低不如钢管，且易受到紫外线的影响而老化。聚乙烯管可以采用螺纹、承插粘接、承插焊接和电热熔等方式实现连接。

（3）铸铁管

铸铁管是一种传统的管道材料，特别是在老式建筑中的燃气输送应用较为普遍。铸铁管具有质地坚实、耐腐蚀性能强、价格便宜等特点，可以承受一定的压力和撞击。不过，由于铸铁管比较脆，承载应力小，接口气密性较差，与其他管道材料相比，受限条件较多，常用于中、低压燃气管道。铸铁管按材质分为普通铸铁管、高级铸铁管和球墨铸铁管，其中球墨铸铁管随着铸造技术的发展，铸铁管的机械性能极大增强，从而提高了安全性，降低了维护费用。铸铁管的连接一般为承插、螺栓压盖和法兰三种方式。

（4）其他管材

有时还使用有色金属管材如铜管或铝管，或者不锈钢管，由于其价格昂贵只在特殊场合下使用。在室内管道上还可使用不锈钢波纹管、铝质软连接管、铝塑和钢塑复合管。

2. 附属设备

为了保证城市燃气管网的安全运行并考虑到检修接线方便，在管道的适当地点需设置必要的附属设备，主要有阀门、补偿器、放散管、排水器、阀井、过滤装置等。

（1）阀门

阀门可用于接通或切断管路各段的介质，也可用于调节管路的流量压力，改变流动介质的方向。按构造可分为闸阀、球阀、截止阀、安全阀、止回阀、旋塞阀、节流阀、蝶阀、减压阀等。其中常用阀门中，闸阀的流体是沿直线通过阀门，阻力损失小，闸板升降引起的振动也很小；但当燃气中存在杂质或异物并积存在阀座上时，阀门不能完全关闭。旋塞阀是一种动作灵活的阀门，阀杆转 90º 即可达到启闭的要求；杂质沉积造成的影响比闸阀小，广泛用于燃气管道上。截止阀依靠阀瓣的升降以达到开阀和节流的目的，这类阀门使用方便，安全可靠，但阻力较大。球阀体积小，完全开启时的流通断面与管径相等；这种阀门动作灵活，阻力损失小，还可以用于通球清扫的管段。

（2）补偿器

补偿器是用于消除管段胀缩对管道所产生应力的设备，常用于架空管道和需要进行蒸气吹扫的管道上；安装在阀门的下侧（按气流方向），利用其伸缩性能，方便阀门的拆卸和检修。常见形式有波形补偿器，其是一种以金属薄板压制并拼焊起来，利用凸形金属薄壳挠性变形构件的弹性变形，来补偿管道的热伸缩量的一种补偿器，根据其形状可分为波形、盘形、鼓形和内凹形等四种；波形补偿器的构造特点是其外径较管子大得不多，故在安排相对位置时，几乎不专门占用空间，工作时只发生轴向变形；缺点是制造比较困难、耐压强度低，每个波的补偿量只有 5 ~ 20mm。波纹管补偿器是为了防止多波节波形补偿器对称变形的破坏，减少固定支架承受的推力，提高使用期限，出现了单双波纹管补偿器。橡胶—卡普隆补偿器，它是带法兰的螺旋波纹软管，软管是用卡普隆布作夹层的胶管，外层用粗卡普隆绳加强，其补偿能力在拉伸时为 150mm。

（3）放散管

用来排放管道中的空气或燃气的装置。在管道投入运行时利用放散管排空管道内的空气，用燃气进行置换。防止在管道内形成具有爆炸性的燃气—空气混合气体，在管道或设备检修时，可利用放散管，以空气进行置换，排空管道内的燃气。放散管一般也设在阀门井中，在管网中安装在阀门的前后，在单向供气的管道上则安装在阀门之前。

（4）排水器

排水器是为了排除燃气管道中的冷凝水和天然气管道中的轻质油，管道敷设时应有一定坡度，以便在低处设排水器，将聚集的水或油排出。排水器的间距，视水量和油量多少而定。依据管道中燃气压力的不同，排水器分为不能自喷和能自喷两种。

（5）阀井

为保证管网的安全与操作方便，地下燃气管道上的阀门一般都设置在阀井中。阀井应坚固耐久，有良好的防水性能，并保证检修时有必要的空间。考虑到操作人员的安全，井筒不宜过深。

（6）过滤装置

过滤装置是用于去除管道中输送的燃气杂质，这些杂质如水、硫化铁粉末、泥砂等。经过滤保证用户得到干净的燃气，同时防止杂质进入各种计量调压设施、燃烧器和用户管道造成堵塞，影响正常供气。目前常用的过滤装置，按结构形式可分为 Y 形、角式、筒式三种；按安装形式可分为立式、卧式两种。

（7）其他要求

高压 A 及高压 A 以上的气态燃气输配管道不应敷设在居住区、商业区和其他人员密集区域、机场车站与港口及其他危化品生产和储存区域内。输配管道的设计工作年限不应少于 30 年。输配管道与附件的材质应根据管道的使用条件和敷设环境对强度、抗冲击性等机械性能的要求确定。输配管道上的切断阀门应根据管道敷设条件，按检修调试方便、及时有效控制事故的原则设置。埋地钢质输配管道应采用外防腐层辅以阴极保护系统的腐蚀控制措施。新建输配管道的阴极保护系统应与输配管道同时实施，并应同时投入使用。埋地钢质输配管道埋设前，应对防腐层进行 100% 外观检查，防腐层表面不得出现气泡、破损、裂纹、剥离等缺陷。不符合质量要求时，应返工处理直至合格。输配管道的外防腐层应保持完好，并应定期检测。阴极保护系统在输配管道正常运行时不应间断。聚乙烯管道不得采用明火加热连接。输配管道安装结束后，必须进行管道清扫、强度试验和严密性试验，并应合格。

2.3.1.3　调压设施

为了对城市燃气输配管网中的燃气进行压力调节与控制，需设置燃气调压设施。其作用就是将高压燃气降到所需的压力，并使其出口压力保持不变；调压设施中调压器是其主要设备。在城市燃气输配管网系统中，燃气调压设施设在城市燃气气源、门站、储配站、气化站、加压站、配气站、加气站、各级压力管网之间、分配管网与用户处。按城市燃气输配系统中的位置与作用，燃气调压设施可分为：厂站调压设施、专用调压设施和用户调压设施。按调压设施围护结构形式，燃气调压设施可分为：露天调压设施、调压站、调压柜和调压箱。

进口压力为次高压及以上的区域调压装置应设置在室外独立的区域、单独的建筑物或箱体内。在独立设置的调压站或露天调压装置的最小保护范围内，不得从事下列危及燃气调压设施安全的活动：建设建筑物、构筑物或其他设施；进行爆破、取土等作业；放置易燃易爆危险物品；其他危及燃气设施安全的活动。在独立设置的调压站或露天调压装置的最小控制范围内从事上述活动时，应与燃气运行单位制订燃气调压设施保护方案并采取安全保护措施。在最小控制范围以外进行作业时，仍应保证燃气调压设施的安全。调压设施周围应设置防侵入的围护结构。调压设施范围内未经许可的人员不得进入。在容易出现较高侵入危险的区域应对站点增加安全巡检次数或设置侵入探测设备。调压设施周围的围护结构上应设置禁止吸烟和严禁动用明火的明显标志。无人值守的调压设施应清晰地标出方便公众联系的方式。调压站的调压装置设置区域应有设备安装、维修及放置应急物品的空间和设置出入通道的位置。露天设置的调压装置应采取防止外部侵入的措施，并应与边界围护结构保持可防止外部侵入的距离。设置调压装置的建筑物和容积大于 1.5m 的调压箱应具有泄压措施。调压站、调压箱、专用调压装置的室外或箱体外进口和出口管道上均应设置切断阀门。阀门至调压站、调压箱、专用调压装置的室外或箱体外的距离应满足应急操作的要求。设置调压装置的环境温度应保证调压装置活动部件正常工作，并应符合下列规定：湿燃气，不应低于 0℃；液化石油气，不应低于其露点。对于存在相对密度大于或等于 0.75 的可燃气体的空间，应采用不发火花地面，人能够到达的位置应使用防静电火花的材料覆盖。当调压节流效应使燃气的温度可能引起材料失效时，应对燃气采取预加热等措施。

燃气调压站的电气、仪表设备应根据爆炸危险区域进行选型和安装，并应设置过电压保护和雷击保护装置。调压系统出口压力设定值应保持下游管道压力在系统允许的范围内。调压装置应设置防止燃气出口压力超过下游压力允许值的安全保护措施。当发生出口压力超过下游燃气设施设计压力的事故后，应对超压影响区内的燃气设施进行全面检查，确认安全后方可恢复供气。

2.3.2　用户燃气设施

2.3.2.1　用户供气设备

1. 室内燃气管道

用户燃气管道分为表前管道和表后管道，表前管道是从进户主管道连接到燃气表这段距离的管道，表后管道是从燃气表连接到灶前阀门这段距离的管道，用户燃气管道是连通燃气表、燃气阀门和燃气用具的输送燃气的设备。室内燃气管道宜选用钢管，也可选用铜管、不锈钢管、铝塑复合管和连接用软管。燃气相对密度小于 0.75 的用户燃气管道当敷设在地下室、半地下室或通风不良场所时，应设置燃气泄漏报警装置和事故通风设施。暗埋和预埋的用户燃气管道应采用焊接接头。用户燃气管道的安装不得损坏建筑的承重结构及降低建筑结构的耐火性能或承载力。同时，用户燃气管道的运行压力应符合下列规定：住宅内，不应大于 0.2MPa；商业用户建筑内，不应大于 0.4MPa；工业用户的独立、单层建筑物内，不应大于 0.8MPa；其他建筑物内，不应大于 0.4MPa。

2. 燃气表

用户用气量的计量装置，目前户用燃气表主要有膜式燃气表、IC 卡燃气表、超声波燃气表、切断型燃气表，无线远传燃气表等种类。燃气用户应单独设置燃气表，燃气表应根据燃气的工作压力、温度、流量和允许的压力降（阻力损失）等条件选择。用户燃气表的安装位置，应符合下列要求：（1）宜安装在不燃或难燃结构的室内通风良好和便于查表、检修的地方。（2）严禁安装在下列场所：卧室、卫生间及更衣室内；有电源、电器开关及其他电气设备的管道井内，或有可能滞留泄漏燃气的隐蔽场所；环境温度高于 45℃的地方；经常潮湿的地方；堆放易燃易爆、易腐蚀或有放射性物质等危险的地方；有变、配电等电气设备的地方；有明显振动影响的地方；高层建筑中的避难层及安全疏散楼梯间内。燃气表保护装置的设置应符合下列要求：（1）当输送燃气过程中可能产生尘粒时，宜在燃气表前设置过滤器；（2）当使用加氧的富氧燃烧器或使用鼓风机向燃烧器供给空气时，应在燃气表后设置止回阀或泄压装置。

3. 表前阀

表前阀是进入各用户室内后燃气表前的一道阀门，安装在燃气表的前端管线处，是控制燃气用户户内燃气使用的总阀门，表前阀对预防户内燃气事故起重要作用。日常生活中，表前阀是不需要每次用完燃气就关闭的。下列情况需关闭表前阀：长时间不用燃气时，如长时间外出或晚上睡觉前，需把表前阀关闭；当表前阀或表前阀后的燃气设施发生故障或出现其他情况时，应关闭表前阀，及时拨打报修电话。

4. 灶前阀

灶前阀是燃气管道与燃气具连接软管之间的控制阀，安装在连接燃气具与燃气表软管的前端管线处，主要控制燃气具的使用。每次用完燃气后，用户须关闭灶前阀；如不关闭，常会因软管故障（如软管老化、破损、脱落等）或燃气具故障没能及时被发现而造成燃气泄漏。

5. 自闭阀

自闭阀是安装在居民户内燃气管道上，通过识别期间的燃气压力参数变化，当超过安全设定值时自动关闭阀门，切断气源，从而实现超压、欠压和过流自动关闭功能的安全技防装置。自动关闭后须手动开启。家庭用户管道应设置当管道压力低于限定值或连接灶具管道的流量高于限定值时能够切断向灶具供气的安全装置。

2.3.2.2　用户用气设备

1. 居民用气设备

居民用气设备应采用低压燃气，且用气设备前的燃气压力应在其额定压力的 0.75 ~ 1.5 倍范围内。家庭用户的燃具应设置熄火保护装置，且严禁放置在卧室内，应安装在通风良好、具有给排气条件、便于维护操作的厨房、阳台、专用房间等符合燃气安全使用条件的场所。当居民用户使用液化石油气钢瓶供气时，应注意：不得采用明火试漏，不得拆开修理角阀和调压阀，不得倒出处理瓶内液化石油气残液，不得用火、蒸汽、热水和其他热源对钢瓶加热，不得将钢瓶倒置使用，不得使用钢瓶互相倒气。

常见居民用气设备主要有家用燃气灶具、家用燃气热水器和燃气采暖热水炉。

（1）家用燃气灶具

家用燃气灶具按式样可划分为单眼灶、双眼灶、多眼灶等，按安装方式可划分为台式和嵌入式灶两种，按燃气种类可分为液化石油气灶、天然气灶、人工煤气灶。常用点火方式有电子点火与脉冲点火两种。家用燃气灶的结构主要由框架、灶面、燃烧器、点火器、燃气阀门、喷嘴、炉架、防水盘、燃气管路等组成。家用燃气灶具常见安全装置有熄火保护装置、饭锅温控装置、油温过热控制装置和集成灶烟道防火安全装置，《家用燃气灶具》GB 16410—2020 规定：所有类型的灶具（不含室外使用产品，例如：燃气烤炉）每一个燃烧器均应设有熄火保护装置。燃气灶从售出当日起，判废年限应为 8 年；判废年限有明示的，应以企业产品明示为准，但是不应低于以上的规定年限。

（2）家用燃气热水器

家用燃气热水器按使用燃气的种类可分为人工煤气热水器、天然气热水器和液化石油气热水器。按安装位置及给排气方式可分为室内型和室外型，其中室内型又可分为自然排气式、强制排气式、自然给排气式和强制给排气式。按使用用途则可分为供热水型、供暖型和两用型。燃气热水器的主要部件有阀门、燃烧系统、水路系统、启动控制装置、点火装置、防倒风排烟罩、排烟管、给排气管、风机、燃气/空气比例控制装置和遥控装置等，涉及的安全装置主要有熄火保护装置、防干烧安全装置（不适用于供暖、两用热水器）、防止不完全燃烧安全装置、烟道堵塞和风压过大安全装置、燃烧室损伤安全装置、自动防冻安全装置和再点火安全装置。《家用燃气快速热水器》GB 6932—2015规定："热水器应设有熄火保护装置，在正常燃烧火焰熄灭时应能安全关闭燃气供给，且不受其他装置的影响""热水器应设有防干烧安全装置，该装置应独立于控制装置之外，在水管路内水温超过110℃之前应能安全关闭燃气供给""自然排气式热水器应设有防止不完全燃烧安全装置，在使用环境CO含量超过0.03%之前应能安全关闭燃气供给""强制排气式热水器应设置烟道堵塞安全装置和风压过大安全装置，在排烟管烟道被堵塞或排烟阻力过大时应能安全关闭燃气供给"。使用人工煤气的快速热水器和容积式热水器的判废年限应为6年，使用液化石油气和天然气的快速热水器和容积式热水器的判废年限应为8年。

（3）燃气采暖热水炉

燃气采暖热水炉按烟气中水蒸气利用可分为冷凝炉和非冷凝炉，按用途可分为单采暖型和两用型，按燃烧方式可分为全预混式和大气式，按采暖系统结构形式可分为封闭式和敞开式，按采暖最大工作水压可分为2级耐压和3级耐压。燃气采暖热水炉主要结构包括燃气系统、燃烧系统、换热系统、水路动力及安全系统、烟气排放系统和电控系统。涉及的安全装置主要有控制温控器、限制温控器、过热保护装置、烟温限制装置、泄压阀、排气装置、风压保护装置和室外型采暖炉防冻功能。《燃气采暖热水炉》GB 25034—2020规定："当控制温控器设定在最高温时，在采暖出水温度高于95℃之前采暖炉应至少受控停机，生活热水出水温度高于85℃之前采暖炉应至少受控停机""限制温控器在出水温度高于110℃之前应安全关闭采暖炉""过热切断温度值应不可调节，采暖炉的正常运行不应导致该装置的设定值发生变化""传感器与控制器间信号中断时应至少安全关闭采暖炉""室外型采暖炉的安装环境温度低于0℃时，应设置自动防冻功能"。使用人工煤气的采暖热水炉的判废年限应为6年，使用液化石油气和天然气的采暖热水炉的判废年限应为8年。

2. 商业用气设备

商业用气设备宜采用低压燃气设备，应设置在通风良好、符合安全使用条件且便于维护操作的场所，并应设置燃气泄漏报警和切断、熄火保护等安全装置，大中型用气设备应有防爆装置、热工检测仪表和自动控制系统。公共用餐区域、大中型商店建筑内的厨房不应设置液化天然气气瓶、压缩天然气气瓶及液化石油气气瓶。

3. 工业用气设备

工业企业用气设备的用气压力高于城镇供气管道压力时，需要安装加压设备。每台用气设备应有观察孔或火焰监测装置，并宜设置自动点火装置和熄火保护装置，同时用气设备上应有热工检测仪表。用气设备供气管道上应安装低压和超压报警以及紧急自动切断阀，烟道和封闭式炉膛均应设置泄爆装置，鼓风机和空气管道应设静电接地装置。用气设备的燃气总阀门与燃烧器阀门之间，应设置放散管。燃气燃烧需要带压空气和氧气时，应有防止空气和氧气回到燃气管路和回火的安全措施，且工业企业生产用气设备应安装在通风良好的专用房间内。

本章参考文献

[1]　中华人民共和国国家质量监督检验检疫总局，中国国家标准化管理委员会. 城镇燃气分类和基本特性：GB/T 13611—2018[S]. 北京：中国标准出版社，2018.
[2]　詹淑慧，徐鹏. 燃气供应 [M]. 3 版. 北京：中国建筑工业出版社，2023.
[3]　段常贵. 燃气输配 [M]. 5 版. 北京：中国建筑工业出版社，2015.
[4]　同济大学，重庆大学，哈尔滨工业大学，等. 燃气燃烧与应用 [M].4 版. 北京：中国建筑工业出版社，2011.
[5]　张爱凤. 燃气供应工程 [M]. 合肥：合肥工业大学出版社，2009.
[6]　中华人民共和国住房和城乡建设部，国家市场监督管理总局. 燃气工程项目规范：GB 55009—2021[S]. 北京：中国建筑工业出版社，2021.
[7]　姜正侯. 燃气工程技术手册 [M]. 上海：同济大学出版社，1993.
[8]　中华人民共和国住房和城乡建设部. 城镇燃气加臭技术规程：CJJ/T 148—2010[S]. 北京：中国建筑工业出版社，2010.
[9]　李猷嘉. 燃气输配系统的设计与实践 [M]. 北京：中国建筑工业出版社，2007.
[10]　严铭卿. 燃气工程设计手册 [M]. 2 版. 北京：中国建筑工业出版社，2019.
[11]　住房和城乡建设部标准定额研究所.《燃气工程项目规范》GB 55009 实施指南 [M]. 北京：中国建筑工业出版社，2022.

第 3 章　燃气泄漏与扩散

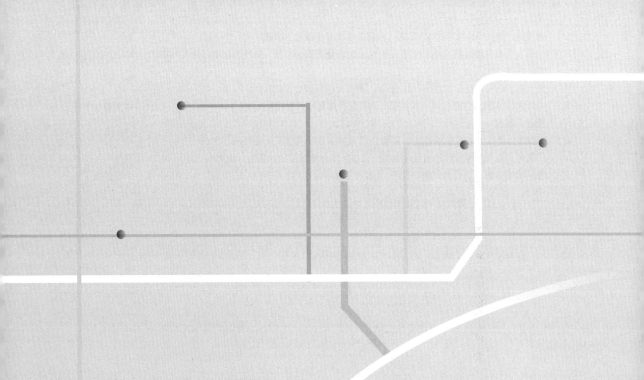

3.1 燃气管道的泄漏与扩散

3.1.1 燃气管道的泄漏

燃气管道泄漏是由意外导致燃气从管道泄漏在空气中。燃气泄漏是燃气供应系统中最典型的事故，燃气火灾和爆炸绝大部分情况下都是由燃气泄漏引起的，即使不造成大的人员伤亡事故，燃气泄漏也会导致资源的浪费和环境的污染。

3.1.1.1 泄漏的原因

城镇燃气管道泄漏大致由以下几种情况造成。

1. 开挖损坏

开挖损坏主要涉及的是第三方破坏，主要是指管道在外力的作用下导致破坏的情况，包括由于施工作业挖断管道导致的泄漏，由于埋设管道的地面负重过大而压裂管道导致的泄漏，由于个人原因在管道上非法钻孔导致的泄漏等。影响管道出现此类事故的因素主要有：

（1）最小埋深

为避免管道发生损坏，一般情况下管道都是埋地铺设。根据资料显示，管道的埋深直接影响管道的安全状况，因为管道上方的覆土对外界环境的变化有一定的缓冲作用，特别是对第三方破坏有着很好的防护作用。研究表明，管道埋深越深，管道损坏的可能性越小。对一些环境特别复杂的地区，如河流底部、山区，进行管道铺设时要加设套管以保证管道的安全，这也可以认为是增加管道的埋深。

（2）活动水平

管道的安全状况与管道埋设地区周围的活动状况有关，活动状况是指管道埋设地区的施工状况，公路、铁路通过情况等。管道埋设地区周围的活动状况越频繁，导致管道发生故障的可能性就越大。

（3）公众教育程度

管道的第三方破坏和公众的教育程度有很大的关系，由于第三方破坏导致的管道故障大部分是由于公众的无意识行为造成的，如施工前没有全面了解施工地区设备设施情况等。实践证明，正确普及管道安全知识和法律知识能够有效地减少管道的第三方破坏。

2. 腐蚀造成的泄漏

造成燃气管道腐蚀的原因主要有以下几种：

（1）燃气管道的外防腐层由于外界因素被破坏后，管道直接与土壤接触，形成化学腐蚀和电化学腐蚀；

（2）阴极保护失效；

（3）管道长期处于潮湿的具有腐蚀性的介质中；

（4）管道因传输腐蚀性的介质而造成腐蚀穿孔。

3. 自然外力与自然灾害

自然外力与自然灾害如土体移动、雷电、地震、泥石流、暴雨／洪水、高／低温、大风等对燃气管道的危害极大，并且突发性比较大，易造成燃气管道的断裂泄漏；另外，由于外界环境变化的原因，管道容易发生应力破坏导致泄漏。

4. 材料、焊接缺陷

城镇燃气管道在材料、焊接上的缺陷主要是指燃气管道在制造时由于使用的材料未达标准或制造工序（如焊接等）上发生了工艺缺陷，这会极大增加后续城镇燃气管道泄漏的概率。

5. 其他外力损伤

其他外力损伤诸如火灾、爆炸、机动车撞击等突发的安全事故；他人的恶意破坏，以及第三方施工爆破等其他行为，都会对燃气管道造成一定程度的损坏，进而导致燃气管道发生泄漏，造成难以预料的后果。

6. 误操作

误操作中以人为的违章操作为主。违章操作导致燃气管道的泄漏事故主要分为：

（1）对应检修的管道没有及时检修，留下故障隐患；

（2）个别单位或用户未经有关部门允许，在原管线的基础上私自改接，留下故障隐患；

（3）由于操作人员的误操作或违章操作，使管道或设备超压，引起泄漏。

7. 设备失效

由于燃气管道会有阀门、压力表等仪器设备，还有自动控制等智能化设备，如果长时间疏于检测，不及时更换仪器设备，会出现由于设备失效而导致燃气发生泄漏的问题。

8. 其他原因

（1）其他施工单位，在施工前未能考虑施工地段的管道铺设情况，盲目开挖，直接导致燃气管道的断裂泄漏。目前由于野蛮施工造成的管道泄漏事故的比例已经超过50%，成为造成城市燃气管道泄漏事故的主要原因。

（2）其他市政设施，如供电线、电缆线等铺设时未考虑与管道的安全间距，使得管道周围存在杂散电流，易造成管道的杂散电流腐蚀。

3.1.1.2　泄漏程度分级及泄漏量

泄漏孔直径与管道直径的百分比称为泄漏孔径比 β。按照 β 值的范围，管道泄漏程度总体分为三类：小孔泄漏、大孔泄漏、管道泄漏。

按照上述三类分法，难以准确描述泄漏的严重程度，管道泄漏程度等级划分如表 3-1 所示。

管道泄漏程度等级划分　　　　　　　　　　　表 3-1

泄漏孔径比	小孔泄漏	大孔泄漏				管道泄漏
		1	2	3	4	
β	0 ~ 10%	10% ~ 30%	30% ~ 50%	50% ~ 70%	70% ~ 90%	90% ~ 100%

在不同的泄漏程度下，泄漏孔平均直径不同，泄漏点泄漏工况不同，泄漏量的计算方法也不尽相同。

小孔模型假设泄漏口尺寸很小，将管道比作一个大的容器，小孔的泄漏对管道内的介质输送没有影响，内部输送压力不变，从小孔泄漏的气体不考虑管道对其的摩擦作用，泄漏速度保持不变。一般认为，当泄漏孔径比在 0 ~ 10% 时，适宜采用小孔模型，可以把泄漏气体看成可压缩气体，使用流体力学的动量守恒方程、能量守恒方程及连续性方程来分析气体的泄漏过程。

当管道内外压差满足 $\dfrac{P_0}{P_e} \leqslant \left(\dfrac{2}{k+1}\right)^{\frac{k}{k-1}}$ 时（P_e 为泄漏口的临界压力，MPa），气体流动为声速流动，流量计算公式为：

$$Q_m = C_d AP \sqrt{\left(\frac{Mk}{RT_L}\right)\left(\frac{2}{k+1}\right)^{\frac{k+1}{k-1}}}$$　　　　　　（3-1）

当管道内外压差满足 $\dfrac{P_0}{P_e} > \left(\dfrac{2}{k+1}\right)^{\frac{k}{k-1}}$ 时，气体流动为亚声速流动，流速计算公式为：

$$Q_m = C_d AP \sqrt{\frac{2k}{k-1}\frac{M}{RT_L}\left[\left(\frac{P_0}{P}\right)^{\frac{2}{k}} - \left(\frac{P_0}{P}\right)^{\frac{k+1}{k}}\right]}$$　　　　（3-2）

上两式中　　Q_m——管道泄漏量，kg/s；

　　　　　　k——气体绝热系数，天然气一般取值为 1.334；

　　　　　　T_L——天然气泄漏前热力学温度，K；

P——管内燃气的绝对压力，MPa；

P_0——环境压力，一般为一个大气压，0.1MPa；

C_d——气体泄漏系数，当泄漏孔形状为圆形时取 1.00，三角形时取 0.95，矩形时取 0.90；

M——气体摩尔质量，kg/mol；

A——裂口面积，m²。

大孔泄漏模型是泄漏口尺寸介于小孔与管道断裂之间的一种模型，当管道泄漏孔径与管道直径比值在 10% ~ 90% 时，适宜使用大孔泄漏模型。大孔泄漏模型假设管道内部输送介质为绝热状态，在泄漏点假设为等熵过程，输送介质也为理想气体。结合能量、动量、质量守恒定律，构建燃气流动模型。

对于实际燃气输送管道，当管道泄漏孔径较小时，泄漏处管道中心点压力 P_c 略低于起始点压力 P_s，但是远远大于泄漏口处的压力 P_0，此时管道泄漏过程是管道内为亚临界流，泄漏孔为临界流，采用式（3-3）计算：

$$Q_m = AP_c \sqrt{\left(\frac{Mk}{RT_c}\right)\left(\frac{2}{k+1}\right)^{\frac{k+1}{k-1}}} \qquad (3-3)$$

当泄漏孔孔径较大时，泄漏处管道中心点压力 P_c 低于起始点压力 P_s，但仍大于泄漏口处的压力 P_0，此时管道内和泄漏孔均为临界流，采用式（3-4）计算：

$$Q_m = AMaP_s \sqrt{\left(\frac{Mk}{RT_s}\right)\left(\frac{2}{k+1}\right)^{\frac{k+1}{k-1}}} \qquad (3-4)$$

式中　T_s——管道起点处气体热力学温度，K；

Ma——管道起点处马赫数；

其他参数同式（3-2）。

当泄漏孔径与管道直径比值大于 90% 时，即燃气管道发生完全断裂或者孔径与管径相接近时可采用管道模型来进行计算。模型中泄漏处对应的管道内和泄漏孔之间不再是等熵膨胀，同时还有内摩擦对管道内气体流动的影响。

在外力的作用下，燃气管道容易发生断裂，进而发生大断面泄漏，泄漏量大，管道内压力下降明显。可采用如下公式：

$$Q_m = AY_g \sqrt{\frac{2g\rho\left(P_s - P_c\right)}{F}} \qquad (3-5)$$

$$F = \sum K_f = \sum \frac{4f_1 L_1}{d} \qquad (3-6)$$

式中　Q_m——天然气的质量流量，kg/s；

Y_g——气体膨胀系数；

　g——重力加速度，$9.8m/s^2$；

　ρ——管道中的气体密度，kg/m^3；

P_s——管道起点处气体压力，Pa；

P_c——泄漏处管道中心点压力，Pa；

　F——差损失项；

K_f——不同规格管道的差损失项；

f_1——摩擦系数，无量纲；

　d——管道内径，m；

L_1——起点到泄漏点不同规格管道长度，m。

3.1.2　燃气扩散形式

　　泄漏燃气的扩散模型与泄漏燃气物理性质、泄漏管道系统的周边环境和气候条件有极大的关系。泄漏燃气温度、密度与扩散介质的差异及风速和泄漏现场各类障碍物的存在，使泄漏燃气扩散模拟变得十分复杂。

3.1.2.1　射流扩散

　　燃气从压力管道直接泄漏到大气中时，通常会在泄漏源附近形成紊流气体射流。因此燃气在泄漏口附近的浓度、速度分布可用气体射流模型计算。

　　燃气泄漏到宽敞空间可采用自由射流模型，泄漏到密闭空间采用受限射流模型。

　　这里仅讨论静止空气中的自由紊流射流模型。紊流自由射流的射流结构分为起始段和主体段，起始段始于泄漏孔口。设泄漏孔口面积内的速度均匀且等于泄漏速度 u_0，则：

$$u_0 = \frac{q_m}{C_d \rho} \tag{3-7}$$

式中　u_0——泄漏孔速度，m^3/s；

　　q_m——燃气泄漏的质量流量，kg/s；

　　C_d——气体泄漏系数，与泄漏孔的形状有关，泄漏口为圆形时取 1.00，三角形时取 0.95，长方形时取 0.90，由内腐蚀形成的渐缩小孔取 0.90 ~ 1.00，由外腐蚀或外力冲击所形成的新扩孔，取 0.60 ~ 0.90；

　　ρ——气体密度，kg/m^3。

　　泄漏孔口之后，紊流气流不断卷吸空气，形成射流；边界层速度不断衰减，边界层厚度不断增加，浓度不断减少，到起始段末端只有中心一点的速度为 u_0，速度为 u_0 的区域为紊流核心，紊流核心内为纯燃气，边界层外为纯空气，边界层区为混合气体；起始段长度计算式为：

$$s_0 = \frac{0.67r_0}{a} \tag{3-8}$$

式中 r_0——泄漏孔口半径，m，对于非圆流出口当量半径 $r_0 = \frac{1}{2}\sqrt{\frac{4A}{\pi}}$；

　　　　A——泄漏孔面积，m^2；

　　　　a——紊流结构系数，取 0.07 ~ 0.08。

圆断面射流的射流半径沿程变化规律为：

$$\frac{R}{r_0} = 3.4\left(\frac{as}{r_0} + 0.294\right) \tag{3-9}$$

式中 R——圆断面射流半径，m；

　　　　s——截面到泄漏孔口的距离，m。

由于射流起始段的长度很小（泄漏孔口直径的 4 倍左右），因此只分析主体段的速度分布和浓度分布，主体段轴心速度 u_m 的沿程衰减公式为：

$$\frac{u_m}{u_0} = \frac{0.965}{\frac{as}{r_0} + 0.294} \tag{3-10}$$

主体段轴的浓度 C_m 的沿程衰减公式为：

$$\frac{C_m}{C_0} = \frac{0.7}{\frac{as}{r_0} + 0.294} \tag{3-11}$$

式中 C_0——泄漏孔口处燃气浓度（即燃气的浓度），对于未混空气的燃气为 100%。

主体段截面上的浓度分布和速度分布的关系如下：

$$\frac{C}{C_m} = \sqrt{\frac{u}{u_m}} = 1 - \left(\frac{y}{R}\right)^{1.5} \tag{3-12}$$

式中 C——截面上距离轴线 y 处的浓度，kg/m^3；

　　　　u——截面上距离轴线 y 处的速度，m/s；

　　　　y——射流主体段某横截面上某处到轴心的距离，m。

泄漏燃气与空气密度不相同，由于重力和浮力的不平衡，射流会产生弯曲，射流可以看成轴心线弯曲的对称射流。

3.1.2.2 绝热扩散

加压气体瞬时释放时，假定该过程中泄漏物与周围环境之间没有热量交换，则该过程属于绝热扩散过程。

泄漏气体呈半球形向外扩散。根据浓度分析情况，把半球分成两层：内层浓度均匀分布，具有 50% 的泄漏量；外层浓度呈高斯分布，具有另外 50% 的泄漏量。

绝热扩散过程分为两个阶段：首先气团向外扩散，压力达到大气压力；然后气团与周围空气掺混，范围扩大，当内层扩散速度（dR/dt）低到一定程度，认为扩散过程结束。

（1）气团扩散能

在气团扩散的第一阶段，扩散的气体的内能一部分用来增加动能，对周围大气做功。假设该阶段的过程为可逆绝热过程，并且是等熵的。

气体泄漏扩散能根据内能变化得出扩散能计算公式如下：

$$E = c_V (T_1 - T_2) - p_0 (V_2 - V_1) \tag{3-13}$$

式中　c_V——气团的定容比热，J/（kg·℃）；

　　　p_0——环境压力，Pa；

　　　T_1——气团初始温度，K；

　　　T_2——气团压力降低到大气压力时的温度，K；

　　　V_1——气团初始体积，m³；

　　　V_2——气团压力降低到大气压力时的体积，m³。

（2）气团半径与浓度

在扩散能的推动下气团向外扩散，并与周围空气发生紊流混合。

1）内层半径与浓度

随着时间的推移，气团内层半径 R_1 和浓度 C 的变化有如下规律：

$$R_1 = 1.36 \sqrt{4K_d t} \tag{3-14}$$

$$C = \frac{0.0478 V_0}{\sqrt{(4K_d t)^3}} \tag{3-15}$$

式中　t——扩散时间，s；

　　　V_0——标准状态下气体体积，m³；

　　　K_d——紊流扩散系数。其计算公式为：

$$K_d = 0.0137 \sqrt[3]{V_0} \sqrt{E} \left(\frac{\sqrt[3]{V_0}}{t\sqrt{E}} \right)^{\frac{1}{3}} \tag{3-16}$$

如上所述，当中心扩散速度（dR/dt）降到一定值时，第二阶段才结束。设扩散结束时扩散速度为 1m/s，则在扩散结束时内层半径 R_1 和浓度 C 可按下式计算：

$$R_1 = 0.08837 E^{0.3} V_0^{\frac{1}{3}} \tag{3-17}$$

$$C = 172.95E^{-0.9} \tag{3-18}$$

2）外层半径与浓度

第二阶段末气团外层的大小可根据试验观察得出，即扩散终结时外层半径 R_2 由下式求得：

$$R_2 = 1.456R_1 \tag{3-19}$$

式中　R_1、R_2——分别为气团内层、外层半径，m。

外层气团浓度自内层向外呈高斯分布。

3.1.3　燃气向无限大空间泄漏扩散模型

由第三方破坏等原因导致的直埋天然气管道泄漏，往往直接扩散至大气中。一些经典气体扩散模型被提出并广泛应用，如 Gaussian 模型（高斯烟羽模型、高斯烟团模型），具体数学表达式及适用条件如下。

1. 高斯烟羽模型

天然气管道泄漏的小孔泄漏过程泄漏量较小，泄漏时间长，可以看作连续泄漏源。高斯烟羽模型的计算公式为：

$$C\left(x,\ y,\ z,\ h\right) = \frac{Q}{2\pi\sigma_y\sigma_z} \cdot e^{-\frac{1}{2}\left(\frac{y}{\sigma_y}\right)^2} \cdot \left[e^{-\frac{1}{2}\left(\frac{z-H}{\sigma_z}\right)^2} + e^{-\frac{1}{2}\left(\frac{z+H}{\sigma_z}\right)^2}\right] \tag{3-20}$$

式中　C——空间中任意一点的天然气浓度，kg/m^3；

　　　σ_y——y 下风向扩散系数，m^2/s；

　　　σ_z——z 下风向扩散系数，m^2/s；

　　　H——泄漏源高度，m；

　　　Q——天然气的泄漏速率，kg/s。

2. 高斯烟团模型

当管道发生破裂或大孔泄漏时，泄漏量巨大，一般会引起管道上截断阀的动作，进而阻止管道内气体的继续泄漏。这种情况下可以将泄漏扩散过程视为瞬时泄漏扩散过程，用高斯烟团模型进行分析，其计算公式为：

$$C\left(x,\ y,\ z,\ t\right) = \frac{m_c}{\sqrt{2}\pi^{3/2}\sigma_x\sigma_y\sigma_z} \cdot e^{-\frac{1}{2}\left(\frac{y^2}{\sigma_y^2} + \frac{(x-ut)^2}{\sigma_x^2}\right)} \cdot \left[e^{-\frac{1}{2}\left(\frac{z-H}{\sigma_z}\right)^2} + e^{-\frac{1}{2}\left(\frac{z+H}{\sigma_z}\right)^2}\right] \tag{3-21}$$

式中　σ_x——下风向扩散系数，m^2/s；

　　　m_c——瞬时泄放的总泄漏量，kg；

　　　u——当地平均风速，m/s；

t——泄漏时间，s。

e 是指自然对数的底，其值约等于 2.718281828459…。

由上述可知，高斯模型在推导过程中忽略了泄漏孔处气体射流角度及地形起伏等因素，极大地简化了气象条件和湍流运动的复杂变化。随着计算机仿真技术的发展，近年来许多学者采用 CFD 仿真手段开展了泄漏天然气在大气中扩散的相关研究。

3.1.4　燃气沿有限空间泄漏扩散模型

3.1.4.1　燃气沿土壤向相邻地下有限空间扩散

天然气管道建设初期，其敷设方式往往以单条管道埋地敷设为主，随着天然气需求量不断增加，外加地理及铺设成本等条件的制约，直埋天然气管道近距离并行或交叉敷设的现象日渐增多。而且，燃气管网毗邻着庞大的地下有限空间，如各类检查井、电力管沟等。随着直埋天然气管道的服役时间增加，因管道锈蚀、破裂导致天然气泄漏，进而沿土壤扩散进入到邻近的各类地下有限空间内，如燃气阀门井、电力井、排水井、管沟等。

1. 天然气沿排水管道扩散的原因

目前我国城镇中应用最广泛且服役最多的排水管道是混凝土排水管道。随着服役时间的增加，城镇混凝土排水管道常出现结构性缺陷和功能性缺陷。目前我国排水管道被腐蚀出现裂缝现象严重，且存在管壁老化开裂等情况。因此，当邻近的直埋天然气管道泄漏后，天然气可能沿管壁裂缝扩散进入排水管道。由于排水管道为混凝土结构且为非满管重力流，土壤中的泄漏天然气作为外源性气体，沿着管壁裂隙在管内扩散，在排水井内积聚。可燃气体浓度传感器不便于直接安装在管道内部，实际工程中可通过监测排水井内可燃气体浓度间接反映排水管线内的整体风险情况。

2. 排水管道内燃气扩散过程及特征

假定天然气扩散至排水管道位置处的质量流量不变，天然气在排水管道内的扩散问题，从简化分析角度可以认为可燃气体为单一组分，如果将空气作为一个整体看作另一种组分，该问题即为典型的二元扩散问题。由物质 A、B 组成的二元混合物的扩散规律可由 Fick 定律表示：

$$j_A = -\rho_{AB} D_{AB} \nabla w_A \qquad (3-22)$$

式中　j_A——扩散质量通量，定义为在单位时间里单位面积上通过的质量，kg/（m² · s）；

ρ_{AB}——混合物的密度，kg/m³；

w_A——浓度，下标 A 表示物质 A 的属性；

D_{AB}——A-B 混合物系统的二元扩散系数，m²/s，其数值大小与系统温度、压强和物质组成都有关系。

物质 A 的质量浓度：

$$\rho_A = \frac{m_A}{V} \tag{3-23}$$

式中　m_A——物质 A 的质量，kg；

　　　ρ_A——物质 A 的密度，kg/m^3；

　　　V——系统占有的体积，m^3。

物质 A 的浓度：

$$w_A = \frac{m_A}{m} = \frac{\rho_A}{\rho_{AB}} \tag{3-24}$$

式中　m——混合物的质量，kg。

混合物系统的质量平均速度 v_{AB} 定义为：

$$v_{AB} = \frac{\sum_{a=1}^{N} \rho_a v_a}{\rho_{AB}} = \sum_{a=1}^{N} w_a v_a \tag{3-25}$$

式中　v_a——组分 a 的平均速度，m/s；

　　　ρ_a——组分 a 的密度，kg/m^3；

　　　w_a——组分 a 的质量分数。

混合物质量平均速度与流体力学中的流体平均速度一致。

物质 A 的扩散通量定义为：

$$j_A = \rho_A (v_A - v_{AB}) = -\rho_{AB} D_{AB} \nabla w_A \tag{3-26}$$

连通管道内的扩散速度定义为：

$$v_{diff, A} = v_A - v_{AB} \tag{3-27}$$

由此可以得出，二元扩散中物质 A 的锋面速度：

$$v_A = v_{diff, A} + v_{AB} \tag{3-28}$$

$$v_{AB} = \dot{m} / \rho s \tag{3-29}$$

式中　$\dot{m}$——单位面积混合组分的质量，kg/m^2；

　　　ρ——混合组分的密度，kg/m^3；

　　　s——扩散时间，s。

根据守恒方程，质量是恒定值，随着扩散的进行，管内浓度梯度减小并趋于恒定值，混合气密度也趋于恒定值，则扩散速度、对流速度、前锋速度均趋于定值。D_{AB} 的量级在 $10^{-7} \sim 10^{-5} m^2/s$，这就导致了扩散速度和对流速度在数十秒、数米的范围内变化为定值。

此时，若已知管道内两个燃气监测点的位置分别为 x_1、x_2，它们检测到的可燃气的初始

时间分别是 t_{01}、t_{02}，则连通管道内的前锋扩散速度 v_f 为：

$$v_f = \frac{x_1 - x_2}{t_{01} - t_{02}} \tag{3-30}$$

由于排水管道是连通型地下有限空间，污水从上游不断流向下游，当天然气从管壁裂隙扩散进入后，所研究管段内的天然气浓度先是不断升高，之后天然气相当于"过路者"的角色，从上游管段扩散至下游管段，在排水井内积聚。同时，当排水管道流量突然变化时，天然气浓度也会出现一定幅度的变化。因此，排水管段内天然气体浓度会呈现扰动状态。

3.1.4.2　综合管廊内天然气动态泄漏扩散

1. 综合管廊内天然气管道泄漏原因

地下综合管廊作为新兴的基础设施，是将电力、通信、给水排水、热力、天然气等各种市政管线集于一体敷设的地下有限空间，近几年开始在我国蓬勃发展。天然气管道相当于同其他市政管线一起架空敷设在一个称为综合管廊的地下构筑物里面，综合管廊相当于为天然气管道提供了一个安全有监控设施的庇护场所。《城市综合管廊工程技术规范》GB 50838—2015（本节以下简称《廊规》）中明确规定入廊的天然气管道应在独立舱室内敷设。独立舱室是由结构本体或防火墙分割的用于敷设管线的封闭空间。舱室应该每隔 200m 设置一个防火分区，独立舱室的断面需满足安装、检修、维护作业所需空间。

天然气管道入廊后，基本上不存在来自土壤的侵蚀，但导致管道泄漏的危险性因素还是存在的，主要可能体现在：设计施工缺陷、材料缺陷、管理疏漏，以及操作等方面，下面对其危险性因素展开分析。

（1）天然气管道管材

入廊天然气管道多为主干线管道，压力级别多为中高压，根据《廊规》规定：天然气管道应采用无缝钢管。尽管天然气经过一系列脱硫除尘等处理过程，也可能存在杂质，由于钢管的材料强度指标存在差异，抵御风险的能力也不一样，从而造成管道的内壁腐蚀。

（2）管道的焊缝质量

入廊天然气管道应为无缝钢管，应采用焊接的连接方式，焊缝质量需满足《廊规》规定：当管道压力级别大于 0.4MPa 时，环焊缝无损检测应满足 100% 超声波检验和 100% 射线检验；当压力级别小于或等于 0.4MPa 时，环焊缝无损检测 100% 超声波检验或 100% 射线检验。管道焊接缝出现泄漏的原因主要有以下几个方面：焊接工作人员操作水平参差不齐、焊接施工环境条件不符合规定、焊接材料与焊接工艺的适用性不一致等。

（3）管道防腐层

天然气管道防腐层破损或老化都会导致管道损坏，需要提高防腐防护材料的耐老化性能。综合管廊是建设在城市地面以下的空间，管道防腐层涂料选择时需要考虑防潮的因素。埋地燃气管道外防腐层主要是挤压聚乙烯防腐层和熔结环氧粉末防腐层。熔结环氧粉末透水率高，而且耐磨性不好，对表面处理要求比较高，对施工工艺及各个施工环节都要求较高，不适合综合管廊。挤压聚乙烯防腐层由熔结环氧粉末、共聚物胶和聚乙烯组成，其耐水阻氧性好，粘结力强，有极高的绝缘电阻和较长的使用寿命，良好的机械性能使得挤压聚乙烯防腐层具有较强的抵御施工损伤的能力。

（4）阀门、管件的质量及安装精度

天然气管道入廊会涉及很多阀门、三通相关的配套安装的附属管件，这些管件的生产质量、安装过程的工艺精度都会影响管道运行之后的安全可靠性。管道之间衔接的三通位置，受力最为复杂，应力集中且不均匀，选择成品还好，如若是现场开口接管焊接的情况，一旦施工出现瑕疵，管道日后运行过程都会出现泄漏的隐患。

（5）出舱后管段的沉降

当综合管廊纳入管线种类较多时，整个综合管廊的高度势必增加，此时，往往采用肥槽回填方法。管廊整体结构的沉降量相对较小，而由于回填土的长期固结使从管廊引出的分支燃气管道在肥槽内的沉降量较大，两者之间的沉降量差超过限值之后，可能会导致天然气管道的破裂泄漏。

（6）自然灾害

持续强降雨、泥石流、洪涝等自然灾害会造成雨水灌入综合管廊内，造成管廊漏水管道损坏。地震可能会造成管廊内的架空管道滑落或者管廊整体结构遭到破坏。

2. 地下管廊内天然气管道动态泄漏模型

（1）初始稳态泄漏阶段

地下管廊实际运行时，天然气管道发生泄漏时，传感器监测到的天然气浓度达到1.25%vol时，综合管廊燃气独立舱室内泄漏区段两端的分段阀关闭。地下管廊内天然气管道缺陷形式主要是点蚀砂眼，因此认为地下管廊内天然气管道发生小孔泄漏。气源切断前，管道内天然气参数变化较小，可认为天然气的泄漏速率不发生变化，称该阶段为初始稳态泄漏阶段。

此时，小孔泄漏时泄漏量 q_0 计算公式为：

$$q_0 = C_0 A_0 v_0 \rho_0 = C_0 A_0 P \sqrt{\frac{2k}{k-1} \frac{M}{ZRT} \left[\left(\frac{P_0}{P}\right)^{\frac{2}{k}} - \left(\frac{P_0}{P}\right)^{\frac{k+1}{k}} \right]} \qquad （3-31）$$

式中　　P_0——管廊内环境压力，MPa；

　　　P——管道绝对压力，MPa；

　　　C_0——孔口泄漏系数；

　　　T——天然气温度，K；

　　　R——气体常数，8.314J/（mol·K）；

　　　M——甲烷气体摩尔质量，0.016kg/mol；

　　　Z——气体压缩因子；

　　　k——天然气的绝热指数；

　　　v_0——天然气泄漏速率，m/s；

　　　ρ_0——天然气密度，kg/m^3；

　　　A_0——泄漏孔面积。

　　依据临界压力比 CPR 可判断泄漏孔处天然气的流速处于音速还是亚音速，从而计算泄漏孔处天然气质量流量。临界压力比的表达式为：

$$CPR = \left(\frac{2}{k+1} \right)^{\frac{k}{k-1}}　　　　　　（3-32）$$

　　当环境压力 P_0 与管道压力 P 的比值小于临界压力比时，小孔泄漏的流速可达到声速，压力为临界压力，此时将 $\dfrac{P_0}{P} = \left(\dfrac{2}{k+1} \right)^{\frac{k}{k-1}}$ 代入式（3-31），天然气小孔泄漏的质量流量用式（3-33）计算。

$$q = C_0 \frac{\pi d^2}{4} P \sqrt{\frac{kM}{ZRT} \cdot \left(\frac{2}{k+1} \right)^{\frac{k+1}{k-1}}}　　　　　　（3-33）$$

　　当环境压力 P_0 与管道压力 P 的比值大于临界压力比时小孔泄漏的流速为亚声速流，其泄漏量可按式（3-31）计算。

　　通过公式临界压力比 CPR 来判断泄漏孔处气体流动属于音速流动还是亚声速流动。

$$CPR = \left(\frac{2}{k+1} \right)^{\frac{k}{k-1}} = 0.548　　　　　　（3-34）$$

　　当 $P_0/P < CPR$ 时，只要管道压力大于 0.18MPa 时，小孔泄漏的流速可达到音速，研究的天然气管道压力均在 0.18MPa 以上，因此泄漏孔处天然气为声速流动，天然气泄漏质量流量用式（3-33）计算。

　　当泄漏孔形状不同时，对应的泄漏系数不同。表 3-2 为孔口形状与泄漏系数关系，相同扩散面积下，泄漏量从大到小依次为：圆形孔、三角形孔、矩形孔、渐扩形孔，即圆形为最不利泄漏孔形状，因此后文计算时，以圆形孔为例进行最不利工况计算。

| | 孔口形状与泄漏系数关系 | | | | 表 3-2 |
孔形状	圆形	三角形	长方形	渐缩形	渐扩形
泄漏系数 C_0	1.00	0.95	0.90	0.90 ~ 1.00	0.60 ~ 0.90

（2）气源切断后泄漏阶段

当传感器监测到的天然气浓度达到报警阈值时，分段阀关闭、气源切断，此时整条管道就像一个储气罐在发生泄漏。随着泄漏的持续进行，管道内部的压力会不断地降低，天然气泄漏的速度以及泄漏量也会不断地降低。因此地下管廊内天然气管道小孔泄漏过程中，泄漏速率及管道压力均呈现动态变化特征。

当切断阀切断气源后，根据质量守恒定律，泄漏孔处的质量流量为：

$$q_t = -V_i \frac{d\rho_t}{dt} \qquad (3\text{-}35)$$

天然气管道的动态泄漏率为：

$$q_t = q_a \left[1 + \frac{(k-1)\,q_a}{2m_a}t\right]^{\frac{k+1}{1-k}} \qquad (3\text{-}36)$$

管道泄漏孔动态压力为：

$$P_t = P_a \left[1 + \frac{(k-1)\,q_a}{2m_a}t\right]^{\frac{2k}{1-k}} \qquad (3\text{-}37)$$

临界流泄漏时长 t 为：

$$t = \left[\left(\frac{P_0}{P_a}\right)^{\frac{1-k}{2k}}\left(\frac{2}{k+1}\right)^{1/2} - 1\right]\frac{2m_a}{q_a\,(k-1)} \qquad (3\text{-}38)$$

式中　q_t——动态泄漏 t 秒时的质量流量，kg/s；

　　　q_a——动态泄漏初始时刻的天然气质量流量，kg/s；

　　　V_i——切断阀之间天然气管道的体积，m^3；

　　　ρ_t——动态泄漏时 t 秒天然气的密度，kg/m^3；

　　　m_a——上下游切断阀之间管道内天然气初始质量，kg；

　　　P_t——动态泄漏 t 秒时泄漏孔的绝对压力，Pa；

　　　P_a——动态泄漏初始时刻绝对压力，Pa。

3.2　燃气沿无限大空间泄漏扩散的模拟研究

因第三方施工造成的燃气管道泄漏，失效管道直接裸露在空气中，燃气将沿地面空间直接扩散。如韩国大邱市因地铁工人施工过程中不慎挖断地下的天然气管线，导致大量天然气泄漏并在地铁工地四周扩散，燃气与施工焊枪发出的火花接触随即发生强烈爆炸，事故导致了 109 人死亡，200 多人受伤。

本节从不同街道建筑布局出发点，结合不同风向风速、空气温度、空气湿度等情况下影响因素，对埋地城市燃气管道泄漏后直接沿地面扩散进行仿真模拟。分析在不同建筑布局条件下燃气泄漏扩散的浓度分布规律，并比较分析其危险范围，为燃气泄漏后人群的疏散与现场控制、环境风险应急提供理论依据，对城市公共安全具有重要意义。

3.2.1　模型建立与求解

1. 物理模型的建立

忽略建筑物外形，把单栋建筑简化为长宽高分别为 15m、30m、50m 长方体。根据建筑间距规范要求，建筑间布局不应小于 18m，建筑间距选择 20m。物理模型如图 3-1 所示。

参照《城镇燃气设计规范（2020 年版）》GB 50028—2006 中对于管道压力、直径及埋深的相关规定，设置管道直径为 $DN200$，考虑管道压力分别 0.4MPa、0.3MPa、0.2MPa 三种压力等级，考虑风速分别为 3m/s、5m/s、10m/s。

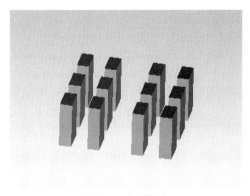

图 3-1　物理模型

由于燃气管道泄漏事故中因第三方施工导致的事故比例最高，第三方破坏造成的泄漏量比较大，所以取泄漏孔的大小为 80mm，泄漏孔位于管道中间，燃气管道在街道布局中泄漏扩散模拟研究的各个工况如表 3-3 所示。

燃气管道在街道布局中泄漏扩散模拟研究的各个工况　　　　　　　表 3-3

布局	工况	管道压力（MPa）	风速（m/s）	泄漏口与建筑间距（m）	泄漏孔径（mm）
行列式布局	1	0.2	0	5	80
	2	0.3	0	5	80
	3	0.4	0	5	80

续表

布局	工况	管道压力（MPa）	风速（m/s）	泄漏口与建筑间距（m）	泄漏孔径（mm）
行列式布局	4	0.2	3	5	80
	5	0.2	5	5	80
	6	0.2	8	5	80
	7	0.3	3	5	80
	8	0.3	5	5	80
	9	0.3	8	5	80
	10	0.4	3	5	80
	11	0.4	5	5	80
	12	0.4	8	5	80
斜列式布局	13	0.2	0	5	80
	14	0.3	0	5	80
	15	0.4	0	5	80
	16	0.2	3	5	80
	17	0.2	5	5	80
	18	0.2	8	5	80
	19	0.3	3	5	80
	20	0.3	5	5	80
	21	0.3	8	5	80
	22	0.4	3	5	80
	23	0.4	5	5	80
	24	0.4	8	5	80
围合式布局	25	0.2	0	5	80
	26	0.3	0	5	80
	27	0.4	0	5	80
	28	0.2	3	5	80
	29	0.2	5	5	80
	30	0.2	8	5	80
	31	0.3	3	5	80
	32	0.3	5	5	80
	33	0.3	8	5	80
	34	0.4	3	5	80
	35	0.4	5	5	80
	36	0.4	8	5	80

　　街道建筑布局方式不同将会影响风流的流场分布，从而影响燃气泄漏后的流场和浓度分布。从对气体扩散影响的角度考虑，选取了行列式、斜列式、围合式三种不同的街道建筑布局，单体建筑的长宽高分别为15m、30m、50m。不同街道布局平面图如图3-2所示。

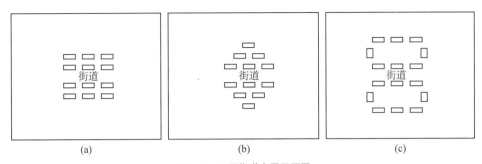

图 3-2　不同街道布局平面图
（a）行列式布局；（b）斜列式布局；（c）围合式布局

对于建筑周边风场问题来说，为防止区域边界距离建筑群过近而产生额外的误差，所以在进行燃气管道在不同街道建筑群泄漏扩散的模拟时计算域要尽可能扩大。具体如下：（1）与主流方向正交的计算断面大小，可按照确保 3% 以下的阻碍率来确定。（2）上边界距离建筑群最高建筑的垂直高度要达到 5H（H 为最高建筑高度）以上。（3）侧边界距离建筑群外边缘的水平距离要达到 5H 以上。（4）流入侧边界距离建筑群外边缘的距离要达到 5H以上。

模型条件假设如下：（1）只考虑连续泄漏源的泄漏扩散过程，且针对单泄漏孔状态；（2）忽略燃气与外界环境之间的热交换，且燃气与外界环境介质不发生化学反应；（3）假设环境风速是定向的，计算域及模型几何尺寸如表 3-4 所示。

计算域及模型几何尺寸　　　　　　　　　　　　　　　表 3-4

建筑物布局	计算域尺寸（长 × 宽 × 高）(m)	建筑物（长 × 宽 × 高）(m)	泄漏口直径（mm）
行列式布局	$700 \times 650 \times 300$	$30 \times 15 \times 50$	80
斜列式布局	$700 \times 650 \times 300$	$30 \times 15 \times 50$	80
围合式布局	$700 \times 650 \times 300$	$30 \times 15 \times 50$	80

2. 数学模型

燃气在大气中的泄漏扩散过程遵循三大守恒定律、混合气体状态方程以及湍流模型。考虑到燃气从圆形孔口射流扩散，初速度较高，且模型中存在建筑物壁面作用，黏性阻力对燃气扩散过程影响较大。为得到更精确合理的模拟结果，选择 Realizable k-ε 湍流模型用于各物理模型的模拟运算。

3. 边界条件

在 Fluent 流体域的设置中，充满整个计算域的介质为大气，开启组分输运模型，气体组分主要是甲烷和空气，流体材料设为 methane-air。在大气计算域中，主要考虑不同管道压力、风速下对燃气泄漏扩散的影响。将计算域的左右两面设为风速入口，地面和建筑表面设置为 Wall，计算域其余边界面设为自由出口，泄漏口设为压力入口 Inlet。在压力入口边界条件中将入口甲烷气体组分设定为1。边界设置如表3-5所示。运行设置如表3-6所示。

边界设置

表3-5

边界名称	模型位置	边界条件
Inlet	泄漏孔	压力入口（Pressure inlet）
Wall-in1	风速面边界	速度入口（Velocity）
Wall-in2	风速面边界	速度入口（Velocity）
Wall-out	出流边界	自由出流（Outflow）
Wall	计算域地面	墙（Wall）
Wall-inn	建筑壁面	墙（Wall）

运行设置

表3-6

运行设置	设置类型
求解器	压力基求解器
湍流模型	Realizable k-ε 模型，考虑全浮力的影响
操作环境设置	勾选重力选项Gravity，设置重力加速度值为 $-9.81\mathrm{m/s^2}$
能量方程	勾选能量方程选项
材料及组分选择	设燃气成分均为甲烷，定义组分为甲烷－空气，开启组分输运模型
离散格式	Second-order（二阶迎风离散格式）
算法	PISO算法

初始条件的设置对方程残差的收敛很关键。燃气在大气中泄漏扩散的初始条件为：$t = 0$时，计算域中的流体全部为空气，压力为初始大气压。采用全局初始化方式，利用patch选项，将甲烷在流体域内的初始值设为0，压力设置为初始大气压，温度设置为300K。

4. 网格划分与网格无关性验证

综合考虑计算精度和计算量的问题，采用结构化网格对物理模型进行划分。因物理模型空间结构复杂且尺寸非常大，而泄漏口尺寸相对较小，靠近泄漏口上方区域各变量变化梯度大，因此需要对泄漏口上方及附近区域进行网格加密细化处理，距离小孔距离由近到远，网格划分的疏密程度由密到疏，以确保CFD运行计算数值的合理性和精确性。随着燃气泄漏扩散趋势的向外发展，浓度不断降低，变化趋势减缓，故建筑物空间外围网格较中间区域稀疏。网格划分完成后进行网格质量检查，网格划分方式如图3-3所示。

本次模拟验证所采用的网格数分别为48万个、76万个、105万个，选取泄漏口正上方距离地面50m处的甲烷浓度为参考对象，网格无关性验证如图3-4所示。从计算结果可以看出，网格数为48万个时的计算结果和网格数为76万个时甲烷浓度相差较大，网格数为76万个时和网格数为105万时结果相差仅1.125%，认为网格数为76万个时，对计算

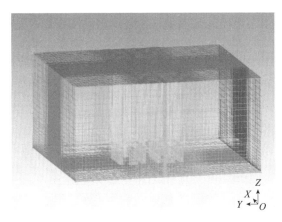

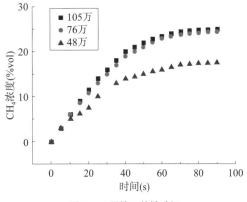

图 3-3　网格划分方式　　　　　　　　　　　　图 3-4　网格无关性验证

结果的影响已经比较小，考虑计算速度以及计算精度本次模拟所划分的网格数量大概 76 万个。

3.2.2　模拟结果分析

通过研究行列式、斜列式、围合式三种街道布局，在不同压力、不同风速条件下泄漏扩散燃气浓度的分布，从而阐述燃气管道在街道建筑布局下泄漏扩散的特点。通过燃气在不同时刻的扩散趋势，分析燃气在不同工况下的扩散规律。

甲烷爆炸极限为 5%vol ~ 15%vol，燃气在泄漏扩散过程可能会渗入到室内封闭空间或者在气流回流区积聚，造成危险隐患。故取 1% 为爆炸警戒体积浓度，对危险区域范围进行辨识与划分。所有云图中均只显示燃气体积浓度大于 1% 的区域，对应区域即为危险区域。截取燃气在不同时刻扩散趋势，分析燃气在不同工况下的扩散规律。

分析在街道布局下燃气浓度随时间的变化，分别选取静风状态和有背景风状态下不同时刻燃气浓度的分布情况。

以斜列式布局为例，在静风状态下，管道压力为 0.2MPa，分别取 30s、60s、120s、180s，在静风环境下燃气浓度随时间的变化如图 3-5 所示。

从图 3-5 中可观察到：在燃气泄漏的初始阶段，主要受射流作用影响，气体呈竖直向上的扩散趋势，稍后，泄漏的天然气会迅速卷吸周围的空气，由于泄漏口与墙壁间的空间有限，靠近墙壁的空气很快就会被天然气卷吸，造成靠近壁面处的压力降低；而另一侧泄漏空间足够大，天然气与周围的空气很快达到平衡，造成左侧压力大于右侧压力，天然气射流会向右倾斜，贴近壁面向上运动。因卷吸周边的空气，射流速度迅速降低，射流边界层逐渐向外扩展。在 30s 时，燃气沿射流方向紧贴着壁面向上扩散，危险区域范围在竖直方

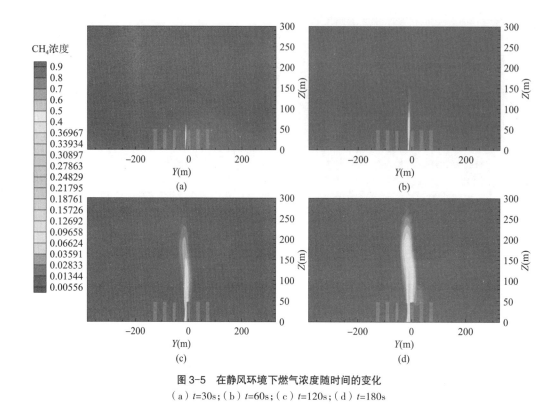

图 3-5　在静风环境下燃气浓度随时间的变化
（a）$t=30s$；（b）$t=60s$；（c）$t=120s$；（d）$t=180s$

向达 65m，在水平方向为 8m 左右。在 60s 时，因气流越过上风建筑顶部进入空腔区后，卷吸周边的空气，射流边界层逐渐向外扩展。在 120s 时，射流速度迅速降低，由于天然气与空气存在密度差和不断卷吸周边空气，天然气的分布区域逐渐变大，危险区域在竖直方向达 260m，在水平方向为 15m 左右。在 180s 时，危险区域在竖直方向没有明显增大，在水平方向扩大到 24m 左右。

在背景风为 8m/s 时，分别取 30s、60s、120s、180s，有风环境下燃气浓度随时间的变化如图 3-6 所示。

由图 3-6 可知，在燃气泄漏初期由于建筑物壁面对风流的阻碍作用，燃气与下风向的建筑壁面发生了明显的附壁效应，燃气沿壁面向上泄漏。在 30s 时，燃气在竖直方向的危险区域高度达 60m，在水平方向则为 5m 左右。随着高度的增加，燃气越过建筑顶部后，受气流的影响。在气流与街道建筑产生的空腔区涡旋的作用下，燃气呈现下沉的扩散趋势。在 60s 时，街道对面的建筑表面燃气浓度达到爆炸警戒浓度。随着扩散的进行，燃气不断空腔区内集聚，危险区域不断向下延伸。在 180s 时，街道整个空腔中充满燃气，下风向的多栋建筑表面燃气浓度达到预警浓度。危险区域在竖直方向达到 100m，在水平方向达 300m。

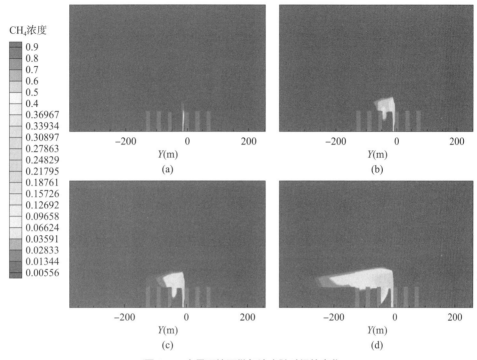

图 3-6　有风环境下燃气浓度随时间的变化

（a）t=30s；（b）t=60s；（c）t=120s；（d）t=180s

3.2.3　影响因素分析

1. 管道压力

在城市街道中一般敷设的是中压燃气管道，管道压力范围在 $0.2MPa < P \leqslant 0.4MPa$，故分别取管道压力为 0.2MPa、0.3MPa、0.4MPa，分析管道压力对气体泄漏的影响。

（1）行列式布局下管道压力对泄漏扩散的影响

在行列式布局下，取背景风速为 5m/s，在扩散时间为 150s 时。分别设置管道压力为 0.2MPa、0.3MPa、0.4MPa。行列式街道布局下不同管道压力燃气的泄漏扩散如图 3-7 所示，在街道建筑群高度下方射流轴线基本一致，均是贴附壁面向上扩散。在燃气越过建筑物上方时，建筑物对天然气的扩散影响很小，燃气射流主要受气流的作用。燃气射流受到气流作用开始向下风向发生偏折，管道压力越大，射流具有的动能越大且燃气泄漏量越大。在气流的作用下，管道压力为 0.2MPa 的天然气流线偏折程度最大，管道压力为 0.3MPa 的偏折程度其次，管道压力为 0.4MPa 的偏折程度最小。在水平方向管道压力为 0.2MPa 时危险距离为 150m；管道压力为 0.3MPa 时，危险距离为 200m；管道压力为 0.4MPa 时，危险距离为 300m。在竖直方向管道压力从小到大，危险距离分别为 145m、180m、280m。可见管道压力越大燃气泄漏在竖直方向上造成的危险范围越大。

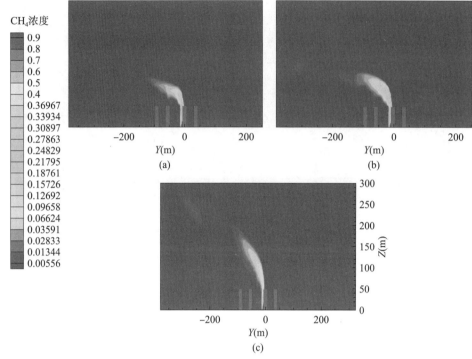

图 3-7　行列式街道布局下不同管道压力燃气的泄漏扩散

（a）0.2MPa；（b）0.3MPa；（c）0.4MPa

（2）斜列式布局下管道压力对泄漏扩散的影响

在斜列式布局下，取背景风速为 5m/s，在扩散时间为 150s 时，分别设置管道压力为 0.2MPa、0.3MPa、0.4MPa。斜列式街道布局下不同管道压力燃气的泄漏扩散如图 3-8 所示，在街道建筑群高度下方射流轴线基本一致，均是贴附壁面向上扩散。在燃气越过建筑物上方时，建筑物对天然气的扩散影响很小，燃气射流主要受气流的作用。当压力为 0.2MPa 时，燃气射流的速度较小，燃气的流量也较小，受背景风速影响较大，射流高度也较低；当压力为 0.3MPa 时，燃气射流速度较大，受背景风速影响中等；而当压力为 0.4MPa 时，燃气出口速度最大，其脱离建筑物上方后的射流迹线偏折程度最小。在水平方向管道压力为 0.2MPa 时危险距离为 130m；管道压力为 0.3MPa 时，危险距离为 120m；管道压力为 0.4MPa 时，危险距离为 110m。在竖直方向管道压力从小到大，危险距离分别为 120m、150m、200m。可见管道压力越大燃气泄漏在竖直方向上造成的危险范围越大。

（3）围合式布局下管道压力对泄漏扩散的影响

在围合式布局下，取背景风速为 5m/s，在扩散时间为 150s 时，分别设置管道压力为 0.2MPa、0.3MPa、0.4MPa。围合式街道布局下不同管道压力燃气的泄漏扩散如图 3-9 所示，在街道建筑群高度下方射流轴线基本一致，均是贴附壁面向上扩散。在燃气越过建筑物上

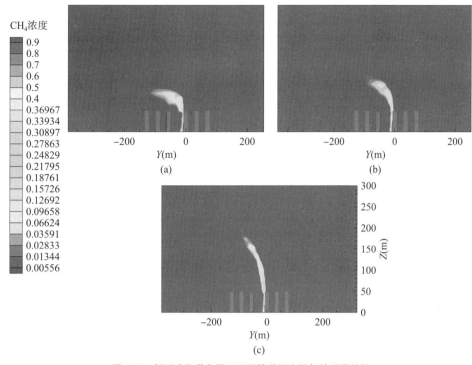

图 3-8　斜列式街道布局下不同管道压力燃气的泄漏扩散

（a）0.2MPa；（b）0.3MPa；（c）0.4MPa

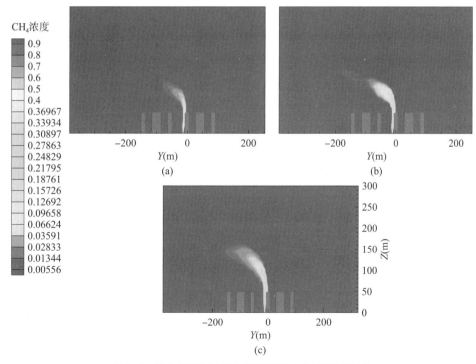

图 3-9　围合式街道布局下不同管道压力燃气的泄漏扩散

（a）0.2MPa；（b）0.3MPa；（c）0.4MPa

方时，建筑物对天然气的扩散影响很小，燃气射流主要受气流的作用。燃气射流受到气流作用开始向下风向发生偏折，管道压力越大，射流气体具有的动能越大且燃气泄漏量越大。在气流的作用下，泄漏压力越小的燃气流线偏折越厉害，管道压力为 0.2MPa 的偏折程度最大，受背景风速影响也最大，危险距离也最低为 100m；管道压力为 0.3MPa 的偏折程度其次，受背景风速影响适中，危险距离为 160m；管道压力为 0.4MPa 的偏折程度最小，受影响背景风速影响最小，其流线的偏折程度最小，此时危险距离为 180m。在竖直方向管道压力从小到大，危险距离分别为 140m、170m、185m。可见管道压力越大燃气泄漏竖直方向上造成的危险范围越大。

2. 环境风速

（1）行列式布局下风速对燃气泄漏扩散的影响

行列式布局燃气在不同风速下泄漏扩散如图 3-10 所示，在行列式布局下，取管道压力为 0.2MPa，在扩散时间为 150s 时，分别设置背景风速为 3m/s、5m/s、8m/s，分析不同风速对燃气泄漏扩散的影响。在泄漏初期由于泄漏口与墙壁间的空间有限，靠近墙壁的空气很快就会被天然气卷吸，造成靠近壁面处的压力降低；天然气射流会向建筑倾斜，贴近壁面向上运动。在上升到建筑物顶部时，在气流的作用下，在街道空腔形成涡旋流场，引起射流段边界层的燃气向近地面扩散与积聚。风速越小在相同泄漏时间内燃气气团上升高度越

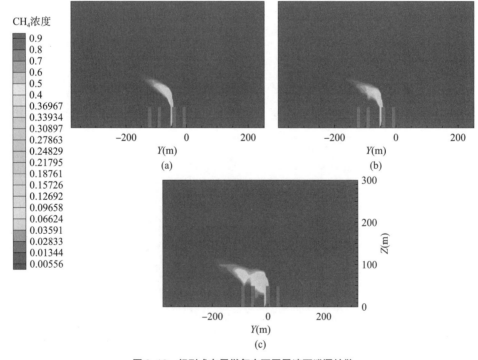

图 3-10　行列式布局燃气在不同风速下泄漏扩散
（a）3m/s；（b）5m/s；（c）8m/s

高，风速为 3m/s 时燃气泄漏对街道对面建筑几乎不造成影响。风速为 8m/s 时，燃气几乎充满街道空腔的上方部分，此时在水平方向上的危险范围为 200m，在竖直方向上的危险范围为 100m。

（2）斜列式布局下风速对燃气泄漏扩散的影响

斜列式布局燃气在不同风速下泄漏扩散如图 3-11 所示，在斜列式布局下，取管道压力为 0.2MPa，在扩散时间为 150s 时，分别设置背景风速为 3m/s、5m/s、8m/s，分析不同风速对燃气泄漏扩散的影响。在泄漏初期由于泄漏口与墙壁间的空间有限，靠近墙壁的空气很快就会被天然气卷吸，造成靠近壁面处的压力降低；天然气射流会向建筑倾斜，贴近壁面向上运动。在上升到建筑物顶部时，在气流的作用下，在街道空腔形成涡旋流场，引起射流段边界层的燃气向近地面扩散与积聚。风速越小在相同泄漏时间内燃气气团上升高度越高，风速为 3m/s 时燃气泄漏对街道对地面建筑几乎不造成影响，危险高度远大于建筑高度。风速为 8m/s 时，燃气几乎充满街道空腔的上方部分，对于日常的生活区域有着较大的影响，此时发生泄漏，可能会有较大的安全隐患，因为此时水平方向上的危险范围为 210m，在竖直方向上的危险范围为 100m。

（3）围合式布局下风速对燃气泄漏扩散的影响

围合式布局燃气在不同风速下泄漏扩如图 3-12 所示，在围合式布局下，取管道压力

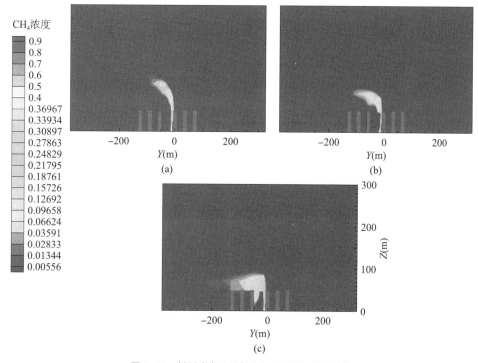

图 3-11　斜列式布局燃气在不同风速下泄漏扩散
（a）3m/s；（b）5m/s；（c）8m/s

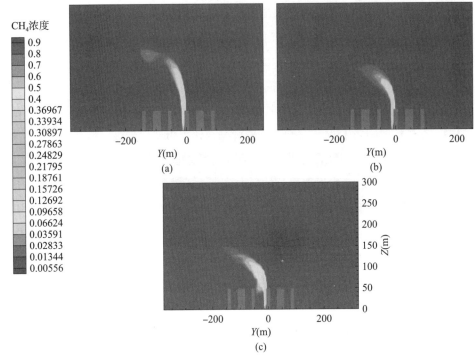

图 3-12　围合式布局燃气在不同风速下泄漏扩散
（a）3m/s；（b）5m/s；（c）8m/s

为 0.4MPa，在扩散时间为 150s 时，分别设置背景风速为 3m/s、5m/s、8m/s，分析不同风速对燃气泄漏扩散的影响。在泄漏初期，由于泄漏口与墙壁间的空间有限，靠近墙壁的空气很快就会被天然气卷吸，造成靠近壁面处的压力降低；天然气射流会向建筑倾斜，贴近壁面向上运动。在上升到建筑物顶部时，在气流的作用下，在街道空腔形成涡旋流场，引起射流段边界层的燃气向近地面扩散与积聚。风速越小，在相同泄漏时间内燃气气团上升高度越高，风速为 3m/s 时燃气泄漏的危险性较低，因为其对地面的建筑群影响很小。风速为 8m/s 时，在泄漏口正对面的建筑上方达到危险浓度范围，但与斜列式布局下相比，围合式的建筑群的危险高度要大大提高了，在竖直方向上的危险范围为 150m，说明此时只有建筑群靠近顶部区域才会受到泄漏燃气的影响，因此该布局的安全性大大提高。

3. 建筑布局

在三种不同街道建筑布局下，取管道压力为 0.2MPa，背景风速取 8m/s，在泄漏扩散时间 t=240s 时，截取 Z=40m 高度的 X-Y 截面。

建筑布局对燃气泄漏扩散的影响如图 3-13，三种建筑布局在相同的时间和相同工况下燃气浓度分布有较大差异。在行列式布局中靠近泄漏口附近的燃气浓度较高，由于行列式布局的通风效果比较好，燃气很快被大气稀释，燃气浓度下降很快。对于斜列式布局，由于建筑物阻碍作用，燃气高浓度范围较大，在泄漏口附近的建筑物存在较大的危险性。在

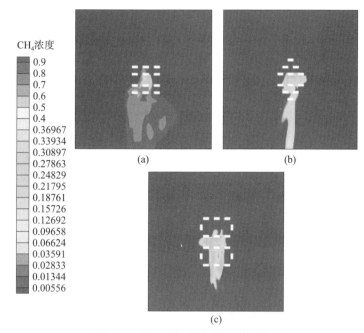

图 3-13　建筑布局对燃气泄漏扩散的影响
（a）行列式布局；（b）斜列式布局；（c）围合式布局

围合式布局中，气体流通效果最差，燃气高浓度区域最大，几乎整个街道空间都在危险区域内，在下风向的围合式空腔中也存在较多的燃气气体滞留。对比可知在三种街道布局中，围合式布局发生燃气泄漏的危险性最高，其次是斜列式，行列式最小。

3.3　燃气沿有限空间扩散的数值模拟研究

3.3.1　泄漏燃气沿排水管道扩散的数值模拟

目前我国排水管道因腐蚀老化，裂缝现象严重，土壤中的泄漏天然气将沿着管壁裂缝扩散至排水管道内。本节将建立连通型排水管道内天然气流动扩散的数学模型，对水流静止状态及流动状态下管道内天然气扩散特征进行模拟计算。在此基础上，分析管壁外边界天然气入口速度、污水流速、水位高度及排水井开启孔对排水管道内天然气扩散特性的影响。

3.3.1.1　排水管道内天然气扩散模型的建立与求解

1. 三维几何模型

忽略排水管道内可能生成的沼气，泄漏天然气作为外源性气体扩散进入排水管道内，

图 3-14 排水管道的几何模型

污水和天然气形成气液两相流。由于天然气是沿土壤扩散至排水管道，因此天然气流速较低，没有界面波存在，排水管道内的天然气和污水流动满足分层光滑流。由于排水管道内水位波动不大，因此在建立排水管道的几何模型时，不考虑管道坡度，忽略管内水面下方的空间，排水管道的几何模型如图 3-14 所示，排水管道直径为 $DN600$，管内污水水位高度为 0.12m，计算管段取 10m。距离管段上游入口端 2m 位置处的管壁设有矩形裂缝（ $10mm \times 8mm$ ）。

由于排水管道内部不适合直接布设可燃气体浓度传感器，实际工程中往往通过监测排水井内可燃气体浓度间接反映排水管线内的整体风险情况。参照《排水检查井》02S515 中对排水管道和排水检查井的相关规定，计算排水管段上设置一个排水检查井，具体参数为：直径为 $DN1250$、高度为 2500mm 的圆形混凝土直线井，井盖开启孔假设为两个直径为 20mm 的圆形小孔。

以平行排水管轴线方向为 x 轴，平行于排水井高度方向为 z 轴，建立三维直角坐标系，$Y=0m$ 平面如图 3-15 所示。分别以排水管段中心线和排水井中心线作为监测线，观测排水管段内天然气沿程动态变化。同时在排水管段顶端下方 0.01m 位置沿程布置测点 1 ~ 8，以观测具体位置天然气浓度随时间变化规律。由于在实际工程中排水管内较难布置测点，因此在排水井盖下方 0.1m 处布置甲烷浓度传感器，即测点 5。各测点的坐标分别为：测点 1（1，0，0.59），测点 2（3，0，0.59），测点 3（4.375，0，0.59），测点 4（5，0，0.59），测点 5（5，0，2.40），测点 6（5.625，0，0.59），测点 7（7，0，0.59），测点 8（9，0，0.59）。

2. 数学模型及定解条件

工程上，由于排水管道为非满管流且天然气不溶于水，因此天然气在排水管道内扩散相当于在排水管道上部空间与空气进行质量、动量、能量的交换。因此天然气在排水管道内扩散的数学模型和检查井内天然气扩散方程一致，包括三传方程、无化学反应的组分输

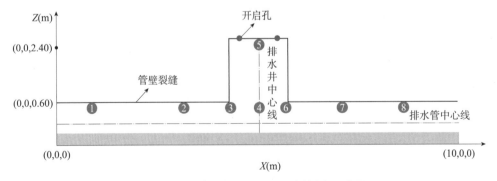

图 3-15 排水管段内监测线及监测点的空间示意图

运模型、混合气体密度方程及 RNG k-ε 模型。但是由于排水管道是水平贯通有限空间，几何模型与检查井不一致，且需要考虑污水流速，因此边界条件需要重新设置。

泄漏初始时刻，天然气的体积分数为 0，速度为 0，管道内的压力约为 0.101MPa。

初始条件：$v(x, y, z)|_{t=0}=0$　$c(x, y, z)|_{t=0}=0$　$P(x, y, z)|_{t=0}=P_0$；

管壁裂缝入口边界条件：$p|_{\text{inlet}}=P_{\text{in}}$　$v|_{\text{inlet}}=v_{\text{in}}$　$c|_{\text{inlet}}=c_{\text{in}}$；

排水管道入口和出口：$v|_{\text{inlet}}=v_{\text{air}}$　$p|_{\text{outlet}}=P_0$；

管壁、检查井外壁、井盖边界条件：$v(x, y, z)|_{\text{wall}}=0$；

井盖开启孔边界条件：$p(x, y, z)|_{\text{outlet}}=P_0$　$c(x, y, z)|_{\text{outlet}}=c_{\text{out}}$；

将水面设置为可移动的边界（move-wall），设置水流速度，因此管道内污水界面边界条件：$v|_{\text{move}}=v_{\text{water}}$。

表 3-7 给出了在 ANSYS Fluent 软件中各项参数具体的求解方法和边界条件的设定。压力－速度耦合（Pressure-Velocity Coupling）采用 SIMPLE 算法。

求解方法及边界条件的设定　　　　　　表 3-7

控制方程离散方法设置		边界条件设置	
Gradient	Least-squares cell based	排水管道入口	Velocity-inlet
Pressure	Second order	排水管道出口	Pressure-outlet
Momentum	Second order Upwind	管壁裂缝入口	Velocity-inlet
Turbulent Kinetic Energy	First order Upwind	排水井开启孔	outflow
Turbulent Dissipate Rate	First order Upwind	管内污水界面	Move-wall
CH_4	Second order Upwind	排水管壁面	Stationary wall
Energy	Second order Upwind	排水井壁面	Stationary wall

3. 网格无关性验证及模型验证

排水管道网格划分如图 3-16 所示，对排水管道的几何模型进行网格划分，采用结构化网格，在管壁裂缝和排水检查井开启孔附近进行网格加密。

分别采用网格数为 58 万个、96 万个、125 万个和 143 万个的四套网格方案，对管壁外边界天然气入口速度为 0.5m/s、水流静止状态的工况进行模拟，以测点 2 的天然气体积分数随时间变化为考察对象，对比验证网格的无关性。网格无关性验证如图 3-17 所示，当网格数为 96 万个时，计算结果与网格数为 125 万个时差距很小，最大相对误差为 3.27%，所以 96 万个的网格满足计算精度。

由于排水管道几何模型及边界条件不一致，因此利用 Wang 的实验结果对排水管道内天然气扩散模型进行可靠性验证。实验中，水平方向的排水管道为混凝土预制管，长度为 8m，直径为 400mm。试验条件是泄漏孔径为 10mm，距离排水管道左端 0.4m，水位高度为

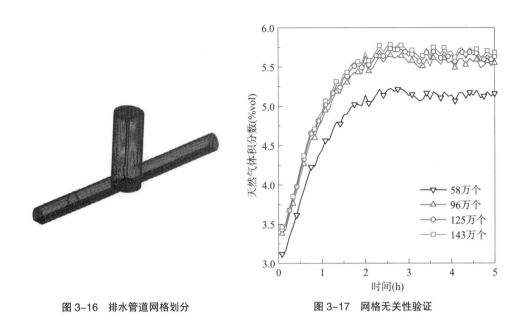

图 3-16　排水管道网格划分　　　　　　　　　图 3-17　网格无关性验证

0.055m，水流处于静止状态，即排水管道下方的水速为 0m/s。

　　按照实验工况，建立的排水管道内的天然气扩散模型进行模拟计算。以实验中 Test 1 的工况进行模拟，前 30min 测点 4 的天然气体积分数变化作为考察量，对比分析模拟结果和实验数据，如图 3-18（a）所示，模拟结果与实验结果变化趋势相同，且平均误差仅为 8.06%。以实验中 Test 3 的工况进行模拟，以监测点 1 ~ 4 的三级、二级报警时间为考察量，对比模拟结果和实验数据，如图 3-18（b）所示。结果表明，报警时间变化趋势相同，且三级和二

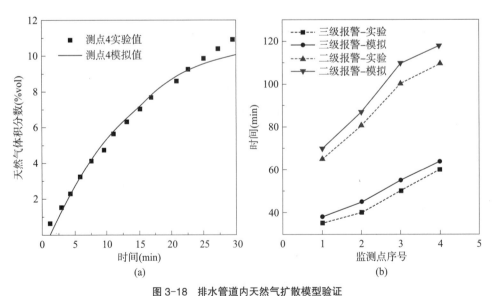

图 3-18　排水管道内天然气扩散模型验证

（a）Test 1 测点 4 浓度变化对比；（b）Test 3 报警时间对比

级报警时间平均误差仅为 9.12% 和 8.18%。因此，该地下有限空间内天然气扩散模型，能够真实反映排水管道内天然气体积分数分布特征。

3.3.1.2　模拟结果分析

以天然气扩散初速度为 0.5m/s，水位高度为 0.12m，水流速度分别为 0m/s 和 0.6m/s 为例，模拟分析水流静止状态和流动状态下，排水管段内的天然气扩散迁移过程。

1. 污水静止状态下天然气扩散过程

（1）浓度变化情况

图 3-19 为污水静止状态下，排水管道内天然气在不同时刻的体积分数分布情况。

天然气从管壁裂缝扩散进入排水管道内，由于天然气的密度比空气小，优先贴附于管壁上部空间扩散，水平方向的浓度以泄漏孔为中心近似呈左右对称分布，裂缝中心所在横截面上天然气体积分数分布总体呈分层分布，由上至下浓度逐渐降低，且浓度等值线近似为直线。

扩散 10min 时，排水管道内天然气的水平扩散距离约为 5m，已经扩散至排水井；扩散 1h 时，排水管段内天然气体积分数几乎都在 1%vol 以上，排水井内天然气开始浓度积

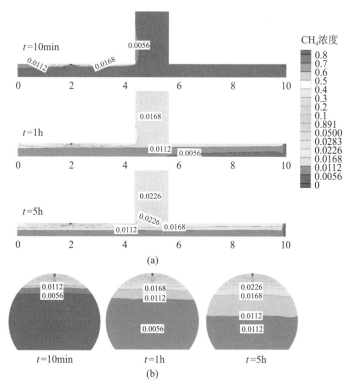

图 3-19　污水静止状态下天然气体积分数分布随时间变化

（a）Y=0m；（b）X=2m

聚，浓度达到 3%vol；扩散 5h 时，排水管段内天然气均达到二级预警浓度以上，且浓度为 4%vol。由此可见，随着扩散时间的持续，天然气沿排水管道内的有限空间不断扩散，扩散范围不断扩大。排水管段及排水井内的相同位置处的天然气体积分数随扩散时间不断增加，且排水井内的天然气体积分数高于排水管道内的平均天然气体积分数。

图 3-20 为各测点天然气体积分数随时间变化曲线图。由图可知，各测点天然气体积分数随扩散时间不断增加，但增加幅度逐渐减弱，扩散 3h 后，各测点浓度基本趋于稳定。排水管段内测点 1 和测点 2 分别在管壁裂缝的上游 1m 和下游 1m 处，但是测点 2 天然气体积分数较高，由于测点 2 紧邻排水井，因此管道内天然气优先向下游扩散。对比测点 2、测点 4、测点 7、测点 8，分别距离泄漏孔下游 1m、3m、5m 和 7m，扩散 6h 时天然气体积分数分别为 5.54%vol、3.85%vol、3.48%vol 和 3.26%vol。沿程每增加 2m，测点天然气的变化率依次为 −30.1%、−9.43% 和 −6.5%。表明泄漏孔下游测点浓度沿程逐渐降低，且降低幅度逐渐减小。

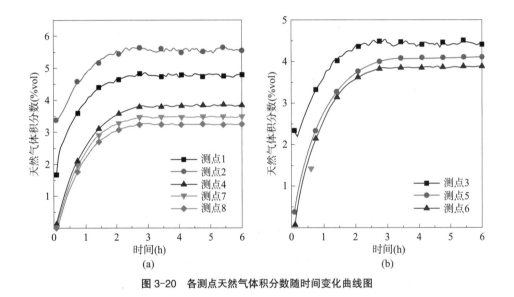

图 3-20 各测点天然气体积分数随时间变化曲线图

排水井内天然气率先扩散至测点 3，由于天然气密度较低贴附于井壁向上扩散，因此相同扩散时间下测点 5 浓度高于测点 6。尽管排水井上设有开启孔，但是不足以将排水井内的天然气排空，因此天然气在排水井内浓度不断累积，直到达到稳定状态。

图 3-21 为天然气体积分数随位置和时间变化，由图 3-21（a）可知，天然气体积分数沿管长方向逐渐下降。扩散 5min，管道内天然气扩散至泄漏孔下游 5m 处；扩散时间为 0.5h 时，天然气扩散至整个计算管段，且中心线上浓度为 0.5%vol；扩散 1h 时，排水管中心线沿程天然气体积分数均在 1%vol 以上。

由图 3-21（b）可知，由于排水井底部和排水管段连通（0＜Z＜0.6m），因此该位置范围井内天然气体积分数与排水管段内相一致。扩散 10min 后，同一扩散时刻下排水井

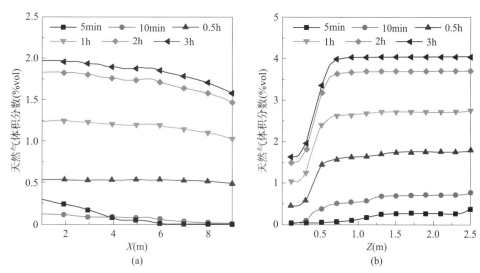

图 3-21　天然气体积分数随位置和时间变化
（a）排水管中心线；（b）排水井中心线

中心线上（0.6m＜Z＜2.5m）天然气体积分数在高度方向几乎不随位置发生变化，因此后文用测点 5 代表排水井内天然气体积分数。当扩散时间从 1h 以 1h 的步长增加至 3h，排水井内天然气体积分数依次为 2.69%vol、3.68%vol 和 4.03%vol，体积分数变化率依次为 36.9%、9.4%vol。因此，随着扩散时间的持续，排水井内的天然气不断聚积，体积分数增加速度逐渐变缓，直至与外界及整个计算排水管段气体流动达到平衡。

（2）速度变化情况

图 3-22 为污水静止状态下排水管道内速度分布云图，由图可知，天然气在排水管道内的速度分布呈现分层现象，越接近管道中心扩散速度越低。扩散 10min 时，速度云图关于 $Y=0$ 截面对称。由于排水管段是水平贯通的有限空间，随着扩散时间的持续，管段内的天然气速度云图

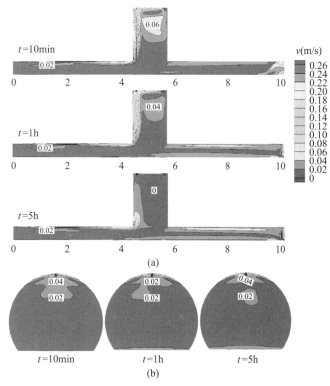

图 3-22　污水静止状态下排水管道内速度分布云图
（a）$Y=0$m；（b）$X=2$m

的形状变化极小，流速分布趋于稳定。

排水井内的天然气扩散速度变化较大，扩散 10min 时，天然气贴附管壁扩散至排水井内，形成速度边界层，速度不断减小。同时由于天然气具有黏性，且排水井含有开启孔，在井内外浓度梯度条件下与排水井内的空气发生强烈掺混，在排水井内形成涡流。随着扩散的持续进行，排水井内的天然气不断积聚，浓度梯度减弱，天然气的扩散速度随之减小。扩散 5h 时，排水井内右上部空间内天然气扩散速度趋于 0m/s，仅井壁左侧和井盖下方存在速度分层，且速度梯度明显减小。

2. 污水流动状态下天然气扩散过程

（1）体积分数变化情况

图 3-23 为污水流速 0.6m/s 时，排水管道内天然气体积分数分布随时间变化云图。由图 3-23（a）可以发现，扩散 10min 时，排水管道内天然气的水平扩散距离为 4.2m，尚未扩散至排水井，但管径方向扩散至水面处，且浓度在 1%vol 以上。由图 3-23（b）可知，截面 $X=2m$ 内天然气体积分数呈分层分布，管壁裂缝附近浓度梯度较大，整个截面绝大部分区域的天然气体积分数为 2%vol。随着扩散时间的持续，排水管道内天然气扩散范围不断扩大，排水井内的天然气体积分数也不断增加。扩散 1h 时，天然气的水平扩散距离为 9.5m，

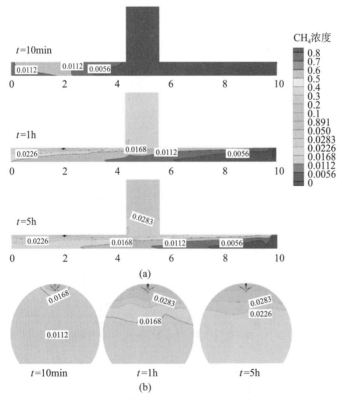

图 3-23　污水流动状态下天然气体积分数分布随时间变化云图
（a）$Y=0$；（b）$X=2m$

排水井内的天然气体积分数为 3%vol；扩散 5h 时，排水管段及排水井上部的天然气体积分数均达到报警浓度 5%vol。

对比污水静止状态可以发现，污水流动状态下排水管道内天然气体积分数等值线不是平行于管道轴线，而是与管道轴线呈一定倾角。相同扩散时间时，水流流动状态下的排水管道内天然气的扩散范围明显扩大，浓度明显升高。

（2）速度变化情况

图 3-24 为水流流动状态下排水管道内速度分布云图，扩散 10min 时，排水管段管壁裂缝处的天然气扩散速度在管内空气阻力作用下骤降，贴附于管壁向管道两侧扩散，沿管壁天然气流速分层分布。同浓度分布一样，关于 $Y=0m$ 平面对称分布。由于污水流动，在气－水界面处形成了速度梯度和速度边界层，从而加剧了管道内气体的掺混程度，提高了排水管道内气体扩散速度。

随着扩散的持续进行，气体扩散至排水井，在管道与井壁交口处形成绕流，排水井内发生强烈掺混，因此形成了局部涡流。扩散 5h 时，排水井上部气体扩散速度低于 0.01m/s，排水井内天然气不断聚积，浓度不断提高，且通过开启孔与外界进行气体交换达到平衡状态，因而浓度梯度减弱，速度梯度因此减小。当扩散时间从 1h 增加至 5h 时，排水管道

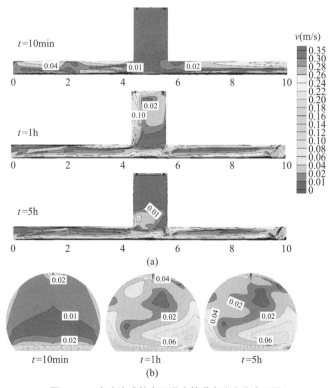

图 3-24　水流流动状态下排水管道内速度分布云图
（a）$Y=0m$；（b）$X=2m$

内的天然气速度分布几乎不发生变化。排水井内天然气整体扩散速率呈现先增加后减小的趋势。

3.3.1.3 影响因素分析

1. 管壁外边界入口速度的影响

考虑排水管道与直埋天然气管道交叉或并行敷设，泄漏天然气是沿着土壤扩散至排水管道的裂缝处进而在管道内部蔓延，因此考虑管壁外边界天然气入口速度的范围较宽泛（$10^{-5} \sim 1\text{m/s}$），具体设定的入口速度分别为从 10^{-5}m/s 以 10 倍的步长扩大至 0.1m/s，以及从 0.1m/s 以 0.2m/s 为步长增加至 0.9m/s，对比不同入口速度对排水管道内天然气体积分数分布的影响。

计算结果表明，当入口速度为 10^{-5}m/s 和 10^{-4}m/s 时，天然气在排水管道内扩散非常缓慢，扩散 120h（5d）时，排水井内天然气体积分数分别为：0.0075%vol 和 0.061%vol，测点浓度较低随扩散时间增长缓慢，说明直埋天然气管道小孔泄漏初期隐蔽性较强，不易被发现。当入口速度过低时，排水井内天然气体积分数需要数十天甚至几个月才能达到稳定，为了便于分析多影响因素同时节省计算成本，后文将重点分析扩散 6h 内的测点浓度变化情况。

图 3-25 为扩散初速度对各测点天然气体积分数的影响。

由图可知，当天然气入口处速度范围为 $10^{-5} \sim 0.01\text{m/s}$ 时，计算时间内三个测点的天然气体积分数均未达到三级预警浓度，但是低浓度不意味低风险。由前文分析可知，排水管道内可能存在沼气，沼气中含有甲烷和氢气，且氢气的存在会很大程度降低甲烷的爆炸下限。随着扩散时间的持续，天然气不断沿排水管道向下游蔓延，随后在排水井内浓度积聚。由于排水井与地面连通，遇到火源后果将不堪设想。

当入口速度从 0.1m/s 以 0.2m/s 的步长增加至 0.9m/s 时，稳定状态后排水井内的天然气体积分数依次为：0.50%vol、2.78%vol、4.11%vol、5.43%vol 和 6.61%vol，浓度变化率依次为：45.6%、47.8%、32.1% 和 21.7%。即随着入口速度的增加，测点天然气体积分数不断增加，增加的幅度逐渐减弱。当入口速度为 0.7m/s 及以上时，扩散 2h 后排水井及排水管段内天然气体积分数处于爆炸极限范围内。而且，入口速度越快，天然气在排水管段内的扩散速度越快，因此对事故风险处置也带来一定的挑战。

2. 污水流速的影响

通过前文分析可知，混凝土排水管道内的污水设计流速范围为 0.6 ~ 5m/s，同时考虑实际工程中排水管道中的流动速率受天气、居住习惯、居住区生活排水标准、居民因素、排水管道内淤积物等影响，故将排水管道内的污水实际速率设置为 5 个等级：0m/s（静止状态）、0.2m/s、0.6m/s、1.0m/s、1.4m/s，污水流动方向为水平向右。

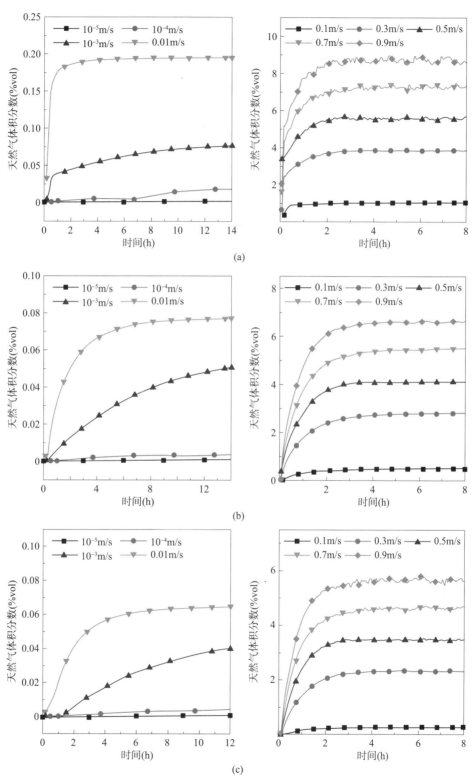

图 3-25　扩散初速度对各测点天然气体积分数的影响

（a）测点 2；（b）测点 5；（c）测点 7

图 3-26 为水流速度对各测点天然气体积分数的影响，由图可知，扩散 3h 后，测点体积分数趋于稳定，因此关注扩散 3 ~ 6h 的天然气平均体积分数随不同水流速度的变化情况。当污水流速从 0.2m/s 以 0.4m/s 的步长增加至 1.4m/s 的过程中，测点 1 天然气平均体积分数依次为：5.24%vol、6.34%vol、7.46%vol 和 7.24%vol，平均体积分数变化率依次为：21.1%、17.6%、−2.9%。由此可见，当污水流速从 0.2m/s 增加至 1.0m/s 的过程中，测点 1 天然气体积分数会逐渐增加，但是增加幅度逐渐降低。当水速继续增加至 1.4m/s，测点 1 天然气体积分数会有小幅降低。

同样的规律也体现在测点 2 和测点 5 的浓度变化上，对于远端的测点 7，当水流速度从 0.6m/s 增加至 1.0m/s 时，天然气平均体积分数变化率为 −37.2%，即天然气平均体积分数开

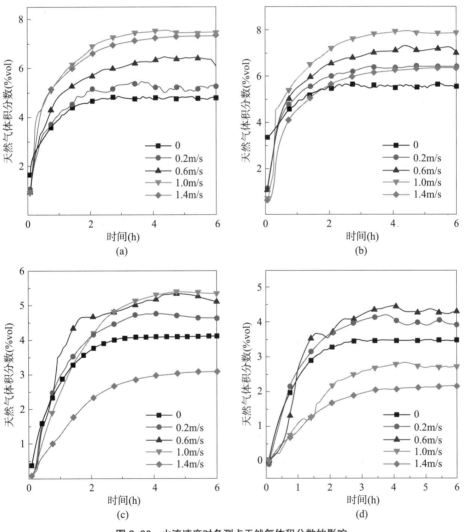

图 3-26　水流速度对各测点天然气体积分数的影响
（a）测点 1；（b）测点 2；（c）测点 5；（d）测点 7

始大幅度降低。综上所述，说明污水流速低于 0.6m/s 时，排水管道内天然气体积分数随污水流速的增加而增加，且增加幅度逐渐减弱；但是当水速为 1.4m/s 时，排水管段内的同位置天然气体积分数反而降低，且低于水流静止状态时，说明水流速度增大，管内势差增大，高速流动的污水将促进排水管段天然气向下游扩散，这也为排水管段内积聚的天然气的快速排空提供一个新思路。

3. 水位高度的影响

参考《建筑给水排水设计标准》GB 50015—2019，排水管道的最大设计充满度为 0.5。排水管道直径为 600mm，故将排水管段内的水位高度设置为 0.12m，0.18m 和 0.24m。

图 3-27 为不同水位高度下，各测点天然气体积分数随时间变化曲线。

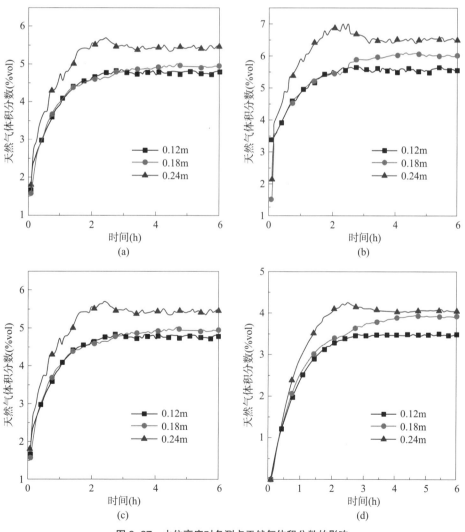

图 3-27　水位高度对各测点天然气体积分数的影响
（a）测点 1；（b）测点 2；（c）测点 5；（d）测点 7

由图可知，当水位高度为 0.12m，以 0.06m 的步长增加至 0.24m 时，对应的排水井稳定后的平均体积分数依次为：4.09%vol、4.48%vol 和 4.84%vol，体积分数变化率为 9.70% 和 7.87%。说明随着水位高度的增加，排水管段内天然气体积分数将逐渐增加，且增加幅度逐渐减弱。这是因为排水管道内水位升高，上方的有限空间减小，管壁外边界天然气入口处速度不变的条件下，排水管道上方空间中的天然气体积分数将增加。

4. 井盖开启孔大小的影响

参考《建筑给水排水制图标准》GB/T 50106—2010，开启孔的面积是井盖面积的 1/1000 或者 1/500，井盖直径设置为 1.25m，故将开启孔简化设置为 2 个 DN20、DN30 和 DN40 的圆形小孔。

图 3-28 为开启孔大小对各测点天然气体积分数的影响。

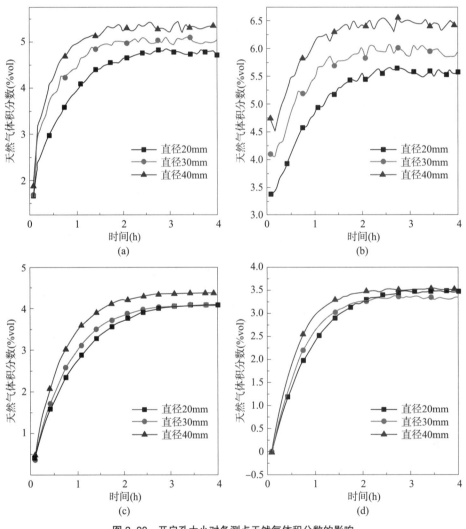

图 3-28　开启孔大小对各测点天然气体积分数的影响
（a）测点 1；（b）测点 2；（c）测点 5；（d）测点 7

当开启孔直径从 20mm 增加至 40mm 时，排水井稳定后的平均天然气体积分数从 4.08%vol 增加至 4.37%vol，体积分数提高了 7.19%。其他测点体积分数体现出类似变化规律，说明排水井上开启孔面积越大，排水井内越早监测到天然气，且天然气体积分数越高。同时可以发现，开启孔大小对上游测点的体积分数影响较大，对下游测点体积分数变化影响逐渐减弱，因此在实际工程中，排水井的间距不宜过长。

3.3.2　综合管廊内燃气泄漏扩散的数值模拟

天然气易燃易爆且综合管廊的尺寸庞大，文献中仅有的实验研究也是依据相似准则的小尺度验证实验。且实验多数采用其他气体代替天然气，因此相似实验往往误差较大。本节将通过数值模拟研究狭长受限有限空间内天然气泄漏扩散特征及影响因素，探讨不同泄漏条件下的有效通风换气次数。

3.3.2.1　模型建立与求解

1. 三维几何模型

以海口市某地下管廊内的燃气舱为研究对象，忽略各舱室之间的相互影响，不考虑天然气管道内气体流动过程，研究天然气从管道表面的小孔泄漏，在舱室内扩散的过程。地下管廊燃气舱三维几何模型如图 3-29 所示，建立地下管廊燃气舱的三维几何模型，具体模型尺寸为长 200m、宽 3m、高 3m。管道直径为 $DN400$，泄漏孔为圆形小孔，通风口尺寸为 $1m \times 1m$。

针对研究的燃气舱，在管道中心平面 $Y=2.2m$ 上，舱室顶棚下方 0.1m 位置处，沿管长方向以中心每隔 15m 布置一个天然气体积分数监测点，14 个天然气体积分数传感器位置和坐标如表 3-8 所示。同时，定义平面 $Y=2.2m$ 和 $Z=2.9m$ 的交线，即甲烷浓度传感器所在的直线为监测线 l_1。

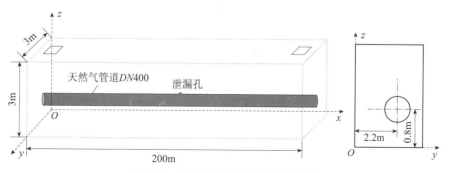

图 3-29　地下管廊燃气舱三维几何模型

天然气体积分数传感器位置和坐标   表 3-8

编号	位置	x（m）	y（m）	z（m）	编号	位置	x（m）	y（m）	z（m）
1	上游 90m	10	2.2	2.9	8	下游 15m	115	2.2	2.9
2	上游 75m	25	2.2	2.9	9	下游 30m	130	2.2	2.9
3	上游 60m	40	2.2	2.9	10	下游 45m	145	2.2	2.9
4	上游 45m	55	2.2	2.9	11	下游 60m	160	2.2	2.9
5	上游 30m	70	2.2	2.9	12	下游 75m	175	2.2	2.9
6	上游 15m	85	2.2	2.9	13	下游 90m	190	2.2	2.9
7	泄漏孔正上方	100	2.2	2.9	14	通风出口处	199.5	2.2	2.9

2. 数学模型

天然气在地下管廊中的泄漏扩散过程主要受舱室内壁的约束，受到重力、空气浮力及通风气流的共同作用，满足三传方程、无化学反应的组分输运模型、混合气体密度方程。由于廊内天然气管道小孔泄漏，天然气在廊内为受限空间的高速射流运动，在通风条件下与气流进行强烈掺混。经过前人的大量研究与验证，Realizable k-ε 模型适合具有强烈掺混的气体混合流动。因此选取 Realizable k-ε 模型进行方程补充。

湍流动能 k 输运方程：

$$\frac{\partial}{\partial t}(\rho k) + \frac{\partial}{\partial x_j}(\rho k u_j) = \frac{\partial}{\partial x_j}\left[\left(u + \frac{u_t}{\sigma_k}\right)\frac{\partial k}{\partial x_j}\right] + G_k + G_b - \rho\varepsilon - Y_M + S_k \qquad （3-39）$$

湍流耗散率 ε 输运方程：

$$\frac{\partial}{\partial t}(\rho\varepsilon) + \frac{\partial}{\partial x_j}(\rho\varepsilon u_j) = \frac{\partial}{\partial x_j}\left[\left(u + \frac{u_t}{\sigma_\varepsilon}\right)\frac{\partial\varepsilon}{\partial x_j}\right] + \rho C_1 S_\varepsilon - \rho C_2 \frac{\varepsilon^2}{k + \sqrt{v\varepsilon}} + C_{1\varepsilon}\frac{\varepsilon}{k}C_{3\varepsilon}G_b + S_\varepsilon \qquad （3-40）$$

上两式中　　μ_t——湍流的速度，m/s；

ρ——气体密度，kg/m³；

S_k——用户自定义的湍流动能源项；

v——流体速度，m/s；

S_ε——用户自定义的耗散率动能源项；

G_b——由浮力所产生的湍流动能，J；

G_k——层流的速度梯度所产生的湍流动能，J；

Y_m——湍流扩散引起的波动；

σ_k——湍流动能的普朗特数；

σ_ε——耗散率的普朗特数；

C_2、$C_{1\varepsilon}$——常数。

其中：

$$C_1 = \max\left[0.43, \frac{\eta}{\eta+5}\right], \eta = S\frac{k}{\varepsilon}, S = \sqrt{2S_{ij}S_{ij}} \quad (3\text{-}41)$$

式中 S——平均应变速率张量的模量；

　　　S_{ij}——应变速率张量。

$$\mu_{\mathrm{t}} = \rho C_{\mu}\frac{k^2}{\varepsilon} \quad (3\text{-}42)$$

式中 C_{μ}——平均应变和旋转速率的函数。

不同于其他双方程模型，Realizable k-ε 模型中的 C_{μ} 不是常数，需要通过（3-43）计算。

$$C_{\mu} = \frac{1}{A_0 + A_{\mathrm{s}}\dfrac{kU^*}{\varepsilon}} \quad (3\text{-}43)$$

式中 A_0、A_{s}——常数；

　　　U^*——应变速率的函数，详见《ANSYS Fluent Theory Guide》。

Realizable k-ε 模型中系数取值如表 3-9 所示。

Realizable k-ε 模型中系数取值 表 3-9

$C_{1\varepsilon}$	C_2	σ_k	σ_{ε}
1.44	1.9	1.0	1.2

3. 定解条件

（1）初始条件

t=0 时，泄漏未开始，舱室内充满空气，压力为大气压力 0.1MPa，温度为 298K，天然气体积分数为 0，速度为 0。

即：$v(x, y, z)|_{t=0}=0$　$c(x, y, z)|_{t=0}=0$　$P(x, y, z)|_{t=0}=P_0$　$T(x, y, z)|_{t=0}=T_0$

（2）泄漏孔边界条件

泄漏孔边界条件：$\dot{m}|_{\mathrm{inlet}}=q_{\mathrm{t}}$　$p|_{\mathrm{inlet}}=q_{\mathrm{t}}$　$c|_{\mathrm{inlet}}=c_{\mathrm{in}}$；

由前文分析可知，综合管廊内的天然气泄漏过程分为两个阶段，泄漏开始阶段天然气管道压力恒定，即泄漏孔处的泄漏量恒定；紧急切断阀切断气源后，泄漏孔的质量流量和压力随时间逐渐减小。

研究的天然气管道 400mm，切断阀门位于一个防火分区的两端，即切断阀之间的天然气管道长度为 200m。泄漏孔径为 6mm 时，泄漏 60s 时由稳态泄漏转为动态泄漏。根据前文计算结果，通过线性拟合，得到泄漏孔处质量流量和压力变化的公式分别为式（3-44）和式（3-45），R^2 均为 0.999。

$$q_t = \begin{cases} 0.04376 & (0 \le t < 60s) \\ -1.29 \times 10^{-5}t + 0.044534 & (60s \le t \le 1800) \end{cases} \qquad (3-44)$$

$$P_t = \begin{cases} 493000 & (0 \le t < 60s) \\ -161.4t + 502684 & (60s \le t \le 1800) \end{cases} \qquad (3-45)$$

由于泄漏孔处天然气的质量流量和压力随时间而变化，采用 C 语言编写泄漏孔处质量流量及压力的 UDF 程序，动态链接到 Fluent 求解器，实现地下管廊内天然气管道动态泄漏过程的数值模拟。

（3）通风口边界条件

无通风时，通风口设置为压力出口，天然气在地下管廊内自然扩散；考虑风速对舱室内天然气泄漏扩散分布的影响。

此时通风口边界条件：$v|_{vent} = v_{ve}$，计算公式为：

$$v_{ve} = \frac{nV}{3600 \times A_{ve}} \qquad (3-46)$$

式中　　v_{ve}——风口的平均空气流速，m/s；

　　　　A_{ve}——通风口面积，m^2；

　　　　n——换气次数，h^{-1}；

　　　　V——天然气舱一个通风区间的体积，m^3。

（4）内部单元区域及表面边界

泄漏的天然气和舱室内初始状态分布的空气，所以内部单元区域为 Fluid。天然气舱室顶棚、壁面、管道壁面均设置为无滑移的固定壁面（wall）。

4. 网格无关性验证及模型验证

采用六面体结构化网格，对靠近壁面处、泄漏孔和通风口处进行网格加密处理。网格划分细节如图 3-30 所示。

以典型泄漏工况为例进行网格无关性验证。工况的具体参数条件如下：泄漏孔在管道中间，方向朝上，孔径为 6mm，管道压力为 0.8MPa，无泄漏时舱室内通风换气次数为 $6h^{-1}$，下游 15m 位置的传感器报警后换气次数为 $12h^{-1}$。

以测点 8 的天然气体积分数变化情况为考察对象，进行四套网格方案的对比分析，网格无关性验证如图 3-31 所示。当网格数为 333 万个时，天然气平均体积分数与 460 万个网格时差距很小，平均相对误差为 2.98%，所以网格数为 333 万个满足计算精度需求。

利用马博洋的实验结果对综合管廊天然气泄漏扩散模型进行验证。实验采用氦气代替甲烷模拟天然气在空气中的泄漏情况，且对氦气的可替代性进行了模拟验证。实验台采用相似准则对实际管廊项目进行 1∶5 缩放。选取文献中实验工况 1 和工况 2 对无通风换气及

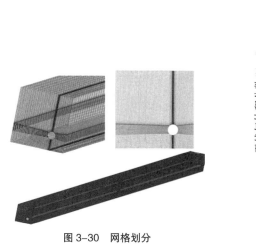

图 3-30　网格划分

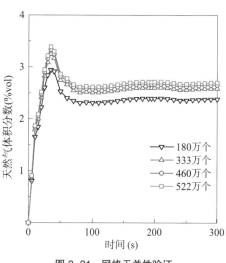

图 3-31　网格无关性验证

事故通风状态下廊内天然气体积分数变化情况分别进行模拟，物理模型和边界完全依照实验设置。

　　以实验工况 1 中的测点 2 的气体浓度随时间变化为考察量，对比结果如图 3-32（a）所示，测点 2 天然气体积分数变化的模拟结果均与实验结果的变化趋势相同，且平均误差仅为4.88%。以工况 2 中的测点 5 的气体浓度随时间变化为考察量，对比结果如图 3-32（b）所示，开启事故通风后气体浓度变化趋势相同，平均误差为 7.89%。所以利用建立的天然气舱内泄漏扩散模型计算的结果，能够真实地反映对应工况下的扩散特征。

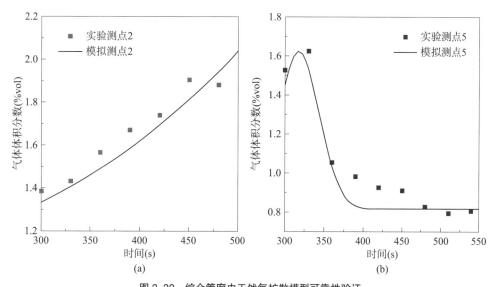

图 3-32　综合管廊内天然气扩散模型可靠性验证

（a）工况 1 中测点 2 浓度对比结果；（b）工况 2 中测点 5 浓度对比结果

3.3.2.2　模拟结果分析

1. 地下管廊内天然气自然扩散过程分析

本小节研究通风系统、紧急切断阀均为未启动状态，地下管廊内天然气管道为稳态泄漏、自然扩散过程。此时，天然气管道泄漏孔处压力及流量保持恒定不变，管道压力为0.8MPa，泄漏孔质量流量为0.04376kg/s。

（1）地下管廊内天然气体积分数变化

图 3-33 为天然气舱 Y=2.2m 截面处天然气体积分数随时间变化云图。由图可知，天然气由泄漏孔瞬间射流扩散至舱室顶部，贴附顶棚壁面流动向舱室两端扩散，舱室内的天然气体积分数大致呈左右对称分布。泄漏 30s 时，泄漏孔上方区域的天然气体积分数已经达到报警体积分数；泄漏 60s 时，天然气轴向扩散距离达到 40m；180s 时，轴向扩散距离已经近100m。由于天然气的密度比空气低且泄漏孔朝上，因此管道上方区域不论天然气的轴向扩散距离还是天然气体积分数值均大于管道下方。

图 3-34 为天然气舱中心横截面（X=100m）处天然气体积分数随时间变化云图。由图可知，泄漏 10s 时，泄漏孔上方 1m 以内的区域天然气体积分数已经达到爆炸下限，且天然气

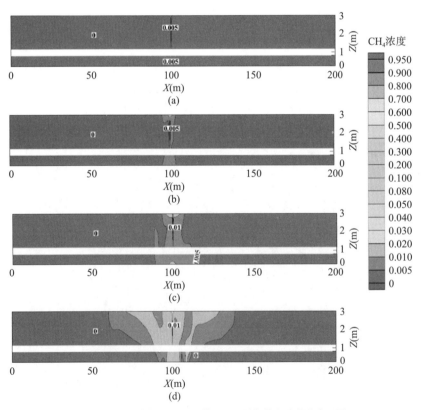

图 3-33　天然气舱 Y=2.2m 截面处天然气体积分数分布云图
（a）t=10s；（b）t=30s；（c）t=60s；（d）t=180s

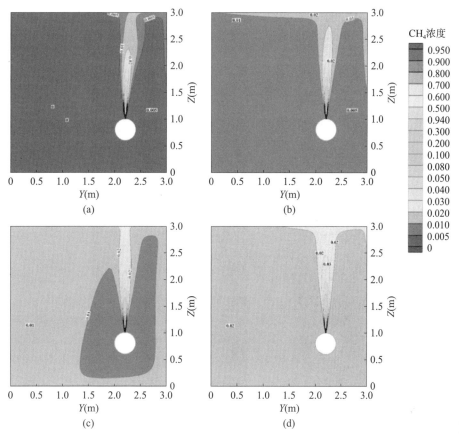

图 3-34　天然气舱中心横截面（X=100m）处天然气体积分数分布云图
（a）t=10s；（b）t=30s；（c）t=60s；（d）t=180s

已经开始贴附顶棚向下方区域扩散；泄漏 60s 时，天然气在整个截面 3/4 的扩散空间；泄漏 180s 时，中心横截面处的天然气体积分数均为 0.02 以上了。由此可见，地下管廊内一旦发生天然气泄漏，会迅速射流至舱室顶部并扩散至整个舱室。天然气管道在综合管廊内的泄漏过程实际上是射流和膨胀过程的耦合，满足有限空间内气体射流扩散特征。

（2）地下管廊内天然气速度变化

图 3-35 为天然气舱中心横截面 X = 100m 处甲烷速度随时间变化分布云图。由图可知，天然气从泄漏孔高速射流到舱室内，在空气阻力的作用下，泄漏孔上方的速度逐渐递减，孔上方 0.5m 处速度降为 100m/s，1m 处降至 50m/s，到舱室顶部速度降为 10 ~ 20m/s。泄漏时间 30s 左右，天然气在舱室内的扩散速度云图基本不发生变化。

地下管廊内有压管道泄漏后，天然气相当于在狭长受限有限空间内高速射流，高浓度的天然气将在舱室内迅速积聚，与此同时，舱室内含有照明等潜在火源，管道泄漏后极易引发爆炸事故，因此天然气管道意外泄漏后开展事故通风研究显得尤为重要。

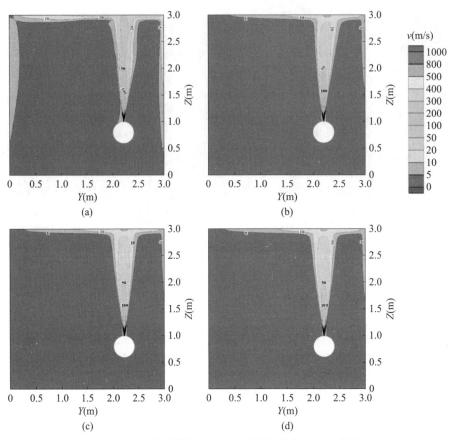

图3-35　天然气舱中心横截面 $X=100m$ 处甲烷速度随时间变化分布云图

（a）$t=10s$；（b）$t=30s$；（c）$t=60s$；（d）$t=180s$

2. 事故通风状态下廊内天然气体积分数分布

（1）通风方式及通风量计算

地下管廊可选择的通风形式一般分为自然通风、诱导式通风和机械通风三种。地下管廊一般设置在城市道路下方，通风口的设置将受到道路车流量及周围景观规划等制约，不宜过高、过多，因此自然通风不予考虑。管道小孔泄漏后，天然气将在舱室内迅速扩散高浓度积聚，一旦天然气体积分数超过报警阈值，需立即启动事故通风，因此诱导式通风不可取。因此，地下管廊一般采用机械通风方式。机械通风按风机的设置情况可以分为"机械进风、自然排风""自然进风、机械排风"和"机械进风、机械排风"三种类型。对于地下管廊这样的狭长受限空间，一旦出现天然气泄漏事故，需快速将泄漏气体排空，因此，研究的天然气独立舱采用"一端进风、一端排风"的"机械进风、机械排风"的通风方式。

《廊规》指出天然气舱的通风量应根据通风区间、截面尺寸经计算确定，需要满足：燃气舱正常通风换气次数不小于 $6h^{-1}$，事故通风换气次数不小于 $12h^{-1}$。换气次数是指新风量与一个防火分区体积的比值，故通风量计算公式为：

$$Q_v = SLn \tag{3-47}$$

式中 Q_v——通风量，m^3/h；

　　　　S——天然气舱室截面积，m^2；

　　　　L——通风区间长度，m；

　　　　n——通风换气次数，h^{-1}。

根据式（3-47）计算典型尺寸天然气管道舱通风量计算结果如表 3-10 所示。

天然气管道舱通风量计算结果　　　　　　　　　表 3-10

通风区间长度（m）	舱室横截面尺寸（宽 × 高）（m×m）	换气次数为 6h^{-1} 时通风量（m^3/h）	换气次数为 12h^{-1} 时通风量（m^3/h）
100	2×3	3600	7200
	2.5×3	4500	9000
	3×3	5400	10800
200	2×3	7200	14400
	2.5×3	9000	18000
	3×3	10800	21600
300	2×3	21600	43200
	2.5×3	27000	54000
	3×3	32400	64800

（2）事故通风状态下廊内天然气体积分数变化

图 3-36 为换气次数为 12h^{-1} 时各测点天然气体积分数变化曲线图。由图 3-36（a）可知，由于送风口在左侧，泄漏孔在管道中间，测点 1 ~ 测点 4 监测不到泄漏的天然气。虽然测点 5 和测点 6 在泄漏初期监测到天然气，但均在报警浓度以下，不能引起传感器报警。由图 3-36（b）可知，由于测点 7 天然气探测器位于泄漏孔正上方，泄漏瞬间便监测到天然气，泄漏 10s 时，测点 7 天然气体积分数为 1.8%vol；泄漏 35s，浓度达到最高点 3.25%vol。由于实际事故工况较复杂，因此考虑最不利报警时间，距离泄漏孔下风向 15m 的 8 号天然气探测器开始报警时，立刻开启事故通风。

由图 3-36（c）可知，测点 8 在泄漏 40s 时天然气体积分数达到 1%vol，此时由正常通风（6h^{-1}）切换到最小事故通风（12h^{-1}）。该测点在 50s 时浓度达到高点 1.5%vol，在最小事故通风作用下，170s 左右浓度降低至 1.1%vol。其余下风向各个测点的天然气体积分数变化趋势是一样的，可以发现燃气浓度变化曲线只存在时间的延迟关系，类似于波的传递。但是，在该工况条件下，在最小事故通风作用下，泄漏孔下风向各测点浓度尽管降低，但最终会维持在 1.11vol%。可见在该工况下，12h^{-1} 的换气次数并不能及时解除整个燃气独立舱室的危险，也就是说最小事故通风换气次数不满足该泄漏工况下燃气舱室的安全运行。

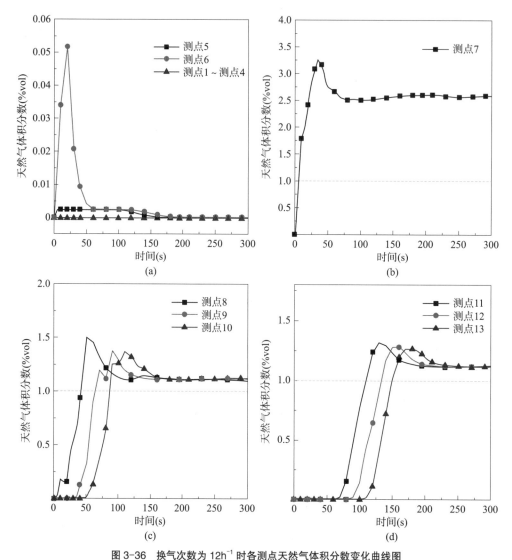

图 3-36　换气次数为 12h⁻¹ 时各测点天然气体积分数变化曲线图
（a）测点 1 ~ 测点 4、测点 5、测点 6；（b）测点 7；（c）测点 8、测点 9、测点 10；（d）测点 11、测点 12、测点 13

3.3.2.3　影响因素分析

　　由前文分析可知，管道压力为 0.8MPa，泄漏孔为 6mm 时，目前规范中的固定换气次数为 12h⁻¹ 不能及时解除舱室危险，因此本小节研究不同因素对通风防控效果的影响，包括管道压力、泄漏孔大小、位置及朝向，从而针对具体管道运行参数及泄漏条件提出对应有效的换气次数。

1. 天然气管道压力

　　地下管廊内中压、次高压燃气管道居多，管道压力不超过 1.6MPa。管道压力直接影响泄漏孔天然气质量流量的大小，因此本小节研究不同管道压力条件下（0.4MPa、0.8MPa、1.6MPa），管廊内泄漏天然气的扩散特点。

　　当泄漏孔径为 6mm、位于管道中间且方向朝上，各测点天然气体积分数随管道压力的变化如图 3-37 所示。由图可知，管道压力为 0.4MPa、0.8MPa 和 1.6MPa 时，测点 8 天然气探测器的报警时间分别为 70s、45s 和 35s，且浓度最高点分别为 1.11%vol、1.51vol 和 2.22%vol。对比其他测点，同样发现，管道压力越高，相同测点的报警时间越短，天然气体积分数值越高。当管道压力为 0.4MPa 时，开启事故通风后，90s 后测点 8 浓度降低至 1%vol 以下，130s 后测点 10 体积分数降低至 1%vol 以下，测点 12 和测点 13 浓度全程没有超过报警体积分数。

　　综上，当泄漏孔径低于 6mm，管道压力低于 0.4MPa 时，12h^{-1} 的最小事故通风换气次数可以满足燃气舱室的通风安全。当管道压力为 0.8MPa 时，开启事故通风后，泄漏孔下游

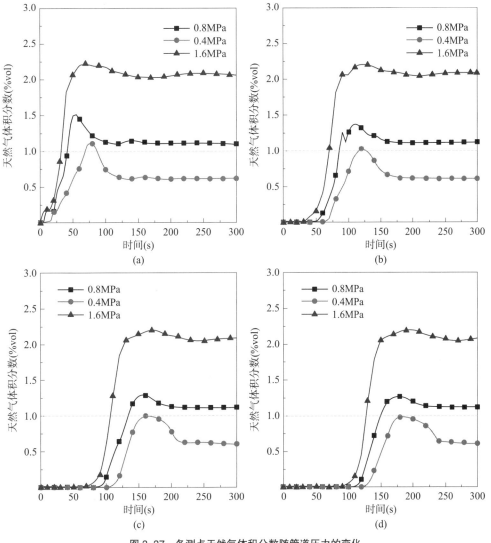

图 3-37　各测点天然气体积分数随管道压力的变化
（a）测点 8；（b）测点 10；（c）测点 12；（d）测点 13

各测点天然气体积分数降至 2%vol 以下，但是高于 1%vol。因此，当泄漏孔径在 6mm 时，管道压力超过 0.8MPa，最小事故通风不能及时有效地解除舱室危险。

2. 泄漏孔大小

泄漏孔大小直接影响泄漏孔的质量流量，本小节研究的泄漏孔径为 4mm、6mm、8mm。由于泄漏孔位置的随机和不确定性，本小节研究泄漏孔在管道入口端、中间位置、出口端三个典型位置，以及泄漏孔在管道上部、侧面和下面三个典型朝向时，管廊内泄漏天然气的扩散规律，泄漏孔参数设置如表 3-11 所示。

泄漏孔参数设置 表 3-11

泄漏孔位置	泄漏孔径（mm）	泄漏孔朝向	泄漏孔圆心坐标（x, y, z）
中间	4	上	（100, 2.2, 1.0）
中间	6	上	（100, 2.2, 1.0）
中间	8	上	（100, 2.2, 1.0）
入口端	6	上	（20, 2.2, 1.0）
出口端	6	上	（180, 2.2, 1.0）
中间	6	侧	（100, 2.0, 0.6）
中间	6	下	（100, 2.2, 0.6）

各测点天然气体积分数随泄漏孔尺寸的变化如图 3-38 所示。由图可知，泄漏孔径为 4mm、6mm 和 8mm 时，应急事故通风系统的启动时间为 80s 和 45s 和 40s。对于各测点，随着泄漏孔径的增大，天然气最高浓度也随之增大。泄漏孔径为 4mm 时，报警响应时间最长，室内气体泄漏风险最容易消除，$12h^{-1}$ 的事故通风换气次数可以将舱室内天然气体积分数降至 0.5%vol 附近。在该通风条件下，对于 8mm 的泄漏尺寸，测点的体积分数仍在 2%vol 以上。

3. 泄漏孔位置

图 3-39 为监测线天然气体积分数随泄漏孔位置变化，由图可知，泄漏 10s 内，由于天然气从管道高速射流出来，舱室内本身的通风速度不足以吹散高速射流的泄漏天然气，因此监测线上的天然气体积分数关于泄漏孔大致呈左右对称分布。随着泄漏时间的持续，天然气逐渐向泄漏孔下游舱室扩散，舱室内的危险区域也在不断增加。

泄漏孔在管道入口端，泄漏 60s、120s 和 300s 时，报警浓度线（1%vol）以上的天然气轴向扩散距离分别为 20m、67m 和 180m；随着泄漏的持续，泄漏 300s 时高于报警体积分数的天然气几乎充满整个舱室。

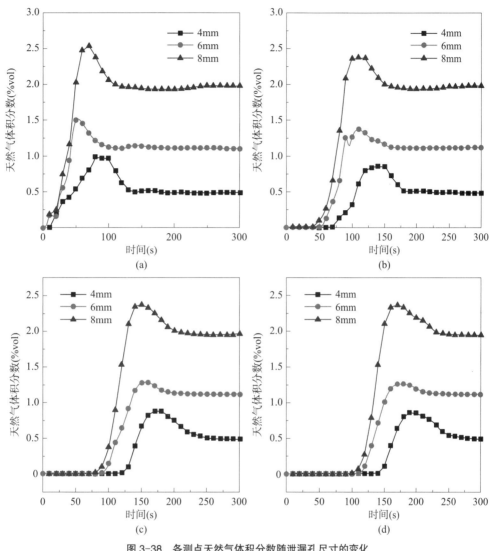

图 3-38　各测点天然气体积分数随泄漏孔尺寸的变化
（a）测点 8；（b）测点 10；（c）测点 12；（d）测点 13

当泄漏孔在正中间时，在通风作用下，舱室左端 80m 几乎监测不到泄漏的天然气，泄漏气体主要积聚在后半段舱室。

当泄漏孔在出口端时，接近出风口泄漏 10s 增加到 60s 时，天然气向泄漏孔左端扩散至 X=160m 处；随着扩散时间的持续，在机械通风作用下，天然气的位置向泄漏孔右端移动，泄漏 120s 和 180s 时，舱室左端 180m 内均是安全区域。

研究天然气独立舱采用"一端进风、一端排风"的"机械进风、机械排风"通风方式。因此，当泄漏孔越靠近管道入口端（靠近进风口）时为最不利泄漏位置，在事故通风作用下，舱室内泄漏的天然气需要沿途经过整个舱室才能到达排风口处进而被排出。

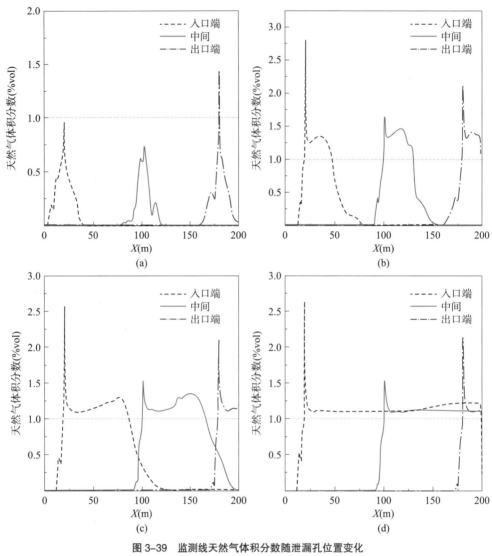

图 3-39　监测线天然气体积分数随泄漏孔位置变化

（a）$t=10s$；（b）$t=60s$；（c）$t=120s$；（d）$t=300s$

4. 泄漏孔朝向

图 3-40 为泄漏孔朝向不同时舱室横截面处天然气体积分数分布云图，由图可知，在该截面，泄漏孔方向对天然气体积分数分布起主导作用。天然气从泄漏孔高速射流到泄漏孔正面的舱室壁面处，贴附于壁面然后向两侧壁面处流动扩散。不论泄漏孔朝哪个方向，天然气在综合管廊内泄漏扩散都满足有限空间的气体射流特点。

图 3-41 为监测线天然气体积分数随泄漏孔朝向的变化。

由图 3-41 可知，朝向不同直接影响泄漏孔附近区域的天然气体积分数分布。由于监测线选取位置在舱室顶部下方 0.1m 处，与朝上和朝下的泄漏孔在同一平面，因此监测线

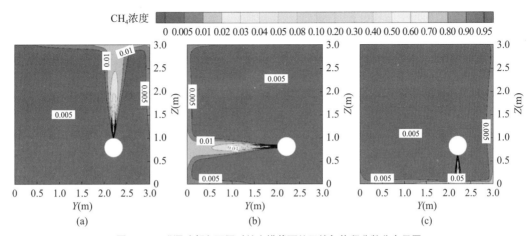

图 3-40 泄漏孔朝向不同时舱室横截面处天然气体积分数分布云图
（a）泄漏孔朝上；（b）泄漏孔侧向；（c）泄漏孔朝下

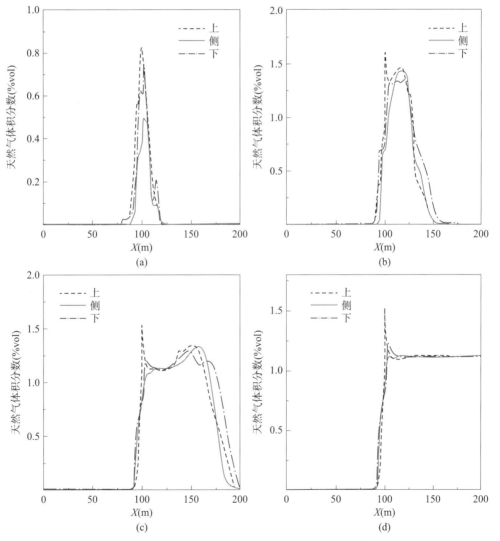

图 3-41 监测线天然气体积分数随泄漏孔朝向的变化
（a）$t=10\text{s}$；（b）$t=60\text{s}$；（c）$t=120\text{s}$；（d）$t=300\text{s}$

中间位置的天然气体积分数在泄漏孔朝上时最高，泄漏孔朝下时次之，泄漏孔在侧面时最小。随着泄漏时间的持续，可以发现，泄漏孔朝向几乎不影响舱室内天然气的轴向扩散距离。

5. 事故通风换气次数

由前文分析可知，当泄漏孔径为 6mm 时，管道压力为 0.8MPa 时，最小通风换气次数 $12h^{-1}$ 不能及时有效地消除舱室内天然气形成的危险区域。针对该泄漏工况，在测点 8 开始报警时，分别启动 $12h^{-1}$、$15h^{-1}$ 和 $18h^{-1}$ 的通风换气次数，不同换气次数下，各测点天然气体积分数曲线图如图 3-42 所示。

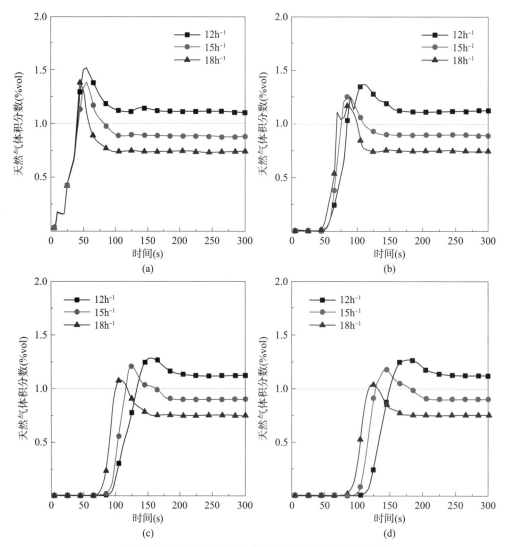

图 3-42 不同换气次数下，各测点天然气体积分数曲线图
（a）测点 8；（b）测点 10；（c）测点 12；（d）测点 13

由图 3-42 可知，当泄漏孔径为 6mm 时，管道压力为 0.8MPa 时，事故通风换气次数为 12h^{-1}、15h^{-1} 和 18h^{-1} 的条件下舱室内远端测点 13 的报警时间分别为 150s，130s 和 120s。其中，事故通风换气次数为 15h^{-1} 和 18h^{-1} 条件下可以将舱室所有测点浓度均降低至 1%vol 以下，分别耗时 185s 和 135s。当换气次数从 12h^{-1} 增加到 15h^{-1} 时，下游各测点天然气体积分数平均降低 24.9%；当换气次数从 15h^{-1} 增加到 18h^{-1} 时下游各测点天然气体积分数平均降低 19.8%。

因此，可以发现，增加通风换气次数，下风向各测点的报警时间越早，测点最高浓度值越低，浓度降低到报警体积分数的时间越早，即提高通风换气次数，可以明显降低舱室内天然气体积分数，缩短舱室解除危险的时间。

当地下管廊内燃气管道发生泄漏时，采取事故通风主要目的是稀释燃气舱内泄漏的燃气，使舱室内的天然气体积分数尽量小于爆炸下限，最大限度地满足安全要求。同时将泄漏天然气及时、快速的排出。通过上一节分析可知，泄漏孔位置和泄漏孔朝向对舱室内天然气分布形态影响较大，但是对事故通风防控影响不大。影响通风防控效果的主要因素有管道压力和泄漏孔大小。提高换气次数可以明显地降低舱室各位置的天然气体积分数，结合不同的管道压力及泄漏孔尺寸，计算不同泄漏工况下的有效通风换气次数。

通过多工况模拟分析，表 3-12 总结了泄漏尺寸为 4 ~ 8mm、压力为 0.4 ~ 1.6MPa 的紧急事故通风的有效换气次数。

不同泄漏条件下有效的事故通风换气次数　　　　　　　　　表 3-12

管道压力	泄漏孔径		
	4mm	6mm	8mm
0.4MPa	9h^{-1}	12h^{-1}	15h^{-1}
0.8MPa	12h^{-1}	15h^{-1}	21h^{-1}
1.2MPa	15h^{-1}	21h^{-1}	27h^{-1}
1.6MPa	18h^{-1}	24h^{-1}	30h^{-1}

由前文可知，由管道压力和泄漏孔径可确定管道泄漏初始时刻的天然气质量流量，对天然气泄漏流量 q 与有效的通风换气次数 n 进行多项式拟合，在泄漏孔天然气质量流量为 0.01 ~ 0.15kg/s 内有：

$$n = 7.68 + 143q + 1.08 \times 10^3 q^2 - 6.99 \times 10^3 q^2，R^2 = 0.993 \tag{3-48}$$

该关系式的适用条件为：泄漏孔径在 4 ~ 8mm 之间，管道压力在 0.4 ~ 1.6MPa 范围。

本章参考文献

［1］ 杨凯 . 城市燃气管道泄漏多因素耦合致灾机理与灾害控制研究 [D]. 北京：首都经济贸易大学，2016.

［2］ 付祥钊 . 燃气安全技术 [M]. 重庆：重庆大学出版社，2005.

［3］ 袁梦琦，侯龙飞，付明等 . 城市燃气管网燃爆风险防控技术 [M]. 北京：科学出版社，2021.

［4］ 宋鹏 . 混凝土排水管道结构评价理论研究 [D]. 北京：中国地质大学（北京），2020.

［5］ Fang H, Yang K, Du X, et al. Experimental study on the mechanical properties of corroded concrete pipes subjected to diametral compression[J]. Construction & building materials. 2020, 261：120576.

［6］ 郝卿儒 . 地下综合管廊燃气管道泄漏预警及响应研究 [D]. 北京：北京建筑大学，2019.

［7］ Woodward J L, Mudan K S. Liquid and gas discharge rates through holes in process vessels[J]. Journal of Loss Prevention in the Process Industries. 1991，4（3）161-165.

［8］ Wang D, Huang P, Qian X, et al. Study on the natural gas diffusion behavior in sewage pipeline by a new outdoor full-scale water cycling experimental pipeline system[J]. Process Safety and Environmental Protection. 2021，146：599-609.

［9］ Prasad K.High-pressure release and dispersion of hydrogen in a partially enclosed compartment：Effect of natural and forced ventilation[J]. International Journal of Hydrogen Energy. 2014, 39（12）：6518-6532.

［10］ Liu Y, Zheng J, Xu P, et al. Numerical simulation on the diffusion of hydrogen due to high pressured storage tanks failure[J]. Journal of Loss Prevention in the Process Industries. 2009, 22（3）：265-270.

［11］ 马博洋 . 综合管廊燃气泄漏积聚与安全处置研究 [D]. 北京：北京建筑大学，2021.

［12］ 洪娇莉 . 基于 CFD 的潮湿地区综合管廊通风系统模拟与除湿研究 [D]. 厦门：厦门大学，2019.

［13］ 张甫仁 . 燃气火灾爆炸事故危险源辨识及危险性模拟分析 [J]. 天然气工业 . 2005, 25（1）：151-154.

第 4 章

城市燃气设施风险辨识与评估方法

随着我国城市化进程加速，城市人口激增，以天然气为主的燃气输送系统发展迅速，保障燃气设施安全运行也变得愈发重要和迫切。由于燃气的易燃易爆特性，一旦发生泄漏，极有可能形成火灾、爆炸等事故。科学合理的风险评估可对保障城市燃气设施安全运行发挥至关重要的作用。

4.1　风险评估概述

4.1.1　风险相关概念

事故、隐患和危险源都是与风险有关的概念。

1. 风险

风险即潜在损失的度量，是对事故发生可能性和后果严重程度的综合度量，具有客观性、偶然性、损害性、不确定性、可变性和可控性等特点，通常表述为失效可能性与后果的乘积，可用事故发生概率 P 及事故后果 C 的函数来表示风险 R。

$$R = f(P, C)$$

由上述表达式可以看出，影响风险大小的因素主要有两个：事故发生的概率和事故发生的后果严重程度。

2. 隐患

隐患是指存在但尚未显露出来的潜在危险或问题。它可能是由于某种不安全的因素或条件而导致的，尽管目前尚未引发任何明显的危害或损害，但一旦不加注意或处理，可能会导致事故、伤害或其他不良后果。隐患会带来风险，通常需要通过识别、评估和采取相应措施来消除或减少潜在的风险。燃气设施可能存在的隐患主要包括：漏气、不当安装、管道老化、腐蚀、设备故障、不当使用、违章占压、地质灾害等。

3. 事故

事故是一种伴随人类生产、生活活动发生的违背人们意愿的事件。人类的任何生产、生活活动过程中都可能发生事故。事故除了影响人们的生产、生活活动顺利进行之外，往往还可能造成人员伤害、财物损失和环境的破坏等其他形式的后果。因此，人们若想按自己的意图把活动进行下去，就必须努力地采取各种措施来防止事故的发生。

4. 危险源

危险源是指一个系统中具有潜在能量和物质释放危险的可造成人员伤害或疾病、财产损失、工作环境破坏的，在一定的触发因素作用下可转化为事故的部位、区域、场所、空间、岗位、设备。它的实质是具有潜在危险的源点或部位，是爆发事故的源头，是能量、危险物质集中的核心。一般来说，危险源可能存在事故隐患，也可能不存在事故隐患，对于存在事故隐患的危险源一定要及时加以整改，否则随时都可能导致事故发生。

5. 风险辨识

风险辨识又称风险识别，是指在收集资料的基础上对尚未发生的、潜在的及客观存在的风险进行判断、归类和鉴定，识别其存在的危险、危害因素，分析可能产生的直接后果以及次生、衍生后果。其主要任务是找出风险之所在及引起风险的主要因素，并对后果做出定性分析。

6. 风险评估

风险评估是以系统安全为目的，按照科学的程序和方法，对系统中的危险因素、发生事故的可能性及危害程度进行调查研究和分析论证，并与给定目标或准则对比，确定其是否在可承受范围内，从而评估总体的安全性以及为制订基本预防和防护措施提供科学的依据。

7. 概率（可能性）评估

事故概率是风险的一个构成要素，是衡量风险发生可能性的关键标尺，也是研判风险态势进而防范和化解风险的重要依据。概率评估是指定量或半定量地确定事故发生的概率数值，定性的概率评估也称为可能性评估。

8. 后果评估

事故后果是风险的另一个构成要素，后果评估即是对事故后果进行质的评议和量的估价。有效地评估燃气管道事故后果严重性是非常必要的，对于高后果区，需要采取对应的后果严重程度减缓措施，从而降低风险。

9. 风险管理

风险管理是指企业通过风险辨识、风险评估确定系统的风险因素及程度，并研究风险对策，通过采用多种管理方法、技术手段对生产涉及的风险进行有效的控制，采取主动行动，创造条件，妥善处理风险事故造成的不利后果，同时对风险控制措施进行监控和信息反馈，以使风险保持在较低的可接受水平和使工业生产的总成本保持最低水平。风险管理的一般流程如图 4-1 所示。

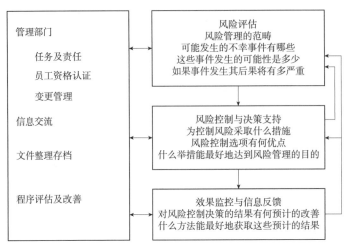

图 4-1　风险管理的一般流程

4.1.2　燃气设施风险评估体系构建

1. 燃气设施风险评估的一般流程

燃气设施风险评估流程图如图 4-2 所示，包括数据收集与整合、风险因素识别、风险评估方法选择、管段划分、失效可能性分析、失效后果分析、风险估算、风险判定、风险控制建议、风险再评估。

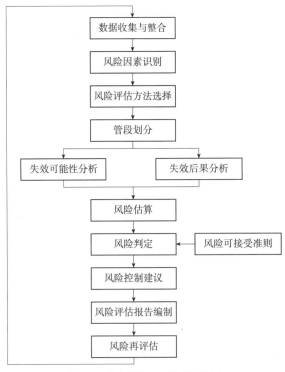

图 4-2　燃气设施风险评估流程图

2. 数据收集与整合

（1）数据需求

用不同的风险评估方法进行评估时所需要的数据有所不同，应根据所选择的评估方法确定应该搜集哪些数据种类与数量。燃气设施风险评估所需要的数据包括但不限于：设施设计建设数据、设施运行维护数据、设施沿线环境数据、设施事故数据、输送介质危害信息等。

（2）数据来源

燃气设施风险评估数据的典型来源包括但不限于以下几类：1）设计、材料和施工资料；2）运行、维护、检测和修复记录；3）事故报告和安全状况报告；4）含有周边环境信息的资料。

（3）数据整合

将收集到的单项数据整合，利用从多种渠道获取的数据，提高数据的完整性和可靠性，改进风险分析结果。

3. 风险评估方法选择

风险评估方法的选择应考虑风险评估的目的和需求、适用性、数据完整度、风险因素识别结果等因素。

定性风险评估方法对事故的发生可能性与后果采用相对的、分级的方法来描述风险；半定量风险评估介于定性风险评估和定量风险评估之间，采用量化指标来评价失效可能性与后果；定量风险评估根据统计数据或数学模型量化管道失效概率和后果，估算管道风险水平。

4. 单元划分

根据定义的评估范围，可将燃气设施划分为若干个单元进行风险评估。燃气管网通常以管段作为单元，划分时可以采用关键属性分段或者全部属性分段两种方式，应优先选用全部属性分段。关键属性分段应根据燃气设施风险因素确定，且每个管段的关键属性宜相同。若采用全部属性分段导致管段所分过短而影响风险评价效果时，可将属性值接近的管段进行合并。

5. 失效可能性分析与失效后果分析

燃气设施失效可能性分析应该列出所有目标设施已识别出的风险因素，分析这些风险因素导致设施事故发生可能性的大小。燃气设施失效可能性可采用定性、半定量或定量的方法估计，并应尽可能采用经过历史失效数据验证过的分析方法。

燃气设施失效后果分析内容应包括估算设施失效后对人员、财产和环境等产生不利影响的严重程度，也可考虑失效造成的设施损坏、介质损失和服务中断而造成的损失情况。

6. 风险估算

燃气设施风险估算的目的在于综合设施失效可能性分析和后果分析的结果，度量目标设施的风险水平，可采用定性、半定量或定量的方法。

7. 风险判定

风险判定是判断风险绝对值或相对值高低的过程，也包括判断和评价风险控制措施效果的过程。风险判定是对于受到危险事故影响的客体（人员、财产、环境等）或危险事故负有责任的主体（企业）而言风险水平的可接受程度。

8. 风险可接受准则

减小风险是要付出代价的，风险并非控制得越小越好。无论减少危险发生的概率，还是采取防范措施使发生危险造成的损失到最小，都需要投入财力、物力和人力，科学的做法是将风险限定在一个合理的、可接受的水平上，根据风险影响因素，经过优化，寻求最佳方案。可接受风险标准的制订要反映公众的价值观、灾害承受能力，也要反映社会的经济承受能力。

9. 风险控制建议

风险控制建议是根据风险判定的结果给出的用于控制风险的措施建议，是风险评估的重要环节，可作为制订风险控制方案的依据及决策基础。风险控制建议应针对高风险燃气设施提出控制措施建议。

10. 风险再评价

当出现下列情况之一时，应对设施或管段进行风险再评价：（1）上次风险评估结果确定的再评价时间；（2）设施属性或运行工况发生重大变化；（3）设施进行重大维修改造；（4）设施沿线环境发生重大变化。

11. 风险评估报告编制

评估报告至少应包括以下内容：（1）评估的目的和范围；（2）评估数据及来源说明；（3）风险评估方法选择，包括软件使用；（4）风险因素识别结果；（5）失效可能性分析结果；（6）后果分析结果；（7）风险估算结果；（8）结果分析（风险判定）。

4.2　风险识别

风险识别的目的是全面识别项目中的各种风险，帮助了解和掌握项目中可能出现的各种问题和不确定因素。风险识别的方法很多，例如安全检查表、危险与可操作分析、失效模式与影响分析、故障树分析、事件树分析、蝴蝶结分析等。

4.2.1　安全检查表法

安全检查表法是安全系统工程的一项最基本的方法。该方法主要是按照相关的标准、规范、规程、理论知识和专家的实践经验，对系统进行全面分析的基础上，将系统分成若干个单元或层次，并列出所有的危险因素，从而确定要检查的重点项目，并按照系统要求编制成表格，按照该表格检查某一系统的设计、装备、工艺及各种操作和管理中的潜在的风险因素，查明其问题的所在。

表 4-1 为某管道项目验收工作时安全检查表范例，可作参考。

安全检查表范例　　　　　　　　　　　　　　表 4-1

序号	检查项目	检查依据	检查情况	结果
1	生产经营单位新建、改建、扩建工程项目的安全措施，必须与主体工程同时设计、同时施工、同时投入生产和使用。安全设施投资应当纳入建设项目概算	《中华人民共和国安全生产法》（2021 年修订版）第三十一条	该项目安全设施与主体工程同时设计、同时施工、同时投入使用；该项目总投资＿＿＿＿万元，其中安全投资＿＿＿＿万元	符合
2	国家对严重危及生产安全的工艺、设备实行淘汰制度。生产经营单位不得使用应当淘汰的危及生产安全的工艺、设备	《中华人民共和国安全生产法》（2021 年修订版）第三十八条	该项目未使用国家明令淘汰、禁止使用的危及生产安全的工艺、设备	符合
3	管道的规划、建设应当符合管道保护的要求，遵循安全、环保、节约用地和经济合理的原则	《中华人民共和国石油天然气管道保护法》第十条	该项目在初步设计阶段考虑了多种方案进行对比，多方讨论后找出了最佳的方案进行细化设计	符合
4	管道建设应当遵守法律、行政法规有关建设工程质量管理的规定。管道企业应当依照有关法律、行政法规的规定，选择具备相应资质的勘察、设计、施工、工程监理单位进行管道建设。管道的安全保护措施应当与管道主体工程同时设计、同时施工、同时投入使用。管道建设使用的管道产品及其附件的质量，应当符合国家技术规范的强制性要求	《中华人民共和国石油天然气管道保护法》第十六条	该项目初步设计单位为＿＿＿＿；详细设计单位为＿＿＿＿，以上设计单位均具有相应资质，项目管线预制单位为＿＿＿＿；管线涂覆单位为＿＿＿＿；管道主体施工单位为＿＿＿＿；管道清管、试压、干燥施工单位为＿＿＿＿；项目监理单位为＿＿＿＿；第三方检验单位为＿＿＿＿；以上单位均具有相应资质。该项目管道安全设施均与主体工程同时设计、同时施工、同时投入使用。该项目的设计、施工、验收均由＿＿＿＿作为第三方检验单位，并签发证书	符合

安全检查表法可以直观地反映出问题，可以作为提出对策建议的重要依据，使对策建议更有针对性和可操作性。

4.2.2 危险与可操作分析

1. 分析方法

危险与可操作分析（Hazard and Operability Study），即 HAZOP 方法，是一种针对设计中的装置或现有装置的结构化和系统化的审查方法，旨在识别和评估可能造成人员伤害或财产损失的风险。

2. HAZOP 方法的实施过程

采用 HAZOP 方法进行风险识别的过程如下：

（1）成立一个涵盖相关专业人员的小组，包括项目经理、工艺负责人、HSE 负责人、专业工程师和生产操作专家等。

（2）建立系统的描述模型，如系统的 P&ID 图或工艺流程图，将系统分解成基本逻辑单元，选择一个或多个逻辑单元的组合作为分析的基本单元——设备项目。

（3）针对每个设备项目，分析人员选定一个设备项目，并检验该设备的参数和引导词的组合（即偏差）。分析人员要确定设备运行偏差是否存在，并探究其原因和后果，进行风险评估，提出措施建议，以消除和控制运行危险。

（4）对一个设备条目的所有可能偏差分析完毕后，则转入下一个设备项目，按上述步骤重新进行，直到所有设备项目分析完毕。

（5）分析人员要对识别出的危险事件进行记录和分类，形成危险事件清单。

（6）分析人员要对危险事件进行风险评估，评估其发生的概率、后果严重程度和可控制程度，并制订相应的控制措施和预防措施。

（7）分析人员要将风险评估结果与相关部门进行沟通和协商，制订出相应的安全管理措施和操作规程，以保证安全生产的稳定性和可靠性。

通过以上过程，HAZOP 分析可以识别出系统装置和工艺过程中存在的潜在危险，并提出相应的解决措施，以减少风险和损失。

3. HAZOP 分析法实例

以国内正在建设的某天然气分输站的初步设计为例进行 HAZOP 分析。

（1）分输站 HAZOP 分析节点如表 4-2 所示。

分输站 HAZOP 分析节点 表 4-2

节点号	节点名称	功能描述
1	旋风分离器	分离天然气中的杂质微粒
2	过滤分离器	过滤天然气中的杂质微粒
3	清管区	清管器的收获、发球

续表

节点号	节点名称	功能描述
4	计量橇	对输往城市门站天然气计量
5	调压橇	按下游需求，对压力和流量调节
6	自用气橇	提供火炬等站内设施的燃料气
7	越站系统	上游压力足够，天然气直接越站进入下游

（2）以节点7为例进行了详细的分析讨论，在现有安全措施的基础上，提出了相应的改善建议，进行归纳总结成如表4-3所示的节点7分析结果。

节点7分析结果　　　　　　　　　　　　　　　　表4-3

序号	引导词/偏差	可能原因	后果	安全措施	改善建议
1	低压	上游压力低 上游泄漏 站内泄漏	泄漏可能引发火灾，极端情况下可能发生爆炸	压力低报警	—
2	高压	上游压力高 下游阀门关闭	导致管线、阀门憋压变形、损坏，极端情况下可能发生泄漏，引发火灾、爆炸	压力低报警	—
3	低温	无明显原因	—	—	—
4	高温	无明显原因	—	—	—
5	低流量	上游发生泄漏 站内泄漏，上游流速低	泄漏可能引发火灾，极端情况下可能发生爆炸	—	建议增强气体泄漏检测装置，并对管道进行定期检测
6	高流量	上游流量大 上游用气少	损坏阀门	安全阀	—

4.2.3　失效模式与影响分析

1. 概述

失效模式与影响分析（Failure Mode and Effects Analysis, FMEA）是对系统各组成部分、元件进行分析的重要方法，该方法首先找出系统中各子系统及元件可能发生的故障及其类型，查明各种类型故障对邻近子系统或元件的影响以及最终对系统的影响，并提出消除或控制这些影响的措施。

2. FMEA方法的分析步骤

FMEA分析流程图如图4-3所示。

图 4-3　FMEA 分析流程图

（1）成立分析小组。分析小组成员包括设备管理的技术人员、安全管理人员、现场操作人员、安全专家、FMEA 分析技术人员等。

（2）确定分析对象。现场一线员工带领 FMEA 技术人员现场查看分析对象，选择合适的危险源辨识方法，并共同确定分析对象。

（3）划分设备单元。将整个生产设备按功能部分、子功能部分、功能部件逐级划分。

（4）识别设备部件。

（5）安全风险分析。分析出设备部件出现故障后可能导致的风险，以及导致设备故障的原因因素，然后制订出相应的控制措施，由相关专家及有经验的人员对辨识结果进行评价，最后由 FMEA 分析人员对辨识结果进行整理。导致设备出现故障的直接因素是物的不安全状态和人的不安全行为；企业的管理因素是导致物的不安全状态和人的不安全行为的间接原因。

3. FMEA 分析法实例

某天然气场站的功能是将井流中的天然气和原油分离，脱出天然气中的水分使其达到外运和管输的指标，同时回收天然气中凝析出的轻烃。

（1）成立分析小组

分析小组由固定人员和非固定人员两部分组成，固定人员包括：FMEA 分析技术人员，天然气安全生产专家，企业安全管理人员等；非固定人员包括：集团技术人员，设备技术管理人员，设备维修技术人员，厂站站长、班长、富有工作经验的一线员工，外包公司技术人员。

（2）确定分析对象

富有经验的员工现场介绍天然气生产企业设备设施，介绍内容包括：设备设施种类及其功能，生产介质的性质及其存在形式，生产工艺流程。

（3）划分设备单元

根据现场设备设施的查看以及相关资料查阅，经小组内部讨论，将天然气生产作业系统设备设施单元划分如表 4-4 所示。

天然气生产作业系统设备设施单元　　　　　　　　　　　　　　表 4-4

功能部分	子功能部分	部件
高压分子筛脱水模块	进站分离器	罐体
		双金属温度计
		压力表
高压分子筛脱水模块	进站分离器	磁浮子液位计
		液位变送器
		温度变送器
		压力变送器

续表

功能部分	子功能部分	部件
高压分子筛脱水模块	分子筛脱水塔	罐体
		吸附填料
		缓冲稳压防爆壳
	前、后置过滤分离器	罐体
……	……	……

（4）安全风险分析

设备设施划分完成后按照小组成员分工对各设备部件进行分析，FMEA 安全风险信息如表 4-5 所示。

FMEA 安全风险信息　　　　　　　　　　表 4-5

功能部分	子功能部分	部件	故障	安全风险	可能导致故障的因素	现有控制措施
高压分子筛脱水模块	进站分离器	罐体	开裂	天然气、污水泄漏导致火灾、爆炸、设备损坏和人员伤亡	（1）投运前未进行相应的法定检验；（2）选型不符合工艺要求；（3）吊装作业不符合要求，磕碰撞裂；（4）周围未加装相应安全防护，可能导致车辆碰撞；（5）未定期进行检验	（1）查看合格证书；（2）根据压力、密度和介质组分选择合适的罐体；（3）设立警戒线；（4）按照国家压力容器要求进行定期检验；（5）按吊装操作规程进行作业
……	……	……	……	……	……	……

4.3　风险评估

风险评估与风险识别侧重点不同，风险识别侧重于获得对风险的全面认识，包括风险的种类、性质、可能的影响等。风险评估则是侧重于对风险的量化评估，根据量化的程度，风险评估方法可以分为定性、半定量和定量风险评估方法。

4.3.1　定性风险评估方法

定性风险评估方法主要根据经验和判断能力对生产系统的工艺、设备、环境、人员、管理等状况进行分析，获知系统中存在的事故危险和诱发因素，并根据这些因素的影响程度采取预防控制措施。这类方法的特点是简单、便于操作，无需建立精确的数学模型和评价方法，评价过程及结果直观；但是这类方法对经验依赖度高，具有一定的局限性，对系统危险性的描述缺乏深度。风险矩阵法、安全检查表法、相对风险值法、预先危险分析法、危险与可操作性分析法等定性风险评估方法已被广泛应用于燃气系统的初期评价，本节主要介绍风险矩阵法。

风险矩阵法的指标体系分为失效可能性等级指标与失效后果等级指标。

以输气管道风险评估为例，按照表4-6确定失效可能性等级，按表4-7确定失效后果等级。根据发生的可能性和严重程度等级，将风险等级分为低、中、高三级，风险等级标准如表4-8所示。风险等级划分如表4-9所示。

失效可能性等级   表 4-6

失效可能性		可能性等级
可能性	可能性描述	
很可能	本段管道曾发生（极有可能）或本处本年内就可能发生	5
可能	单位内曾发生（很有可能）或本处3年内可能发生	4
偶然	国内曾发生（有可能）或本处5年内可能发生	3
不可能	行业内曾发生（很少可能）或本处10年内可能发生	2
很不可能	行业内未发生（极不可能）或本处10年内不发生	1

失效后果等级   表 4-7

后果类型	后果严重程度等级				
	轻微	较大	严重	很严重	灾难性
	1	2	3	4	5
人员伤亡	无人员伤亡或轻伤	重伤	1~2人死亡	3~9人死亡	10人以上死亡
财产损失	无破坏或经济损失10万元以下	经济损失10万~100万元	直接经济损失100万~300万元	直接经济损失300万~1000万元	直接经济损失1000万元以上
环境影响	无影响或轻微影响	较小影响	局部影响	重大影响	特大影响
停输影响	在允许停输时间范围内；轻微影响生产	可能超过允许停输时间；严重影响生产	超过了允许停输时间；关联影响上下游	严重影响上下游；造成重大国内影响	造成国际事务影响
声誉影响	无影响或轻微影响	县级范围内影响	省级范围内影响	全国性影响	国际性影响

风险等级标准   表 4-8

后果严重程度		后果可能性				
		很不可能	不可能	偶然	可能	很可能
		1	2	3	4	5
轻微	1	I	I	I	II	II
较大	2	I	I	I	II	III
严重	3	I	I	II	II	III

续表

后果严重程度		后果可能性				
		很不可能 1	不可能 2	偶然 3	可能 4	很可能 5
很严重	4	Ⅰ	Ⅱ	Ⅱ	Ⅲ	Ⅲ
灾难性	5	Ⅱ	Ⅱ	Ⅲ	Ⅲ	Ⅲ

风险等级划分　　　　　　　　　　　　　　　　表 4-9

风险等级	要求
低（等级Ⅰ）	风险水平可以接受，当前应对措施有效，不必采取额外技术、管理方面的预防措施
中（等级Ⅱ）	风险水平有条件接受，有进一步实施预防措施以提升安全性的必要
高（等级Ⅲ）	风险水平不可接受，必须采取有效应对措施将风险等级降低到Ⅱ级及以下水平

4.3.2　半定量风险评估方法

半定量风险评估方法将事故发生概率和事故后果按照权重各自分配指标，采用数学方法将两个对应的事故概率和事故后果的指标进行组合，得出相对风险。这类方法可用于系统结构复杂、难以利用概率表述危险性的单元评价，评价指数值同时涵盖事故概率和事故后果两个方面的因素；其缺点是对危险物质和安全保障体系间的相互作用关系考虑较少。其中最具有代表性的是 LEC 评价法、层次分析法、模糊综合评价法、肯特管道风险评分法等。下面将介绍几种相应的评估方法。肯特管道风险评分法是一种广泛应用于长输管道和配气管道的风险评估方法，详细方法可参考文献。

4.3.2.1　作业条件危险性评价法

该方法用与系统风险有关的三种因素指标值的乘积来评价操作人员伤亡风险大小，这三种因素分别是：L（Likelihood，事故发生的可能性）、E（Exposure，人员暴露于危险环境中的频繁程度）和 C（Consequence，一旦发生事故可能造成的后果）。给三种因素的不同等级分别确定不同的分值，再以三个分值的乘积 D（Danger，危险性）来评价作业条件危险性的大小，事故发生的可能性如表 4-10 所示、暴露于危险环境的频繁程度如表 4-11 所示、发生事故产生的后果如表 4-12 所示、总分危险程度如表 4-13 所示。LEC 风险评估法对危险等级的划分一定程度上依赖经验判断，应用时需要考虑其局限性，根据实际情况予以修正。

事故发生的可能性   表 4-10

分数值（分）	事故发生的可能性
10	完全可以预料
6	相当可能
3	可能，但不经常
1	可能性小，完全意外
0.5	很不可能，可以设想
0.2	极不可能
0.1	实际不可能

暴露于危险环境的频繁程度   表 4-11

分数值（分）	暴露于危险环境的频繁程度
10	连续暴露
6	每天工作时间内暴露
3	每周一次或偶然暴露
2	每月一次暴露
1	每年几次暴露
0.5	罕见暴露

发生事故产生的后果   表 4-12

分数值（分）	发生事故产生的后果
100	10 人以上死亡
40	3 ~ 9 人死亡
15	1 ~ 2 人死亡
7	严重
3	重大，伤残
1	引人注意

总分危险程度   表 4-13

D 值	危险程度
> 320	极其危险
160 ~ 320	高度危险
70 ~ 160	显著危险
20 ~ 70	一般危险
< 20	稍有危险

4.3.2.2　层次分析法

层次分析法（Analytic Hierarchy Process，AHP）是一种定性与定量分析相结合的多准则决策方法。这一方法的特点是对复杂决策问题的本质、影响因素以及内在关系等进行深入分析后，构建一个层次结构模型，然后利用较少的定量信息，把决策的思维过程数字化，从而将多目标、多准则或无结构特性的复杂决策问题，用一种简便的方法进行决策。层次分析法利用数学模型把人的思维过程层次化、数量化，为分析、决策、预报或控制提供定量的依据，尤其适合于人的定性判断起重要作用、对决策结果难以直接准确计量的场景。用决策者的经验判断各衡量指标之间的相对重要程度，并合理地给出每个决策方案的每个指标的权重，利用权重和打分结果求出各方案的优劣次序。运用层次分析法建模确定权重。有关层次分析法的详细介绍可参见文献 [13]。

4.3.2.3　模糊综合评价法

模糊综合评价法（Fuzzy Comprehensive Evaluation，FCE）是借助模糊数学的一些概念，对实际的综合评价问题提供一些评价的方法。它是对受多种因素影响的事物做出全面评价的一种十分有效的多因素决策方法，其特点是评价结果不是绝对地肯定或否定，而是以一个模糊集合来表示。由于模糊综合评价方法可以较好地解决综合评价中的模糊性（如事物类属性之间的不清晰性，评价专家认识上的模糊性等），因而该方法的应用几乎涵盖了所有领域。有关模糊综合评价的详细介绍可参见文献 [14]。

4.3.2.4　保护层分析法

保护层分析法（Layer of Protection Analysis，LOPA）是一种分析和评估风险的半定量方法，该方法包括描述后果和估算频率的简化方法。通过为过程添加各种保护层的方式，可以降低不期望后果的发生频率。保护层可能包括本质安全设计、基本的过程控制系统、安全仪表功能、被动安全设施、主动安全设施以及人为干预等。典型的保护层模型如图 4-4 所示。保护层与后果结合可表征风险，将其与一些风险容忍准则进行比较可评估风险水平。

在保护层分析中，可对后果及影响进行类别划分，对频率进行近似估算，也可对保护层的有效性进行近似估算。恰当选取估算值和类别，可得到保守值。因此，使用该方法的结果总是比定量风险评估法所得的结果保守。如果保护层分析法的结果不符合要求，或者结果不确定，那么可能需要进行全面的定量风险评估。

保护层分析法的主要目的是确定在特定事故情景中所采用的保护层是否足够。如图 4-4 所示，有许多保护层类型可以使用。该图中并没有列出所有可能的保护层。某一情景可能需要一个或多个保护层，这主要取决于过程的复杂程度和事故的潜在严重度。值得注意的是，对某一给定的情景，只要有一个保护层成功发挥作用就能防止不期望后果的发生。因

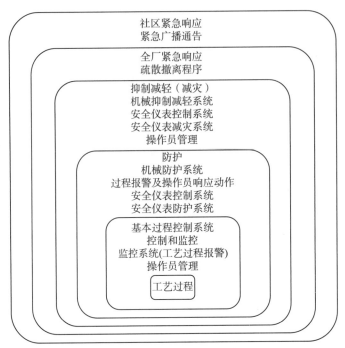

图 4-4　典型的保护层模型

为没有任何保护层是完全有效的，所以需要为过程添加足够的保护层，以将风险降低至可接受的水平。

保护层分析法的主要步骤包括：

（1）确定某一后果；

（2）确定事故情景和与后果有关的原因；

（3）确定情景的初始事件，并估算初始事件的发生频率；

（4）确定该特定后果可使用的保护层，并估算每一保护层的要求时失效概率；

（5）将初始事件发生频率与所需的独立保护层的失效概率相结合，估算该初始事件导致的后果发生频率；

（6）通过绘制后果—后果发生频率图来估算风险；

（7）评价风险的可接受性（如果不可接受，则需要增加更多的保护层）。

其他后果和情景也可以使用该程序，并且可以根据对象不同而加以变化。

4.3.3　定量风险评估方法

定量风险评估方法通过对系统或设备失效概率和失效后果的严重程度进行量化分析，精确描述系统的风险，从数量上说明被评价对象的危险等级，综合评估潜在事故后果的严重度和可能性，以量化的个人风险和社会风险作为决策依据，使风险分析更全面。燃气设施的定量风险评估方法需要建立在历史失效概率的统计基础之上。定量风险评估方法有许多，本章主要介绍故障树、事故树等几种方法。

4.3.3.1　故障树分析法

1. 概念

故障树分析法（FTA）是一种系统可靠性和安全性分析的方法，它通过构建故障树来识别导致系统故障的基本事件。故障树由一个顶事件、若干中间事件和底事件组成，用逻辑门和连线表示它们之间的逻辑关系。

故障树是一种特殊的倒立树状逻辑因果关系图，它用事件符号、逻辑门符号和转移符号描述系统中各种事件之间的因果关系。它是在弄清基本失效模式的基础上，通过建立故障树的方法，找出故障原因，分析系统薄弱环节，以指导改进原有系统和维修，预防事故的发生。

2. 故障树

故障树通常由以下部分组成：

（1）顶事件：这是故障树分析的目标事件，通常是一个系统故障或一个特定的系统性能下降。

（2）中间事件：这些事件是顶事件的一些子事件，它们又可以分为基本事件和未探明事件。

（3）基本事件：也称为底事件，这些事件是故障树的底层事件，它们是已知的系统或设备故障模式，或分析人员认为无需再进一步解析原因的事件。

（4）未探明事件：这些事件是尚未完全了解的系统或设备故障模式，它们有待进一步地研究和了解。

在故障树分析中常用的故障树符号以及对这些符号的简单解释列于表 4-14，更多的符号可参阅本章文献。

故障树符号　　　　　　　　　　　　　　　　　表 4-14

名称	符号	描述
逻辑门	与–门 A E_1　E_2　E_3	与 – 门表示只有所有的输入事件 E_i 同时发生，顶事件 A 才会发生
	或–门 A E_1　E_2　E_3	或 – 门表示只要有任意一个输入事件 E_i 发生，顶事件 A 就会发生

名称	符号	描述
顶事件	顶事件	故障树的顶事件
输入事件	基本事件	基本事件表示不需要进一步细分失败原因的事件
	未探讨事件	未探讨事件表示由于缺乏信息或者后果不重要不需要进一步分析的事件
描述	注释框	注释框用来表示补充信息
传递符号	传出 传入	传出符号表示故障树可以在相对应传入符号发生的位置上进一步展开

3. 故障树分析步骤

故障树分析的过程通常包括以下步骤：

（1）确定顶事件：明确需要进行故障树分析的目标事件。

（2）确定中间事件：分析顶事件，找出其子事件，并确定它们之间的逻辑关系。

（3）确定基本事件：分析中间事件，找出其底层事件，并确定它们与中间事件之间的逻辑关系。

（4）分析故障模式：分析基本事件，了解它们的可能的故障模式以及其对系统的影响。

（5）制订改进措施：根据分析结果，制订相应的改进措施，提高系统的可靠性和安全性。

4. 故障树定量分析

凡是能导致故障树顶事件发生的基本事件的集合定义为割集，而最小割集指在系统没有其他割集发生的条件下，只有割集中基本事件同时发生，顶事件才发生；割集中任一基本事件不发生，则顶端事件不发生。

设 $x_i(t)$ 为底事件 i 在时刻 t 所处的状态。如果底事件 i 在时刻 t 发生，$x_i(t) = 1$；如果底事件 i 在时刻 t 不发生，则 $x_i(t) = 0$。底事件 i 在时刻 t 发生的概率等于随机事件 x 的期望值，因而有：

$$P_i(t) = P\{x_i(t) = 1\} \tag{4-1}$$

同理，顶事件的状态必然是底事件向量 $X(t) = \{x_1(t), x_2(t), \cdots, x_n(t)\}$ 的函数，设 Y 为描述顶事件的随机变量，则顶事件在时刻 t 发生的概率 P_Y 为：

$$P_Y = \{Y[x_1(t), x_2(t), \cdots, x_n(t)] = 1\} \tag{4-2}$$

故障树的结构函数可用最小割集进行有效描述，其结构函数一般分为或门、与门两种，分别由下式表示：

$$Y^{\text{and}} = \prod_{i=1}^{n} x_i \tag{4-3}$$

$$Y^{\text{or}} = 1 - \prod_{i=1}^{n}(1 - x_i) \tag{4-4}$$

故障树分析法更多的介绍可参阅本章相关文献。

4.3.3.2　事件树分析法

1. 概念

事件树分析法（Event Tree Analysis，ETA）起源于决策树分析（DTA），它是一种按事故发展的时间顺序由初始事件开始推论可能的后果，从而进行危险源辨识的方法。

一起事故的发生，是许多原因事件相继发生的结果；其中，一些事件的发生是以另一些事件首先发生为条件的；而一些事件的出现，又会引起另一些事件的出现。在事件发生的顺序上，存在着因果的逻辑关系。事件树分析法是一种时序逻辑的事故分析方法，以某初始事件为起点，按照事故的发展顺序，分成阶段，一步一步地进行分析，每一事件可能的后续事件只能取完全对立的两种状态（成功或失败，正常或故障，安全或危险等）之一的原则，逐步向结果方面发展，直到达到系统故障或事故为止。所分析的情况用树枝状图表示。事件树既可以定性地了解整个事件的动态变化过程，又可以定量计算出各阶段的概率，最终了解事故发展过程中各种状态的发生概率。

2. 事件树分析程序（图 4-5）

（1）确定初始事件：事件树分析是一种系统地研究作为危险源的初始事件如何与后续事件形成时序逻辑关系而最终导致事故的方法。初始事件是事故在未发生时，其发展过程中的危害事件或危险事件，如机器故障、设备损坏、能量外逸或失控、人的误动作、燃气泄漏等。

（2）判定安全功能：系统中包含许多安全功

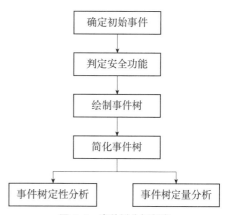

图 4-5　事件树分析程序

能，在初始事件发生时消除或减轻其影响以维持系统的安全运行。常见的安全功能列举如下：

　　1）对初始事件自动采取控制措施的系统，如自动停车系统等；

　　2）提醒操作者初始事件发生的报警系统；

　　3）根据报警或工作程序要求操作者采取的措施；

　　4）缓冲装置，如减振、压力泄放系统或排放系统等；

　　5）局限或屏蔽措施等。

　　（3）绘制事件树：从初始事件开始，按事件发展过程自左向右绘制事件树，用树枝代表事件发展途径。首先考察初始事件一旦发生时最先起作用的安全功能，把可以发挥功能的状态画在上面的分枝，不能发挥功能的状态画在下面的分枝。然后依次考察各种安全功能的两种可能状态，把发挥功能的状态（又称成功状态）画在上面的分枝，把不能发挥功能的状态（又称失败状态）画在下面的分枝，直到到达系统故障或事故为止。

　　（4）简化事件树：在绘制事件树的过程中，可能会遇到一些与初始事件或与事故无关的安全功能，或者其功能关系相互矛盾、不协调的情况，需用工程知识和系统设计的知识予以辨别，然后从树枝中去掉，即构成简化的事件树。在绘制事件树时，要在每个树枝上写出事件状态，树枝横线上面写明事件过程内容特征，横线下面注明成功或失败的状况说明。

　　（5）事件树的定性分析：事件树定性分析在绘制事件树的过程中就已进行，绘制事件树必须根据事件的客观条件和事件的特征作出符合科学性的逻辑推理，用与事件有关的技术知识确认事件可能状态，所以在绘制事件树的过程中就已对每一发展过程和事件发展的途径作了可能性的分析。

　　1）找出事故联锁：事件树的各分枝代表初始事件一旦发生其可能的发展途径。其中，最终导致事故的途径即为事故联锁。事故联锁中包含的初始事件和安全功能故障的后续事件之间具有"逻辑与"的关系。

　　2）找出预防事故的途径：事件树中最终达到安全的途径指导我们如何采取措施预防事故。在达到安全的途径中，发挥安全功能的事件构成事件树的成功联锁。如果能保证这些安全功能发挥作用，则可以防止事故发生。

　　（6）事件树的定量分析：事件树定量分析是指根据每一事件的发生概率，计算各种途径的事故发生概率，比较各个途径概率值的大小，作出事故发生可能性序列，确定最易发生事故的途径。一般地，当各事件之间相互统计独立时，其定量分析比较简单。当事件之间相互统计不独立时（如共同原因故障，顺序运行等），则定量分析变得非常复杂。

3. 燃气管道泄漏事件树定量分析案例

　　以燃气管道为例，可以将管道的"渗透泄漏""穿孔泄漏"和"开裂泄漏"三种失效形式和燃气"经过土壤渗透到空气中"和"直接泄漏到空气中"两种泄漏到空气中的方式组合起来作为初因事件，建造如图 4-6 所示的燃气管道泄漏事件树。初因事件共有 6 种状况，即 E_{01}：管道渗漏并经过土壤渗透到大气中；E_{02}：管道渗漏并直接泄漏到大气中；E_{03}：管道穿孔泄漏并经过土壤渗透到大气中；E_{04}：管道穿孔泄漏并直接泄漏到大气中；E_{05}：管道开裂并经过土壤渗透到大气中；E_{06}：管道开裂并直接泄漏到大气中。图 4-6 中最上层的文字"是

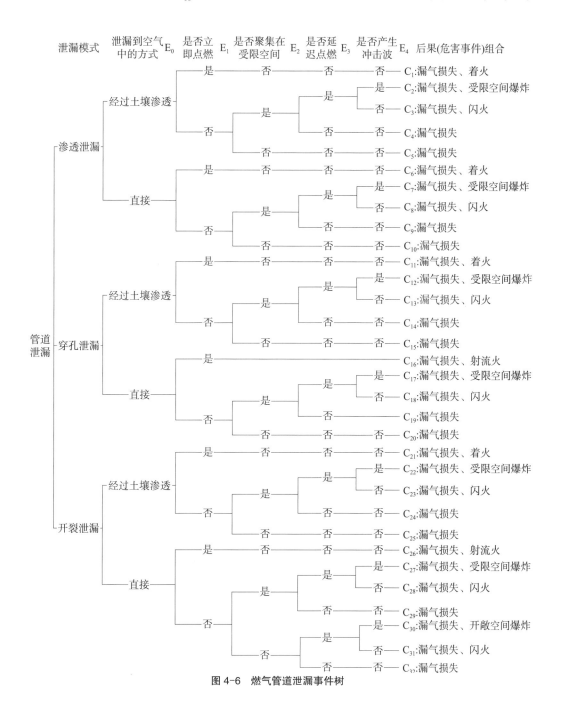

图 4-6　燃气管道泄漏事件树

否立即点燃"（E_1）、"是否聚集在受限空间"（E_2）、"是否延迟点燃"（E_3）、"是否产生冲击波"（E_4）表示一系列按时间先后发生的后续事件，其正下方的描述"是"表示该事件发生，而"否"表示事件不发生。根据初因事件状态的不同以及各后续事件是否发生，管道泄漏会导致 32 种不同的后果事件组合，这些后果事件组合都由"着火""射流火""闪火""爆炸""中毒""漏气损失"等几种基本的危害类型组成，但后果事件组合的概率和后果程度是各不相同的，后果事件组合分别用代码 $C_1 \sim C_{32}$ 表示。

（1）事件概率（可能性）分析

若已知初因事件概率和后续事件概率，通过事件树可以计算出后果事件的概率。由于后续事件发生具有很强的不确定性，这里用"可能性"代表其概率大小程度。初因事件和后续事件概率（可能性）可采用历史经验数据统计法、故障树分析法、专家估计法、模糊评价等方法评估。

（2）初因事件概率

初因事件概率可采用故障树法分析，此处事件树中的六个初因事件实际上是按泄漏模式的不同对泄漏进行了分类，埋地钢管的泄漏模式判断如表 4-15 所示。

埋地钢管的泄漏模式判断　　　　　　　　　　　　　　表 4-15

失效原因	代号	失效形式	进入空气中的方式
腐蚀失效	F_1	穿孔	经过土壤渗透
施工破坏	F_2	开裂	直接进入空气
违章占压	F_3	开裂	经过土壤渗透
车辆冲击	F_4	开裂	经过土壤渗透
盗窃行为	F_5	开裂	直接进入空气
地面运动	F_6	开裂	经过土壤渗透
管道缺陷	F_7	开裂	经过土壤渗透
其他原因	F_8	开裂	经过土壤渗透

以埋地钢管为例，根据表 4-15 及故障树逻辑或门计算公式可得：

$$P(E_{01}) = P(E_{02}) = P(E_{04}) = 0 \tag{4-5}$$

$$P(E_{03}) = P(F_1) \tag{4-6}$$

$$P(E_{05}) = 1 - [1 - P(F_3)][1 - P(F_4)][1 - P(F_6)][1 - P(F_7)][1 - P(F_8)] \tag{4-7}$$

$$P(E_{06}) = 1 - [1 - P(F_2)][1 - P(F_5)] \tag{4-8}$$

由以上公式可知，初因事件 $E_{01} \sim E_{06}$ 的概率由失效原因事件 $F_1 \sim F_8$ 计算，$F_1 \sim F_8$ 的

概率可采用故障树分析法、历史失效经验数据统计法等计算。

（3）后续事件可能性分析

由图 4-6 可知，后续事件的发生与否导致燃气泄漏具有不同的后果。尽管 C_1 ~ C_{32} 这 32 个后果事件组合的概率之和是相同的，但是后续事件发生的可能性不同使得每一个后果事件的发生概率也会不相同。后续事件 E_1 至 E_4 都是随机事件，其发生的可能性受许多因素的影响，但与这些因素之间并不存在确定性的关系，当存在足够多的燃气管道泄漏记录时，可采用历史数据统计法或层次分析法计算。

图 4-6 中的 32 种后果事件组合的概率都可由初因事件概率和后续事件可能性计算得到。以后果事件 C_1 为例，其发生概率的计算式为：

$$P(C_1) = P(E_{01}) P(E_1) \qquad (4-9)$$

式中　$P(i)$——事件 i 的发生概率（或可能性），i 为任意初因事件、后续事件或后果事件。

后果事件 C_2 发生概率的计算式为：

$$P(C_2) = P(E_{01})[1 - P(E_1)]P(E_2)P(E_3)P(E_4) \qquad (4-10)$$

同理，其他 30 种后果事件概率计算公式亦可列出。

4.3.3.3　蝴蝶结分析法

蝴蝶结分析法是一种风险分析和管理的方法，它采用一种形象简明的结构化方法对风险进行分析，把安全风险分析的重点集中在风险控制和管理系统之间的联系上。因此，它不仅可以帮助安全管理人员系统地、全面地对风险进行分析，而且能够真正实现对安全风险进行管理。

这种方法将原因（蝴蝶结的左侧）和后果（蝴蝶结的右侧）的分析相结合，对具有安全风险的事件（称为顶事件，蝴蝶结的中心）进行详细分析。用绘制蝴蝶结图的方式来表示事故（顶事件）、事故发生的原因、导致事故的途径、事故的后果以及预防事故发生的措施之间的关系。由于其图形与蝴蝶结相似，故叫蝴蝶结分析法（Bow-tie Analysis），又称作关联图分析法。蝴蝶结分析法实质上是故障树分析和事件树分析方法的结合，选定一个关键事件同时作为故障树的顶事件和事件树的初因事件，将故障树旋转为水平布置，就形成了蝴蝶结分析。

4.3.3.4　贝叶斯网络分析法

贝叶斯网络又称贝叶斯信度网络，贝叶斯网络分析法是图论与概率论的结合，直观地表示一个因果关系。在贝叶斯网络中，每个节点都带有一张概率表的有向无环图。例如从节点 X 到节点 Y 有 1 条边，那么 X 为 Y 的父节点（Parent），而 Y 为 X 的子节点。没有任何导入箭头的节点叫根结点，没有子节点的节点称为叶节点。每个子节点都有 1 个在父节点的取值组合下的条件概率分布，每个条件概率表可以用来描述相关随机变量之间局部联合概率分布集，代表子结点同其父结点的相关关系，利用联合概率分布可以直接计算顶事件 T 的发生概率。

$$P(T=1) = \prod_{i=1}^{n} P[X_i/F(X_i)] \tag{4-11}$$

式中 X_i 对应于子节点；$F(X_i)$ 对应于父节点；n 为贝叶斯网络中节点的数目。按照贝叶斯公式给出的条件概率定义：

$$P(A|B) = \frac{P(B|A)P(A)}{P(B)} \tag{4-12}$$

假设 A 为一个变量，存在 n 个状态 a_1，a_2，……，a_n。则由全概率公式可以得到：

$$P(B) = \sum P(B|A=a_i)P(A=a_i) \tag{4-13}$$

从而根据贝叶斯公式得到后验概率 $P(A|B)$。

4.3.3.5　概率单位模型法

1. 概率单位的定义

在一定时间内，事故对人的影响（热伤害、冲击伤害和中毒）的概率可用概率单位数（Probit）公式表示。在这里，概率单位数是易感人员（或物品、环境）暴露于事故的百分比的度量。概率单位数 P_r 是一个几率单位，通常处于 1 ~ 10 之间。P_r 的表达式为：

$$P_r = a + b\ln I_f \tag{4-14}$$

式中　P_r——易感人员（或物品、环境）受害的百分数的度量（概率单位）；

　　　I_f——伤害因素的度量，例如超压压力、毒物载荷、热辐射通量等；

　　a、b——常数，通过观察或实验统计获得。

2. 概率单位数与百分数之间的转换

概率单位数与百分数之间的关系如式（4-15）所示。

$$P = \frac{1}{\sqrt{2\pi}} \int_{-\infty}^{P_r-5} \exp\left(\frac{-u^2}{2}\right) du \tag{4-15}$$

可见式（4-15）是均值为 5，方差为 1 的标准正态分布函数，根据标准正态分布表，可以得到概率单位数 P_r 与百分数之间的关系如表 4-16 所示。

概率单位数 P_r 与百分数之间的关系　　　　表 4-16

P（%）	0	10	20	30	40	50	60	70	80	90
0	—	3.72	4.12	4.48	4.74	5.00	5.25	5.52	5.84	6.28

续表

P（%）	0	10	20	30	40	50	60	70	80	90
1	2.67	3.77	4.19	4.50	4.77	5.03	5.28	5.55	5.88	6.34
2	2.94	3.83	4.23	4.53	4.80	5.05	5.31	5.58	5.92	6.41
3	3.12	3.87	4.26	4.56	4.82	5.08	5.33	5.61	5.95	6.48
4	3.25	3.92	4.29	4.59	4.85	5.10	5.36	5.64	5.99	6.55
5	3.36	3.96	4.33	4.61	4.87	5.13	5.39	5.67	6.04	6.64
6	3.45	4.01	4.36	4.64	4.90	5.15	5.41	5.71	6.08	6.75
7	3.52	4.05	4.39	4.67	4.92	5.18	5.44	5.74	6.13	6.88
8	3.59	4.08	4.42	4.69	4.95	5.20	5.47	5.77	6.18	7.05
9	3.66	4.12	4.45	4.72	4.97	5.23	5.50	5.80	6.23	7.33

注：表中第一行的各数字为百分数的十位数，第一列的各数字为百分数的个位数，各行与各列所对应的数值为该百分数所对应的概率单位数 P_r。

3. 各种伤害的概率单位方程

（1）中毒伤害

含有 CO 的人工煤气泄漏或含碳燃料不完全燃烧排放的含有 CO 的烟气都可能导致中毒伤害。对于 CO 中毒致死的几率，可用概率单位模型表示为式（4-16）：

$$P_r = -37.98 + 3.7\ln(Ct) \tag{4-16}$$

式中　C——一氧化碳浓度，ppm；

　　　t——一氧化碳暴露给受害人的持续时间，min。

尚未经脱硫处理或者脱硫不尽的天然气中可能还有剧毒气体 H_2S，此类气体如果泄漏，也会导致人员中毒伤亡。对于 H_2S 中毒致死的概率，可用概率单位模型表示为式（4-17）：

$$P_r = -31.42 + 3.008\ln(C^{1.43}t) \tag{4-17}$$

有毒物质的浓度可根据有毒物质在燃气组分中的比例以及燃气浓度来确定，燃气的浓度可根据泄漏扩散模拟来确定。

（2）热辐射伤害

射流火和火球对人、物的伤害主要是热辐射伤害。假设人的暴露面积为皮肤表面积的 20%，热辐射对人的伤害的概率单位方程如式（4-18）~式（4-20）所示：

死亡概率单位方程：

$$P_r = -37.23 + 2.56\ln(tq^{4/3}) \tag{4-18}$$

二度烧伤概率单位方程：

$$P_r = -43.14 + 3.0188\ln(tq^{4/3}) \tag{4-19}$$

一度烧伤概率方程：

$$P_r = -39.83 + 3.0186\ln(tq^{4/3}) \tag{4-20}$$

式中　q——目标接受的热通量；

　　　t——热辐射持续的时间，s。

（3）爆炸超压伤害

爆炸超压对人或建筑物的各种伤害的概率单位方程可用式（4-21）~式（4-24）表示：

超压导致肺出血致死概率单位方程：

$$P_r = -77.1 + 6.91\ln p_{ov} \tag{4-21}$$

式中　p_{ov} 为按照 TNT 当量法计算得到的最大超压值，Pa。

TNT 当量法计算 p_{ov} 的方法参考 4.3.5.5 节。

超压致使耳膜破裂：

$$P_r = -15.1 + 1.93\ln p_{ov} \tag{4-22}$$

超压致使建构筑物结构损坏：

$$P_r = -23.8 + 2.92\ln p_{ov} \tag{4-23}$$

超压致使玻璃破裂：

$$P_r = -18.1 + 2.79\ln p_{ov} \tag{4-24}$$

4.3.4　风险可接受性评估

风险可接受性评估是指人们认识到某种实践活动的风险的存在并继续从事该项活动时，将这种风险作为获得有关利益和好处的代价而接受。美国核能管理局、英国健康与安全执行委员会和其他管理机构都采纳的风险可接受性标准为风险和危害应为"合理的尽可能低"（As Low As Reasonably Practicable，ALARP），ALARP 标准示意图如图 4-7 所示。确定风险可接受性准则时应充分考虑安全与成本之间的关系，风险可接受性准则制订得越低，系统则越安全，但为此付出的成本也越高。

燃气管道风险等级划分标准如表 4-17 所示。

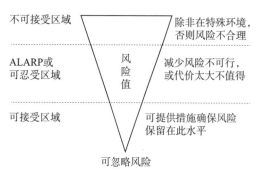

图 4-7　ALARP 标准示意图

燃气管道风险等级划分标准　　　　　　　　　　　　表 4-17

等级	可接受性	运行状况	需要的措施
低	可忽略风险	一切都在安全、正常情况下运行	无需增加措施
较低	可接受风险	管道可能存在缺陷，但不会导致严重后果	日常巡线监视
中	可容忍风险	同类管道偶尔泄漏，但不会造成严重后果	增加巡线频率，对管网实施检查检验
较高	有条件的可容忍风险	同类管道经常泄漏，可能会导致严重后果	增加巡线频率，对管网实施检查检验，排除隐患
高	不能容忍风险	同类管道经常泄漏，很可能会导致严重后果	立即对管道进行检查并改造
很高	无法接受风险	同类管道经常泄漏，很可能在短时间内就会产生非常严重的后果	需要立即改造

4.3.5　燃气设施失效后果评估

4.3.5.1　燃气管道失效后果概述

燃气管道失效后果主要包括以下几种：

1. 火灾

燃气泄漏后着火点燃，可能产生射流火、火球，它们都能直接对人、物造成伤害或损害，即便不产生射流火或者火球，小的着火引燃其他易燃物质，也容易造成二次火灾。

2. 爆炸

一定量的燃气聚集在一起并被延迟点燃时，就会发生爆炸，爆炸产生的冲击波压力能直接对人、物造成伤害，受损建筑物倒塌或飞溅的石块、玻璃又会对人造成二次伤害。

3. 中毒与窒息

人工煤气含有 CO 成分，CO 是剧毒气体，燃气泄漏可能导致人员中毒；商品天然气和液化石油气都经过净化处理，可以视为无毒燃气，但如果燃气泄漏并聚集在密闭空间，且密闭空间有人员活动时，可能导致人员缺氧窒息。

4. 停气事故

燃气供应系统的功能要求连续供气，管道失效可能导致供气突然中断，给用户造成损失。

5. 资源损失和环境污染

燃气是宝贵的能源，管道失效造成燃气的泄漏会给燃气经营企业带来巨大的经济损失，有关部门规定燃气经营企业应控制输气管道在一段时间内输入气流量与输出气流量差值的百分比在 4% 以内，其中设施漏损是主要原因之一。此外，天然气中的主要成分甲烷是一种强温室效应气体，100 年尺度的温室效应是 CO_2 的 28 倍，因而燃气泄漏会对环境造成影响。

燃气事故的后果评估通常包括以下几部分：

（1）泄漏量分析。

（2）燃气泄漏扩散分析。

（3）着火。

这里着火泛指燃气在较低压力和流量下点燃形成的扩散火焰，燃气从管道泄漏并经过土壤渗透到空气中或从管道渗漏出来被点燃时，通常都属于这种"着火"，着火本身具有一定程度的热辐射伤害，同时还经常引燃其他可燃物质，造成火灾。

（4）射流火灾后果分析。

天然气从管道直接泄漏到空气中且泄漏源被点燃会形成射流火焰，射流火焰会对火焰附近的物品以及滞留于附近的人造成热伤害，这称为射流火灾。射流火灾对人的伤害与热辐射强度和遭受辐射的时间有关，同时射流火也容易引燃附近其他可燃物。

（5）爆炸后果分析。

爆炸的后果评估最常采用超压准则。密闭空间的燃气浓度聚集到可燃浓度范围且出现点火源时会发生密闭空间爆炸，实验和经验均表明，天然气完全密闭空间内的爆燃压力一般在 0.7～0.8MPa，长条形密闭空间内（如地沟）爆燃转爆轰时，爆炸压力最大可达 2MPa，半密闭空间爆炸升压与其卸压面积有关。开敞空间存在大量燃气且出现点火源时，可能会发生气云爆炸，对于天然气管道，通常只有压力较高的管道断裂泄漏才可能导致气云爆炸。爆炸在瞬间完成，因此爆炸发生时，现场的受害人员没有时间逃离。

（6）窒息分析。

天然气是单纯性窒息气体，天然气泄漏到密闭空间中会使该空间氧气含量下降，如果有人在密闭空间（如通风不良的地下室）活动而未及时逃离，则会发生缺氧窒息伤亡事故，最常见的密闭空间如市政管沟是没有人在里面活动的，其他的如阀井、临街夹层等一般来说也很少有人活动。

（7）气损分析。

只要天然气泄漏，即使不发生火灾爆炸事件，也会因燃气漏损而导致"供销差"增大，"供销差"是决定天然气企业经济效益的重要因素之一，因此燃气漏损的价值应作为直接经济损失。

（8）后果严重程度的表达。

上面讨论了燃气管道泄漏的后果事件种类，及每种后果事件危害分析方法，但每种后果的程度描述不同，其中包括人员死亡、重伤、轻伤，物品损毁、损坏，资源损失等，若将这些后果的表述统一用经济损失或者其他指标描述，则有利于后果的比较和风险评估结果表述。在用经济损失指标统一描述各种后果时，可按照国家标准《企业职工伤亡事故分类》GB 6441—1986 进行。

4.3.5.2　泄漏量的计算

如果燃气直接泄漏到管道周围的空气中，则泄漏流量可由管道水力计算公式和泄漏小孔模型结合计算，泄漏流量与管内燃气压力、泄漏孔口尺寸有关，泄漏持续时间与人口密度、巡线质量、加臭效果及公众教育等因素有关，若泄漏管道的上下游阀门被截断，则燃气流量逐渐减小。若燃气从管道泄漏且经过土壤渗透到大气中，则泄漏流量与管道压力、泄漏口面积、土壤孔隙率、渗透系数等参数紧密相关，可通过实验、现场测量确定其关系。

（1）小孔模型

气体燃气泄漏的质量流量 q_m，可用流体力学的伯努利方程推导计算，燃气泄漏的质量流量与其流动状态有关。当 $\dfrac{p_0}{p} \leqslant \left(\dfrac{2}{k+1} \right)^{\frac{k}{k-1}}$ 时，燃气泄漏的质量流量为：

$$q_m = \mu A p \sqrt{\frac{k}{RT} \left(\frac{2}{k+1} \right)^{\frac{k+1}{k-1}}} \qquad （4-25）$$

式中　μ——流量系数，可取 0.9 ~ 0.98；

　　　k——气体绝热指数，双原子气体取 1.4，多原子气体取 1.29，单原子气体取 1.66；

　　　p_0——环境压力，Pa；

　　　p——泄漏口入口点压力，Pa；

　　　R——气体常数，J/（kg·K）；

　　　T——气体的温度，K；

　　　A——泄漏孔口横截面积，m^2。

当 $\dfrac{p_0}{p} > \left(\dfrac{2}{k+1} \right)^{\frac{k}{k-1}}$ 时，燃气泄漏的质量流量为：

$$q_m = \mu A p \sqrt{\frac{1}{RT} \left(\frac{2k}{k-1} \right) \left(\frac{p_0}{p} \right)^{\frac{2}{k}} \left[1 - \left(\frac{p_0}{p} \right)^{\frac{k-1}{k}} \right]} \qquad （4-26）$$

（2）管道模型

管道模型适合于管道完全断裂时的情形，即泄漏当量直径等于管道内径，管道泄漏流量就等于管输流量，此时可按管道水力计算公式来计算管道流量。

$$p_1^{\frac{n+1}{n}} - p_2^{\frac{n+1}{n}} = \frac{16(n+1)q_{m,U}^2}{n\pi^2 D^4} p_1^{\frac{1-n}{n}} R_{con} T_1 \left(\frac{\lambda L}{2D} + \frac{1}{n} \ln \frac{p_1}{p_2} \right) \qquad （4-27）$$

式中　$q_{m,U}$——泄漏点上方管道内燃气的质量流量，kg/s；

　　　D——管道内径，m；

　　　λ——摩擦阻力系数；

　　　p_1——管道起点绝对压力，Pa；

　　　p_2——泄漏口内侧绝对压力，Pa；

　　　R_{con}——燃气的气体常数，J/（kg·K）；

L——泄漏口至管道起点的距离，m。

式（4-27）中 n 等于 1 时，表示管内流动为等温过程，此时认为管内燃气与周边环境有充分的热交换，管内温度等于环境温度且保持不变；当 n 等于 k 时，表示管内流动为绝热过程，此时认为管内流速太快或者管道太短，管内燃气完全没有和环境进行热交换；实际上这两种理想状况都不存在，n 的值在 1 和 k 之间，为了简化计算，通常在管内燃气流速较小，管道较长时，n 取 1，而在管道流速很大或者管道很短时，n 取 k。

在管道模型下，管道末端暴露于大气环境中，因而泄漏口处的压力等于大气环境压力 p_a，即：

$$p_2 = p_a \qquad (4-28)$$

此时只要知道管径、泄漏处至管道起点的距离、管道起点的压力，选取适当的 n 值，便可按照式（4-27）计算管道的质量流量 $q_{m,U}$。

（3）管道–小孔综合模型

当燃气管道完全断裂时，按管道模型计算泄漏流量是准确的，当燃气管道只有孔径很小的破损孔时，按小孔模型计算泄漏流量是比较准确的，但在实际情况下，特别是由于施工开挖导致的断裂，泄漏口既不是小孔，也不是完全断裂，因此用这两种模型都不准确。而所谓的管道–小孔综合模型就是将管道模型和小孔模型结合起来进行泄漏流量计算。

事实上，在小孔模型下，只要有燃气泄漏，管道内燃气就会流动，由于摩擦阻力的存在，管道内必然会有沿程阻力损失，因此实际的泄漏处的管内压力 p_2 还需要根据式（4-27）计算。前面已经假设管输燃气全部从小孔泄漏，这种假设对于风险评估和事故应急抢险来说是保守的，因而：

$$q_m = q_{m,U} \qquad (4-29)$$

式（4-29）中泄漏流量 q_m 可根据式（4-27）~式（4-29）计算，其中泄漏处的管内压力 p_2 可由式（4-28）求得，管内温度 T_2 可由式 $\frac{p_2}{p_0} = R_{con}T_2$ 和式（4-28）联立求得（其中 ρ_0 为燃气密度），随后将结果代入式（4-27）计算出 $q_{m,U}$，再代入式（4-29），便可依次计算出泄漏流量、泄漏处的管内压力及管内温度。

为了符合工程习惯，通常需要将质量泄漏流量转换成为小时标准体积泄漏流量：

$$q_V = 3600 \frac{q_m}{\rho_0} \qquad (4-30)$$

（4）案例分析

某管道受施工破坏而连续泄漏，泄漏口近似为圆形，该管道上游调压器出口绝对压力为 0.5MPa，泄漏点距离调压器 1km，管道内径为 200mm，已知天然气密度为 0.76kg/m³，管道周边环境为 288K。将相关参数代入式（4-26）可以计算得到管道完全断裂情况下的泄漏的质量流量为 21314m³/h；按照小孔模型以及管道－小孔综合模型计算得到不同泄漏孔径下的泄漏流量如图 4-8 所示。

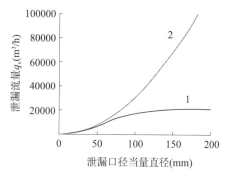

图 4-8　泄漏流量与泄漏孔当量直径之间的关系
1- 管道—小孔综合模型，2- 小孔模型

4.3.5.3　燃气扩散分析

燃气泄漏到大气中后，泄漏源附近燃气浓度符合射流扩散的规律，而随着距离的增长，射流效应逐渐减弱，当射流速度接近或等于风速时，扩散燃气就不再符合射流规律，此后可按高斯扩散公式模拟燃气的浓度。

射流扩散在 3.1.2.1 已详述，本节仅介绍气团在大气中扩散、重气扩散两部分。

以 4.3.5.2 节中案例分析中的管道为例，假设该管道受施工破坏完全断裂，射流区域浓度分布图如图 4-9 所示。

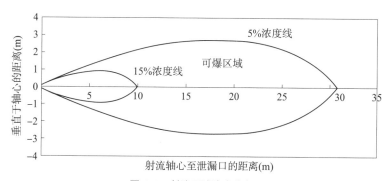

图 4-9　射流区域浓度分布图

1. 气团在大气中的扩散

燃气泄漏在泄漏源附近形成气团，气团在大气中的扩散通常采用高斯模型。高斯模型包括高斯烟羽模型（Gaussian plume model）和高斯烟团模型（Gaussian puff model）2 种。连续泄漏时采用高斯烟羽模型，瞬时泄漏时采用高斯烟团模型。

高斯模型有如下假设：（1）定常态；（2）不考虑重力及浮力的作用，不发生化学反应；（3）扩散气体到达地面完全反射，没有任何吸收；（4）平均风速不小于 1m/s（静风时风速取 1m/s）；（5）坐标系 x 轴方向与流动方向相同，y 方向和 z 方向（垂直方向）的流动分速度为 0；（6）扩散气体的性质与空气相同；（7）地面水平。

（1）高斯烟羽模型的密度分布计算式：

$$C(x, y, z, H) = \frac{q_m}{2\pi \bar{u} \sigma_y \sigma_z} \exp\left[-\frac{1}{2}\left(\frac{y}{\sigma_y}\right)^2\right]\left\{\exp\left[-\frac{1}{2}\left(\frac{z-H}{\sigma_z}\right)^2\right] + \exp\left[-\frac{1}{2}\left(\frac{z+H}{\sigma_z}\right)^2\right]\right\} \quad (4-31)$$

式中　$C(x, y, z, H)$——扩散气体在点（x，y，z）处的密度，kg/m^3；

　　　　q_m——泄放质量流，kg/s；

　　　　H——有效源高，即泄漏源在内压作用下达到的射流高度，m；

　　　　$\bar{u}$——平均风速，m/s；

　　　　σ_y，σ_z——y，z 方向的扩散系数（高斯分布的标准差），m。

高斯烟羽模型的适应范围为：泄漏气体相对密度小于及接近 1 的连续泄漏。

（2）高斯烟团模型的密度分布计算式：

$$C(x, y, z, t) = \frac{Q}{\sqrt{2}\pi^{\frac{3}{2}}\sigma_x\sigma_y\sigma_z} \exp\left[-\frac{(x-\bar{u}t)}{2\sigma_x^2} - \frac{y^2}{2\sigma_y^2} - \frac{z^2}{2\sigma_z^2}\right] \quad (4-32)$$

式中　$C(x, y, z, t)$——扩散气团在点（x，y，z）和在时间 t 时的密度，kg/m^3；

　　　　Q——瞬时泄放的燃气质量，kg；

　　　　σ_x——x 方向扩散参数，m。

扩散参数与大气稳定度、风速、太阳辐射等级和地表有效粗糙度 Z_0 等因素有关，可实测或由经验公式确定。大气稳定度由不稳定到稳定分为 A ~ F 六类，A、B 为不稳定，C、D 为中等，E、F 为稳定，大气稳定度等级划分如表 4-18 所示；地表有效粗糙度取值 Z_0 如表 4-19 所示。

大气稳定度等级划分　　　　　　　　　　表 4-18

风速（m/s）	白天的辐射强度			夜晚的云团覆盖	
	强	中	弱	多云	晴、少云
< 2	A	A ~ B	C	—	—
2 ~ 3	A ~ B	B	C	E	F
3 ~ 5	B	B ~ C	C	D	E
5 ~ 6	C	C ~ D	D	D	D
> 6	C	D	D	D	D

地表有效粗糙度　　　　　　表 4-19

地面类型	Z_0（m）
草原、平台开阔地	≤ 0.1
农作物地区	0.1 ~ 0.3
村落、分散的树林	0.3 ~ 1.0
分散的高、矮建筑物	1.0 ~ 4.0
密集的高、矮建筑物	4.0

扩散参数可按下面的方法确定，当地表有效粗糙度小于 0.1m 时，按表 4-20 取；当地表有效粗糙度 Z_0 大于 0.1m 时，扩散参数按下面的公式求取：

$$\sigma_y = \sigma_{y_0} f_y \qquad (4-33)$$

$$\sigma_z = \sigma_{z_0} f_z \qquad (4-34)$$

$$f_z(x, Z_0) = (b_0 - c_0 \ln x)(d_0 + e_0 \ln x)^{-1} Z_0^{f_0 - g_0 \ln x} \qquad (4-35)$$

$$f_y(Z_0) = 1 + a_0 Z_0 \qquad (4-36)$$

式中，a_0，b_0，c_0，d_0，e_0，f_0，g_0 按表 4-20 取；σ_{y_0}，σ_{z_0}，为修正参数，按表 4-21 选取。

扩散参数计算　　　　　　表 4-20

扩散参数	稳定度					
	A	B	C	D	E	F
a_0	0.0420	0.1150	0.1500	0.3800	0.3000	0.5700
b_0	1.1000	1.5000	1.4900	2.5300	2.4000	2.9130
c_0	0.0364	0.0450	0.0182	0.1300	0.1100	0.0944
d_0	0.4364	0.8530	0.8700	0.5500	0.8600	0.7530
e_0	0.0500	0.0128	0.0105	0.0420	0.0168	0.0228
f_0	0.0273	0.1560	0.0890	0.3500	0.2700	0.2900
g_0	0.0240	0.0136	0.0071	0.0300	0.0220	0.0230

修正参数的选取　　　　　　表 4-21

稳定度	修正参数	
	σ_{y_0}（m）	σ_{z_0}（m）
A	$0.22x(1+0.0001x)^{-1/2}$	$0.20x$

稳定度	修正参数	
	σ_{y_0}（m）	σ_{z_0}（m）
B	$0.16x$（$1+0.0001x$）$^{-1/2}$	$0.12x$
C	$0.11x$（$1+0.0001x$）$^{-1/2}$	$0.08x$（$1+0.0002x$）$^{1/2}$
D	$0.08x$（$1+0.0001x$）$^{-1/2}$	$0.06x$（$1+0.0015x$）$^{1/2}$
E	$0.06x$（$1+0.0001x$）$^{-1/2}$	$0.03x$（$1+0.0003x$）$^{-1}$
F	$0.04x$（$1+0.0001x$）$^{-1/2}$	$0.016x$（$1+0.0003x$）$^{-1}$

瞬时排放时，应考虑实际排放时间修正扩散参数，计算如下：

$$\sigma_h^* = \sigma_h \left(\frac{t}{600}\right)^{0.2} \tag{4-37}$$

2. 重气扩散

对于液化石油气等密度比空气大很多的气体泄漏，在重力作用下，使用高斯模型计算的结果会是泄漏燃气扩散速度快，泄漏源附近的浓度偏小。为了模拟重气扩散，国外研究人员开发了许多的重气扩散模型，这里只介绍其中的一种：箱式模型。箱式模型最早由 Van Uden 提出，对于瞬时重气释放，将重气云团当作初始体积为 V_0、初始高度为 H_0、初始半径为 R_0 的圆柱形箱，在重力作用下，气云下沉，半径增大，高度减小。该过程用方程描述为气云扩展速度：

$$U_f = \frac{dR}{dt} = K\sqrt{\frac{gH(\rho-\rho_a)}{\rho_r}} \tag{4-38}$$

式中　ρ_a——空气密度，kg/m³；

　　　ρ_r——参考密度，可取空气密度或气云 – 空气混合气体密度，kg/m³；

　　　K——常数；

　　　ρ——泄漏气体密度，kg/m³；

　　　H——气团高度，m；

　　　g——重力加速度，m/s²；

　　　R——气团半径，m；

　　　t——时间，s。

气云下沉的同时卷吸周围的空气，卷吸的空气质量随时间的变化为：

$$\frac{dm_a}{dt} = \rho_a(\pi R^2)U_c + \alpha^*\pi RH\rho_a\frac{dR}{dt} \tag{4-39}$$

式中　m_a——卷吸空气的质量，kg；

　　　α^*——侧面卷吸常数；

　　　U_c——顶部卷吸速率，它是 Richardson 数和纵向湍流速率 U_1 的函数：$U_c = \alpha' U_1 R_i^{-1}$，其中 α' 为顶部卷吸速率常数。

随着气云卷吸空气，气云的温度随时间变化为：

$$\frac{\mathrm{d}T}{\mathrm{d}t} = \frac{\dfrac{\mathrm{d}m_a}{\mathrm{d}t} c_{pa} \Delta T_a + (\pi R^2) Q_c}{m_a c_{pa} + m c_p} \qquad (4\text{-}40)$$

式中　T——气云内部温度，℃；

　c_{pa}，c_p——空气、燃气的定压比热，J/（kg·K）；

　　　Q_c——云团加热速率，J/（s·m^2）；

　　　ΔT_a——云团与卷吸空气的温差，℃；

　　　m_a——卷吸空气的质量，kg；

　　　m——气团的质量，kg。

随着重气的不断扩散，气云重力不再是主要影响扩散的因素，而大气紊流扩散占主要，这时便应用高斯模型计算泄漏燃气的扩散。

3. 计算流体力学方法

计算流体力学（Computational Fluid Dynamics，CFD）方法是对流场的控制方程用计算数学的方法将其离散到一系列网格节点上求其离散的数值解的一种方法。控制所有流体流动的基本定律是：质量守恒定律、动量守恒定律和能量守恒定律，由它们分别导出连续性方程、动量方程（N-S 方程）和能量方程，求解这些方程必须首先给定模型的几何形状和尺寸，确定计算区域并给出恰当的进出口，壁面以及自由面的边界条件，还需要适宜的数学模型及包括相应的初值在内的过程方程的完整数学描述。求解的数值方法主要有有限差分法（FDM）和有限元（FEM）以及有限分析法（FAM），应用这些方法可以将计算域离散为一系列的网格并建立离散方程组，离散方程的求解是由一组给定的猜测值出发迭代推进，直至满足收敛标准。

Ansys Fluent 是当前全世界最知名的 CFD 软件，已广泛应用于气体泄漏扩散过程模拟，在给定泄漏场所物理参数条件下，Fluent 几乎可以用于所有场景下的泄漏扩散过程模拟，且能给出相当准确的预测结果。Fluent 应用与气体流动数值模拟过程如图 4-10 所示。

下面以尺寸为 2.5m×1.6m×2.5m 的家庭厨房内燃气软管脱落后，天然气与液化石油气泄漏扩散对比为例说明 Fluent 的应用效果。

设定的模拟工况如表 4-22 所示。

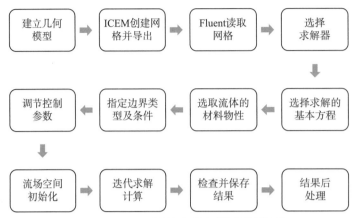

图 4-10　Fluent 应用与气体流动数值模拟过程

模拟工况   表 4-22

燃气类型	泄漏压力	泄漏孔径	泄漏朝向	泄漏流量（m³/h）	泄漏物质
天然气	2000Pa	9mm	向上	2.421	甲烷
LPG	2800Pa	9mm	向上	4.002	70% 丙烷 +30% 丁烷

　　假设泄漏口位于橱柜上方且垂直向上，门窗关闭状况下，燃气泄漏 300s 后，无通风状况下燃气浓度分布云图如图 4-11 所示。

　　天然气先向上扩散，在上部空间聚集，随后从高处高浓度区域向低浓度扩散，室内燃气浓度同步逐渐增加，最终室内充满处于爆炸浓度范围的可爆气云。LPG 由于密度大于空气，在泄漏后，一方面因射流初动能大而向上扩散，同时又受重力下沉，因此泄漏气体从泄漏孔处上升一段距离后开始下沉，在下部空间聚集，最后填满厨房空间。无通风状况下燃气浓度高于爆炸下限的区域如图 4-12 所示。泄漏初期，在相同泄漏口径和泄漏持续时间下，LPG 泄漏导致的可爆区域远大于天然气。

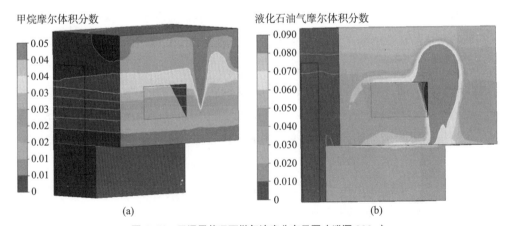

图 4-11　无通风状况下燃气浓度分布云图（泄漏 300s）
（a）T=300s（甲烷）；（b）T=300s（液化石油气）

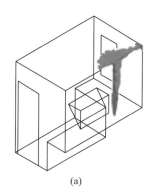

（a）　　　　　　　　　　　　　　　（b）

图 4-12　无通风状况下燃气浓度高于爆炸下限的区域（泄漏 300s）

（a）t=300s（CH_4）；（b）t=300s（LPG）

4.3.5.4　火灾后果评估

1. 射流火

加压气体或液化气体由泄漏口释放到非受限空间（自由空间）并立即被点燃，就会形成喷射火灾（Jet Fire）。这类火灾的燃烧速度快，火势迅猛，在火灾初期如能及时切断燃料源则较易扑灭，若燃烧时间延长，可能因为容器材料熔化而造成泄漏口扩大，导致火势迅速扩大，则较难扑救。很多情况下，喷射时会因容器破裂、摩擦或静电而产生火花进而点燃可燃物，特别是当喷射速度较大时。对于喷射火灾可能造成的火焰辐射危害的估算方法：

（1）假设条件

1）将整个喷射火看成在喷射火焰长度范围内，由沿喷射中心线的一系列点热源组成；

2）每个点热源的热辐射通量相等；

3）假定喷射火焰长度和未燃烧时的喷射长度近似相等。

（2）估算方法

1）从气体喷射的模型得出射流中的速度、浓度分布；

2）根据确定的喷射长度及点辐射源计算目标接受的辐射通量。

单个点热源的热辐射通量按下式计算：

$$\dot{q} = \eta Q_0 \Delta H_C / n \tag{4-41}$$

式中　$\dot{q}$——点热源辐射通量，W；

　　　η——效率因子，无量纲，保守可以取 0.35；

　　　Q_0——泄漏速度，kg/s；

　　　ΔH_C——燃烧热，J/kg；

　　　n——计算时取的点热源数，一般取 5。

射流轴线上某点热源 i 到距离该点 x_i 处的热辐射强度为：

$$l_i = \frac{\dot{q}\varepsilon}{4\pi x_i^2}$$ （4-42）

式中　l_i——点热源 i 到目标点 x 处的热辐射强度，W/m^2；

　　$\dot{q}$——点热源热辐射通量，W；

　　x_i——点热源到目标点的距离，m；

　　ε——发射率，取决于燃烧物质的性质，在喷射火灾中取 0.2。

某一目标点的入射热辐射强度等于喷射火全部点热源对目标的热辐射强度的总和，即

$$l = \sum_{i=1}^{n} l_i$$ （4-43）

随着泄漏源浓度降低，射流速度会不断降低，可燃气体在混合气云中的浓度也随之降低。点燃通常发生在泄漏一段时间，气云中的可燃气浓度降到可燃区间时才发生。

2. 闪火和火球

闪火是液体表面产生足够的蒸气与空气混合形成可燃性气体时，遇火源产生一闪即燃的现象。闪点，是在规定的试验条件下，液体表面上能发生闪燃的最低温度。

在敞开空间，可燃混合气体爆炸时，燃烧波（爆轰波）的传播影响较小，它不会像在密闭空间的爆燃那样，产生很高的压力，但它会燃烧而产生火焰球。燃烧产生的火焰球的直径大小为：

$$D_f = 3.86 W_f^{0.32}$$ （4-44）

式中　D_f——火焰球的直径，m；

　　W_f——燃烧量，燃料与理论氧的质量和，kg。

Raj 和 Emmons（1975）提出了一个计算模型，用于恒定速度传播的湍流火焰。API 521 标准推荐 Hajek 和 Ludwig 模型（1960），它是一个点源模型，适用于层流和湍流喷射火焰，假设火焰位于火焰中心。

$$Q_H = \frac{4\pi E x}{\tau X_R}$$ （4-45）

式中　Q_H——释放的热量，kW；

　　E——辐射热密度，kW/m^2；

　　x——观测点到火焰中心的距离，m；

　　X_R——辐射热的分数；

　　τ——导热系数。

4.3.5.5　爆炸后果评估

理论计算和实验均证明，完全密闭空间内可燃混合气体爆炸冲击波超压为 0.7 ~

0.8MPa，而在长条形管道中，爆炸超压可达 2MPa，这些压力足以使密闭空间内部人员全部死亡，普通建筑结构损毁。而对密闭空间外部的人员和物品的影响与该受限空间的围护结构的坚固程度有关，伤害程度差别很大。

燃气从压力管道或容器泄漏到敞开空间时，高速喷出的大量燃气会卷吸大量空气就会形成可爆气云。可爆气云遇到点火源就可能发生气云爆炸。对于完全没有约束的敞开空间，天然气与空气的混合气体被点燃一般不会产生明显的超压，即通常属于闪火或火球；但如果可爆气云受到限制，例如上方有遮挡（例如厂棚）、内部有障碍物（例如密集的树林），则可能会产生有明显升压的蒸气云爆炸。

渗透泄漏、穿孔泄漏和经过土壤渗透的泄漏，由于泄漏流量小或流速低，可以认为不会形成可爆气云。

广泛用于评估蒸气云爆炸危害的经典模型有两种，一种是 TNT 当量法，另一种是 TNO 多能法。TNT 当量法是把可燃气体爆炸产生的能量折算为 TNT 爆炸能量当量的方法，由于气云爆炸是非理想爆源，它与 TNT 爆炸有很大不同，且受环境影响很大，因此 TNT 当量法用于气云爆炸评估误差很大。TNO 多能法是荷兰应用科学研究院提出和发展的一种爆炸评估方法，它综合考虑了湍流加速、局部约束、气体活性等各种因素，该方法理论上比较合理，已经受到广泛应用。

1. TNT 当量法

首先引入等效距离的概念：

$$l' = \frac{R_L}{\sqrt{Q^{\frac{1}{3}}}} \tag{4-46}$$

式中　l'——等效距离，$\mathrm{m/kg}^{\frac{1}{3}}$；

　　R_L——距离爆炸中心的距离，m；

　　Q——爆炸中心的爆炸当量，kg。

式（4-46）可以表述为，在距爆炸中心距离 R_L 处的等效距离 l'，等于离爆炸中心的距离与爆炸中心的爆炸当量 Q 的平方根之商。

只要等效距离相同，则爆炸超压是相同的。爆炸超压可按下式计算：

$$p_{ov} = p_a \times \frac{1616 \times \left[1 + (\frac{l'}{4.5})^2\right]}{\sqrt{1+(\frac{l'}{0.048})^2}\sqrt{1+(\frac{l'}{0.32})^2}\sqrt{1+(\frac{l'}{1.34})^2}} \tag{4-47}$$

式中　p_{ov}——爆炸冲击波超压，Pa；

　　p_a——环境压力，Pa。

爆炸超压也可以按照下式计算：

$$p_{ov} = k_1 (l')^{k_2} \times 10^5 \tag{4-48}$$

式中　p_{ov}——爆炸冲击波超压，Pa；

　　k_1，k_2——系数，如表 4-23 所示。

爆炸冲击波压力的计算系数　　　　　表 4-23

l'	$2.000 \sim 3.676$	$3.676 \sim 7.934$	$7.934 \sim 29.750$	29.750
p_{ov}	$0.65 \sim 4.00$	$0.20 \sim 0.65$	$0.036 \sim 0.20$	$0.025 \sim 0.036$
k_1	11.5350	6.9064	3.2330	4.2100
k_2	−2.0597	−1.9673	−1.3216	−1.3988

可燃气云的爆炸能量可将它换算成 TNT 当量，具体的计算方法如下：

$$Q = \frac{W\varepsilon\varepsilon_1 H_1}{4180} \qquad (4\text{-}49)$$

式中　Q——TNT 当量，kg；

　　W——TNT 储藏量，kg；

　　H_1——可燃气体的热值，kJ/kg；

　　ε——爆炸系数；

　　ε_1——TNT 转化系数，通常取 0.064。

关于可燃气体的 TNT 储藏量的计算，由下式给出：

$$W = 1000\left(\frac{N}{1000}\right)^{n} \qquad (4\text{-}50)$$

式中，N 为可燃气体的实际储藏量，kg；当 N 的数值小于 1000 时，$n=1$；当 N 的数值大于或等于 1000 时，$n=\dfrac{1}{2}$。

当计算出爆炸的冲击波压力之后，可以直接评估其爆炸效应，冲击波压力与破坏效应如表 4-24 所示。

冲击波压力与破坏效应　　　　　表 4-24

冲击波压力（MPa）	冲击波的破坏效应
0.002	某些大的椭圆形玻璃窗破裂
0.003	产生喷气式飞机的冲击音
0.007	某些小的椭圆形玻璃窗破裂
0.01	窗玻璃全部破裂
0.02	有冲击碎片飞出

冲击波压力（MPa）	冲击波的破坏效应
0.03	民用住房轻微损坏
0.05	窗户外框损坏
0.06	屋基受到损坏
0.08	树木折枝、房屋需修理才能居住
0.10	承重墙破坏、屋基向上错动
0.15	屋基破坏、30% 的树木倾倒、动物耳膜破坏
0.20	90% 的树木倾倒、钢筋混凝土柱扭曲
0.30	油罐开裂、钢柱倒塌、木柱折断
0.50	货车倾覆、墙大裂缝、屋瓦掉下
0.70	砖墙全部破坏
1.00	油罐压坏、房屋倒塌
2.00	大型刚架结构破坏

冲击波压力除了对建筑物的破坏之外还会直接对超压波及范围内的人身安全造成威胁。如冲击波超压大于 0.1MPa 时，大部分人员会死亡；0.05 ~ 0.10MPa 的超压可以使人体的内脏严重损伤或死亡；0.03 ~ 0.05MPa 的超压会损伤人的听觉器官或产生骨折；超压在 0.02 ~ 0.03MPa 时也可造成人体轻微损伤。只有当超压小于 0.02MPa 时，人员才会是安全的。

2. TNO 多能法

TNO 多能法的实施步骤如下：

（1）由扩散模型确定可燃气云的范围。

（2）确定受限区域和阻塞区域，封闭区域和阻塞区域内的燃气都要计算在内；TNO 多能法计算爆炸能量时，只计算受到限制的可燃气云。

（3）识别可能发生强爆炸的爆源，例如阻塞区域、密闭空间等。

（4）估算燃气 – 空气混合气体的能量，步骤如下：

1）单独考虑每一个爆源。

2）假设部分密闭空间 / 阻塞区域以及射流影响区域充满了可燃气体。

3）估算强爆源的可燃气体体积。

4）估算每个爆源体积的燃烧能量，碳氢化合物可按 3.5MJ/m^3 估算。

5）邻近的爆源体积累加，作为一个爆源计算。

（5）制订每一个爆源的爆源强度数：封闭、狭窄或严重阻塞的空间为强爆源，取7～10；敞开空间和无阻塞物的空间，取1；存在湍流的敞开空间，取2～3。

（6）计算无量纲距离，即等效距离，根据选择的爆源强度数，从爆炸图上查出无量纲爆炸超压值和无量纲正相持续时间值（图4-13）。

无量纲超压按下式计算：

$$\Delta \overline{P}_s = \frac{\Delta P_s}{P_0} \tag{4-51}$$

无量纲正相持续时间按下式计算：

$$\bar{t}_+ = \frac{t_+ c_0}{(E/P_0)^{1/3}} \tag{4-52}$$

等效距离按下式计算：

$$\overline{R} = \frac{R_0}{(E/P_0)^{1/3}} \tag{4-53}$$

式中　ΔP_s——最大侧向超压值，Pa；

　　　P_0——大气压力，Pa；

　　　E——爆炸能量，J；

　　　R_0——气云半径，m；

　　　P_s——侧向爆破超压，Pa；

　　　$\Delta \overline{P}_s$——萨克斯标度的侧面爆炸超压，无量纲；

　　　t_+——正相持续时间，s；

　　　$\bar{t}_+$——萨克斯标度的正相持续时间，无量纲；

　　　E——气云燃烧能量，J；

　　　c_0——环境声速，m/s。

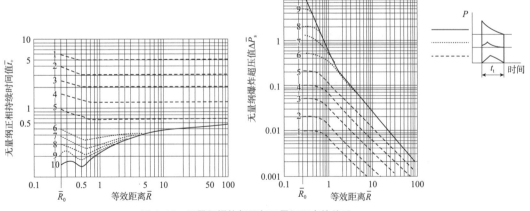

图 4-13　无量纲爆炸超压与无量纲距离的关系

本章参考文献

［1］　国家能源局 . 油气输送管道风险评估导则：SY/T 6859—2020[S]. 北京：石油工业出版社，2021.

［2］　王凯全 . 安全工程概论 [M]. 北京：中国劳动社会保障出版社，2022.

［3］　黄小美 . 城市燃气管道系统定量风险评价及其应用研究 [D]. 重庆：重庆大学，2008.

［4］　杨茂华，黄小美，张毅 . 基于安全检查表的燃气企业安全评估系统研发 [J]. 煤气与热力，2012，32（10）：75-78.

［5］　郭爱洪，刘灵灵，邓少旭 . 安全检查表在安全评价中的地位、作用及应用 [J]. 石油化工安全技术，2006，（5）：24-26+0+2.

［6］　颜兆林，谢俊，冯静 . 过程控制系统的 HAZOP 分析 [J]. 计算机工程，2012，38（4）：20-22+27.

［7］　丁伟俊，汪琦 . 一氧化碳装置危险性与可操作性（HAZOP）研究 [J]. 石油化工安全环保技术，2009，25（2）：34-37+69-70.

［8］　向波 . 基于 HAZOP 分析的输气站场工艺危害分析 [J]. 化学工程与装备，2022.

［9］　倪灿斌 . 基于数据挖掘的 FMEA 分析方法 [D]. 成都：电子科技大学，2014.

［10］陈全，周浩 . FMEA 在天然气生产企业安全管理中的应用 [J]. 价值工程，2017，36（3）：14-16.

［11］于京春，宋海宁，王湘宁，等 . 城镇燃气管道风险综合评价方法的选择 [J]. 煤气与热力，2010，30（9）：22-25.

［12］肯特米尔鲍尔著 . 管道风险管理手册 [M]. 杨嘉瑜，等译 . 2 版 . 北京：中国石化出版社，2004.

［13］叶建中，熊德文，李丽霞 . 层次分析法与应用 [M]. 北京：机械工业出版社，2017.

［14］陈胜宝，刘荣华，王家琪 . 模糊综合评估理论及应用研究 [M]. 北京：科学出版社，2004.

［15］黄小美，彭世尼，张才华，等 . 燃气管道定量风险评价及其软件研制 [J]. 煤气与热力，2010，30（1）：24-29.

［16］彭晓辉 . 故障树分析法在城市燃气管道安全评价中的应用 [J]. 石化技术，2017，24（11）：212.

［17］廖柯熹，姚安林，张淮鑫 . 天然气管线失效故障树分析 [J]. 天然气工业，2001，（2）：94-96+2.

［18］黄小美，李百战，彭世尼，等 . 基于事件树的天然气管道风险定量分析 [J]. 煤气与热力，2009，29（4）：42-46.

［19］黄小美，彭世尼，王书淼，等 . 燃气泄漏事故危害的概率单位模型评估 [C]. 2007 全国埋地管线腐蚀控制和监测评估工程技术交流会论文汇编 . 2007：218-221.

［20］张继旺，马庆春，张来斌 . 基于 FTA-BN 模型的城市燃气管道失效风险分析 [J]. 北京石油化工学院学报，2014，22（3）：32-36.

［21］臧子璇，黄小美，陈贝 . 燃气泄漏射流扩散模型及其应用 [J]. 煤气与热力，2011，31（6）：39-42.

［22］李亮，臧子璇，漆琦，等 . 临街餐厅掺氢天然气泄漏爆炸模拟研究 [J]. 煤气与热力，2022，42（5）：B33-B38.

［23］张乃禄 主编 . 安全评价技术（第三版）[M]. 西安：西安电子科技大学出版社，2016.

［24］Daniel A. Crowl，Joseph F. Louvar 编著 . 化工过程安全基本原理与应用 [M]. 赵东风 等译 . 3 版 . 青岛：中国石油大学出版社，2017.

第 5 章

城市燃气设施安全风险因素与指标

5.1　燃气设施风险因素分类及相互作用

　　燃气设施是从城市气源点通过输配系统到用户使用的所有设施、设备和装置，是燃气各类气源厂站、门站、储配站、气化站、混气站、加气站、灌装站、供应站、调压站、市政燃气管网等的总称，包括市政燃气设施、建筑区划内业主专有部分以外的燃气设施以及户内燃气设施等，是保障城市可靠供气的重要设施。安全风险因素识别，要对各类设备设施的风险因素、来源、形成原因、主要损伤机理及失效模式进行分析。

　　燃气设施潜在危害因素主要包括开挖破坏、腐蚀、材料或焊缝缺陷、自然力破坏、其他外力损伤、操作不当、设备失效、其他危害8大类。根据危害因素特征和形成阶段，细分为下列4种：

　　（1）固有危害，包括制造与安装、改造、维修施工过程中产生的材料、焊接或接头缺陷，制管阶段的管体螺旋或直焊缝缺陷、管材缺陷，施工阶段的环焊缝缺陷、划伤、褶皱、屈曲、热熔和电熔接头缺陷等；

　　（2）运行过程中与时间有关的危害，包括内腐蚀、外腐蚀、应力腐蚀、杂散电流腐蚀、老化等；

　　（3）运行过程中与时间无关的危害，包括第三方损坏、外力破坏、操作不当、设备故障、生物损坏等；

　　（4）其他影响管道安全的潜在危害。

　　将收集到的各类燃气事故案例按照管道失效模式影响因素进行归纳，可将影响燃气设施安全运行的主要因素分为以下几个方面。

5.1.1　设备风险因素

　　燃气设施损伤机理是指导致承载能力降低的损伤类型，根据城市燃气管网及燃气输配厂站工艺流程、介质物流与腐蚀流等情况，综合分析燃气设备设施可能存在的内部损伤机理和外部损伤机理，主要燃气设施损伤机理及失效模式如表5-1所示。

主要燃气设施损伤机理及失效模式   表 5-1

类型		损伤机理	主要失效模式	易发部位
管道	腐蚀减薄	酸性水腐蚀	积液部位局部减薄	直管段、盲端
		外部腐蚀（大气／土壤）	均匀减薄、局部减薄	无外覆盖层的部位
		保温层下腐蚀	覆盖层下局部减薄	有外覆盖层的部位
	环境开裂	应力腐蚀开裂	裂纹	焊接接头等
	机械损伤	振动疲劳	表面或近表面裂纹	振动源（泵）出口
	其他	冲蚀	局部减薄	弯头、三通
		冻堵	影响生产（可能开裂）	易积液部位
		制造与安装缺陷（焊接）	焊接缺陷等	焊接接头
		误操作	影响生产	—
容器	腐蚀减薄	酸性水腐蚀	积液部位局部减薄	低洼易积液部位
		外部腐蚀（大气／土壤）	均匀减薄、局部减薄	无外覆盖层的部位
		保温层下腐蚀	覆盖层下局部减薄	有外覆盖层的部位
	环境开裂	应力腐蚀开裂	表面裂纹	焊缝部位等
	其他	制造与安装缺陷（焊接）	焊接缺陷等	焊接接头
		误操作	影响生产	—
阀门	后期磨损	设计不合理	密封失效	密封圈
调压器	其他	杂质堆积	阀杆堵塞及断裂	阀杆位置
	磨损	老化磨损	皮膜疲劳及破裂	皮膜

5.1.1.1 燃气管道及附属设施风险因素分析

1. 燃气管道

燃气管道一般埋设于道路下，多采用直埋的方式敷设，再加上凝水缸、调压站、阀门井等附属设施遍布所有区域，周边环境干扰较大，因此，在燃气管道运行过程中存在很多危险因素，主要包括以下几个方面：

（1）腐蚀老化

燃气管道腐蚀老化穿孔的主要原因有：

1）燃气管道外壁的防腐层由于第三方破坏或者施工质量导致化学与电化学腐蚀；

2）阴极保护失效；

3）燃气管道长期处于潮湿和腐蚀性介质中；

4）燃气管道内壁由于传输介质的腐蚀成分导致腐蚀。

燃气管道腐蚀机理主要有下面 3 种类型：

1）电化学腐蚀。由于埋地的钢质管线表面粗糙度不同、金属自身结构的不均匀以及土壤的物理化学性质不均匀、pH 不同、含氧量不同等因素，产生电化学反应，使得阳极区

（燃气管道）的金属离子不断发生电离而形成腐蚀。

2）化学腐蚀。化学腐蚀指的是金属由于直接与介质接触发生化学反应而形成的金属溶解过程，对于钢质燃气管道来说，化学腐蚀是全面的、渐进的，其造成的管线壁厚减小是均匀的，主要发生于管线内壁。

3）杂散电流腐蚀。铁路、变电站、矿山、地铁、发电厂等设施的各种电气设备接地和漏电，在土壤内产生杂散电流，在一定程度上加速了管道腐蚀点的腐蚀。

（2）管材和设备缺陷

燃气管道系统主要包括管道、管件、法兰、紧固件等，系统中管材质量的好坏直接影响到系统运行的安全性。管材本身质量问题所导致的事故通常是由金属缺陷造成的，主要包括管材卷边、分层、制管焊缝缺陷、管段热处理工艺有误等。燃气管道系统设备主要风险因素包括：1）管件出现裂纹、破裂等；2）阀门、垫片、法兰和紧固件被损坏；3）防雷和防静电设施失效；4）安全附件缺陷。

（3）焊接缺陷

焊接是燃气管道施工过程中至关重要的一个环节，焊接质量直接关系燃气管道的整体质量。燃气管道的焊接缺陷主要包括焊接错边、管壁内部毛边、焊缝未熔合等。这些缺陷大多是由焊接施工人员工作不认真、责任心不够和严重违反焊接工艺规程造成的，是燃气管道施工过程中不能容忍的质量问题。

（4）施工缺陷

燃气管道的施工缺陷主要包括管道的安装施工缺陷和施工作业违章两种情况。管道的安装施工缺陷主要是指在管道的施工过程中，由于某些原因造成管道刮伤和擦伤，或者违反、不严格遵守安装操作规程所造成的管道损伤缺陷等。施工作业违章是指不按照设计规划进行施工，包括管道埋深没有达到设计要求、沼泽地区管道配重块未按照设计要求的数量进行装配、冬期施工时管沟中的回填土混杂有冰雪，使得燃气管道运行时出现上浮以及管体内产生附加应力，从而形成安全隐患。

2. 阀门风险因素分析

阀门是城市燃气输配厂站最常用的设备之一，担负着截断、截流、调压、排污、放空等作用。实际应用中，阀门可能会出现卡死、外漏、内漏等情况，导致阀门失效。据某燃气输送管道公司缺陷隐患台账显示，2017 年该公司所辖输气站累计发生阀门失效事件 29 起，其中阀门内漏 16 次，阀门外漏 7 次，传动装置损坏 3 次，误操作 3 次，严重影响安全生产运行。综合分析阀门失效因素，找出阀门主要失效模式和失效机理，有针对性地制订风险消减措施，可大大降低阀门失效概率，提高阀门可靠性，保障安全生产运行。

燃气管道输送过程中，阀门泄漏控制是厂站生产运行管理的重点之一。阀门故障多为内漏和外漏等故障。内漏包括阀座的泄漏和阀座密封圈的损坏所造成的泄漏，外漏包括阀杆的泄漏和注脂嘴、安全阀、排污阀连接处的泄漏。内漏是运行中维修最繁琐的，也是造成阀杆外漏的主要原因。阀门的外漏极易在阀杆、填料和填料函组成的密封副及其阀盖、阀盖垫片和夹紧螺栓组成的密封副发生，相比之下，阀杆密封副包含动密封，因而更难以控制外漏。

阀门泄漏的一般原因如下：（1）制造工艺存在缺陷的阀门密封不严导致介质的泄漏，这种事故多为渗漏；（2）一般阀体通过铸造制造工艺过程容易形成砂眼，砂眼有时也能导致介质的泄漏，一般表现为渗漏，渗漏流量较小；（3）密封填料不严密往往会造成介质在密封填料处泄漏，流量一般较小，主要也表现为渗漏，但流体介质通常沿阀杆漏出，直接污染厂站环境；（4）在阀门的运输、吊装、安装过程中造成阀门的密封面损伤，阀门密封不严从而导致阀门泄漏，这种泄漏也表现为小流量的渗漏；（5）阀板或密封面变形造成密封不严引起介质的泄漏，一般成渗漏或小流量连续滴漏；（6）含有固体杂质的管路造成阀门关闭不严引起介质泄漏。这种泄漏可能是小流量的渗漏也可能流量较大；（7）阀门的阀杆卡住在某个位置，使阀门关闭不严密或阀门无法关闭，从而造成介质泄漏。这样的泄漏往往流量较大，极易对燃气输送厂站生产环境造成严重的安全危害；（8）特别是针对原燃气输送管路，由于其流体介质的腐蚀性和高温的要求，阀门零部件的材料不能满足时，导致阀门在使用过程中被腐蚀，或在高温下某些敏感零部件的强度降低或完全破坏，从而导致阀门泄漏。

3. 计量设备风险因素分析

在现代化的燃气输送管道上，流量计已成为监视管道运行的中枢，如根据流量计调整全线的最佳运行状态，校正燃气输送压力和流速，发现泄漏等。流量计应根据所输送燃气的性质，流速或流量的变化范围，计量要求和安装环境来选择。可用于燃气输送厂站的流量计包括：差压式流量计、速度式流量计、超声波流量计和质量流量计等，种类繁多。根据现场调研及相关文献分析，流量计失效模式及原因分析见表5-2。

流量计失效模式及原因分析 表 5-2

失效模式	失效原因	失效后果
计量误差偏大 显示异常	（1）流量计本体故障； （2）安装不规范； （3）线路故障； （4）无法正常计量； （5）传感器失效； （6）显示器异常	无法正常计量
大气腐蚀	（1）大气腐蚀性强； （2）外涂层损坏	部件锈蚀
内腐蚀及冲蚀	（1）输送介质腐蚀性强； （2）介质流速过高； （3）介质杂质含量高	壁厚减薄，介质泄漏， 计量不准

4. 防腐层风险因素分析

城市燃气管道无论是管内还是管外，腐蚀因素都是使管道失效的一个重要因素。为了解决管道的腐蚀问题，通常采取的措施有一次保护系统（防腐绝缘层）和二次保护系统（阴极保护）等，都取得了良好的效果。从城市燃气管道现场调查分析数据可知，由于各种原因导致管道的内部防腐系统和外部防腐系统都会失效，而且这种防腐系统的失效最终必然会造成管道本身的失效。城市燃气管道因其内部和外部都存在腐蚀问题，因此对管道的防腐措施也分为内防腐蚀措施和外防腐蚀措施两大类。对于净化气管道，由于其内腐蚀因素非常少，因此净化气管道一般不做特殊内防腐措施。

防腐层是指涂料层、缠绕带及特定的塑胶涂料物等。典型的防腐层失效主要有破裂、针孔、剥离、软化或溶化、一般性退化（如紫外线降解）。防腐层能否有效地降低腐蚀的可能性取决于 4 个因素：防腐层质量、防腐层的施工质量、检查程序质量以及缺陷修补程序质量。

防腐层具有一些重要的性质，如绝缘电阻高、附着力强、使用方便，具有弹性、抗撞击、耐土壤应力、耐水性、耐细菌或其他生物的侵袭。

管道施工单位原所属各个不同的部门，即使都是 GA1 级管道安装单位，由于承建管道历史不同，对规范的理解、认知也不同；即使是同一个系统的 GA1 级安装单位，由于人员技术水平、施工设备、管理水平不同，施工质量也不同。如果管道建设单位技术水平较低、管理混乱、没有建设经验，或者施工单位违章施工、违规分包、不按设计图纸要求施工，都会对施工质量造成严重的影响。

检查者应特别注意那些急弯或者复杂形状的管段。这些地方很难进行预先清理及涂敷施工，很难充分地实施防腐层处理（所刷涂料将沿着管道的锐角处流失）。如螺母、螺栓、螺纹及某些阀门部件常常是出现腐蚀的首要区域，同时也是考验其涂敷施工质量的地方。

对于管道外防腐，一般采用的有效措施是防腐绝缘层（一次保护）与阴极保护（二次保护）两种方法并用。

最主要的是应选好防腐绝缘材料。以前一般采用沥青，到了 20 世纪 90 年代以后，管道普遍采用三层 PE 作为外防腐涂层。由于沥青是热塑性材料，受热后强度降低，加上在土壤或水的压力下作用，容易变形或流淌而堆积在管道的下方，所以通常是在防腐绝缘层外面，再涂上一层混凝土保护层加以保护，以提高其耐久性。

5. 阴极保护装置风险因素分析

阴极保护就是以通电的方法使被保护物成为阴极，由此减缓或避免腐蚀。阴极保护实现的技术有两种：一是外加电流阴极保护也称强制（电流）阴极保护，二是牺牲阳极的阴极保护。在实际使用期间，由于阴极保护系统保护不足常常会引起管道失效。产生失效的原因主要来自以下几个方面：

（1）设计方面

当设计牺牲阳极的防腐系统时，如果设计能力不够（包括电流强度不够、牺牲阳极块数不够等），便会使阳极本身过度消耗，从而使阳极过早地失效导致整个防腐系统失效。

（2）服役方面

当不当的延长防腐系统的服役期限使其过度超过设计寿命时，且对已失效的阳极块又未及时更换，则在延长服役期间内防腐系统会失效，从而造成管道的过度腐蚀。

（3）维护方面

如果对管道周围的腐质缺乏清理、维护不周，导致这些腐质黏附于阳极表面，则极易影响阳极的功能，造成阴极保护系统的早期失效，从而使管线遭受腐蚀。

（4）使用方面

主要是内外涂层的损坏。如果在管道的使用过程中，对失去作用的阴极保护系统未能及时进行修复，而只靠管道的阳极来保护，则会大大增加管道阳极的负担，甚至会超过管道阳极的设计能力，以致管道阳极过早损耗，从而使管道遭受腐蚀。

5.1.1.2 调压设施风险因素分析

调压器的基本功能是在将系统压力维持在某一可接受范围内的同时还必须满足下游的流量要求。当流速较低时，调压器阀瓣靠近阀座缩小通道以限制流量。当需求流量增加时阀瓣远离阀座增加其打开程度以增大流量。在理想状态下调压器应能够在输送所需流量的同时，提供恒定的下游所需压力。

造成调压器失效的主要因素可从工况参数、节流效应、气体杂质、噪声振动、调压器特性等几方面进行分析，其具体失效模式及原因分析如下：

1. 工况参数

工况参数主要从压力设定及气体流量两个因素考虑：

（1）当出口压力设定过低时，天然气在阀芯与阀座闭合处的压差增大。当气体中含有杂质时，会加速冲击阀芯和阀座，降低阀芯和阀座的关闭性能。当用气量较低时或不用气时，调压器不能完全关闭，易造成调压器超压切断。

（2）当出口压力设定较高时，使得调压器出口压力设定值过于接近安全保护的切断压力，当调压器调压精度不高或流量波动较大时，出现切断阀切断故障。

（3）当流量突然发生变化时，流速也发生变化。由于受到附加压力的冲击，调压器切断阀膜片处产生附加作用力和冲击，很容易使切断阀切断，甚至使切断阀拉杆因弯曲变形而发生断裂。流速增大，使管道振动频率增加，也极易造成切断阀因脱扣而非超压切断。

此种情况在独立管网供应系统或直供用户经常出现。

2. 节流效应

天然气经过调压器时，会产生焦耳－汤姆逊节流效应。天然气节流后，压力降低，温度降低，节流系数为正值，节流效应为冷效应。实际运行中节流效应对设备运行有很多影响：

（1）如果温度降低过多时，当温度低于天然气的露点温度时，会使管路、调压器外表面结霜，如天然气中含水量高时，易形成天然气水合物，导致在调压器阀口处或指挥器的导压管处发生冰堵现象，造成调压器故障，从而运行受阻，影响供气。

（2）若调压器长期在低温下运行，容易造成调压器橡胶密封件受损，缩短使用寿命。

（3）若调压器后的埋地管道土壤含水率较高，管道温度降低时，极易造成埋地管道局部应力集中，导致管道发生变形或胀裂管道，从而引发管道安全事故。

3. 气体杂质

天然气中杂质严重影响调压器的关闭性能，容易造成调压器的止回器堵塞，也会使调压器阀口和阀口垫处因细颗粒物的堆积致使调压器关闭性能变差，皮膜及密封件受损，导致调压器发生故障，运行受阻，运行质量降低。在实际运行中，配气站调压器的杂质主要为滤芯碎铁屑，由于过滤器滤芯受到高速流体的冲击以及材质本身性能影响，在长时间的运行下易磨损老化被气流撕裂成碎屑，从而造成下游调压设备部件（如皮膜、阀笼）损伤发生故障。因此，对于滤芯的更换清理、调压器的清理维护需根据运行工况变化而及时进行，确保调压器运行质量不受影响。

4. 噪声与振动

调压器在工作中会产生噪声，对于机械噪声，在实际作业过程中要防止天然气通过调压器和下游管道产生的噪声频率和调压器固有的频率相同而发生共振，防止共振发生的一个重要途径就是使调压器在合理的调压范围工作，防止上下游压力频繁波动。针对调压器下游管道中漩涡产生的噪声可从降低管路系统工作雷诺数方面出发，增加调压器下游管道的管径，降低流速从而实现降低下游管路雷诺数的目的；在调压器下游增加弹性材料吸收湍流脉动噪声和冲击管壁噪声产生能量损失，实现降噪。对于空气动力学噪声，调压器生产厂家一般需通过技术手段进行处置，才能得到有效的控制。而机械噪声在实际运行中只能通过对调压器工况参数的合理调节进行控制，管道噪声目前通过技术改造可得到控制，但通过增加下游管径、减少噪声会导致运行成本增加，在实际运行中很难做到。

5. 调压器特性

调压器在运行过程中可能会出现调压器皮膜受损或破裂，阀口垫胀裂，阀垫摩擦受损，调压或切断弹簧疲劳失效，阀杆动作不灵活、卡阻，信号管堵塞，切断脱扣机构摩擦力过大等。这些因素都会导致调压器稳压精度降低，调压器工作不稳定，甚至调压器切断发生故障。调压器的整体性能取决于流量系数、阀尺寸、各部件的材质成分。选型时若对阀尺寸、流量系数、气体流速等性能参数没有合理的计算，调压器在实际运行后易出现工作故障。调压器组成部件的材质不符合质量要求时，同样会导致调压器发生故障。

根据对调压器重要功能部件的失效模式、失效原因、失效影响等的分析，得到燃气调压器重要功能部件的 FMEA 分析表，如表 5-3 所示。

燃气调压器重要功能部件的 FMEA 分析表　　　　　　　　表 5-3

序号	名称		功能	失效模式	失效原因	失效影响		
						局部影响	高一层次的影响	最终影响
1	切断阀	调节弹簧	施加作用力	疲劳变形	应力蠕变	不能将作用力施加给皮膜	不能平衡切断阀腔内气体	切断阀不能正常工作
		阀瓣	封堵阀口	磨损	介质冲蚀	不能与阀口紧密结合	不能完全切断阀口气流	切断阀不能正常切断
		皮膜	感受压力变化的信号	疲劳磨损破裂	材料疲劳；介质冲蚀	不能平衡切断阀腔内气体	不能正常推动阀瓣运动	切断阀不能正常工作
		切断阀密封圈	密封	老化磨损	介质冲蚀；材料疲劳	介质泄漏	介质泄漏	介质泄漏
2	阀体	阀口	调节介质流量	磨损堵塞	介质冲蚀；积垢	不能正常调节流量	不能正常调节流量	不能正常调节流量
3	执行器	传动分系统 阀杆	传递力矩带动阀瓣运动	磨损断裂堵塞	介质冲蚀；疲劳断裂；积垢	不能正常推动阀瓣运动	不能正常传递力矩	执行器不动作
		传动分系统 调节杠杆	传递力矩	断裂	疲劳断裂	不能正常将力矩传给阀杆	阀杆不动作	执行器不动作
		感应分系统 主皮膜	感受气体压力变化的信号	疲劳磨损破裂	材料疲劳；介质冲蚀	不能平衡执行器腔内气体	不能正常传递信号	执行器不能正常工作
		感应分系统 信号管	传递出口压力	堵塞	积垢；冰堵	不能将出口压力传到执行器下腔	不能正常感应信号	执行器不动作
		执行器密封圈	密封	老化磨损	介质冲蚀；材料疲劳	介质泄漏	介质泄漏	介质泄漏
		调节分系统 主调节弹簧	施加作用力	疲劳变形	应力蠕变	不能将作用力施加给主皮膜	不能平衡执行器腔内气体	执行器不能正常工作
		调节分系统 主阀瓣	封堵阀口	磨损	介质冲蚀	不能与阀口垫紧密结合	不能完全切断阀口气流	调压器不能正常调压
		调节分系统 阀口垫	密封	老化磨损	介质冲蚀；材料疲劳	不能与阀口及主阀瓣紧密结合	不能完全切断阀口气流	调压器不能正常调压

5.1.1.3　过滤设施风险因素分析

结合燃气过滤器的典型组成结构，对影响过滤器正常使用和涉及用气安全的情形进行总结，分析燃气过滤器关键件的隐患类型，如图 5-1 所示。过滤器可靠性的关键点在滤芯压损规律分析和非金属密封材料的老化。

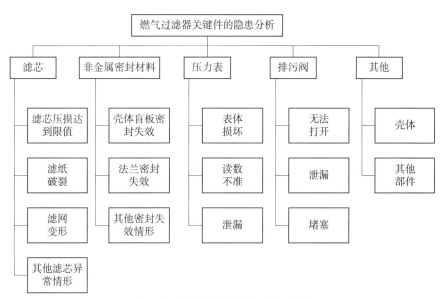

图 5-1   燃气过滤器关键件的隐患分析

针对燃气厂站过滤器，燃气过滤器失效模式及原因分析如表 5-4 所示。

燃气过滤器失效模式及原因分析   表 5-4

序号	失效模式	失效原因	失效后果或影响
1	滤芯压损达到限值	随着燃气滤芯不断过滤掉燃气中的杂质，滤芯滤网表面会因为杂质覆盖网孔，导致滤网的通过截面积缩小，相应的过滤器前后压差增大	需更换过滤器滤芯，如未及时更换，将导致滤纸破裂或滤网变形
2	滤纸破裂或滤网变形	滤芯破损的根本原因是滤芯压损超过滤网可以承受的压溃限值	过滤器失去过滤效果，未经过滤的气体介质及过滤器之前所容杂质进入下游设备，最终导致计量和调压设备损坏
3	盲板及法兰密封失效	（1）密封接触面被腐蚀、磨损，有划痕或有污染物，造成不密合； （2）密封件未压紧或造成损伤，如划痕、老化变形及腐蚀变质等； （3）螺栓松紧程度不一，使筒体与盲板压合不紧； （4）紧固件松动，造成密封接触面接触力不足	厂站燃气泄漏，引起安全隐患
4	压力表损坏、示值不准和安装泄漏	（1）厂站内瞬间压力过高或差压表取压管一端堵塞，对仪表造成冲击损坏； （2）运输过程中仪表颠簸幅度过大，造成仪表损坏或示值不准	不能准确、及时地监测过滤器前后压差，引起滤芯失效
5	排污阀失效	（1）阀体变形或球面卡死； （2）污渍较多或冰堵	无法将沉落至过滤器底部的液体和杂质排出，增大过滤器压损，如长时间不排，可能损坏滤芯

续表

序号	失效模式	失效原因	失效后果或影响
6	其他失效情形	（1）设计时未考虑安装空间或设置踏步，导致拆装不方便； （2）出厂时未拧紧或密封面缺少润滑脂，连接零部件漏气； （3）未做防雨罩或未定期维护，导致盲板或快开盲板进水锈蚀； （4）螺栓螺母锈蚀，导致拆卸困难	

5.1.1.4　工艺管道风险因素分析

厂站内工艺管道一般是指厂站内输送燃气介质或连通各类生产设备的管线，包括埋地管道、地上管道和汇管、法兰、三通等管件，但不包括站内燃料管道、排污管道和消防管道等。由于厂站工艺管道管径不同，通常无法进行内检测；同时，站内法兰、三通、弯头种类和数量众多，敷设方式多样，长期在高压下承受燃气冲刷，面临很大的腐蚀泄漏风险。尤其是运行了 40 余年的老管道厂站，限于当时施工质量，防腐层多为环氧煤沥青，且站内无区域阴极保护系统，腐蚀风险日益突出。工艺管道输送的介质一旦泄漏，不但影响管道系统运行，还有可能威胁厂站附近人员和环境。近年来，国内已经发生了多起厂站工艺管道腐蚀泄漏穿孔和焊缝开裂事故，引起了管理者的重视。

此外，相对应长输管线而言，厂站中存在的管道及容器材质种类多，规格复杂，管道及容器连接方式复杂等特点，特别是焊缝，与长输管道相比，厂站设施的焊接方式较为复杂，包括对接、角接、搭接及管座角焊缝等多种形式，且存在不同材质、不等壁厚和结构搭配有差异等特点。就发生爆管事故的危害范围来讲，大部分管道由于在空旷区域敷设，发生爆管后对周边范围影响较小。而厂站设施相对集中在一定空间范围内，发生爆管后相互间的威胁相对较大，危险性更高。另外，相比长输管道对接环焊缝，厂站设施焊缝的焊接条件、服役工况、受力情况、安全状态和检测评估等问题更复杂。

对于不同材质的焊接问题，厂站设施（如弯头、三通、管帽、封头、大小头、法兰等）的材质以 Q235-A、16Mn（Q345）、WPHY-70、WPHY-80 为主，与其对接的直管段材质以 L245、L360、L415、L450 等为主。与长输管道环焊的等壁厚焊接工艺不同，厂站设施对接环焊缝不相等壁厚焊接的现象很普遍。

厂站工艺管道的主要失效形式为腐蚀、变形和断裂 3 种，根据现场调研和相关文献分析，工艺管道失效模式及原因如表 5-5 所示。

工艺管道失效模式及原因　　　　　　　　　　表 5-5

失效模式	表现形式	失效原因	失效后果
腐蚀	大气腐蚀 （地上管道、汇管）	（1）大气腐蚀性强； （2）外涂层损坏	壁厚减薄，介质泄漏
	埋地金属腐蚀 （埋地管道）	（1）土壤腐蚀性强； （2）防腐层损坏； （3）阴极保护失效	
	内腐蚀及冲蚀	（1）输送介质腐蚀性强； （2）输送介质杂质含量高； （3）输送介质流速过高	
变形	局部变形	（1）地基沉降； （2）超压； （3）振动变形； （4）壁厚不足； （5）外力损伤； （6）残余应力过大	承压能力不足
断裂	断裂或裂纹	（1）选材不当； （2）超压； （3）振动； （4）局部应力集中； （5）残余应力过大； （6）安全装置失灵	介质泄漏

5.1.1.5　燃气用户端设施风险分析

通常所说的家用燃气用户端设施是指户内从燃气表后开始到燃气具产品的所有的管件、部件、设备等。其风险分析，一般有：

1. 软管脱落、老化破损

燃气软管是输送燃气的一种柔性管，它以双层结构管为基体，在基体外表覆以光面层，且将软管各层间的结合面制成凸凹相间状结构。软管具有表面光滑，易于清洁，管体柔韧性好的特点，能防止燃气管道和燃气灶具连接处的应力集中，但在使用过程中也会存在安全风险。

（1）软管质量问题

燃气灶软管的质量要得到保障，如果使用低质量的材料或者制造过程不规范的软管，会导致软管质量达不到安全使用的要求，从而导致燃气泄漏。

（2）安装不当

安装不当是燃气灶软管脱落的主要原因之一。在安装燃气灶时，如果安装工人疏忽大意或者没有足够的经验和技能，就有可能将管道连接不紧或安装不牢固，导致燃气灶的软管脱落。

（3）人为损坏

人为损坏也是导致燃气灶软管脱落的原因之一。在施工、装修、搬迁等过程中可能遭到损坏，从而导致燃气灶软管脱落。

（4）软管老化

燃气灶管道是一个经过长期使用会老化的部件，当软管老化、磨损时，就会变得非常脆弱。当管道受到外部力的作用时，就会发生破裂，导致燃气泄漏和软管脱落。

2. 燃气灶具

燃气灶具是产生安全问题较多的燃气设备，除灶具老化故障原因，由灶具自身质量问题以及灶具安装导致的燃气事故数量也居高不下。

（1）燃气灶具老化损坏

依据《家用燃气燃烧器具安全管理规则》GB 17905—2008 相关规定，燃气灶具从售出当日起，燃气灶具的判废年限应为 8 年。燃气灶具内部结构对密闭性要求很高，如果出现了变形、软管损坏等诸多问题，就可能会引起漏气，存在非常大的危险性。建议用户适时更换合格产品。

（2）燃气灶具质量问题

燃气灶具标志上应包括灶具的具体信息，缺少标志就会导致消费者无法知晓购买产品的参数，容易引起误操作或者气源匹配不恰当而引发的安全隐患。同时有些生产企业将参数故意造假，以满足产品被市场的认可，同样损害着消费者的权益，为日后日常使用带来隐患。

（3）燃气灶具安装问题

燃气灶具安装问题主要指第三方燃气灶具安装单位无资质操作、违规操作、使用不规范气源等行为，依据相关行业规定，从事燃气灶具安装、维修企业应当按照其企业规模、专业技术人员等条件申请相应的安装、维修管理资质，保证燃气灶具的使用安全。

3. 燃气表漏气

燃气表超期使用会存在内部构件老化的风险，老化严重会导致燃气表漏气。外力破坏也会造成燃气表表体或接头损坏，导致燃气泄漏。

5.1.2 外部环境风险因素

环境是指燃气管道的外部环境。由于管道的失效不仅包括管道内部损伤所引起的气体泄漏，还包括管道外部防腐系统及防腐涂层遭受机械损伤（如刮痕、压坑、裂纹等）造成的损坏及腐蚀失效，所以对管道进行失效分析，还要研究管道外部环境带来的影响。可将环境风险因素分为第三方破坏、土壤影响、自然力破坏、其他外力破坏。

5.1.2.1 第三方破坏

一般是指由于管道外部环境导致的第三方破坏，如埋地深浅、周边其他活动频繁等，导致管道介质泄漏、防腐层损伤、管道出现刮痕及压坑等事故。第三方破坏是对城市燃气管网最大的威胁之一。由于燃气管网沿线设施的增加、其他城市公用工程管道的铺设以及承包商涉及公路、住宅、商业区等公共设施的增加，都使得对燃气管网的威胁增大。使用的工具设施包括挖掘机、钻机、钻孔器和定向钻，威胁同时也来自其他主体授权资产机构的建设和维护，以及在管道的维护工作中发生的问题。造成管道出现事故的因素主要有：

1. 最小埋深

管道埋深越浅，越容易受到第三方的损坏。陆地管道应该根据埋深量大小来判断；穿越江、河、湖泊的管道，应该考虑管道处于水面下的深度、低于河床表面下的深度以及管道的涂层状况进行判断。

2. 活动水平

活动水平是指人们在管道附近的活动情况。如建筑工程活动，铁路、公路状况以及有无埋地设施等，这些活动都与第三方损坏的潜在危险有关。

3. 管道线路上的地上设备

由于干线上的设备极易被机动车、自行车或人等第三方损坏，所以应根据是否有链条、钢管、树木、深沟等防护设施情况来评判其影响大小。

4. 公众教育

公众的教育程度会直接影响到管道附近第三方的人员素质，体现在居民爱护公共财物的意识、法律观念、道德品质等方面。

5. 线路状况与巡线

线路状况是指管道沿线的标志情况以及防止破坏管道的宣传告示等，而巡线是指管道管理人员检查线路的频率高低及其有效性。管道巡线的目的是发现那些身份不明的或者已经存在的外界干扰操作、泄漏、违章建筑、标记缺失、建筑物上的植被、腐蚀、塌方、下沉以及地面管道的安全问题和周边环境问题。巡线要空中巡线和地面人工巡线结合使用。密切联系燃气管网所在区域的负责人以有效阻止第三方破坏，对负责人每年都应该进行探访并且要经常和他们进行联系。在联系过程中应讨论但不限于以下问题：

（1）区域相关人员变动、区域施工项目计划及实施情况；

（2）对燃气管网及附属设施安全存在的潜在威胁；

（3）管道突发事件的应急程序；

（4）24h 都能联系到的方式。

5.1.2.2　土壤影响

土壤的稳定性是否符合条件，是管道受到破坏的重要原因之一。地质滑坡、蠕动或者地震引起的管道滑移，会导致管道早期失效。影响土壤稳定性的因素主要包括土壤的黏性、抗剪阻力以及表面沉积物的厚度。为了提高土壤的稳定性，控制土壤的滑移或沉积物的迁移，可采取使用配重混凝土土层和改善管道回填方法，或其他防止沉积物迁移的措施。

土壤腐蚀是城市燃气管道外腐蚀的主要来源。土壤对管道的外腐蚀有化学腐蚀和电化学腐蚀。化学腐蚀主要和土壤所含的有机质、各种盐类对金属的腐蚀性有关。而电化学腐蚀是由于土壤是一种导电介质，因此含水的土壤便具有电解溶液的特性，从而在不均匀的土壤中构成原生电池而产生电化学腐蚀。主要原因可概括为：导电介质、杂散电流和细菌作用。

土壤对城市燃气管道的腐蚀是以电化学腐蚀为主，并且杂散电流给管道带来的腐蚀是局部的腐蚀，管道的局部在短时间内因腐蚀穿孔所造成的泄漏事故也是非常严重的。同时，由于城市燃气管道的长度都很长、覆盖范围很广，沿线的土壤种类、性质和环境条件都不尽相同，因而造成的腐蚀程度和腐蚀速度也是不相同的，这种沿管道长度方向腐蚀的不均匀性，还会加剧土壤对金属管道的电化学腐蚀。

5.1.2.3　自然力破坏影响

自然力破坏包括低温、洪水、泥石流、滑坡、崩塌、地面沉降、地震等。自然灾害会使管道产生很大的轴向弯曲和剪应力，造成埋地管道的重大损失。

1. 低温

低温对燃气管道的危害主要体现在两个方面。一方面是使管道材料脆化，即随着温度降低，碳素钢和低合金钢的强度提高，而韧性降低。当温度低于韧脆转变温度时，材料从韧性状态转变为脆性状态，使燃气管道发生脆性破坏的概率大大提高。另一方面，低温使燃气管道输送介质中的液体、气体发生相变，如水蒸气变为水、水变为冰等，引发管路堵塞（凝管）事故。此外，由于热胀冷缩的作用，随着环境温度的降低，有可能导致较大的热应力。

2. 洪水、山洪、泥石流

洪水是由暴雨、急骤融冰化雪、风暴潮等自然因素引起的江河湖海水量迅速增加或水位迅猛上涨的水流现象。洪水具有峰高量大、持续时间长、洪灾波及范围广。

暴雨洪水在山区形成山洪。由于地面河床坡降都比较陡，降雨后汇流较快，形成急剧涨落的洪峰。所以山洪具有突发性、水量集中、流速大、冲刷破坏力强，水流中挟带泥砂甚至石块等特点，严重时形成泥石流。洪水对燃气管网及附属设施造成的危害如下：

（1）损坏电力、通信系统，引起电力、通信中断，以致管道系统无法正常工作；

（2）冲刷管道周围的泥土，会导致管道裸露或悬空，使管道在热应力和重力的作用下发生拱起等弯曲变形；

（3）大面积的洪水会使管道地基发生沉降，造成管道的变形甚至断裂；

（4）洪水引发的泥石流挤压管道，造成管道变形甚至断裂。

3. 滑坡、崩塌

滑坡、崩塌对燃气设施造成的危害如下：

（1）损坏电力、通信系统，引起电力、通信中断，以致管道系统无法正常工作；

（2）形成的岩石或泥石流挤压管道，造成管道出现拉伸、弯曲、扭曲等变形甚至断裂；

（3）引发的洪水冲刷管道会导致管道悬空，使管道在热应力和重力的作用下产生拱起或下垂等变形；

（4）造成管道地基沉降，进而引起管道变形或断裂。

4. 地面沉降

地面沉降对燃气管网及附属设施造成的危害如下：

（1）导致管道下部悬空或产生相应变形，严重时发生断裂；

（2）地面输送站（厂）、储存库设备、管道及建（构）筑物损坏，设备与管道连接处变形或断裂。

5. 地震

地震对燃气管网及附属设施造成的危害如下：

（1）造成电力、通信系统中断、毁坏；

（2）永久性土地变形，如地表断裂、土壤液化、塌方等，引起管线断裂或严重变形，构（建）筑物倒塌；

（3）地震波对燃气管道产生拉伸作用，但由此动力激发的惯性效应极小，不至于造成按规范标准建设的燃气管道的破坏，但是有可能对那些遭受腐蚀或焊接质量较差的薄弱管段造成破坏；

（4）地震产生的电磁场变化，干扰控制仪器、仪表正常工作。

5.1.2.4 其他外力破坏

目前燃气管道沿线可能存在的其他外力破坏风险因素主要为违章占压，违章占压不但直接危害管道安全，给管道抢修带来困难，也给地方人民和财产带来一些新的安全风险。违章占压问题主要有两个方面：一是城市化发展、城乡规划建设，与管道安全保护发生了冲突，存在协调上的难度；二是一些无规划的乱建、乱采、开矿、放炮、种植根深植物占压管道等现象不断发生，给管道正常运维带来风险。

5.1.3 工艺过程风险因素

城市燃气管道及厂站的工艺流程设计是非常重要的环节，工艺流程设计是否合理对燃气管网的安全运行有着至关重要的影响。在进行风险因素识别的时候要重点考虑工艺设计缺陷和煤改气工艺变更存在的风险因素。

5.1.3.1　燃气管网工艺设计缺陷

燃气管网系统的设计是确保工程安全的第一步，也是十分重要的一步，设计质量的好坏对工程质量有着直接的影响。

1. 工艺流程设计、设备布置不合理

燃气管网运行安全与系统总流程设备布置有着非常密切的关系。工艺流程设置合理、设备布置恰当，并且能够满足输送操作条件的要求，系统运行就平稳，安全可靠性就高。否则，将导致十分严重的系统运行隐患，甚至使系统无法运行。

2. 材料选材、设备选型不合理

在确定管体、管件、法兰、阀门、机械设备、仪器仪表等材料时，未充分考虑材料与介质的相容性，导致设备设施使用过程中产生腐蚀；与传动机械相连接的法兰、垫片、螺栓组合未充分考虑振动失效，引起螺栓断裂、垫片损坏而出现泄漏；压力表、温度计、液位计、安全阀等安全附件设计参数设定不合理，可能会使控制系统数据失真，产生安全风险。

3. 管线布置、柔性考虑不合理

燃气管道平面布置不合理，造成管道热胀冷缩产生变形或振动。埋地管道弯头的设置、弹性敷设、埋设地质、温差变化等因素都可能导致燃气管道产生位移，如果柔性分析中考虑的因素不全面，将会引起管道弯曲、拱起甚至断裂。振动分析还应考虑管内介质流动不稳定和穿越公路、铁路处地基振动等因素。

4. 结构设计不合理

在管道结构设计中未充分考虑使用后定期检验或清管要求，造成管道投入使用后不能保证管道内检系统或清管球的通过，导致不能定期检验或清污；或者管道、压力设备结构设计不合理，难以满足工艺操作要求甚至带来重大安全隐患。

5.1.3.2　煤改气工艺风险因素

煤改气是一项重要的国家政策，旨在提高我国空气质量、保护环境和提高能源利用效率。然而，煤改气过程中也存在一些风险因素，主要包括以下几个方面：

1. 管道老化问题

煤改气需要大量的燃气输送管道，为节省资金，敷设时大量采用架空方式，如果管道老化，就有可能造成气体泄漏，甚至发生爆炸等事故，目前我国已有一些燃气管道的老化程度比较高，需要及时进行检修或更换。

2. 施工质量问题

煤改气需要大规模施工，如果施工质量不过关，容易出现管道开裂、接口失效等问题，需严格把控施工质量，减少由于工艺变更带来的安全风险。

5.1.4　其他风险因素

其他风险因素主要包括安全管理风险因素。安全管理是指为实现安全目标而进行的有关决策、计划、组织和控制等方面的活动。主要运用现代安全管理原理、方法和手段，分析和研究各种不安全因素，从技术上、组织上和管理上采取有力的措施，解决和消除各种不安全因素，防止事故的发生。

安全管理风险因素可能发生在以下方面：安全生产管理机构和人员、安全生产规章制度及操作规程、安全教育培训、安全检查、隐患整改、重大危险源管理、事故应急救援、事故管理、生产运行管理等。

1. 安全生产管理机构和人员

燃气管理企业应有健全的燃气安全管理机构及配备相关管理人员的机制，并落实岗位责任人，要求安全管理人员具有燃气安全管理资格，特种作业人员要有上岗资格。燃气管理及作业人员的素质及水平对燃气风险管理有着重要影响。素质水平高的管理和作业人员能减少发生决策失误及误操作的概率。

2. 安全生产规章制度及操作规程

健全的生产规章制度和合理的操作规程是为了防止燃气设备设施性能劣化或降低设备失效概率，按计划或技术要求实施技术管理措施，能有效地降低风险发生的可能性。

3. 重大危险源管理

针对重大危险源，燃气企业应该做好重大危险源的辨识、备案、监控及预警措施等工作。健全重大危险源的管理制度及应急救援预案，并定期对重大危险源进行检测和评估。

4. 生产运行管理

通过现场巡检以及运行设备技术参数监控，保障运行设备设施安全、可靠、经济运行。健全点检管理制度，明确点检管理要求及标准。明确设备设施运行过程中状态监测的职责、工作流程及监测标准。识别运行管理过程中的风险因素，针对性地改变运行管理策略，能有效地降低风险发生的可能性。

5.2　燃气设施风险因素辨识

5.2.1　风险因素识别原则

1. 科学性

风险因素识别主要是分辨、识别并分析确定系统内客观存在的及潜在的危险，它是测算系统安全状态与事故发生途径的一个重要手段。风险因素识别要求在进行风险识别时，必须有科学的安全理论来作指导，这样便能精确地揭示系统的安全状况、风险因素所在的部位和方式、事故的发生途径和其发展变化的规律，并能给予精确的描述，以便能清晰地表达定性、定量的概念，用科学的合乎逻辑的理论方法给予解释。

2. 系统性

人类生产活动的各个方面都存在风险，因而要全面、详细地剖析系统，研究出系统之间以及系统的各子系统之间的相关性与约束关系，找出主要的风险因素及其风险的危害性。

3. 全面性

在进行风险因素识别时，应严格避免发生遗漏而埋下隐患。要从工厂地址、自然条件、运输存储、建筑物或构筑物、生产技艺、生产设备的装置、特种装备、公用设施工程、安全管理系统及其制度等方面进行全面地分析和识别，而不仅仅是识别分析系统正常生产运行时在操作中所存在的风险因素。

4. 预测性

在分析风险因素时，还要考虑分析风险因素发生的条件或设想的事故模式，即风险因素的触发事件。

5.2.2　风险因素识别与分析流程

风险因素识别与分析是风险管理的前提，主要是为风险评估和量化计算奠定基础，在建立风险评估指标体系的时候，需全面考虑风险因素识别清单。风险识别流程图如图5-2所示。

进行风险识别与分析，首先要确定识别目的、对象和范围。一般进行风险识别的工作目的主要有以下几个方面：（1）查明燃气设备设施所有的风险因素并列出清单；（2）掌握风险因素可能导致的事故，列出潜在事故隐患清单；（3）将所有的风险因素进行危险性排序；（4）为定量风险评估提供数据支撑。然后根据风险分析目的、分析对象资料的完整情况、对象的特点及危险性等，选取合适的风险识别方法，对分析对象进行单元划分、风险识别，并将风险识别的结果归纳总结，形成风险清单。

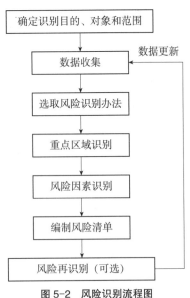

图 5-2　风险识别流程图

5.2.2.1　基于风险识别的数据收集

1. 数据采集内容

风险识别前期数据收集应包含城市燃气设备设施全寿命周期，数据采集内容应包括城市燃气设备设施属性和测绘数据、环境数据、运行维护数据、失效统计与分析数据、社会资源数据等。

（1）设计、制造、安装与竣工等管道建设期数据采集内容至少应包括：1）设计文件、设计变更；2）管道元件和安全附件制造质量证明文件、检验检测证书；3）管道属性、施工过程记录、焊接工艺文件、无损检测文件、阴极保护质量等数据；4）管道中心线测量数据，包括管道地理坐标、高程、埋深数据，宜标注管道环焊缝、管件、附属设施、拐角点、边界点等中心坐标数据，与沿线地上公路、铁路、河流、建（构）筑物等交会点坐标数据，以及与沿线地下管线和基础设施等交会点坐标数据；5）管道安装竣工验收资料、安装监督检验报告、隐蔽工程验收记录及相关资料、工程质量检验和评定报告。

（2）设备设施日常运行维护数据采集内容至少应包括：1）运行日志及工艺记录，运行条件变化和管理变更记录，异常及处理情况记录、重要监测数据、日常维护资料等；2）地区等级、人口现状、地形地貌变化、土壤腐蚀性、历史调查记录等；3）改造或修理资料，包括设计和施工方案、竣工验收资料，以及改造、修理记录及检验资料；4）运行管理制度及程序文件。

（3）在役设备设施检测与评估数据采集内容至少应包括：1）安全附件的校准、校验资料；2）重点区域识别与风险评估报告；3）日常检查记录；4）年度检查报告；5）定期检验、专项检测报告。

（4）设备设施失效数据采集内容至少应包括：1）腐蚀、误操作等原因导致的管道泄漏失效数据；2）第三方损坏数据；3）自然灾害损坏数据；4）牺牲阳极或外加电流阴极保护失效数据；5）燃气安全事故统计和分析报告等数据；6）其他失效数据。

（5）停用和废弃设备设施数据采集内容至少应包括：1）设备设施属性；2）停用的时间和原因；3）废弃处置方法等。

2. 数据采集方法

数据采集方法应使用工程测量、现场调查、检测监测等方法采集燃气管道中心线、燃气管道本身属性和周围环境数据。定期现况调绘、探勘、探查等现场调查方法采集管道周围环境数据，编制现况调绘图。新建管道重点调查周围地形地貌、交通、相邻地下市政设施分布与埋设情况以及可能存在的其他隐患等信息，在役管道重点调查环境发生变化的区域。在役管道应根据完整性管理要求定期采集和更新相关数据。

5.2.2.2　重点区域识别

燃气管道重点区域应根据管道特性及敷设环境，划分为公众聚集、易燃易爆等场所，以及燃气容易聚集的密闭空间。燃气企业应分类分区域识别管道重点区域，识别完成后应分级。

重点区域分级原则。

燃气企业应根据管辖区域行政划分和压力等级，将燃气管道划分为若干个区块，分别进行重点区域识别。识别单元应符合下列规定：

（1）超高压燃气管道（最高工作压力＞4.0MPa）中心线两侧各200m范围内，任意划分为1.6km长并能包括最多供人居住的独立建筑物数量的地段；

（2）高压燃气管道（1.6MPa＜最高工作压力≤4.0MPa）中心线两侧各50m控制区范围内，任意划分为1.6km长并能包括最多供人居住的独立建筑物数量的地段；

（3）次高压和部分中压燃气管道（0.1MPa＜最高工作压力≤1.6MPa）中心线两侧各15m控制范围内，任意划分为1.6km长并能包括最多供人居住的独立建筑物数量的地段；

（4）经调压箱进入庭院的部分中压和低压燃气管道（最高工作压力≤0.1MPa）中心线两侧各5m控制范围内，任意住宅区、道路、商业区、市场、医院、学校等独立地段。

重点区域识别可采用地理信息系统识别和现场调查相结合的方式，识别出的重点区域应按照后果严重程度进行等级划分，分为Ⅰ级、Ⅱ级和Ⅲ级，重点区域识别分级表如表5-6所示。

重点区域识别分级表　　　　　　　　　　　　　　　　表5-6

管道类型	识别项	分级
高压及以上燃气管道	（1）管道敷设于四级地区； （2）管道最小保护范围内有易燃易爆场所； （3）管道穿越人员活动频繁，且容易燃气聚集的地下空间； （4）在管道最小保护范围内建设建（构）筑物、爆破或取土作业、倾倒或排放腐蚀性物质、放置易燃易爆危险物品等危及管道安全的活动	Ⅲ级
	（1）管道敷设于三级地区； （2）管道50m控制范围内有易燃易爆场所； （3）管道穿越不满足Ⅲ级的其他类型地下空间	Ⅱ级
	（1）位于管道最小保护范围内，且有人员居住的建（构）筑物区域； （2）在管道最小控制范围（5.0~50.0m）内从事危及管道安全的活动	Ⅰ级
次高压及以下燃气管道	（1）管道敷设于公众聚集的大型建（构）筑物下面； （2）管道途经公众聚集场所中容易燃气聚集的地下空间； （3）在管道最小保护范围内建设建（构）筑物、爆破或取土作业、倾倒或排放腐蚀性物质、放置易燃易爆危险物品等危及管道安全的活动	Ⅲ级
	（1）管道最小控制范围内有公众聚集场所； （2）管道最小控制和保护范围内有易燃易爆场所	Ⅱ级
	（1）在管道最小控制范围（5.0~50.0m）内从事危及管道安全的活动； （2）与其他铁路、公路等建（构）筑物、相邻管道间距不满足《燃气工程项目规范》GB 55009—2021和《城镇燃气设计规范（2020年版）》GB 50028—2006要求的管段； （3）管道最小控制范围内存在轨道交通、油气管线、自然灾害频繁等情况的区域	Ⅰ级

注：1. 1.6MPa以上的高压燃气管道，地区等级按照《城镇燃气设计规范（2020年版）》GB 50028—2006中相关规定执行。

2. 管道最小保护和控制范围应符合《燃气工程项目规范》GB 55009—2021的相关规定。

3. 重点区域分为三级，Ⅰ级表示最小的严重程度，Ⅲ级表示最大的严重程度。

5.2.2.3　风险设备记录与报告要求

　　风险设备记录与报告应包括但不限于如下内容：

　　（1）设备类型描述；

　　（2）风险部位描述；

　　（3）风险因素分析归纳；

　　（4）风险判定结果及风险控制措施建议；

　　（5）结论和建议。

5.3　燃气设施风险指标体系及权重

　　基于风险的管理是排查燃气管道安全隐患、管控运行风险最有效的、最先进的管理模式，在天然气长输管道行业已得到广泛应用，具有成熟的技术标准。城市燃气管道较之长输油气管道存在差异，其相互交错的敷设方式及复杂高风险的敷设环境使其具有更高的安全管理要求，其风险因素分析也与长输管道有较大区别。因此，城市燃气管道不能照搬长输管道的隐患排查、风险评估方法中的风险因素分析成果，需要根据自身特点，综合考虑各方面可能存在的风险因素，建立风险评估指标体系，结合现有的技术方法形成适用于城市燃气管道的风险评估方法。

　　由于燃气行业内暂无统一的风险评估方法和标准，在此推荐一套根据风险因素识别的成果，参考《埋地钢质管道风险评估方法》GB/T 27512—2011 的相关内容，形成的城市燃气管道风险评估指标体系，供参考。

　　风险评估指标体系包括失效可能性指标体系和失效后果指标体系。失效可能性指标体系包括材料或焊接缺陷、腐蚀（老化）、开挖破坏、自然力破坏、操作不当、设备失效、其他外力损伤及其他危害共 8 个一级指标，并根据各指标的特点分别设置二级指标、三级指标等。失效后果指标体系包括最高工作压力、周边环境、人口密度、泄漏原因、抢修时间及供应中断的影响范围和程度 6 个一级指标。

5.3.1　失效可能性指标体系

5.3.1.1　材料或焊接缺陷

　　材料或焊接缺陷包括制造施工安装质量、管体本体缺陷及焊接和接口共 3 个二级指标，材料或焊接缺陷指标体系如图 5-3 所示。

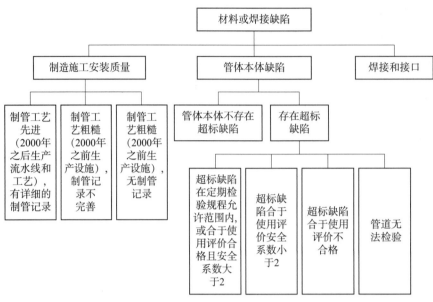

图 5-3　材料或焊接缺陷指标体系

5.3.1.2　腐蚀（老化）

　　腐蚀（老化）根据材料不同可分为钢管、PE 管和镀锌钢管腐蚀。钢管腐蚀包括介质腐蚀、外腐蚀及腐蚀防护系统共 3 个二级指标，介质腐蚀见图 5-4（a）、外腐蚀见图 5-4（b）、腐蚀防护系统包括防腐层和阴极保护系统指标，见图 5-4（c）和图 5-4（d）；PE 管（老化）包括生物啃食、深根植被、管龄共 3 个二级指标，见图 5-4（e）；镀锌钢管包括介质腐蚀和防腐漆质量 2 个二级指标，具体指标体系见图 5-4（f）。

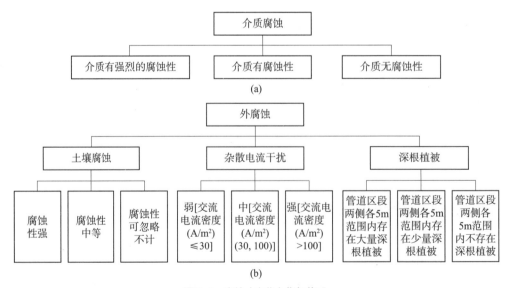

图 5-4　腐蚀（老化）指标体系
（a）钢管介质腐蚀指标体系；（b）钢管外腐蚀指标体系；

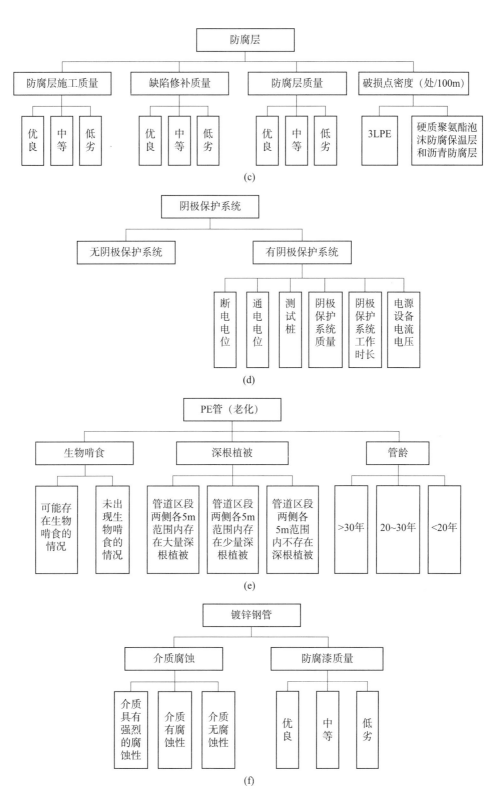

图 5-4　腐蚀（老化）指标体系（续）

（c）钢管防腐层指标体系；（d）钢管阴极保护系统指标体系；（e）PE 管（老化）指标体系；（f）镀锌钢管指标体系

5.3.1.3 开挖破坏

开挖破坏包括监护人员监护质量、违章施工、警示标志及公共教育共 4 个二级指标，开挖破坏指标体系如图 5-5 所示。

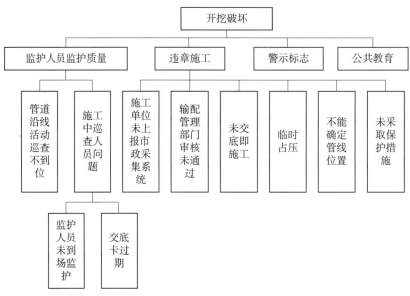

图 5-5 开挖破坏指标体系

5.3.1.4 自然力破坏

自然力破坏包括风载荷及其防范；雪载荷及其防范；滑坡、泥石流及其防范；地震及其防范；抵抗洪水能力；地基土沉降监测；其他地质稳定性；自然灾害区域的监测共 8 个二级指标，自然力破坏指标体系如图 5-6 所示。

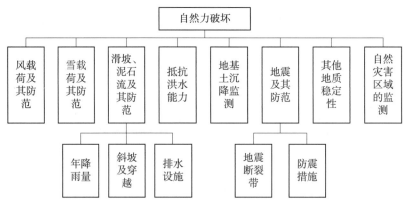

图 5-6 自然力破坏指标体系

5.3.1.5 操作不当

操作不当包括安全管理制度、人员培训与考核、防错装置、设备（装置）操作共 4 个二级指标，操作不当指标体系如图 5-7 所示。

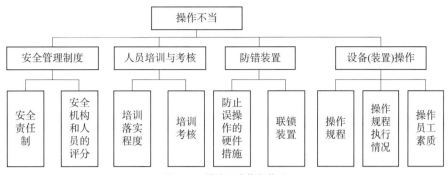

图 5-7　操作不当指标体系

5.3.1.6　设备失效

设备失效包括管道穿跨越段、阀门、阀井、法兰、凝水缸、补偿器、调压器、套管等组成件的泄漏情况；铸铁管连接接口、非金属管道熔接接口（含钢塑转换接口）的泄漏情况；管道运行压力；泄漏种类；泄漏频率（近 3 年每公里泄漏次数）共 5 个二级指标，设备失效指标体系如图 5-8 所示。

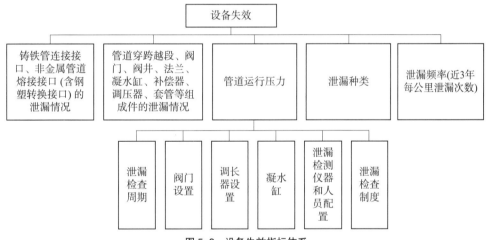

图 5-8　设备失效指标体系

5.3.1.7　其他外力损伤

其他外力损伤包括人为活动、车辆碾压共 2 个二级指标，其他外力损伤指标体系如图 5-9 所示。

图 5-9　其他外力损伤指标体系

5.3.1.8　其他危害

目前材料或焊接缺陷、腐蚀（老化）、开挖破坏、自然力破坏、操作不当、设备失效和其他外力破坏 7 个风险评估指标体系基本覆盖了城市燃气的安全风险因素，当识别出其他危害时，则需启用新的风险评估指标体系。

5.3.2　失效后果指标体系

失效后果指标体系包括最高工作压力、周边环境、人口密度、泄漏原因、抢修时间、供应中断的影响范围和程度 6 个指标，失效后果指标体系及评分依据如表 5-7 所示。

失效后果指标体系及评分依据　　　　　　　　　　　　　表 5-7

序号	风险因素	评分依据
1	最高工作压力	最高工作压力≤ 0.1MPa
		0.1MPa＜最高工作压力≤ 0.4MPa
		0.4MPa＜最高工作压力≤ 0.8MPa
		0.8MPa＜最高工作压力≤ 1.6MPa
		1.6MPa＜最高工作压力≤ 2.5MPa
		2.5MPa＜最高工作压力≤ 4.0MPa
		4.0MPa＜最高工作压力
2	周边环境	泄漏后无燃烧、燃爆风险的环境
		管线安全控制范围内存在火源、易燃易爆物的环境（加油站，加气站，化工厂，烟花销售，化肥销售，建材厂等）
		管线安全控制范围内存在密闭空间，燃气泄漏后容易积聚的环境（厂房，房屋，地下室等）
3	人口密度	可能的泄漏处是荒无人烟地区
		可能的泄漏处 1.6km 长度范围内，管道区段两侧各 200m 的范围内，人口数量在 [1，100）之间
		可能的泄漏处 1.6km 长度范围内，管道区段两侧各 200m 的范围内，人口数量在 [100，300）之间
		可能的泄漏处 1.6km 长度范围内，管道区段两侧各 200m 的范围内，人口数量在 [300，500）之间
		可能的泄漏处 1.6km 长度范围内，管道区段两侧各 200m 的范围内，人口数量 ≥ 500
4	泄漏原因	最可能的泄漏原因是自然灾害
		最可能的泄漏原因是焊接质量、腐蚀穿孔
		最可能的泄漏原因是附属设施、阀门失效等

续表

序号	风险因素	评分依据
5	抢修时间	抢修时间 < 2h
		抢修时间在 [2，6）h
		抢修时间在 [6，12）h
		抢修时间在 [12，24）h
		抢修时间 ≥ 24h
6	供应中断的影响范围和程度	不影响或者基本不影响终端用户
		供应中断影响终端用户 500 户以下
		供应中断影响终端用户 500 户及以上 2000 户以下
		供应中断影响终端用户 2000 户及以上 5000 户以下
		供应中断影响终端用户 5000 户及以上

5.3.3　风险单元划分

燃气管道单元划分遵循"相同属性、类似特征"的原则，将具有相同材质、同一建设时期、同一管理区域、相似周边环境等的主管道与附属设施组成的输配管道划分为同一单元，燃气管道内的阀门（井）、调压装置、阴极保护装置、凝水缸等附属设施，可根据燃气企业分类管理需求，作为单独单元进行风险评估。单元划分如表 5-8 所示，并结合各地区的实际情况合理确定，管段划分（次高压以上）如图 5-10 所示、单元划分（次高压及以下）如图 5-11 所示。

单元划分
表 5-8

管道类型	划分方式	划分原则
次高压以上燃气管道（大于 1.6MPa）	管段划分	（1）根据管道的规格、材质、防腐层类型、敷设方式等属性和运行压力、介质、地区等级等运行环境； （2）连续长度原则上不超过 5km
次高压及以下燃气管道（小于或等于 1.6MPa）	区域划分	（1）具有相同的材质、建设和投用时间、行政区块、管理单位等； （2）具有相似的区域环境，如住宅区、商业区等； （3）依据《城镇燃气设计规范（2020 年版）》GB 50028—2006 规定，具有相同的设计压力（表压）分级； （4）单独供应的商业用户个体可划分为一个单元； （5）进入小区的庭院低压燃气管道，可根据小区和住宅建设年限进行划分； （6）同一降风险措施可能会有效降低风险的区域

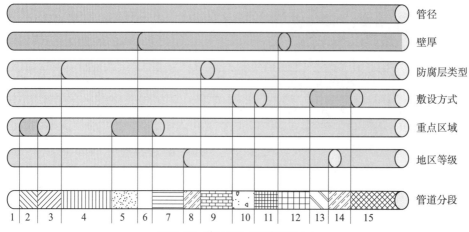

图 5-10 管段划分（次高压以上）

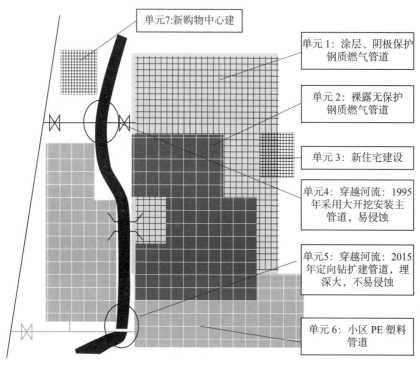

图 5-11 单元划分（次高压及以下）

5.3.4 风险计算

燃气管理企业可根据自身管理情况，依据推荐的失效可能性和失效后果指标体系和指标权重确定方法，计算失效可能性和失效后果的分值。风险计算公式如式（5-1）：

$$R = P \times C \tag{5-1}$$

式中 P——失效可能性得分；

C——失效后果得分。

5.4　燃气设施失效事件分类及事故分级

5.4.1　燃气设施失效事件分类

　　燃气设施失效事件管理对于提升燃气企业风险管理水平具有重要意义。当燃气设施发生失效时，燃气企业应对燃气泄漏、第三方破坏、地质与自然灾害等失效事件开展原因分析，并开展信息统计工作，可按照表 5-9 和表 5-10 进行失效事件统计。

燃气设施失效事件记录表　　　　　　　　　　　　　　表 5-9

失效事件分类	科目	详细信息内容
A. 失效事件信息	A1. 发生时间	年　月　日　时
	A2. 发生地点	详细地址：省　市　县（区）　街道 经纬度：东经：　　北纬：　　（参考坐标系）
	A3. 发现人员及信息	姓名：　　联系方式： 附属信息：　　（燃气企业人员或居民报案）
	A4. 泄漏气体类型	□天然气 □丙烷气 □合成气 □氢气 □填埋气 □其他：
	A5. 失效确定依据	□SCADA 系统 □泄漏监测系统 □巡线人员 □公众 □其他：
	A6. 失效设备	□管道（材质和压力）　□阀门　　□住区立管 □其他设备名称：
	A7. 失效设备空间信息	□地下：○土壤下 ○建筑物下 ○人行道下 ○因挖掘而暴露 ○地下封闭空间 ○其他：　　埋深信息：　　m 地下其他设施： □地上：○架空 ○立管 ○其他： □过渡区域：○出入土端 ○阀门井（室）与管道连接点 ○其他： □区域等级： □周围环境：　　公路、桥梁、建筑物等情况（可包含图片或影像）
	A8. 紧急处置情况	泄漏气体控制：　○紧急关断阀门：　位置：　　时间： ○其他方式： 抢险人员到达及抢险处置情况： 向上级和监管部门报告情况： 疏散人员情况：
	A9. 事件影响	事故等级：○重大 ○较大 ○一般 ○其他：
B. 失效设备信息	B1. 管道或设备类型	□管道类型：○钢管 ○铸铁管 ○ PE 管 ○其他： □附属设施：○阀门 ○仪表 ○调压设备 ○其他：
	B2. 尺寸规格	管径：　　壁厚：
	B3. 压力及等级	压力：　　等级：
	B4. 管材信息	□钢管：　　材料：　　制造商： 焊接方式：○纵向 ERW- 高频 ○单 SAW ○ DSAW ○纵向 ERW- 低频 ○螺旋焊 ○其他： □PE 管：材料：○聚氯乙烯（PVC）○聚乙烯（PE）○聚丁烯（PB）○聚丙烯（PP）○聚酰胺（PA）○其他：○未知 制造商：

续表

失效事件分类	科目	详细信息内容
B. 失效设备 信息	B5. 安装信息	年份：　　　年　月　日 安装单位：
	B6. 服役年限	投产时间：　　　年　月　日 服役年限：　　年
	B7. 运营管理企业	
	B8. 失效时运行情况	事发时间和地点管道估计压力：　　　MPa 正常工作压力：　　　MPa 最高允许压力：　　　MPa 是否存在超压或超压历史：○是 ○否 ○其他 气体加臭情况： 事故地点是否安装相关监控系统：○是（类型）○否
	B9. 失效时管体和防护系统情况	历史检测是否存在缺陷：○是 ○否 防腐层情况：防腐层类型： 是否防腐层破坏或剥离○是 ○否 阴极保护类型：○牺牲阳极 ○强制电流　○两者都有 附近管道是否发生过类似失效：○是 ○否
C. 失效后果 信息	C1. 气体泄漏量判断	预估已泄漏气体量： 最终泄漏气体量： 判断依据：
	C2. 火灾爆炸情况	是否发生火灾爆炸 ○是○否 火灾情况：持续时间、范围、熄灭方式等描述 爆炸情况：爆炸时间、范围等描述
	C3. 人员伤亡情况	是否人员伤亡：○是 ○否 伤亡人员统计：受伤住院：人　　死亡：人
	C4. 经济损失情况	停输时间：　　　小时 经济损失：　　　停输损失：　万元 　　　　　　　环境破坏：　万元 　　　　　　　抢维修损失：　万元 　　　　　　　总经济损失：　万元 　　　　　　　其他损失：　万元
	C5. 环境破坏	是否环境破坏：○是 ○否 建（构）筑物损坏： 其他损坏：
D. 失效原因 信息	D1. 失效原因判断	直接原因： 根本原因：

续表

失效事件分类	科目	详细信息内容
D. 失效原因信息	D2. 失效归类	□外部腐蚀：○土壤腐蚀 ○电偶腐蚀 ○大气腐蚀 ○杂散电流 ○微生物腐蚀 ○其他： □内部腐蚀：○腐蚀介质 ○水 ○微生物 ○侵蚀 ○其他： □开挖破坏：○运营商造成 ○承包商（第二方）造成 ○第三方开挖损害 ○因过往挖掘活动 □地质与自然灾害：○土体移动 ○暴雨/洪水 ○暴风 ○雪/冰 ○树木/植被根系 ○其他： □其他外力损坏：○周围火灾/爆炸 ○车辆碾压 ○清淤挖断 ○占压引起地面塌陷 ○烧穿 ○故意损害 ○地下其他设施挤压 ○其他： □管道/焊接缺陷：○与设计相关 ○制造相关 ○与安装焊接相关 ○其他： □相关附属设施故障：○控制/泄压设备故障 ○螺纹连接/联轴器故障 ○非螺纹连接故障 ○阀门故障 □操作不当：○燃气企业维修不当 ○管道或设备超压 ○阀门操作不当，但未导致超压 ○设备安装不当 ○操作错误 ○其他：
	D3. 损伤类型与尺寸	是否存在损伤 ○是 ○否 □机械穿孔 缺陷尺寸：　　 mm（轴向）　　 mm（环向） □泄漏 选择类型：○针孔 ○裂纹 ○断裂 ○其他： □破裂 选择方向：○环向 ○纵向 ○其他： 缺陷尺寸：　　 mm（最大宽度）　　 mm（环向或轴向长度） 其他说明：
	D4. 附属设施失效	是否附属设施失效 ○是 ○否 附属设施失效描述：
	D5. 失效原因分析	是否有失效分析报告 ○是 ○否 失效分析报告，可按附件保留
E. 抢修处置信息	E1. 抢修方式	□带压堵漏 □换管：换管长度：　　 m □套筒修复 □更换阀门等附属设施：　　 数量：　　 名称及型号： □其他：
	E2. 维抢修队伍	名称：　　 电话：
	E3. 维抢修及时性	收到信息时间： 路上时间： 抢修时间：
	E4. 现场修复情况	
	E5. 其他补充说明	

燃气设施失效事件信息统计表　　　　　　　　表 5-10

序号	管道分类	材质/类型	所属区域（以区或县统计）	分管企业	失效总数	泄漏总数	泄漏原因								计划修复数	实际修复数
							腐蚀	材料或焊缝缺陷	开挖破坏	自然力破坏	其他外力损伤	操作不当	设备失效	其他原因		
1	高压与次高压管道	钢质管道														
2	中压管道	钢质管道														
		塑料管道														
		铸铁管道														
		其他管道														
3	低压管道	钢质管道														
		塑料管道														
		铸铁管道														
		立管														
4	附属设施	阀门井（室）														
		调压设施														
		阴极保护装置														
		凝水缸														
		其他														

5.4.2　燃气事故后果分级

5.4.2.1　事故后果分级指标

　　在燃气的生产、储存、输配和使用过程中，因自然灾害、不可抗力、人为故意或者过失、意外事件等多种因素造成的燃气泄漏、停气、中毒或爆炸，造成人员伤亡的责任事故和非责任事故都属于燃气安全事故。

　　燃气安全事故管理采取分级管控的模式。安全事故等级划分是指根据事故的性质、严重程度和影响范围等因素，将安全事故分为不同等级，以便于对事故进行分类管理和处置。目的是采取相应的应急措施和防范措施，减少安全事故的发生和影响，保障人民的生命财产安全。现行的安全事故分级标准主要包括人员伤亡和经济损失两个主要指标，根据行业不同又略有不同。

5.4.2.2　事故后果分级准则

1.《安全生产事故报告和调查处理条例》（国务院令第 493 号）分级标准

根据国务院发布的《安全生产事故报告和调查处理条例》（国务院令第 493 号）第三条规定，根据生产安全事故造成的人员伤亡或者直接经济损失，事故一般分为以下等级：

（1）特别重大事故，是指造成 30 人以上死亡，或者 100 人以上重伤（包括急性工业中毒，下同），或者 1 亿元以上直接经济损失的事故；

（2）重大事故，是指造成 10 人以上 30 人以下死亡，或者 50 人以上 100 人以下重伤，或者 5000 万元以上 1 亿元以下直接经济损失的事故；

（3）较大事故，是指造成 3 人以上 10 人以下死亡，或者 10 人以上 50 人以下重伤，或者 1000 万元以上 5000 万元以下直接经济损失的事故；

（4）一般事故，是指造成 3 人以下死亡，或者 10 人以下重伤，或者 1000 万元以下直接经济损失的事故。

2.《特种设备安全监察条例》分级标准

根据国务院发布的《特种设备安全监察条例》。

（1）第六十一条规定，有下列情形之一的，为特别重大事故

1）特种设备事故造成 30 人以上死亡，或者 100 人以上重伤（包括急性工业中毒，下同），或者 1 亿元以上直接经济损失的；

2）600 兆瓦以上锅炉爆炸的；

3）压力容器、压力管道有毒介质泄漏，造成 15 万人以上转移的；

4）客运索道、大型游乐设施高空滞留 100 人以上并且时间在 48h 以上的。

（2）第六十二条，有下列情形之一的，为重大事故

1）特种设备事故造成 10 人以上 30 人以下死亡，或者 50 人以上 100 人以下重伤，或者 5000 万元以上 1 亿元以下直接经济损失的；

2）600 兆瓦以上锅炉因安全故障中断运行 240h 以上的；

3）压力容器、压力管道有毒介质泄漏，造成 5 万人以上 15 万人以下转移的；

4）客运索道、大型游乐设施高空滞留 100 人以上并且时间在 24h 以上 48h 以下的。

（3）第六十三条，有下列情形之一的，为较大事故

1）特种设备事故造成 3 人以上 10 人以下死亡，或者 10 人以上 50 人以下重伤，或者 1000 万元以上 5000 万元以下直接经济损失的；

2）锅炉、压力容器、压力管道爆炸的；

3）压力容器、压力管道有毒介质泄漏，造成 1 万人以上 5 万人以下转移的；

4）起重机械整体倾覆的；

5）客运索道、大型游乐设施高空滞留人员 12h 以上的。

（4）第六十四条，有下列情形之一的，为一般事故

1）特种设备事故造成 3 人以下死亡，或者 10 人以下重伤，或者 1 万元以上 1000 万元以下直接经济损失的；

2）压力容器、压力管道有毒介质泄漏，造成 500 人以上 1 万人以下转移的；

3）电梯轿厢滞留人员 2h 以上的；

4）起重机械主要受力结构件折断或者起升机构坠落的；

5）客运索道高空滞留人员 3.5h 以上 12h 以下的；

6）大型游乐设施高空滞留人员 1h 以上 12h 以下的。

3. 燃气突发事件分级标准

各地方政府针对燃气事故的特点，天津市在《安全生产事故报告和调查处理条例》和《特种设备安全监察条例》的分级标准的基础上进行了分类准则的补充规定，将燃气事故分为以下几类：

（1）特别重大燃气事故

1）1 起燃气事故造成 30 人以上死亡，或者 100 人以上重伤（包括急性工业中毒，下同），或者 1 亿元以上直接经济损失的事故；

2）气源供应不足，造成日供气缺口达 10% 以上，并将持续 7 天以上；

3）年供气规模在 4000 万 m^3 以上管道燃气供应企业全面停止供气 48h 以上。

（2）重大燃气事故

1）1 起燃气事故造成 10 人以上 30 人以下死亡，或者 50 人以上 100 人以下重伤，或者 5000 万元以上 1 亿元以下直接经济损失的；

2）气源供应不足，造成日供气缺口达 5% 以上，并将持续 5 天以上；

3）有重大任务保障、重要场所连续停止供气 24h 以上。

（3）较大燃气事故

1）1 起燃气事故造成 3 人以上 10 人以下死亡，或者 10 人以上 50 人以下重伤，或者 1000 万元以上 5000 万元以下直接经济损失的；

2）气源供应不足，造成日供气缺口达 2% 以上，并将持续 3 天以上；

3）有重大任务保障、重要场所连续停止供气 12h 以上。

（4）一般燃气事故

1）1 起燃气事故造成 3 人以下死亡，或者 10 人以下重伤，或者 1000 万元以下直接经济损失的；

2）气源供应不足，造成日供气缺口达 1% 以上，并将持续 1 天以上。

以上三类事故分级标准都将安全事故等级分为特别重大、重大、较大和一般四个等级，分级指标都以人员伤亡和经济损失为主要影响因素。相关燃气管理企业可根据企业经营规

模、社会重要性及所属设备设施危险性等方面，在遵循国家有关规定的基础上，制订合理、合规的燃气事故等级划分准则，将燃气事故进行分级分类管理，确保燃气系统的安全运行，保障人民生命安全和财产安全。

5.5　燃气管道风险评估案例

1. 管道概述

某市某条燃气管道长约 8.4km。敷设于高速公路边绿化带中，穿越若干公路和河流。该管道为 DN813 的次高压管道，材质为 SS400 钢，风险评估单元长度约 2.4km。

2. 失效可能性计算

依据该管道的风险因素辨识结果，结合该燃气企业风险可接受能力，制订了具有针对性的失效可能性指标体系，并确定了各指标的评分方法以及指标权重。失效可能性评分如表 5-11 所示。

失效可能性评分　　　　　　　　　　　　　　　　　表 5-11

一级指标	二级指标	三级指标	评价内容	评价方法	分值	得分
1. 腐蚀（0.55）		介质腐蚀性（0.06）	强	现场检测＋资料审查	90	0
			中		50	
			弱		0	
	外腐蚀（0.32）	土壤腐蚀性等级（GB/T 19285）（0.18）	强	现场检测＋资料审查	90	60
			中		60	
			较弱		30	
			弱		0	
		交流电流（0.29）	强 [交流电流密度（A/m^2）＞ 100]	现场检测＋资料审查	100	0
			中 [交流电流密度（A/m^2）（30，100]]		50	
			弱 [交流电流密度（A/m^2）≤ 30]		0	
		直流电流（0.41）（管地电位正向偏移和土壤表面电位梯度二选一）	强 [管地电位正向偏移（mV）＞ 200]	现场检测＋资料审查	100	50
			中 [管地电位正向偏移（mV）[20，200）]		50	
			弱 [管地电位正向偏移（mV）＜ 20]		0	
			强 [土壤表面电位梯度（mV）≥ 5]	现场检测＋资料审查	100	
			中 [土壤表面电位梯度（mV）（0.5，5]]		50	
			弱 [土壤表面电位梯度（mV）＜ 0.5]		0	

续表

一级指标	二级指标	三级指标	评价内容		评价方法	分值	得分
1. 腐蚀（0.55）	外腐蚀（0.32）	深根植被（0.12）	管道区段两侧各 5m 范围内存在大量深根植物		现场检测 + 资料审查	100	40
			管道区段两侧各 5m 范围内存在少量深根植物			40	
			管道区段两侧各 5m 范围内不存在深根植物			0	
	防腐层（0.29）	防腐层质量（0.6）	低劣		现场检测 + 资料审查	100	0
			中等			40	
			优良			0	
		破损点密度（0.4）（处 /100m）（二选一）	3LPE	≤ 0.1	现场检测 + 资料审查	0	0
				0.1 ~ 0.5		30	
				0.5 ~ 1		60	
				> 1		100	
			硬质聚氨酯泡沫防腐保温层和沥青防腐层	≤ 0.2	现场检测 + 资料审查	0	—
				0.2 ~ 1		30	
				1 ~ 2		60	
				> 2		100	
	阴极护保（0.33）	断电电位（0.41）	−1200 ~ −850mV 有效保护		资料审查 + 现场监测	0	0
			无效保护或者没有阴极保护系统			100	
		极化电位（0.41）	−1200 ~ −850mV 有效保护		资料审查 + 现场监测	0	0
			无效保护或者没有阴极保护系统			100	
		测试桩间距（0.18）	测试桩测试间距不大于 350m		资料审查 + 现场监测	0	60
			测试桩测试间距大于 350m 小于 500m			30	
			测试桩测试间距大于 500m 小于 1km			60	
			测试桩测试间距大于 1km			100	
2. 管道及附属设施材料敷设和焊接缺陷（0.2）	管道类型（0.49）	埋地管道	符合（城市燃气地下管道敷设在车行道下的最小直埋深度不应小于 0.9m，人行道及田地下的最小直埋深度不应小于 0.6m，若不符合上述规范要求，则应采取有效防护措施）		现场检查	40	40
			不符合上述标准			100	
		穿越段	锚固墩、套管检查孔的完好情况以及河流冲刷侵蚀情况		现场检查	40	—
			不符合上述标准			100	
		跨越段	防腐层、补偿器完好情况，吊索、支架、管子墩架的变形、腐蚀情况		现场检查	40	—
			不符合上述标准			100	
	接口类型（0.24）		非机械接口		现场检查	90	90（资料缺失）
			机械接口（管道与设备连接）			50	
			机械接口（管道与管道、管件连接）			50	

续表

一级指标	二级指标	三级指标	评价内容	评价方法	分值	得分
2. 管道及附属设施材料敷设和焊接缺陷（0.2）	管体是否进行内检测（0.27）		管道进行内检测	资料审查	50	100
			管道不进行内检测		100	
3. 第三方损坏（0.1）	管道巡线活动巡查频率（0.05）		频繁	现场检查	30	30
			有时		70	
			偶尔		100	
	临时占压（0.23）		临时占压现象严重	资料审查	95	0
			存在临时占压现象		40	
			无占压		0	
	车辆碾压（0.12）		主干线	资料审查	90	40
			干线		72	
			交通线		40	
	人为活动（0.11）		非常密集（学校、医院、购物中心、车站）	资料审查	95	40
			密集（居民住宅楼区、写字楼区等）		80	
			比较密集（一般街区）		70	
			稀疏（郊区、欠开发街区）		40	
	施工频率（在输配管道及附属设施外缘周边 0.5m 范围内，近 3 年已开展过的第三方施工活动次数，不包括正在进行的第三方施工活动）（0.3）		0	资料审查	33	33
			1 ~ 2		70	
			≥ 3		100	
	警示标志（0.19）		优秀：清晰的标明管道	资料审查 + 现场检查	0	0
			良好：比较清楚地管道标志		40	
			一般：标志数量不够		70	
			差：没有任何标志		95	
4. 设备（装置）操作管理体系（0.09）	安全机构和安全责任制（0.21）		无安全机构和安全责任制	资料审查	95	0
			有安全机构和安全责任制，但未严格执行		40	
			安全机构和安全责任制健全，并严格执行		0	
	人员培训与考核（0.04）		不培训	资料审查	95	33
			培训但无相应的培训材料、考核制度		62	
			相应的培训材料、考核制度完善		33	
	防错装置（0.27）	防止误操作的硬件措施（0.5）	有防止误操作的硬件措施	资料审查	15	15
			无防止误操作的硬件措施		95	
		联锁装置（0.5）	有联锁装置	资料审查	0	0
			无联锁装置		95	

续表

一级指标	二级指标	三级指标	评价内容	评价方法	分值	得分
4. 设备（装置）操作管理体系（0.09）	设备（装置）操作（0.22）	操作规程（0.6）（有）	无设备（装置）操作规程	资料审查	90	33
			有设备（装置）操作规程，但未按操作规程执行		60	
			设备（装置）操作规程完整、正确，严格按照操作规程执行		33	
		操作员工的素质（0.4）	有3年以上相关操作的学习工作经验	资料审查	0	50
			有3年以下相关操作的学习工作经验		50	
			无相关操作的学习工作经验		90	
	设备维护（0.26）	维护保养方式（0.7）	不维护保养	资料审查	90	10
			仅进行保养，不修理或更换		50	
			进行保养，并且必要时修理或更换		10	
		维护保养记录（0.3）	未进行维护保养	资料审查	90	10
			进行维护保养，但维护保养记录和相关图纸不完整		50	
			进行维护保养，维护保养记录和相关图纸齐全		10	
5. 自然力破坏（0.06）		地基土沉降（0.3）	地基土沉降或隆起明显	现场检查+资料审查	90	0
			有轻微的地基土沉降或隆起		40	
			无地基土沉降隆起现象		0	
		其他地质稳定性（0.7）	如果管道区段处容易发生崩塌	资料审查	90	0
			如果管道区段处曾经发生沉降或者位于采矿区		50	
			如果管道区段位于斜坡段、活断层、液化区等，地质不稳定		20	
			如果管道区段处地质稳定		0	

结合失效可能性各层级指标及权重，计算一级指标失效可能性指标分值，计算结果如下：

$0.55 \times 15.116 + 0.2 \times 68.2 + 0.1 \times 20.6 + 0.09 \times 14.701 + 0.06 \times 0 = 25.33689 \approx 25.34$。

3. 失效后果计算

失效后果评分如表 5-12 所示。

失效后果评分

表 5-12

序号	风险因素	评分细则	分值	得分
C_1	最高工作压力（0.16）	最高工作压力＜0.1MPa	15	75
		0.1MPa≤最高工作压力≤0.4MPa	30	
		0.4MPa≤最高工作压力≤0.8MPa	45	
		0.8MPa≤最高工作压力≤1.6MPa	60	
		1.6MPa≤最高工作压力≤2.5MPa	75	
		2.5MPa≤最高工作压力≤4.0MPa	90	
		4.0MPa＜最高工作压力	100	
C_2	周边环境（0.22）	泄漏后无燃烧、燃爆风险的	0	50
		管线安全控制范围内存在火源、易燃易爆物（加油站，加气站，化工厂，烟花销售，化肥销售，建材厂等）	50	
		管线安全控制范围内存在密闭空间，燃气泄漏后容易积聚的（厂房，房屋，地下室等）	100	
C_3	人口密度（0.28）	可能的泄漏处是荒无人烟地区	0	25
		可能的泄漏处 1.6km 长度范围内，管道区段两侧各 200m 的范围内，人口数量在 [1，100）之间	25	
		可能的泄漏处 1.6km 长度范围内，管道区段两侧各 200m 的范围内，人口数量在 [100，300）之间	50	
		可能的泄漏处 1.6km 长度范围内，管道区段两侧各 200m 的范围内，人口数量在 [300，500）之间	75	
		可能的泄漏处 1.6km 长度范围内，管道区段两侧各 200m 的范围内，人口数量≥500	100	
C_4	泄漏原因（0.08）	最可能的泄漏原因是自然灾害	90	80
		最可能的泄漏原因是焊接质量、腐蚀穿孔	80	
		最可能的泄漏原因是附属设施、阀门等	50	
C_5	抢修时间（0.07）	抢修时间＜2h	20	40
		抢修时间在 [2，6）h	40	
		抢修时间在 [6，12）h	60	
		抢修时间在 [12，24）h	80	
		抢修时间≥24h	100	
C_6	供应中断的影响范围和程度（0.19）	不影响或者基本不影响终端用户的	0	0
		供应中断影响终端用户 500 户以下的	25	
		供应中断影响终端用户 500 户以上 2000 户以下的	50	
		供应中断影响终端用户 2000 户以上 5000 户以下的	75	
		供应中断影响终端用户 5000 户以上的	100	

　　结合失效后果各层级指标及权重，计算失效后果严重性分值，计算结果如下：

$0.16 \times 75 + 0.22 \times 50 + 0.28 \times 25 + 0.08 \times 80 + 0.07 \times 40 + 0.19 \times 0 = 39.2$。

4. 风险等级划分

风险等级划分采用矩阵法，根据管理企业的风险承受能力，制订了失效可能性、失效后果及风险等级的划分依据，如表5-13、表5-14和表5-15所示。失效可能性分值为25.34，等级为2级，失效后果分值为39.2，等级为B级，该评价单元落在风险矩阵中的2B区域，为低风险。

失效可能性等级划分　　　　　　　　　　　　　　　表5-13

失效可能性等级	失效可能性分值 P
1	$0 < P \leqslant 20$
2	$20 < P \leqslant 40$
3	$40 < P \leqslant 60$
4	$60 < P \leqslant 80$
5	$80 < P \leqslant 100$

失效后果等级划分　　　　　　　　　　　　　　　表5-14

失效后果等级	失效后果分值 C
A	$0 < C \leqslant 20$
B	$20 < C \leqslant 40$
C	$40 < C \leqslant 60$
D	$60 < C \leqslant 80$
E	$80 < C \leqslant 100$

风险矩阵　　　　　　　　　　　　　　　表5-15

	等级值	失效后果				
		A	B	C	D	E
失效可能性	5					
	4					
	3					
	2					
	1					

注：低风险（1A、1B、1C、1D、2A、2B、3A、4A）；一般风险（1E、2C、2D、3B、3C、4B、5A）；较大风险（2E、3D、4C、5B）；重大风险（3E、4D、4E、5C、5D、5E）。

5. 结论

经评定：试点管道失效可能性和失效后果分值都较低，故该管段失效可能性和失效后果都在维持在较低的水平，等级为低风险。主要风险点为受检管道部分资料缺失、土壤腐蚀性略强、有直流电流干扰、操作员工素质一般、测试桩间距较大、管道压力高、周边环境存在火源易燃易爆物等。

本章参考文献

［1］　刘克会 . 燃气管线运行风险评价与预警决策方法研究 [D]. 北京：北京理工大学，2017.

［2］　孙雨丽 . 城市燃气管道安全管理研究 [D]. 邯郸：河北工程大学，2011.

［3］　中华人民共和国国家质量监督检验检疫总局，中国国家标准化管理委员会 . 家用燃气燃烧器具安全管理规则：GB 17905—2008 [S]. 北京：中国标准出版社，2009.

［4］　许小羽 . 户内燃气安全风险评估体系研究 [D]. 黑龙江：哈尔滨工业大学，2018.

［5］　王晓霖 . 成品油管道完整性管理技术与实践 [M]. 北京：中国石化出版社，2022.

［6］　中华人民共和国建设部，国家质量监督检验检疫总局 . 城镇燃气设计规范（2020 年版）：GB 50028—2006 [S]. 北京：中国建筑工业出版社，2020.

［7］　中华人民共和国住房和城乡建设部 . 燃气工程项目规范：GB 55009—2021 [S]. 北京：中国建筑工业出版社，2022.

［8］　中华人民共和国国家质量监督检验检疫总局，中国国家标准化管理委员会 . 埋地钢质管道风险评估方法：GB/T 27512—2011 [S]. 北京：中国计划出版社，2012.

［9］　李童，左冠星，王震，等 . 基于 AHP 城镇钢质燃气管道老化评估方法 [J]. 中国特种设备安全，2023，39（S2）：13-17.

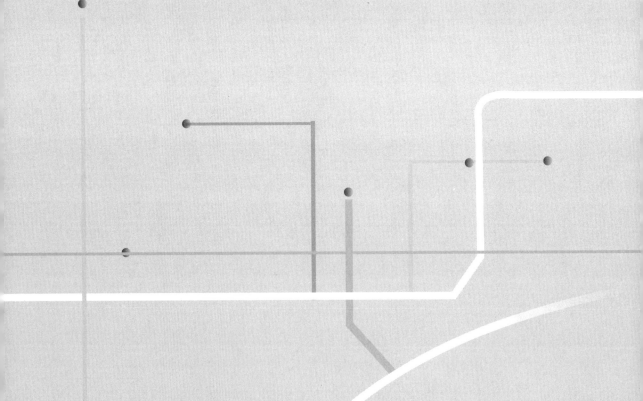

第6章 城市燃气风险管控

6.1 事故预防理论及策略

6.1.1 城市燃气安全事故原因分析

燃气安全事故是指在燃气的生产、储存、输配和使用过程中，因自然灾害、不可抗力、人为故意或过失、意外事件等多种因素造成的燃气泄漏、停气、中毒或爆炸，造成人员伤亡和财产损失，影响社会秩序的事件。以下是常见的城市燃气安全事故原因分析。

设备老化和损坏：城市燃气管网设备如管道、阀门、调压器等长时间使用或未经定期检修维护容易出现老化、腐蚀、漏气等问题，容易导致燃气泄漏和爆炸事故。

不当的燃气使用和操作：用户未正确使用和操作燃气设备，对燃气用具可能存在的安全隐患不了解，如操作不当、操作失误、意外触碰导致燃气泄漏等，增加了事故发生的可能性。

管道施工质量问题：城市燃气供应管道工程质量问题，如管道焊接不够牢固、封口不严密等，容易导致泄漏事故。

管道施工过程中损坏：施工单位或其他相关单位在进行城市燃气管道施工时，可能会因操作不当、人为疏忽等原因导致管道被损坏。

自然灾害和意外事故：天灾（如地震、洪水等）以及人为意外事故（如交通事故、施工建筑物倒塌等），可能导致燃气设备损坏，进而引发燃气泄漏和安全事故。

燃气设备非法改装：部分用户为了获取更多的燃气供应或绕过相关安全规定，擅自对燃气设备进行改装操作，如连接不符合标准的管道，增加了燃气安全事故的风险。

监管不力和责任缺失：一些城市燃气监管部门存在监管不力、监管责任落实不到位等问题，监管部门、企业及从业人员对燃气安全意识不强，缺乏安全培训和规范的操作流程，容易忽视安全风险，造成事故发生。

6.1.2 城市燃气事故预防理论

随着城市化进程的加速推进和人们对生活品质的要求不断提高，城市燃气已经成为现代城市不可或缺的基础设施。燃气事故的发生给人们的生命财产安全带来了严重威胁，燃气事故预防理论的研究就显得尤为重要，为预防燃气事故的发生，本节从人、机、物、环境、管理五个要素对城市燃气事故预防理论进行介绍。

（1）人：在燃气事故预防中，人是最关键的要素之一。因为燃气的使用和操作都需要人的参与，人的行为对燃气系统的安全性具有直接影响。因此，重点在于人员的培训和安全意识的提高。

首先，需要对燃气操作人员进行相关的培训和教育，以提高他们的技能和知识水平。培训内容应包括燃气系统的原理、使用和维护方法，以及紧急情况下的应急处理措施等。通过培训，可以提高人员对燃气系统的了解，并掌握正确的操作方法，从而减少操作不当引发事故的风险。

其次，需要加强对人员的安全意识培养。通过定期组织安全教育和安全演练，向人员传达燃气安全的重要性，以及不正确操作可能带来的危险和后果。同时，建立安全奖惩制度，激励和约束人员的行为，让他们自觉遵守安全规范。

（2）机：指的是燃气系统，包括燃气管道、燃气设备等。正确地设计、安装和维护燃气系统对于预防事故的发生非常重要。

首先，需要对燃气系统进行合理和可靠的设计。设计时应考虑燃气系统的安全性能，包括材料的选择和管道的布置等。同时，需要确保燃气设备具有良好的可靠性和安全性，以降低设备故障引发事故的概率。

其次，需要加强对燃气系统的维护和检修。定期检查燃气系统的运行状态，保证其处于良好的工作状态。对于老旧设备或有隐患的部件，及时更换或维修，以避免可能的故障导致事故发生。

（3）物：燃气管道、接口和其他相关设施。确保燃气管道和设施的质量和安全性能是防止燃气事故的关键。需要合理设计和建设燃气管道网络，选择合适的材料和工艺，进行定期检测和维护，及时修复和更换老化和损坏的管道，避免设备老化、腐蚀和磨损等问题，确保燃气的安全输送和供应。

（4）环境：指的是燃气使用的场所和周围环境条件。合理的环境控制和安全措施的采取对燃气事故的预防至关重要。

首先，需要对燃气使用的场所进行合理的布局和管理。根据不同的燃气使用要求，合理布置燃气管道和设备，确保通风良好，防止燃气泄漏积聚和爆炸火灾的发生。

其次，需要采取必要的安全措施来防止燃气事故的发生。如安装燃气泄漏探测器和报警设备，及时发现和报警燃气泄漏的情况。同时，设置火灾报警器和灭火设备，以及制订紧急疏散预案，提高燃气事故应对能力。

（5）管理：是指对燃气系统的整体运行进行有效的管理和监控。合理的管理制度和安全管理措施可以提升燃气系统的安全性。

首先，需要建立完善的燃气安全管理制度和规范，明确各级责任，确保安全责任到人。制订相关安全标准和操作规程，明确操作流程和安全要求。并对操作人员进行监督和考核，确保他们按照规定的要求进行操作。

其次，需要建立健全燃气事故预警和应急响应机制。及时收集和分析燃气系统的相关数据，发现问题并及时采取措施进行处理。制订紧急预案和应急演练，提高应对燃气事故的能力和效果。确保在事故发生时能够迅速采取措施，最大限度地减少人员伤亡和财产损失。

通过对"人、机、物、环、管"五大要素的分析，可以发现燃气事故预防需要从多个方面进行考虑并采取措施。只有在人、机、物、环境和管理方面做好协调和配合，才能降低燃气事故的发生概率，保护人员的生命财产安全。

6.1.3　城市燃气事故预防策略

随着城市化的不断发展，城市燃气的使用越来越普遍，燃气事故的发生给城市带来了严重的安全隐患和经济损失。因此，制订有效的燃气事故预防对策是一项重要任务，主要从加强对燃气设施和管网的建设、维护和监控，提高燃具生产和安装质量，加强燃气安全宣传和教育，健全监管机制，建立健全燃气事故应急机制等方面入手。

1. 加强燃气设施和管网的建设、维护和监控

完善燃气设施的建设和维护是预防燃气事故的关键。建设燃气设施时，应按照相关标准和规范进行设计和施工。在维护方面，定期进行设施的检测和维修，及时更新老旧设备，确保其正常运行。此外，加强对燃气管网的监测和维修也是预防燃气事故的重要手段。由于燃气管网一般埋设在地下，存在易被破坏和难以察觉的特点，因此，必须加强对燃气管网的监测，及时发现和修复管网的漏气点。可以通过使用先进的信息化手段对燃气设施、管道等进行实时监测和数据分析，如红外扫描仪、嗅气仪等，对管网进行定期的、全面的检测。此外，在建设新的燃气管网时，应避免与其他地下设施进行交叉，以防止管网受到损坏。

2. 提高燃具生产和安装质量

加强各部门之间的联动协调，将燃气安全责任落实到具体的部门和个人，形成一种自上而下的安全意识和行动。政府燃气管理部门作为主导，与质监、工商等相关部门协调合作，加强对燃具质量的管控。对于燃气产品质量长期不合格或产品故障率较高的企业，应列入燃气用具不合格产品及生产销售企业名单，并向社会进行公示通报，并应采取有关措施，严禁其生产销售。同时，燃具生产企业应该对设备进行高质量的危险与可操作性分析（HAZOP），定期进行检测和维修，并严格遵守防腐蚀和防泄漏的管理制度。此外，要坚决

打击不符合规定的燃具安装和维修行为，同时鼓励企业针对居民更换过期燃具和胶管适当让利，以推动消除户内燃具的安全隐患。

3. 加强燃气安全宣传和教育

加强燃气安全宣传和教育是预防燃气事故的重要途径。政府部门、燃气企业等应通过多种方式向市民普及燃气安全知识，提高他们对燃气安全的认识和应对突发情况的能力。可以通过在公共场所张贴宣传海报、举办安全讲座、开展应急演练等活动，提醒市民燃气使用过程中的注意事项，并告知应急处理方法。此外，还可以借助互联网和社交媒体等平台，开展燃气安全知识的宣传，提高宣传的覆盖面和传播效果。

4. 健全监管机制

完善监管制度建设，建立健全燃气安全监管制度和标准体系，确保监管职责明确、权责一致。加强与相关部门和行业的协作，形成监管的合力，实现信息互通和联动监管。加大燃气领域的监管力度，加大对燃气生产、运输、使用环节的监督检查，严格执行安全生产标准和规程，发现和纠正安全隐患，对违规行为严肃处理，形成有效的监管震慑力，对违法违规行为进行处罚，强化安全管理。

5. 建立健全燃气事故应急机制

建立健全燃气事故应急机制也是预防燃气事故的重要措施。各个城市应建立相应的应急预案和指挥体系，明确各部门的职责和协作机制。通过定期演练和练兵，提高应急处理的能力和效率。此外，政府部门、燃气企业等还应定期对燃气事故的预警机制进行评估和优化，确保在发生事故时能够及时发出警示并采取措施。

预防燃气事故需要全社会的共同努力，不断加强对燃气设施和管网的建设、维护和监控，提高燃具生产和安装质量，加强燃气安全宣传和教育，健全监管机制，建立健全燃气事故应急机制，只有这样，才能有效预防燃气事故的发生，确保城市的安全与稳定发展。

6.2 网格化风险管控方法

城市燃气风险管控方法主要是对城市燃气管网进行全面评价，以确定管网的潜在风险点，并制订相应的风险管控措施。常见的风险管控方法有城市燃气管道风险评估、建立燃气管网监测系统等。传统的燃气管道风险评估是根据评价要求划分单个评价单元，划分方法主要是按照管道里程线性划分，未考虑燃气管网网状敷设的特点。目前，城市燃气管网处于不断延伸的状态，管网范围越来越大，为了进一步完善风险防控及隐患排查体系，使风险管控方法精细化并具有针对性，需要借助城市燃气管网网格化管理模式。该模式作为一种创新举措，能够推动城市燃气风险管控从粗放型向精细化方向转变，同时能够进一步提升城市燃气管网的安全服务质量，促进数字化城市管理发展，保障经济社会的稳定发展。

6.2.1　网格化概念

　　网格化管理是在网格技术（20 世纪年代末）对管理启示的基础上并在我国城市管理实践探索中发展而来，它在国内最早出现于公安系统的网格巡逻领域，之后，随着信息通信技术的发展，网格化管理的应用实践逐步拓展到城市管理领域、社会治理与服务领域。自 2005 年城市网格化管理模式在北京东城区城市管理建设中取得重大成功之后，网格化管理模式开始逐渐引起国内学者的探索、思考和研究。在地理学研究中，网格是将平面进行离散后，根据规则分割成的不同多边形单元。为方便表述定位，会将各个网格进行编码。单个网格不仅包含边界、面积、空间特征等外在元素，还包含管理对象等内在元素。

　　近年来，网格开始应用于数据信息技术，进行高性能资源共享，实施网格技术可以发挥网格的协同效应，将各个网格信息进行高度融合与共享，为管理人员和普通群众提供更多资源与信息。现阶段，人们通过网格技术对各领域风险评估方法进行优化，提出网格化风险评估的理念，奠定了风险评估数字化的基础。

　　基于网格化概念划分网格时需要参考风险评估信息，利用风险评估相关指标划分出便于风险评估的网格。在行政网格化管理大网格基础内划分风险评估小网格，能够将风险评估结果直接应用于城市网格化管理，也便于建设城市网格管理信息平台。对于风险评估结果较高的网格，企业需要给予重视，城市公共安全管理方面也需要加大监管力度，保证公共安全。

6.2.2　网格化风险评估

1. 网格化指标

　　网格化最先应用于城市管理中，取得了巨大成效，所以将其精髓从城市管理中提炼并推广。网格划分应根据具体研究对象的特点进行变动。由于城市燃气管网呈网状分布，支管较多，点多、面广，设备分布密集，因此城市燃气管网风险评估网格划分应该不同于长输管道按线路划分的方法，而应该按面积划分。现有管网按照行政区域及管理范围已经划分成较大的运行网格，可以将其作为风险评估网格划分的参考依据，在此基础上根据风险评估需要再进行细致划分。

　　对中低压燃气管网进行网格划分时，首先应按照压力级制将中压和低压燃气管道划分开，中压燃气管道压力通常为 0.01 ~ 0.4MPa，低压燃气管道压力小于等于 0.01MPa。其次应确定划分网格的指标依据，主要包括管道运行管理区、管道所在地区环境、管道本身属性以及运维管理因素。初步划分时，需要考虑管道运行管理情况，将不同运行网格的管网划分，便于后续评价结果管理应用；管网敷设环境是影响管道安全的重要因素，且不同区域发生事故的后果严重度也不同；管道自身属性也应作为风险评估网格划分的指标，相同属性管道具有同等抵抗风险的能力；除此之外，相同运维情况的管网应划分为同一网格。网格划分指标如表 6-1 所示。

网格划分指标 表 6-1

一级指标	二级指标
管道运行管理区	运行网格
管道所在地区环境	政府市政设施
	工业及产业园区
	商业区
	高校、医院、政府机关
	居民住宅区
管道本身属性	管道材质
	压力级制
	服役年限
	防腐层类型
运维管理因素	巡线频率
	历史事件数

2. 网格化方法

结合管理单位现有网格化运营中网格划分的方法，确定最终风险评估网格划分方法如下：

（1）以城市燃气管网行政区域进行粗略划分，确定一级网格。

（2）在一级网格内将城市主干道敷设的中压线，以某处开始长度各 500m 划分节点并截止到调压箱前，宽度定为管道两侧各 5m 宽，此区域为各个二级网格；经过调压箱后的低压线，以一个小区所有低压线中最外围的低压管道为准，向外延伸 5m 宽度后的整个小区区域划分为各个二级网格。

当同一小区低压线于不同年代敷设，且小区面积较大、环境变化较大时，可根据网格划分指标在二级网格基础上继续划分三级网格，以提高风险评估效率，增加结果可信度。三级网格划分时，可根据动态分段原则划分，不同属性值变化较大的区域则增加一个划分点，保证有较大差异属性值的管段分属不同网格，动态分段原则如下：

1）选取二级网格中较大区域进行三级网格划分，根据管径、壁厚、运行压力、敷设年限、地面活动水平、防腐层状况等属性进行判断，插入分割点；

（2）依据风险评估要求将各个分割点依次排列，相邻两个分割点之间即为一个三级网格，每个网格内具有相同的属性。

（3）整理所有划分结果，最终确定划分网格数和内含管道长度及数量。

3. 网格泄漏风险评估

在风险可能性方面，从管道泄漏类型出发，目前管道的泄漏原因主要有腐蚀、外力破坏、设备老化、焊口开裂等，腐蚀泄漏主要是由环境因素导致的，如土壤腐蚀性强，杂散电流强等；外力破坏主要是第三方施工；设备老化主要是管道的投运年限过长；焊口开裂等主要是地质沉降以及地震带导致的；管道的投入具有批量性，而且管道周围的管道所处环境相似，所以也应该考虑事件的密度影响；隐患是已经存在的风险。

综合考虑，确定以下 5 个指标：（1）网格管道健康指标，该指标中包括管龄、管径、压力等级、管道长度、防腐层情况、阴极保护有效性；（2）网格管道周边环境指标，该指标中包括土壤腐蚀性、电气化设备、第三方正在施工数量；（3）网格事件密集度指标，该指标中包括外管道腐蚀泄漏事件、外管道第三方破坏事件、设备设施类故障事件；（4）网格内安全隐患指标，该指标中包括一般类隐患和重大隐患；（5）网格自然灾害指标，该指标中包括了地质沉降分布和地震带分布。所以综合考虑，确定 5 项风险可能性指标，分别是：网格管道健康指标、网格管道周围环境指标、网格事件密集度指标、网格内安全隐患指标、网格自然灾害指标。

网格泄漏风险评估由网格管道健康指标、网格管道周边环境指标、网格事件密集度指标、网格内安全隐患指标、网格自然灾害指标组成，网格泄漏风险组成如表 6-2 所示。

网格泄漏风险组成　　　　　　　　　　　　　　　　　表 6-2

网格泄漏风险得分	风险监控指标得分
网格泄漏风险得分 score	网格管道健康指标 score1
	网格管道周边环境指标 score2
	网格事件密集度指标 score3
	网格内安全隐患指标 score4
	网格自然灾害指标 score5

网格泄漏风险得分计算见式（6-1）。

$$score = \sum_{i=1}^{5} w_i \times score_i \qquad (6-1)$$

式中　w_i——指标权重；

　　$score_i$——指标得分。

4. 网格灾害后果评估

在后果严重性方面，主要考虑人口和建筑物两个方面。在人口方面，考虑人口在不同时间段的人口变化以及建筑物中的人口聚集程度，比如地铁、火车站等人口密集点。在建筑物方面，考虑建筑的属性信息，比如是学校、医院、小区等，还考虑到建筑物的抗破坏能力以及事故发生地点的社会影响重要性。

综合考虑，确定以下5个指标：（1）网格建筑物本体指标，该指标包括楼龄、建筑物类型、建筑物结构；（2）网格建筑物密集度指标，该指标包括居住建筑面积、办公建筑面积、文教建筑面积、医疗建筑面积、托教建筑面积、其他类建筑面积；（3）网格市政基础设施指标，该指标包括地铁站、长途客运站、火车站、公交场站、飞机场；（4）网格人口流动指标，该指标包括网格内工作日及非工作日不同时刻的人口数量；（5）重点区域指标，该指标包括常态化区域及特殊时期重点区域。

网格灾害后果评估由网格建筑物本体指标、网格建筑物密集度指标、网格市政基础设施指标、网格人口流动指标、重点区域指标组成，如表6-3所示。

网格灾害后果评估组成

表6-3

网格灾害后果得分	风险监控指标得分
网格灾害后果得分 score	网格建筑本体指标 score6
	网格建筑物密集度指标 score7
	网格市政基础设施指标 score8
	网格人口流动指标 score9
	重点区域指标 score10

网格灾害后果得分计算见式（6-2）。

$$\text{score} = \sum_{i=6}^{10} w_i \times \text{score}_i \qquad (6-2)$$

式中符号意义同式（6-1）。

5. 网格综合风险计算

网格的综合风险由网格风险可能性和后果严重性两部分组成，网格的综合风险的计算公式见式（6-3）。

$$R = L \times C \qquad (6-3)$$

式中　L——网格风险可能性；

　　　C——网格后果严重性。

6.2.3　网格化管控措施

网格的综合风险通过网格风险的可能性（L）和网格后果的严重性（C）的乘积来衡量。

结合网格的综合风险以及网格内指标数据的分布情况，建立网格化安全监管模型，采用基于产生式规则的监管资源动态规划模型对网格的监管措施进行匹配，模型共分为以下 4 个步骤：（1）构建评价矩阵：首先获取每个网格的综合风险值和风险评估指标，然后根据风险结果和评估指标构建评价矩阵。（2）转化矩阵：对每项指标设定措施筛选阈值，根据阈值将评价矩阵转化为 0、1 矩阵，其中每一行代表网格编号，每一列代表指标及其组成元素计算结果。（3）构建措施矩阵：根据指标和措施对应关系，筛选出相应的列，对筛选的列进行与或操作，得到对应措施的列，进行网格措施筛选。（4）规则运算：通过构建措施矩阵计算，获取每个网格的措施匹配结果。

最终在网格综合风险以及相关 10 个指标的基础上，得出燃气设施安全风险管控措施建议清单，如表 6-4 所示。

燃气设施安全风险管控措施建议清单　　　　　　　　　　　　　　表 6-4

工程技术措施	管控措施	应急措施
（1）加密设置燃气设施安全警示标识； （2）加装燃气管道阴极保护、干扰防护等腐蚀控制装置； （3）燃气管道防腐层修复和腐蚀控制技术改造及修理； （4）重要阀井加装液位、泄漏监测设备； （5）燃气管道降压运行； （6）燃气管道及附属设施改移； （7）燃气管道及附属设施局部改造或全部改造	（1）及时向属地政府相关部门报备； （2）修订完善燃气管道运行维护管理制度和操作规程； （3）加强燃气管道及附属设施的运行维护和施工配合，必要时增加运行频次； （4）采用高科技泄漏检测装备加强燃气管道泄漏检测； （5）定期开展燃气管线阴极保护装置测试和防腐层检测； （6）加强有限空间作业安全管理，严格执行"先通风、再检测、后作业"； （7）加强燃气安全宣传、安全教育培训和岗位操作技能培训； （8）加强安全督查和检查； （9）燃气管道及附属设施停用； （10）特大降雨、地震、地质沉降等突发灾害后，加强管线周边巡视	（1）制订专项应急预案和现场处置方案，并定期开展应急演练； （2）加强专业应急队伍建设和应急物资储备； （3）设置应急值守点，必要时加强现场应急值守

6.3　城市燃气安全管理

6.3.1　安全管理中存在的问题

我国燃气企业在城市燃气安全管理中主要存在以下问题。

1. 安全管理模式缺乏创新性

我国一些燃气企业的安全管理模式不够与时俱进，仍然沿用传统的安全管理模式，这种传统的安全管理模式很难对事故的发生起到预防作用。如果能改变传统的安全管理模式，针对事故预防方面加入一些科学的、创新型的技术手段，就能够有效预防燃气燃烧爆炸事故。

2. 资金投入不足

我国一些燃气企业在安全方面投入的资金较少，可能会造成一些隐患没有被及时发现与整改，若没有及时解决隐患，带来的会是更大的灾难。

3. 安全管理岗位人员能力不足

我国一些燃气企业对于安全管理岗位人员的能力评判缺乏相应的标准，并且安全管理岗位的职责划分不够明确。

4. 全员安全责任制没有真正落实

一些燃气企业对员工入职前在安全方面的岗前培训教育不够到位，没有使员工树立起安全责任心，对自身的安全职责仍然不太清楚，导致在工作中出现各类问题且无法很好地解决。除此之外，企业安全生产责任制需要继续完善，制订实施的标准和有效的监控措施。

5. 风险和隐患管理不到位

一些燃气企业对于城市燃气安全风险评估工作不够到位，参与风险评估的人员不够多，对于可能存在的风险并未进行深入的研究，从而缺乏相应的管理措施。除此之外，企业在安全设备的布置方面也不够充足，比如有些用户家中还未安装燃气报警器。同时，风险和隐患排查出来之后也没有相应的整改措施，并未进行有效的治理工作。

6. 应急处置能力不足

在发生燃气事故或紧急情况时，需要有完善的应急响应计划来及时采取行动。如果没有充分准备和测试的应急计划，可能会导致对事故的处理不当。一些燃气企业对日常的应急演练不够重视，除此之外，还存在应急物资和设备设施配备不足的问题，企业中真正熟练掌握应急设备设施的人还不够多。

7. 安全教育不到位

一些燃气企业虽然建立了安全奖励考核制度，但却没有真正地实施，没有发挥激励制度的价值。企业对待安全的态度不够明确，不够重视，员工自然对于安全的职责也不够重视，长此以往，员工们对于安全管理的积极性难以提高，企业的安全管理会陷入被动局面。

8. 风险评估还需加强研究

燃气企业的数据多基于统计自身管道事故和借鉴国外管道失效原因的做法，数据来源单一、参考数据较少，针对性较强，无法大量推广。企业缺少完整和可靠的失效数据的积累，以及概率模型所要求的数据的复杂性和精确性，概率风险评估法应用还不够深入。

6.3.2　城市燃气安全管理对策建议

根据以上提出的城市燃气安全管理存在的问题，提出以下几点建议。

1. 加强安全信息化与数智化建设

数智化是指数字智慧化与智慧数字化的合成。随着社会经济的迅猛发展，科学技术也在不断提高，城市燃气安全管理必须紧跟时代的脚步，加强安全信息化与数智化建设。通过优化完善现有的安全管理制度及方案，引进先进的科学技术设备，保障燃气用户的安全，减少发生燃气事故的频率，使城市燃气安全管理迈向工业化和现代化的目标。

2. 加大安全投入，提升安全水平

在考虑经济效益的同时，必须确保城市燃气的安全。燃气企业应当研究国内外先进的城市燃气安全管理标准与模式，制订完善的涵盖全生命周期的城市燃气安全管理方案，合理加大安全生产投入，引进国外先进技术及安全防护设备。企业应当合理调用专项经费，分析城市燃气风险以制订使安全投入与经济效益达到最佳平衡的动态管理方案。

3. 提高安全管理岗位人员能力

应当明确安全生产第一责任人，明确认识到安全对于企业发展的重要性，明确主要负责人的职责，保证主要负责人的能力与岗位的需求相匹配。可以通过建立相关的安全能力评估体系及标准对安全管理岗位人员能力进行评估，根据评估结果进行专项安全培训，做到精准赋能，有效提高安全管理岗位人员能力。

4. 建立安全责任考核制度，提高全员安全意识

应当将责任、权力、利益三者关联起来，在提高员工安全责任意识的同时，提高生产水平。将安全责任考核制度与考核激励制度挂钩，定期开展安全责任考核大会，员工述职汇报，确保安全责任考核制度受到重视，提高员工参与安全管理的积极性与自觉性。

5. 强化风险和隐患根本原因治理

城市燃气安全管理需要深入推进全生命周期、全员的风险分级管控，对于潜在的燃气系统缺陷及管理缺陷需要进行深入排查，识别出相关风险以制订相关预防措施，提高风险管控标准。风险管控必须是动态的，需要定期开展讨论会，确定动态风险清单并进行治理。对于隐患的排查需要各企业相互合作，协同高效解决城市燃气安全管理的技术难题。需要不断完善隐患治理流程。在每一次安全检查结束后应当召开专题研讨会，对检查结果进行全面分析，制订相应的隐患整改和防范措施，根除隐患。

6. 提升事前预警及事后应急处置能力

事前预警能力是否够高是风险防范能够起作用的关键，因此提升事前预警能力非常重要。除此之外，事后应急处置能力也非常关键，因此，企业应当定期进行应急演练活动，

结合实际情况，不断修改完善应急预案，全体员工应当积极参与应急演练活动，服从统一指挥，确保在发生事故时能够最大限度地降低事故造成的损失。燃气企业还可以联合周边的救援力量形成监管及紧急救援体系。

7. 加强安全教育，提升安全文化

通过建立科学有效的安全管理体系能够提升城市安全管理水平，各种企业应当互相取长补短，结合自身实际，做好顶层设计工作。在日常工作中，应当加强对员工的安全教育，定期开展安全经验分享会，开展安全能力培训等，提升员工安全意识。安全教育不仅针对企业员工，也要面向燃气用户，可以通过联系媒体对燃气安全知识进行宣传，向周围居民发放燃气安全知识宣传手册及宣传单。

8. 完善城市燃气管道完整性管理规程

完整性管理是目前降低管道安全风险最有效、最先进的管理模式，在风险管理的基础上发展起来的，最开始应用于油气长输管道。经过多年的发展，逐步形成了包括数据采集与整合、高后果区识别、风险评估、完整性评价、维修与风险减缓、效能评价六个环节的完整性管理流程。然而，城市燃气管道与长输管道相比差异大，适用于长输管道的完整性管理方法不可直接移植于城市燃气管道，需要根据城市燃气管道自身所具有的这些特性，结合现有的成熟技术和管理现状，实施城市燃气管道完整性管理。近年来，国内多家大型燃气企业相继尝试将完整性管理应用于城市燃气管道的研究，已经取得较好应用效果。在下一节中，将完整阐述这方面的内容。

6.3.3　城市燃气管道完整性管理

城市燃气管道完整性管理（Distribution Integrity Management Program，DIMP）是指燃气运营企业根据不断变化的管道因素，对管道运营中面临的风险因素进行识别和技术评价，制订相应的风险控制对策，不断改善识别到的不利影响因素，从而将管道运营的风险水平控制在合理的、可接受的范围内，最终达到持续改进、减少和预防管道事故发生，保证管道安全运行的目的。

6.3.3.1　城市燃气管道完整性管理发展现状

国外城市燃气管道是在借鉴长输管道完整性管理的先进经验上发展的。2009 年美国采取立法的方式推行城市燃气管道完整性管理，将燃气管道完整性管理分为全部设施基础信息；识别危险因素；风险评估与分级；制订和实施风险减缓措施；测定成效、监督成果、评定效率；定期评估与改进；报告结果共 7 个要素，2009 年美国法律规定燃气管道完整性管理流程图如图 6-1 所示。

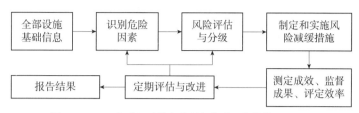

图 6-1　2009 年美国法律规定燃气管道完整性管理流程图

　　近年来，我国也开始了城市燃气管道完整性管理研究。中石油昆仑燃气有限公司、北京市燃气集团有限责任公司、深圳市燃气集团股份有限公司等大的城市燃气运营企业开展了管道完整性管理研究工作。中石油昆仑燃气有限公司提出的完整性管理主要包含 8 个要素：建立健全规范性文件并持续改进、员工培训、管道安全维护检测检查、管道数据采集与整合、应急管理、风险评估、完整性检测与评价、制订评价响应策略，如图 6-2 所示。北京市燃气集团有限责任公司提出的完整性管理主要包括数据收集与整合、风险评估与分级、完整性检测、完整性评价、风险消减与修复、效能审核与评价共 6 个环节，如图 6-3 所示。深圳市燃气集团股份有限公司于 2008 年启动城市燃气管道完整性管理研究工作，借鉴国内外长输管道完整性的管理经验，形成了包含数据采集与管理、单元识别、风险评估、风险控制、效能评价共 5 部分的完整性管理流程。

　　中国石油天然气股份有限公司自 2011 年开始在城市燃气管道完整性管理方面开展了前期研究，陆续发布了《城市燃气管网完整性管理导则》Q/SY 05015—2016 等 7 项燃气管道完整性管理相关标准。总结我国各个燃气管道企业城市燃气管道完整性管理流程，主要

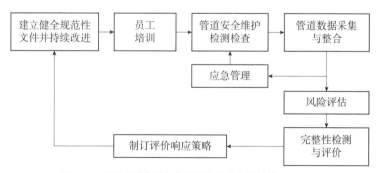

图 6-2　中石油昆仑燃气集团燃气管道完整性管理流程图

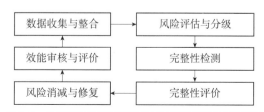

图 6-3　北京燃气集团有限责任公司管道完整性管理流程

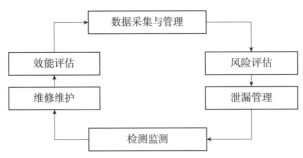

图 6-4　我国城市燃气管道完整性管理主要流程

包括 6 个方面：数据采集与管理、风险评估、泄漏管理、检测监测、维修维护、效能评估。我国城市燃气管道完整性管理主要流程如图 6-4 所示。

6.3.3.2　城市燃气管道完整性管理流程

目前，城市燃气管道完整性管理流程主要可分为数据采集与管理、风险评估、泄漏管理、检测监测、维修维护、效能评估 6 个方面。

1. 数据采集与管理

数据是管道完整性管理的重要基石，全面准确掌握管道数据是准确评估管道状况的前提，也是制订风险消减策略的基础。城市燃气管道完整性管理的数据来源于生命周期的各个阶段，包括燃气管道及设施的基础数据、运行数据、维修及更换数据，开展管道风险评估所需的相关风险数据和风险评估结果数据，燃气企业运行阶段的检测数据，管道及设施的事故失效数据，完整性评价数据以及其他完整性管理数据等。

数据完整性工作包括数据收集、整合、更新及管理等。

（1）数据收集：数据资料的来源包括工艺、设备、线路的设计资料和图纸断面图及沿线地区的地形图、施工检测报告、建筑图纸材料、证书及安全检测报告、操作规程、维护规程、施工标准、规范、应急预案、检测报告、试验报告、事故调查报告、技术评价报告等。

（2）数据更新：每条管道的完整性管理并不是从头到尾都需要以上的全部数据，需要根据风险评估进行的阶段及要达到的目的来选择，并且要注重数据的时效性。

（3）数据整合：不同系统的数据应有一个相同的参考标准。如通过 GPS 定位获得阀井、阴极保护、标志桩等在 WGS—84 坐标系下的地理位置，从而逐步形成燃气管网的地理信息系统。

在城市燃气管道完整性管理流程中，数据采集与处理是关键一环，数据采集与处理相关要求及内容可参考本章附录 6-1。

2. 风险评估

通过收集城市燃气管道系统或管段的数据，识别出对管道系统安全运行产生不利影响的风险因素，评价事故发生的可能性和后果，综合得到管道系统的风险大小，并提出相应风险控制措施的分析过程，主要分为失效概率计算和失效后果分析。

在城市燃气风险管理过程中，管道失效数据的统计分析非常重要，是对管道风险因素进行合理分类的前提，也是评价管道失效可能性并量化管道风险的依据。欧美发达国家对管道事故统计时间较长，相关数据库比较完善。我国的燃气失效数据库建设尚处于起步阶段，特别是城市燃气管道缺少功能齐全、数据丰富、来源可靠的失效数据库。目前，风险评估的方法可分为定性评估方法、半定量评估方法以及定量评估方法。

当前以物联网、大数据、人工智能等为代表的新一代信息技术的蓬勃发展催生了"智慧管道""智慧燃气"等新的发展理念，《城镇燃气工程智能化技术规范》CJJ/T 268—2017等燃气领域智能化相关标准的发布，使城市燃气管道的风险评估和风险管理有了新的内涵，风险评估必将朝着智能化、智慧化方向发展。

3. 泄漏管理

泄漏管理是燃气管道完整性管理的重点内容，目的是保障燃气管网系统的完整性，通过针对不同的地理位置及其特定的分配系统考虑各种风险因素，以评估泄漏的可能性和后果严重度，并采取对应措施来降低泄漏风险。为了有效管理燃气管道的泄漏，燃气输配企业在制订完整性管理方案时，应制订可执行的泄漏管理方案，并将其作为完整性管理方案的重要组成部分。泄漏管理方案对燃气企业所辖管网制订了明确的检测计划，泄漏检测人员主动检测规定数量的管道设施，杜绝了燃气泄漏积聚，使管网泄漏检测作业真正做到预防、迅速、准确。

4. 检测监测

城市燃气管道为网、阀门、三通等管件密布结构，管道变径比较普通，压力差异较大，难以开展管道内检测和外检测。普通检测方式通过日常巡检计划实现，利用各种检测技术开展日常巡检、年度检查、全面检验和合理使用评价等。

燃气管道系统的检测监测离不开各种设备的硬件支撑，包括泄漏浓度检测设备、分布式光纤、智能阴极保护、智能视频监控等，这些技术的应用加强了城市燃气管道及其设施的预警能力。另外，信息化在推进完整性管理的监测智能化与标准化建设等方面发挥了主要作用。如物联网技术方面，通过建立物联网数据采集系统，将传感器与管道及其附属设施连接，实现了管道完整性管理在数据采集、远程监测等方面的应用。

5. 维修维护

维修维护主要是对风险评估和完整性评价发现的风险点，采取风险减缓措施，以降低管道风险，保证管道安全运行。维修维护主要包括管道保护和保卫、管道腐蚀防护和管体缺陷修复 3 个方面。

管道保护和保卫主要包括巡线方案、泄漏检测系统的安装位置及管理、安全预警系统的安装位置及管理以及反恐怖袭击方案。巡线管理是管道保护和保卫的主要方式，其内容主要有：巡线控制指标、巡检安排及责任人、内部值班及保卫联系电话、巡线属地联系电话、第三方施工监管制度等。

管道腐蚀防护主要是根据风险评估和完整性评价结果，对需要开展腐蚀防护的管段实施防护措施。对于外防腐层严重破损地段进行统计，并实施修复计划；根据阴极保护运行情况测试结果，对于欠保护或者过保护的管段制订风险减缓措施；对于存在交流或直流杂散电流干扰的管段，准确测试其干扰情况，制订并实施排流措施。

管体缺陷按成因主要分为腐蚀缺陷、环境造成缺陷、制造与施工缺陷和第三方破坏类缺陷等四大类。管体缺陷修复技术种类很多，针对不同类型的管体缺陷均有对应的修复技术。

6. 效能评估

城市燃气管道系统完整性管理效能评估是指对完整性管理工作进行综合分析，将系统的各项与任务要求综合比较，最终得到表示系统优劣程度的结果。通过对管道完整性管理工作进行效能评价，分析管道完整性管理现状，发现管道完整性管理过程中的不足，明确改进方向，不断提高管道完整性系统的有效性和时效性。

燃气企业应定期开展效能评估，确定完整性管理的效果，包括有效性、效益、执行效率、风险受控程度等，并且发现完整性管理执行过程存在的不足，并持续改进。城市燃气管道完整性管理效能评价是一个循序渐进过程，如图6-5所示，是一个完善和改进管道完整性管理，保证管道安全运行的循环过程。

与长输管道不同的是，城市燃气管道由于敷设环境较为复杂，造成管道失效的风险因素和失效后果也不同，因此相应的完整性管理流程也有所不同。加上燃气管道完整性管理需要长期投入大量的人力物力，取得的管理效果并不能及时地体现，很难对燃气管道完整性管理的实施效果进行准确评价。

燃气企业可以根据自身需要建立效能评价指标体系，据此对其完整性管理的各个环节进行评价。建立效能评价方法时，至少应包含以下内容：（1）全部的泄漏事件，按照泄漏事故原因将全部泄漏事件进行分类；（2）开挖损坏数量；（3）修复或消除的危险泄漏总数，将修复或者消除的危险泄漏数量按原因进行分类；（4）燃气企业认为对进行效能评价和威胁因素控制有效的其他措施。

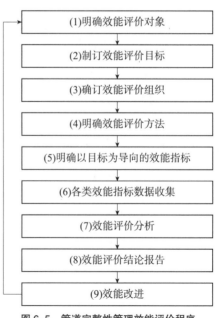

（1）明确效能评价对象

（2）制订效能评价目标

（3）确订效能评价组织

（4）明确效能评价方法

（5）明确以目标为导向的效能指标

（6）各类效能指标数据收集

（7）效能评价分析

（8）效能评价结论报告

（9）效能改进

图6-5 管道完整性管理效能评价程序

燃气企业应当分析其效能评价的结果，定期进行威胁和风险因素的再评估，有效改善完整性管理方法，提高管理水平。

本章附录 6-1：城市燃气管道完整性管理数据采集与处理相关要求

1. 一般要求

（1）执行标准

燃气管网地理信息一般按 1 ∶ 500 比例尺采集，测量仪器的选择、各等级控制点和地物点测量边长、测回数（或时间）的要求，测绘精度要求、成果检查和质量评定程序和标准，按《工程测量标准》GB 50026—2020、《城市地下管线探测技术规程》CJJ 61—2017 等相关规范执行。

（2）精度要求

测点相对于邻近控制点的位置中误差限差如附表 6.1-1 所示。

测点相对于邻近控制点的位置中误差限差　　　　　　　　　　附表 6.1-1

埋深（隐蔽点）	水平位置限差（cm）	高程（埋深）限差（cm）
1m 以内	± 10	± 15
1 ~ 2m	± 15	±（5+0.1h）
2m 以上	± 20	±（5+0.1h）

注：1. h 为地下管线中心埋深，以厘米计；
　　2. h < 100cm 时，按 100cm 计。

测点精度须同时满足管道的线位与邻近地上建（构）筑物、道路中心线或相邻管道的间距实地中误差不超过 30cm 要求；明显测点相对于临近控制点平面位置中误差不超过 ±10cm（本要求也适用于纸质图扫描数字化划算到实地的位置），高程中误差不超过 ±5cm。

图根控制测量平面位置中误差限差为 ±5cm，高程中误差限差为 ±2.5cm。

（3）作业资质要求

数据采集作业队伍必须具有地下管线探测和地理数据处理相应资质。

（4）数据采集方法

燃气管网数据的获取，主要有下述四种方式：①来源于已有的系统（从现有的系统中导出）；②来源于竣工数据文件（AutoCAD 或其他）；③来源于竣工图纸，由纸质图纸进行扫描数字化和矢量化；④直接测绘。这 4 种数据来源无论哪一种，都需要按照有关规定和国家、行业有关标准进行一定的数据编辑工作，空间位置精度不应低于国标 1 ∶ 500 比例尺地形图的要求。数据编辑可根据作业单位的专业特长，选择在适于自身特点的测图和制图平台上进行。制图软件如 AutoCAD 或其深度开发软件，Microstation 等。除纯粹制图软件外，也可以直接在 GIS 平台上进行数据编辑。只要可以转换为 shapefile 格式，结果完全能达到规定要求，并不限定。

2. 数据采集准备工作

（1）组建机构：成立数据采集管理工作组。

（2）收集所有相关资料，对已有数据进行评估，明确已有数据的来源、性质、参考系以及精度质量等。规划内、外业工作分工。

（3）发包项目，编制技术设计书，作业队伍培训。

（4）选择坐标系、抄点（控制点坐标、坐标系参数），如果不是 CGCS2000 坐标系，则综合考虑已有数据情况，决定什么时候进行坐标转换，是在数据采集处理之前，还是之后。具体情况不同，方案不同。准备纸质大比例尺现场地图，进行外业测区踏勘，了解控制点情况，绘制测区地下管线现状调绘图。

（5）控制测量：加密测区基础控制点，图根控制测量。

（6）选择地图数据处理软件并进行配置（AutoCAD 或其他软件，根据"数据字典"进行图层及其属性项设置，进行必要的数据处理模块开发）。对于外业工作，选择相应的外业测量仪器（探测仪器和坐标测量仪器）并进行相应的校准和配置（根据自己的习惯分配属性数据是在外业还是内业进行录入，对电子手簿进行简单设置或开发程序模块）。所使用的仪器必须性能稳定，检定合格，并在施工前进行 100% 的自检。

（7）向作业员分发《城市燃气管网地理信息采集记录表》（各燃气企业或数据采集方可根据实际采集要求设计）和测区地下管道现状调绘图，用作探测和测量时作记录、标注和画草图使用。

3. 数据采集内容

燃气管道完整性数据包含设计、建设、运行、更换和废弃等全过程数据，数据量大、种类多、格式不统一、数据离散程度大。因此，数据管理需要进行标准化处理，确定每个数据身份编码的唯一性。首先，需要制订统一的数据采集格式和模板，选择合适的分类方法，确定数据采集、填报、审核的流程；然后进行合理的清洗、整合、处理，深度挖掘数据间的关联性，形成具有更高价值的数据，方便数据的统一管理和使用，避免数据孤岛现象。最后，为提高数据利用效率，应建立管道数据库，储存各类型管道数据，并开发数据对齐管理功能，实现数据的自动对齐，在此基础上，自动形成统计分析报告，定期输出报告内容，辅助完整性管理决策，提升完整性管理水平，城市燃气管道数据采集内容如附表 6.1-2 所示。

城市燃气管道数据采集内容　　　　　　　附表 6.1-2

序号	要素	测量位置
1	分输站	厂站中央位置，可在大比例尺地图上测量提取，没有大比例尺地形图时，可以测量厂站四至点，然后用距离交会的方法在图形处理软件上测出点位
2	门站	
3	阀室	
4	调压计量站	
5	CNG 母站	
6	CNG 子站	
7	CNG 常规站	
8	CNG 减压站	
9	LNG 气化站	
10	LNG 加气站	
11	LNG 液化工厂	
12	LPG 气化站	
13	LPG 储配站	
14	LPG 灌装站	
15	LPG 供应站	
16	支线管线	节点、顶点及其连接线：管线属性变换处为节点，如管线起讫点、经过阀门处、调压处、三通处、变径处、钢塑转换处、穿跨越处、防腐类型变换处，等；属性不变的拐角处（包括变向点、变坡点）为顶点；顶点处弯头要单独测量。节点、顶点，以及相同位置的管件、设备、仪表。坐标点重合，坐标可采集一次，属性分别赋值
17	中压 A 管道	
18	中压 B 管道	
19	低压送气管道	
20	立管	底部中心位置（与低压送气管道终端相接）
21	变径	变径中心位置
22	三通	三通指向中心位置
23	弯头	拐角中心位置
24	钢塑转换接头	接头中心位置
25	堵头	管道终端中央
26	盲板	管道终端中央
27	焊口	中心位置
28	法兰接口	中心（或在管道上的投影中心）位置（与管道节点重合）
29	绝缘接头	
30	补偿器	
31	阀门	截止阀、放空阀、排污阀、安全阀
32	恒电位移	—
33	牺牲阳极	—
34	阳极床	—
35	深井阳极	—
36	水工保护	—

续表

序号	要素	测量位置
37	电子标识	—
38	标识桩	—
39	测试桩	—
40	公司及其分支机构	—
41	气源点	—
42	焊工信息	主要采集焊口对应焊接人员基础信息
43	管道信息	—
44	管段	—
45	焊口检测	—

本章参考文献

［1］ 刘慧，马旭卿，张玉星，等. 基于网格化的中低压燃气管网风险管理创新方法 [J]. 城市管理与科技，2022，23（3）：55-57.

［2］ 詹淑慧，顾寻奥，徐鹏. 基于网格化评价的燃气管网风险管控方案研究 [J]. 煤气与热力，2022，42（9）：30-36.

［3］ 邵长宝，楚常青. 浅析如何加强中小型城燃企业安全管理 [J]. 现代职业安全，2023：262（6）：40-43.

［4］ 张季娜，杨玉锋，张华兵，等. 城镇燃气管道完整性管理及技术进展 [J]. 中国设备工程，2018（15）：178-179.

［5］ 杨玉锋，齐晓忠，李杨，等. 城市燃气管道完整性管理及技术体系研究 [J]. 煤气与热力，2013，33（9）：38-41.

［6］ 巩忠领，刘传庆. 城市燃气管道完整性管理建设与展望 [J]. 城市燃气，2020，544（6）：27-30.

［7］ 田英帅，杨光，刘传庆. 城镇燃气管道安全风险分级管控研究 [J]. 煤气与热力，2018，38（11）：48-52.

［8］ 张强，戴联双，杨玉锋，等. 国外油气管道失效数据库对比分析与启示 [J]. 安全，2023，44（6）：27-32+105.

［9］ 张健. 城镇燃气管道的安全评价方法 [C]// 中国土木工程学会燃气分会. 中国燃气运营与安全研讨会（第十届）暨中国土木工程学会燃气分会 2019 年学术年会论文集（下册）. 煤气与热力杂志社，2019：125-127.

［10］ 叶云弟. 贮油区火灾、爆炸危险指数评价法 [J]. 铜业工程，2011（1）：16-19.

［11］ 张安明，张延松，秦文贵. 火灾、爆炸指数评价方法在危险化学品生产单位安全评价中的应用 [J]. 矿业安全与环保，2005（2）：20-22+32.

［12］ 黄国彬. 火灾、爆炸危险指数评价法在汽车加油站的应用 [J]. 环境工程，2004（5）：72-75+5.

［13］ 赵阳，李晓平，樊晶光. 氧化铝生产工艺系统危险指数评价方法 [J]. 中国职业安全卫生管理体系认证，2004（5）：12-15.

［14］ 董绍华，韩忠晨，杨毅，等. 物联网技术在管道完整性管理中的应用 [J]. 油气储运，2012，31（12）：906-908+911.

［15］ American Society of Mechanical Engineers. Managing system integrity of gas pipeline：ASME B31.4S-2001[S]. New York：ASME B 31 Committee，2001.

［16］ 杨玉锋，郑洪龙，余东亮，等. 城市燃气输配管道完整性管理 [J]. 油气储运，2013，32（8）：845-850.

［17］ 帅义，帅健，郭兵. 管道完整性管理体系审核方法 [J]. 油气储运，2014，33（12）：1287-1291+1296.

［18］ 李响. 浅析城市埋地燃气管道泄漏原因和检测技术 [J]. 化工装备技术，2023，44（3）：37-40.

［19］ 王峥，卢俊文，周璐璐，等. 城镇燃气管道腐蚀检测案例分析 [J]. 管道技术与设备，2023，180（2）：51-54.

［20］ 严俊伟，陈长，陆益锋，等. 基于定期检验发现的城市燃气管道安全问题 [J]. 中国特种设备安全，2019，35（5）：61-65.

第 7 章

燃气系统物联网与智能感知技术

物联网一词最早是由英国工程师凯文·阿什顿（Kevin Ashton）于 1999 年提出的，在当时供给计算机的大部分数据都是人为产生的。他指出，最好的方式应该是由计算机直接获取数据，而无须人工干预，于是提出了由诸如射频识别技术（Radio Frequency Identification，RFID）和其他各种类型的传感器来采集数据，然后通过网络直接传送至计算机。今天的物联网，也称为万物互联网，是指由可以连接到互联网的传感器、执行器、智能手机等广泛的物理对象构成的物物相连的网络。

智能感知技术是一种集成人工智能、机器学习、传感器、物联网等多种技术的新兴技术。其目的是通过数据采集和分析，实现对环境、物体和人的智能感知，进而提供更加智能化、便捷化、安全化的服务体验。

本章分析描述了城市燃气系统物联网技术和智能感知技术的发展概况、系统构成、通信技术、智能终端技术及其应用场景，为在我国城市燃气运行管理中提供应用模式和使用案例，指导燃气行业和专业人员选型。

7.1　物联网与智能感知技术概述

7.1.1　物联网与智能感知概念

2021 年，中国互联网协会发布了《中国互联网发展报告（2021）》，物联网市场规模达 1.7 万亿元，人工智能市场规模达 3031 亿元。同年 9 月，工业和信息化部等 8 部门联合印发《物联网新型基础设施建设三年行动计划（2021-2023）》，明确到 2023 年底，在国内主要城市初步建成物联网新型基础设施，社会现代化治理、产业数字化转型和民生消费升级的基础更加稳固。

7.1.1.1　物联网与智能感知的定义

物联网与智能感知技术发展至今，由于应用广泛，发展快速，存在多种定义与解释。有准确来源的定义来自《物联网 术语》GB/T 33745—2017 第 2.1.1 条：通过感知设备，按照约定协议，连接物、人、系统和信息资源，实现对物理和虚拟世界的信息进行处理并作出反应的智能服务系统（注：物即物理实体）。物联网是一个基于互联网、传统电信网等的信息承载体，它让所有能够被独立寻址的普通物理对象形成互联互通的网络。通过无线传感器网络的部署和采集，可以扩展人们获取信息的能力，将客观世界的物理信息同传输网络连接在一起，改变人类自古以来仅仅依靠自身的感觉来感知信息的现状，极大地提高了人类获取数据和信息的准确性、灵敏度。物联网能够通过各种装置与技术实时采集任何需要监控、连接、互动的物体或过程，主要作用是给予不同的物件一个身份证，对其进行分门别类再连接起来，通过网络技术对获取的信息进行汇总与运用，通过云计算、大数据、人工智能等对数据进行分析，最终为人们提供服务。总之，物联网是多学科高度交叉的、知识高度集成的前沿热点研究领域。

《物联网 术语》GB/T 33745—2017 第 2.1.8 条对感知的定义是：通过感知设备获得对象信息的过程；第 2.1.9 条感知设备的定义是：能够获取对象信息的设备，并提供接入网络的能力。具体来讲，智能感知是指将物理世界的信号通过摄像头、麦克风或者其他传感器的硬件设备，借助图像识别、语音识别等前沿技术，映射到数字世界，再将这些数字信息进一步提升至可认知的层次，比如记忆、理解、规划、决策等，在这个过程中，智能传感器至关重要。

7.1.1.2 智能感知关键技术

智能感知技术是指利用人工智能、机器学习、计算机视觉、自然语言处理等技术，对环境、物体和人体的信息进行感知、识别和理解的技术。其核心是通过对传感器采集到的各种数据，如图像、声音、位置信息等进行分析，从而实现对环境、物体和人体的智能化认知和理解。智能感知技术广泛应用于智慧城市、智能交通、智能安防、医疗健康等领域，为提高生产效率、服务质量和人民生活水平起到重要作用。同时，智能感知技术也是未来技术发展的重要趋势之一，其在大数据、物联网、人工智能等前沿技术的支撑下，不断拓展着应用领域和深度。

智能感知技术发展至今，主要有以下几项关键技术：

（1）传感器技术：传感器技术是智能感知技术的基础，通过对环境、物体和人体的信息进行采集并将其转换成电信号，以实现对环境、物体和人体的智能化认知和理解。

（2）计算机视觉技术：计算机视觉技术是指通过计算机程序对图像或视频进行分析和处理，实现图像识别、目标跟踪等功能。它可以应用于视频监控、无人驾驶等领域，提高生产效率和安全性。

（3）语音识别技术：语音识别技术是将人类语言信息转换为计算机可理解形式的技术。它能够识别人类语音并将其转化为文本或指令，帮助人们更加高效地进行交流。

（4）自然语言处理技术：自然语言处理技术是指计算机对人类自然语言进行理解、分析和生成的一类技术。它可以帮助计算机理解文章、翻译语言等，提高人与计算机之间的交互效率。

（5）机器学习技术：机器学习技术是指通过训练计算机程序，使其从大量数据中学习和发现规律，从而提高程序的分类、预测能力等。它通常用于数据挖掘、智能推荐等领域。

（6）模式识别技术：模式识别技术是指根据一定的特征参数对对象进行分类、识别、辨认等的一类技术。它可以应用于人脸识别、指纹识别等领域，提升安全性和便捷度。

物联网作为新一代的信息化基础设施，要想实现智能化应用，离不开智能感知技术的支持。智能感知技术的核心在于信息感知、数据采集和数据处理，而物联网的核心在于数据交互、设备接入和应用扩展；智能感知技术的主要应用场景在于数据采集和信息处理，而物联网则将这些信息共享到所有能够连接到互联网的设备中去；智能感知技术是物联网的基础和核心，也是人工智能、大数据、云计算等新一代信息技术的重要支撑，智能感知技术和物联网有着紧密的关联。

近几年，物联网也在逐步向智能物联网发展。智能物联网（AIoT）约是 2018 年兴起的概念，智能物联网（AIoT）＝物联网（IoT）＋人工智能（AI），指系统通过各种信息传感器实时采集各类信息（一般是处于监控、互动、连接情境下），在终端设备、边缘域或云中心通过机器学习对数据进行智能化分析，包括定位、比对、预测、调度等。在技术层面，人工智能使物联网获取感知与识别能力、物联网为人工智能提供训练算法的数据；在商业层面，二者共同作用于实体经济，促使产业升级、体验优化。从具体类型来看，主要有具备感知/交互能力的智能联网设备、通过机器学习手段进行设备资产管理模式、拥有联网设备和 AI 能力的系统性解决方案三大类。从协同环节来看，主要解决感知智能化、分析智能化与控制/执行智能化的问题。预计 2025 年我国物联网连接数近 200 亿个，万物唤醒、海量连接将推动各行各业走上智能道路，由于 AIoT 在落地过程中需要重构传统产业价值链，未来几年发展节奏较为稳定。

AIoT 产业是多种技术融合，赋能各行业的产业，长期来看，产业驱动应用市场潜力巨大，将成为远期增长点。中国 AIoT 产业发展阶段如图 7-1 所示，从图中可看出，中国 AIoT 产业目前正处于产业增长期。

7.1.2 物联网与智能感知技术在城市燃气行业的发展应用

自西气东输一线工程投产使用以来，我国正式迈入天然气时代，燃气行业高速发展的同时，用气安全一直受到国家层面的高度重视。燃气用气安全除了从设备设施、监察管理、责任落实等方面进行控制外，将构建本质安全的燃气系统作为最终目标，同时随着物联网

	产业早期	产业蓄力期	产业增长期	产业高速增长期	产业成熟期
底层建设	(1)依托旧有基础设施；(2)感知能力普及不足，数据收集意识较弱	(1)新型基础设施快速铺设；(2)网联和数据采集能力开始普及；零碎的数据池产生	(1)多层次基础设施进一步完善；(2)网联和数据采集能力基本普及；数据池扩大	(1)AIoT基础设施完善，足以支持各类AIoT应用；(2)网联和数据采集普及，大型数据池形成	(1)数据融汇，应用自然。(2)配合未来新技术，开始建设新基础设施
技术特征	物联、AI底层技术逐步成熟，但相互割裂，技术应用相对匮乏	(1)AI应用技术发展迅速；(2)AI和IoT快速融合	区块链等新技术应用走向成熟，融合进入AIoT	各类技术充分渗透，形成海量数据+成熟AI+稳定连接+高等级安全保障	进阶AI技术和新型连接、感知技术诞生、应用
发展驱动力	(1)尚未形成产业整体市场；(2)智能家居/硬件市场为主	(1)供给侧市场为主。(2)主要市场：供给侧：通信基础设施市场、平台市场、AI算法市场；需求侧：ToC市场为主，ToG市场开始快速增长，如公共事业等	(1)供给、需求开始平衡；(2)主要市场：供给侧：通信基础设施市场、产业区块链市场等；需求侧：ToC市场平稳增长，ToG市场壮大，如智慧城市等	(1)需求侧占主导。(2)主要市场：需求侧：ToC和ToG市场稳定增长；ToB市场快速膨胀，例如高等级智慧工业、车联网等产业级应用市场等	(1)需求侧绝对主导。(2)市场整体成熟、稳定
市场特征	市场形态：(1)ToC分析仪设备市场逐渐成长；(2)市场呈星状	(1)竞争格局：1)头部企业积极布局，企业数量飞速增加；2)端侧市场格局逐渐形成。云和用市场零碎。(2)市场形态：市场呈多个分散的网状	(1)竞争格局：平台层市场整合加速，各类定位逐渐明晰(2)市场形态：市场各分散网状开始部分交叉	(1)竞争格局：1)产业整体格局成型，上游市场集中度较高；2)应用市场较分散。(2)市场形态：市场呈完整网状	(1)竞争格局：1)格局稳固，2)新兴企业仍然可依靠技术创新进入市场。(2)市场形态：市场呈完整片状
	2009—2015	2016—2020	2021—2025	2026—2030	2031—　（年）

图7-1　中国AIoT产业发展阶段

与智能感知技术的发展，燃气安全的数字化、智能化防控、监察手段逐渐兴起，逐步形成了"智能气网""智慧燃气"等新式业态，这些新式业态逐步形成的过程就是物联网与智能感知技术在燃气系统中发展历程的直观体现。在这过程中，国家也不断出台政策提出要加快推进基础设施数字化、网络化、智能化建设和改造，加快运用新技术对城市水电气热等基础设施进行升级改造，建立基于各种传感器和物联网的智能化管理平台，对设施进行实时监测，提高市政基础设施运行效率和安全性能。对于燃气行业来说，预防和消除燃气安全运营风险，需通过实时远程监控及时发现与解决安全关联隐患，因此，燃气企业一直在使用各种技术手段加强压力实时监测、管网温度和用户用气行为的监控，实时对终端异常情况发出报警，或进行远程阀门控制等，提高燃气管网安全性能。

在中国城市燃气协会智能气网专业委员会组织编写的《中国城镇智慧燃气发展报告（2022）》中提出"智能气网"是指依托"云、大、物、移、智"等新一代信息与通信技术，基于城镇燃气系统所构建的本质安全、智能高效、开放融合的能源管理、运营和服务系统。

"智慧燃气"是指依托高度发展的信息与通信技术、低碳能源技术与能源互联网技术，以天然气、生物质燃气、氢气等低碳气体燃料为核心能源，涵盖各种能源综合应用、高效管理、智能运营、便捷服务等构建的一体化低碳能源生态系统。"智慧燃气"旨在为用户提供安全、低碳、智能、开放的能源服务，涵盖智能气网、可再生能源利用、储能调峰、多能协同、碳资产管理等内容。可以看出，"智能气网"与"智慧燃气"的发展是物联网与智能感知技术在燃气系统发展的结果，没有物联网与智能感知的技术发展就没有"智能气网"与"智慧燃气"的出现及发展。

在燃气发展过程中，燃气安全工程一直是城市安全运行管理的重要内容，直接关系人民群众生命财产安全。2021年9月1日新修订的《中华人民共和国安全生产法》正式实施，再次强化了企业的主体责任，强调推行网上安全信息采集、安全监管和预测预警，提升监管的精准化、智能化水平，并且实现互联互通和信息共享。为用户安全供气是城镇燃气企业的核心工作业务，面对燃气基础设施逐渐老化，燃气安全问题越发突出的现状，城市燃气企业需要发展数字化监测能力，完善管控措施，建设安全应急综合管理平台，建立本质安全、智能监测的燃气安全保障体系。物联网与智能感知技术的发展，使得城市燃气企业可以通过应用智能调压箱、智能燃气表、安全切断装置、安全型燃气灶具等新产品，运用物联网、大数据、人工智能等新技术，推动管理手段、管理模式、管理理念创新，对燃气泄漏、管网运行、户内安全等实施常态预防，建立智能监测的燃气安全保障体系，实现及时预警和应急处置，确保安全运行。

7.2 物联网系统

物联网系统的工作机理，简而言之，就是从智能感知终端接入系统开始，对感知设备属性的信息及设备运行过程中的数据进行采集，对采集到的数据进行处理、分析、展示，并进行预测，以下对这些内容展开论述。

7.2.1 感知设备信息采集

设备作为企业重要的生产资源，对其进行有效管理的重要性不言而喻。尤其是燃气设备，对其信息获取不及时，容易导致安全事故。随着物联网的发展，能够科学高效地开展设备管理工作，提升管理效率及水平。在这个信息化管理的转化过程中，能够转化的前提首先要求设备应该是智能感知设备，即感知到某些目标量后，其数据信息能够被采集。以下从设备接入、设备信息录入管理、设备全生命周期的管理等方面进行阐述。

7.2.1.1 设备接入

在信息化管理过程中，设备接入非常重要，涉及设备使用安全。在智慧燃气建设过程中部署的物联网智能感知终端设备种类繁多，包含居民户用燃气表、工商业燃气表／流量计、管网压力计等设备，并且同一类型终端设备由不同终端厂家提供，其品牌、型号、协议等特征不同，同时面临存量老旧设备与新设备的整体接入、多家设备厂商设备私有协议转换、设备安全性等问题，因此如何在物联网平台上安全地统一管理这些多样化的设备，除了对终端设备进行有效管理之外，还应该具备一些功能特征。

7.2.1.2　设备信息管理

设备信息管理一般包括两方面的内容，一是设备自身的参数信息；二是设备运行过程中的数据信息。

企业设备信息管理平台是对设备的状态信息、运行反馈等进行全面的管理。通过建设一套设备管理系统，可以利用最新的计算机技术，结合企业设备管理的实际经验和方法，优化管理流程，生成设备信息共享平台，让非现场管理人员也能快速掌握最新的管理信息，也为统一化管理增加了有效的管理手段，通过两个层面的共同工作，可以提高设备使用水平，将以往的定期维修转变为预知维修，降低安全风险。

在设备运行过程中，支持公共产品管理、设备分组管理、标准物模型管理、OTA 升级管理、指令下发及事件上报等核心功能，实现海量设备接入、协同管理及物联网感知设备的统一管控；提供设备管理、在线查询，实现设备运行状态监测、设备消亡等环节的生命周期管理。

7.2.2　设备运行监控

物联网技术与传统监测设备的结合是辅助燃气管网对设备运行进行监控管理的重要方法，已成为必不可少的技术手段，是智慧燃气的重要体现，某设备运行监控示意图如图 7-2 所示。设备运行过程的监控主要包括告警管理和处置管理。

图 7-2　设备运行监控示意图

7.2.2.1　告警管理

在燃气的使用管理过程中，使用异常时及时报警，走好燃气安全使用的每一步。

为确保管网设施的安全运行，针对埋地管网场景，可使用光纤传感器防止破坏管线事件发生，如挖掘机靠近挖掘或有人工挖掘时，敷设于管道上方的监测光纤感知到振动，从而将不同的振动波纹传至光纤传感设备，设备会快速分析振动波纹信息并识别事件类型，精确定位并上报告警，实现管道在线实时监测和安全预警。

针对燃气用户终端管理，可使用 NB-IoT 智能燃气表实现超远距离、超低功耗、实时在线的无线远程操控，支持燃气表终端异常状态报警以及安全实时监控，支持与燃气泄漏报警器联动实现燃气泄漏检测、主动关阀报警，并将泄漏信息上报后台系统，系统及时向用户推送信息提醒，做到提前预警，从而避免安全事故发生。

在城市燃气管理过程中，无论任何用气场景，只要有用气异常就能够做到及时报警是实现燃气安全管理非常重要的一个环节，随着物联网和智能感知技术的不断精进，新科技产品的层层迭代，城市燃气智慧管理逐渐趋向完善。

7.2.2.2　处置管理

随着物联网和智能传感器的发展，燃气企业借助燃气大数据分析平台，整合各类物联终端和应用系统之间的数据，通过以下模型将传统的处置管理模式最大限度地智能化，从而对各类数据价值进行最大化挖掘和发挥：

——燃气安全与应急大数据精准定位；

——燃气管道完整性评估；

——燃气管道泄漏失效预警；

——燃气施工破坏风险评价。

使用这些模型结合燃气企业的安全风险分级防控机制，利用风险分级防控清单，从源头上预防事故发生；并且针对突发事件已有的评估分级，进一步分析各种类别事故、事件发生的可能性、危险后果和影响范围，进而更科学地评估确定相应事故类别的风险等级。在这个过程中，评估范围应至少包含各类燃气安全事故、自然灾害、公共卫生和社会安全等方面，分析评估除考虑常态化外，还应考虑自然灾害、极端天气、疫情等特殊时态。燃气企业可根据上述风险评估结果，依据相关法规、技术标准及编制导则要求，制订相应的各类突发事件、安全事故专项应急预案和现场处置方案。这些模型的实际应用，既是风险的防范，也是应急措施的体现。

图 7-3 是密闭空间泄漏监测示意图，通过物联监测设备对密闭空间进行环境监测；设备进行甲烷、水位等高频率采集上报；通过物联网平台接入各类设备；通过大数据提供数据监测、分析能力；通过 GIS、可视化等技术提供直观监控；对告警点提供应急处置管理，

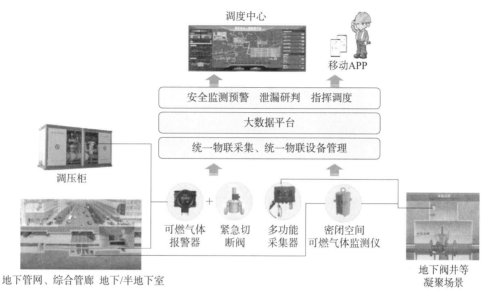

图 7-3　密闭空间泄漏监测示意图

以及泄漏影响范围和风险评估分析。

7.2.3　数据分析与应用

随着数字时代的到来，数据不仅成为非常重要的基础性资源，更是成为构建企业资产的重要组成部分，数据的价值不断被发掘，已成为驱动经济社会发展的新兴生产要素。在物联网系统中，对从感知设备采集到的海量数据进行大数据分析在智慧燃气管理中的作用越来越突出，尤其在安全监测中所起作用的重要性已是有目共睹。在这个过程中，从硬件方面看，监控看板目前是行业内正在使用的一种非常重要的呈现载体。一般来讲，监控看板是对已采集数据的呈现，这种直观的体现可以使管理人员能够迅速捕捉异常点，从而快速处理异常事件，管理能力得到大幅提升。从软件方面看，数据呈现并不是最终的目标，随着大数据相关技术的不断发展成熟，燃气企业可以方便地使用先进技术对已采集的数据进行针对性地深入分析处理，不仅能够实现精准呈现，更是能够对燃气应用或设备应用的未来走向进行科学的预测，从而避免安全事故的发生。下面主要从监控看板及预测分析两个方面对数据的分析与应用进行论述。

7.2.3.1　监控看板

监控看板是什么？有一种解释是：监控看板是用于展示保存监控查询条件的监控图表信息的一种数字化工具；还有一种解释是：监控看板是目视化管理的一种表现形式，即对数据、情报等的状况一目了然地表现，主要是对于管理项目，特别是情报进行的透明化管理活动。笔者认为城市燃气管理应用中常用到的监控看板是这两种解释的融合，既是呈现也是监控。这方面的典型代表有智慧燃气管理驾驶舱，智慧燃气管理驾驶舱主要展现企业运营管理的全貌。

通过监控看板，以及通过管理驾驶舱空间化、主题化、场景化、动态化、可视化的丰富数据呈现还原业务真相，为企业领导、管理人员、业务人员提供直观的图表化展示，即时掌握企业运营动态和趋势规律，极大提升企业对安全隐患查知的敏感度。图7-4给出了杭州燃气数字平台的监控看板示意图。

图7-4　杭州燃气数字平台的监控看板示意图

7.2.3.2　预测分析

预测分析是一种统计或数据挖掘解决方案，用以确定未来结果的算法和技术。在物联网系统的设备运行过程中，从流量传感器、压力传感器、温度传感器及燃气浓度探测器等感知设备中采集到大量的数据，等数据积累到一定程度，通过云计算、5G、自学习能力，根据一定的算法对可能出现的走向进行预测，预测分析就是对数据的一种典型应用。另外，虽然大数据的价值巨大，但并不是所有数据都拥有这样的价值，有价值的数据需要进行分析、筛选、挖掘，需要一系列加工和处理才能得到应用，加工和处理的逻辑就是算法，在不同的应用场景，面对不同的燃气设备，选择合适的算法就可以对燃气运营过程中可能出现的安全隐患、安全风险进行科学预测。

7.2.4　信息安全

随着信息技术在燃气行业的广泛应用，燃气信息采集系统由于大量使用了通信技术、网络技术，使系统自身的安全问题变得更加复杂，形势更加紧迫。信息安全的严峻形势给燃气信息采集系统安全可靠运行带来了巨大挑战，系统出现信息安全事件不仅威胁到燃气业务系统的正常运行，而且也会对保障燃气供应、提升用气服务产生重要影响。为达到燃气企业信息系统建设的安全防护总体要求，燃气信息采集系统的安全防护等级需要在现有的基础上得到更高的提升，安全防护等级可依据相关标准（如《信息安全技术 网络安全等级保护基本要求》GB/T 22239—2019）的要求进行建设。以下从数据安全和网络安全两个方面来谈如何保证信息安全。

7.2.4.1　数据安全

随着物联网技术的发展，城市燃气安全运营与服务得到了全面提升，但是同时也带来了一系列的安全隐患。由于燃气行业的特殊性，涉及地理信息、管网分布信息、人口信息、国有资产信息等多种敏感数据源，因此对涉及数据采集、数据分析、数据转化和业务数据在内的智慧燃气平台系统的安全和隐私保护显得尤为重要。如何保障信息安全，成为智慧燃气长效发展的关键问题。此外，燃气表的计量数据作为企业的收费依据，不能被篡改甚至丢失，数据安全性更是燃气抄表技术中重点考虑的因素之一。因此，在智慧燃气建设过程中，各类型智能终端在物联网环境下的安全使用始终是行业关注的热点。

目前在行业内，一些标准中推荐使用国密加密算法保障数据安全传输，即采用符合国家密码管理政策的加解密算法，对称密码算法宜使用国密 SM1 算法、国密 SM4 算法，非对称密码算法宜使用国密 SM2 算法，因此需要重点考虑物联网接入认证与数据加密模块是否具备综合使用国密 SM2/SM3/SM4/SM9 系列算法，解决物联网系统中身份认证、数据安全、传输安全、访问控制等多种安全问题的能力，行业内各方力量也在不同的方向进行发力，让安全问题在可控的范围之内。

7.2.4.2　网络安全

网络安全的应用与数据安全技术包括身份管理、身份认证、授权管理、访问控制技术等，解决网络应用系统用户身份认证、信息资源访问控制等问题。统一身份管理，可以实现对用户基于统一的数字身份进行管理，实现身份与账号的映射，并对身份管理整个过程进行审计。认证技术是确保用户真实身份得以鉴别，防止消息被篡改、删除、重复和伪造的一种有效方法。授权管理是系统应用层实现安全的核心之一，它通过对主体访问权限的设置和维护，来阻止对计算机系统和资源的非授权访问，确保只有适当的人员才能获得适当的服务和数据。访问控制的目的是限制访问主体对访问客体的访问权限，从而便于计算机系统在合法范围内使用，它决定用户能做什么，也决定代表一定用户身份的用户在特定的进程能做什么。

总之，信息安全管理是指通过一个统一管理平台，在安全的前提下，收集整合来自信息网络中各种各样安全产品的大量数据，并且从海量数据中提取用户关心的数据呈现给用户，帮助用户对这些数据进行关联性分析和优先级分析，进一步实现整体安全状态的展示，安全事件统一告警等功能。另外也需要关注网络与边界安全防护，涉及入侵检测技术、防火墙技术、网络隔离技术等，用以解决信息系统网络边界保护与网络系统安全防护问题。

7.3　通信技术

2020 年，工业和信息化部办公厅发布《工业和信息化部办公厅关于深入推进移动物联网全面发展的通知》（工信厅通信〔2020〕25 号），指出移动物联网（基于蜂窝移动通信网络的物联网技术和应用）是新型基础设施的重要组成部分，准确把握全球移动物联网技术标准和产业格局的演进趋势，推动 2G/3G 物联网业务迁移转网，建立 NB-IoT、4G（含 LTE-Cat1）和 5G 协同发展的移动物联网综合生态体系，在深化 4G 网络覆盖、加快 5G 网络建设的基础上，以 NB-IoT 满足大部分低速率场景需求，以 LTE-Cat1 满足中等速率物联需求和话音需求，以 5G 满足更高速率、低时延联网需求。

近几十年，全球移动通信进入了高速发展阶段，从移动通信发展演进周期来看，基本上是遵循"十年一代"的发展演进规律，每一代移动通信都会引入一系列的创新关键技术，相比于前一代都会有 10 倍以上的性能提升。5G 还在规模化商用的发展增速过程中，6G 网络出现了，即第六代移动通信技术，2023 年 12 月 5 日在重庆举行的全球 6G 发展大会上提到，人们对高品质应用体验的追求是无止境的，未来还会出现一些更高级的业务应用，对网络的速率、时延、可靠性等将会有更高的要求，需要未来 6G 网络来支撑。根据国际电信联盟关于 6G 的国际标准工作计划，6G 将在 2030 年左右具备商用能力，6G 在未来如何更好地赋能燃气行业，我们拭目以待。

众所周知，由于技术发展的历史性、复杂性、技术更迭的快速性及应用场景需求的多变性，目前行业内还没有统一地达成共识的协议。除了众多定制的通信协议外，与燃气相关的有通信协议内容的标准有：《户用计量仪表数据传输技术条件》CJ/T 188—2018、《民用建筑远传抄表系统》JG/T 162—2017 及《燃气表检测用光学接口及通信协议》T/CMA RQ120—2023 等。随着通信技术的日渐成熟，燃气行业也有望在将来能够在一定程度上达成共识，形成统一的协议，减少社会资源的浪费。

7.4　智能终端

7.4.1　芯片

芯片是物联网的"大脑"，低功耗、高可靠性的芯片是物联网几乎所有环节都必不可少的关键部件之一。在过去的几十年里，人们的日常生活发生了翻天覆地的变化，其中最重要的就是半导体集成电路即芯片的发明和应用。自芯片发明至今，芯片已经从电路集成走到了系统集成。如今，芯片产业已支撑起一个覆盖全球的巨大信息网络系统的发展。

芯片有体积小、重量轻、引出线点少、寿命长、可靠性高、性能好等特点，在燃气领域，燃气企业数字化转型的过程中，要实现燃气设备的物联网化改造，芯片起到至关重要的作用。需求量最大的芯片主要是传感器、通信和控制芯片。传感器芯片主要是图像传感器、化学传感器、湿度传感器等；通信芯片主要是蓝牙、NB-IoT、ZigBee 等；控制芯片主要为 MCU 等。燃气终端通过智能技术实现了远程监控、计费等功能，但随着物联网的普及，数据泄露、篡改、丢失等安全问题也日益凸显，如何保障物联网设备的数据安全，成为燃气企业面临的重要挑战。安全芯片通过多重安全功能，为物联网燃气终端设备的数据安全提供了强有力的支撑。如家用窄带物联网智能燃气表安全芯片配合物联网安全管理平台，在燃气计量的智能化中对强化信息安全发挥了关键性作用。安全芯片在信息处理过程中能提供安全运行环境，防止流程处理过程的信息外泄与篡改，有效保护燃气设备数据的安全性；还提供关键信息处理、存储，以及算法安全认证，只有经过认证的用户才能访问燃气的数据。安全芯片可以经过国家密码检测机构、安全测评机构、国外芯片评测组织等的检测和认证，确保芯片不存在"后门"和"漏洞"。

为构建城镇燃气物联网安全体系提供有力保障。有业内人士将安全芯片称作"隐形守卫者"，为筑牢燃气数据安全防线发挥着重要作用。芯片非常重要但是芯片的国产化率依然比较低，为了广泛使用及安全应用，未来在芯片关键技术的研发、封测平台建设方面，将需要有持续、大量的研发投入。

7.4.2　无线通信模组

无线通信模组使各类通信终端设备具备了物联网信息传输能力，核心价值在于硬件结构化设计和嵌入式软件开发，属于物联网产业链关键环节。伴随着物联网产业的快速发展，其发展和应用推动了无线通信技术的进步，促进了各种智能设备和系统的互联互通。

物联网终端通过无线通信模组接入网络，满足数据无线传输需求，根据搭载芯片支持的通信协议，模组可接入多种无线通信网络，实现在燃气智能管理等垂直领域的场景应用。如前文所述，燃气行业中，NB-IoT、5G 的通信方式已日渐普及，其中，应用于这两种通信方式的 NB-IoT、5G 通信模组是获取"物"、大数据的最关键、最核心的基础通信单元，是新基建领域的核心通信器件，正加速渗透到燃气管理的各层面、各区域。在构建城镇燃气物联网安全体系过程中，根据 NB-IoT 的超低功耗和超强连接特性以及 5G 的高可靠、低时延、大连接的特性，加强加密算法的研究，使用加密通信模组可以有效解决当前物联网终端设备的安全问题，遏制不法分子窃取传输信息，以牟取利益。

感知层采集的海量数据均需通过无线通信模组汇聚到网络层，进而通过云端对设备进行有效控制。随着物联网技术的深入发展，越来越多的物联网应用场景对无线模组有了更高的期望，模组的种类也日益丰富。比如以 eSIM 技术为代表的嵌入式 SIM 卡模组和软件 SIM 卡模组。模组在生产时就嵌入了 SIM 芯片，要求无线通信模组厂家具有较高的生产工艺；软件 SIM 卡模组则完全抛弃了 SIM 硬件实体，以软件的形式存储于模组中，客户无需外接 SIM 卡即可实现对 SIM 卡的激活和变更，进一步降低智能终端成本。智能模组功能更为强大，终端厂家无需外接主控和存储芯片，即可实现自身定制化的需求。

图 7-5 是关于无线通信模组的示意图及基于模组的信息安全方案。该方案不仅可以适配软硬件加密场景，同时也支持 IPv6 单栈部署，响应国家 IPv6 的战略，赋能数字化转型，实现一物一址。

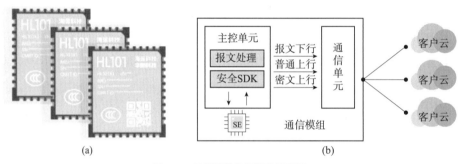

图 7-5　无线通信模组相关示意图
（a）无线通信模组示意图；（b）信息安全方案

7.4.3　感知设备

智慧燃气时代，对感知设备的智能化程度要求越来越高，而传感器又作为感知设备的核心基础，需要把流量、压力、温度等各种物理量、化学量转变成电信号，才能为智慧燃气应用场景提供各类基础信息。

7.4.3.1　燃气流量感知设备

为了合理、安全地使用燃气，《燃气工程项目规范》GB 55009—2021 规定：使用管道供应燃气的用户应设置燃气计量器具。属于燃气计量器具的燃气流量感知设备主要为燃气表或流量计，在燃气计量领域发挥着重要的作用，随着 NB-IoT 等无线远传通信技术的迅速发展，具有功耗低、覆盖广、成本低及高度集成的 NB-IoT 通信模组与传统燃气流量感知设备的结合应用，彻底解决了燃气企业上门抄表的难题。用气安全同样是智能燃气表或流量计的强项功能，尤其智能超声波燃气表，可以直接感知针对居民厨房的微小流量泄漏，能及时检测并报警；由于计量原理的差异，智能膜式燃气表在通过一些技术手段提升计量采样精度后，同样可以实现微小流量泄漏的检测功能。燃气表或流量计除了自身的用气安全性一定要给予保障之外，也应满足防爆标准、型式试验或其他的例行试验，并发放相关合格证书，从多个维度提升安全质量。流量计量产品一直在朝着本质安全的方向在不断努力。

目前，燃气表的主流类型中，主要是膜式燃气表、超声波燃气表及热式燃气表。膜式燃气表使用近 200 年，依然占据着主要地位。随着传感器技术的进步，电子传感器逐渐进入计量领域，并得到充分的发展，近十年，超声波燃气表和热式燃气表几乎同时出现在大众视野中，这两类燃气表一般被称为电子式燃气表。与此同时，膜式燃气表随着各类附加功能模块的增加，已不再是单纯的机械式燃气表，在行业内被统称为"智能燃气表"，智能燃气表的发展与物联网、智能感知技术的发展息息相关。

气体流量计也是如此，气体流量计被广泛应用于科研、工业、商业和人民生活等各领域中。随着物联网和感知技术的发展，出现了由流量传感器和修正装置组成的智能气体流量计。一般而言，智能气体流量计具有显示、密码保护、设定和调整、自诊断及报警等功能。不同流量传感器得到流体体积的方式不同就形成了不同计量原理的流量计，可分为：速度式流量计、容积式流量计、差压式流量计及质量流量计等，根据不同的特点适用于某些限定的条件和场合。

科技进步推动燃气计量向在线、实时、智能化方向发展。随着燃气行业数字化进程的不断演进，新技术与燃气业务加速融合，以智能计量为基础的燃气大数据帮助城市燃气企业更加精准了解企业运行状况以及客户用气行为，数据赋能城市燃气企业智慧化运营与智慧服务，提供更加精准、安全、多样化的能源服务。

7.4.3.2　燃气浓度监测设备

近年来燃气事故频发，造成不同程度的人员伤亡与财产损失。随着信息技术的发展，为了减少燃气事故的发生，出现了在不同应用场景中用于监测燃气泄漏的多类燃气浓度监测设备。国务院安全生产委员会办公室在 2023 年 11 月发布了《城市安全风险综合监测预警平台建设指南（2023 版）》，在其"城市生命线工程"章节第 2 条中对餐饮场所燃气泄漏爆炸风险提出具体要求：针对餐饮场所气瓶、软管及燃气器具损坏等引发燃气泄漏，发生爆炸火灾的风险，主要对用气场所、储气间、管道穿墙等重点部位，采用甲烷、丙烷等泄漏报警装置和声光报警设备，对燃气浓度进行监测。

燃气泄漏报警器已普遍应用，尤其在最新的《中华人民共和国安全生产法》及《燃气工程项目规范》GB 55009—2021 实施后，燃气泄漏报警器的需求量剧增，但是目前行业内大部分所使用的均为普通报警器，智能燃气泄漏报警器的应用并不广泛，随着行业对用气安全要求的与日俱增，物联化、生态化、多方联动的方式必将成为趋势，未来的智能化改造空间非常大。目前主要包括家用可燃气体探测器、工业及商业用途点型可燃气体探测器、密闭空间可燃气体监测仪、阀井智能监测物联终端、基于光谱吸收技术的甲烷监测装备等。

1. 家用可燃气体探测器

家用可燃气体探测器是一种能检测家庭中燃气泄漏并给出报警提示信号的设备，采用半导体气体传感器，灵敏度高，选择性好，性能稳定，抗干扰能力强，适应环境能力强。当探测器检测到家庭环境中燃气泄漏达到报警设定值（《可燃气体探测器 第 2 部分：家用可燃气体探测器》GB 15322.2—2019 中规定：报警设定值应在 5% ~ 25%LEL 范围）时，探测器发出声、光报警信号，再将探测器置于正常环境中，30s 内应能自动（手动）恢复到正常监视状态。

2. 工业及商业用途点型可燃气体探测器

工业及商业用途点型可燃气体探测器集探测、报警和控阀为一体，适用于工商业场所，无需外接控制阀即可独立工作，采用可插拔的传感器和 NB-IoT 模组或其他通信模组，通过显示器实时显示气体浓度和探测器状态，报警时输出声光报警与控制信号（《可燃气体探测器 第 1 部分：工业及商业用途点型可燃气体探测器》GB 15322.1—2019 中规定：低限报警设定值应在 5% ~ 25%LEL 范围）。探测器同时配备红外遥控器，便于用户现场操作。影响探测器等报警产品性能的两大原因：电路和气体传感器，其中气体传感器部分是影响质量的关键。

3. 密闭空间可燃气体监测仪

密闭空间可燃气体监测仪采用可调谐半导体激光吸收光谱技术，先进的光电混合封装技术，以及优异的温度补偿算法，实现高防护（IP68 高等级防护）、长寿命（目前产品寿命 5 年以上，电池寿命 3 年以上）、免维护（采用激光检测技术，抗干扰）的高稳定使用，检测精度高、反应快、功耗低，再结合燃气安全一网智管平台，对密闭空间实现远程实时监控，是城市燃气安全工程的重要组成部分。

4. 阀井智能监测物联终端

阀井智能监测物联终端标配甲烷激光色谱传感器，可广泛应用于管廊、阀井、地下室等各类空间可燃气体泄漏监测。阀门井智能监测终端产品主要针对燃气阀门井和市政污水井等容易产生甲烷泄漏的地方进行气体泄漏监测，在气体达到爆炸浓度阈值时提供报警功能。同时可以扩展环境温度、湿度、大气压、井盖异动、水位 / 水浸、管道气体温度和压力监测。终端设备可采集阀井信息发送到后端平台，也可对阀门井进行实时监控，提供后端平台进行分析。设备可针对现场阈值进行触发告警。

5. 基于光谱吸收技术的甲烷监测装置

基于光谱吸收技术的甲烷监测装置，其基本原理是利用气体分子在近红外波段内，在特定波长有吸收峰，即每种气体对应各自特有的吸收峰。具体来说，半导体激光器发射出特定波长的激光束穿过被测气体时，被测气体对激光束进行吸收导致激光强度产生衰减，激光强度的衰减程度与被测气体含量成正比，因此，通过测量激光强度衰减信息就可以分析获得被测气体的浓度。当天然气管道发生甲烷泄漏事故后，甲烷分子扩散，安置在现场的传感器探头内激光被甲烷分子吸收产生衰减后，通过光纤传输进入主机进行光电转换，随后进行数据处理，即可以计算出泄漏甲烷气体的浓度。该技术具有灵敏度高、精度高、抗干扰性好，不易受有害气体的影响而中毒、老化等特点，在国外得到了广泛的应用，但国内应用还处于起步阶段，在湿度较大的环境下，会产生失效或影响检测结果甚至误报的现象，该不足也会影响技术的推广应用。

7.4.3.3　燃气压力监测设备

目前燃气行业内使用的燃气压力监测设备主要是指气体压力采集器，帮助工程师们进行可靠的监测、控制和优化。检测管网系统中的压力变化，防止管道破裂或泄漏引发安全事故。目前行业内常用的气体压力采集器的智能传感器终端是一种基于嵌入式软件技术以及 NB-IoT 无线网络的数据采集和监测设备，通过 NB-IoT 网络将燃气管网的压力温度数据定时发送到云平台，同时还具有超限及时报警、电池低压报警等功能。目前主要采用内置锂电池供电，设备数据采集间隔及数据上传间隔都可通过云平台设置。

7.4.3.4　温度监测设备

燃气温度监测设备主要是指温度变送器。温度变送器是一种将温度变量转换为可传送的标准化输出信号的仪表。主要用于工业过程温度参数的测量和控制。带传感器的变送器通常由两部分组成：传感器和信号转化器。

温度监测设备在燃气应用中主要用于环境监测，有一类典型的应用技术是户内干烧侦测报警技术，用于防止干烧引起的安全事故。居民在使用天然气做饭时，经常会因为一些事情打断而忘记及时关火，轻则饭菜烧糊，重则引发火灾，因此一些防干烧设备也应运而生。

防干烧燃气灶的原理是在灶头中间设置有一个带弹性的 NTC 温感探头，它随着锅具放在灶台上而下沉，并紧贴在锅底进行测温，当发现锅底温度超过干烧保护温度时，燃气灶会自动关气熄火，另外当燃气灶发生空烧时，也能有效检测并能在合理时间内切断气源，避免意外发生。

智能红外防干烧报警器也在进入人们视野，它是通过矩阵式红外热成像传感器对整个灶台区域的温度进行采集，然后根据一定的算法进行分析，当判断温度存在突变的趋势时，通过声光报警及微信推送等形式提醒用户关闭灶具，同时还能将干烧报警信息通过蓝牙等形式传递到智能燃气表，智能燃气表接收到信息后，第一时间关闭内置阀门，并通过内置的通信模块将报警信息上报至云平台，方便燃气企业信息管理。

从以上内容可知，感知设备既有对传统设备的升级，也有直接采用新技术的新产品，而新技术也是来自于不同的行业领域，随着物联网的发展，跨行业跨领域已成为常态，虽然给行业的发展造成了一定的压力，但更多的是为行业添加了新动力。图7-6给出了部分典型感知设备。

（a）　　　　　　　　（b）　　　　　　　　（c）　　　　　　　　（d）

图7-6　部分典型感知设备

（a）燃气表；（b）流量计；（c）密闭空间可燃气体监测仪；（d）气体压力采集器

7.5　信息融合技术

随着计算机技术、通信技术和微电子技术的发展，以及现代战争的复杂性日益提高，各种面向复杂应用背景的多源信息系统大量出现，迫使人们要对多种传感器和不同的信息源进行更有效的集成，以提高信息处理的自动化程度。从20世纪70年代起，一个新兴的学科——多传感器（或多源）信息融合（Multisensor Data Fusion-MSDF 或 Multisensor Information Fusion-MSIF）便迅速地发展起来，并在现代 C4ISR 系统中和各种武器平台上以及许多民事领域得到了广泛的应用。

多源信息融合是针对使用多个和 / 或多类传感器（或信息源）的系统而开展的一种信息处理方法，它又被称作多源关联、多源合成、传感器集成或多传感器融合，但更广泛的说法是多源信息融合或多传感器信息融合，即信息融合。在信息融合领域，人们经常提及"传感器融合（sensor fusion）""数据融合（data fusion）"和"信息融合（information fusion）"，实际上它们是有差别的，现在普遍的看法是"传感器融合"包含的内容比较具体和狭窄。至于"信息融合"和"数据融合"，有一些学者认为数据融合包含了信息融合，还有一些学者认为信息融合包含了数据融合，而更多的学者把"信息融合"与"数据融合"同等看待。有专家认为，在不影响应用的前提下，两种提法都是可以的，但信息融合可能更可取些。我们也认为两种提法都是可以的，数据融合的提法更客观，但信息是从数据中提炼出来的，在提炼过程中，是有目标牵引的，因此信息融合的提法更科学。从燃气的发展历史来看，燃气领域主要是信息融合，不是传感器的融合，涉及的传感器类型多样，且这些传感器都是独立存在的，并没有集成或融合，而是采集传感器的数据后根据应用场景进行融合后使用。如某燃气企业积极探索新一代信息技术与能源技术的深度融合，基于来源于各类传感器的"数字底座"，打造了智慧能源数字管控平台。该平台应用大数据、人工智能、5G、BIM 等技术，构建了城市燃气全城、全网、全场景数字孪生系统，实时监测运行状况，并在事故发生时能自动生成数字应急预案，提升应急抢险能力。同时通过与政府相关部门的数据融通，将城市燃气安全纳入到整个城市大应急体系中，开了智慧燃气融入智慧城市的行业先河。

7.6　物联网与智能感知技术应用场景

7.6.1　厂站巡视过程应用

燃气厂站因建设位置和目的不同，功能也不同，可分为城市门站、输气站、储配站、气化站、调压站、汽车加气站等。为了解决燃气厂站在经营管理中存在的痛点问题，燃气企业大力推动智慧燃气方面的建设，通过信息技术与燃气业务相结合，开始采用新的管理模式，提倡无人值守厂站，增加更多的智能感知设备或改造现有设备以提高信息化能力，使用智能巡视提升工作质量等，总之，智慧化的管理手段已成为燃气企业安全稳定供气的必然发展方向。

7.6.1.1　无人值守厂站安防管理

新的管理模式将无人值守站场与区域化管理相结合，借助燃气可视化监控平台，通过多维度分析，实现故障设备报警，借助 AI 智能识别进出人员，并对人员进行分析；当有异常人员／车辆闯入时，系统进行异常入侵报警等。

国内有企业针对部分厂站安装的缺少智能分析能力的视频安防监控、周界检测设备，研发出了站级 AI 服务器和超融合一体机，即在传统视频的基础上增加 AI 智能分析等新的技术手段，通过统一管控设备数据采集、安防监控、除了站场的日常管理外，同时结合大数据、物联网等相关技术，减少因人员疏忽而造成的安全隐患，可实现厂站 24h 连续无人值守。

无人值守厂站借助智能物联网技术打造成智能燃气厂站，实现对厂站的整体掌控，提高了安全可控性，提升了本质安全。尤其是智能物联网，由于 AI 计算、分析能力的加持，将是未来发展的方向。厂站某区域监控设备示意图如图 7-7 所示，通过激光探测厂站设备是否存在漏气。

（a）　　　　　　　　　　　　　　　　（b）

图 7-7　厂站某区域监控设备示意图
（a）监控设备全景；（b）监控设备近景

7.6.1.2　厂站巡视智能化流程

通过使用移动 APP 智能巡视系统，为巡视运维部门提供各种及时的运维信息。加大燃气管道运营的监控力度，降低燃气事故的发生频率，实现燃气生产管理工作革新，摆脱传统的作业模式，增强系统的可视化程度，提高工作效率和管理效率，提高燃气管理素质和劳动生产率。同时为供气可靠性提供较好的技术支持，减少停气事故的发生。

随着技术的进步，根据实际的应用需求，巡视员的角色已被摄像头、无人机或机器人等逐渐代替，图 7-8 为巡视机器人在一些工业场景中的典型应用。

7.6.2　调压厂站设备技术应用

城镇燃气调压设备与燃气管网的供气能力和安全稳定性具有直接的关系。为保证城镇燃气管网在安全平稳的状态下连续、高效地运行，满足用户的需求，必须加强对城镇燃气调压设备的安全管理。这是一项系统性工作，但很多设备运行数据缺乏完整的统计与分析，设备故障的发现与排查主要依赖人工巡查以及相关人员的工作经验积累，容易造成人为主观性强、耗时长、智能化程度低、经济效益差等弊端。随着智能燃气的发展，越来越多的智能监控技术应用于燃气安全管理中，以实现燃气管网数据的收集、分析与预警，如图 7-9 为调压器状态显示示意图。以下从预防维护管理和设备监控管理两类场景来探讨这方面的技术应用情况。

图 7-8　巡视机器人在一些工业场景中的典型应用
（a）天然气集气站；（b）天然气处理厂；（c）天然气净化厂；（d）储气库增压站；（e）燃气分输站；（f）成品油库

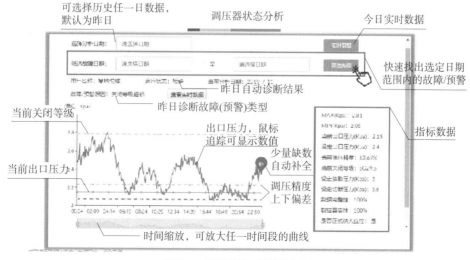

图 7-9　调压器状态显示示意图

7.6.2.1 预防维护管理

燃气调压器预防性维护管理系统包括人工智能故障识别算法、燃气调压器预防性维护管理平台以及燃气物联网温压传感器，是将物联网传感数据转变为管理应用业务流的新一代智能化管理工具。

人工智能故障识别算法是针对多发的超压、内漏、串压等故障类型，发掘故障现象与调压器运行参数之间的联系而开发的；燃气调压器预防性维护管理平台运用人工智能故障识别算法结果，集中展示调压器运行状态及相关参数，同时与调压器的运行维护管理相结合，故障传感器及调压器自动生成工单，智能编排维护保养计划，提升工作效率；燃气物联网温压传感器根据燃气调压站点监测的专业化需求，定制开发低功耗智能物联网温压传感器，覆盖城镇各处的调压箱、调压柜等管网节点，以低成本及灵活可变的监测逻辑实现节点的物联网升级，采集关键的调压器出口压力、管内和站点温度等预测分析所需信息，可灵活下行配置传感器模板，并能够提供后续更多传感参量的扩展接入能力，并能够在爆炸性气体环境 1 区、2 区等级危险场所使用，即插即用，灵活配置，现场适用性强。

2019 年无锡某燃气企业实施部署了调压器预防性维护管理系统，接入至今，有效帮助企业内调压班一线人员科学合理安排维修、维保工作，优先处理隐患调压器，保障下游安全稳定的供气；同时通过智能派单系统，优化了对工作正常调压器的维保频率，节省了不必要的人力物力消耗。

总之，学习人工判别故障的经验，建立故障特征库，实现对调压器运行故障的自动诊断；通过大数据分析技术，生成用户用气习惯图谱，计算调压器关键运行参数，包括出口运行压力、调压精度、关闭等级，判断关键运行参数的趋势，对可能发生故障的调压器进行预警。

7.6.2.2 设备监控管理

设备监控体系由调压设备和监控系统两部分组成，主要是在调压设备气体出口处加装压力传感器以及信息远传系统，定期收集管网压力数据并传送到信息终端进行保存，信息终端通过对压力数据分析确定调压设备的运行状态。对比压力周期变化情况，如与实际情况不符，特别是出现压力过高或过低的情况时，判断调压设备可能存在故障，立刻派遣专业技术人员到现场进行维修监控，从而提高燃气管网运营管理水平与效率，降低不安全事件的发生率。

同时借助智能调压系统，实现压力流量自适应，异常情况自诊断的智能输配。智能调压系统可以代替人工现场操作，实现对调压器的远程控制，传统调压器无法在瞬间大流量的情况下进行有效切断，而智能调压器有限流功能，可实时保护厂站设备，自愈能力强，运行稳定可靠。

厦门某燃气企业，其某个高中压调压站将原有调压器整体更换为新型智能调压器后，连通站内监控系统即可实现智能调压和远程调压。智能调压装置能按照每天预先设定好的时段，自动调节出口压力，也可根据上位控制信号调节出口压力，实现高中压站的动态管理，可随时获得调压站运行状况，有效提升燃气调压站的管理水平和安全水平，为下游用户的安全使用作好充分的准备。

7.6.3　管线运维中的应用

2023 年 11 月国务院安委会办公室发布的《城市安全风险综合监测预警平台建设指南（2023 版）》"三、风险监测（一）城市生命线工程"第 1 条提出，对燃气管线泄漏爆炸风险要进行风险监测。针对地下燃气管线因老化或腐蚀等造成燃气泄漏，并扩散至地下管沟、窨井等相邻空间，引发爆炸的风险，对高压、次高压管线和人口密集区中低压管线的压力、流量进行监测；对管线相邻的地下空间内的燃气浓度进行监测，主要包括燃气阀门井、周边雨污水、电力、通信等管沟、管线穿越的密闭和半密闭空间，容易通过土壤和管沟扩散至的其他空间。也应结合城市燃气管线改造规划、燃气管线风险级别等因素，确定城市燃气管线监测的优先次序、具体区域和监测设备的安装密度等。以下介绍三个在管线燃气安全监测过程中使用到新技术产品的案例。

（1）某声学成像仪：基于燃气气体泄漏产生超声信号，且传播距离远的特点，依托螺旋阵列技术和声源定位算法，实现以热力图的形式显示燃气泄漏声源在空间分布状态的功能，以解决燃气泄漏难以被捕捉和准确定位问题。根据某公司给出的案例数据，使用该种设备在燃气厂站进行泄漏检测，检测效率提升 60% 以上，有力保障了燃气厂站安全、燃气运营安全，某声学成像仪如图 7-10 所示。

图 7-10　某声学成像仪

（2）无人机智能巡视分析系统：该系统是上海某燃气企业针对天然气管网日常巡视的需求，将"5G 技术 + 云计算 +AI 人工智能"等先进信息技术与长航时无人机相结合开发的，根据天然气主干管网分布和走向、飞行时间、起降地点、飞行高度、巡视任务要求（实时视频回传、地理信息测绘、图像特征目标分析等），提前规划出无人机管道巡视航线并预设飞行任务，无人机携带航拍相机等按预定飞行路线执行任务。在飞行过程中，巡视视频通过 5G 网络实时回传至无人机应用综合管控云平台；云平台支持用户查看视频；无人机对用户特别感兴趣的场域，可应用数据综合分析，并给出识别结果、导出巡视报告。无人机及其航迹报备示意图如图 7-11 所示。

（3）ppb 级高精准燃气泄漏检测系统：该系统通过车载和人员佩戴 ppb 级激光检测设备探测气体浓度，结合泄漏探测算法、精准时空位置信息实现泄漏数据采集，生成检测报

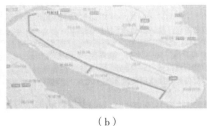

（a）　　　　　　　　　　　　　　　　　　（b）

图7-11　无人机及其航迹报备示意图

（a）无人机；（b）无人机航迹报备图

图7-12　高精准燃气检测车

告并能在数据积累到一定程度时，用算法预测未来管线健康的发展趋势，检测精度的提高能够使企业更早地发现燃气管线的安全隐患，防患于未然。据了解，杭州天然气有限公司已配置该类型的检测车，高精准燃气检测车如图7-12所示，具体的使用效果仍待更多的数据支持。

随着燃气管网规模的扩大和部分管网的老化，燃气泄漏风险与日俱增，燃气企业面临日益严峻的安全运营压力，亟须新的技术手段，安全、高效地解决燃气泄漏定位问题，为燃气安全运营提供更多的助力。

7.6.4　厨房中的安全应用

居民厨房安全应包含数据采集、通信连接以及计算处理等几个环节，包含传感/设备、网络、平台等"端、边、管、云"四个方面，其中：报警器、自闭阀、燃气表等终端设备需智能化，三者可相互耦合，智能互联，形成家庭厨房的安全生态；"系统大脑"需符合接入量大、并发量大、兼容性强的特点，从而保障数据的实时性、可靠性以及准确性。

围绕流量、压力、燃气浓度三个方面，通过在家庭厨房部署燃气表、自闭阀、报警器等多个物联网感知终端设备，形成一套家庭安全联动网络。燃气表、自闭阀、报警器可以分别收集现场运行的数据或设备信息，利用NB-IoT无线远传技术将所收集到的数据传输至系统后台，后台经过数据模型的分析，从而判断当前家庭厨房环境的安全状态。通过NB-IoT无线远传技术，以及产品间的联动，实现家庭厨房安全实时监控，实时报警；在家庭厨房出现安全隐患及异常状态下，气源实时切断，以多重防护提升本质安全，安全厨房的典型应用组成如图7-13所示。

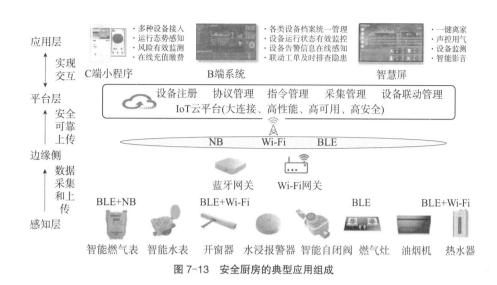

图 7-13　安全厨房的典型应用组成

7.6.4.1　户内辅助安全燃气表

围绕家庭 / 餐饮厨房安全中的计量安全领域，通过所部署的 NB-IoT 物联网辅助安全燃气表，实现对现场用气状况的实时监控，通过流量分析，判断当前用气状态；当出现超流、持续流、微小流等异常用气状态时，燃气表可即时感知，并切断用气阀门；避免现场环境进一步恶化，同时利用 NB-IoT 无线远传技术将现场收集到的异常状态传输至系统后台，告知燃气企业及用户及时处理。通过实时监控、实时报警等方式，实现燃气安全计量。

智能超声波燃气表，其自身灵敏度极高，针对居民厨房的微小流量泄漏，能及时检测并报警；智能膜式燃气表则需要通过一些技术手段提升计量采样精度，进而实现微小流量泄漏的检测功能。辅助安全型燃气表在遇到以下用气异常情况时，可自动关阀、告警、上传。

——燃气压力过低检测：在正常使用条件下，燃气表内有燃气流动，持续检测到燃气压力低于 0.4kPa 时；

——异常大流量检测：在正常使用条件下，流量大于设定值（保护燃气表），一般设定为燃气用户最大负荷流量的 1.5 倍时；

——恒定流量检测：燃气表长时间恒定流量用气时，持续时间可由用户进行设定；

——异常微小流量检测：燃气表检测到异常微小的用气并达到一定的持续时间时；

——燃气泄漏联动切断：燃气表具有与燃气泄漏报警器通信的接口，燃气报警器具有不完全燃烧报警功能，在正常使用条件下，燃气表接收到燃气泄漏报警器的告警信号时，优先处理燃气泄漏报警事件。

随着民用燃气安全解决方案技术的提升，通过智能燃气表内嵌的边缘计算技术可实现多种分析功能，除了具备用气异常时自主切断燃气供应功能，提高用户安全外，与此同时，智能燃气表与外围的燃气泄漏报警器或红外干烧报警器等设备可实现联动，共同为打造"安全厨房"提供保障。

7.6.4.2　户内燃气报警器

围绕家庭/餐饮厨房安全中的环境安全监控领域，通过所部署的 NB-IoT 物联网燃气泄漏报警器，实现对现场可燃气体浓度的实时采集，利用 NB-IoT 无线远传技术将现场收集到的环境气体浓度状态传输至后台系统。后台系统经过对现场气体浓度的分析，判断当前是否处于"隐藏"危险状态，在泄漏浓度未达到报警点时，提前感知危险，对于胶管老化微漏等场景特别适用。

燃气泄漏报警器，除了独立工作模式外，还可采用联动模式，与燃气表（带阀门）/切断阀形成联动网络。当现场出现脱管、拔管等问题时，燃气泄漏报警器可及时感知，在泄漏浓度到达报警下限浓度前，立即与阀门联动，切断气源；同时利用 NB-IoT 无线远传技术将环境异常状态上报，系统立即将报警异常信息通知燃气企业及用户，提醒燃气企业及用户立即处理，家用可燃气体探测器报警联动案例如图 7-14 所示。

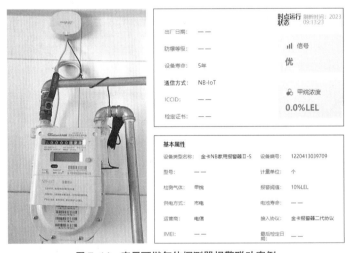

图 7-14　家用可燃气体探测器报警联动案例

随着市场需求的不断提升，家用可燃气体探测器的功能也逐步完善并多样化，如配套安装电磁阀在燃气管道上，当报警信号发出的同时，探测器会控制电磁阀进行关阀动作。另外，随着智能燃气表的功能不断增强，家用可燃气体探测器可以通过有线或无线（如蓝牙）的方式与智能燃气表有效联动，将报警信号及时同步至智能燃气表，智能燃气表接收到探测器的报警信号，会立即关闭燃气表内阀门，有效提升家庭用户的安全性。

另外，在报警器浓度阈值告警时可以联动推窗，当采用蓝牙连接方式时，报警器达到浓度阈值产生告警，通过蓝牙通信，联动开窗器推窗；同时，通过 NB-IoT 通信，向平台发送告警指令。也可以采用有线直连方式，当报警器达到浓度阈值产生告警，联动开窗器启动推窗。

对家用可燃气体探测器智能化的研究一直都在进行中，如加入自检功能，对所有历史记录进行存储，包括产品的报警及恢复记录、故障及恢复记录、上电掉电记录、传感器失效记录等，实现较强的追溯性。

7.6.4.3　户内智能自闭阀

《燃气工程项目规范》GB 55009—2021 规定，家庭用户管道应设置当管道压力低于限定值或连接灶具管道流量高于限定值时，能够切断向灶具供气的安全装置。能够实现这一安全功能的产品类型也有多种，其中最典型的是管道燃气自闭阀。行业内有专家认为自闭阀是燃气管道上的"漏气"保护器，是燃气家庭用户本质安全体系核心产品。多个省份的燃气管理条例中多年前已明确规定："居民燃气用户应当安装燃气安全自闭阀……"如陕西省在 2008 年 1 月 1 日起施行的《陕西省燃气管理条例》第三十二条明确要求安装自闭阀。使用后，确实极大减少了居民燃气爆炸导致的伤亡事故。

自闭阀具有独有的微压差传感器，可以将压差变化信号放大，与磁力、皮膜检测结合，形成高精度和可靠的流量、压力控制，技术处于国内外领先水平。当鼠咬破损、软管连接松动脱落、管道断裂情况下，自闭阀依靠压差、流量双信号检测能够迅速自动切断。

随着物联网技术的发展，燃气企业数字化管理能力的提升，对自闭阀的管理也提出了更高的要求。市场上目前大量使用的传统自闭阀可实现对户内管道的超压、欠压、过流等异常情况检测，并在检测到这些异常时能够及时动作，切断燃气，但问题在于燃气企业无法主动获取该类异常信息，需要等居民自行发现异常后再向燃气企业反映，存在信息滞后问题，且上门检修排查成本高，用户体验差。智能自闭阀中除了阀体部分可实现传统自闭阀功能外，智能模块可监测到阀体部分的各种阀门状态，并能够实时将异常上报燃气企业，不仅第一时间帮助燃气企业掌握风险情况；同时也可定期将阀体状态上传至系统平台，燃气企业对自闭阀的运营由被动转为主动，同时极大提升了用户体验。智能自闭阀由自闭阀体和智能模块两部分组成，可实现阀门状态信息数据采集、监测的一种装置。即一方面需要满足压力或流量超出正常范围时能够自动切断燃气，另一方面要具有物联网功能，即数据可被采集，从而实现远程监测，助力燃气设备的信息化管理，智能自闭阀示意图如图 7-15 所示。

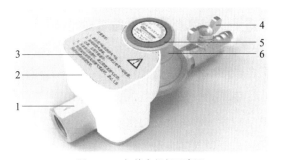

图 7-15　智能自闭阀示意图
1- 阀体组件；2- 智能模块壳体；3- 指示灯；4- 球阀；
5- 检验钮；6- 复位钮

7.6.5　工商业用户场所安全管理应用

2021 年 9 月 1 日起施行的《中华人民共和国安全生产法》第三十六条第 4 款规定：餐饮等行业的生产经营单位使用燃气的，应当安装可燃气体报警装置，并保障其正常使用。

餐饮企业、工商业用户等场所的燃气安全管理方案，配置小餐饮燃气报警器、工业及商业用途点型燃气探测器、紧急切断阀等智能终端设备，对餐饮、工商业用气环境进行监管和预警提醒，同时结合智能燃气表、智能流量计实现精准研判。政府部门及燃气企业也可以通过燃气设备管理平台，实时监测用气工况，进行安全管控，有效降低燃气爆燃、爆炸事故风险隐患。

无论是在哪类应用场景中，可燃气体探测器的配置都是必要的，且不同的用气场所均需同时设置自动切断阀和机械通风设施。每台探测器均会设置两个报警阈值，当用气场所有燃气泄漏时，根据燃气浓度实现低限报警，配有风机时应启动风机，并根据《城镇燃气设计规范（2020 版）》GB 50028—2006 中 10.5.3 第 5 款要求，事故通风时，换气次数不应小于 $12h^{-1}$。当燃气浓度达到高限时，报警时需同步关阀，报警信息会上传到设备管理平台，平台可以通过发送微信、短信信息或电话及时通知用户，以便用户及时采取措施，防止燃气事故发生。工商业用户配置示意图如图 7-16 所示。

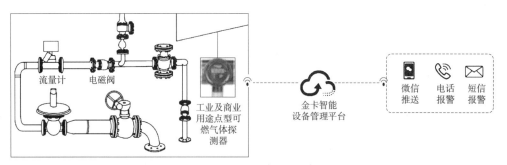

图 7-16　工商业用户配置示意图

7.6.6　液化石油气钢瓶智能感知技术应用

7.6.6.1　智能角阀

智能角阀又称为智能燃气阀，是将液化石油气钢瓶上的传统阀门进行改造加入控制芯片，由专业的智能控制枪进行解锁从而打开阀门进行充气的智能阀门。新一代智能角阀采用一阀一码技术，每个阀门都有一组电子密码和物理密码，通过双层加密新技术，大幅增加钢瓶的安全防控能力，确保钢瓶充装可控，满足对钢瓶的追溯管理要求。智能角阀阀身上的 RFID 芯片，具有写、读信息功能，可存储企业信息、钢瓶出厂日期、检验日期与钢瓶充装记录等信息；手轮上的二维码可以扫描溯源，出气口带自闭装置，有自闭功能；阀体内嵌限充装置，防止交叉充装，实现限充功能；有防拆适配器，具有防拆功能；采用云密码、双层加密控制技术，多组密码防护。智能角阀气瓶充装时配套的特制充装枪会自动识别智能角阀 RFID 里面的信息，当判断信息正确时，充气枪才会打开智能角阀里内嵌的限充装置完成充装。

智能角阀与智能充气枪、系统软件配合可实现燃气运营、溯源信息化管理，确保钢瓶的生产、充装、储存、运输、使用等各个环节能进行全过程全生命周期管理，流向可追溯，企业责任可界定，从而减少安全事故发生、维护液化石油气用户及社会公共秩序，促进市场健康有序发展。

7.6.6.2　智能底座

智能底座具有瓶装气消费重量和防泄漏实时智能监测、数据传送、云平台管理、数据分析等功能，为瓶装液化石油气物联网产品。智能底座通过对钢瓶整体重量数据进行智能分析换算，用户可实时掌握剩余气量信息。

瓶装液化石油气智能底座的应用，可将送气服务由被动变为主动，燃气企业通过智能底座 APP 后台，可直观看到片区内用户剩余气量情况，主动提供有计划的服务。同时通过后台大数据统计，生成运营简报，便于燃气企业做决策分析。

7.6.7　燃气设备接入物联网开放平台安全应用

（1）依托于运营商提供的设备接入安全服务，为物联网设备提供附加的安全身份认证、通道加密和数据加密服务，支持 SM2/SM3/SM4/SM9 国密算法，燃气终端设备需集成国密安全模块。以下主要以燃气表的接入为例说明该应用。

1）设备证书管理

实现燃气设备的数字证书管理，为每一个燃气设备发放国密 SM2 数字证书以及证书的维护和更新服务。

为简化燃气表侧实现身份认证和数据加密功能的复杂度，可以选择集成了平台安全 SDK 的安全芯片、安全模组。燃气表通过与安全模组或安全芯片交互，可实现证书签发及发放过程中的安全机制。安全单元与物联网开放平台交互时，相关认证字段需填写在端云交互协议的指定字段中。

2）设备身份认证（图 7-17）

燃气设备和物联网平台通过 SM2 数字证书的公私钥完成双向身份认证，确保双方身份合法性。

图 7-17　设备身份认证

3）数据加密（NB 方式接入）（图 7-18）

实现燃气表数据基于国密 SM2 算法的数据加密，基于 SM3 算法的数字摘要，并在平台侧完成数据的解密，通过物联网专线实现与燃气应用系统之间的数据传输，确保终端业务数据在整个传输过程中的安全性。通过对燃气表上报的燃气用量等数据加密，防止数据被第三方解读利用，同时对燃气表平台下发的指令数据进行加密，燃气表解密正确时才可以执行相应的指令（如关闭燃气），确保应用场景安全。

图 7-18　数据加密（NB 方式接入）

4）通道加密（4G 方式接入）（图 7-19）

在燃气设备和物联网开放平台之间建立一个基于国密 TLS 协议的安全通道，实现基于国密 SM4 算法的数据加密，基于 SM3 算法的数字摘要，并在平台侧完成数据的解密，通过物联网专线实现与燃气应用系统之间的数据传输，确保终端业务数据在整个传输过程中的安全性，防止数据被非法篡改、解读。

图 7-19　通道加密（4G 方式接入）

（2）为方便燃气终端设备快速开发支持国密安全能力，会提供配套的终端安全 SDK。同时，也可以支持多种终端侧配套的安全模块，可根据自身改造需求和成本考虑进行选择。

1）安全 SDK

安全 SDK 具有安全能力软实现、低成本、快速集成等优点。安全 SDK 实现与安全能力场景对应的身份签名、数据加解密、安全通道建立等功能逻辑，可快速与终端应用进行集成。根据客户终端系统类型（操作系统和内核）提供不同版本。

2）安全 SIM 卡

卡内置安全能力，低成本、改造小。安全 SIM 卡，基于大容量 java 卡提供国密能力配套的国密安全算法运算、证书密钥存储等功能。

3）安全芯片

使用安全芯片属于硬件加密，具有高安全、高可靠性等特点。安全芯片提供国密安全算法运算、证书密钥存储等功能。产品支持符合国标的国密安全芯片。

4）安全模组

安全模组内置集成了安全 SDK 和安全芯片，提供产品配套的安全能力相关功能，可降低终端集成和改造成本。

7.6.8   信息融合技术在城市燃气行业的应用

7.6.8.1   燃气监测预警与应急指挥平台

自 2020 年以来，全国燃气事故总量连续 7 个季度持续上升，较大级别以上事故呈抬头趋势。2021 年连续发生湖北十堰"6·13"、辽宁沈阳"10·21"等多起较大及以上级别安全事故，造成人民群众生命财产重大损失。针对日趋严峻的燃气安全形势，政府多个部门接连发文，部署在全国开展城镇燃气安全排查整治工作，推进城市安全风险监测预警平台建设，系统整治燃气安全问题，防范化解重大燃气安全风险，遏制城镇燃气爆炸事故高发态势。

围绕燃气储配输送安全、终端用户用气安全、液化气钢瓶全生命周期流转安全和第三方施工破坏风险防范 4 方面主要内容，借助物联网、云计算、大数据与人工智能等先进技术，打通政府各相关委办局以及政府同企业间的网络、数据通道，构建燃气安全监测预警平台，实现燃气安全物联监测接入、政企业务数据共享和应用系统集成应用，对燃气安全进行全时空、全方位安全运行监测和全行业链条、全生命周期安全生产监管，第一时间发现风险、排查风险和消除风险，针对突发状况快速做出应急响应和联动处置，全面提升城市燃气安全运行保障、安全生产监管与突发事件应急处置水平。

典型的燃气安全监测预警平台基于"14112"总体架构，打造燃气安全"一网感知、四大支撑、统一应用、统一门户、两个配套体系"，总体架构图如图 7-20 所示。

1. 一网感知

"一网感知"，即燃气安全运行监测物联网，重点开展 5 大场景的监测物联网建设：

（1）燃气管网监测，包括燃气厂站和不同压力等级管道的压力、流量、温度监测，门站、储气站、调压站和燃气井等场所设施的燃气浓度监测，燃气管道周边因土壤湿度、地质变化、火灾等对管道安全影响的监测，铸铁及钢制燃气管道的腐蚀监测，因地质灾害、第三方施工等燃气管道振动监测，燃气管网安装的燃气设备设施的安全运行监测。

（2）燃气管网相邻空间监测，针对燃气管线的阀室、窨井等，以及燃气管线相邻的雨、污、水、电和通信等地下管沟、窨井等附属设施，开展甲烷浓度、水位等的监测。

（3）终端用户监测，针对家庭用户和工商用户用气场所内的燃气浓度、一氧化碳浓度进行监测，并附带监测泄漏预警联动的电磁阀、排风扇等装置，自动控制关闭燃气阀门和降低环境燃气浓度。

（4）液化气钢瓶泄漏监测，通过在液化气钢瓶或钢瓶用气环境内安装泄漏监测仪，实

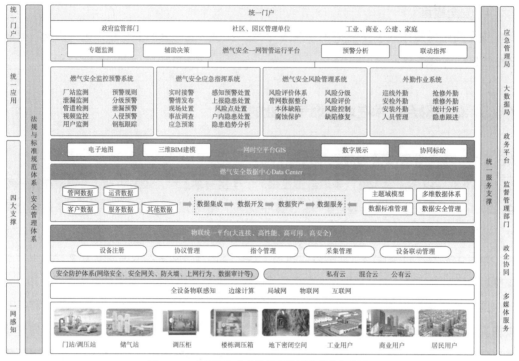

图 7-20　典型燃气安全监测预警平台总体架构图

现泄漏预警后联动关阀。

（5）第三方施工智能监测，通过将"雪亮工程""天网工程""智慧交通"等视频监控进行接入和智能分析，实现对工程机械等施工的自动识别和异常监测。

2. 四大支撑

"四大支撑"，指云网服务支撑、统一物联网平台支撑、数据中心支撑和一网时空平台支撑。其中：

（1）云网服务支撑：主要依托私有云、共有云、混合云等基础服务资源设施，提供基础计算资源、存储资源、网络传输资源、安全防护等的支撑服务。

（2）统一物联网平台支撑：基于统一平台，接入各监测场景下的物联网进行数据采集，提供统一的设备信息、配置、指令控制、监控预警等能力。

（3）数据中心支撑：通常依托大数据平台或数据中心，对燃气安全相关的基础数据、业务数据、物联网监测数据等进行统一汇聚和数据治理，为上层应用提供数据调用、数据计算及数据分析挖掘服务。

（4）一网时空平台支撑：主要为上层应用提供地理信息服务、地图可视化展示、BIM建模等 GIS 的共性服务支撑。

3. 统一应用

"统一应用"基于安全应用服务的融合，通过微服务、模块化构建，提供燃气全场景的安全监控预警系统、风险管理系统、应急管理系统、安全现场作业系统。同时，基于可视化驾驶舱构建上层的一网智管运行平台，实现分领域专题的安全预警、智能分析、联动指挥的综合一体化安全监管。其中：

（1）安全监控预警管理系统，实现燃气厂站、管网、相邻空间、燃气用户、危险源和防护目标等场景的各类安全监测采集数据的综合监测以及预警管理，可设置不同采集数据的预警规则，并打通各方监管和处置组织，实现实时感知，提供早发现的能力。

（2）风险管理系统，负责将汇聚整合的燃气各场景安全风险，进行风险分级分类，建立风险评估评价体系以及控制策略，建立风险可视化云图，实时监管，提供风险可控的能力。

（3）应急管理系统，主要用于支撑对燃气事故的应急响应与协同联动处置，功能包括预案数字化管理、事故信息接报、现场状况监测监控、事故研判分析、人员物资调度、协同联动处置和模拟演练，以及应急物资、装备、救援队伍和专家等的管理。

（4）现场作业系统，提供移动化办公能力，通过线上流程化、协同化机制，对安全预警、隐患处置、风险整治等实现由计划、执行、检查、处理的 PDCA 闭环管理。

（5）一网智管运行平台，即通过燃气安全驾驶舱，构建统一的安全监管可视化能力。建立包括各专题燃气安全运行综合态势、燃气安全风险分布、燃气安全监测预警一张图、可视化应急联动、安全辅助决策一张图等能力。其中：

1）各专题燃气安全运行综合态势，以 GIS 和图表可视化相结合的方式，来综合展示城市燃气输配供应、液化石油气钢瓶流通使用的运行状况、覆盖用户监测及用气量情况，以及日常巡线维护、风险管控与隐患排查发现的突出风险、重大隐患和历史事故等的统计分析情况、安全运行态势与发展趋势研判等状况，以便快速全面掌控城市安全运行状况，为城市燃气安全风险防控和专项整治提供辅助决策支撑。

2）燃气安全风险分布，基于燃气储配输送、液化石油气钢瓶全生命周期流转所涉及的危险源信息、日常燃气管道、厂站巡视发现的问题、风险分级管控数据、隐患排查治理数据、燃气管网及相邻空间预警信息、液化气钢瓶监管异常信息和第三方施工破坏报警信息等进行综合风险评估和研判分析，借助 GIS 构建燃气安全风险分布图，刻画城市各片区风险分布及风险等级状况。

3）燃气安全监测预警一张图，借助物联信息采集系统实现燃气管网及相邻空间、终端用户、液化石油气钢瓶等监测预警信息的接入汇聚后，基于 GIS 和图表可视化工具实现对各类监测预警信息的一张图分布展示、调取、分类分级统计分析和趋势研判，支撑燃气安全值守监测和快速预警响应工作开展，并为故障、事故应急处置提供在线监测监控信息支撑。

4）可视化应急联动及辅助决策，服务于燃气事故应急指挥与救援处置，实现对燃气泄漏爆炸事故的快速定位、泄漏溯源分析、泄漏爆炸影响分析、次生衍生事故耦合分析和周边可调用人员物资装备分布分析等功能，为做好事故影响范围划定、周边人员迁移、燃气管网抢修、应急资源快速调度及事故损失评估等提供辅助决策。

4. 统一门户

建立面向燃气经营企业、政府、终端用户的统一安全门户。燃气经营企业，可基于平台综合监管燃气供应及用气安全。政府各监管部门可关注燃气安全风险及隐患的实时态势以及责任单位的处置效率，并与经营企业进行安全应急联动。终端用户可通过统一门户，关注其用气场所的用气安全情况，加强用户的安全意识，以及用气安全的主动管控。

5. 两个配套体系

两个配套体系即法规与标准规范体系和安全管理体系。其中：（1）法规与标准规范体系旨在为平台的建设、运行和维护提供法律规范及统一标准规范，包括物联信息采集、数据接入、应用集成、服务调用、应用管理及安全运维等的标准规范；（2）安全管理体系旨在为平台提供安全可靠的运行保障能力，包括安全防护体系和运维管理体系两部分。安全防护体系包括物理安全、网络安全、系统安全、数据安全、管理和使用安全制度等；运维管理体系涵盖运维模式、运维服务团队、运维管理系统及运维管理制度等。

本章参考文献

［1］ 廖建尚，巴音查汗，苏红富，等 . 物联网长距离无线通信技术应用与开发 [M]. 北京：电子工业出版社 . 2019.

［2］ 挚物 AIoT 产业研究院 . 2023 年中国 AIoT 产业全景图谱报告 [R]. 深圳：挚物 AIoT 产业研究院，2022.

［3］ 中国城市燃气协会智能气网专业委员会 . 中国城镇智慧燃气发展报告（2022）. 北京：中国石化出版社，2023.

［4］ 刘星 . 大数据：精细化销售管理、数据分析与预测 [M]. 北京：人民邮电出版社 / 中国工信出版集团，2016.

［5］ 金洁羽 . 强化信息安全的燃气物联网安全芯片的应用 [J]. 煤气与热力，2020（6）：B33-B39.

［6］ 钱钢 . 芯片改变世界 [M]. 北京：机械工业出版社，2019.

［7］ 董剑峰，何英杰，郜迪，等 . 基于 NB-IoT 和 5G 通信模组的研究与展望 [J]. 河南科技，2021（2）：26-28.

［8］ 中华人民共和国国家质量监督检验检疫总局 中国国家标准化管理委员会 . 智能气体流量计：GB/T 28848—2012 [S]. 北京：中国标准出版社，2013.

［9］ 何友，王国宏，关欣，等 . 信息融合理论及应用 [M]. 北京：电子工业出版社，2010.

［10］ 许晓，黄伙基，陈晓明 . 城镇燃气调压设备的安全管理 [J]. 上海燃气，2019（4）：32-33.

［11］ 中国城市燃气协会科学技术委员会 . 中国城镇燃气科技发展报告（2015—2019）[M]. 北京：中国建筑工业出版社，2021.

［12］ 金卡智能集团股份有限公司等 . 5G 物联网智慧燃气白皮书 [R]. 杭州：金卡智能集团股份有限公司，2021.

［13］ 崔其文，解福，王书涛，等 . 燃气安全监测预警平台设计与应用研究 [J]. 科技创新与应用，2023（8）：104-107.

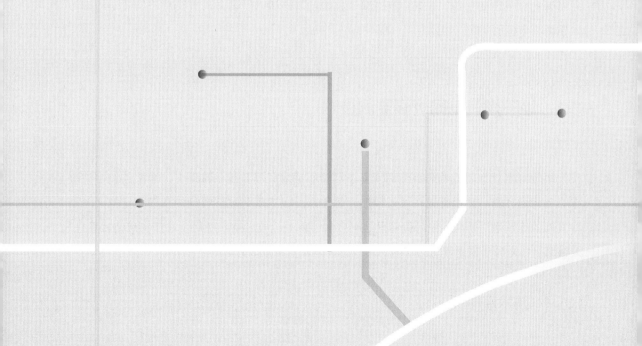

第 8 章　城市燃气泄漏监测检测

近年来，随着我国城镇化进程快速发展，全国城镇燃气使用规模增长迅猛，伴随而来的燃气安全形势愈发严峻。作为城市生命线安全运行的大动脉——"燃气管道"，承载着城市生产和居民生活的基本能源保障，一旦发生燃气管网燃爆事故，将对社会民生以及人民生命财产安全造成重大损失和影响。目前，对城市燃气管道及其附属设施泄漏进行监测检测，保证城市燃气管道系统在安全的条件下运行管理，已成为燃气运营行业关注的重点。随着泄漏监测检测技术的不断发展，地下、地上、便携式、车载等多种燃气监测检测方式都得到广泛应用。各种燃气泄漏监测检测技术都有其优势与缺陷，单纯一种技术对燃气泄漏监测检测很难达到令人满意的效果，所以，综合运用多种监测检测方法形成经济、可靠的检漏技术系统，是燃气泄漏监测检测行业发展的趋势和方向。

本章节将从地下、地上、便携式、车载等不同角度和方面总结城市燃气设施泄漏监测检测技术装备的原理、应用现状和未来发展情况，为城市燃气运营企业和管理机构提供技术参考和应用场景支持。未来，随着科学技术的不断进步，城市燃气设施泄漏监测检测技术装备将会更加精确、高效。

8.1 地下燃气管网泄漏监测技术

城市燃气埋地管道由于地下环境复杂、检修成本较高且维护难度大，泄漏监测方法需要具备稳定性高、适用性强、可长期监测等特点，以实现对地下管网的长期稳定监测。面对复杂的地下燃气管网系统，目前已经有多种泄漏监测技术得到应用。本节将从技术原理、发展现状以及预警应用等方面对地下燃气管网泄漏监测技术进行阐述。

8.1.1 技术原理

为保障地下燃气管网运行安全，可通过监测管道内燃气压力、流量等参数变化和管道外部振动、气体浓度变化等技术手段实现对管网泄漏的监测。本小节介绍质量平衡监测技术、超声波泄漏监测技术和分布式光纤传感监测技术等地下管网泄漏监测技术。

8.1.1.1　质量平衡监测技术

由于管道破裂、设备损坏、阀门失效以及操作错误等原因，可能会导致燃气从管道、设备或容器中泄漏出来，并逸散到周围环境中。而质量守恒是物理学的一个基本原理，指在任何物理或化学过程中，系统总质量的总和保持不变。根据质量守恒定律，在没有泄漏的情况下，进入管道系统的燃气质量应该等于离开管道系统的燃气质量。因此，通过监测流入和流出管道系统的燃气质量流量，并考虑补给和消耗等其他因素，可以计算出管道系统中燃气质量的变化，进而判断是否存在泄漏。

质量平衡监测技术也有其限制。首先，它需要准确可靠的质量流量测量设备，否则无法获得准确的质量变化信息；其次，质量平衡监测技术通常只能定性判定是否发生泄漏，无法确定具体泄漏位置。因此，在实际应用中，通常需要结合其他检测技术来进一步确定泄漏位置和程度。

1. 质量平衡监测技术基本原理

在介绍基于质量平衡监测技术的泄漏检测原理之前，需要定义一些关键术语。以管道的其中一部分作为一个控制单元，如图 8-1 所示，这个控制单元称为管道线路质量平衡单元。管道质量平衡单元中有 N 个离散位置流入管道，并在 M 个位置流出。进入控制单元的质量流率为 $\dot{m}_{\mathrm{in},1}$，……，$\dot{m}_{\mathrm{in},N}$，而流出控制单元的质量流率为 $\dot{m}_{\mathrm{out},1}$，……，$\dot{m}_{\mathrm{out},M}$。控制单元内质量的变化率为 m_{MBS}。根据质量守恒定律，控制单元的质量变化等于进入管道的质量流率之和减去流出管道的质量流率之和，见式（8-1）：

$$\sum_{i=1}^{N} \dot{m}_{\mathrm{in},i} - \sum_{j=1}^{M} \dot{m}_{\mathrm{out},j} = m_{\mathrm{MBS}} \tag{8-1}$$

以一个管道线路作为质量平衡的考察单元，图 8-1 示例了一个质量流率为 $\dot{m}_{\mathrm{leak}}$ 的单个泄漏过程。从质量守恒的角度来看，泄漏是管道外出现额外的质量流率，但有几点不同：（1）泄漏的时间未知；（2）泄漏位置未知；（3）泄漏的质量流率未知。

根据质量守恒定律，需要满足以下要求：

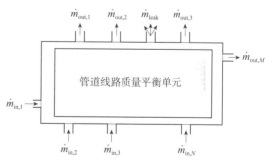

图 8-1　控制泄漏管道的体积表示

$$\sum_{i=1}^{N} \dot{m}_{\mathrm{in},i} - \sum_{j=1}^{M} \dot{m}_{\mathrm{out},j} - \dot{m}_{\mathrm{leak}} = m_{\mathrm{MBS}} \tag{8-2}$$

上述公式转化后为通过质量平衡进行泄漏检测的基本方程：

$$\dot{m}_{\mathrm{leak}} = \sum_{i=1}^{N} \dot{m}_{\mathrm{in},i} - \sum_{j=1}^{M} \dot{m}_{\mathrm{out},j} - m_{\mathrm{MBS}} \tag{8-3}$$

通常将式（8-3）的最后一项称为质量堆积率 MPR_{MBS}，在这里将已知进口流量和出口流量的差值定义为质量流量平衡 MFB_{MBS}，具体如式（8-4）所示。

$$MFB_{MBS} = \sum_{i=1}^{N} \dot{m}_{in,i} - \sum_{j=1}^{M} \dot{m}_{out,j} \tag{8-4}$$

最后，将可观测的质量平衡定义为：

$$MB_{MBS, Observable} = MFB_{MBS} - MPR_{MBS} \tag{8-5}$$

通常，可观测的质量平衡简称为质量平衡。相比之下，真实的质量平衡会包含泄漏质量流率。根据泄漏的存在与否，在理想条件下可观测的质量平衡由式（8-6）给出：

$$MB_{MBS, Observable} = \begin{cases} 0 & \text{无泄漏} \\ \dot{m}_{leak} & \text{泄漏} \end{cases} \tag{8-6}$$

当发生泄漏时，管道通常会开始失压，流量将重新平衡，使得进入管道的测量流体多于离开管道的流体。

总之，在理想情况下，城市管网的可观测质量平衡在无泄漏情况下应该完全为零，在存在泄漏时应该完全等于泄漏流速大小。

泄漏会以无法从离散测量中轻易确定的方式改变管道的状态。为了适应这种不确定性（并限制泄漏检测系统的虚警），通常会设置一个依赖于可观测质量平衡不确定性的泄漏检测阈值，将其表示为 Threshold。更准确地说，可观测的质量平衡具有两个基本组成部分，因此可以这样描述：

$$U(MB_{MBS, Observable}) = U(MFB_{MBS} - MPR_{MBS}) \tag{8-7}$$

2. 质量平衡监测技术产品与应用

质量平衡监测技术是用于监测和维护工业过程中的质量平衡的方法，以确保输入和输出流的平衡，并监测任何潜在的问题和异常情况。

国际领先水平的热式质量流量计适用于各行各业的测试装置，测试装置的应用要求响应迅速，测量精准。此外流量计不需要温度和压力补偿可以直接显示气体质量流量和标准体积流量。热式质量流量计精度高，响应时间短，量程比宽，即使流量很小，测量精度也不会显著降低。

高精度质量流量计可以精确测量气体流量。目前，流量计具有各种测量精度的型号可供选择，并且为了应对绝大多数测量使用场景，流量计的安装长度和操作方式基本完全相同，质量流量计原理如图 8-2 所示。

8.1.1.2　超声波泄漏监测技术

超声波泄漏监测技术测定地下燃气管网泄漏的原理是将管道分成若干部分，每部分都安装上超声波流量测定装置以测定这部分管道流进和流出的体积流量，同时测定管道温度和环境温度、声波在管道内流体的传播速度等参数。然后根据体积平衡原理并应用计算机软件模型处理管道各个部分所有参数的测定结果，分析和比较管道输送中分别在泄漏时和正常运行时的参数状况，由此诊断和确定管道泄漏量和泄漏点位置。

泄漏超声本质上是湍流和冲击噪声。泄漏驻点压力 p 与泄漏孔径 D 决定了湍流声的声压级 L，其大小为：

$$L = 80 + 20\lg\frac{D}{D_0} + 10\lg\frac{(p-p_0)^4}{p_0^2(p-0.5p_0)^2} \qquad (8-8)$$

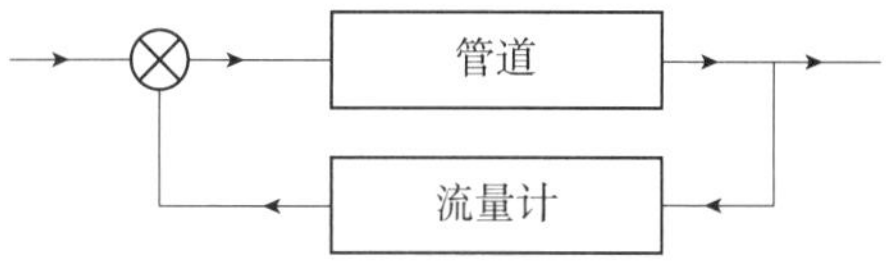

式中 L——垂直方向距离喷口 1m 处的声压级，dB；

D——喷口直径，mm；$D_0 = 1$mm；

p_0——环境大气绝对压力，Pa；

p——泄漏孔驻压，Pa。

图 8-2   质量流量计原理图

由此可知，当与泄漏孔存在一定距离时，泄漏超声的声压级是随泄漏孔尺寸和系统压力的变化而变化的。

泄漏孔的雷诺数可用公式（8-9）表示：

$$Re = \frac{\rho v D}{\mu} \qquad (8-9)$$

式中 ρ——气体密度，kg/m^3；

μ——黏度，kg/（m·s）；

v——流速，m/s；

D——力学平均直径，m。

在工业上，对于燃气管道，由于不断有燃气补给，管道里面的气压一般是恒定的。当系统内外压力一定时，对于不同的泄漏孔，泄漏的流速都是一定的，可用式（8-10）来表示：

$$v = \frac{Kp\,\psi(\sigma)}{\sqrt{RT_1}}$$
$$\psi(\sigma) = \begin{cases} \sqrt{\sigma^{2/k} - \sigma^{(k+1)/k}} & 0.548 < \sigma \leqslant 1 \\ 0.2267 & 0 \leqslant \sigma \leqslant 0.548 \end{cases} \qquad (8-10)$$

式中 v——气体流速，m/s；

p——管内压力，Pa；

T_1——绝对温度，K；

R——气体常数；

$\sigma = p_0 / p$；

$K = \sqrt{2k / (k-1)}$，对于天然气，$k=1.3$，则 $K=2.943$。

已知雷诺数、气体流速，就可以通过求解得出该泄漏孔力学平均直径 D，即可获得泄漏量的大小。通过分析可知，只要能检测出泄漏点一定距离的超声波在某一个频率点的强度，再给出泄漏系统内外压力，就可以估算气体泄漏量大小。

图 8-3 所示为超声波管道泄漏监测技术的应用。

图 8-3　超声波管道泄漏监测技术应用

8.1.1.3　分布式光纤传感监测技术

分布式光纤传感监测技术可以分为基于电阻的传感监测技术和基于光纤分布式传感监测技术。

1. 基于电阻的传感监测技术

基于电阻的传感监测技术是一种利用电阻传感器来实现对物理量或环境参数变化进行监测的技术。将感应电阻安装在靠近管道的位置，通过测量电阻值的变化来监测目标物理量，并将其转化为电信号或数字信号进行采集和处理。

基于电阻的分布式传感监测技术可以应用于许多领域，以下是一些常见的基于电阻的分布式传感监测技术的产品及应用：

（1）分布式温度传感器：这种传感器通过在输电线路、管道、油井等设备上布置具有电阻特性的材料或电缆来实现对温度变化的监测；它可以提供沿整个长度的温度分布信息。

（2）分布式应变传感器：这种传感器通过在结构体、桥梁、管道等工程项目中布置具有电阻特性的材料或电缆来实现对应变的监测；它可以提供沿整个长度的应变分布信息。

（3）分布式湿度传感器：这种传感器通过在土壤、混凝土结构、建筑材料等场景中布置具有电阻特性的材料或电缆来实现对湿度变化的监测；它可以提供沿传感器长度的湿度分布信息。

（4）分布式液位传感器：这种传感器通过在储罐、容器、水池等场景中布置具有电阻特性的材料或电缆来实现对液位变化的监测；它可以提供沿整个长度的液位分布信息。

（5）分布式压力传感器：这种传感器通过在管道、设备中布置具有电阻特性的材料或电缆来实现对压力变化的监测；它可以提供沿整个长度的压力分布信息。

2. 基于光纤分布式传感监测技术

基于光纤分布式传感监测技术是一种管道泄漏监测技术，它分为温度和振动两种不同的监测方法。采用温度监测的方法，主要依靠分布式光纤的温度传感器对管道周围温度的变化监测，从而定位出管道泄漏的具体位置。而振动监测主要是依靠光纤提取管道沿途的泄漏振动信号，主动分析和处理振动信号，并实时报道出发生泄漏的具体情况。

该类型天然气泄漏监测技术包含光路和电路两部分，其中加入了 CIR（光环形器）、PC（偏振控制器）和 PZT（相位调制器）等，光纤分布式传感监测技术光路部分如图 8-4 所示。

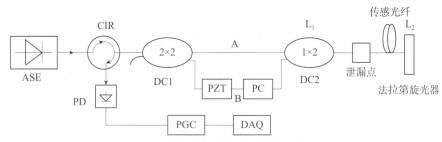

图 8-4　光纤分布式传感监测技术光路部分

ASE（光源）发出的光经过 DC1（2×2 光耦合器）和 CIR（光环形器），分别通过 A、B 两个路径，经传感光纤和 DC2 至法拉第旋光器之后再原路返回，最后在 1×2 光耦合器处耦合干涉。光纤信号经由 PD（光电探测器）之后转换为电信号，进入 PGC（相位调制）进行解调，调节完成后的数据利用 DAQ（数据采集器）进行采集，最终经频谱分析处理：

该监测技术需要在天然气管道监测数据中查找主要元素进行主成分分析。主成分分析需要针对天然气管道某段或某系统的历史数据进行搜集，建立个性化天然气管道泄漏数据库和成分模型，利用方差累积贡献率法对天然气泄漏监测系统的累计贡献率 C_r 进行计算，如式（8-11）所示：

$$C_r(f) = \frac{\sum_{i=1}^{f} \lambda_i}{\sum_{i=1}^{m} \lambda_i} \times 100\% \qquad (8-11)$$

式中　m——指标变量的个数；

　　　f——保留的主成分个数；

　　　λ——天然气泄漏监测数据平均系数。

可以利用 S_{PE} 统计量监测数据中是否含有天然气泄漏信息，S_{PE} 统计量判断管道泄漏情况的依据是，通过监测分析残差分子空间内的数据分析。有泄漏时，S_{PE} 统计量值很小，采集数据接近主成分模型；无泄漏时，S_{PE} 统计量值较大，采集数据偏离主成分模型严重。S_{PE} 统计量表达式：

$$S_{PE} = \left\| \widetilde{x} \right\|^2 \qquad (8-12)$$

用 G_a 表示 S_{PE} 的置信限，当 $S_{PE} > G_a$ 时，管道无泄漏。

当 $S_{PE} < G_a$ 时，管道有泄漏，其计算公式为：

$$G_a = k_1 \left[\frac{L_a p_0 \sqrt{2k_2}}{k_1} + 1 + \frac{k_2 p_0 (p_0 - 1)}{k_1} \right]^{\frac{1}{p_0}} \qquad (8\text{-}13)$$

式中，L_a 为正态分布在检验水平 a 下的临界值，$k_i = \sum\limits_{t=i+1}^{m} \lambda_i$，$i$=1，2，3，$p_0 = 1 - 2k_1 k_3 / 3k_2$，$\lambda_i$ 表示数据 $X_{m \times n}$ 协方差矩阵的第 i 个特征值。

光纤温度传感系统（Distributed Temperature Sensor，DTS）主要是在光时域反射原理（Optical Time-domain Reflectometer，OTDR）的基础上，利用高功率激光发射器发送激光脉冲给传输连接的探测光缆，同时采集并分析背向散射光中的拉曼散射光从而具体解决温度监测的分布需求。

光纤振动传感系统（Distributed Optical Fiber Vibration Sensing System，DVS）测量振动信号的工作原理是基于光时域反射原理，当光纤任何部位受到干扰时，其折射率也会随弹光效应的影响而发生变化，从而改变受干扰部位的光波相位。接着，由于受到干涉的影响，光波相位的变化也会对相干瑞利散射光（Rayleigh scattering）的强度产生改变，通过对携带了扰动信息的后向瑞利散射光信号进行分析处理后，即可实现对扰动和入侵的精确定位。图 8-5 为光纤振动传感系统原理图。

8.1.2　技术现状与发展趋势

地下燃气管网泄漏监测技术从传统的局限于管道内部的监测装置发展至管道内外结合的监测系统，提高了监测精度，降低了误报率；从部分参量监测到多参量融合甚至全面监测管道状态，结合信息化数据分析，精准定位泄漏点、计算泄漏量、分析泄漏原因，精细化管理水平日益提升。从单一燃气泄漏监测到管道振动、人为盗挖、施工影响监测等多维监管措施保障燃气管道安全，搭载北斗定位系统，结合信息化技术可建立完备的城市燃气管网泄漏监控体系，一体化统筹监管，降低泄漏响应时间，进而提高抢修效率。未来，地下燃气管网泄漏监测技术将包含泄漏燃气浓度监测、泄漏点定位、泄漏原因排查、泄漏点抢修等一系列完备预警处置补救措施，保障城市燃气管道安全。

监测技术优缺点与主要应用场景如表 8-1 所示、燃气管网泄漏监测技术方法的特点对比如表 8-2 所示。

监测技术优缺点与主要应用场景　　　　　　　　　　　　表 8-1

监测技术	优点	缺点	主要应用场景
质量平衡法	（1）高效性； （2）灵敏度高； （3）一致性	（1）技术要求高； （2）费用高； （3）溯源性差	地下管网、燃气储气站与调压站

监测技术	优点	缺点	主要应用场景
超声波监测	（1）灵敏度高； （2）便携性； （3）实时性	（1）局限性大； （2）监测距离短； （3）易受干扰	地下管网
分布式传感监测	（1）实时性； （2）稳定性； （3）范围广	（1）传输距离受限； （2）易受环境干扰； （3）电磁场干扰	地下管网

燃气管网泄漏监测技术方法的特点对比   表 8-2

检测方法	灵敏度	定位精度	响应时间	环境适应性	能否连续检测	误报警率	使用维护要求	费用
质量平衡法	中等	差	较快	较好	能	高	低	低
超声波法	较好	较好	较快	中等	能	高	中等	中等
分布式传感	较好	较好	较快	中等	不能	低	中等	高

地下管网风险防控技术可以从旧地下管网设施、新建地下管网设施以及综合地下管廊这三个角度进行分析。首先，旧地下管网设施的监测比较复杂，同时成本和代价较大，因其在建设过程中未同时埋入监测设备，无法获悉地质运动以及管道振动等信息，对泄漏监测造成较大影响，只能通过质量平衡法辅以实时瞬态模型对管道流量、温度以及压强等信息进行监测并判别是否发生泄漏，这种方案由于监测的局限性导致误报警率较高。其次，新建地下管网设施时，可以同时埋入一些分布式传感器用于获取地下管道的温度、压力以及流量等变化信息，虽然提高了成本，但是提高了监测效率且降低了误报警率。最后，现代化的地下管廊设施虽然成本提高，但是极大地降低了人工检测管道的成本。这种设施是将多条地下管道建设在一个较宽阔的地下空间内，避免了一定的地质运动干扰，使管道处于一个相对稳定的环境下，降低了管道泄漏风险，也降低了管道定期维护的成本和难度。

8.2 地上燃气设施泄漏监测技术

地上燃气安全监测对象主要为燃气阀井、厂站等，这一部分的燃气安全监测主要依靠固定在特定位置的点式监测装置，以及巡线人员依托手持、背包和车载等类型设备对燃气管道、阀井和厂站等进行监测。本节着重介绍这些地上监测设备采用的技术原理以及相应的地上燃气监测技术现状和风险防控技术。

8.2.1　技术原理

地上燃气监测通常采用的是基于催化燃烧、热传导、电化学、半导体式、红外成像以及红外吸收光谱技术的监测设备，而每一种技术都存在其优势和局限性，以下将从技术原理进行讨论，并列举了各项技术的实际应用，再对比分析各项技术的优缺点。

8.2.1.1　催化燃烧式监测技术

催化燃烧式原理是基于电化学反应形成无焰燃烧，由载体催化元件完成甲烷测量。载体催化元件由测量元件和补偿元件组成，两者物理参数相同。其中测量元件表面涂覆有催化剂（重金属），可使吸附在元件表面的目标气体（如甲烷等）形成无焰燃烧，引起铂电阻线圈的电阻变化。目标气体无焰燃烧释放的热量（与浓度成正比）使测量元件温度升高，其内部的铂丝电阻 R_b 随之增大 ΔR，电桥失衡，由输出的电压量检测目标气体浓度值。将测量元件和补偿元件配对组成惠斯通电桥的两个臂（R_b 和 R_w），取两个相同电阻 R_1 和 R_2 组成电桥的另外两个桥臂，则空气中无甲烷时，测量元件和补偿元件的电阻相等（$R_b = R_w$），桥路处于平衡状态，输出电压为零。此时，即使环境因素变化导致测量元件和补偿元件的电阻发生变化，因两者的物理参数相同，变化后的电阻仍相等，电桥仍保持平衡，所以补偿元件具有补偿作用。催化燃烧式原理图如图8-5所示。

8.2.1.2　热导式监测技术

热导式监测技术通过探测温度差异监测燃气的存在和浓度，热导式可燃气体监测原理图如图8-6所示，热导式可燃气体监测器通常由一个加热元件和一个温度传感器组成。加热元件通过电流加热，产生热量并将其传递到周围环境中；当没有可燃气体存在时，热量能够较快地散发到空气中，使温度传感器的温度保持稳定；当有可燃气体进入监测器时，可燃气体会与空气混合并形成燃烧混合物。燃烧混合物具有较高的热导率，它能更有效地吸

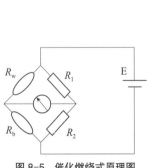

图8-5　催化燃烧式原理图

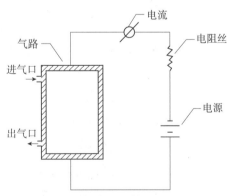

图8-6　热导式可燃气体监测原理图

收加热元件释放的热量。这会导致加热元件的温度升高，进而使温度传感器的温度发生变化。通过测量温度传感器的温度变化，可以推断可燃气体的存在及其浓度。

8.2.1.3　电化学式监测技术

电化学式监测技术是利用待测气体与电极之间发生电化学反应，产生电流信号，根据信号大小与待测气体浓度的线性关系进行测量。典型的电化学传感器通常由一个薄电解层隔开的工作电极和反电极、电解质以及反应池组成。在反应池中，待测气体在工作电极处发生化学反应，通过连接两个电极的电阻可测量电流的大小，从而计算出气体浓度。图 8-7 为电化学测量 CO 原理图。

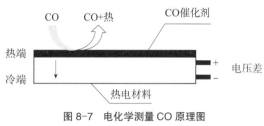

图 8-7　电化学测量 CO 原理图

电化学气体传感器根据测量电参数的差异可分为电位式、电流式、电量式和电导式传感器，其中电位式和电流式传感器多用于气体检测。根据电解质的不同，电化学传感器可分为水溶液电解液传感器、离子液体传感器、固体电解质传感器和有机溶剂传感器。传感器的阴极是涂覆催化剂的聚四氟乙烯，阳极由铅质构成。传感器内的电解质溶液使离子得以在两个电极之间交换。通过连接在两个电极之间的电阻测量电势差从而计算出氧气的浓度。

8.2.1.4　半导体式燃气监测技术

半导体式燃气监测技术是一种基于半导体材料电学特性变化的燃气监测方法。半导体式传感器主要通过金属氧化物的氧化还原反应来实现对可燃气体的监测。金属氧化物半导体（Metal Oxide Semiconductor，MOS）在空气中被加热到一定温度时，氧原子被吸附在带负电荷的半导体表面，半导体表面的电子会被转移到吸附氧上，氧原子就变成了氧负离子，同时在半导体表面形成一个正的空间电荷层，导致表面势垒升高，从而阻碍电子流动，使得传感器阻值增大。在敏感材料内部，自由电子必须穿过金属氧化物与半导体微晶粒的结合部位（晶界）才能形成电流。由氧吸附产生的势垒同样存在于晶界并阻碍电子的自由流动，传感器的电阻即源于这种势垒。在工作条件下当传感器遇到还原性气体时，氧负离子因与还原性气体发生氧化还原反应而导致其表面浓度降低，势垒随之降低，传感器的阻值减小。

8.2.1.5　红外成像燃气泄漏监测技术

红外成像燃气泄漏监测技术是一种基于红外辐射原理的燃气监测方法。待测气体在一定温度下会发出特定的红外辐射，这是由分子振动和转动引起的热辐射现象，不同气体组分的红外辐射谱线具有特定的波长和强度，具有较高辨识度。这种泄漏监测技术通常使用红外相机来接收和记录红外辐射信息，红外相机能够探测并转换待测气体的红外辐射，通过对比目标区域的红外辐射强度与周围背景的差异，可以监测到潜在的燃气泄漏。当燃气泄漏被监测到后，系统可以触发报警装置，发出声音或光信号，以警示工作人员。

　　由于窄波段辐射能量偏小，目前主要采用三种方式提高灵敏度：（1）提供多种可调的时间积分模式；（2）窄带滤光片和红外焦平面探测同时置于斯特林制冷器中制冷，有效减小滤光片自身热辐射对成像的影响；（3）采用多种气体红外图像处理算法来抑制图像噪声。

8.2.1.6　红外吸收光谱泄漏监测技术

　　红外吸收光谱泄漏监测技术利用燃气分子在红外波段的吸收特性来测量其浓度。该系统由反射镜、红外光源、采样室、参照室及检测器等组成。红外光源发射出连续或离散的红外光束，红外光束通过充入燃气气体的采样室和充入标气的参照室。采样室内的燃气气体分子将吸收特定波长的红外光，吸收后的光束再传输到检测器。检测器测量各波长处的光强度，并将其转换为电信号。这些信号与未经燃气气体吸收的参照室基准信号对比，通过分析光谱曲线中由燃气吸收引起的光强度变化，可以准确检测出目标燃气的存在，并进一步计算出燃气组分浓度。图8-8为带斩波器的双光束结构布局。

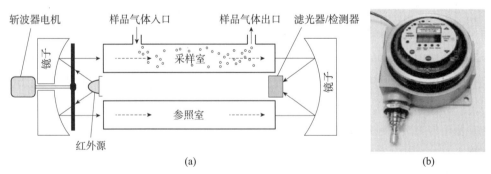

图8-8　带斩波器的双光束结构布局
（a）原理图；（b）外形图

　　其基本原理用朗伯比尔（Lambert-Beer）定律来描述，激光经过物质（例如痕量气体），当激光频率与其原子或分子跃迁频率共振时，光子能量被吸收，激光光强会随着路径长度呈指数衰减，衰减系数与物质浓度、跃迁谱线强度呈正比。激光吸收光谱技术通常被认为具有高灵敏度、高分辨率、选择性强、可实现快速响应、非侵入式的直接检测技术，主要包括直接吸收光谱技术、可调谐半导体激光吸收光谱技术、腔衰荡光谱技术、腔增强吸收光谱技术以及噪声免疫腔增强光外差分子光谱技术。

　　可燃气体探测激光传感器的工作原理是基于可调谐半导体激光气体吸收光谱技术（Tunable Diode Laser Absorption Spectroscopy，TDLAS），图 8-9 为 TDLAS 激光气体传感器工作原理框图，TDLAS 通过电流和温度调谐半导体激光器的输出波长，扫描被测气体在近红外或中红外波段的某一条吸收谱线，进行气体的激光吸收探测，传感器根据气体吸收强度与浓度之间的相关性，进行气体浓度的定量测量。

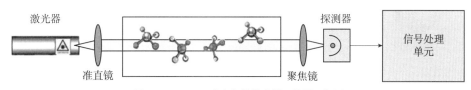

图 8-9　TDLAS 激光气体传感器工作原理框图

　　激光气体传感器根据 TDLAS 的工作方式，可以分为直接吸收光谱技术（DAS）和波长调制光谱技术（WMS）。DAS 通常采用低频锯齿波扫描激光器，进行气体吸收峰的直接测量，该技术对硬件电路和解调要求低，但探测灵敏度相对较低，如图 8-10 所示为甲烷气体典型的 DAS 直接吸收光谱信号图。WMS 技术通常采用低频锯齿波 + 高频正弦波扫描激光器，结合锁相放大和谐波解调技术，对硬件电路和解调要求较高，但探测灵敏度相对较高，如图 8-11 所示为甲烷气体典型的 WMS 一次和二次谐波光谱信号图。

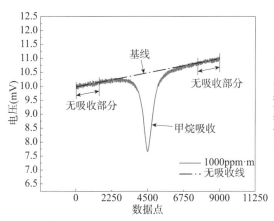

图 8-10　甲烷气体典型的 DAS 直接吸收光谱信号图

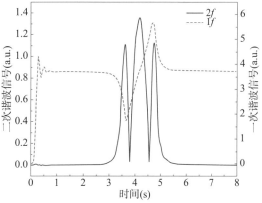

图 8-11　甲烷气体典型的 WMS 一次和二次谐波光谱信号图

在激光芯片、锁相放大、谐波解调及温度补偿等技术突破的基础上，国内相关研究团队研制了系列化激光可燃气体探测传感器，包括适用于室外、地下管线、管廊等恶劣场景的高性能激光甲烷传感器，如图 8-12（a）所示；适用室内餐馆、饭店、单位食堂、车间、工厂等小型工商业场所的激光甲烷传感器，如图 8-12（b）所示；以及适用于家庭厨房天然气泄漏特定场所的家用甲烷传感器，如图 8-12（c）所示。

（a）　　　　　　　　　　（b）　　　　　　　　　（c）

图 8-12　可燃气体探测系列化激光传感器
（a）高性能激光甲烷传感器；（b）激光甲烷传感器；（c）家用甲烷传感器

目前，激光吸收光谱技术凭借其高灵敏度、高分辨率、快速响应的特点已逐渐成为泄漏监测技术的研究热点，基于此项技术，研究人员研发出了多类型监测设备，包括便携式小车、车载式激光云台、无人机载吸收光谱等，拓宽了监测方式，提高了监测效率和灵敏度。

8.2.2　技术现状与发展趋势

随着社会发展，城市天然气应用逐渐增多，地下铺设天然气管道数量日益增长，伴随而来的燃气泄漏引发的安全问题也颇受关注，因此，更多的科研人员基于各类地下燃气管网泄漏监测技术研发监测设备、构建监测系统、优化监测方案以达到地下风险的防控与预警。目前，依托在地下相邻空间设置高精度激光监测装置，国内研究团队已成功打造了全新的包括燃气管网风险评估、监测报警、预测预警、辅助决策、应急处置等全链条主动式安全保障体系。基于激光光谱及各类燃气泄漏监测技术，自主研发智能可燃气体感知终端，并辅以物联网、大数据、GIS/BIM 技术等，实现了实时动态分析，精准巡检等预期计划，"十三五"期间，成功完成了国内大型城市规模级应用——合肥市城市生命线安全工程项目，同时检测 6000km 燃气管网，8400 个燃气阀门井。图 8-13 为智能监测终端及典型预警案例——燃气阀门井泄漏致电力管线事故。表 8-3 为监测技术优缺点对比与主要应用场景。

图 8-13　智能监测终端及典型预警案例——燃气阀门井泄漏致电力管线事故

监测技术优缺点对比与主要应用场景　　　　　　　　　　　表 8-3

监测技术	优点	缺点	主要应用场景
催化燃烧式	（1）灵敏度较高； （2）响应速度快； （3）使用成本低	（1）中毒风险； （2）稳定性较差	燃气场站、管道附属设施、可能存在燃气聚集的场所的固定式监测
热导式	（1）响应时间短； （2）成本低廉	（1）易受干扰； （2）灵敏度受限	燃气场站、管道附属设施、可能存在燃气聚集的场所的固定式监测
电化学式	（1）装置简单经济； （2）技术较为成熟	（1）稳定性差； （2）使用寿命不定	燃气场站、管道附属设施、可能存在燃气聚集的场所的固定式监测
半导体式	（1）多用途监测； （2）成本低廉	（1）分辨率不高； （2）抗环境干扰能力差	燃气场站、管道附属设施、可能存在燃气聚集的场所的固定式监测
红外成像	（1）快速检测； （2）监测直观； （3）灵敏度较高	（1）抗环境干扰能力差 （2）成本受限	燃气储配站、调压站等区域监测
红外吸收光谱	（1）灵敏度高； （2）分辨率高； （3）响应速度快	成本及维护难度较高	燃气储配站、调压站等区域监测、地面阀井、管廊等点式监测

表 8-4 为各种监测方法的特点对比。

各种监测方法的特点对比　　　　　　　　　　　表 8-4

监测方法	灵敏性	定位精度	响应时间	适应能力	是否连续监测	误报警率	使用维护要求	费用
催化燃烧	较差	中等	不确定	较差	能	低	低	低
热导式	较差	中等	不确定	较差	能	低	低	低
电化学式	较好	中等	不确定	中等	能	低	中等	低
半导体式	中等	中等	较快	较差	能	中等	中等	中等
红外成像	较好	较好	较快	中等	能	低	中等	中等
红外吸收光谱	好	好	快	好	能	低	高	高

8.2.3　地上燃气设施泄漏风险防控技术

地上燃气设施的风险防控主要从两个方面进行：

1. 点式监测

点式监测是指利用分散布置的监测点对燃气设施周围的环境进行实时或定期监测，以便及时发现燃气泄漏或其他安全隐患，采取相应的应急措施。点式监测的采样方式通常是扩散式，在不吸入气流的条件下，通过分子的不规则运动将气体从环境中输送到传感器。

与传统气体传感器相比，激光检测技术响应时间极短，灵敏度极高，非常适用于管道微小泄漏的监测，目前主要应用于室内或空间有限的风险场所，避免因风向不对从而导致漏检或误报等情况。燃气阀井、燃气厂站等地通常采用扩散式监测法用于长时间燃气泄漏预警，降低了人力消耗，且扩散式监测设备成本较低，也被广泛用于家庭燃气预警。在有限的密闭空间以及合适的空气流向环境下，凭借分子自身的不规则运动即可扩散至传感器，虽然响应速率变慢，但降低了设备噪声以及成本消耗。

点式监测的另外一种采样方式为泵吸式，通过吸入的方式将气体输送至传感器。同样原理的监测装置，泵吸采样方式的响应时间短于扩散式，可监测范围也较大。

泵吸式与扩散式不同点在于不依靠分子运动理论，而是通过泵吸，主动将环境气体吸入至传感器，提升了响应速率，也提高了监测范围，同时不局限于密闭空间或空气流向等特定限制，可与其他监测技术例如车载、机载等结合，用于全方位的燃气监测。但泵吸式随之而来的便是过滤系统需要更加完善，以免吸入颗粒物污染传感器，也需要对装置的压强进行验证分析，避免失调现象，同时散热、噪声等问题也需要采用适当的方法来解决。图 8-14 为国内相关研究人员研发的点式泵吸型监测设备。

2. 区域监测

区域监测是指燃气设施在地面上的特定区域进行监测，以确保燃气的安全使用并预防

气团

图 8-14　点式泵吸型监测设备

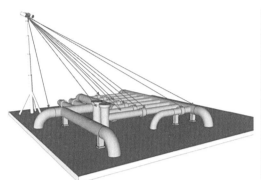

图 8-15   区域式燃气泄漏监测应用

潜在的危险。区域监测包括红外成像区域监测技术和基于可调谐半导体激光气体吸收光谱区域监测技术。

　　红外成像区域监测技术可以通过红外相机观测一片区域，监测范围广泛，灵敏度也较高，但由于红外辐射的环境抗干扰能力较弱，尤其是白天气温较高时，不易分辨出辐射谱线信号，因此可能出现漏检现象。这种监测技术通常在夜晚环境下有着优秀的监测性能，这是由夜晚大气环境稳定，气温适当，人员、车辆流动较少、干扰较少决定的。

　　基于可调谐半导体激光气体吸收光谱区域监测技术采用可调谐激光吸收光谱结合二次谐波调制—解调技术，实现甲烷测量精度优于 5ppm·m。与传统监测技术容易受到环境因素和其他气体的交叉干扰不同，基于可调谐半导体激光气体吸收光谱区域监测技术由于甲烷具有特定的光谱指纹特征，具有较强的抗干扰能力。

　　图 8-15 为区域式燃气泄漏监测应用。

8.2.4　居民住宅与公共场所燃气泄漏预警应用

　　居民住宅与公共场所内燃气事故多为突发性质，其主要原因有燃气不完全燃烧、燃气泄漏等。燃气不完全燃烧中毒和燃气泄漏燃爆成为主要的突发事故。我国原来采取的安全宣传方法，主要是加大宣传力度，更换超役设备，其效果有限，对于整个室内燃气供应系统来说不能从根本上解决问题。

　　发达国家这方面的经验则是采取各种技术手段将居民住宅打造成"本质安全型"用气场所。所谓"本质安全型"用气场所的含义是：居民住宅的燃气安全完全由室内燃气安全供应系统自身提供保证，组成该系统的各种设备具有自动预测、预警和处置功能，由此构成燃气供应的本质安全系统，以最大限度确保安全、可靠、及时、有效，这是一种全新的观念。

　　图 8-16 和图 8-17 为民用独立式燃气本质安全系统安装图。

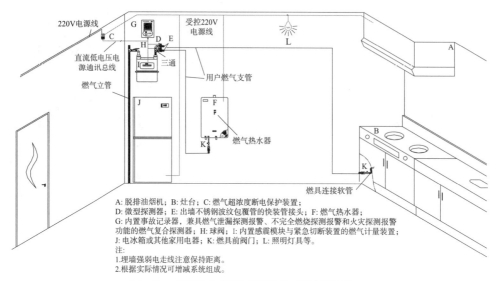

A: 脱排油烟机；B: 灶台；C: 燃气超浓度断电保护装置；
D: 微型探测器；E: 出墙不锈钢波纹包覆管的快装管接头；F: 燃气热水器；
G: 内置事故记录器，兼具燃气泄漏探测报警、不完全燃烧探测报警和火灾探测报警
功能的燃气复合探测器；H: 球阀；I: 内置感震模块与紧急切断装置的燃气计量装置；
J: 电冰箱或其他家用电器；K: 燃具前阀门；L: 照明灯具等。
注：
1. 埋墙强弱电走线注意保持距离。
2. 根据实际情况可增减系统组成。

图 8-16 民用独立式燃气本质安全系统安装图（一）

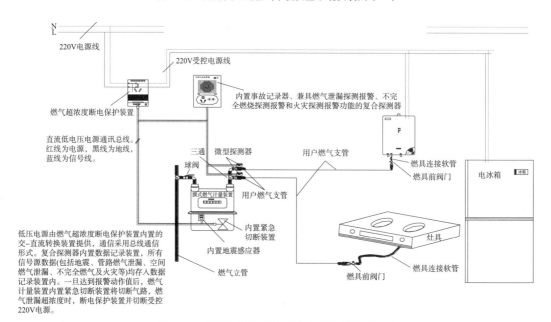

低压电源由燃气超浓度断电保护装置内置的
交-直流转换装置提供，通信采用总线通信
形式。复合探测器内置数据记录装置，所有
信号源数据(包括地震、管路燃气泄漏、空间
燃气泄漏、不完全燃气及火灾等)均存入数据
记录装置内。一旦达到报警动作值后，燃气
计量装置内置紧急切断装置将切断气路，燃
气泄漏超浓度时，断电保护装置将切断受控
220V电源。

图 8-17 民用独立式燃气本质安全系统安装图（二）

8.3 便携式燃气泄漏巡检技术

便携式燃气泄漏巡检技术是一种检测燃气系统中潜在泄漏问题的技术，它旨在及时发现和定位燃气管道、阀门、连接器等部件的泄漏点，以确保燃气系统的安全运行。便携式燃气泄漏巡检装置携带便利，能满足管线巡视人员日常检测的需要，便携设备包括手持式

燃气巡检装置和背包式燃气巡检装置。

8.3.1　便携式燃气泄漏巡检技术装置

便携式燃气泄漏巡检技术用于检测和定位燃气系统中的泄漏问题。这种技术通常使用高灵敏度的传感器，能够快速、准确地探测和识别燃气泄漏。便携式燃气泄漏巡检技术的应用形式有手持式和背包式燃气巡检装置。其中手持式燃气巡检装置包括催化燃烧式、热传导式和激光遥测式燃气巡检装置。背包式燃气巡检装置目前主要以气相色谱法燃气检测背包为主，高精度激光探测背包也被应用于城市燃气泄漏巡查中，并展现出非常好的应用前景。便携式燃气巡检装置主要应用于人工巡检燃气泄漏，激光遥测式燃气巡检技术可应用于巡检人员难以到达或无法到达的区域，例如架空管线、高楼外立管等。

8.3.1.1　手持式燃气巡检装置

手持式燃气巡检装置主要用于燃气泄漏巡查和评估潜在的安全隐患，以便工作人员及时采取措施防止事故发生。

手持式燃气巡检装置可分为催化燃烧式燃气巡检装置、热传导式燃气巡检装置和激光遥测式燃气巡检装置。

1. 催化燃烧式

催化燃烧式手持燃气巡检装置是一种使用催化燃烧传感器进行燃气巡检的便携式工具。在铂丝表面涂覆催化材料并将其加热，目标气体（如甲烷）无焰燃烧产生热量使铂丝温度升高，电阻发生变化，产生与可燃气体浓度成比例的电压信号，根据输出的电压信号变化，检测目标气体浓度，当可燃气体浓度超过预设值时发出报警信号。

2. 热传导式

热传导式手持燃气巡检装置是一种使用热传导传感器进行燃气巡检的便携式工具。当燃气从管道泄漏时，泄漏点周围的空气会发生温度变化，形成一个温度阶梯，这种温度阶梯会导致传感器的温度发生变化，使得热敏电阻阻值发生变化，测量阻值变化可得到待测气体浓度，从而判断出燃气是否泄漏。

3. 激光遥测

便携式甲烷激光遥测巡检装置的工作原理为：装置工作时，对外发射特定波长范围（这里指甲烷波长）的探测激光，该探测激光遇到反射物（如地面、阀门、管道、墙面等）后发生漫反射，部分激光返回到仪器的探测单元。在光束路径内，如果有燃气泄漏形成的气团，该气团将对探测激光产生吸收，未被吸收的光量和被吸收光量的比值与气团的浓度成函数比例关系，通过计算该比值反推出气团的浓度。因此，便携式甲烷激光遥测巡检装

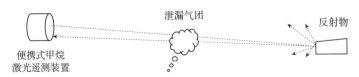

图 8-18 便携式甲烷激光遥测巡检装置工作原理图

置只对甲烷反应，不受其他气体组分的影响，提高了检测的准确性。图 8-18 为便携式甲烷激光遥测巡检装置工作原理图。

8.3.1.2 背包式燃气巡检装置

背包式燃气巡检装置是一种便携式的燃气检测工具，用户将燃气检测装置放置在背包中，以便在不同位置和场景进行燃气巡检。

1. 气相色谱式背包燃气巡检装置

气相色谱式背包燃气巡检装置是一种基于气相色谱 (Gas Chromatography，GC) 技术的便携式燃气巡检工具，它结合了气相色谱仪和便携式装置的优点，能够在实地进行高精度的燃气成分分析。气相色谱技术的原理是：使可燃气体中各组分在两相之间进行分配，其中一相为固定相，即色谱柱，另一相为流动相，即推动可燃气体经过固定相的流体。当可燃气体流过固定相时，与固定相发生作用。在统一推动力下，不同组分在固定相中滞留的时间不同，各组分按顺序从固定相中流出，彼此分离，进入检测器，产生的离子流信号经过放大后，在记录器上描绘出各组分的色谱峰。

气相色谱式背包燃气巡检装置的优势在于：(1) 检测灵敏度高，能够发现极微小的泄漏；(2) 体积小，重量轻，随身携带方便。其局限性在于：(1) 需要一定的分析时间，无法实现即时检测；(2) 不适合长时间连续监测。

2. 激光光谱式背包燃气巡检装置

激光光谱式背包燃气巡检装置是一种基于可调谐半导体激光吸收光谱技术（TDLAS）的便携式燃气检测工具。它结合了 TDLAS 技术与便携式装置的优点，能够进行比传统背包燃气巡检装置更高灵敏度和稳定性的燃气泄漏检测工作。其原理可参照 8.2.1.6 节红外吸收光谱泄漏监测技术中 TDLAS 原理介绍。

8.3.2 便携式燃气泄漏巡检技术现状与发展趋势

便携式燃气泄漏巡检技术发展趋势，有如下几个方面：

（1）高灵敏度和精确度：未来的发展趋势是提高设备的灵敏度和精确度，使其能够检测到更低浓度的燃气泄漏，并给出更准确的结果。

（2）多气体检测能力：随着需求的增加，便携式燃气泄漏巡检技术正在朝着多气体检测方向发展，能够同时检测多种不同的可燃气体。

（3）数据处理与互联网应用：设备将更加智能化，能够实现数据处理和分析，并通过互联网进行远程监控和管理。这将提高巡检效率和准确性，降低人工成本。

（4）无人机技术应用：结合无人机技术，可以实现大范围、高效率的燃气泄漏巡检，减少人力和时间成本。

便携式燃气巡检技术优缺点对比和适用场所如表 8-5 所示。

便携式燃气巡检技术优缺点对比和适用场所　　　　　　　　　　表 8-5

便携式巡检技术	优点	缺点	适用场所
催化燃烧式	（1）重复性好； （2）操作简单	（1）催化剂易失活； （2）易受干扰； （3）准确性差	埋地管道、管道附属设施、厂站管道、可能存在燃气集聚的场所的日常巡检及相关作业
热传导式	（1）安全性； （2）响应时间短； （3）操作简单	（1）易受环境影响； （2）准确性差	埋地管道、管道附属设施、厂站管道、可能存在燃气集聚的场所的日常巡检及相关作业
激光遥测	（1）遥测距离长； （2）穿透能力强； （3）抗干扰性	（1）价格昂贵； （2）使用要求高	架空管道、埋地管道、管道附属设施、厂站管道、可能存在燃气集聚的场所的日常巡检及相关作业
背包式	（1）探测精度高； （2）携带方便； （3）数据记录能力强	（1）无法长时检测； （2）价格昂贵	埋地管道、管道附属设施、厂站管道、可能存在燃气集聚的场所的日常巡检及相关作业

便携式燃气泄漏检测技术比较如表 8-6 所示。

便携式燃气泄漏检测技术比较　　　　　　　　　　表 8-6

检测方法	灵敏度	定位精度	响应时间	环境适应性	能否连续检测	误报警率	使用维护要求	费用
催化燃烧式	中等	较差	较快	中等	不能	中等	低	低
热传导式	中等	较差	较快	较差	不能	中等	低	低
激光遥测	较好	较好	较快	较好	能	低	高	高
背包式	较好	较好	较快	较好	不能	低	高	高

8.4　车载燃气泄漏巡检技术

目前，基于移动平台的巡查方法是一种很好的监测天然气泄漏的方案。将传感器放置在移动平台（包括车载平台，无人机等）上，然后将传感器探测的天然气空间分布与本地气候条件结合，对泄漏源进行精细定位和定量分析。

移动平台和探测技术的结合有三点非常重要。（1）检测灵敏度：约100ppbv的灵敏度非常适合实际的排放监测和泄漏检测。（2）检测速率和气体更新率：通常基于光学传感器的检测速率可以满足在快速移动下的空间分辨率要求。（3）仪器环境适应性与可靠性设计：提升光学探测单元的抗失谐特性，并满足我国城市典型路况长期稳定运行需求。此外车行道下深埋管道的监测，要求车载式巡检技术在监测期间的行驶速度不得超过30km/h。

8.4.1　车载巡检技术原理

传统车载燃气泄漏巡检技术通常采用激光气体分析仪（TDLAS）、离轴积分腔输出光谱技术（Off-Axis Integrated Cavity Output Spectroscopy, OA-ICOS）、腔衰荡光谱技术（Cavity Ring-Down Spectroscopy, CRDS）等。

车载燃气泄漏巡检技术本质上还是基于激光吸收光谱技术来实现燃气检测，只是在这些激光吸收光谱技术的原装置上增添各类器件，使得光谱仪能在车载环境的振动及其他环境因素影响下依旧可以保持较高灵敏度测量。

8.4.1.1　激光遥测式巡检技术

激光遥测式巡检技术在气体检测中主要通过吸收光谱的原理来实现。当激光束通过气体时，气体中特定分子会吸收激光的特定波长。首先通过电流信号和扫描信号对分布式反馈激光器进行调制，产生对应频率的激光信号，激光信号通过激光器发射后穿过被测气体，其中一部分光被气体所吸收，另一部分穿过气体到达目标板，经目标板反射一部分光，再一次回穿被测气体，由于光经过数次的反射、折射后光束较为分散，所以通过系统中的菲涅尔透镜将光束聚集起来，通过在光聚集的位置加上光电检测器就可以接收激光信号，再通过锁相放大器对激光信号的锁频测得一次谐波和二次谐波信号分量，最后把测量信号经过模数转换后得到的数字信号传输到微控制器中。激光遥测气体浓度系统原理图如图8-19所示。

在实际应用中，需要综合考虑技术成本、应用场景和安全需求构建车载甲烷遥测系统，制订合理的巡检路径和作业流程，量化评估巡检效果和应用范围，提升燃气巡检效率。图8-20为车载燃气泄漏巡检设备。

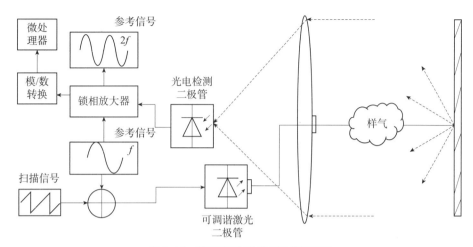

图 8-19　激光遥测气体浓度系统原理图

图 8-20　车载燃气泄漏巡检设备

8.4.1.2　车载式腔增强多组分气体巡检技术

车载式腔增强多组分气体巡检技术是一种利用腔增强光谱学原理结合车载设备，实现对多组分燃气进行快速、准确、非接触式高灵敏检测的技术。车载设备中，通过激光光源产生特定波长的光进入谐振腔中经由高反镜来回多次反射形成驻波，达到光与待测气体相互增强的作用。图 8-21 为相干光腔增强光路示意图。

设定镜片 M1、M2 的振幅反射率均为 r，振幅透射率均为 t，两镜片之间的距离为 d。第一次透射光强为 A_{t1}，第二次为 A_{t2}，以此类推。基于朗伯比尔定律。

总透射光振幅为：

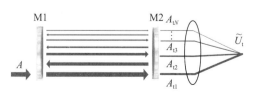

图 8-21　相干光腔增强光路示意图

$$\tilde{U}_{t} = \frac{At^2 \exp[-\alpha(v)d/2]\exp[-i(2\pi vt - \delta/2)]}{1 - r^2 \exp[-\alpha(v)d]\exp(i\delta)}$$ （8-14）

根据强度反射率、透射率与振幅反射率、透射率关系，即 $T' = t^2$，$R' = r^2$ 则可得到的吸收系数表达式为：

$$\alpha = \frac{1}{d}\left| \ln\left\{ \frac{1}{2R'^2}\left[\sqrt{4R'^2 + \frac{I_0^2}{I_t^2}(1-R'^2)^2} - \frac{I_0}{I_t}(1-R'^2) \right] \right\} \right|$$ （8-15）

当腔的镜片反射率比较高，吸收较弱时，即 $R' \to 1$，$\exp(-\alpha d) \to 1$，吸收系数近似表示为：

$$\alpha \approx \frac{1}{d}(\frac{I_0}{I_t} - 1)(1 - R')$$ （8-16）

待测气体由车前下方的泵吸装置采集后，经由干燥剂和颗粒过滤管流进腔中，吸收特定波长的激光。光腔中的光经过待测气体吸收后被光电探测器接收并转换成电信号，经由数据处理可以获得各种组分燃气的浓度等情况。通过北斗卫星导航以及风速仪等设备，结合数据处理可以获得行驶过程中燃气浓度空间分布图。车载式腔增强多组分巡检设备还包括手持式平板显示器、基于北斗卫星导航的定位模块、用于存储数据的大容量硬盘以及风速仪等，检测灵敏度可达 ppbv 级，车载式传感器模型如图 8-22 所示。

图 8-22　车载式传感器模型

8.4.1.3　腔衰荡多组分气体巡检技术

腔衰荡光谱技术基于分子吸收光谱，其直接测量量为衰荡时间 τ。当高斯光束的入射激光模式与衰荡腔的高斯光束模式通过横模匹配实现能量耦合时，可提高激光的能量利用率，降低高阶模被激发的概率。再通过腔长调制或波长调制，实现激光频率与衰荡腔纵模匹配，形成驻波。此时关断激光，形成衰荡信号，在另一端用探测器接收的透射光信号即为衰荡信号。图 8-23 为光腔衰荡装置原理图。

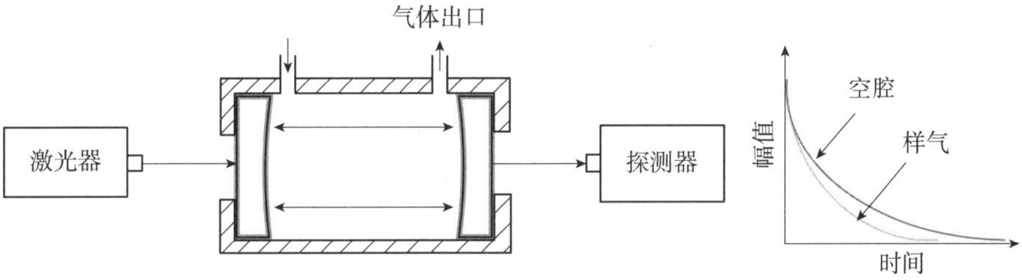

图 8-23　光腔衰荡装置原理图

直线型衰荡腔由两片高反镜组成，反射率 $R > 0.9999$（第一片高反镜的反射率为 R_1，透射率为 T_1，第二片高反镜的反射率为 R_2，透射率为 T_2）。在忽略反射镜的吸收和散射损耗时，反射率和透射率满足公式 $R+T=1$。衰荡腔腔镜间隔为 L，充满样气的空间长度为 d。

假设入射光强为 I_{in}，被腔内待测气体吸收后，在第二片高反镜处出射，反射光强为 I_r，透射光强为 I_{out}，则关于腔衰荡光谱公式推导有：

$$I_{out} = I_{in}T_1T_2\mathrm{e}^{-\alpha d} \qquad I_r = I_{in}T_1R_2\mathrm{e}^{-\alpha d} \tag{8-17}$$

在该模型中，由于反射镜的反射率很高，光子群每次反射都只会透射较少一部分光子，剩余光子会继续在腔内做往返运动，直至全部透射。那么，此过程中的第 n 次往返时的透射光强可以表示为：

$$I_{out(n)} = I_{out}(R_1R_2)^n\mathrm{e}^{-2n\alpha d} \tag{8-18}$$

最终衰荡时间表达式：

$$\tau = \frac{L}{c(1-\sqrt{R_1R_2}+\alpha d)} \tag{8-19}$$

式（8-19）为腔内存在待测气体时，经由 CRDS 测得的衰荡时间。当衰荡腔为空腔时即腔内为零气或介质在激光发射波长位置吸收系数极小时，此时的衰荡时间为空腔衰荡时间 τ_0，且当 $R_1=R_2=R$ 时，可表示为：

$$\tau_0 = \frac{L}{c(1-R)} \tag{8-20}$$

假设空腔衰荡时间的标准差 $\Delta\tau$，则最小可达到的分子吸收率 α_{min} 为：

$$\alpha_{min} = \frac{1-R}{L}\times\frac{\Delta\tau}{\tau_0} \tag{8-21}$$

国外一些技术团队将先进的 CRDS 泄漏监测系统应用于车载监测平台，并在较短时间内精确检测到泄漏点。与其他光谱测量技术相比，CRDS 采用极窄的光谱区域，可以大幅降低来自其他种类气体干扰的可能性。图 8-24 为车载燃气巡检实际应用。

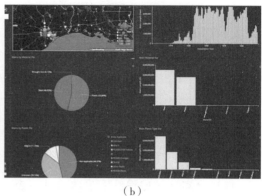

（a）   （b）

图 8-24　车载燃气巡检实际应用
（a）车载巡检系统探测运行信息；（b）云平台对数据进行融合分析

8.4.1.4　离轴积分腔多组分气体巡检技术

积分腔输出光谱技术（ICOS）的核心是光学谐振腔理论，其理论本质是利用光在谐振腔内的多次反射和衍射现象，以及这些现象对光波长或频率选择性的影响。即光学谐振腔将特定波长的光在内部多次反射并增强，实现对特定波长的光的增强或控制。

通过电磁波理论，首先分析光在空腔内的传输机理，得到透射光强度的表达式，其次假设腔内存在吸收介质，那么在吸收介质的作用下满足 Lambert-Beer 定律光束能量每次被高反射率镜片反射时都会被吸收，最终能量叠加得到 ICOS 的具体表达式。另外，ICOS 的另一大特点就是离轴入射，当光束偏离光轴入射并满足"再入射"条件时，那么原有共轴状态下光学谐振腔的自由光谱范围（FSR）将会下降到原有的 $1/\mu$ 倍，从表现来看就是光学谐振腔的 FSR"致密化"，同时光束的能量也会被分隔到每个腔模上。而当 FSR 趋近于 0 时，则每个腔模上光束的能量都会相同，此时测量到的吸收光谱信号将不再是离散点，而是类似于直接吸收光谱技术的连续吸收光谱信号。

在一个由两面反射镜组成的线性对称腔中，两面镜片之间沿着光轴 z 方向上的距离为 L_c，假设在横向 x 和纵向 y 的方向上存在具有高斯分布 $E_0(x, y, z)$ 的单色场，则其表达式可以写为：

$$E_{in}(x,y,z,t) = E_0(x,y,z)e^{i(\omega t - kz)} \tag{8-22}$$

空腔内光束往返的光场输出函数 E_{out}（$z > L_c$，设空腔的原点为 $z = 0$）为：

$$E_{out} = E_0(x,y,z)\sum_{p=0}^{\infty} t^2 r^{2p} e^{i\omega(t-2pL_c/c)-ikz} = \frac{t^2 e^{i\omega L_c/c}}{1 - r^2 e^{-i\omega t_r}} E_{in}(x,y,z,t) \tag{8-23}$$

其中 t 和 r 分别是透镜透射系数和反射系数，其平方量为透射率 T 和反射率 R。对两面不同曲率镜片组成的不对称腔，则 $R = \sqrt{r_1 r_2}$；$T = \sqrt{t_1 t_2}$。另一项 $k_z = \frac{L_c}{c}\omega$，

$i\omega(t-2pL_c/c-L_c/c)$ 是光束单程 L_c/c 加 p 次往返后的相位变化。

当入射光与谐振腔共振时，能得到衰荡时间为：

$$\tau_{RD}=\frac{L_c}{c}\frac{\sqrt{R}}{1-R}\tag{8-24}$$

从上式可以看出腔衰荡时间正比于腔精细度和腔长，而镜片反射率越高，腔模越窄，腔精细度越高，衰荡时间就越长。

光学谐振腔吸收系数为：

$$\alpha=\frac{1}{L}(\frac{I_{in}}{I_{out}}-1)(1-R)\tag{8-25}$$

车载燃气泄漏巡检技术特点对比如表 8-7 所示。

车载燃气泄漏巡检技术特点对比　　　　　　　　　　　表 8-7

检测方法	灵敏性	定位精度	能否同时监测乙烷	响应时间	适应能力	是否连续检测	误报警率	使用维护要求	费用
激光遥测	较好	中等	否	迅速	中等	能	较高	较高	较低
腔增强检测	好	好	能	迅速	强	能	低	高	高
腔衰荡检测	好	好	能	迅速	强	能	低	较高	较高
离轴积分腔	好	好	能	迅速	强	能	低	高	高

8.4.2　车载巡检技术现状与发展趋势

目前国内基于车载的燃气巡检方式尚处于探索应用阶段，所使用设备以进口仪器为主，国内有燃气企业前期做了大量的巡检应用和本地化融合应用。车载燃气泄漏检测仪器的精度从 ppmv 级逐渐提升至 ppbv 级，检测气体的种类也从单一组分甲烷向多组分协同分析发展，数据分析技术从只针对泄漏点的定性判定向精准定位和通量计算发展。而国外车载燃气泄漏巡检技术已经逐渐实现了产品化。

除了采用 OA-ICOS 技术的产品应用外，还有产品采用 CRDS 技术，能够以低至十亿分之一（ppbv）的灵敏度来测量燃气主要组分。这种设备结构小巧、携带便捷、结构坚固、使用简易，能够装于任何交通工具中运输至现场、实验室或飞机上，同时拆箱后几分钟内即可运行。稳定性高也是其优点之一，能够在无需用户交互的情况下运行数月。长时间确保测量精度，即使是在恶劣环境下，衰荡腔也能够凭借其精心的材料选择和精细的机械设计来实现精确的温度与压强控制。

车载式燃气巡检技术可通过实际行驶过程中在线测量辅助城市管网信息化系统进行泄漏精确监控，降低误报率，提升系统可靠性，使得管网信息化水平逐渐完善，燃气检测精度提升，管道泄漏监管水平提高。

未来的车载燃气泄漏巡检技术将朝着更高的灵敏度、准确性、自动化和智能化方向发展，并借助数据分析和预测技术，提供更全面、可靠的燃气泄漏检测和预警能力，以保障燃气管网的安全。

8.4.3　车载巡检技术风险预警应用

针对日常燃气巡检，国外相关研究将先进的激光气体检测系统与车载平台相结合，只需要几个小时就可以实现对数百公里区域的新网络部分和老城区受损的天然气网络健康评估。配备检测装置的车辆进入该区域监测甲烷和乙烷浓度、风向和风速以及 GPS 等数据，并通过软件将它们集成在一起。通过这种方式，汽车可以以高达 90km/h 的速度行驶，并可以在 150m 范围内发现来自管网的燃气泄漏事件。同时，与其他测量方法不同的是，基于激光光谱的探测装置可以不受可燃气体类别的干扰，通过对多种气体（例如，甲烷和乙烷）的联合分析，进一步明确燃气的泄漏排放。

车载式快速泄漏检测和量化方法为我国城市燃气行业及时掌握天然气泄漏率提供了参考和依据。该方法提供了一种简单的测试和计算模型，及时掌握管网泄漏率，从而为科学制订城市燃气管网修复计划提供依据，确保城市公共安全，减少事故发生。由中国科学院空天院主导的研究团队从 2018 年起，利用自主研发的激光光谱燃气巡检技术，开展了高精度车载燃气泄漏检测系统研究工作，包括高精度甲烷、乙烷激光光谱检测设备研制，泄漏检测云图分析，地面逸出点定位算法开发，以及受控放散试验、道路试验和比对等，在城市市区与国外同款设备联合开展了长期的试验比对，将进一步引领该技术在燃气巡检领域的应用和推广。

8.5　其他燃气泄漏检测技术

燃气泄漏检测技术还包括气体示踪检测技术、无人机泄漏检测技术和卫星甲烷泄漏探测技术。近年来，已经有很多技术应用于基于无人机（Unmanned Aerial Vehicle，UAV）平台的天然气泄漏检测，UAV 在很多场合可以代替有人驾驶的飞机，在较低的高度和较低的速度等条件下运行。气体示踪检测技术是比较安全、便捷、高效的检测技术，广泛应用于泄漏事件的判定和定位工作中。卫星甲烷泄漏探测技术随着卫星空间分辨率和精度的提升，以及遥感技术的发展，展现出非常好的应用前景。

8.5.1　气体示踪检测技术

气体示踪检测技术的原理是基于示踪物质在环境中的扩散和传播，将示踪剂掺混到管输燃气中，通过监测燃气管道附近示踪剂的浓度值就可以判断管道是否泄漏，并且可以定位泄漏点。示踪剂的选择需要考虑多个因素，包括追踪性能、安全性以及应用的具体要求，通常可以选用臭味剂和放射性物质。臭味剂多为硫化物，其中四氢噻吩使用最为广泛。

气体示踪法可以用于监测和评估输气管道泄漏的扩散和传播情况。通过引入示踪剂并测量其浓度分布，可以确定泄漏气体的扩散路径。

气体示踪检测技术检测城市燃气泄漏技术特点如表 8-8 所示。

气体示踪检测技术检测城市燃气泄漏技术特点　　　　　表 8-8

检测方法	灵敏度	定位精度	响应时间	环境适应性	能否连续检测	误报警率	使用维护要求	费用
气体示踪检测技术	高	较好	快	中等	不能	中等	低	中等

8.5.2　无人机泄漏检测技术

基于无人机泄漏检测技术是根据被测区域原位数据来判定是否存在燃气泄漏以及计算燃气组分的排放速率。这种方法由无人机搭载高灵敏度探测器，对被测源不同高度的燃气组分浓度进行原位测量，获取三维时空分布特征；通过结合高斯扩散模型与质量平衡法，不仅可以确定是否有泄漏的发生，而且可以由不同风向下待测气体的输入及输出量估算目标源的排放总量以及排放速率，无人机泄漏检测技术示意图如图 8-25 所示。

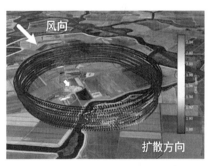

图 8-25　无人机泄漏检测技术示意图

无人机燃气泄漏检测技术特点如表 8-9 所示，该方法目前尚处于发展阶段，但其对自然排放源与工业源混合的应用场景具有独特的优势，测试数据不仅可以判定是否有泄漏的发生，而且可进一步区分石化设施与自然源的碳排放。此外当发生燃气泄漏事故或灾难时，无人机可以迅速到达现场，通过飞行巡查和气体传感器检测，提供实时的泄漏情况和气体浓度数据。这有助于指导救援行动、保护现场人员安全，并提供必要的信息支持。

检测方法	灵敏度	定位精度	响应时间	环境适应性	能否连续检测	误报警率	使用维护要求	费用
无人机检测	较好	较好	较慢	较差	不能	中等	较高	较高

无人机燃气泄漏检测技术特点 表 8-9

8.5.3 卫星甲烷泄漏探测技术

卫星甲烷泄漏探测技术是指利用卫星搭载的传感器和设备，通过监测大气中的甲烷气体浓度和分布情况，检测和定位地面上的甲烷泄漏源的技术。

大气中的甲烷可通过吸收 1.65μm 和 2.3μm 的短波红外（SWIR）辐射以及 8μm 左右的热红外（TIR）辐射来检测。图 8-26 显示了不同的卫星仪器配置，图中 θ 是太阳天顶角，θ_v 是卫星视角，$B(\lambda, T)$ 是波长 λ 和温度 T（地表的 T_0，排放甲烷高度的 T_1）的黑体函数，$d\tau$ 是元素甲烷光学深度。

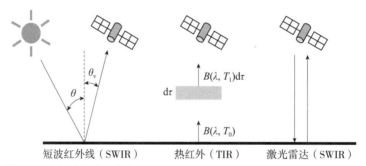

图 8-26 用于在短波红外（SWIR）和热红外（TIR）中从太空观测甲烷的配置

短波红外仪器测量地球及其大气层反向散射的太阳辐射，激光雷达仪器将发射自己的短波红外辐射并检测反向散射激光中的甲烷信号，热红外仪器测量大气吸收和重新发射的黑体地面辐射。它们可以在最低点运行，测量上升流辐射，也可以在边缘运行，通过大气倾斜进行测量。

图 8-27 为国内相关研究团队卫星点源探测试验结果图。图 8-27（a）为卫星探测火炬燃烧的甲烷排放；图 8-27（b）是卫星探测压缩站甲烷排放；图 8-27（c）为卫星探测储油装置甲烷排放。在此次试验中所探测的 19 个点源的排放总量是试验厂区排放总量的 30% ~ 50%。因此，由此试验可以得知，如果能够快速精确的定位点源并获取甲烷的排放量，就能够及时采取措施，显著降低厂区或其他区域的甲烷泄漏情况。

卫星甲烷泄漏探测技术具有以下优点：（1）范围广泛：卫星可以覆盖大范围的城市区域，能够实现对整个城市或大片区域的燃气泄漏情况进行监测。（2）非接触式检测：卫星城市燃气泄漏检测技术无需实地采集样品，减少了人力和时间成本，也降低了操作风险。

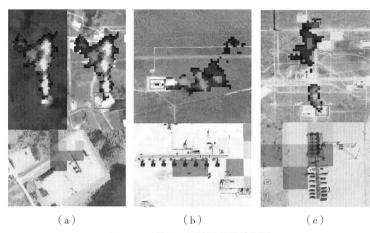

图 8-27　基于卫星的甲烷排放监测
（a）卫星探测火炬燃烧甲烷排放；（b）卫星探测压缩站甲烷排放；（c）卫星探测储油装置甲烷排放

（3）持续监测能力：卫星可以定期或连续获取遥感数据，实现对城市燃气泄漏的长期监测，并及时发现异常情况。

卫星甲烷泄漏探测技术也存在一定局限性：（1）分辨率限制：虽然卫星遥感数据具有较高的分辨率，但对于小尺度的燃气泄漏点可能无法提供足够的细节信息；（2）天气条件影响：卫星受到天气条件的限制，如云层遮挡、降雨等，可能导致数据获取受阻或质量下降；（3）误差和准确性：卫星遥感数据在处理和分析过程中存在一定的误差，需要进行精确校正和验证，以确保结果的准确性；（4）监测频率限制：卫星遥感数据获取通常是周期性的，无法实现实时监测，对于紧急情况可能反应不及时；（5）成本高，卫星甲烷泄漏探测技术需要建立和维护卫星系统，投入较高的资金和资源。

卫星甲烷泄漏探测技术特点如表 8-10 所示：

卫星甲烷泄漏探测技术特点　　　　　　　　　　　　　　表 8-10

检测方法	灵敏度	定位精度	响应时间	环境适应性	能否连续检测	误报警率	使用维护要求	费用
卫星探测	较好	较差	较慢	中等	能	中等	较高	较高

其他城市燃气泄漏检测技术优缺点对比与主要应用场景如表 8-11 所示：

其他城市燃气泄漏检测技术优缺点与主要应用场景　　　　　　　表 8-11

其他燃气巡检技术	优点	缺点	主要应用场景
气体示踪检测技术	（1）灵敏度高； （2）可定量分析； （3）非侵入性； （4）适用多领域	（1）环境适应性不高； （2）操作复杂	城市管道燃气泄漏溯源、泄漏示警

其他燃气巡检技术	优点	缺点	主要应用场景
无人机泄漏检测技术	（1）高效快速； （2）高度灵活性； （3）实时监测； （4）安全性	（1）依赖于天气条件； （2）能耗和续航时间； （3）数据处理复杂性	燃气场站排放核查、事故现场燃气泄漏检测、人员不易抵达区域的管网巡查
卫星甲烷泄漏探测技术	（1）覆盖广； （2）非接触式检测； （3）持续监测能力	（1）分辨率限制； （2）天气条件影响； （3）容易存在误差； （4）监测频率限制； （5）成本高	大型燃气设施排放监测、"空天地"一体化燃气泄漏检测

　　将卫星遥感高视角、全覆盖的优点与高分辨率、高机动的无人机遥感和高精度、高频率的物联网监测结合为"空天地"一体化城市天然气泄漏检测体系，充分利用卫星的高视角、全覆盖、全时域优势，无人机高分辨率与机动性优势，为城市燃气泄漏监测、检测提供影像记录、分析、信息 推送服务，充分利用城市中摄像头、分布式光纤传感器以及定位传感器等实现信息的互联互通；实现遥感卫星"一图多用"、无人机飞行"一机多用"和地面传感器"一机多用"。

本章参考文献

［1］ Henrie M，Carpenter P，Nicholas R E. Pipeline leak detection handbook[M]. Cambridge，MA：Gulf Professional Publishing，2016.

［2］ 宋烨，凌作青.燃气泄漏超声检测系统的设计 [J]. 管道技术与设备，2006，（4）：26-32.

［3］ 李浩.分布式光纤传感技术支持下的天然气管道泄漏监测研究 [J]. 管道技术与设备，2020，44（11）：78-81.

［4］ 顾文照，顾月清，易登录，等.催化燃烧式可燃气体浓度检测技术研究 [J]. 南京航空航天大学学报，1996，（4）：67-72.

［5］ 梁运涛，陈成锋，田富超，等.甲烷气体检测技术及其在煤矿中的应用 [J]. 煤炭科学技术，2021，49（4）：40-47.

［6］ 杜彬贤，陈今润，尹军.热导式气体传感器工作原理及检测方法改进 [J]. 化学工程与装备，2010（2）：64-66.

［7］ WANDT J，LEE J，ARRIGAN D，et al. Ionophore-Assisted Electrochemistry of Neutral Molecules：Oxidation of Hydrogen in an Ionic Liquid Electrolyte [J]. Journal of Physical Chemistry Letters，2019，10（21）：6910-6913.

［8］ 常昌远，于为顺，骆璇，等.半导体光电传感技术在体无创监测简介 [J]. 传感技术学报，1998，（1）：69-74.

［9］ 武魁军，何微微，于光保，等.分子滤光红外成像技术及其在光电探测中的应用（特邀）[J]. 红外与激光工程，2019，48（4）：22-30.

［10］ Song K，Jung E. Recent developments in modulation spectroscopy for trace gas detection using tunable diode lasers [J]. Applied Spectroscopy Reviews，2003，38（4）：395-432.

［11］ 李杰.天然气管网多种检漏方式应用分析 [J]. 上海煤气，2012，（3）：28-32.

［12］ 杨杰，王桂增.输气管道泄漏诊断技术综述 [J]. 化工自动化及仪表，2004，（3）：1-5+10-6.

［13］ Ghorbani R，Schmidt F M. ICL-based TDLAS sensor for real-time breath gas analysis of carbon monoxide isotopes[J]. Optics express，2017，25（11）：12743-12752.

［14］Sepman A，Ogren Y，Qu Z C，et al. Real-time in situ multi-parameter TDLAS sensing in the reactor core of an entrained-flow biomass gasifier [J]. Proceedings of the Combustion Institute，2017，36（3）：4541-4548.

［15］郑凯元 . 腔增强红外气体检测技术与应用 [D]. 长春：吉林大学，2022.

［16］Van Helden J，Lang N，Macherius U，et al. Sensitive trace gas detection with cavity enhanced absorption spectroscopy using a continuous wave external-cavity quantum cascade laser [J]. Applied Physics Letters，2013，103（13）：1-4.

［17］马国盛，刘英，邓昊，等 . 高精细度光学反馈腔衰荡光谱技术光 [J]. 光学精密工程，2022，30（19）：2305-2316.

［18］O'Keefe A，Deacon D A G. Cavity ring-down optical spectrometer for absorption measurements using pulsed laser sources[J]. Review of scientific instruments，1988，59（12）：2544-2551.

［19］Mahesh P，Sreenivas G，Rao P V N，et al. High-precision surface-level CO_2 and CH_4 using off-axis integrated cavity output spectroscopy（OA-ICOS）over Shadnagar，India[J]. International Journal of Remote Sensing，2015，36（22）：5754-5765.

［20］王坤阳 . 基于离轴积分腔光谱大气 CO_2 和 CH_4 高精度测量技术研究 [D]. 合肥：中国科学技术大学，2021.

［21］侯庆民 . 燃气长直管道泄漏检测及定位方法研究 [D]. 哈尔滨：哈尔滨工业大学，2014.

［22］Vinković K，Andersen T，de Vries M，et al. Evaluating the use of an Unmanned Aerial Vehicle（UAV）- based active AirCore system to quantify methane emissions from dairy cows[J]. Science of The Total Environment，2022，831：154898.

［23］Zhang Y，Gautam R，Zavala-Araiza D，et al. Satellite-observed changes in Mexico's offshore gas flaring activity linked to oil/gas regulations [J]. Geophysical Research Letters，2019，46（3）：1879-1988.

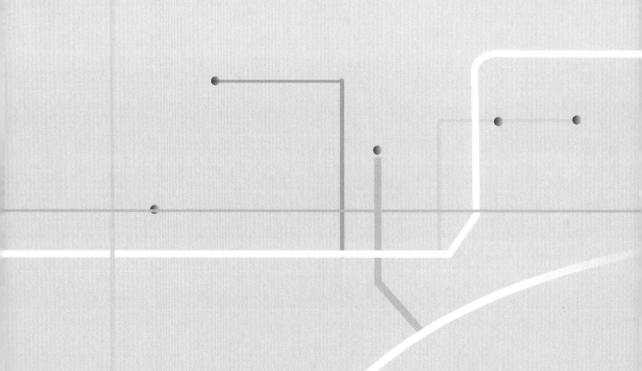

第9章　城市燃气设施检验检测

本章主要介绍应用于燃气管网设施中的管道和储气设施中的压力容器检验检测技术。管道检测主要分为金属管道内、外检测，非金属管道外检测，压力容器检测技术分为常规检测技术和一些新的检测技术。

9.1　金属管道内检测

缺陷是金属管道失效的主要原因，通过内检测技术提取多种管道缺陷信息的做法已被管道业主认可。本章介绍漏磁、涡流、超声、变形等内检测技术以及自爬行内检测装备的工作原理，对不同功能的管道内检测设备进行分类，梳理部分国内外典型管道内检测技术服务公司及科研单位的先进内检测设备和研究成果。

9.1.1　漏磁内检测技术

漏磁（MFL）检测技术需要对被测管道进行饱和磁化，因此漏磁内检测装备的体积、磁吸吸引力巨大，通过能力一般为15%管径，主要应用于大口径、中高压力管道的内检测。目前漏磁内检测设备主要被广泛应用于在役油气管道的体积型缺陷在线检测。图9-1所示为管道漏磁内检测示意图。其中，图9-1（a）所示为MFL传感系统组成。该系统主要包括：励磁装置、周向阵列布置的霍尔传感器、待测管道等。通过励磁装置对管壁进行饱和磁化，如果管道没有缺陷，大部分磁通将通过管壁内部，霍尔传感器感知少量的磁通量。图9-1（b）所示为漏磁检测原理示意图。当管道存在金属损失时，由于空气的相对磁导率远低于管道的相对磁导率，使得缺陷区域的磁阻增大，大量磁通从管壁泄漏出来，形成局部的漏磁场。传感器将采集这些泄漏出的磁通并转化为电压信号，输出至内检测器的电子系统，以便进行下一步的缺陷识别和表征。

MFL技术在管道在线检测方面有不可替代的作用，被称为管道内检测行业的"基石"，众多专家学者对检测机理、缺陷反向求解、信号处理、磁路优化及速度效应等进行了大量研究。美国莱斯大学Sushant M. Dutta以麦克斯韦方程组为基础，推导获得了

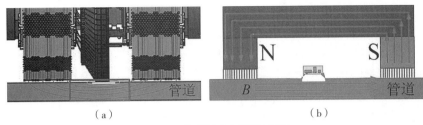

图 9-1 管道漏磁内检测示意图
（a）MFL 传感系统组成；（b）漏磁检测原理示意图

简单的偶极子模型来表征铁磁管道中表面断裂点蚀的三维漏磁场，丰富了漏磁检测理论。密歇根州立大学 Udpa Lalita 提出一种基于自适应小波和径向基网络的迭代反演方法，降低了检测数据的维度并预测了完整的三维缺陷剖面尺寸，在此基础上提出了基于 MFL 信号高阶统计特征的噪声过滤算法。哥伦比亚大学 Sebastián Roa-Prada 以基尔霍夫定律和遗传算法为基础，以最小磁路和缺陷的最大磁通量为目标对漏磁的磁路进行优化设计。韩国的釜山大学 Park Gwan-Soo 为了解决大口径管道漏磁内检测器重量巨大的问题，提出了一种新型的管道局部饱和磁化缺陷检测系统。Zhang LT 以峰值为特征信号，定量研究了加速和匀速状态下磁场信号由于动涡流引起的畸变，为磁路的优化设计提供了参考。

漏磁检测分为轴向励磁和周向励磁两种，轴向励磁的磁场方向是沿管道轴向，而周向励磁的方向是沿管道周向。轴向励磁内检测器应用较为广泛，对周向管道金属损失缺陷提取和量化精度较高，但对轴向的裂纹及狭长金属损失检测能力不足。为解决管道轴向裂纹检出能力不足的问题，德国 Rosen 集团公司研制 MFL-C/XT 周向励磁内检测器，如图 9-2 所示。该设备包含周向漏磁及涡流两种技术，轴向裂纹深度的检测阈值达到 $0.2t$（t 代表管道壁厚），管道椭圆度检测精度达 ±0.5%，凹痕深度的检测阈值为 0.8mm。

国内科研院所、企/事业单位在国家重大科学仪器专项、重点研发计划等项目资助下，在检测机理、检测器结构优化方面开展了大量的研究，完成了三轴超高清晰度漏磁内

图 9-2 德国 Rosen 集团公司 MFL-C/XT 周向励磁内检测器

检测装备的研制工作。其中，沈阳工业大学、清华大学、中国特种设备检测研究院等研究团队均已具备三轴超高清漏磁技术开发和装备的设计制造能力，在工程应用中检出了大量管道失效问题。图 9-3 所示为中国特种设备检测研究院研制的三轴高清漏磁内检测装备，其性能指标与稳定性与国外著名检测公司相近，在管道凹痕、腐蚀等体积缺陷检测的性能方面达到了国际先进水平。

（a）　　　　　　　　　　　　　　　　（b）

图 9-3　三轴高清漏磁内检测装备

（a）内检测器图片；（b）测试图片

9.1.2　涡流内检测技术

涡流（EC）检测是以法拉第电磁感应理论为基础，如图 9-4 所示。当通有交变电流 I_1 的线圈靠近导体时，受交变电流的激励作用，空间中将产生变化的磁场。同时，导体表面产生与线圈反向的感应涡电流 J_1，并产生涡流磁场反作用于励磁线圈的阻抗和相位。当试件中存在缺陷时，涡电流及感应磁场的反作用将发生改变。

采用涡流传感器技术的内检测设备重量轻、体积小，可单独应用于小口径、低压低流量管道的缺陷检测。同时，与漏磁检测技术组合应用，通过线圈收集管道内壁的涡流场变化情况，判别管壁的形貌、缺陷的尺寸和位置信息，对此国内相关高校和科研院所进行大量研究。2019 年，清华大学提出了一种用于检测和识别管道内 / 外径缺陷的脉冲涡流（PEC）传感方法，并研制结合涡流、漏磁两种技术高速运行的管道内检测设备。电子科技大学对涡流检测理论基础、应用等展开系列研究以矩形截面的圆柱形线圈为研究对象，建立了带有圆柱形缺陷的导电金属板模型，获取了金属圆柱形缺陷磁场的解析模型；研究了铁磁性材料动生涡流的空间磁场分布，获取了脉冲激励下的裂纹响应信号变化规律；以管道在线检测为工程背景，对内检测器的传感系统进行系列研究；并提出了阵列对称激励差分感知的涡流检测结构，优化设计了探头的几何参数，实现了大提离高度下的管道腐蚀检测。2019 年，中国特种设备检测研究院研制了结合机械臂与涡流两种技术的检测探头，并进行实验研究，结果表明该检测探头具有更高的管道周向变形检测能力。2020 年，机械研究总院研制了适用于 ϕ1219mm 大孔径管道的涡流变形内检测装备（图 9-5），据报道其涡流

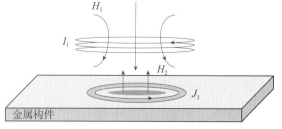

图 9-4　涡流检测原理图

图 9-5　机械研究总院管道涡流变形内检测器

检测探头的量程达到 150mm，管道变形检测误差小于 5%，里程定位误差小于 5%，检测准确度大于 85%，可连续作业 100km。

9.1.3　超声内检测技术

1. 压电超声

超声（UT）裂纹检测技术的工作原理是：超声探头发射一定角度的超声波，当遇到裂纹的开裂面时声波返回，声波信号被记录，该信号包含管道的缺陷信息，多用于检测管道的壁厚变化及裂纹。对于管道裂纹检测，由于具有一定的方向性，当超声波传播方向与管道裂纹开裂面平行时，检测探头不能接收到反射的声波信号，即此时裂纹检测器无法提取裂纹缺陷信息。因此，裂纹检测器大多只针对特定方向的裂纹，如平行或垂直于轴线的裂纹。

德国 Rosen 集团公司研制的超声内检测器（图 9-6）已应用在石油管道检测服务中，具备管道壁厚、裂纹定量检测的能力，当检测数据可信度为 90% 时，管道壁厚变化检测精度达到 0.2mm。国内对超声波管道内检测技术研究相对较晚，自 2016 年起，沈阳工业大学对超声波管道内检测技术进行大量研究，其科研人员研究了超声波相控阵管道内检测技术及数据处理与识别方法。2018 年，中国石油管道公司研究了超声波管道焊缝内检测信号的响应特征。上述研究在一定程度上推动了国内超声波管道内检测技术的发展，但关于国内超声波内检测设备的工程应用少有报道。

2. 电磁超声内检测技术

电磁超声内检测技术的理论基础是麦克斯韦方程组和固体力学的波动方程。电磁超声

图 9-6　德国 Rosen 集团公司研制的超声内检测器

检测的核心部分为电磁超声换能器，永磁铁和线圈通常是组成电磁超声换能器的两大要素，永磁铁用来产生静磁场；线圈中往往被通入高频的交变电流，以提供对应超声换能机理所需要的感应涡流和动态磁场。电磁超声换能器的工作原理如图 9-7 所示，大致可分为洛伦兹力换能机理、磁致伸缩换能机理以及磁性力换能机理三种。

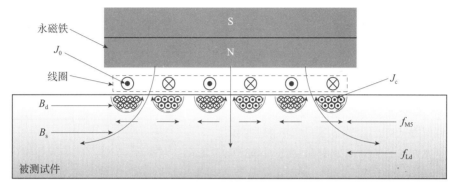

图 9-7　电磁超声换能器的工作原理

J_0——脉冲电流密度，A/m^2；f_{Ms}——磁致伸缩力，N；f_{Ld}——洛伦兹力，N；J_c——脉冲涡流的电流密度，A/m^2；
B_s——静态偏置磁场的磁感应强度，T；B_d——交变磁场的磁感应强度，T。

（1）洛伦兹力换能机理：在金属表面趋肤深度内感生涡流在外磁场作用下产生洛伦兹力所激发的超声振动过程。

（2）磁致伸缩换能机理：铁磁性材料在线圈的高频磁场及外磁场共同作用下产生的宏观变形所激发的超声振动及其反过程。

（3）磁性力换能机理：铁磁性材料中的磁偶极子在不均匀磁场中所受的磁性力所激发的超声振动及其反过程。

这三种力的机理，究竟哪个占优势要由外磁场大小，外磁场与高频线圈的配置方式、频率以及材料因素决定。实际应用中，磁性力机理所激励超声量级微小，基于洛伦兹力或磁致伸缩力机理的电磁超声换能器的应用范围较广。

管体及焊缝区域的应力腐蚀裂纹、轴向疲劳裂纹等是影响管道安全运行的重要原因。电磁超声检测技术是检测裂纹缺陷的有效方法，通过电磁超声技术（EMAT）将超声波能量耦合到管壁中，不需要液体介质，使得该技术成为燃气管道裂纹检测的有效手段。同时，通过正确选择特殊的 EMAT 波模式，任何裂纹深度、涂层脱落面积的精确检测都是可行的。

德国 Rosen 集团公司研制的基于电磁超声技术的管道外涂层内检测器（图 9-8）已经成功应用于天然气管道，其轴向定位精度达到 0.1m，周向定位精度达 ±10°。国内高校及科研院所对 EMAT 技术展开系列研究。2008 年，清华大学研制了 EMAT 管道内检测器，在具有应力腐蚀（SCC）裂纹的天然气管道上进行裂纹检测，结果表明：该 EMAT 内检测器能发现长度大于 20mm、深度大于 1mm 的裂纹，其最高检测速度为 2m/s；2014 年，中油管道检测技术有限责任公司研制了轴向裂纹内检测器并进行牵拉实验，结果表明，当速度小于 2m/s 时，检测器能提取到长度为 50mm、深度为 3mm 的裂纹信息。但以上研究均处于试验阶段，距离工程应用尚有差距。

图 9-8　德国 Rosen 集团公司 EMAT
管道外涂层内检测器

9.1.4　管道变形内检测技术

管道变形内检测技术主要包括：接触式和非接触式两种。接触式变形检测设备的通过能力可达到 25% 管径，在弹簧弹力的作用下，使周向布置的检测臂与管道内壁紧密贴合，通过磁旋转编码器记录检测臂旋转的角度来量化管道的变形缺陷，其原理简单制造成本低，但管道缺陷的检测能力不足。非接触式检测设备是基于涡流、超声等无损检测技术，其结构相对复杂，检测精度更高。

针对海底管道变径、弯头半径小的问题，巴西 Pipeway 公司研制了骨架柔软的高通性 "Snake feeler pig" 接触式变形内检测器（图 9-9），包括：电池模块 1；电子仓 2；检测臂 3；蝶形皮碗 4；里程表 5；圆形皮碗 6，6 个部分。该检测器可实现管道内壁厚度、尺寸减小的有效检测，精度与超声波检测技术相当。图 9-10、图 9-11 分别为美国 GE-PII 公司研制的蝶形皮碗和德国 Rosen 集团公司 Multi-Diameter 高通过性变形内检测器。

接触式管道变形内检测技术又称为通径检测技术，国内研究的起步较晚。2013 年，中国石油大学（北京）对接触式变形检测器进行大量理论及实验研究，其中搭建了变形检测实

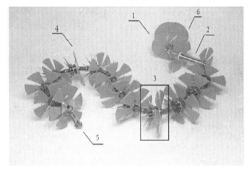

图 9-9　巴西 Pipeway 公司 "Snake feeler pig" 内
检测器
1- 电池模块；2- 电子仓；3- 检测臂；4- 蝶形皮碗；
5- 里程表；6- 圆形皮碗

图 9-10　美国 GE-PII 公司蝶形皮碗变形内检测器

图 9-11　德国 Rosen 集团公司 Multi-Diameter
高通过性变形内检测器

验台，对管道变形检测探头进行实验研究；研制了适用于天然气管道的变形内检测器，对探头过凹陷、凸起缺陷的动力学特性进行系统研究，搭建了测试探头检测精度的实验系统，提出管道特征信号的识别模型，为接触式内检测设备的研制及管道变形缺陷特征的准确识别提供了理论基础。

9.1.5　其他内检测技术

1. 管道应力内检测技术

管道中的凹痕和膨胀等变形会引起应力集中，并可能导致疲劳失效，对管道完整性构成重大威胁。传统的方法仅仅考虑缺陷特征尺寸的长度、宽度和深度或基于应变的评估，并不一定反映缺陷的严重程度。针对应力集中的问题，目前开展的应力检测技术研究主要包括：巴克豪森检测技术、金属磁记忆检测技术、磁各向异性检测技术以及非饱和磁化应力集中检测技术等。

图 9-12 为德国 Rosen 集团公司管道应力内检测器，采用机械检测臂与阵列的非接触式电子测量系统相结合，在识别缺陷特征尺寸信息的同时，提取管道变形缺陷位置的应力集中因子，将管道材料特性和工作压力循环考虑，进行管道应力集中及剩余寿命的分析。

图 9-12　德国 Rosen 集团公司管道应力内检测器

2. 管道阴极保护内检测技术

针对目前埋地管道阴极保护存在的诸多问题，2018 年中国特种设备检测研究院提出一种通过采集管道内部阴极保护电流、杂散电流数据，判断管道阴极保护结构健康的方法，并在此基础上成功研制了国内首台管道阴极保护内检测器（图 9-13）。

图 9-13　管道阴极保护内检测器

3. 管道中心测绘技术

随着管道运输的扩张、地下管线交叉重叠现象日益严重，导致无法精确获取管道位置。管道三维坐标测绘技术作为管道内检测的重要辅助技术，对管体缺陷的精确定位、避免人为施工引起的管道安全事故至关重要。

传统的惯性测绘单元以地面参考点与内检测器里程数据进行位置与速度修正，一般集成在具有管道缺陷检测功能的内检测器，可连续测量管道中心线坐标，有效识别、评估由环境因素导致的管道弯曲应变信息。如图 9-14 所示的油气管道惯性测绘单元，该惯性测量单元（IMU）精度高，但尺寸功耗相对较大，不宜适用于小孔径管道的中心测绘。针对小口径管道中心测绘应用的问题，沈阳工

图 9-14　三维正交陀螺仪、加速度计组成惯性测量单元（IMU）

业大学、哈尔滨工程大学、中国特种设备检测研究院等科研单位对微机械（MEMS）惯导的中心测绘系统进行研究。2020 年，研制了基于 MEMS 惯导的中心测绘系统，经过工程应用表明该管道中心测绘系统能够精确记录内检测器的运行轨迹，并匹配管道缺陷的里程信息。

9.1.6　内检测技术对比

在进行管道内检测时，需要评估管道的工况是否满足检测器检测所需要的条件，选择合适的检测技术手段，表 9-1 给出了常用内检测技术对比，以及在燃气管道检测中的适用性。

常用内检测技术对比　　　　　　　　　　　　　　　　表 9-1

特点	内检测技术						
	漏磁	涡流	传统超声	电磁超声	变形检测	视觉	惯导测绘
适用性	适用	适用	不适用	适用	适用	适用	适用
局限性	体积大、重量大，磁力大，小口径/厚壁管道检测能力不足	受"集肤"效应的影响，只对表面缺陷敏感	需要耦合剂，对内检测器运行速度有要求	换能效率低、功耗高	激光：量化困难；机械探臂：双向行驶困难	无法识别细小缺陷，难以量化缺陷	精度与陀螺仪尺寸不可兼得
优点	检测数据可靠	灵敏度高	检测精度高	不需要耦合剂	结构简单	轻量化检测	不依赖GPS信号
检测对象	管道内外壁体积型缺陷	内壁缺陷，内外壁缺陷区分	壁厚变化、裂纹	壁厚变化、裂纹	椭圆度/变形	管道内壁宏观缺陷	管道中心线路由

9.1.7　小结

近年来，针对管体变形、金属损失等宏观缺陷，国内已有发展成熟的介质驱动内检测技术及设备，对于管道应力集中、环焊缝缺陷、裂纹等微观及面积型缺陷检测能力仍存在明显不足。建议未来以关键核心管道内检测设备研制为突破口，在已取得研究成果基础上，提升管道裂纹、应力集中及焊缝成形异常内检测技术及装备的开发能力。

9.2　金属管道外检测

近几年，城镇燃气管道泄漏引发的事故越来越多，为保障燃气管道的安全可靠运行，须对其进行定期检验。而在影响城镇燃气管道安全运行各因素中腐蚀是其第一要素，对管道的腐蚀检测方法常用的有管道内检测，但由于内检测费用较高，且对管道的设计和安装有一定的要求，全国只有少部分的城镇燃气管线可以实施管道在线内检测，剩下的管道仍需通过管道外检测技术来发现腐蚀缺陷。燃气管道外检测主要分为：内腐蚀直接检测，外腐蚀直接检测，穿、跨越检查，其他位置无损检测，理化检验等检测项目。

9.2.1　内腐蚀直接检测

内腐蚀直接检测，包括数据收集、腐蚀位置预测和开挖检测等内容，并根据管道输送介质类型和特点，选择适当的内腐蚀直接检测方法。内腐蚀直接检测的主要步骤及流程如图 9-15 所示。

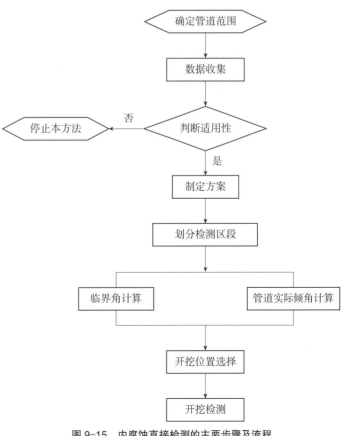

图 9-15　内腐蚀直接检测的主要步骤及流程

9.2.1.1 数据收集

内腐蚀直接检测需要的基本数据如表 9-2 所示。收集数据的来源可包括设计文件、安装资料、运行维护记录、计量台账和腐蚀检查记录、气质分析报告及前期完整性评估或维护活动的检测报告。检测人员可根据相似管道系统的经验和掌握的信息，对个别无法获得的非计算过程直接使用的数据，进行保守处理并作好书面记录。

内腐蚀直接检测需要的基本数据 表 9-2

类别	数据名称	需收集的数据
管道本体	管径、壁厚和材质	管道公称直径、壁厚以及材质
	起止点	管道的起止位置
	支管	管道上当前和历史上的所有注入和分输支管处的位置及相对距离
	高程	地形数据，包括管道埋深。选择测量设备时应确保设备精度满足要求
介质条件	气体质量	不同管段位置的气质分析结果
	输送介质历史	是否曾输送过原油或其他液体产品等情况
	水露点	水露点信息
操作工况	压力	最小和最大运行压力
	流量	包括所有入口和出口在最大和最小运行压力下的最小、最大流量。特别是低流量及停输的时间段
	温度	介质温度
其他数据	运行参数	管道安装及运行时间、气体流向变化
	具有倾角的特征位置	道路、河流、沟梁、阀门、集液包等
	上游设备异常	上游处理设备发生异常的频率和特点（间歇式或长期的），发生异常时进入管道的流体体积（如果知道）和流体特性
	水压试验信息	是否存在遗留水，水压试验用水的水质数据
	修复/维护数据	管道内是否存在固体、异物；管段修复和更换；以前的检测情况，无损检测数据；清管的管段、频率和日期。清管器、液体分离器、凝水器等清理出的固体杂质和液体的分析数据，以确定清出物的化学成分、腐蚀性及是否存在细菌
	泄漏/失效	泄漏及失效的位置和性质
	腐蚀监测	包括监测类型 [如检查片、电阻（ER）/线性极化（LPR）探针、场图法（FSM）]、时间、位置、壁厚变化，记录腐蚀速率
	内涂层	具有内涂层的位置
	需要的其他数据	由检测人员确定

9.2.1.2 腐蚀位置预测

腐蚀位置预测需要结合管道运行、事故或者事件数据，运用介质流场计算、管道高程测量等手段，确定凝析烃、凝析水、沉淀物最有可能聚集位置，以及两相界面（即油、水、气界面）位置，预测管道可能发生内腐蚀的位置。

腐蚀位置预测工作包括检测区段划分、临界倾角计算、管道实际倾角计算及内腐蚀位置识别。

检测区段可根据以下条件划分：

（1）输送介质可能含水的注入支管应作为分界点；

（2）流量、温度、压力等工艺参数变化较大处应作为分界点；

（3）介质正反输送工况的每个输送方向上应分别划分检测区段；

（4）缓蚀剂或化学药剂加注点；

（5）经过加温或加压站后导致温度和压力等工艺参数发生变化的点；

（6）特殊地形地貌起止点；

（7）管道规格发生改变的点。

临界倾角计算、管道实际倾角计算可参考《输气管道内腐蚀外检测方法》GB/T 34349—2017 和《输油管道内腐蚀外检测方法》GB/T 34350—2017 进行。

输气管道产生内腐蚀位置一般在实际倾角大于临界倾角的顺气流开始上坡段，穿越公路、铁路、河流、沟渠等易出现较大实际倾角的管段，集液包或其他聚积液体的附件部位；若实际倾角均小于临界倾角时，则腐蚀位置可能出现在检测区段内最大实际倾角的管段；如果管道曾长时间停输，可能会在实际倾角大于最大临界倾角管段上游最低处。

9.2.1.3　开挖检测

开挖检测的目的是通过对开挖段管道壁厚的检测判断开挖检测位置是否存在内腐蚀，并以检测结果评估管道的整体内腐蚀情况。开挖检测位置包括腐蚀位置预测阶段及开挖检测过程中识别到的潜在腐蚀位置。

开挖检测工作一般包括：

（1）土壤腐蚀性检测，检查土壤剖面分层情况以及土壤干湿度，必要时可以对探坑处的土壤样品进行理化检验；

（2）防腐（保温）层检查和探坑处管地电位检测，检查防腐（保温）层的外观质量等，必要时收集防腐（保温）层样本，按照相关标准进行防腐（保温）层性能分析，并且对探坑处管地电位进行检测；

（3）管道本体检测，包括金属腐蚀部位外观检查、管道壁厚测定、腐蚀区域的描述，以及凹陷、变形、划痕等损伤的检查和测量，必要时还要进行腐蚀产物分析；

（4）焊缝无损检测，探坑内管道有环焊缝时，应当采用目视、磁粉、渗透等一种或者多种方法对开挖出的环焊缝进行外观检查和表面缺陷检测；外观检查和表面缺陷检测发现存在错边、咬边超标或者存在表面裂纹的焊接接头，应当按照要求，对内部缺陷进行检测。

通过对开挖出管道检测结果的评估，可以得到管道的整体内腐蚀状况。

9.2.2 外腐蚀直接检测

外腐蚀直接检测是指对管道外部腐蚀情况进行检测的过程。该检测过程包括环境腐蚀性调查、防腐（保温）层状况不开挖检测、阴极保护有效性检测和开挖检测等内容，检测实施可以按照《基于风险的埋地钢质管道外损伤检验与评价》GB/T 30582—2014 进行。检测结束后，应当按照《埋地钢质管道腐蚀防护工程检验》GB/T 19285—2014 的相关规定对腐蚀防护系统进行评价。

为确保外腐蚀直接检测的可靠性，需要配备符合相关标准要求的检测仪器设备。这些设备包括管道埋深及水平位置检测仪器、外防腐层质量状况检测仪和阴极保护电位检测仪等。在使用这些设备时，要保证其测量误差在允许范围内，以确保检测结果的准确性。

9.2.2.1 环境腐蚀性调查

管道敷设环境腐蚀性调查包括土壤腐蚀性以及杂散电流测试。

土壤腐蚀性按照《埋地钢质管道腐蚀防护工程检验》GB/T 19285—2014 的要求对土壤电阻率、管道自然腐蚀电位、氧化还原电位、土壤 pH、土壤含盐量、土壤质地、土壤含水量、土壤氯离子含量 8 个参数进行检测并综合评价。

当管道附近存在可能危害管道安全的杂散电流干扰源（表 9-3）或管地电位异常时，应进行杂散电流检测。杂散电流检测的项目、方法、检测参量及依据标准等见表 9-4。

常见的杂散电流干扰源   表 9-3

序号	分类	常见干扰源
1	直流干扰源	直流电气化铁路、直流电车装置、直流电网、直流电话电缆网络、直流电解装置、电焊机及构筑物阴极保护系统等
2	交流干扰源	高压交流电力线路设施和交流电气化铁路设施等

杂散电流检测项目、方法、检测参量及依据标准   表 9-4

序号	类别	检测项目	常用检测方法	检测参量	依据标准	备注
1	直流杂散电流	干扰管地电位	管地直流电位测量	直流电位（V）	GB/T 19285，GB 50991	自然电位可测量时，测量值用来计算电位偏移
		土壤表面电位梯度	十字交叉法	电位梯度（V/m）	GB/T 19285，GB 50991	可测量土壤电位梯度及土壤中电流方向
2	交流杂散电流	管道交流干扰电压	管地交流电位测量	交流电位（V）	GB/T 19285，GB/T 50698	可测量管道交流干扰电压值
		交流电流密度	检查片交流电流测量	交流电流密度（A/m²）	GB/T 19285，GB/T 50698	一般需埋预设腐蚀检查片

续表

序号	类别	检测项目	常用检测方法	检测参量	依据标准	备注
3	特殊情况下杂散电流	管中电流	感应法	感应电流（A）	GB/T 19285	一般使用专业仪器进行
		管地电位	管地电位测量	管地电位波动值（mV）	GB/T 19285	一般使用专业仪器进行

9.2.2.2　防腐（保温）层状况不开挖检测

防腐（保温）层状况不开挖检测主要采用电位梯度法和电流衰减法进行。应当结合管道的沿线环境情况、防腐层类型和运行年限，确定需要外防腐层整体状况和局部破损点检测的项目和方法。常用外防腐层质量检测项目、检测方法、检测参量及依据标准如表 9-5 所示。选择检测方法时要考虑到周期干扰情况，如在干扰性较强的高压电力线、变压器等附近，应当避免使用电磁原理检测仪器进行数据采集；在冻土区、石方区、混凝土地面或者沥青路面等地表环境下采用密间隔电位测量法和电位梯度法进行检测时，应当有相应的处理措施。高压电力线、变压器等附近一般容易产生杂散电流和电磁干扰，对于使用电磁原理检测仪器会带来较大的检测误差，因此不推荐使用；采用电位测量原理的检测方法开展防腐层检测时，检测设备的电极与地面接触，需要管道 – 防腐层 – 地表和电极之间形成电连通才能开展检测，在冻土区、石方区、混凝土地面或者沥青路面会对电极和管道之间形成绝缘，导致检测有效性降低，因此，需要改用其他检测方法或者加强这些地表环境的电连通性。

外防腐层质量检测 表 9-5

序号	检测项目	检测方法	检测参量	依据标准	备注
1	局部破损	交流电位梯度法（ACVG）	地表电位梯度（DB）	GB/T 19285，GB/T 21246	（1）ACVG 操作简单； （2）难以检测硬质地面下及深水中的管段； （3）无法检测具有电屏蔽的防腐层剥离； （4）不适用金属套管内、冻土下的管段
2	局部破损	直流电位梯度法（DCVG）	地表电位差（mV）	GB/T 19285，GB/T 21246	（1）DCVG 一般与密间隔电位法配合使用； （2）适用于外加电流法阴极保护系统； （3）难以检测水泥、沥青硬化地面下的管段； （4）难以检测深水下管段； （5）无法检测具有电屏蔽的防腐层剥离； （6）不适用金属套管内、冻土下的管段
		密间隔电位法（CIPS）	管地极化电位（mV）		
3	局部破损	音频检漏法（PEARSON）	地表电位差（mV）	GB/T 19285，GB/T 21246	（1）难以检测水田、沼泽地、水泥和沥青硬化地面下及高压交流电力线附近管段； （2）无法检测具有电屏蔽的防腐层剥离； （3）不适用金属套管内、冻土下管段
4	整体质量	交流电流衰减法	电流衰减率（%）	GB/T 19285，GB/T 21246	（1）不适用金属套管内及高压交流输电线路附近的管段； （2）管道附近金属物会造成干扰； （3）土壤电阻率较大时局部破损难以检出； （4）无法检测具有电屏蔽的防腐层剥离

9.2.2.3　管道阴极保护有效性检测

　　管道阴极保护有效性检测是为了确保管道的有效阴极保护电位。在进行管道阴极保护有效性检测时，应选择适用的方法消除土壤 IR 降的影响，确保管道得到有效的阴极保护。强制电流阴极保护时采用同步中断方式消除 IR 降，对于无法中断的牺牲阳极阴极保护方式或是某种原因无法中断恒电位仪的情况下，可采用极化探头或极化试片进行检测。阴极保护有效性检测如表 9-6 所示。

阴极保护有效性检测　　　　　　　　　　　表 9-6

序号	检测项目	常用检测方法	检测参量	依据标准	备注
1	管地电位	极化探头法	保护电位（V）	GB/T 19285，GB/T 21246	消除了由保护电流所引起的 IR 降的影响
2	管地电位	极化试片法	保护电位（V）	GB/T 19285，GB/T 21246	消除了由保护电流所引起的 IR 降的影响
3	密间隔电位	密间隔电位法（CIPS）	管地极化电位（mV）	GB/T 19285，GB/T 21246	（1）以下情况不可用： 1）阴极保护电流不能同步中断； 2）套管内的管段； （2）以下情况检测结果受外部条件影响： 1）覆盖层导电性很差的管段，如铺砌路面、冻土、钢筋混凝土、含有大量岩石回填物； 2）剥离防腐层下或绝缘物造成电屏蔽的位置，如破损点处外包覆或衬垫绝缘物的管道

9.2.2.4　开挖检测

　　在进行外腐蚀直接检测时，开挖检测是一项重要的环节。在选择开挖检测点的位置和数量时，首先要优先考虑腐蚀活性区域和曾经发生过外腐蚀泄漏的管段，这些区域更容易受到腐蚀影响。为了保证开挖检测的有效性，开挖点的数量应不低于相关标准要求，并且每个检测段内至少有 2 处开挖点。对于进行过内检测的管道，开挖点的位置和数量应结合内检测结果进行适当调整。如果开挖检测发现管道存在严重外腐蚀情况，还应增加开挖点的数量，以充分了解管道的腐蚀情况。

9.2.2.5　腐蚀防护系统评价

　　在完成外腐蚀直接检测后，需要对腐蚀防护系统进行评价。这个评价过程应根据《埋地钢质管道腐蚀防护工程检验》GB/T 19285—2014 进行，包括对外防腐层状况、阴极保护有效性、土壤腐蚀性、杂散电流干扰、排流保护效果检测评价结果进行腐蚀防护系统模糊综合评价，并给出了基于层次分析与专家打分两种模糊综合评价方法，腐蚀防护系统的综合评价分为四个等级，1 级为最好，4 级为最差。通过腐蚀防护系统的评价，可以及时发现问题并采取相应的措施，确保管道的安全运行。

9.2.3　穿、跨越段检验

检验人员应基于管道历史及现状进行评估，如管道发生过相关事故、管道安全现状不明、存在无法确定原因的异常情况，或风险分析结果中风险等级为较高以上等情况存在时，可开展穿跨越管道的专项检验。

9.2.4　其他位置无损检测

应对燃气管道的焊缝、阀门、法兰、凝水缸、补偿器及调压装置进行检查。焊缝、阀门、法兰、凝水缸、补偿器检查应该满足《城镇燃气输配工程施工及验收标准》GB/T 51455—2023 的相关规定。调压装置检查应符合《城镇燃气设施运行、维护和抢修安全技术规程》CJJ 51—2016 的相关规定。

对管道系统薄弱环节的一些特殊部位的环焊缝无损检测一般按照《承压设备无损检测 [合订本]》NB/T 47013.1 ~ 47013.13—2015 或者《石油天然气钢质管道无损检测》SY/T 4109—2020 等的相关规定进行；铁磁性材质管道的表面缺陷检测应当优先采用磁粉检测，埋藏缺陷检测一般采用射线、超声、衍射时差法超声、超声相控阵等一种或多种方法进行检测。表 9-7 列出了缺陷与无损检测方法对照表。

缺陷与无损检测方法对照表　　　　　　　　　　　　　表 9-7

检测位置	表面ᵃ		近表面ᵇ		所有位置ᶜ					
检测方法	VT	MT	PT	ET	RT	DR	UTA	UTS	TOFD	PA
使用产生的缺陷										
点状腐蚀	●	●	●		●	●		○		●
局部腐蚀	●	●						●	●	●
裂纹	○	●	●	○	○	○	●		●	●
焊接产生的缺陷										
烧穿	●				●	●	○		○	●
裂纹	○	●	●	○	●	●	●	○	●	●
夹渣			○	○	●	●	●	○	●	●
未熔合	○		●	●	●	●	●	●	●	●
未焊透	○	●	●	●	●	●	●	○	●	●

续表

检测位置	表面a		近表面b		所有位置c					
焊瘤	●	●	●	○	●	●	○		◐	○
气孔	●	●	○		●	●	◐	○	●	◐
咬边	●	●	●	○	●	●	◐	○		◐
产品成型产生的缺陷										
裂纹（产品成型）	○	●	●	◐	●	●	◐	○		◐
夹杂（产品成型）			◐	◐	●	●	●	◐		◐
夹层（板材、管材）	○	●	◐					●		●
重皮（锻件）	○	●	●	◐	●	●	○		○	
气孔（铸件）	●	●	○		●	●	○	○		○

注：1. 字母说明：

VT– 目视检测；MT– 磁粉检测；PT– 渗透检测；ET– 涡流检测；RT– 射线检测；DR–X 射线数字成像检测；UTA– 超声检测（斜入射）；UTS– 超声检测（直入射）；TOFD– 衍射时差法超声检测；PA– 超声相控阵检测。

2. 符号含义：

●- 通常情况下，按 NB/T 47013 相应部分规定的无损检测技术都能检测这种缺陷；

◐- 在特殊条件下，按 NB/T 47013 相应部分的特定的无损检测技术将能检测这种缺陷；

○- 检测这种缺陷要求专用技术和条件。

a 仅能检测表面开口缺陷的无损检测方法；

b 能检测表面开口和近表面缺陷的无损检测方法；

c 可检测被检工件中任何位置缺陷的无损检测方法。

首次检验时应当进行埋藏缺陷检测，再次检验时对同一接头一般不重复进行埋藏缺陷检测；当存在内部损伤机理并发现损伤迹象，或者上次检验发现裂纹等危险性超标缺陷时，则还应当进行埋藏缺陷检测。针对以下部位焊接接头应重点检测：

（1）内检测发现存在异常等级比较高的焊接接头

由于内检测对异常焊缝只能定性评价为轻、中、重，无法具体量化缺陷大小等，对已实施过内检测，发现的可能存在严重缺陷的异常等级高的高钢级重点进行埋藏缺陷检测。必要时对异常等级为中或低的焊缝进行检测。

（2）外检测中发现错边、咬边超标或者存在表面裂纹的焊接接头

错边的危害有以下几点：①在焊缝处产生附加弯曲应力；②在错边处产生应力集中；③降低了承载能力；④影响焊缝外形美观和尺寸精度。而咬边减少了基本金属的有效截面，直接削弱了焊接接头的强度，在咬边处容易引起应力集中，承载后可能在此处产生裂纹。所以，总体上来说，错边、咬边超标焊接接头，可能存在较大的应力集中，容易新生裂纹。

对于已存在表面裂纹的焊接接头，更需要进一步确认裂纹埋藏深度（如能确认裂纹仅存在于焊缝表面，可通过打磨消除后，评估剩余壁厚承压能力），并且需通过进一步检测确认是否存在其他类型的埋藏缺陷。

（3）阀门与管道连接的焊接接头

阀门与管道焊接时，相较于管道之间的直接对焊，对焊接要求较高，由于阀门和管道材质不同，所以容易产生焊接缺陷。

（4）穿跨越段、出土端与入土端的焊接接头

穿跨越段、出土端与入土端的焊接接头往往焊接环境、运行工作环境相对较差，更容易导致焊缝开裂等。管道在穿越高寒冻区不可避免地遭受冻融危害，导致管道弯曲变形等，出土端与入土端的焊接接头位于冻胀土中，会承受较大冻土冻胀应力，导致管道弯曲变形、应力集中、表面开裂等。冻融周期变化也会导致管道应力疲劳等。

（5）管道发生位移、变形位置附近的焊接接头

管道发生位移、变形时，由于管道受到周围土体的约束，产生较大的应力，容易产生裂纹，所以需要对此处焊接接头进行重点检测。

（6）L450（X65）以上 [含 L450（X65）] 钢级管道在地质灾害影响区、高后果区的环向对接接头，尤其是不同材质、不等壁厚连接、返修口、连头口、金口等焊接接头。

9.2.5　理化检验

材料状况不明管段的材质应进行理化检验，理化检验一般包括化学成分分析、硬度测试、力学性能测试、金相分析等项目。

9.2.5.1　化学成分分析

按照相关标准规定的方法，对检测部位母材和焊缝的化学成分进行分析。根据被测物质成分中的分子、原子、离子或其化合物的某些物理性质和物理化学性质之间的相互关系，应用仪器对物质进行定性或定量分析。

（1）光学分析法：根据物质与电磁波（包括从 γ 射线至无线电波的整个波谱范围）的相互作用，或者利用物质的光学性质来进行分析的方法。最常用的有吸光光度法（红外、可见和紫外吸收光谱）、原子吸收光谱法、原子荧光光谱法、发射光谱法、荧光分析法、浊度法、火焰光度法、X 射线衍射法、X 射线荧光分析法、放射化分析法等。

（2）电化学分析法：根据被测物质的浓度与电位、电流、电导、电容或电量间的关系来进行分析的方法。主要包括电位法、电流法、极谱法、库仑（电量）法、电导法、离子选择性电极法等。

（3）色谱分析法：通过色谱柱，利用静止不动的高沸点液体或固体吸附剂（固定相）对各组分的吸附能力或溶解能力的不同及化学反应时平衡常数的差别，使被测气体或液体的各组分因吸附向前移动的速度不同而彼此分离，再进入检测器鉴定。

（4）质谱分析法：试样在离子源中电离后成为快速运动的正离子，然后在由扇形电场和磁场组成的质量分析器中进行分离，在检测器中鉴定。

9.2.5.2　硬度测试

硬度是衡量金属材料性能的一个重要指标。硬度是指金属抵抗变形或破裂的能力。由于硬度能灵敏地反映金属材料在化学成分、金相组织、热处理工艺及冷加工变形等方面的差异，因此硬度试验在生产、科研及工程上都得到广泛应用。硬度测试方法比较简单易行，测试时不必破坏工件。由于硬度测试仅在金属表面局部体积内产生很小的压痕，所以用硬度测试还可以检查金属表面层情况，如脱碳与增碳、表面淬火以及化学热处理后的表面硬度等。根据受力方式，硬度测试方法一般可分为压入法和刻划法两种。在压入法中，按加力速度不同又可分为静力试验法和动力试验法。其中以静力试验法应用最为普遍。常用的布氏硬度、洛氏硬度和维氏硬度等均属于静力试验法；而肖氏硬度、里氏硬度（弹性回跳法）和锤击布氏硬度等则属于动力试验法。其中布、洛、维三种试验方法是应用最广的，它们是金属硬度测试的主要试验方法。这里的洛氏硬度试验又是应用最多的，它被广泛用于产品的检验，据统计，目前应用中的硬度计70%是洛氏硬度计。

硬度测试部位包括母材、焊缝及热影响区。硬度测试应当符合以下要求：

（1）母材、焊缝及热影响区的最大硬度值不超过250HV10（22HRC）；

（2）碳钢管的焊缝硬度值不应当超过母材最高硬度的120%。

当焊接接头的硬度值超标时，检验人员应当根据具体情况扩大焊接接头内、外部无损检测抽查比例。

9.2.5.3　力学性能测试

对使用年限已经超过15年并且进行过与腐蚀、劣化、焊接缺陷有关的修理改造的管道，一般应进行力学性能测试。

对管道母材横向、纵向与焊缝的屈服强度、抗拉强度、延伸率和冲击性能进行检测。

（1）强度指标

材料的强度指标是决定其许用应力值的依据。设计中常用的有拉伸、压缩、弯曲、扭转、剪切的强度极限 σ_b 和屈服极限 σ_s，高温时还要考虑蠕变极限 σ_n 和高温持久极限 σ_D。

强度极限 σ_b 是指材料在外力的作用下，由开始加载到断裂时为止所能承受的最大应力。它是反映材料抵抗大量均匀塑性变形的强度指标。

屈服强度 σ_s 是指材料在外力的作用下，由开始加载到刚出现塑性变形时所承受的应力。它是反映材料抵抗微量塑性变形的强度指标。对某些材料，在加载试验时，其应力应变图中没有明显的屈服平台，此时就以产生 0.2% 塑性变形时的应力作为该种材料的屈服极限，并用 $\sigma_{0.2}$ 表示。

蠕变极限 σ_n 是指在一定的温度条件下，材料受外力作用在经历 10 万小时时间后产生的塑性变形量为 1% 时的应力。高温持久极限 σ_D 是指在一定的温度条件下，材料受外力作用在经历 10 万小时时间后产生断裂时的应力。蠕变极限 σ_n 和高温持久极限 σ_D 均是高温下材料抵抗破坏的强度指标。

（2）塑性指标和韧性指标

塑性指标和韧性指标是材料受冲击载荷作用时的主要设计依据，也是低温或超低温条件下对材料适用性考核的一个重要指标。其中，塑性指标包括的参数主要有材料的延伸率 δ、断面收缩率 ψ。韧性指标包括的参数主要有材料的冲击韧性 α_k 和冲击功 A_k 等。

延伸率 δ 是指试样发生拉伸破坏时，产生的塑性变形量与原试样长度比值的百分数。根据所选试样长度是试样直径的 5 倍还是 10 倍，延伸率 δ 分别有 δ_5 和 δ_{10} 两个数据。断面收缩率 ψ 是指试样发生拉伸破坏时，其缩颈处的横截面积缩小量与试样原横截面积比值的百分数。延伸率和截面收缩率均是反映材料塑性的指标。一般情况下，$\delta_5 < 5\%$ 的材料为脆性材料。

冲击功 A_k 是指试样在进行缺口冲击试验时，摆锤冲击消耗在试样上的能量。而消耗在试样单位截面上的冲击功就是冲击韧性 α_k。它们是反映材料抗冲击载荷破坏的性能指标，或者说是反映材料韧性的一个性能指标。

由于冲击功仅为试样缺口附近参加变形的体积所吸收，而此体积通常又无法测量，且在同一断面上每一部分的变形也不一致，因此用单位截面积上的冲击功（即冲击韧性）α_k 来判断材料韧性的方法在国内外已逐渐被淘汰，而应用较多的则是冲击功 A_k。材料的塑性指标和韧性指标与其强度指标和弹性指标不同，它们不直接参与力学计算，仅定性地反映材料的性能。

输送含 H_2S 介质的管道有可能发生 H_2S 应力腐蚀开裂，腐蚀机理如下：湿 H_2S 环境中腐蚀产生的氢原子渗入钢的内部固溶于晶格中，使钢的脆性增加，在外加拉应力或残余应力作用下形成的开裂，叫做硫化物应力腐蚀开裂。工程上有时也把受拉应力的钢及合金在湿 H_2S 及其他硫化物腐蚀环境中产生的脆性开裂统称为硫化物应力腐蚀开裂（SSCC）。SSCC 通常发生在中高强度钢中或焊缝及其热影响区等硬度较高的区域。SSCC 的本质属氢脆，属低应力破裂，发生 SSCC 的应力值通常远低于钢材的抗拉强度。SSCC 具有脆性机制特征的断口形貌。穿晶和沿晶破坏均可观察到，一般高强度钢多为沿晶破裂。SSCC 破坏多为突发性，裂纹产生和扩展迅速。对 SSCC 敏感的材料在含 H_2S 酸性油气中，经短暂暴露后，就会出现破裂，以数小时到三个月情况为多。

原规定要求对低温条件下的管道进行冲击性能测试，因为在低温情况下，材料因其原子周围的自由电子活动能力和"粘结力"减弱而使金属呈现脆性。一般情况下，对于每种材料，都有这样一个临界温度，当环境温度低于该临界温度时，材料的冲击韧性会急剧降低。通常将这一临界温度称为材料的脆性转变温度。为了衡量材料在低温下的韧性，常用低温冲击韧性（冲击功）来衡量，许多工程设计标准上都给出了材料低温冲击韧性（冲击功）的限制。

金属材料在使用过程中除要求有足够的强度和塑性外，还要求有足够的韧性。所谓韧性，就是材料在弹性变形、塑性变形和断裂过程中吸收能量的能力。韧性好的材料在服役条件下不至于突然发生脆性断裂，从而使安全得到保证。在输送含 H_2S 介质应力腐蚀倾向严重或者低温工况下的钢管焊缝均会出现韧性下降的情况，所以相关标准规定要进行冲击性能测试。韧性可分为静力韧性、冲击韧性和断裂韧性，其中评价冲击韧性（即在冲击载荷下材料塑性变形和断裂过程中吸收能量的能力）的实验方法，按其服役工况有简支梁下的冲击弯曲试验（夏比冲击试验）、悬臂梁下的冲击弯曲试验（艾氏冲击试验）以及冲击拉伸试验。夏比冲击试验是由法国工程师夏比（Charpy）建立起来的，虽然试验中测定的冲击吸收功 A_k 值缺乏明确的物理意义，不能作为表征金属制件实际抵抗冲击载荷能力的韧性依据，但因其试样加工简便、试验时间短、试验数据对材料组织结构、冶金缺陷等敏感而成为评价金属材料冲击韧性应用最广泛的一种传统力学性能试验。

夏比冲击试验的主要用途如下：

（1）评价材料对大能量一次冲击载荷下破坏的缺口敏感性。零部件截面的急剧变化从广义上都可视为缺口，缺口造成应力应变集中，使材料的应力状态变硬，承受冲击能量的能力变差。由于不同材料对缺口的敏感程度不同，用拉伸试验中测定的强度和塑性指标往往不能评定材料对缺口是否敏感，因此，设计选材或研制新材料时，往往提出冲击韧性指标。

（2）检查和控制材料的冶金质量和热加工质量。通过测量冲击吸收功和对冲击试样进行断口分析，可揭示材料的夹渣、偏析、白点、裂纹以及非金属夹杂物超标等冶金缺陷；检查过热、过烧、回火脆性等锻造、焊接、热处理等热加工缺陷。

（3）评定材料在高、低温条件下的韧脆性转变特性。夏比冲击试验按试验温度可分为高温、低温和常温冲击试验，按试样的缺口类型可分为 V 形和 U 形两种冲击试验。现行国家标准《金属材料 夏比摆锤冲击试验方法》GB/T 229—2020 将以上所涉及的试验方法统一合并在一个标准内。

9.2.5.4　金相分析

金相检验是一种常规的实验分析方法，它在失效分析中能提供被检材料的大概种类和组织状况。从检验出的显微组织来推断或证实被检材料制造过程中经历的工艺过程，以及执行这些工艺是否正常，同时还可提供失效件在发生事故时是否发生塑性变形等情况，以及失效件在使用过程中无意造成的热处理效果等；反映出失效件在工作条件下发生的腐蚀（大致可以定性和对腐蚀程度的半定量）、磨损、氧化和严重的表面加工硬化等，并可初步确定其程度。

金相检测的重点位置是管道的母材和焊缝，主要观察金相组织中的显微组织和夹杂物。随着处理工艺的不同，金相的显微组织包括：铁素体、渗碳体、珠光体、魏氏组织、奥氏体、马氏体、回火马氏体、回火托氏体、回火索氏体、贝氏体等。不同的显微组织，在强度、韧性、塑性、耐磨性等各方面的性能均不同。

钢中非金属夹杂物主要来自钢的冶炼和浇注过程，机械混合物存在于钢中的非金属夹杂物是不可避免的。碳素钢和低合金钢中非金属夹杂物主要有硫化物、氧化物、硅酸盐、氮化物等，其含量一般都很少，但它们对钢的性能的危害作用却不可忽视。这种危害作用与非金属夹杂物的类型、大小、数量、形态及分布有关。因此，钢中非金属夹杂物的金相检验，对了解钢材的冶金质量及分析管道失效原因具有十分重要的意义。非金属夹杂物的金相检验包括夹杂物类型的定性和定量评级（测定它们的大小、数量、形态及分布等）两方面内容。

非金属夹杂物对钢的性能影响，主要表现在对钢的使用性能和工艺性能的影响。

1. 非金属夹杂物对疲劳性能的影响

由于非金属夹杂物以机械混合物的形式存在于钢中，而其性能又与钢有很大的差异，因此它不仅破坏了钢基体的均匀性、连续性，还会在该处造成应力集中，而成为疲劳源。在外力作用下，通常沿着夹杂物与其周围金属基体的界面开裂，形成疲劳裂纹。在某些条件下夹杂物还会加速裂纹的扩展，从而进一步降低疲劳寿命。夹杂物的性质、大小、数量、形态、分布不同，对疲劳寿命的危害也不同。

2. 非金属夹杂物对钢的韧性和塑性的影响

非金属夹杂物的存在对钢的韧性和塑性是有害的，其危害程度主要取决于非金属夹杂物的大小、数量、类型、形态和分布。非金属夹杂物越大，钢的韧性越低；非金属夹杂物越多，非金属夹杂物间距越小，钢的韧性和塑性越低。棱角状非金属夹杂物使韧性下降较多，而球状非金属夹杂物的影响最小。在轧制钢材时被拉长的非金属夹杂物，对其横向的韧性和塑性的危害程度较为明显。非金属夹杂物呈网状沿晶界连续分布或聚集分布时则危害最大。非金属夹杂物类型不同，其物理、力学、化学性能也不同。此外非金属夹杂物对钢的耐蚀性和高温持久强度都有危害作用。

3. 非金属夹杂物对钢的工艺性能影响

由于非金属夹杂物的存在，特别是当非金属夹杂物聚集分布时，对锻造、热轧、冷变形开裂、淬火裂纹、焊接层状撕裂及零件磨削后的表面粗糙度等都有较明显的不利影响。

9.2.6 小结

本节介绍了金属管道外检测的实施方法及涉及的相关技术对比，开展金属管道外检测时可根据检测管道工况选取适当的一种或者多种检测技术，确保及时发现管道存在的问题，消除安全隐患。

9.3 非金属管道外检测

城市燃气管道铺设除了常见的金属管道，还包括非金属管道。非金属管道外检测主要包括宏观检验、非金属管道检测、焊接接头检测等。

9.3.1 宏观检验

非金属管道宏观检验包括检查内容和宏观检查重点部位两部分。

9.3.1.1 检查内容

（1）位置与埋深检查

非金属燃气管道位置和埋深检查一般将管道分为已埋设示踪线、电子标识器等可以发射信号的装置的管道，和未埋设示踪线、电子标识器等可以发射信号的装置的管道。示踪线是专为查找与定位地下非金属管线而设计的产品，它有效地解决了非金属管线不能用金属管线寻管仪探查的问题，可广泛适用于燃气、供水管线及排水管线等地下非金属管网的查找与定位。电子标识器是预先埋设在地下管线附近的电子标识器，通过电子标识器定位仪识读并获取存储在标识器内的管线信息，非金属管道位置和埋深检测方法如表 9-8 所示。

（2）管线敷设环境检查

主要检查管道与其他建（构）筑物或相邻管道净距、占压状况、密闭空间、深根植物或者管道裸露、土壤扰动等情况。

（3）穿越管道检查

主要检查穿越管道保护设施稳固性，套管检查孔的完好情况等。

（4）地面设施检查：标志桩、标志牌（贴）、阀门（井）、放散管等的完好情况检验。

（5）人员认为有必要的其他检查。

非金属管道位置和埋深检测方法　　　　　表 9-8

序号	方法	适用范围	介绍
1	探管仪定位法	适用于敷设有连续示踪线的非金属管道的检测	发射机发射固定频率的信号施加到待测管线上，接收机以相同频率接收此信号、利用电磁信号的原理来探测地下管线的精确位置和深度
2	固定信标定位法	适用于埋设有电子标识器的非金属管道的检测	通过电子标识器定位仪识读并获取存储在标识器内的管线信息，定位布设于地下管线上方的电子标识器，确定管线的位置和深度
3	探地雷达定位法	适用于未敷设示踪线的非金属管道的检测	利用超高频短脉冲电磁波在介质中传播时其路径、电磁场强度与波形随通过介质的电性质、几何形态的不同而变化的特点，根据接收到波的行程时间、幅度与波形资料来判断管线的位置和深度
4	多频声波探测法	适用于未敷设示踪线的非金属管道的检测	利用发射控制机驱动气体振动器，通过放散阀或调压箱和管道连接，来驱动管道中的燃气以施加多频复合声波振动信号，使管道中的燃气产生特殊调制的振荡波信号，接收并跟踪仪器信号源发出的声波信号，从而精确定位管道的位置与走向
5	静电探测法	适用于未敷设示踪线的非金属燃气管道的检测	燃气主要成分氢原子核中的质子是一种带有正电荷的粒子，其本身在不停地无规则自旋，具有一定磁性，在外磁场作用下自旋质子将按一定方向排列，称为核子顺磁性，使用弱磁感应探测仪可以将被探测物的弱磁场放大，双手持金属杆的操作使用者在运动状态下通过人体静电、大地磁场、弱磁场的相互作用下可以探测出被探测物的位置与埋深
6	冲击棒检测定位法	适用于未敷设示踪线的非金属管道的检测	通过冲击棒探针上部的配重块向下的冲击力，使探针竖直插入土壤中至探针端部与聚乙烯燃气管道接触，通过探针与管道不断地撞击将声音及振动传递到地面，由检测人员来辨认是否为待测管道通过探针插入土壤深度来判断管道埋深

9.3.1.2　宏观检查重点部位

对以下位置管段进行重点检查：

（1）穿越段；

（2）管道阀门（井）、管道分支处；

（3）与热力、蒸汽等高温管道相邻，排污或其他液体管道下方的位置；

（4）影响管道安全运行，曾经发生过严重泄漏和严重事故的位置；

（5）曾经为非机动车道或者绿化带改为机动车道的、承受交变载荷的位置；

（6）易发生第三方损坏的位置；

（7）经过空穴（地下室）、管道占压位置；

（8）位于边坡、地质不稳等位置；

（9）可能存在白蚁、老鼠等生物损坏的位置；

（10）根系发达植物周边位置；

（11）风险等级较高以上的位置；

（12）检验人员认为其他重要的位置。

9.3.2　非金属管道检测

非金属管道有塑料复合管、聚合物内衬管、热塑性塑料管道。常用的燃气管道为热塑性塑料管道——聚乙烯管道。聚乙烯管道耐腐蚀性好、韧性高、使用寿命长，是输送城镇燃气比较理想的管材之一。在一些地区，聚乙烯管材在城市燃气管道中的占有量已达 90% 以上。对于聚乙烯管道输送系统，焊接接头是薄弱环节，也是影响管道系统完整性的关键因素。聚乙烯燃气管材、管件的连接一般采用热熔对接或电熔连接。现有的焊接质量控制手段主要以焊接过程控制为主，并通过外观检查手段进行验收。然而，外观检查和压力试验均无法观察到焊口的内部缺陷，更无法判断该内部缺陷是否会对接头强度和使用寿命产生影响。焊接缺陷包括：熔合面夹杂、孔洞、结构畸变、冷焊、过焊、承插不到位、焊缝过短。常规检测技术包括：传统超声检测、射线照相、红外热成像、声发射、激光错位散斑干涉技术等，这些技术对于非金属管道检测都具有一定局限性，如表 9-9 所示。目前，较为成熟的缺陷检测手段有超声波相控阵技术和微波技术。

常规检测技术原理及其缺点　　　　　　　　　　　表 9-9

名称	原理	缺点
传统超声检测	探头通过耦合向被测组件发射超声波，通过分析接收回波信号进行缺陷检测	无法很好地识别分层、夹杂物；无法检测材料较小或材料深处缺陷；图像分辨率低；检测时间长
射线照相	利用 X 射线或 γ 射线，观察相应射线照相底片进行缺陷检测	材料厚度有限制；射线有高衰减；设备昂贵、笨重
红外热成像	缺陷会导致区域热辐射发生变化，利用红外照相机记录被测组件表面发出的热辐射进行缺陷检测	数据处理时间长；温差小会导致分辨率降低；主动红外热成像加热功率高，可能会造成表面加热不均匀，甚至样品损坏；只能从一侧进行识别
声发射	管道中缺陷的形成以弹性波形式传递，压电传感器接收信号，再对其进行识别	信号存在衰减；只能检测正在扩展的缺陷；依赖操作人员经验
激光错位散斑干涉	对被检物体加载前后的激光散斑图进行叠加会在有缺陷部位形成干涉条纹	无法检测到材料内部的变形和缺陷；信噪比低

9.3.3　焊接接头检测

9.3.3.1　电熔连接接头缺陷

电熔接头缺陷概括起来可以分为未焊透、电阻丝错位和孔洞三类。

1. 未焊透

电熔接头未焊透是由于管材和套筒界面上的分子未能扩散缠结或未充分扩散缠结，使得整个熔合界面强度低于正常焊接接头熔合界面强度。根据电熔接头未焊透的产生原因，又可以将其分为冷焊、夹氧化皮、熔合面夹杂三种。冷焊是由于接头焊接热量不足造成的缺陷。外部环境、聚乙烯的材料参数、电源输入功率和界面接触热阻都会影响电熔焊接温度场，从而引发电熔接头冷焊缺陷的产生。冷焊缺陷是危害最大的焊接缺陷。夹氧化皮是指由于电熔焊接前未刮削或未充分刮削管材表层氧化皮至一定深度而直接焊制的电熔接头。这类接头强度远低于正常焊接接头。熔合面夹杂是指电熔焊接过程中有时会在焊接界面引入其他外来物，如熔合界面夹杂了污泥、树叶等夹杂物将直接导致电熔套筒内表面和管材外表面隔离，造成局部未焊透。

2. 电阻丝错位

电阻丝错位准确来说是一种焊接操作过程规范与否的反馈，通常由于过焊、承插不到位或未对中引起。过焊通常由于电熔焊接过程时间过长或功率过高引起，会造成电阻丝错位或孔洞。承插不到位是指待焊接管材没有完全插入电熔套筒中，导致电熔接头的电阻丝没有完全被管材外表面覆盖，在焊接过程中，电阻丝周围的聚乙烯熔融后溢出到内冷焊区，带动电阻丝沿着轴线位移，产生错位。管材未对中是指待焊接的两段管材没有在同一轴线上，容易造成电阻丝错位甚至短路等一系列问题。

3. 孔洞

孔洞的形成通常分为三种情况：焊接前存在的孔洞，焊接过程中产生的孔洞和冷却过程中出现的孔洞。

9.3.3.2　热熔连接接头缺陷

热熔连接接头可能存在的缺陷可分为两大类：工艺缺陷和宏观缺陷。工艺缺陷包括未焊透和过焊，宏观缺陷包括孔洞、裂纹和焊缝过短。

1. 工艺缺陷

工艺缺陷的形成通常与焊接工艺参数选取不当有关。未焊透通常是由于焊接热量不足、焊接压力过小或过大，熔合面夹杂而导致。焊接热量不足或焊接压力过小，都可能造成焊接面上的高分子未进行充分的扩散缠结，焊接面的强度低于正常焊接的接头；焊接压力过大，则会造成熔融物被挤出焊接面，同样导致焊接强度较低；熔合面夹杂一方面会隔离焊接面，影响高分子的扩散缠结，另一方面如果夹杂泥水，焊接过程中水分蒸发会带走一部分热量，导致焊接热量不足，造成未焊透。冷焊属于未焊透的一种，也是热熔接头危害最大的一种缺陷。过焊通常是由于焊接热量过多引起的，如加热板温度过高。过焊的危害在于温度过高会导致聚乙烯材料的热氧化破坏，析出挥发性产物，使聚乙烯材料结构发生变化，导致焊接接头强度降低。

2. 宏观缺陷

宏观缺陷不同于工艺缺陷，有比较明显的缺陷形态表征，通常是由于焊接操作不当、焊机设备故障或工况不良，以及焊接环境不适宜等因素导致。孔洞是由于强制冷却接头和寒冷环境下焊接，导致材料收缩形成。裂纹的产生主要是由于加热温度不够或切换时间过长，使得被焊接的聚乙烯材料没有足够的流动性，因而在焊接接头中心交界处产生了裂纹。焊缝过短主要是由于焊接压力过大，熔融物被大量挤出造成。

9.3.3.3　电熔接头检测技术

1. 超声波相控阵技术

超声波在材料中以一定的速度和方向传播，当遇到声阻抗不同的界面时，就会产生反射波。超声波在聚乙烯材料中衰减迅速，采用超声波相控阵技术较好地解决了这一问题。超声波相控阵技术的基本原理是采用多个阵元聚焦的方法使得超声波有足够的能量反射并被接收，在反射波的接收过程中，按一定规则和时序对各阵元的接收信号进行合成，再将合成结果以适当形式显示，超声波相控阵检测技术原理示意图如图 9-16 所示。以孔洞缺陷为例进行说明，如果电熔焊接完好，超声波可以顺利通过熔合面，超声波图像中只显示电阻丝和管材内壁的反射波信号；而存在孔洞缺陷的电熔接头，孔洞也会反射超声波，因此超声波图像除了显示电阻丝和管材内壁的反射波信号，也会在熔合面处显示孔洞的反射波信号。相关研究结论表明，超声波相控阵技术可以检测出电熔接头的孔洞、熔合面夹杂、冷焊、电阻丝错位等缺陷，但是无法检测氧化皮未刮的缺陷。该技术也可以用于热熔接头的检测，但是由于技术原理本身的限制，存在检测盲区，限制了该技术在热熔接头无损检测方面的应用。

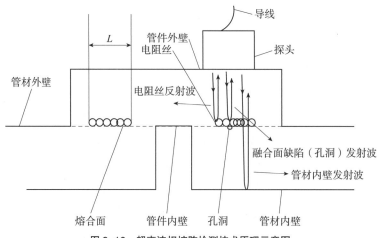

图 9-16　超声波相控阵检测技术原理示意图

2. 微波技术原理

微波检测技术原理示意图如图 9-17 所示，微波发射器在某特定频率范围内发射单一频率微波，使微波在被检试件（非金属材料）中传播，被检试件结构的变化和内部缺陷会引起非金属材料介电性能变化，从而引起微波能量的变化。通过接收传感器采集和分析微波的回波能量变化，实现被检试样内部结构和缺陷的检测结果成像。有研究表明，微波技术可以检测出电熔接头的熔合面污染、未对中、氧化皮未刮缺陷，并且具备较好的可靠性和重复性，但是误判率也相对偏高。

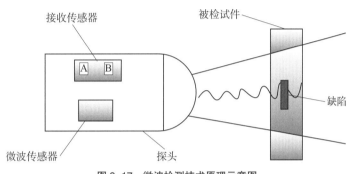

图 9-17　微波检测技术原理示意图

3. 射线技术

目前一些研究机构或企业正在尝试将射线技术应用于聚乙烯管道焊接接头的无损检测。由于需要采取复杂的防护措施，现阶段射线技术还不能作为检测聚乙烯焊接接头的有效方法。

9.3.3.4　热熔接头检测

1. 卷边背弯试验

卷边背弯试验是一种操作简单、结果直观、效率高、效果好的非破坏性检验手段。有研究表明，卷边背弯试验与破坏性试验结果的符合率可以达到65%。具体的试验方法和抽样检验比例在《聚乙烯燃气管道工程技术标准》CJJ 63—2018 中有规定。但是，该试验无法实现对热熔接头内部缺陷定性、定量的分析。

2. 微波技术检测

微波是指频率在 300MHz ~ 300GHz 电磁波，微波技术主要应用于航空航天、汽车、风机叶片行业，可以对纤维增强复合材料和非金属零部件等实施检测。微波检测适用于固化状态监控、裂缝、孔洞、制造缺陷、干纤维点（树脂不足区域）、分层和冲击损伤等缺陷检测。与超声波不同，微波能量不会被非金属材料吸收或分散，微波能量能够穿过多层材料，使得检测深层缺陷变得简单。对于像分层、影响接头质量的颗粒污染、冷熔合、错位等复合材料常见缺陷，射线照相和超声波均无法可靠地检测，而微波检测技术可以较好地完成检测，具有可替代性。Haryono 等、Rahman 等在实验室利用管道样品，证明微波技术对非金属管道检测具备有效性。在检测设备市场上，美国 Evisive 公司开发的微波无损检测技术，可以提供可靠的非金属部件全体积检测结果，并配备相应的管道自动扫描仪，可以应用于增强橡胶、塑料、陶瓷、有机和陶瓷复合材料等。Ghasr 等提出一种利用合成孔径雷达技术（Synthetic Aperture Radar，SAR）实时微波相机拍摄检测技术，使微波成像从 2D 发展到 3D，该微波相机成像阵列在 20 ～ 30GHz 频率范围内工作，以 30fps 实时产生 3D 图像，有潜力增强无损检测实时检测、判断能力。微波检测技术优势在于：（1）非接触式检查部件，无需直接接触耦合剂或浸泡；（2）非电离性，不同于 X 射线、γ 射线，对人体辐射较小，操作起来较安全；（3）允许从单侧进行检测。其局限在于：检测精度和分辨率有限（可将微波无损检测技术与人工智能和信号处理技术相结合来改善）。

3. 衍射时差法超声波检测技术

衍射时差法超声波检测技术相对成熟，可以检测出聚乙烯管道热熔接头的孔洞、未熔合和粗糙的颗粒物污染等缺陷，但是无法检测出细小的微粒污染物和冷焊缺陷，灵敏度较低。与超声波相控阵技术一样，衍射时差法超声波技术存在检测盲区，因此，不适用于小管径的聚乙烯管道热熔接头检测。

4. 太赫兹检测技术

太赫兹是一种电磁波，可以检测出非金属材料表面及内部的杂质、错位、分层、孔洞等缺陷，但是由于黑色聚乙烯管道中的炭黑会吸收太赫兹波，因此太赫兹并不适用于黑色聚乙烯管道的检测。该技术在国内目前仅在实验室试用，尚不具备应用条件。

在电磁频谱中，太赫兹（THz）辐射位于红外和微波区域之间。太赫兹波可以较好地穿透非金属管道，脉冲太赫兹辐射通过飞行时间技术可进行非接触式厚度测量，即使在多层结构中也有较好的表现。除厚度测量，太赫兹波成像技术可以通过确定非金属材料的吸收系数和折射率，揭示非金属材料成分和内部结构，对其表面裂纹、孔隙、分层均有较好的检测效果。Farhat 等通过模拟得出：太赫兹波对塑料管道内水和碳氢化合物的存在非常敏感，频域模拟可用于检测管道是否泄漏，且可检测毫米范围内小变形。2018—2022 年，英国 TeraView 公司致力于太赫兹光谱成像技术，开发多功能时域、频域太赫兹平台在配套的软件上进行图像重建，主要应用于塑料工业、航空航天业非金属涂层检测中，未来有希望扩展到非金属管道领域。太赫兹检测技术优势在于：①与红外线检测相比，可以穿透更多材料；②与微波相比拥有更好的空间分辨率；③与 X 射线或紫外线辐射相比，太赫兹脉冲携带的能量低（不会电离损坏所研究的材料）；④基本不会对人体健康造成伤害。

5. 其他技术

射线技术也可应用于热熔接头的无损检测，但现阶段该技术的应用面临着一定的局限性。红外技术借助于红外热像仪，通过聚乙烯管道焊接时冷却温度梯度的变化反映出冷焊、孔洞、夹杂、未对中等缺陷的产生，目前该研究尚处于起步阶段。尽管上述无损检测技术存在一定的局限性，相关标准的制订也尚不完善，但是无损检测技术的发展为聚乙烯管道焊接接头的缺陷检测提供了手段，使得聚乙烯管道的焊接质量评价成为可能。

9.3.4 小结

相对于埋地钢质管道检测，非金属管道的检测方法相对较少，对非金属管道的检测主要侧重于管道位置和重点部位的检查，管道本体的检测包括传统超声检测、射线照相、红外热成像、声发射、激光错位散斑干涉技术等，由于各种检测技术具有其局限性，在检测时可根据检测工况选择一种或多种检测技术对管道进行检测。

9.4 压力容器检测技术

对城市燃气设施中的压力容器开展的检测主要是无损检测，无损检测指在不损坏检测对象的前提下，以物理或者化学方法为手段，借助相应的设备器材，按照规定的技术要求，对检测对象的内部及表面结构、性质或者状态进行检查和测试，并对结果进行分析和评价。压力容器的无损检测方法，包括常规无损检测方法、非常规无损检测方法以及目视检测，其中常规无损检测方法主要是常规四项，包括超声检测、射线检测、磁粉检测、渗透检测；而非常规无损检测方法，主要是压力容器检测应用较多的相控阵检测技术、声发射检测技术、X射线数字成像检测技术、衍射时差法超声检测技术、阵列涡流检测技术等。

9.4.1 常规无损检测技术

压力容器的常规无损检测，根据覆盖介质的不同，主要包括：超声检测（UT）、射线检测（RT）、磁粉检测（MT）和渗透检测（PT）。超声检测和射线检测主要用于压力容器的埋磁缺陷检测，而磁粉检测和渗透检测主要用于压力容器的表面缺陷检测，其中铁磁性压力容器的表面检测应优先采用磁粉检测。

9.4.1.1 超声检测

超声检测主要利用超声波的反射特性，根据反射波的幅值和导波时间来确定被检材料的缺陷位置和大致轮廓。超声检测在压力容器的检测中有广泛应用，包括原材料的超声检测、制造过程和最终成品的超声检测以及在用压力容器的超声检测。

1. 原理及特点

超声检测方法分类方式有多种。按原理分类，可分为脉冲反射法、衍射时差法、穿透法和共振法；按显示方式分类，可分为 A 型显示和超声成像显示（细分为 B、C、D、S、P 型显示）；按波形分类可分为横波法、纵波法、表面波法、爬波法和板波法等。超声检测方法很多，应用比较多的有脉冲反射式超声波检测方法、衍射时差法超声检测、超声相控阵检测技术等。脉冲反射式超声检测方法无法直观地显示缺陷的位置和记录缺陷，其检测结果受人为因素的影响较大，大多时候对缺陷的危害性判断需要非常丰富的检测经验。但是这种方法的检测效率很高，检测成本较低，检测盲区较小。

脉冲反射法在垂直探伤时用纵波，在斜入射探伤时大多用横波。把超声波射入被检物的一面，然后在同一面接收从缺陷处反射回来的回波，根据回波情况来判断缺陷的情况。纵波垂直探伤和横波倾斜入射探伤是超声波探伤中两种主要探伤方法。两种方法各有用途，互为补充，纵波垂直探伤容易发现与探测面平行或稍有倾斜的缺陷，主要用于钢板、锻件、铸件的探伤，而斜射的横波探伤，容易发现垂直于探测面或倾斜较大的缺陷，主要用于焊缝的探伤。脉冲反射法原理图如图 9-18 所示。

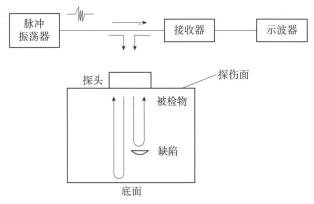

图 9-18　脉冲反射法原理图

超声检测的特点如下：（1）面积型缺陷的检出率较高，而体积型缺陷的检出率较低；（2）适合检验厚度较大的工件，不适合检验较薄的工件；（3）应用范围广，可用于各种试件；（4）检测成本低、速度快，仪器体积小，重量轻，现场使用较方便；（5）无法得到缺陷直观图像，定性困难，定量精度不高；（6）检测结果无直接见证记录；（7）材质、晶粒度对探伤有影响；（8）工件不规则的外形和一些结构会影响检测；（9）不平或粗糙的表面会影响耦合和扫查。

2. 能力范围及局限性

超声检测的能力范围:(1)能检测出原材料(板材、复合板材、管材、锻件等)和零部件中存在的缺陷;(2)能检测出焊接接头内存在的缺陷,面状缺陷检出率较高;(3)超声波穿透能力强,可用于大厚度(100mm 以上)原材料和焊接接头的检测;(4)能确定缺陷的位置和相对尺寸。

超声检测的局限性:(1)较难检测粗晶粒原材料和焊接接头中存在的缺陷;(2)缺陷位置、取向和形状对检测结果有一定的影响;(3)A 型显示检测不直观,检测记录信息少。

对于压力容器超声检测的实际应用,要充分注重方法的科学应用,按照相应的标准规范以及相应的制度加以落实,只有保障超声检测技术的科学应用,才能保障压力容器的应用质量。

9.4.1.2　射线检测

射线检测是利用射线能够穿透物体来发现物体内部缺陷的一种检测方法。射线检测能发现压力容器中存在的裂纹、气孔、夹杂、未焊透、未融合等各类缺陷和缺陷的尺度、位置、性质和数量等信息。

1. 原理及特点

X 射线检测原理如图 9-19 所示。射线能够使胶片感光或者激发某些材料发出荧光。射线在穿透物体过程中按照一定的规律衰减,利用衰减程度与射线感光或者激发荧光的关系可检查物体内部的缺陷。射线检测分为,γ 射线检测、X 射线检测、中子射线检测和高能射线检测。

射线检测是工业无损检测的一个重要专业门类。射线检测最主要的应用是探测试件内部的宏观几何缺陷(探伤)。按照不同特征(例如使用的射线种类、记录的器材、工艺和技术特点等)可将射线检测分为胶片射线检测、射线数字成像检测等多种方法。在本节中,射线检测是指采用射线穿透试件,以胶片作为记录信息器材的无损检测方法,X 射线检测是应用最广泛的一种最基本的射线检测方法。

射线检测的特点如下:(1)检测结果有直接记录;(2)可以获得缺陷的投影信息;(3)体积型缺陷检出率很高,而面积型缺陷的检出率受到多种因素的影响;(4)适宜检测较薄的工件而不适宜较厚的工件;(5)适宜检测对接焊缝,检测角焊缝效果较差,不适宜检测板材、棒材、锻件;(6)有些试件结构和现场条件不适合射线照相;(7)对缺陷工件中厚度方向的位置、尺寸(高度)的确定比较困难;(8)检测成本高;(9)射线照相检测速度慢;(10)射线对人

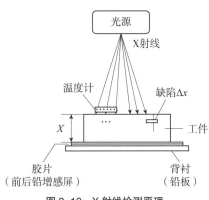

图 9-19　X 射线检测原理

体有伤害。

2. 能力范围及局限性

射线检测的能力范围：（1）能检测出对接接头中存在的未焊透、气孔、夹渣、裂纹和坡口未熔合等缺陷；（2）能检测出铸件中存在的缩孔、夹杂物、气孔和疏松等缺陷；（3）能确定缺陷平面投影的位置、大小以及缺陷的性质；（4）射线检测的穿透厚度，主要由射线能量确定。

射线检测的局限性：（1）较难检测出厚锻件、管材和棒材中存在的缺陷；（2）较难检测出 T 形焊接接头和堆焊层中存在的缺陷；（3）较难检测出焊缝中存在的细小裂纹和未熔合；（4）当被检设备直径较大采用 γ 射线源进行中心曝光法时，较难检测出焊缝中存在的小缺陷；（5）较难检测出缺陷的自身高度。

9.4.1.3 磁粉检测

磁粉检测作为无损检测的一种方式，是将铁磁性材料磁粉作为传感器，即利用漏磁场吸附磁粉形成磁痕，来显示不连续性的位置、大小、形状及严重程度。

1. 原理及特点

铁磁性材料被磁化后，其内部产生很强的磁感应强度，磁力线密度增大几百倍到几千倍。如果材料中存在不连续性（包括缺陷造成的不连续性和结构、形状、材质等原因造成的不连续性），磁力线会发生畸变，部分磁力线有可能逸出材料表面，从空间穿过，形成漏磁场。漏磁场的局部磁极能够吸引铁磁物质。

图 9-20 所示为试件中裂纹造成的不连续性使磁力线畸变。由于裂纹中空气介质的磁导率远远低于试件的磁导率，使磁力线受阻，一部分磁力线挤到缺陷的底部，一部分穿过裂纹，一部分排挤出工件的表面后再进入工件。如果这时在工件上撒上磁粉，漏磁场就会吸引磁粉，形成与缺陷形状相近的磁粉堆积，称其为磁痕，从而显示缺陷。当裂纹方向平行于磁力线的传播方向时，磁力线的传播不会受到影响，这时缺陷也不可能检出。

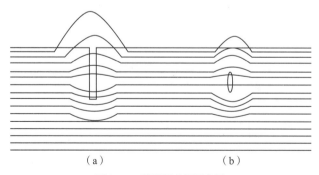

（a）　　　　　　　　　　（b）

图 9-20　缺陷漏磁场示意图
（a）表面缺陷；（b）近表面缺陷

磁粉检测方式非常多，在具体检测的过程中，必须根据压力容器的实际情况来确定。压力容器检验中主要有：磁轭法、触头法、交叉磁轭法和线圈法几种。

磁粉检测技术的特点如下：（1）适宜铁磁性材料探伤，不能用于非铁磁性材料检验；（2）可以检测出表面和近表面缺陷，不能用于检测内部缺陷；（3）检测灵敏度很高，可以发现极细小的裂纹以及其他缺陷；（4）检测成本很低，速度快；（5）工件的形状和尺寸对探伤有影响，有时因其难以磁化而无法探伤。

2. 能力范围及局限性

磁粉检测的能力范围：能检测出铁磁性材料中的表面开口缺陷和近表面缺陷。

磁粉检测的局限性：（1）难以检测几何形状复杂的缺陷；（2）不能检测非铁磁性材料工件。

磁粉检测在压力容器检验中有着非常重要的作用，在具体检测时，相关人员需要全面了解磁粉检测的特征，并能熟练地运用该种检测方法。磁粉检测的优势在于通过磁化可以直观地观察到容器表面及近表面上的缺陷，准确度高、灵敏性强。再加之，该检测方式操作起来比较简单，消耗的成本少，能够提高检测质量和效率。

9.4.1.4　渗透检测

渗透检测（PT）原理简单、方法灵活、适应性强、一次检测就可探查任何方向的表面开口缺陷，针对奥氏体不锈钢、有色金属等非铁磁性材料工件的表面开口缺陷有很高的检测灵敏度，是最常用的无损检测方法之一。

1. 原理及方法

渗透检测的原理是：零件表面被施涂含有荧光染料或着色染料的渗透液后，在毛细管作用下，经过一定时间，渗透液能够渗进表面开口的缺陷中。经去除零件表面多余的渗透液后，再在零件表面施涂显像剂，同样，在毛细管作用下，显像剂将吸引缺陷中保留的渗透液，渗透液回渗到显像剂中。在一定的光源（紫外线光或白光）下，缺陷处的渗透液痕迹被显示（黄绿色荧光或鲜艳红色），从而探测出缺陷的形貌及分布状态。液体渗透检测的这个原理是依据液体的某些特性为基础，可从四个方面加以叙述，渗透探伤过程如图 9-21 所示。

根据采用的渗透液和显示方式的不同，渗透检测主要分为着色渗透检验和荧光渗透检验，荧光法的灵敏度高于着色法。

2. 能力范围及局限性

渗透检测的能力范围：能检测出金属材料和非金属材料中的表面开口缺陷，如气孔、夹渣、裂纹、疏松等缺陷。

渗透检测的局限性：不能检测多孔材料。

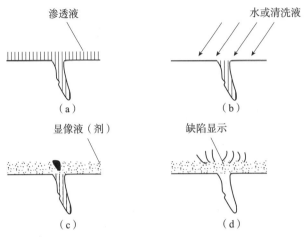

图 9-21 渗透探伤过程

（a）渗透；（b）清洗；（c）显像；（d）观察

在选择具体的压力容器渗透检测方法时，一方面要结合压力容器的自身条件，例如容器材质、容器用途、尺寸大小等；另一方面也要从实际出发，考虑检测条件的限制。只有综合衡量多种影响因素，才能保证压力容器渗透检测技术的实用性和有效性，从而最大限度地提升压力容器使用安全。

9.4.2 超声相控阵检测技术

超声检测是油气管道环焊缝缺陷检测的一项重要技术。超声相控阵由于具有独特的电子扫查、动态聚焦和扇形扫描特性，能实现对非平面表面及复杂结构物体的缺陷检测，成为近几年超声探伤领域中的一个研究热点。本节重点介绍超声相控阵在油气管道环焊缝缺陷检测中的应用及缺陷识别技术。

9.4.2.1 技术发展历程

超声相控阵检测技术最初源于雷达天线电磁波相控阵技术，被用于医疗领域，在 20 世纪 60 年代初期才被引入超声自动检测领域中。随着计算机技术和电子技术的发展，超声相控阵检测技术应用于工业无损检测，特别是在核工业和航空领域。近些年，超声相控阵检测技术发展尤为迅速，在超声相控阵系统的设计、系统仿真、生产、测试和应用等方面已取得一系列的进展，R/D TECH，IMASONIC 及 SIEMENS 等公司已研制并生产了超声相控阵检测系统和相控阵探头。同时，动态聚焦相控阵系统、二维阵列、自适应聚焦相控阵系统，表面波及板波相控阵探头的研制、生产、应用及完善已经成为研究的重点。

9.4.2.2　技术特点

超声相控阵技术是基于惠更斯原理。相控阵探头是由多个晶片组成的阵列，阵列的阵元在电信号的激励下以可控的相位发射出超声波，并使超声波束在确定的声域处聚焦或偏转，超声回波转化成电信号再以可控的相位叠加合成，以实现缺陷的检测。

与传统超声检测技术相比，超声相控阵技术的优势是：(1)快速。相控阵线性扫查比常规探头的光栅扫查要快很多，提高了检测效率，同时也节省了费用。(2)灵活。单个相控阵探头根据检测要求采用不同的扫查方式就可以检测不同的部件。(3)可进行复杂检测。通过检测方案设计，相控阵可以检测几何形面复杂的试块，例如检测焊缝和槽等。(4)阵列尺寸小。小晶片阵列的探头在检测中易于应用，例如，用在检测空间受到限制的管道、叶轮等工件中。(5)机械可靠性强。检测时，在工件上移动量越少，则检测系统将越可靠。相控阵检测用电子扫查代替机械扫查，既减少了磨损，同时也增加了系统的可靠性。(6)可检测性增强。波束的聚焦增加了信噪比，对于方向难以辨别的缺陷，可检测性明显增强。例如，在扇形扫查中，大量的 A 扫数据增加了每个角度的分辨率，进而增强了检出率。

局限性：(1)对工件表面光滑度要求较高、对温度有一定的敏感性。(2)仪器调节过程复杂，调节准确性对检测结果影响大。(3)与传统的超声检测设备相比，其价格昂贵，相控阵检测设备的价格要贵 10 ~ 20 倍。此外对操作人员的技术要求较高。

9.4.2.3　工作原理

超声探头是能够将声能与电能相互转换的器件，超声相控阵探头是超声相控阵系统中最具特色也是最为关键的部分，它是由多个相互独立的压电晶片在空间中以一定的方式排列组成，每个晶片又称为阵元，常见晶片阵列形式如图 9-22 所示，主要是四种阵列形式：1 维线阵，2 维线阵，1 维环阵，2 维环阵。相控阵的关键技术在于不同探头晶片之间的相位关系，即不同探头之间的相位间隔，称为延迟法则，不同的延迟法则会形成不同声束特点，如产生直波束、斜波束、聚焦声束等。每个晶片之间的延迟关系为：

$$t_{fn} = \frac{F}{c}\left[1 - \sqrt{1 - \left(\frac{B_n}{F}\right)^2}\right] + t_0$$

$$B_n = \left|\left[n - \frac{(N+1)}{2}\right]d\right|, \quad n = 1, 2, 3, \cdots\cdots, N$$

式中　F——焦距，mm；

　　　c——声束在工件中的传播速度，m/s；

　　　t_0——时间常数；

　　　B_n——第 n 个晶片到中心阵列的间距，mm；

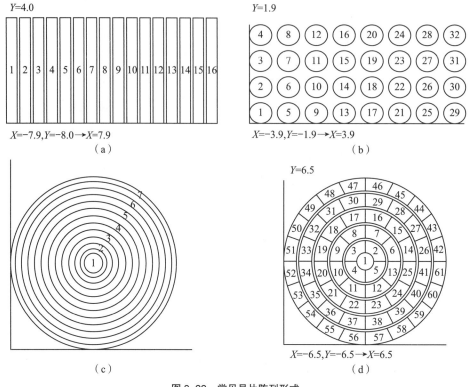

图 9-22　常见晶片阵列形式
（a）1 维线阵；（b）2 维线阵；（c）1 维环阵；（a）2 维环阵

　　d——阵元中心距，mm。

　　超声相控阵探头的工作原理是基于惠更斯－菲涅尔原理。探头中各个阵元由于尺寸小，扩散角相对较大，故可以被看作是点波源。它们在相同频率的高压脉冲的激励下，产生超声波，这些超声波是相干的，他们在空间干涉后形成一个稳定的声场。将待测工件置于这个声场的近场中，可以实现对该工件的超声相控阵检测。

　　声束的偏转和聚焦的电控，是超声相控阵检测技术优于传统超声的两大方面。声束的偏转是指在不更换楔块的情况下，改变声束的偏转角度，而且比传统超声有更大的检测范围。声束的聚焦是指在不通过机械的聚焦方式的情况下，实现声束的聚焦，提高声束的能量，即提高声束的检测灵敏度。应用电子技术改变各个阵元的激励时间，使它们按照一定的延时规则发射超声波，则这些带有一定相位延迟的超声波在空间中干涉叠加形成一个新的波阵面，从而实现声束的偏转和聚焦的特性。以阵元分布为线型阵列的探头为例，如图 9-23 所示，当激励阵元的高压脉冲信号的延时呈线性分布时，声束发生偏转；当激励阵元的高压脉冲信号的延时呈一定曲率分布时，声束发生聚焦或者偏转聚焦。

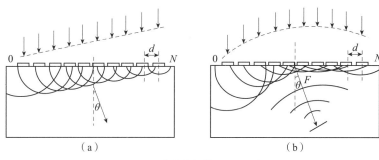

图 9-23　声束的偏转、聚焦示意图
（a）声束偏转；（b）声束聚焦偏转

9.4.3　声发射检测技术

声发射是一种常见的物理现象。大多数材料变形和断裂时均伴有声发射，但许多材料的声发射信号强度很弱，只能借助灵敏的电子仪器检测。用仪器探测、记录和分析声发射信号以及利用声发射信号推断声发射源的技术称为声发射检测技术。声发射检测技术作为常规无损检测的补充，在压力容器不停机检验中得到广泛应用。以下将从技术原理、在压力容器检测中的应用、应用特点、适用范围、工况要求等进行介绍。

9.4.3.1　技术原理

声发射是材料或零部件释放应变能的现象，是当试件受外力作用后应变能以瞬态弹性波形式释放出的。声发射检测的基本原理是声源发出弹性波，经过介质传播至被检测物体的表面，最终表面引起机械振动。声发射传感器与被测物体表面采用耦合剂粘贴，使表面的瞬态位移转换成声发射信号，该信号再经过放大、滤波等一系列处理，提取其特性参数，最终在仪器中显示并记录。对采集到的相关数据经过处理后进行分析与解释，并对声发射源的特性进行评定，声发射检测原理图如图 9-24 所示。

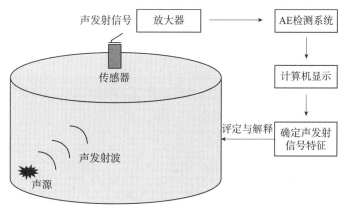

图 9-24　声发射检测原理图

9.4.3.2　技术应用特点

与其他无损检测方法相比，声发射技术具有两个明显的特点：（1）检测动态缺陷，即活性缺陷，如缺陷（裂纹等）扩展；（2）缺陷本身发出缺陷信息，而不是用外部输入对缺陷进行扫查。这使得该技术具有以下优点和局限性。

1. 优点

（1）可检测对容器结构安全更为有害的活动性缺陷。由于提供缺陷在应力作用下的动态信息，适于评价缺陷对结构的实际有害程度，适用于在役检测。（2）对大型容器，可提供整体或大范围的快速检测。由于不必进行繁杂的扫查操作，而只要布置好足够数量的传感器，经一次加载或试验过程，就可确定缺陷的部位，从而可提高检测效率。（3）可提供缺陷随载荷、时间、温度等外变量而变化的实时或连续信息，因而适用于在线监控及早期或临近破坏预报。（4）由于对被检件的接近要求不高，因而适用于方法难于或不能接近环境下的检测，如高低温、易燃、易爆及极毒等环境。（5）由于对构件的几何形状不敏感，因而适用于检测方法受到限制的形状复杂的压力容器。（6）适用于压力容器不停机、不开罐检测。

2. 局限性

（1）声发射特性对材料较为敏感，易受到机电噪声、外界环境干扰，数据解释需要丰富的数据分析和现场检测经验。（2）声发射检测一般需要对容器适当加载。多数情况下，可利用现成的加载条件，但有时还需要特别准备。（3）声发射检测所发现缺陷的定性定量，仍需依赖其他无损检测方法。由于上述特点，因此，声发射技术不是替代传统检测的方法，而是一种新的补充手段。

9.4.3.3　在压力容器检测中的适用范围、工况要求及检测条件

1. 适用范围

声发射检测技术适用于在制和在用压力容器活性缺陷的检测和监测，不适用于压力容器的泄漏检测和监测。

2. 工况要求及检测条件

（1）需选择合适介质注入压力容器；

（2）需对容器进行升压及稳压，保证容器无泄漏，可结合耐压试验进行检测；

（3）需控制检测环境噪声及干扰情况。

9.4.4　X射线数字成像检测技术

X射线数字成像检测技术是基于射线检测技术原理，不采用胶片，而是采用面阵X射线

数字探测器数字成像，可实时观察成像情况。近些年，因 X 射线数字成像检测技术检测耗时少、分辨率高、操作方便，在燃气设施检测领域得到广泛应用。本节将从射线检测技术介绍、射线检测技术原理、技术应用及特点、适用范围、工况要求及检测条件进行介绍。

9.4.4.1　射线检测技术介绍

　　射线检测技术主要用于检测压力容器主体焊缝中存在的五种常见缺陷（气孔、夹渣、未焊透、未熔合和裂纹）。常见的方法有 X 射线检测和 γ 射线检测，对于容积较小和不能使用超声波检测的压力容器常采用 X 射线检测，而对于球形压力容器和焊缝较多且质量要求较高的多采用 Ir 或 Se 等同位素进行 γ 射线检测。

　　城镇燃气厂站的压力容器较小，通常采用 X 射线数字成像检测技术，检测结果以图像的形式直接显示在底片中，对几何尺寸定量准确且可长期保存检测结果。

9.4.4.2　X 射线检测技术原理

　　X 射线检测技术原理为射线在通过物体过程中会因物质吸收和散射等原因导致其强度减弱，减弱程度与物质的衰减系数和在物质中的穿过厚度有关。当被检测试件存在局部缺陷，且缺陷物质的射线衰减系数与试件不同，则缺陷区域的透过射线强度与周围存在差异，X 射线检测技术原理图如图 9-25 所示。最后通过胶片或探测器将透过射线强度表示出来，根据差异来确定缺陷。

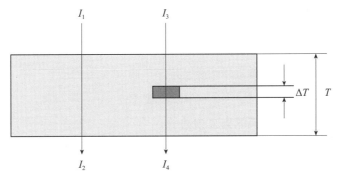

图 9-25　X 射线检测技术原理图

　　X 射线数字成像检测是采用一种新型射线成像器——大面阵非晶硅 X 射线数字探测器代替胶片成像，并增加了控制及处理单元和机械装置，减少了胶片暗室处理环节，因此无需显影液和定影液，射线照射时间大大降低，在减少成本的情况下也避免了污染。

9.4.4.3　技术应用及特点

　　X 射线数字成像检测技术可用于压力容器本体及焊接接头的埋藏缺陷检测。

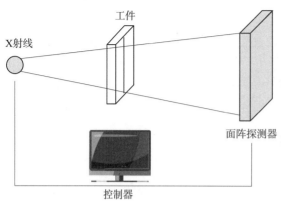

图 9-26　X 射线数字成像检测技术

图 9-27　X 射线数字成像检测现场

　　X 射线数字成像检测技术如图 9-26 所示。该技术为直接数字化成像，在实际检测中，检测效率高，有利于实现数字化自动检测，同时还具有密度分辨率高，宽容度大，曝光条件要求低，能实时成像，长期使用费用低等优点，能实现自动化检测、智能评级等，X 射线数字成像检测现场如图 9-27 所示。

1. 优点

（1）数字图像保存容易，调用管理方便，储存不需要空间；

（2）具有比胶片和 CR 更高的信噪比和灵敏度；

（3）成像速度快，大约是一秒钟几幅到几秒钟一幅；

（4）节省能源，避免污染环境，运行成本低；

（5）可实现带保温层在线检测。

2. 缺点

（1）空间分辨率较差，图像不清晰度较大；

（2）系统价格高，一次性投资大，检测费用较高；

（3）为减少波纹，需使用恒电势 X 射线机；

（4）适应性差。平板较重，如果没有专用工装，透照装置使用有一定困难。大多数平板需要外接电线或电池，使用不便。平板不能弯曲，不能紧贴工件，导致透照几何不清晰度较大，对使用温度和环境清洁度有一定要求。

9.4.4.4　适用范围、工况要求及检测条件

1. 适用范围

　　适用于压力容器部件及支撑件的制造、安装、在用检测中的焊接接头的 X 射线数字成像检测。用于制作焊接接头的金属材料包括钢、铜及铜合金、铝及铝合金、钛及钛合金、镍及镍合金。

2. 工况要求及检测条件

（1）适用的 X 射线机最高管电压不超过 600kV；

（2）需要挂成像板，需要一定的操作空间；

（3）壁厚厚度受一定限制。

9.4.5　衍射时差法超声检测技术

衍射时差法（Time of Flight Diffraction，TOFD）超声检测技术是一种依靠超声波和缺陷端部相互作用发出的衍射波来检出缺陷并对其进行定量的检测技术。由于衍射信号的接收角度的影响很小，缺陷尺寸测定不依靠信号振幅，使 TOED 技术在原理和方法上与传统的脉冲反射超声波检测技术有很多不同。TOED 技术的缺陷的检出和定量不受声束角度、探测方向、缺陷表面粗糙度、试件表面状态及探头压力等诸多因素影响。

9.4.5.1　技术发展历程

TOFD 技术即衍射时差法超声检测技术是在 20 世纪 70 年代由西方检测研究人员莫里亚克斯首次提出的，在后续的几十年里欧美相关领域学者在信号裂纹尖端的检测应用、信号来源、准确检测焊缝缺陷尺寸和缺陷位置的具体应用方法等方面做了很多工作，最终形成了一套标准的检测流程。21 世纪以来，随着信号检测技术、信号数据处理技术的发展，TOFD 技术得到了十足的发展，应用领域也得到进一步的扩展，该技术迎来了新的发展契机，TOFD 技术开始逐渐取代射线检测。早期的 TOFD 技术发展较为缓慢，检测设备体积庞大，应用不便，随着计算机和数字技术的发展，逐渐研发出多功能、高性能适应强的，同时配有各种机械检测装置，并且可以实时处理各种检测数据信号的多通道 TOFD 检测系统。

9.4.5.2　技术原理

TOFD 技术是基于超声波在与缺陷尖端接触时反射回来的衍射波来对压力容器设备缺陷进行检测的。当超声波传达到缺陷尖端时，根据 Huygens-Fresnel 原理，声波遇到缺陷尖端时会转变成新的声波，便向 360° 方向重新发射出衍射波，通过探头来对发出的衍射波进行检测，再基于入射波和衍射波的时间差，即可计算出压力容器设备中缺陷在壁厚方向上的深度和缺陷高度。

在衍射时差法超声检测技术中，直通波指的是从发射探头沿工件以最短路径到达接收探头的超声波，底面反射波则是从发射探头经底面反射到接收探头的超声波，A 扫描信号是超声波信号的波形显示，水平轴表示超声波的传播时间，垂直轴表示超声波波幅。

由于超声波中纵波在固体中传播速度最快，衍射时差法超声检测技术一般采用纵波斜探头，把2个频率相同的纵波斜探头相向对称布置，其中1个为发射探头，而另外1个则为接收探头。在工件无缺陷部位发射超声脉冲后，首先到达接收探头的是直通波，其次是底面反射波。当有缺陷存在时，在直通波和底面反射波之间，接收探头还会接收到缺陷处上端部和下端部产生的衍射波。除上述波外，还有缺陷部位和底面因波型转换产生的横波，一般会迟于底面反射波到达接收探头。

探头的运动方向与声束方向垂直（或与焊缝的走向平行）时，通常称为非平行扫查，形成的扫描图像即是D扫描成像，用来对焊缝长度方向的缺陷定位；探头的运动方向与声束方向平行（或与焊缝的走向垂直）时，通常称为平行扫查，形成的扫描图像即是B扫描成像，用来对焊缝宽度方向的缺陷定位。计算机程序会分析这些衍射信号，对应射频信号的相位变换，生成有黑白梯度的D扫描和B扫描图像，并依据探测到的衍射信号判定缺陷的大小和深度。这是因为缺陷高度尺寸与衍射波分离的空间或时间直接相关。通过测量衍射波传播时间，利用三角方程，可以确定缺陷的尺寸和位置。

9.4.5.3　技术特点

衍射时差法超声检测技术的优点如下：(1)扫查覆盖范围大，扫描方式相对简单，检测速度快；(2)衍射波灵敏度高，可靠性好，保证焊缝内部缺陷高检出率；(3)焊缝结构和缺陷走向对检测结果影响较小；(4)可以精确计算出缺陷的高度；(5)检测结果可以通过扫描成像，直观地读取或打印，可以永久记录保存；(6)与射线检测相比安全，没有射线源辐射危险；(7)更适合现场制造的厚壁大型设备焊缝的无损检测。

衍射时差法超声检测技术应注意以下问题：(1)发射探头和接收探头放置在焊缝的两侧，工件的近表面处存在检测盲区；(2)对缺陷定性比较复杂；(3)不适合检测较薄的工件，可检测工件厚度 t 的范围为 $12\text{mm} \leqslant t \leqslant 400\text{mm}$（不包括焊缝余高，焊缝两侧母材厚度不同时，取薄侧厚度值）；(4)当采用非平行扫查和偏置非平行扫查时，对焊缝及热影响区中的横向缺陷检出率较低；(5)对粗晶和严重各向异性的材料，缺陷检出困难，因此适用材料为碳素钢和低合金钢；(6)灵敏度高，检测现场的噪声会被夸张显示；(7)不适用结构复杂的焊缝检测，适用于全焊透结构形式的对接接头。

9.4.5.4　技术能力范围和局限性

衍射时差法超声检测技术的能力范围：(1)能检测出对接接头中存在的未焊透、气孔、夹渣、裂纹和未熔合等缺陷且检出率较高；(2)能确定缺陷的深度、长度和自身高度；(3)厚壁工件缺陷检测灵敏度较高；(4)检测结果较直观，检测数据可记录和存储。

衍射时差法超声检测技术的局限性：(1)较难检测出扫查面表面和近表面存在的缺陷；(2)较难检测粗晶粒焊接接头中存在的缺陷；(3)较难检测复杂结构工件的焊缝；(4)较难

确定缺陷的性质。

9.4.6　阵列涡流检测技术

随着工业技术的不断发展，对检测要求越来越高，传统涡流检测技术已不能满足需求，所以催生出一些其他的涡流检测方式。阵列涡流检测技术是近些年来发展起来的技术，采用阵列涡流检测技术可以减少机械扫描装置的复杂程度，能够快速检测大面积试件，提高检测效率，也可以应对复杂表面结构的试件，能够实现高分辨率检测，同时解决传统涡流检测技术只对单一走向缺陷敏感问题，能够有效地抑制干扰，是近些年涡流检测的研究热点。

9.4.6.1　技术特点和局限性

阵列涡流（Eddy Current Array，ECA）是用电信号驱动排列在一个探头中的多个涡流线圈的技术。一个常规涡流探头可以被认为是阵列涡流的一个线圈，通过仪器软件处理，可以得到融合以后的完整 C 扫描图像，凭借单次通过的优势和增强的成像功能，ECA 技术提供了强大的工具并在检查过程中节省了大量时间。ECA 检测的主要优点有：同单通道涡流相比，一次通过即可扫描较大的区域，同时保持高的分辨率，常规涡流与阵列涡流扫查对比示意图如图 9-28 所示；减少了复杂的自动扫查装置来移动探头的需求，简单地采用手动扫描即可足够；通过 C 扫描改善了缺陷检测的成像和尺寸调整的精度，更加直观地反映出缺陷；具有更高的检测可靠性；根据被检测零部件的外形轮廓及结构特点，设计探头来完成复杂形状的检测。

阵列涡流检测技术的主要优点表现为：（1）检测线圈尺寸较大，扫查覆盖区域大，因此检测效率一般是常规涡流检测方法的 10 ～ 100 倍；（2）一个完整的检测线圈由多个独立的线圈排列而成，对于不同方向的线性缺陷具有一致的检测灵敏度；（3）根据被检测零件

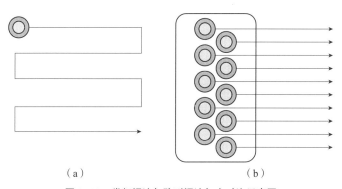

（a）　　　　　　　　　　　　　　　　　　　（b）

图 9-28　常规涡流与阵列涡流扫查对比示意图
（a）常规涡流；（b）阵列涡流

的尺寸和型面进行探头外形设计，可直接与被检测零件形成良好的电磁耦合，不需要设计、制作复杂的机械扫查装置；（4）能够检测小至0.5mm的表面和近表面裂纹；（5）能够通过多层检测缺陷，包括非导电表面涂层，不受平面缺陷的干扰；（6）可以检查高温表面和水下表面的非接触式方法；（7）对具有复杂几何形状的测试对象有效；（8）可提供即时反馈；（9）便携式和轻型设备；（10）快速准备时间——表面几乎不需要预清洁，不需要耦合剂；（11）能够测量被测物的电导率；（12）可以自动化检查均匀的零件，如车轮、锅炉管或航空发动机盘。

检测局限性：（1）只能用于导电材料；（2）渗透深度是可变的；（3）非常容易受到磁导率变化的影响——使铁磁材料中的焊缝测试变得困难（但使用现代数字探伤仪和探头设计，并非不可能）；（4）无法检测平行于测试对象表面的缺陷；（5）需要仔细的信号解释以区分相关和不相关的指示；（6）比常规涡流检测的时间更长。

9.4.6.2　阵列涡流检测原理

与传统的涡流检测相比，阵列涡流检测技术是利用多个传感器，根据被测试件结构的不同进行排布，实现快速、灵敏的检测技术。阵列涡流检测技术不仅能够测量大面积金属表面的缺陷，同时由于其能够灵活的排布和多个方向检测的特点，也可对较小的复杂零件表面进行检测。阵列涡流检测技术能够实现快速检测，在高频时，系统的检测速度主要由信号处理系统的处理速度来决定。在排布线圈时为了能够消除线圈之间的相互干扰，应使线圈之间要有足够的空间。按照激励方式的不同，阵列涡流可分为点阵方式扫描、线阵方式扫描、其他方式扫描和多频变频扫描。点阵扫描示意图如图9-29所示，三个线圈采用品字形排列，当检测时，对线圈C_1进行激励，C_2为接收线圈；然后C_2为激励线圈，C_3为检测线圈；最后C_3为激励线圈，C_1为检测线圈。不断重复进行上述三个扫描步骤，即可获得不同走向的缺陷，在信号处理阶段也需对信号进行独立处理。

线阵扫描示意图如图9-30所示，两排线圈交错排列。检测时当对线圈A_1施加激励电流时，对线圈B_1进行检测；当对线圈A_2施加激励电流时，对线圈B_1和B_2进行检测；对线圈A_3施加激励时，检测线圈B_2和B_3，依此类推，利用该种检测方式有助于对不同走向的

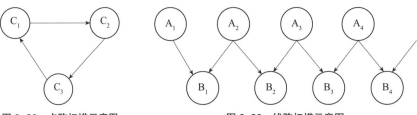

图9-29　点阵扫描示意图　　　　　　图9-30　线阵扫描示意图

缺陷进行检测，并且能够减少所需的数据传输速度，降低系统的硬件标准。根据线阵式扫描和点阵式扫描，涡流阵列检测还可以根据试件的具体结构和不同的传感器构造施加一些其他的激励方式，以提高检测效果。多频变频扫描模式是指在不同的时间或是对不同的线圈采用不同的激励频率，因为不同的激励频率会对不同的缺陷有不同的效果，所以采用多频变频扫描模式有利于抑制干扰并能够对深层缺陷进行扫描。

阵列涡流检测技术能够实现快速地检测，通过采用模拟开关技术，可以对全部线圈进行逐个扫描，使得阵列中每个输出信号都能够得到采集。采用模拟开关技术，可以简化后续电路并节约成本，有利于传感器的小型化发展。

9.4.7　无损检测方法对比

压力容器采用的无损检测方法众多，包括传统的超声检测、射线检测、磁粉检测、渗透检测，以及相控阵检测、声发射检测、X射线数字成像检测、衍射时差法检测、阵列涡流等新技术。各种方法均有其优点和缺陷，根据检测方法的不同，对检测技术做了比较，如表9-10所示。

压力容器各无损检测方法对比

表9-10

序号	检测方法	适用缺陷类型	基本优缺点
1	超声检测（UT）	表面和埋藏缺陷	直观，灵敏度高，设备贵，对分析人员技术经验要求高
2	射线检测（RT）	表面和埋藏缺陷	速度快，设备贵，对人体有辐射危害，对分析人员技术经验要求高
3	磁粉检测（MT）	表面和近表面缺陷	检测费用低廉，方法简单，不适用于复杂的缺陷，同时对容器材料要求严格，检测完成后需要对表面进行清理
4	渗透检测（PT）	表面开口缺陷	检测费用低廉，方法简单，不适用于复杂的缺陷，不能对多孔和没有开口的缺陷进行检测
5	相控阵检测（PA）	表面和埋藏缺陷	检测灵活性高、速度快；检测结果直观、重复性好；可检测复杂形面或难以接近的部位
6	声发射检测（AE）	活性缺陷	检测速度快；适用于检测方法受到限制的形状复杂的压力容器；适用于压力容器不停机、不开罐检测
7	X射线数字成像检测（DR）	表面和埋藏缺陷	数字图像易于保存；具有高信噪比和高灵敏度；成像速度快；能耗低，检测成本低；可实现带保温层在线检测
8	衍射时差法检测（TOFT）	表面和埋藏缺陷	缺陷检出率较高；检测灵敏度高；检测结果直观，检测数据可记录和存储
9	阵列涡流（ECA）	表面和近表面缺陷	检测效率高、检测灵敏度高；操作方面易于检测；场景适应性强
10	目视检测（VT）	表面缺陷	直观、简单

9.4.8　小结

本节介绍了常规的无损检测方法和无损检测的新技术。各无损检测方法的选用原则如下：

（1）应保证足够的实施操作空间；

（2）仅能检测表面开口缺陷的无损检测方法包括渗透检测和目视检测。渗透检测主要用于非多孔性材料，目视检测主要用于宏观可见缺陷的检测；

（3）能检测表面开口缺陷和近表面缺陷的无损检测方法包括磁粉检测和涡流检测。磁粉检测主要用于铁磁性材料，涡流检测主要用于导电金属材料；

（4）可检测材料中任何位置缺陷的无损检测方法包括射线检测、超声检测、衍射时差法超声检测和X射线数字成像检测。一般而言，超声检测、衍射时差法超声检测对于表面开口缺陷或近表面缺陷的检测能力低于磁粉检测、渗透检测或涡流检测；

（5）为确定承压设备内部或表面存在的活性缺陷的强度和大致位置，可采用声发射检测。声发射检测需要对承压设备进行加压试验，发现活性缺陷时应采用其他无损检测方法进行复验；

（6）仅能检测承压设备贯穿性缺陷或整体致密性的无损检测方法为泄漏检测；

（7）对于铁磁性材料，为检测表面或近表面缺陷，应优先采用磁粉检测方法，确因结构形状等原因不能采用磁粉检测时方可采用其他无损检测方法；

（8）当采用一种无损检测方法按不同检测工艺进行检测时，如果检测结果不一致，应以危险度大的评定级别为准；

（9）当采用两种或两种以上的检测方法对承压设备的同一部位进行检测时，应按各自的方法评定级别。

本章参考文献

［1］　Ireland R C, Torres C R. Finite element modelling of a circumferential magnetiser[J]. Sensors and Actuators A: Physical, 2006, 129（1–2）: 197–202.

［2］　Shi Y, Zhang C, Li R, et al. Theory and Application of Magnetic Flux Leakage Pipeline Detection[J]. Sensors（Basel）, 2015, 15（12）: 31036–31055.

［3］　曹辉. 基于漏磁内检测的输油管道缺陷识别方法研究 [D]. 沈阳：沈阳工业大学，2020.

［4］　Parlak B O, Yavasoglu H A. A Comprehensive Analysis of In–Line Inspection Tools and Technologies for Steel Oil and Gas Pipelines[J]. Sustainability, 2023, 15（3）: 26–35.

［5］　Dutta S M, Ghorbel F H, Stanley R K. Dipole Modeling of Magnetic Flux Leakage[J]. IEEE Transactions on Magnetics, 2009, 45（4）: 1959–1965.

［6］　Joshi A, Udpa L, Udpa S, et al. Adaptive wavelets for characterizing magnetic flux leakage signals from pipeline inspection[J]. Ieee Transactions on Magnetics, 2006, 42（10）: 3168–3170.

[7]　Joshi A，Udpa L，Udpa S. Use of higher order statistics for enhancing magnetic flux leakage pipeline inspection data[J]. International Journal of Applied Electromagnetics and Mechanics，2007，25（1-4）：357-362.

[8]　Parra-Raad J A，Roa-Prada S. Multi-Objective Optimization of a Magnetic Circuit for Magnetic Flux Leakage-Type Non-destructive Testing[J]. Journal of Nondestructive Evaluation，2016，35（1）：115-123.

[9]　Heo C-G，Kim Y-C，Bae J-H，et al. A Novel Magnetic Flux Leakage Sensor System for Inspecting Large Diameter Pipeline[J]. Journal of Magnetics，2022，27（1）：100-104.

[10]　Zhang L，Cameron I M，Ledger P D，et al. Effect of Scanning Acceleration on the Leakage Signal in Magnetic Flux Leakage Type of Non-destructive Testing[J]. Journal of Nondestructive Evaluation，2023，42（1）：26-40.

[11]　王宏安，陈国明. 基于深度学习的漏磁检测缺陷识别方法 [J]. 石油机械，2020，48（5）：127-132.

[12]　Ho M，El-Borgi S，Patil D，et al. Inspection and monitoring systems subsea pipelines：A review paper [J]. Structural Health Monitoring，2019，19（2）：606-645.

[13]　高鹏飞. 基于漏磁原理的管道缺陷检测与识别方法研究 [D]. 沈阳：沈阳工业大学，2020.

[14]　李天舒. 基于管道漏磁内检测的缺陷识别技术研究 [D]. 沈阳：沈阳工业大学，2020.

[15]　Yang L J，Huang P，Bai S，et al. An effective method for differentiating inside and outside defects of oil and gas pipelines based on additional eddy current in low-frequency electromagnetic detection technique[J]. Japanese Journal of Applied Physics，2020，59（9）：1-11.

[16]　刘新萌，赵伟，黄松岭. 基于三维漏磁场信号的储罐底板水平凹槽形缺陷量化方法研究 [J]. 电测与仪表，2015，52（12）：1-6.

[17]　彭丽莎，黄松岭，赵伟，等. 漏磁检测中的缺陷重构方法 [J]. 电测与仪表，2015，52（13）：1-6.

[18]　彭丽莎，王珅，刘欢，等. 漏磁图像的改进灰度级—彩色变换法 [J]. 清华大学学报，2015，（5）：592-597.

[19]　马义来，何仁洋，陈金忠，等. 管道漏磁检测系统、数据采集装置及方法：201611144595 [P]. 2020-12-01.

[20]　黄松岭，彭丽莎，黄紫靖. 管道螺旋焊缝漏磁自动识别方法和装置：2020111973819 [P]. 2022-07-01.

[21]　刘桐. 管道缺陷漏磁内检测信号的定量计算及特征分析 [D]. 沈阳：沈阳工业大学，2022.

[22]　马义来，陈金忠，熊治坤，等. 一种基于堆叠式的管道漏磁检测数据采集装置：CN202211248371.2 [P]. 2023-01-03.

[23]　袁飞. 基于动生涡流的高速钢轨 RCF 裂纹快速定量无损检测方法研究 [D]. 成都：电子科技大学，2021.

[24]　Ma Y，Chen J，Jin Y，et al. Simulation and experimental research on 316L liner of bimetal composite pipe with eddy current testing[J]. Insight-Non-Destructive Testing and Condition Monitoring，2022，64（3）：131-137.

[25]　玄文博，王婷，戴联双，等. 油气管道类裂纹缺陷涡流内检测的可行性 [J]. 油气储运，2021，40（12）：1384-1391.

[26]　Piao G Y，Guo J B，Hu T H，et al. A novel pulsed eddy current method for high-speed pipeline inline inspection[J]. Sensor Actuat a-Phys，2019，295：244-258.

[27]　Piao G，Guo J，Hu T，et al. Fast reconstruction of 3-D defect profile from MFL signals using key physics-based parameters and SVM[J]. NDT & E International，2019，103：26-38.

[28]　Yu Y，Gao K，Liu B，et al. Semi-analytical method for characterization slit defects in conducting metal by Eddy current nondestructive technique[J]. Sensors and Actuators A：Physical，2020，301-312.

[29]　Yu Y，Gao K，Theodoulidis T，et al. Analytical solution for magnetic field of cylindrical defect in eddy current nondestructive testing[J]. Physica Scripta，2020，95（1）：65-72.

[30]　Yuan F，Yu Y，Liu B，et al. Investigation on Velocity Effect in Pulsed Eddy Current Technique for Detection Cracks in Ferromagnetic Material[J]. IEEE Transactions on Magnetics，2020，56（9）：1-8.

［31］Chen K，Gao B，Tian G Y，et al. Differential Coupling Double-Layer Coil for Eddy Current Testing With High Lift-Off[J]. IEEE Sensors Journal，2021，21（16）：18146-18155.

［32］辛佳兴，李晓龙，朱宏武，等．油气管道涡流变形检测探头研制［J］. 科学技术与工程，2020，20（33）：13654-13662.

［33］王宝超．基于电涡流传感技术的管道变形检测方法研究与设备研制［D］. 北京：机械科学研究总院，2020.

［34］李光辉．管道超声波相控阵检测方法研究［D］. 沈阳：沈阳工业大学，2020.

［35］沙胜义，项小强，伍晓勇，等．输油管道环焊缝超声波内检测信号识别［J］. 油气储运，2018，37（7）：757-761.

［36］杨辉，王富祥，陈健，等．基于应变的管道环焊缝表面裂纹有限元分析［J］. 石油机械，2017，45（3）：114-120.

［37］于超，张永江，李彦春，等．管道横向励磁漏磁内检测器研制［J］. 油气储运，2020，39（9）：1037-1041.

［38］臧延旭，金莹，陈崇祺，等．基于磁致伸缩效应的管道裂纹检测器机械结构的设计［J］. 油气储运，2015，34（7）：775-783.

［39］Camerini，C，von der Weid，JP，Freitas，M，& Salcedo，T. Feeler Pig：A Simple Way to Detect and Size Internal Corrosion[C]. International Pipeline Conference，Calgary，Alberta，Canada. September 29 - October 3，2008，PP（2）：917-923.

［40］Li X L，Zhang S M，Liu S H，et al. An experimental evaluation of the probe dynamics as a probe pig inspects internal convex defects in oil and gas pipelines[J]. Measurement，2015，63：49-60.

［41］Li X L，Zhang S M，Liu S H，et al. Experimental study on the probe dynamic behaviour of feeler pigs in detecting internal corrosion in oil and gas pipelines[J]. Journal of Natural Gas Science and Engineering，2015，26：229-239.

［42］李晓龙，张仕民，赵春华，等．油气管道通径检测器三通检测技术［J］. 油气储运，2015，34（7）：723-728.

［43］张旭，顾晓婷，杨燕华，等．冻胀对含缺陷管道应力的影响研究［J］. 石油机械，2020，48（9）：134-144.

［44］陈金忠，王俊杰，马义来，等．基于电流测量的管道阴极保护状态内检测技术［J］. 无损检测，2018，40（6）：9-11+31.

［45］陈金忠，马义来，何仁洋，等．一种管道电流检测装置：CN201810128841.9［P］. 2020-04-03.

［46］睿李．油气长输管道长期应变及位移监测［J］. 石油机械，2016，（6）：118-122.

［47］王富祥，冯庆善，杨建新，等．油气管道惯性测绘内检测及其应用［J］. 油气储运，2012，31（5）：372-376+407.

［48］杨洋，李宾，袁泉，等．MEMS 惯导管内坐标测量的改进 RTS 平滑滤波算法［J］. 传感技术学报，2021，34（2）：189-195.

［49］管练武．MEMS 捷联惯性导航系统辅助的管道检测定位技术研究［D］. 哈尔滨：哈尔滨工程大学，2016.

［50］马义来，陈金忠，周汉权，等．基于微机械惯导的管道多功能内检测系统研发［J］. 石油机械，2021，49（4）：133-139.

［51］李曼曼，马旭卿，雷素敏，等．聚乙烯管道电熔接头超声波检测的适用性［J］. 煤气与热力，2017，37（11）：B01-B09.

［52］Li Z，Haigh A，Soutis C，et al.A review of microwave testing of glass fiber-reinforced polymer composites［J］. Nondestructive Testing and Evaluation，2019，34（4）：429-458.

［53］H.S Ku，J.A.R Ball，E Siores，B Horsfield，Microwave processing and permittivity measurement of thermoplastic composites at elevated temperature[J]. Journal of Materials Processing Technology，1999，89-90：419-424.

［54］Ghasr M T，Horst M J，Dvorsky M R，et al. Wideband microwave camera for real-time 3-D imaging[J]. IEEE Transactions on Antennas and Propagation，2016，65（1）：258-268.

［55］王伟，吴一全．超声相控阵用于无损检测的一种新方法［J］. 传感器与微系统，2009，28（5）：61-63.

［56］李衍．便携式超声相控的应用［J］. 无损检测，2002，24（2）：69-71.

［57］R/D Tech inc.，Introduction to phased array ultrasonic technology applications[M]，Published by R/D Tech inc，2004.

［58］单宝华，喻言，欧进萍 . 超声相控阵检测技术及其应用 [J]. 无损检测，2004，26（5）: 235-238.

［59］周琦，等 . 超声相控阵成像技术与应用 [J]. 兵器材料科学与工程，2002，25（3）: 35-37.

［60］吕永生 . 论惠更斯 - 菲涅耳原理 [J]. 浙江师大学报（自然科学版），1997，（2）: 30-34.

［61］鲍晓宇，施克仁，陈以方 . 超声相控阵系统中相控发射与同步的实现 [J]. 无损检测，2003，25（10）: 507-510.

［62］Von Ramm O T，Smith S W. Beam steering with linear arrays[J]. IEEE Transactions on Biomedical Engineering，1983，30（8）: 438-452.

［63］Azar L，Shi Y，Wooh S C. Beam focusing behavior of linear phased arrays[J]. NDT and E International，2000，33: 189-198.

［64］钟志民，梅德松 . 超声相控阵技术的发展与应用 [J]. 无损检测，2002，24（2）: 69-71.

第 10 章

城市燃气管网运行模拟与安全防控系统

城市燃气管网危险因素复杂多变、场景分散多样、安全防控形势严峻。本章从城市燃气负荷预测、管网工况模拟、全寿命周期完整性管理和智慧燃气安全管控四个方面阐述燃气管网运行仿真与安全防控关键技术，从而实现城市管网调度优化运行、供气稳定合理和全寿命周期安全防控，为有效应对燃气企业运营场景繁杂、识别分析困难、监管监控手段单一等难题提供解决方案。

10.1 城市燃气负荷预测技术

所谓预测，就是根据事物的运动规律推断它的未来。对于预测的概念，从理论上讲，就是根据已知事件去推测未知事件。城市燃气负荷预测对城市管网调度规划和燃气运营企业效益都有重要意义，具体表现如下：

（1）城市燃气管网的规划、设计和储气设施建设，都依托于城市燃气负荷预测工作，实现城市全网管线的优化调度运行，为城市燃气行业下一步发展打下基础；

（2）燃气企业和上游供气方的"照付不议"合同签订，极大地影响燃气企业经济效益。燃气负荷的准确预测可以打破合同制约，最大化燃气企业经济效益；

（3）负荷预测技术可深入分析用户用气不均匀性，有助于工业用户的安全生产及商业、居民燃气设施的升级改造，在冬季用气高峰期制订合理的应急供气方案；

（4）"智慧管网"建设如火如荼，燃气负荷预测技术是智慧管网建设、管理调度以及各工作领域智能化调控的重要组成部分，在未来智慧燃气技术的发展上仍是研究的重点和难点。

城市燃气负荷的准确预测不仅影响我国工业生产和居民生活，还关乎城市燃气管网设计规划、燃气企业经济效益、燃气行业发展进程以及燃气管网系统安全、平稳、高效供气，因此有必要深入研究城市燃气负荷规律及特性，选择科学有效方法进行燃气负荷预测。

10.1.1 燃气负荷预测技术概况

城市燃气负荷预测技术经过多年的研究探索，已经积累了大量切实有效的技术和方案。

负荷预测方法目前主要包括基于人工智能的算法预测与基于统计学理论的规律预测两种。其中，在负荷预测效果实证中发现，基于人工智能的算法预测效果要好于基于统计学方法的预测效果。

燃气负荷预测领域从时间尺度上主要包括短周期预测与中长周期预测两类。为了实现不同周期维度的天然气负荷预测，需要对天然气影响因素进行深度分析，总结不同时间周期下不同的影响因子，构建基于算法模型的城市燃气负荷预测框架，充分利用已有资源完成科学、准确的燃气负荷预测。

长期以来，国内外众多学者对燃气负荷预测的理论和应用做了大量的研究，提出了各种各样的预测方法。20 世纪 50 年代，Verhulst 等在法国建立了人工煤气预测模型，拉开了燃气负荷预测的序幕。我国起步相对较晚，对燃气负荷预测的研究开始于 20 世纪 80 年代，但近些年也取得了一些不错的成果。由于电力负荷预测与燃气负荷预测之间都是通过以往的负荷数据来预测未来一段时间的负荷，两者之间具有一定的共同特性。因此，研究学者在燃气负荷预测中运用许多电力负荷预测研究的相关知识，并在燃气负荷预测研究上取得了一定的成果。综合国内外发展现状可知，在燃气负荷预测研究方面主要经历了以下三个阶段：

第一阶段是研究预测的传统方法，此类方法以数理和统计方法为基础，将研究重点放在负荷序列的本身规律上，以回归分析法、指数平滑法和时间序列法等方法为代表。随着现代科学技术的发展和预测理论的日益完善，传统的预测手段已不能满足燃气负荷预测的精度要求，仅依靠以往负荷数据的曲线和数理分析拟合出相关的函数的负荷预测方法逐渐不再成为主流。

第二阶段是研究预测的智能方法，例如人工神经网络、支持向量机和小波变换等。这类预测方法不需要建立因变量和自变量之间明确的数学关系式，主要是利用负荷数据以及相关影响因素进行建模，通过机器学习来挖掘数据间的关键信息，并运用这些信息对未来负荷进行预测，具有较高的预测精度和适用性。

第三阶段是研究预测的组合方法及预测模型适应性，组合方法的基本思想是"扬长避短"，通过结合不同方法的优势，或是采用优化算法去规避预测方法本身的一些缺点，以此提高预测精度。第三阶段称为组合预测方法研究阶段，也是目前使用最为广泛的负荷预测方法之一。由于单一模型负荷预测方法在某些预测点容易产生较大的误差，从而限制了模型预测精度的提高，研究人员试图将不同的负荷预测算法结合，以提高预测的准确性和更广泛的城市适用性。

虽然燃气负荷预测方法在不断地进步，组合方式也层出不穷，目前来看仍然存在一些问题亟待解决。

一方面，大多数预测模型的建立都是基于某一具体城市的历史负荷数据的，并以该数据集的某一具体时段讨论所建立模型的预测性能，但燃气负荷预测工作的最终目标仍然是要将预测模型应用到实际预测场景，如何在提升模型精度的基础上还能保证模型在不同应用场景具有较高的泛化性能，成为目前各国学者较为关注的问题。不同模型对于用气占比较大的三类用户，居民、工业和商业用气为主的城市的适应性有待研究。

另一方面，随着燃气系统规模不断扩大和运行条件日益复杂，燃气用户的组成趋于多样化，负荷的特征趋于复杂化，以上提到的大多数方法，例如支持向量机、小波分析、信息熵组合等建立的预测模型只能提取到负荷数据的浅层信息，挖掘数据的深度不够，模型对数据间某些复杂关系学习不足，预测结果的精确性和稳定性往往受到一定影响，且其泛化性能会受到一定制约。

再次，同一城市不同季节或时段的用气特征不一样，很难保证所建立模型在有限样本和计算单元固定的情况下能在不同的预测时间段中适用。深入挖掘数据间的关联，利用更深层次的信息来获得更为精确的预测结果并应用到实际中去，仍然是目前研究燃气负荷预测理论与方法的重点。

10.1.2　影响燃气负荷量的客观因素分析

城市燃气负荷的周期性和随机性的特点增加了燃气负荷预测的难度，为了更好地明确所建模型的输入特征，深入分析历史负荷的用气规律和影响因素作用机理，是建立燃气短期负荷预测模型的重要环节。燃气负荷受到多种因素的影响，负荷的预测结果大多数与温度、季节、风力和节假日等多种因素有关。基于上述原因，本节内容对温度、天气等主要影响因素进行分析。

10.1.2.1　温度

气温对于燃气负荷量是不可忽略的因素，我们查找了南方某城市 2013—2022 年 1 月、2 月、3 月、7 月的平均气温和该月份对应的燃气负荷量。并对两个具有代表性的月份，冬季的 1 月和夏季的 7 月，提取了平均气温和用气量的数据，将月用气量随月平均气温变化的情况做成图表。

从 2013—2022 年度 1 月份和 7 月份平均气温和用气量的关系图 10-1 和图 10-2 中可以看出，燃气负荷量明显的和气温呈反相关的关系。即平均气温越低，燃气负荷量越大；平均气温越高，燃气负荷量越小究其原因，天冷的情况下，用燃气进行烹饪、烧水等需要消耗更多的燃气才能达到指定的温度。气温高的情况下，由于温度反差小，故消耗的燃气反而少。

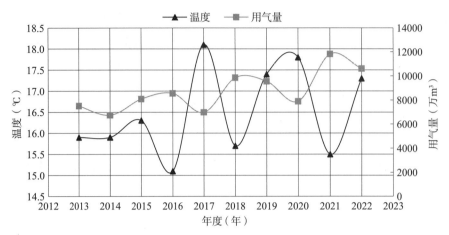

图 10-1　南方某城市 1 月份用气量和该月平均气温关系图

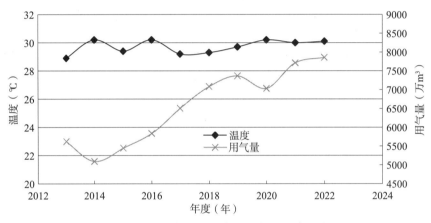

图 10-2　南方某城市 7 月份用气量和该月平均气温关系图

10.1.2.2　风力

风力的大小影响人的体感温度，例如冬季风力越大，体感温度越低，人们则会减少出行，用气量也会随之上升。经过对收集数据的分析，确定了 11 种不同的风力指标，对其进行定量描述，表 10-1 为风力对燃气负荷影响的权重系数。

风力对燃气负荷影响的权重系数　　　　　　　　　　　　　　　　　表 10-1

风力	微风	1 级	2 级	小于 3 级	3 级
权重系数	0.20	0.30	0.40	0.45	0.50
风力	4 级	5 级	6 级	7 级	8 级
权重系数	0.60	0.70	0.80	0.90	1.00

10.1.2.3　天气

天气的好坏会影响人们的出行方式和饮食选择，比如好天气人们选择去餐厅就餐的可能性较大；若是下雨天，大多数人会选择在家里就餐。这些天气的变化都会影响到燃气用量及日不均匀系数，进而影响燃气负荷预测的结果，因此在目前很多燃气负荷预测研究中，都将天气因素重点考虑，尤其是在居住人口密度较大的地方，这种影响尤其明显。天气状况共计表 10-2 中 14 种天气类型，为此将定性信息输入模型确定天气的权重系数。

天气对燃气负荷影响的权重系数　　　　　　　　　　　　　　　表 10-2

天气	晴	多云	阴	雷阵雨	阵雨	小雨	中雨
权重系数	0.35	0.40	0.45	0.50	0.55	0.60	0.65
天气	大雨	暴雨	雨夹雪	小雪	中雪	大雪	暴雪
权重系数	0.70	0.75	0.80	0.85	0.90	0.95	1.00

10.1.2.4　日期类型

　　燃气负荷的周期性体现在日期类型的周期性，一周中的实验数据分为四类，周一、周二至周四、周五以及周末。周二至周四人们工作日的生活习惯较为相似，周末生活方式会发生一些改变，周一和周五是工作日和休息日的临界点，燃气需求会产生波动。日期类型的改变会引起日不均匀系数周期性浮动，进而影响燃气负荷波动趋势，如图 10-3 为南方某城市周一至周日燃气负荷量的变化趋势，为了将定性信息输入模型进行预测，日期类型对天然气负荷影响的权重系数如表 10-3 所示。

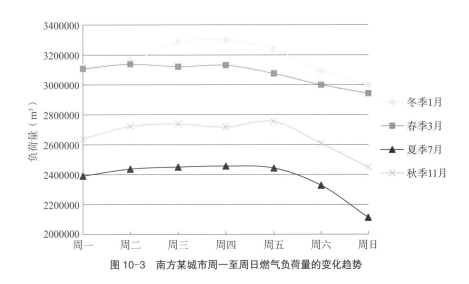

图 10-3　南方某城市周一至周日燃气负荷量的变化趋势

日期类型对天然气负荷影响的权重系数　　　　　　　　　　　　表 10-3

日期类型	周一	周二	周三	周四	周五	周六	周日
权重系数	0.4	0.5	0.5	0.5	0.7	0.8	0.8

10.1.2.5　季节

天气情况和风力、温度对负荷量的影响建立在季节的基础上，不同季节的风力会对天气情况产生不同的影响，冬季的三级风会令人们望而却步，更多选择居家生活，减少出行，而夏季的三级风带来更多的是舒适，不同季节对于燃气负荷影响的权重系数如表10-4所示，其中春天和秋天由于温度、湿度差别较小，设置成相同的权重系数。

不同季节对于燃气负荷影响的权重系数　　　　　　　　　　　表 10-4

季节	春季	夏季	秋季	冬季
权重系数	0.6	0.4	0.6	0.8

10.1.2.6　前一天负荷量

负荷量具有连续性，是一个连续曲线，正常情况下，当日负荷量与前一天或者前几天的负荷量有密不可分的关系。因此，可将前一天的负荷量作为预测影响因素。

10.1.2.7　节假日

本书提及的节假日涵盖了三天及三天以上的法定节假日，如劳动节、中秋节、国庆节、春节以及其他法定节日。在节假日期间，人们大多会选择出游，这会造成居民区燃气用量有所下降，假日期间工业负荷减少，同时商业负荷明显增加。节假日的日负荷和工作日、周末有一些区别，但也有一定的规律性和相对的稳定性。大多数城市中，由于春节期间大量人口返乡过节，导致燃气用量下降明显，因此进行燃气负荷预测时需要考虑节假日。国庆、春节假期时间长，与其他节假日的负荷曲线有所不同，因此对其着重分析。

图 10-4 中是某地春节假日对于燃气负荷的影响，虚线之间的日期是春节，从图中可以看出，春节之前燃气负荷伴随着明显的下降趋势，春节期间燃气负荷量下降速度变缓，还伴随着较弱的浮动，达到历史新低，一直持续到春节后 2 ~ 3 天趋于平缓，春节与负荷值呈现明显负相关的关系，最大波动幅度达 140 万 m³/d。

10.1.3　燃气负荷量预测方法适用范围对比

情景和已知量的不同，预测方法也会随之改变，有些方法适合短期预测，有些方法

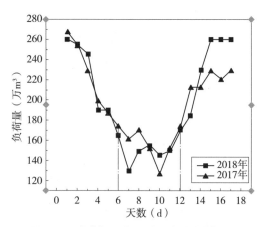

图 10-4　春节假日对于燃气日负荷量的影响

适合长期预测；因此，预测方法的选取必然会影响预测结果的精度，该处将收集一些常见的预测类数据分析方法，主要涵盖时间序列类预测方法，如指数平滑法和灰色预测模型；回归类预测方法，包括线性回归、logistic回归、非线性回归等，它们通过建立数学模型来预测数值结果；机器学习类预测方法，如支持向量机、随机森林和神经网络等，它们通过学习数据的模式和关联性来进行预测，图 10-5 为预测类数据分析方法。

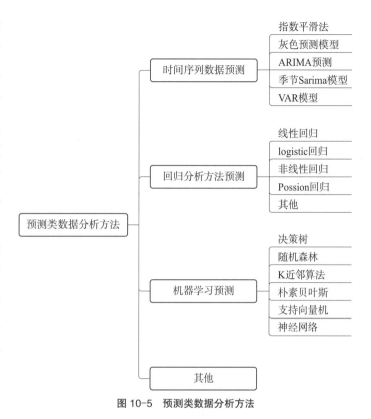

图 10-5　预测类数据分析方法

（1）时间序列数据是按照时间顺序排列的数据集合，例如每天的销售量。预测时间序列数据可以帮助了解未来的趋势和模式，从而做出更准确的决策。由于篇幅限制，该处仅介绍灰色预测模型的适用范围：灰色预测模型可针对数量非常少（比如仅 4 个），数据完整性和可靠性较低的数据序列进行有效预测。其利用微分方程来充分挖掘数据的本质，建模所需信息少，精度较高，运算简便，易于检验，也不用考虑分布规律或变化趋势等。但灰色预测模型一般只适用于短期数据、有一定指数增长趋势的数据进行预测，不建议进行长期预测。

（2）回归分析是一种常用的统计方法，用于建立变量间的关系模型，并通过该模型对未知数据进行预测。由于篇幅限制，此处仅介绍非线性回归模型的适用范围：非线性回归分析可以用于预测具有非线性关系的数据。与线性回归不同，非线性回归使用非线性方程来拟合数据。比如人口学增长模型 Logistic（S 模型），其模式公式为：$y = b_1 / (1 + \exp(b_2 + b_3 x))$，诸如此类非线性关系（即不是直接关系）的非线性模型，可使用非线性回归进行研究。

（3）机器学习是一种强大的技术，用于从数据中学习模式和规律，并利用这些知识进行预测。通过训练算法来自动发现数据中的模式，并根据这些模式进行未知样本的预测。限于篇幅要求，此处仅介绍支持向量机（SVM）和神经网络预测适用情景：

1）支持向量机（SVM）的优化问题同时考虑了经验风险和结构风险最小化，因此具有稳定性。从几何观点，SVM 的稳定性体现在其构建超平面决策边界时要求边距最大，因此间隔边界之间有充裕的空间包容测试样本。SVM 使用铰链损失函数作为代理损失，铰链损失函数的取值特点使 SVM 具有稀疏性，即其决策边界仅由支持向量决定，其余的样本点不参与经验风险最小化。在使用核方法的非线性学习中，SVM 的稳健性和稀疏性在确保了可靠求解结果的同时降低了核矩阵的计算量和内存开销。

2）神经网络具有函数逼近能力、自学习能力、复杂分类功能、联想记忆功能、快速优化计算能力，以及高度并行分布信息存储方式带来的强鲁棒性和容错性等优点。将神经网络与模型预测控制相结合，为解决复杂工业过程的控制，提供强有力的工具。从本质上讲，神经网络预测控制还是预测控制，属于智能型预测控制的范畴，它将神经网络技术与预测控制相结合，弥补了传统预测控制算法精度不高、仅适用于线性系统、缺乏自学习和自组织功能、鲁棒性不强的缺陷。它可以处理非线性、多目标、约束条件等异常情况。

10.1.4 燃气负荷预测应用场景分析

城市燃气作为我国燃气消费的重心，对于城市燃气负荷的预测也成为燃气行业所面临的问题之一。从宏观角度来说，对于政府和燃气行业决策者，准确的城市燃气负荷预测是合理制订以及实施燃气政策的先决保障，一方面有利于对燃气的生产和消费作出合理的规划，另一方面对于我国燃气行业的良好发展有一定促进作用；从微观角度来说，对于燃气企业，准确的城市燃气负荷预测是合理规划燃气生产运输，完善城市燃气供需系统，保障城市燃气供应安全，确保城市燃气生产使用达到最大化以及避免出现断供局面的重要条件。城市燃气负荷预测的主要场景主要有以下几个方面。

（1）燃气负荷预测作为城市燃气输配管网规划设计的基础依据，确定工程系统配置规模大小、设备选型、计算项目经济性和确定建设资金。

在任何工程技术中，负荷都是最基础性的数据，燃气负荷也不例外。在燃气系统中，燃气负荷数据（负荷大小和负荷的变化形态）对项目规划、工程设计中设施和设备容量的确定、运行与调度以及工程技术分析都有重要意义。在城市燃气规划、设计中需要年供气总量基础数据，以便确定系统的配置规模，计算项目的经济性和确定建设所需资金。在工程项目的设计阶段，燃气负荷是各种计算的基础，传统的燃气负荷有关指标有用气量指标和代表用气不均匀性的高峰系数（月、日、小时高峰系数）。在长输管线设计和计算中，根据用气负荷的逐时变化数据对长输管道进行不稳定工况计算和分析。

（2）根据燃气负荷预测确定储气柜、地下储气库、LNG 事故备用站等储气设备规模。

储气库建设是天然气产业发展到一定程度必不可少的环节。作为清洁化石能源，天然气是通向"双碳"目标的重要"桥梁",加强天然气储气设施建设一直被视为保障我国能源安全的重要工作,特别是 2017 年冬季"气荒"发生后,我国储气设施开工建设全面提速,2021 年全国已建成储气能力同比增长 15.8%,3 年多时间实现翻番。但与发达国家相比,我国储气能力依旧薄弱。在储气设施设计以及分配管网设计或确定制气设备能力(容量)时,也需要知道用气负荷随时间变化的规律。为确定储罐容量,用一周内 168h 逐小时供需气量差的累积数的最大值与最小值的差作为依据。

(3)燃气负荷预测为签订"燃气供销合同"提供基础资料。

西气东输工程标志着我国天然气供应商业化进程的开展。上游供气方与下游燃气企业之间签订的带有照付不议条款的供气合同中,除了照付不议气量外,还有超提气量、最大日供气量、最大小时供气量和计划气量等诸多条款,以及这些条款对应的经济条款。燃气企业如果未能依照已确定之购气量提气,可能需要按照照付不议来执行气价合同或者缴付较高的气价,这样将提高运作成本。因此,准确地预测用气量以及用气模式,可以减少甚至杜绝燃气企业不必要的经济损失,也能保障天然气产业链的正常、经济运转。

(4)燃气负荷预测实现城市燃气优化调度。

如同任何事件的发生一样,天然气"气荒"的发生是有一定预兆的。例如:德国在贯彻欧洲议会和理事会保障安全节能的天然气供应法规时,要求各城市上报未来 3 天的燃气用气量预测相对误差控制在 5% 以内。此举促进了燃气预测的发展,对我国燃气的预测工作也有借鉴意义。如果能够利用负荷预测技术加上准确的气象预报数据,燃气负荷的预测必将更为及时准确,并且与现有的 SCADA 系统相结合,进行实时的调度,对于减轻天然气供应系统"气荒"的影响将具有重要的意义。

(5)燃气负荷预测实现燃气管网管理现代化。

在燃气系统中,燃气负荷数据对项目的规划、工程设计中设施和设备容量的确定、运行与调度以及工程技术分析都有着根本的意义。目前,虽然我国许多城市的燃气输配管网都安装了计算机监控管理系统,但是就其功能来说,发挥得还远远不够,如果对这些资源作更深层次的开发和应用,则必将更充分发挥其作用,从而进一步提高其投资效益。而燃气管网的负荷预测就是这类待开发研究的重要内容之一。

10.1.5　某南方城市天然气日消耗量预测案例分析

以中国某南方城市 2022 年 7 月 1 日—2022 年 7 月 31 日的天然气负荷及相关数据为算例,应用支持向量机模型进行负荷预测,并对结果进行讨论,表 10-5 为具有 5 个分量的输入向量的天然气负荷量数据。

具有 5 个分量的输入向量的天然气负荷量数据 表 10-5

日期	前一日负荷量 （m³）	前一周负荷量 （m³）	当日天气	当日平均气温 （℃）	当日日期 属性	当日天然气负荷 （m³）
7 月 1 日	2626749	2933146	0.8	26.5	0.9	2713838
7 月 2 日	2713838	2831497	0.8	27.0	0.7	2697817
7 月 3 日	2697817	2754848	0.8	28.0	0.5	2587413
7 月 4 日	2587413	2658969	0.8	28.0	0.6	2763546
7 月 5 日	2763546	1644744	0.7	28.0	0.9	2841937
7 月 6 日	2841937	2673347	0.6	28.0	0.9	2788109
7 月 7 日	2788109	2656317	0.5	29.0	0.9	2796485
7 月 8 日	2796485	2626749	0.5	30.0	0.9	2709868
7 月 9 日	2709868	2713838	0.5	30.0	0.7	2590402
7 月 10 日	2590402	2697817	0.4	30.5	0.5	2448907
7 月 11 日	2448907	2587413	0.4	31.0	0.6	2576738
7 月 12 日	2576738	2763546	0.4	30.0	0.9	2711998
7 月 13 日	2711998	2841937	0.4	30.0	0.9	2688609
7 月 14 日	2688609	2788109	0.5	30.5	0.9	2666089
7 月 15 日	2666089	2796485	0.5	30.0	0.9	2476391
7 月 16 日	2476391	2709868	0.6	30.0	0.7	2456620
7 月 17 日	2456620	2590402	0.4	30.5	0.5	2333985
7 月 18 日	2333985	2448907	0.4	30.5	0.6	2550918
7 月 19 日	2550918	2576738	0.4	30.5	0.9	2541416
7 月 20 日	2541416	2711998	0.4	30.5	0.9	2537715
7 月 21 日	2537715	2688609	0.4	31.0	0.9	2513317
7 月 22 日	2513317	2666089	0.4	31.5	0.9	2475317
7 月 23 日	2475317	2476391	0.4	32.0	0.7	2403586
7 月 24 日	2403586	2456620	0.4	32.0	0.5	2271233
7 月 25 日	2271233	2333985	0.4	32.0	0.6	2362426
7 月 26 日	2362426	2550918	0.5	31.5	0.9	2417810
7 月 27 日	2417810	2541416	0.4	31.0	0.9	2423383
7 月 28 日	2423383	2537715	0.4	31.5	0.9	2372315
7 月 29 日	2372315	2513317	0.4	32.0	0.9	2346191
7 月 30 日	2346191	2475317	0.5	29.0	0.7	2316718
7 月 31 日	2316718	2403586	0.5	31.0	0.5	2199937

运行程序得到基于 SVM 的预测值与真实值对比，如图 10-6 所示。

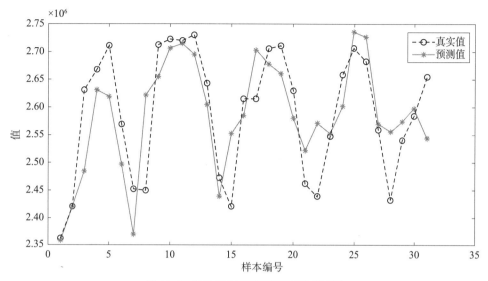

图 10-6 基于 SVM 的预测值与真实值对比

10.1.6 某北方城市天然气年消耗量预测案例分析

1. 某北方城市灰色 G (1，N) 模型进行年负荷量预测

以中国某北方城市 2013—2022 年的全年天然气负荷及相关数据为算例，应用灰色 G（1，N）模型和神经网络模型进行负荷预测，并对结果进行讨论。

由于资料有限，只能从网上公开资料上查阅得到该市的天然气年负荷量和该年度的国民经济状况等相关数据。时间跨度也只能截取到 2021 年为止，某北方城市六项经济指标数据明细和天然气消费量如表 10-6 所示。

							表 10-6

某北方城市六项经济指标数据明细和天然气消费量

年份	全年平均每天用电量（万 kWh）	居民人均消费支出（万元）	居民人均可支配收入（万元）	户籍人口（万人）	规模以上工业总产值（亿元）	住宿和餐饮业增加值（亿元）	天然气年负荷量（真实值）（亿 m³）
2013 年	25017	2.63	4.03	1316.3	17388	413.1	86.7
2014 年	25673	2.80	4.39	1333.4	18466	404.4	99.6
2015 年	26102	3.38	4.85	1345.2	17450	441.7	132.09
2016 年	27952	3.54	5.25	1362.9	18095	447.0	144
2017 年	29230	3.74	5.72	1359.2	18909	470.4	145.5
2018 年	31298	3.98	6.24	1375.8	19741	515.3	168

续表

年份	全年平均每天用电量（万 kWh）	居民人均消费支出（万元）	居民人均可支配收入（万元）	户籍人口（万人）	规模以上工业总产值（亿元）	住宿和餐饮业增加值（亿元）	天然气年负荷量（真实值）（亿 m³）
2019 年	31956	4.30	6.78	1397.4	20452	538.1	166
2020 年	31239	3.89	6.94	1400.8	20943	360.8	165.7
2021 年	33779	4.36	7.50	1413.5	24988	421.7	169.35
2022 年	35090	4.27	7.74	1426.4	23564	446.2	178.01

对于 2022 年数据的来源，可以有两种方法，其一是采用互联网上非官方公布的数据，该数据一般有较大的可信度和准确度，如果网上找不到相关的数据，可以采用初步估算的方法，前提是找到估算的依据和公式，如果实在是无法找到估算的依据，那么可以用灰色 G（1，1）预测方法进行预测和估计。同理，2023—2025 年的国民经济相关数据也可以用该方法进行预测，表 10-7 为某北方城市六项经济指标数据明细的 G（1，N）预测数据。

某北方城市六项经济指标数据明细的 G（1，N）预测数据　　　　表 10-7

年份	全年平均每天用电量（万 kWh）	居民人均消费支出（万元）	居民人均可支配收入（万元）	户籍人口（万人）	规模以上工业总产值（亿元）	住宿和餐饮业增加值（亿元）	天然气年负荷量（真实值）（亿 m³）	天然气年负荷量（预测值）（亿 m³）
2013 年	25017	2.63	4.03	1316.3	17388	413.1	86.70	—
2014 年	25673	2.80	4.39	1333.4	18466	404.4	99.60	—
2015 年	26102	3.38	4.85	1345.2	17450	441.7	132.09	—
2016 年	27952	3.54	5.25	1362.9	18095	447.0	144.00	—
2017 年	29230	3.74	5.72	1359.2	18909	470.4	145.50	—
2018 年	31298	3.98	6.24	1375.8	19741	515.3	168.00	—
2019 年	31956	4.30	6.78	1397.4	20452	538.1	166.00	—
2020 年	31239	3.89	6.94	1400.8	20943	360.8	165.70	—
2021 年	33779	4.36	7.50	1413.5	24988	421.7	169.35	—
2022 年	35090	4.27	7.74	1426.4	23564	446.2	178.01	—
2023 年	36472	4.68	8.55	1437.9	24905	449.7	—	194.44
2024 年	37898	4.89	9.16	1449.9	25981	449.7	—	202.32
2025 年	39380	5.10	10.51	1462.1	27103	449.8	—	196.13

预测完成，将预测数据和实际数据进行对比，发现预测数据和实际结果相当吻合，图 10-7 为某北方城市天然气负荷量 G（1，N）预测与比较。

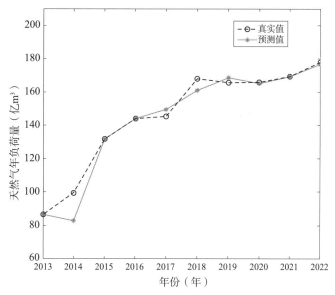

图 10-7　某北方城市天然气负荷量 G（1，N）预测与比较

2. BP 神经网络模型建立及结果分析

将经过灰色关联度分析筛选的数据样本作为输入样本进行预测，其中的样本包括全年平均每天用电量、居民人均消费支出、居民人均可支配收入、户籍人口数量、规模以上工业总产值、住宿和餐饮业增加值，输出样本为天然气年消费量（年负荷量）。采用神经网络计算方法预测的天然气年负荷量如表 10-8 所示、某北方城市天然气负荷量神经网络预测与比较如图 10-8 所示。

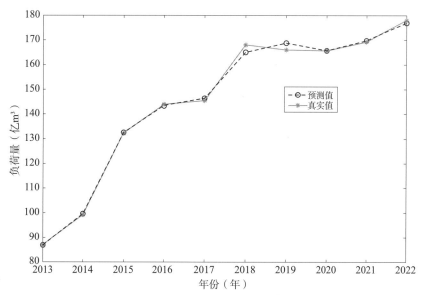

图 10-8　某北方城市天然气负荷量神经网络预测与比较

采用神经网络计算方法预测的天然气年负荷量　　　　表 10-8

年份	2023 年	2024 年	2025 年
天然气负荷量（亿 m³）	177.69	176.37	167.18

10.2　城市燃气管网工况模拟系统

10.2.1　工况模拟技术概况

10.2.1.1　理论基础

管网在线仿真不仅仅是理论、方法、模型，还包括软件、架构、数据及平台。管网在线仿真项目的实施是众多领域科学和技术的综合应用，涉及天然气管道工程、工艺、设备以及仿真理论、方法、技术、架构、数据、平台等多方面的问题，是管道工艺和流动、系统调度和管理、设备操作和控制等领域的交叉和集成。作为基础分析技术之一，管网仿真可揭示不同设计、调度及操作方案下气体在管网内的流动工艺和水力、热力分布，描述各种操作、变化及事故条件下的热动力变化趋势和过程，为天然气管网的优化设计、高效管理、合理调度、可靠运行提供科学分析手段和工具，为天然气管网各种方案决策分析优化提供技术支撑，是天然气管网整个生命周期不可或缺的核心技术。

管网仿真是计算机实验系统通过虚拟现实技术，模拟管网系统在不同输送条件和操作控制方式下的水力、热力空间分布及其随时间的动态变化过程。与其他工业仿真技术类似，管网仿真技术的实现离不开 3 个要素和过程：（1）根据物理化学原理，建立管网系统流动水力热力关系式；（2）通过数学方法，建立管网流动仿真模型；（3）利用计算机技术，开发计算机软件，形成管网仿真核心技术。

管网系统介质流动的水力、热力特征由其系统、各组成单元的质量、动量、能量等一系列守恒关系决定，介质的热力学状态及其流动特性也是其重要组成部分。管内流体流动遵循质量守恒、动量守恒及能量守恒关系：

$$
\begin{cases}
\dfrac{\partial(\rho A)}{\partial t} + \dfrac{\partial(vA\rho)}{\partial x} = 0 \\[2mm]
\dfrac{\partial v}{\partial t} + v\dfrac{\partial v}{\partial x} + \dfrac{1}{\rho}\dfrac{\partial p}{\partial x} + g\dfrac{\partial z}{\partial x} + \dfrac{f}{2D}v|v| = 0 \\[2mm]
\dfrac{\partial h}{\partial t} + v\dfrac{\partial h}{\partial x} = \dfrac{1}{\rho}\left(\dfrac{\partial p}{\partial t} + v\dfrac{\partial p}{\partial x}\right) + gv\dfrac{\mathrm{d}z}{\mathrm{d}x} + \dfrac{f|v|^3}{2D} + \dfrac{1}{\rho A}\dfrac{\partial Q}{\partial x}
\end{cases}
\tag{10-1}
$$

式中　A——管道内截面的面积，m^2；

ρ——管内流体密度，kg/m^3；

p——管内流体压力，Pa；

t——时间变量，s；

x——管道单元长度变量，m；

g——当地重力加速度，取 $9.801m/s^2$；

dz/dx——管道斜率；

z——管道高程，m；

f——摩阻系数；

D——管道内径，m；

v——管内流体流速，m/s；

h——管内流体的焓，J/kg；

Q——管内流体与外界的热交换量，J/s。

　　质量、动量、能量守恒关系描述了管内流体流动最一般的规律，充分考虑了流动形式（稳态流和瞬变流）、相态（气态和液态）、流动方向及管道走向的变化，揭示了管道沿线流体的状态变化及与周围环境的热传递规律。

　　除了管道，管网系统还包含各种工艺设备（如阀门、压缩机、加热或冷却装置等），通过相应的操作控制，实现特定的功能和工艺，从而完成预期的输送要求。不同种类的工艺设备具有不同的功能、作用及操作控制特性，其流动关系式也不同，但通过量、上下游压力和温度、操作控制参数间的关系 F_1、F_2 均可描述成下式所示的一般形式：

$$\begin{cases} M = F_1 \left(P_{up}, \ P_{down}, \ T_{up}, \ T_{down}, \ S_k \right) \ \text{或} \\ F_2 \left(M, \ P_{up}, \ P_{down}, \ T_{up}, \ T_{down}, \ S_k \right) = 0 \end{cases} \qquad （10\text{-}2）$$

式中　M——流体质量流量，kg/s；

p_{up}、p_{down}——设备上下游压力，Pa；

T_{up}、T_{down}——设备上下游温度，K；

S_k——第 k 个设备控制参数，如阀门开度、压缩机转速等。

　　在管网系统中，相对于管道而言，工艺设备的动态变化过程非常迅速，可忽略不计。

　　流体的水力、热力性质对管网系统各个单元的流动均有重大影响，在其流动特征描述中不可或缺。因此，准确描述流体的这些性质直接关乎管网仿真的精度、适用性及应用效果。不同水力、热力及流动参数对流体流动有不同的影响，这些参数会随着流体状态而变化。流体在流动过程中的状态变化不仅直接影响管道流动的基本关系式，还将影响流体的热力学和流动参数，流体的这些相关性质参数可表示为如下函数 φ：

$$\psi = \varphi \left(p, \ T \right) \qquad （10\text{-}3）$$

式中，ψ 表示的是流体的本质属性，可以是密度、黏度、比热容、焓、导热系数等，其会随流体所处压力 p 和温度 T 而变化。影响管网水力分析的参数有密度、黏度等，若要进行热力分析，则需焓、比热容、导热系数等更多性质参数。状态方程的发展和完善为燃气性质及相态分析提供了各种各样的精确分析模型，商业化管网仿真软件一般都为用户提供不同的状态方程和计算方法，以适应不同的仿真应用条件和要求，常见状态方程包括 AGA、PR、SRK、BWRS 等。

10.2.1.2　技术现状

天然气管网的瞬态模拟控制方程为偏微分方程，针对不同输配管网，选择合适的仿真模型。在整体技术研究方面，田贯三开发了燃气管网水力工况仿真技术软件系统，采用基于守恒规律推导出的连续性、动量和能量三大方程，以及 SHBWR 真实气体状态方程、焓方程，建立了燃气管网动态仿真数学模型，并利用特征线和隐式中心有限差分法结合来求解模型。

在理论方程、数学模型方面，Tao 等提出将电容电阻结合扩展电模拟法，化偏微分方程为一阶常微分方程；González 等通过使用 Crank–Nicolson 算法和特征方法简化燃气不稳定流动的偏微分方程，建立了两个动态模拟数学模型；马江平基于基本流动方程建立了等温和非等温动态仿真模型；Shu 开发了液压传动系统的有限元模型及其等效电子模拟电路；管网仿真数学模型中的数值法应用最广，包括显式差分法、隐式有限差分法、特征线法和伽辽金法（Galerkin）。

在模拟计算方面，Kiuchi 提出使用基于牛顿－拉夫森法的完全隐式有限差分方法；王兴畏使四阶龙格库塔法求解稳态模型；Wang 等使用四种不同变量组合求解水力方程，增加了精确度和准确性；江茂泽等采用吉洪诺夫正则化求解复杂枝状管网模型，解决了解的不稳定问题；在提高仿真模拟精度方面，Madoliat 等将压力流量、进出口压力和压缩函数 3 个基本函数和粒子群引力搜索算法（PSOGSA）用于天然气管网瞬态仿真；Wang 等认为应使用耦合方式解决隐式方法模拟的天然气管网问题；Behbahani 等提出使用 MATLAB/Simulink 中 S 函数编写天然气瞬态流动传递函数，保证了计算精度，并提高了效率，可节省大量仿真时间；Huai 等提出在天然气传输系统的运行和管理环境中使用深度学习方法；Geng 等改进牛顿雅可比迭代法以提高管网计算的准确性，结果显示管网计算出的流量和压力精度均有明显提高。

燃气管网仿真对实际管网优化有重要应用，大量研究者致力于开发软件服务于实际生产。目前应用最广泛、开发最早的是国外燃气管网仿真模拟软件：TGNET（Transient Gas Network）、SPS（Stoner Pipeline Simulator）和 Synergi Gas。TGNET 用于模拟气体运行工况，除对混合气体进行稳态和动态模拟外，还可用于单相气体相应模拟，满足企业在线离线模拟的双需求；SPS 的突出特点在于可同时对气体和液体进行模拟，可实现水力和热力工况的稳态动态仿真分析；Synergi Gas 可追踪气体成分路径，明确多气源地区单独气源的供气范围。

　　国内研究者在仿真软件开发方面做了大量实践研究。西南石油大学开发出了燃气管网模拟软件 EGPNS 和 GASFLOW，已成功用于四川和川东输气管网的仿真。黄明基于 C 语言的 visual 2010 软件平台开发了枝状管网的动态仿真模型为动态仿真模拟研究打下了基础。李林磊基于 MATLAB/Simulink 建立了具有自定义功能的能源系统仿真模型，证明了 Simulink 用于能源仿真的可行性。张义斌基于 MATLAB/Simulink 环境对天然气 – 电力混合系统做了相应模拟，显示该方式具有良好的操作性。由以上研究可知，针对实际情况简化燃气管网仿真数学模型和选取适当求解方法有利于提高模拟精度。Simulink 具有操作简便的优点，避免复杂的编程，可用于能源系统的仿真模拟，目前已有学者研究了基于 Simulink 的燃气管网稳态模拟，动态模拟的研究还较少，且暂无将负荷预测用于管网仿真的研究。燃气输配管网日常运行的可靠性在很大程度上取决于对用户未来需求的了解，准确的需求预测可降低负荷的不确定性。将负荷预测用于燃气管网仿真模拟指导管网调度优化，使得燃气管网仿真模拟更加有效、应用更加广泛。

10.2.2　工况模拟系统建设

10.2.2.1　管网数据基础

　　管网仿真技术的实现离不开 3 个要素和过程：（1）根据物理化学原理，建立管网系统流动水力热力关系式；（2）通过数学方法，建立管网流动仿真模型；（3）利用计算机技术，开发计算机软件，形成管网仿真核心技术。燃气管网模拟研究始于 20 世纪 60 年代，经过几十年的发展，已具备成熟的理论基础和软件应用经验。目前在国际上应用较为广泛的有 TGNET、SPS、Win Flow、Win Tran、PCASIM、Synergi Gas 等。

　　燃气管网仿真主要是根据实际的燃气管网中的站场、管道、设备、用户等基础数据，建立燃气管网数字化仿真模型。通过改变模型边界条件，可以模拟实际管网的运行状态，也可以模拟各种故障状态，对真实系统在故障状态下的反应作出评估。2009 年，北京市燃气集团有限责任公司应用管网仿真技术校正 GIS 系统管网属性数据及拓扑关系，并首次实现了管网仿真系统与 SCADA 监控系统实时数据库的链接，将其应用在分区管理风险分析上，预估管网分区管理后"子网"中可能存在的工况安全隐患，及时做好工况调整方案或者整改措施。2018 年无锡华润燃气有限公司基于 Synergi Gas 管网仿真系统对高压燃气管网进行动态分析，应用在管网规划、改造、增量需求等设计中。管网仿真技术主要分为离线管网仿真和在线管网仿真，离线管网仿真技术应用较为成熟，应用场景较广，可以适用于任何给定场景的应用场景当中；在线管网仿真技术的应用需要调用实时运行数据，需要运行良好的业务平台作为数据信息抓取源，是管网仿真技术未来的发展方向。

10.2.2.2 系统基本功能

管网仿真计算的基础是根据真实系统搭建的仿真数据模型，搭建模型和计算分析的同时也可以对原始数据进行校验，及时发现 GIS 系统和 SCADA 系统中的"不准确数据"。随着城市用气规模的扩大，用气量的急剧增加，燃气管网系统日趋庞大复杂，也随之暴露出管网规划设计与实际输配能力之间的匹配性问题。此时，采用管网仿真技术对管网输配能力进行评估，以及在保障用户供气压力的前提下对系统投资经济性和供气安全可靠性进行对比分析，可为优化方案提供支撑。燃气管网完善通常有两个途径，一是对供气设施的完善，主要措施有增加供气站点或扩大现有供气点的规模；二是对管网结构的完善，主要通过连通断点或消除瓶颈来实现。

10.2.3 工况模拟实践

10.2.3.1 稳态分析实践

1. 供气设施完善

以某市中压管网为例，之前仅有 A、B 两座调压站，因供气站点少且管网连通性差，导致冬季高峰时段管网供气压力低，通过增设一个调压站后，该区域压力值平稳升高。经对比可知，增设一个调压站可以明显提高该片区的管网供气压力，节点压力平均提高约 20kPa，可有效缓解冬季供气压力低的问题。

2. 管网结构完善

通过仿真计算管网区域压降梯度、管道压损等数据，可确定管网关键断点和瓶颈，进一步模拟断点连接、优化瓶颈的手段确定优化效果，为管网投资建设提供依据。某市燃气企业为提高中压管网对储备库 BOG 的消纳能力，通过仿真分析确定输配瓶颈为某一位置长约 2km 单管（图 10-9 中虚线所示）。而在瓶颈位置增设 $DN315$ 平行管道可以提高管网输配能力并满足 BOG 消纳需求。通过仿真分析瓶颈优化前后 BOG 的供应范围，可以得出消除瓶颈后 BOG 供应范围明显扩大，由 A 区域扩大到 A 区域和 B 区域。图 10-9、图 10-10 为优化前、优化后 BOG 覆盖图。

3. 作业模拟评估

中压管网作业时需对部分管段进行停气，某市燃气企业在作业前会通过仿真分析评估停气对管网输配能力的影响，降低运行风险。以次高压管网改迁作业为例，为保障次高压

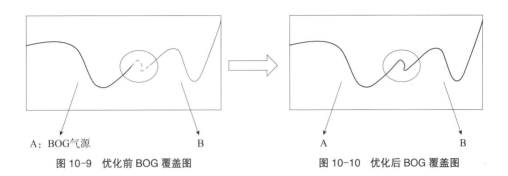

图 10-9　优化前 BOG 覆盖图　　　　　　　　图 10-10　优化后 BOG 覆盖图

管网的安全稳定运行，次高压管网压力需保障不低于 1.1MPa。

4. 电厂气质管控

某市燃气企业多种气源共存模式给其调度工作带来更大的挑战，需综合考虑管网面临的气源混合、互换工况，而燃气电厂机组要求天然气的华白数和热值等组分特性指标偏差均不能超过 ±5%。利用色谱仪采集的气源组分数据，通过仿真分析电厂端天然气的热值波

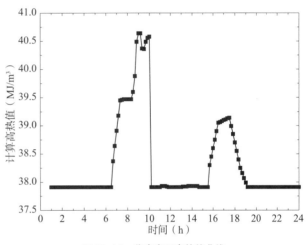

图 10-11　华电电厂高热值曲线

动情况，优化供气模式。其中华电电厂机组在多气源混合供应下的热值波动高达 7.15%，如图 10-11 所示，需采取措施进行调整，比如通过阀门隔离气源、调整混气比例等。

5. 气源保供模拟

利用仿真系统可模拟气源、管道、阀门、调压站等事故工况，为失效模式下的供气保障方案提供决策支持。例如某市燃气企业主要天然气气源有两个、应急气源 1 个，其中 A 气源年供气量占比约 70%；B 气源受接收门站工艺影响最大小时供气量 10 万 Nm³；应急气源 C 可供应气量约 650 万 Nm³；该城市燃气用户冬季日需求量 340 万 Nm³。经分析，如果 A 气源停供，在 B 气源最大流量供应、C 气源保供的情况下，最多也只能维持约 211h 的正常供气。如图 10-12 所示，211h 后高压、次高压管网压力即降至 0.3MPa 以下。

6. 燃气泄漏预警

燃气管道在长期运行过程中，会因老化、腐蚀、第三方破坏等多种原因导致泄漏，如果能在泄漏发生的短时间内监测到，并能快速分析出泄漏位置，及时采取措施，可以降低次生危害的风险。中低压管网相对于高压管网，泄漏发生的概率更高，但管网结构更复杂、压力监测设施也更少，因此实际运营管控难度更大。管网仿真分析结合机器学习和数据驱

动技术可以实现中压管网的泄漏监测。利用管网仿真模拟泄漏发生时周边管网节点压力的变化，以获取大量的标签数据，同时考虑管网拓扑结构，对燃气管网的空间特征及压力数据的时序特征进行建模分析和模型训练，研发泄漏监测预警模型，可用于中低压管网泄漏监测预警。

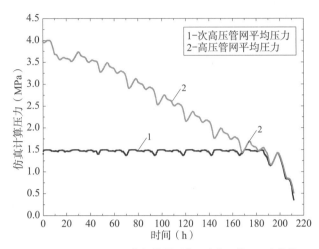

图 10-12　A 气源停供后高、次高压管网压力曲线

10.2.3.2　非稳态分析实践

随着管网仿真技术的不断成熟、仿真软件逐步商业化，离线管网仿真系统的功能已非常成熟，在国内城市燃气行业的应用也十分普遍。但离线仿真系统与其他信息化系统没有线上连接，致使分析计算的时效性难以满足快速响应的需求；加之离线仿真对实施人员的专业性要求很高，使在企业内部推广方面也存在一定困难。而在线管网仿真系统，可以对管道 SCADA 系统采集的大量实时数据进行分析处理，通过科学分析、处理、诊断、决策，虚拟管网系统当前运行状态，预览可能出现的运行和操作风险，对比分析和诊断异常工况及事故，从而促进燃气管道系统运行管理的智能化。

在线仿真系统平台的建设主要解决在线模型库的建立、实时数据对接与调用、平台功能拓展等问题。建立在线仿真模型需要的物理数据主要包括管网系统的结构、工艺、管道及设施设备的工艺参数，如管道管径、长度及调压器参数等，应开发在线模型数据库以满足实时调用模型的需求。模型的边界条件的设置需综合考虑气源流量、压力、组分及用户用气需求等，同时还应考虑开发实时数据通信接口满足实时读取监测数据的功能。仿真计算核心软件的选择、系统平台的集成以及平台功能模块的开发也是关键。在线仿真系统除具备离线仿真系统的功能外，还可以基于运营管理、气量调度等业务需要拓展平台功能，比如监测预警和优化分配等。

城市燃气管网运营调度需重点关注特征节点的实时运行情况及对未来不利工况的预测预警。在线仿真系统通过实时动态地模拟计算管网运行工况，与 SCADA 监测结果比对校正提高计算精度。在需要预测时，在线模型可以快速读取已批复的上、下游日指定计划数据，结合用户历史用气曲线，对未来 12h、24h 的管网运行情况进行预测，当达到特征节点的报警值时给出告警，提醒调度人员优化调度方案。

因气源产地不同造成天然气组分及采购成本的差异，加上门站工艺、管网结构限制等造成输配能力受限，下游用户用气需求的不均匀性带来调配难度等，城市燃气管网供气分配难度日益加剧。运营调度人员需要根据不同气源的资源量和气价，在满足管网输气能力的要求下，通过在线管网仿真对多种运行方案进行模拟、分析和评估，以优化调整供气方式和气源分配，降低购气成本，最大发挥管网输配能力，实现气量管理的科学化、经济化。

另外，在线仿真系统还可以基于应急指挥的需求开发泄漏点分析与定位、管存量分析、应急方案优化等功能；基于计量结算需求开发气质与热值在线监测和预警功能；基于岗位培训开发虚拟场景化的调度培训模块等，发挥对城市燃气运营管理的决策支持和优化指导作用。

10.3　城市燃气管网完整性管理系统

10.3.1　城市燃气管道完整性管理关键技术

管道完整性管理是管道企业根据不断变化的管道因素，对管道运营中面临的风险因素进行识别和技术评价，制订相应的风险控制对策，持续改善辨识到的不利影响因素，从而将管道运营的风险水平控制在合理的、可接受的范围内。《油气输送管道完整性管理规范》GB 32167—2015 规定了长输油气管道完整性管理的内容、方法和要求，包括数据采集与整合、高后果区识别、风险评价、完整性评价、风险消减与维修维护、效能评价等"六步循环"的内容（图 10-13 ）。

城市燃气管网完整性管理平台是以保证管道的经济安全运行为核心目标，综合运用单元识别、风险评价、管道内外检测以及数据与信息管理等多项技术，实现了城市燃气管网完整性管理风险辨识和风险管控的动态管理。通过对现有业务和数据的梳理，结合中低压、次高压及高压管道的基础数据，某燃气企业，建立了"五步循环"（包括数据收集与管理、单元识别、风险评价、风险控制、效能评价）的城市燃气管网完整性管理方法（图 10-14 ），其内容涉及管道的材料、设计、施工、检测、维护、数据管理、信息处理、地质状况及环境监测等方面，并贯穿管道全寿命周期。

10.3.2　系统功能模块

围绕燃气企业管道设计、建设、运行和报废的全寿命周期管理，从数据收集与管理、单元识别、风险评价、风险控制、效能评价等完整性管理的各个环节融合人工智能、物联

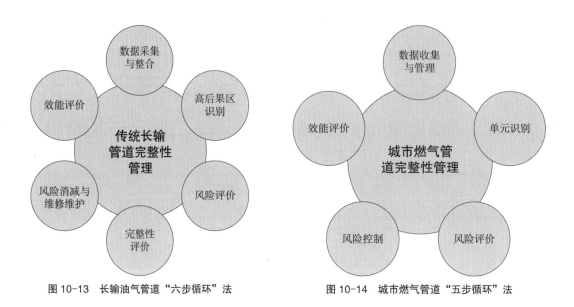

图 10-13　长输油气管道"六步循环"法　　　　图 10-14　城市燃气管道"五步循环"法

网、大数据分析等新一代信息技术，建立适应未来业务发展的管道完整性信息管理系统，解决传统燃气企业在完整性管理过程中数据不共享、系统分散、规范不统一、信息资源不匹配、管理模式落后等问题，提高燃气管道完整性管理计划、执行等方面的管理水平，降低管道风险及运行、维护成本，推进企业从传统管理模式向现代化、精细化管理模式跨越发展。燃气管道完整性信息系统架构图例如图 10-15 所示。

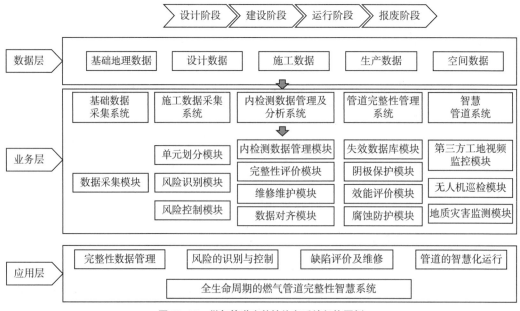

图 10-15　燃气管道完整性信息系统架构图例

　　某城市的燃气管道完整性信息系统中包括数据采集模块、单元识别模块、风险识别及控制模块、完整性评价模块、维修建议模块、数据对齐模块、失效数据库模块、腐蚀防护专项评价模块等。其燃气管道完整性信息系统主页面如图 10-16 所示，燃气管道完整性信息系统截图如图 10-17 所示。

图 10-16　燃气管道完整性信息系统主页面

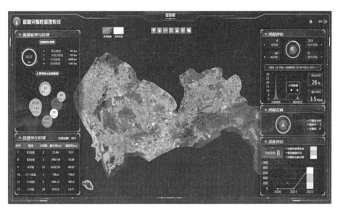

图 10-17　燃气管道完整性信息系统截图

10.3.2.1　数据采集模块

　　数据采集模块（图 10-18）主要是对建设期和运行期的管道数据进行采集，在建设期阶段，主要收集管道属性数据——管道的制造信息、施工质量信息、其他工程建设信息等。运行阶段数据采集主要是采集管道运行维护相关数据、管道周边环境数据等。通过对建设期、运行期所采集到的数据进行管理，以管道为核心，在管道的地理信息基础上，运用建设期数据来构建底层的管道数据模块；再建立时间轴，将运行期的数据叠加上去，以此来实现数据间的逻辑关联。

图 10-18　数据采集模块

10.3.2.2　单元识别模块

单元识别模块以管道材质、输送工艺、腐蚀防护方式、线路截断阀、敷设环境等为要素，按照排列优先顺序划分管道单元，建立适用于燃气企业的单元划分方法，既避免了纯粹以里程段为单位的粗线条方法，也兼顾了城市燃气管道分布的独特性，并与现行的管理实际相衔接。该系统提供了以管道材质、输送工艺（设计压力等级）、腐蚀防护方式（防腐类型）、线路截断阀的设置情况、敷设环境（市政道路、郊野山地等）等要素对管道进行分段。

10.3.2.3　风险识别及控制模块

风险识别及控制模块是在管道单元识别模块的基础之上，将燃气管道进行分段，以此为基础，对管道失效实例进行分解、分析，提炼出失效因素、失效后果，并予以归类，经过统计计算各失效因素的失效概率，分别对失效概率和失效后果进行赋值量化，根据赋值结果确定分级标准，据此得到一个管道风险矩阵。

风险矩阵由管道失效可能性（L）和管道失效后果（S）两大因子组成，管道风险值（R）即为管道失效可能性（L）与管道失效后果（S）的乘积。绿色为低风险，黄色为一般风险，橘色为较大风险，红色为重大风险。风险识别及控制模块将管理单元分段处的风险进行统计分析，以饼状图的形式显示低风险、一般风险、较大风险、重大风险数量。

10.3.2.4　数据对齐模块

基于数据采集模块采集的管道本体基础信息，建立城市燃气数据对齐方法和标准，开发燃气管道数据对齐模块，实现统一的管道本体信息对齐功能。该模块以焊缝、弯头、阀门、三通以及其他显著特征点，能够准确地找出检测过程中出现的漏检和误检问题，从而更好地进行下一步对缺陷的匹配，准确地对缺陷的位置进行定位，避免产生不必要的误判情况，确保管道的安全、有效地运行。内检测数据对齐主界面如图 10-19 所示。

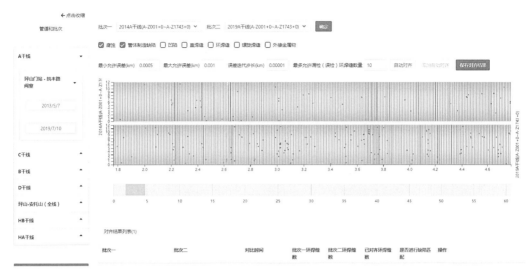

图 10-19　内检测数据对齐主界面

10.3.2.5　完整性评价模块

燃气管道完整性管理评价模块能够基于管道本体缺陷信息，综合评价缺陷燃气管道的剩余强度并预测其剩余寿命，并提出各类缺陷的维修判据，建立管道缺陷维修优先次序排序方法，为燃气管道缺陷修复和日常运行维护提供科学支持，降低管道维修、维护成本，提出维修建议，保障燃气管道的安全、经济运行。

1. 腐蚀缺陷统计分析及评价

腐蚀缺陷统计分析是按腐蚀缺陷基本类型、腐蚀程度等级、所在管线轴向和环向范围部位，利用各种示意图，进行管道不同区段腐蚀缺陷分布密度的分析，以便在进行腐蚀管道的缺陷评估时调用，或对该管段进行风险分析时给评估者参考。其主界面如图 10-20 所示。

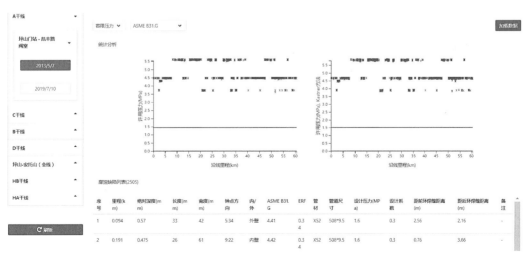

图 10-20　腐蚀缺陷评价图主界面

2. 凹陷统计分析及评价

导入内检测数据中的凹陷数据，首次选择不同的展示方式加载数据，图表中便会显示出管道不同方位的凹陷的数量、位置、深度、长度等详细信息。同时，通过这些数据可对凹陷进行评价，确定其是否需要维修等。其主界面如图 10-21 所示。

图 10-21　焊缝裂纹评价主界面

10.3.2.6　维修建议模块

通过完整性评价模块的评价结果，能够自动准确地对腐蚀缺陷、制造缺陷、管道凹陷、直焊缝缺陷、环焊缝缺陷与螺旋焊缝缺陷等生成维修建议。此模块的维修建议采用了缺陷的剩余寿命来制订，结合了检修批次、评价方法等相关资料，合理快速地给出管道的维修建议，确保管道的安全正常运行，其主界面如图 10-22 所示。

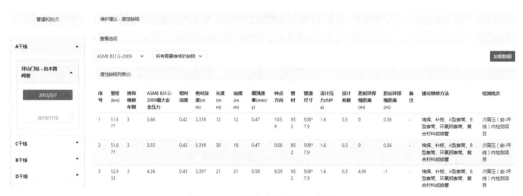

图 10-22　维修建议模块主界面

10.3.2.7　失效数据库模块

燃气管道在设计、施工、运行和维护阶段产生了大量的基础数据，为分析管道状态、进行风险评级和预测剩余寿命提供了数据支撑。以管道关键点的地理位置信息为基准，并将管道设计施工数据、管道运行维护数据、管道土壤环境数据、管道检测数据和日常管理数据等进行校准、匹配和整合，确保管道数据均可以对应到关键点的位置坐标信息，最终形成以位置坐标为基准的统一数据库。

根据管道完整性管理和数据库管理方面积累的数据管理技术，可将管道失效数据库分为五层：数据源获取、数据录入及预处理、数据储存与处理、数据分析及数据应用。基于原有的数据库基础，从以下几个方面搭建管道失效数据库，以符合管道失效数据的分析要求：建立合理、准确的管道数据基准线；建立统一数据格式和规范的数据记录形式；建立管道数据的基本准则和管理模式。其界面如图 10-23 所示。

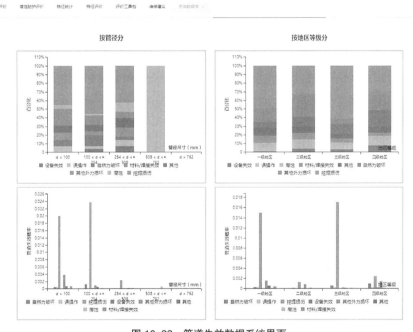

图 10-23　管道失效数据系统界面

10.3.2.8　腐蚀防护专项评价模块

结合燃气管道运行实际，根据确定的燃气管道腐蚀防护专项评价模型，基于已有的完整性管理系统及数据，开发燃气管道腐蚀防护有效性评价模块。运用燃气管道外检测过程中获得的土壤电阻率、含盐量、Cl⁻含量、管道自然腐蚀电位等土壤腐蚀性指标数据以及管道外防腐层状况、阴极保护有效性等管道防护系统指标数据，通过腐蚀防护专项评价系统模块对腐蚀防护专项评价模型的调用和计算，将计算结果在系统中直观呈现，为燃气管道腐蚀防护系统运行维护决策提供科学依据。其界面如图 10-24 所示。

图 10-24　腐蚀防护评价系统界面

10.3.2.9　效能评价模块

通过效能评价模块，分析各种危害因素风险消减、预控效果情况等，并提出改进建议，确保完整性管理目标的实现。效能评价模块主要从单项管理、事件与事故管理和管理效果三个方面来评价完整性管理的合规性和执行度。对一个周期内完整性管理整体流程、实施效果进行综合评判，其界面如图 10-25 所示。

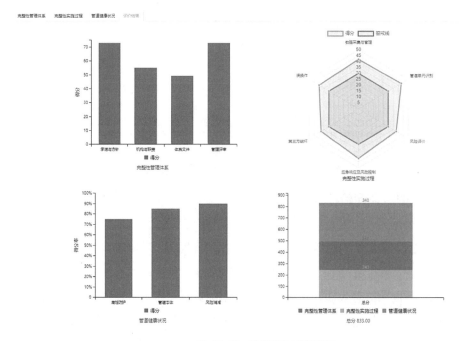

图 10-25　效能评价系统界面

10.4　智慧燃气安全管控平台

智慧城市建设日渐提速，但城市运营数据彼此孤立、信息分散的技术缺陷难以攻破，城市级应急资源数字化高效调配能力受阻，无法支撑基于动态数据智能感知与交互的智慧城市运营需要。本节以"智慧燃气与智慧城市技术融合发展"为理念，依托"城市数字底座"，基于 CIM、BIM 以及 5G+AI+ 物联网技术，构建城市级燃气数字孪生管网系统，打通燃气运营与"城市大脑"的数据通道。采用三维虚拟城市建模与空间管网数据融合的方法，通过数据轻量化处理和倾斜摄影技术，将城市燃气运营全要素进行数字孪生建设，构建基于大数据的燃气全场景数字化业务。有效解决传统地下燃气管网走向、埋深、流向、压力等级不明等技术问题，实现管网健康状态智能诊断、事故应急抢险、事故情景模拟及用气分析等应用，利用数字孪生、生态聚合的方式充分释放燃气运营数据价值，为智慧城市数字化政府监管、城市级应急处置、整体规划布局提供数字支撑，协同推进智慧城市数据开放共享和治理精准化、预见化能力提升。

10.4.1　智慧燃气安全管控平台体系架构

智慧燃气安全管控平台是为了城市燃气管理提供基础功能，首先具备解决管网设备设施空间场景、高精度、构件级三维数据的能力，需要把性能、效果和易用性都做到极致。平台需要具备：文件格式转换、轻量化、高逼真渲染等核心能力。为城市燃气业务提供可定制开发的开放性、标准化接口。从企业 IT 架构中的数据层，根本上解决数据层的技术创新引发的企业信息化技术升级问题；平台需要具备强大的业务扩展性，能够根据城市业务特点集成监控系统（SCADA、DCS、视频监控等）、生产管理系统、节能减排系统、安全环保系统、辅助决策系统，以及各种分析评价系统的综合展示；平台具备配套三维数据处理工具。涵盖三维空间处理通用解决方案，包括数据转换、加工、轻量化、渲染、表达等标准化作业流程，以及清晰的帮助文档；基础平台具备大量数据条件下的数据高逼真显示顶尖技术。

10.4.1.1　平台数据架构

平台数据架构可以分为所支持数据范围、加工处理、数据应用三个层级。

（1）数据范围。支持包括传统二维三维建模数据、工业级通用三维模型格式的导入；支持通用 GIS 数据、BIM 模型数据的接入；支持倾斜摄影测量模型的导入、成果输出和格式转换；支持地下管线数据的批量三维建模；支持构筑物模型数据、点云数据等标准的数据格式。

（2）加工处理。包括二维三维数据格式转换、轻量化、矢量切片、数据关联、发布数字底板及业务数据的全过程标准管理。

（3）数据应用。根据通用的 API 建立业务应用与二维三维底图数据的交互与协同，为厂站密集资产提供更清晰直观的管理手段。

10.4.1.2　平台技术架构

平台提供桌面端与云渲染两种方式。桌面端可以进行快速三维场景组装，以保障用户短时间内进行三维数字底座配置。云渲染采用视频流的方式，可以在公有云、私有云的环境下部署，保障业务集成后的发布应用。从云架构角度可以分为 DaaS 层与 SaaS 层。DaaS（Data-as-a-Service）是指数据即服务，PaaS（Platform-as-a-Service）是指平台即服务。

10.4.1.3　平台应用架构

智慧燃气安全管控平台，应包含数据处理引擎、桌面端、云端、通用开发包等核心产品。这些产品构成了一个完整的数字孪生平台，能够在数据处理、场景整合、云服务发布、数据共享、二维三维可视化、跨平台二次开发、业务应用等方面，为用户提供从原始数据到最终三维呈现的无插件、跨平台、跨浏览器的完整解决方案。是在现有信息化成果的基础上构建以二维地图、三维模型、BIM 等数据为底板，汇集设备、设施、工艺管道、构筑物等各种专业数据全面支撑业务管理，接入 IoT 监控等实时动态数据，为城市燃气管网管理提供有效支撑。

10.4.2　智慧燃气安全管控平台数据底座

10.4.2.1　智慧城市数据底座

某市燃气企业借助新一代信息技术、倾斜摄影技术和数字高程模型图数据，构建三维数字底图，该底图集成了 1900km^2 的三维空间、65 万栋构筑物和 2100 万实有人口的"地楼房权人"等数据。主要图层包括三维全景的倾斜摄影，其中部分地区为 60% 以上的高精度模型，如图 10-26。

图 10-26　三维全景倾斜摄影

构建燃气管网数字孪生三维底座。在"城市数据底座"的基础上融合燃气业务数据，包括：三维管线、厂站、储备库、城市综合体等数据，以三维可视化形式在虚拟城市中呈现燃气业务的静态和动态信息，构建智慧燃气数字底座。将三维虚拟城市建模与空间管网数据成果融合起来，以三维可视化形式在虚拟城市中呈现城市与管网的静态和动态信息，在场景设置方面全面重现现实场景，形成大数据应用的全新线上服务场景。同时设计智慧管网专项业务应用场景，通过管网数据与空间倾斜摄影数据相关联，实现管网健康状态智能诊断、事故应急抢险、事故情景模拟以及用气分析等应用场景。并随着后续更多行业专项数据的接入，通过三维地图的延伸，逐步完成更精细、更复杂的数据分析工作，实现数据良性迭代的应用价值。

10.4.2.2　智慧管网

城市地下管道类型多种多样，管理机制和所有权繁杂，根据现有管线，采取大视野范围二维加载，近距离视野范围高压、次高压采取三维加载的方式，实现相邻地下管线和设施三维可视化，提高地下管线信息支撑的精细度、现实还原度和准确度。若燃气管道位置信息及高程数据质量较差，可以用一些小范围的模拟管线数据替代。存在问题的燃气管道高程数据可进行调整，并作标注。

管网一张图查询显示：通过勾选管线下高压、次高压、中压选择框（可单选，可复选），点击跳转按钮进入高压、次高压、中压的分布图界面，可以是二维或者是三维的，拉近视角，近距离查看详细管段，点击某个管段可查看管线属性信息内容（管材信息、规格、壁厚、长度、防腐信息、空间坐标等）。首页通过复选框选择高压、次高压、中压管线二维或三维管线，进入燃气管网三维模型图 10-27 中。

图 10-27　燃气管网三维模型

10.4.2.3　智慧厂站

构建厂站一张图界面，在三维场景中对厂站基本情况、综合指标、资产、应急事件、设备台账等指标信息进行综合展示。如图 10-28 所示。通过三维场景和 SCADA 系统、完整性管理系统、巡检系统、AI 燃气厂站及管网安全风险监测识别系统等业务系统集成应用，实现厂站运行关键指标、设备参数、仪表（压力、温度、流量）信息可视化；实现站内管线气体流向动效和厂站火灾事故模拟，根据管道压力、流量、温度等计算灾害范围并示意，与应急抢险部门进行联防联控预演。

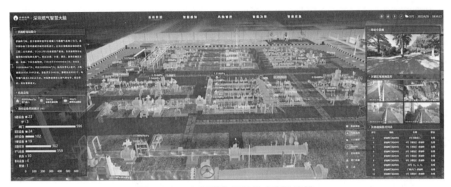

图 10-28　智慧燃气厂站数字孪生建模

10.4.2.4　城市综合体

城市综合体是城市聚集的产物，当人口聚集、用地紧张到一定程度的时候，在这个区域的核心部分就会出现这样一种综合体。而且随着城市聚集度的提高，土地资源的紧张，这种综合体建筑形式会越来越多。由于每一个城市综合体往往伴随诸如商业、办公、居住、旅店、展览、餐饮、会议、文娱、交通等城市生活空间的三项以上的聚集组合，形成一个多功能、高效率复杂而统一的建筑或建筑群。因此，城市综合体范围内的燃气管道有着管理难度高、事故影响大的特点，围绕城市综合体的燃气管道管理是城市燃气管理的重点，涉及诸多方面。其数字孪生模型如图 10-29 所示。

图 10-29　城市综合体数字孪生模型

10.4.2.5　城中村

城中村是燃气"瓶改管"安全管理的重点，借助该平台对城中村的基础数据归集，掌握了城中村居民及非居客户的开户率、点火率和位置分布、作业计划和阀门箱体等数据，并对各个客户的用气量进行监测和数据分析，为城中村燃气管道安全运行、有序推进瓶改管工作提供辅助决策，其展示如图 10-30 所示。

图 10-30　城中村一张图展示

10.4.3　智慧燃气应用场景

10.4.3.1　燃气事故情景模拟

以燃气管道、厂站、城市综合体等应用场景为研究对象，构建火灾、爆炸事故三维数值计算模型，模拟火灾及爆炸事故的动态过程，研究可能导致事故发生的危害因素和潜在的危害范围，将模拟计算结果在三维可视化系统上进行数据渲染，为燃气设备设施安全间距的确定和应急抢险提供技术支持和决策参考，燃气管道爆炸事故情景模拟如图 10-31 所示。

图 10-31　燃气管道爆炸事故情景模拟

10.4.3.2　燃气事故应急抢险桌面推演

基于三维底图添加以下燃气业务数据，并设计事故应急场景。

（1）地质灾害敏感区域、第三方工地及厂站等实时监控画面。

（2）巡查巡检车辆定位和实时路线信息显示。基于三维底图，按压力等级对管网着色，显示当前报警点位置、抢修车辆位置。

（3）以浮窗形式显示：报警信息列表、当前抢修力量信息、第三方工地信息、当前巡检人员数量位置信息等。根据事发地点的管道内压、管径等参数，评估事故影响范围，燃气管道事故影响范围模拟计算如图 10-32 所示，其巡查巡检车辆定位显示如图 10-33 所示。

图 10-32　燃气管道事故影响范围模拟计算

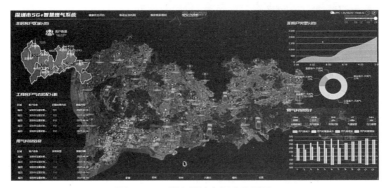

图 10-33　巡查巡检车辆定位显示

10.4.3.3　用气行为智能分析

以基于城市数字底图的三维燃气管网服务系统为智慧服务大脑，结合移动互联网、生物识别、语音识别、云计算、大数据等技术，开展移动作业系统、分析决策系统等建设。通过大数据分析，预测客户需求、监控运营状态，找到异常用气行为，达到客户和企业共同"安全、省心"的效果。在智慧管网领域开展燃气管网智能巡查巡检、杂散电流对埋地城市燃气管道腐蚀、城市燃气管道内检测、燃气泄漏检测、基于物联网的在线监测技术及设备等关键技术研究，分析管道完整性、管网属性数据、运行工况数据以及用户数据等，实现数据在线检测监测的功能，为气源调配、生产运行调度和管网规划方案提供决策和操作依据，促进燃气管网的调度从经验化向智能化、精细化、数据化转型。

供销差是燃气企业内部经营重点控制指标，反映企业管理水平，与企业的经营效益密切相关。用气异常行为智能分析着眼解决燃气企业内部的供销差问题，充分利用远传智能表的实时数据，运用大数据和人工智能分析的方法分析工商业用户用气习惯，快速识别异常用户用气行为，进一步规范客户用气行为。

异常用气数学建模分析与研判技术研究采用统计学技术原理，统计与收集流量读数、瞬时流量、温度和压力等数据。采用大数据分析、机器学习技术方法，提取燃气用户正常的用气模式。在获取到燃气表数据、温度传感器数据、压力传感器数据后，所有原始数据将通过基于统计的模型对计量表读数故障进行检测。原始数据通过统计模型后分离出的计量异常主要包括燃气表异常和其他校准类表异常，可以通过模型给出的异常类型标签，提示燃气企业进行计量表的检查与维修。另外，通过基于统计的模型还可以分离出用气异常中的停滞用户，即长期用气量为零的用户，这类用户的异常原因可能来源于计量表的损坏、用户注销或偷盗气等原因。通过模型给出的异常标签，同样可以提示燃气企业进行后续排除工作。通过提取的正常用气模式，将融合原始已知的偷盗用户数据，进行监督模型的训练。训练完成的模型将被用于从第二个模块中分离出的潜在偷盗用户中进行偷盗检测，并最终得到模型检测出的偷盗标签用户，提示燃气企业进行后续排查工作，对异常用气用户标注如图 10-34 所示。

图 10-34　异常用气用户标注

10.4.3.4　AI 视频监控

基于新一代信息技术，建立了 AI 视频监控系统，该系统主要应用于燃气企业的重点区域内的视频实时监控及智能识别，从而对燃气企业库区的设备、人员的检修与操作过程进行实时跟踪、高清监控并对人员的不安全行为进行识别；在站外管道增设视频监控点位，识别第三方工地中施工过程对管道的不安全行为，保护架空、穿跨越、裸露、穿越人口密集区的管道，避免破坏管道的现象发生。AI 视频监控系统如图 10-35 所示。未戴安全帽智能识别如图 10-36 所示。

图 10-35　AI 视频监控系统

图 10-36　未戴安全帽智能识别

10.4.3.5　5G+ 无人机巡线

基于 5G+ 无人机技术，采用多旋翼、固定翼的无人机对重点山地管线开展空中巡查。拍摄高清视频画面，识别农户作业、地质灾害、机械施工等危害因素，发现异常，及时预警。相对于人工巡检，5G+ 无人机巡线具有更广泛和灵活的优势，且能够提升巡线效率。目前智能化管道系统已经完成了该方面的试点工作，开展无人机巡线试验，通过巡线的图像对比，排查隐患，如图 10-37 所示。

图 10-37　无人机巡线

10.5　本章小结

本章从燃气管网负荷预测、管网工况模拟、全寿命周期完整性管理和智慧燃气安全管控 4 个方面阐述燃气管网运行模拟安全防控关键技术。

（1）管网负荷预测方面，分析影响天然气负荷量的客观因素，对比典型天然气负荷量预测模型的适用范围和优缺点，并分别对南方和北方某城市的天然气日消耗量预测进行案例分析。

（2）管网工况模拟方面，根据实际的燃气管网中的站场、管道、设备、用户等基础数据，建立燃气管网数字化仿真模型。为天然气管网的优化设计、高效管理、合理调度、可靠运行提供科学分析手段和工具。

（3）全寿命周期完整性管理方面，借鉴长输管道完整性管理经验，根据城市燃气管道的特点，提出包含"数据收集与管理、单元识别、风险评价、风险控制和效能评价"五步循环的城市燃气管道完整性管理的关键技术，并建立城市燃气管道全寿命周期完整性管理数字化系统。

（4）智慧燃气技术应用方面，以"智慧燃气与智慧城市技术融合发展"为理念，依托"城市数字底座"，基于 BIM、CIM、5G、AI（人工智能）、物联网等新一代信息技术，构建城市级燃气数字孪生管网系统，打通了燃气运营与"城市大脑"的数据通道。

本章参考文献

[1] 张娟. 基于多元线性回归分析的薄储层预测技术在胜利探区的研究与应用 [J]. 工程地球物理学报，2013，10（1）：91-94.

[2] 王锋，杨荣，黄攀，等. 基于自回归模型的短期海上风电功率预测 [J]. 机电信息，2023（12）：24-27.

[3] 高洪波，张登银. 基于双参数寻优车联网交通流量指数平滑预测 [J]. 微型电脑应用，2022，38（6）：4-7.

[4] 董鑫，周利明，刘阳春，等. 基于指数平滑预测的高效变量喷灌方法 [J]. 农业机械学报，2018，49（S1）：372-378.

[5] 李蛟，孟志强. 基于时间序列算法的高校图书馆借阅数据预测及分析 [J]. 情报科学，2022，40（11）：133-138.

[6] 高灯，孙见君. 基于灰色预测理论和最优置信限法的核主泵机械密封可靠性分析 [J]. 流体机械，2023，51（5）：84-91.

[7] 陈立广，杨勇. 基于灰色预测的高新技术企业发展研究 [J]. 现代工业经济和信息化，2023，13（4）：165-167.

[8] 李国亮，张佳强，韦亮，等. 基于 BP 神经网络的不同内压下连续油管疲劳寿命预测 [J]. 机械设计与制造工程，2023，52（4）：97-101.

[9] 吴冠朋. 基于小波分析和主成分分析的人脸识别 [J]. 智能计算机与应用，2023，13（3）：198-201.

[10] 周文博，渠浩. 基于小波分析的石油开采设备故障远程监测方法 [J]. 化学工程与装备，2023（2）：108-110.

[11] 侯泽林，姚红光，戚莹. 基于支持向量机的"一带一路"航空网络的链路预测 [J]. 物流科技，2023，46（9）：80-84.

[12] 曾晓晴. 基于支持向量机的船舶交通流量预测方法 [J]. 舰船科学技术，2023，45（5）：160-163.

[13] 刘金培，张了丹，朱家明，等. 非结构性数据驱动的混合分解集成碳交易价格组合预测 [J]. 运筹与管理，2023，32（3）：149-154.

[14] Tao W Q, Ti H C. Transient Analysis of Gas Pipeline Network[J]. The Chemical Engineering Journal，1998，69（1）：47-52.

[15] González A H, Cruz J M D L, Toro B D, et al. Modeling and simulation of a gas distribution pipeline network[J]. Applied Mathematical Modelling，2009，33（3）：1584-1600.

[16] 马江平. 城市燃气管网动态模拟技术的研究 [D]. 武汉：华中科技大学，2006.

[17] Shu, Jian-Jun. A Finite Element Model and Electronic Analogue of Pipeline Pressure Transients With Frequency-Dependent Friction[J]. Journal of Fluids Engineering，2003，125（1）：194-199.

[18] 江茂泽. 输配气管网的模拟与分析. 北京：石油工业出版社，1995.

[19] [Gato L M C, Henriques J C C. Dynamic behavior of high-pressure natural-gas flow in pipelines[J]. International Journal of Heat and Fluid Flow，2005，26（5）：817-825.

[20] Greyvenstein G P. An implicit method for the analysis of transient flows in pipe networks[J]. International Journal for Numerical Methods in Engineering，2002，53（5）：1127-1143.

[21] Kiuchi T. An implicit method for transient gas flows in pipe networks[J]. International Journal of Heat & Fluid Flow，1994，15（5）：378-383.

[22] 王兴畏. 城市天然气输配管网水力模拟研究与实践 [D]. 重庆：重庆大学，2013.

[23] Wang P, Yu B, Deng Y, et al. Comparison study on the accuracy and efficiency of the four forms

of hydraulic equation of a natural gas pipeline based on linearized solution[J]. Journal of Natural Gas Science and Engineering, 2015, 22: 235-244.

［24］江茂泽，曾自强，刘良坚. 天然气在复杂枝状管网系统内不稳定流动及其计算机模拟 [J]. 石油学报，1992，13（4）: 136-147.

［25］Madoliat, Reza, Khanmirza, et al. Transient simulation of gas pipeline networks using intelligent methods[J]. Journal of Natural Gas Science and Engineering, 2016, 29: 517-529.

［26］Wang P, Yu B, Han D, et al. Fast method for the hydraulic simulation of natural gas pipeline networks based on the divide-and-conquer approach[J]. Journal of Natural Gas Science and Engineering, 2018, 29: 55-63.

［27］Behbahani-Nejad M, Bagheri A. The accuracy and efficiency of a MATLAB-Simulink library for transient flow simulation of gas pipelines and networks[J]. Journal of Petroleum Science & Engineering, 2010, 70（3-4）: 256-265.

［28］Huai S, Enrico Z, Jinjun Z, et al. A systematic hybrid method for real-time prediction of system conditions in natural gas pipeline networks[J]. Journal of Natural Gas Science and Engineering, 2018, 57: 31-44.

［29］Geng Z, Wei C, Han Y, et al. Pipeline Network Simulation Calculation Based on Improved Newton Jacobian Iterative Method[C]. Proceedings of the 2019 International Conference on Artificial Intelligence and Computer Science. 2019: 219-223.

［30］皮亚镭. TGNET 软件在管网运行中的仿真应用. 内蒙古石油化工，2019，45（4）: 20-21.

［31］赵岩，金永浩，赵宁，等. 基于 Synergi Gas 系统的中压燃气管网模拟仿真. 煤气与热力，2015，35（12）: 10-15.

［32］赖建波. 燃气管网仿真技术及其泄漏危险性研究 [D]. 天津：天津大学，2008.

［33］黄明. 枝状高压天然气管网动态分析及软件开发 [D]. 武汉：华中科技大学，2013.

［34］李林磊. 具有自定义功能的能源工程系统模块化仿真研究 [D]. 北京：中国科学院大学研究生院（工程热物理研究所），2012.

［35］张义斌. 天然气—电力混合系统分析方法研究 [D]. 北京：中国电力科学研究院，2005.

［36］Behrooz H A, Boozarjomehry R B. Dynamic optimization of natural gas networks under customer demand uncertainties[J]. Energy, 2017, 134: 968-983.

［37］狄彦，帅健，王晓霖. 油气管道事故原因分析及分类方法研究 [J]. 中国安全科学学报，2013，23（7）: 109-115.

［38］帅健，董绍华. 油气管道完整性管理 [M]. 北京：石油工业出版社，2017.

［39］董绍华. 管道的完整性管理技术与实践 [M]. 北京：中国石化出版社，2015.

［40］单克，帅健，张思弘. 基于修正因子的油气管道失效概率评估. 中国安全科学学报，2016，26（1）: 87-93.

［41］单克，帅健，杨光，等. 美国油气管道基本失效概率评估方法及启示 [J]. 油气储运，2020，39（5）: 530-535.

［42］Shan K, Shuai J, Xu K, Zheng W. Failure probability assessment of gas transmission pipelines based on historical failure-related data and modification factors[J]. Journal of Natural Gas Science and Engineering, 2018, 52: 356-366.

［43］吴志平，蒋宏业，李又绿，等. 油气管道完整性管理效能评价技术研究 [J]. 天然气工业，2013，33（12）: 131-137.

［44］黄旭东. 智慧城市背景下城市燃气存在问题及发展方向探究 [J]. 石化技术，2024，31（1）: 206-208.

［45］李红卫，梁智宇. 城市商业综合体管道燃气泄漏监测系统研究与应用 [J]. 城市燃气，2023，（10）: 34-37.

第 11 章

城市燃气生命线安全运行技术平台

近年来，随着城市规模不断扩张，城市安全风险集聚，安全问题日益突出，急需形成全面感知、全面接入、全面监控、全面预警的综合安全保障体系。

2015年，围绕"聚焦国家应急体系、保障城市公共安全、推进公共安全产业"的目标，合肥市率先开展城市生命线工程安全运行监测系统建设。通过利用物联网、云计算、大数据等信息技术，对城市燃气、桥梁、供水、排水、热力、综合管廊等城市基础设施的安全运行状态搭建监测物联网，创新城市生命线工程安全运行监测的数据架构和服务机制，高度融合监测数据与空间地理信息，深度挖掘城市生命线工程安全运行规律，构建全方位、立体化的城市安全管理体系，实现了常态化监测、动态化预警、精准化溯源、协同化处置等核心能力。

2021年，湖北十堰"6·13"燃气爆炸事故发生后，党和国家领导人高度重视，国务院安委会主任在2021年6月17日召开的全国安全生产电视电话会议中讲到，"全面推广安徽省合肥市成立城市安全运行监测中心，建立城市生命线工程监测系统的经验做法，实现城市燃气、重大桥梁等基础设施安全风险可控可防。"2021年9月，国务院安全生产委员会办公室（以下简称"国务院安委办"）、应急管理部专门现场调研合肥市城市生命线安全工程经验做法，并于2021年9月下发《国务院安委会办公室关于推广城市生命线安全工程经验做法，切实加强城市安全风险防范工作的通知》（安委办〔2021〕6号），指出"近年来，安徽省合肥市积极开展城市生命线安全工程建设，初步实现对燃气、桥梁等城市生命线安全风险的实时监测、分析预警和联动处置，有效提升了城市安全风险防控能力和水平。国务院领导同志给予充分肯定，并作出重要批示，要求在全国有条件的城市全面推广，有效防范城市安全事故（事件）发生"。2021年9月24日，国务院安委办在安徽合肥召开城市安全风险监测预警工作现场推进会，总结交流推广合肥的经验做法，来自31个省18个试点市（区）的领导考察了清华大学合肥公共安全研究院的城市生命线实验平台和合肥市城市生命线工程安全运行监测系统及前端设备的安装、运行状况。2021年9月，住房和城乡建设部印发《关于进一步加强城市基础设施安全运行监测的通知》（建督〔2021〕71号）指出，"近年来，合肥市坚持科技赋能，市政府与清华大学合作共建合肥公共安全研究院，2015年启动城市基础设施安全工程建设，探索出城市基础设施安全运行监测新模式"。这种新模式就是"清华方案·合肥模式"，其是一条以场景应用为依托、以智慧防控为导向、以创新驱动为内核、以市场运作为抓手的城市生命线安全发展新模式：

（1）以场景应用为依托，织密城市生命线立体监测"网络"。基于对城市生命线不同场景实际应用情景的分析，通过全局化的视角，"点、线、面"相结合，逐步建立起城市生命线工程安全运行监测系统。

（2）以智慧防控为导向，打造城市生命线安全运行"中枢"。针对城市生命线工程权属复杂、多部门交叉、缺乏统一技术支撑等难题，2017年，合肥市成立国内首个城市生命线工程安全运行监测中心（以下简称"监测中心"），作为市级机构纳入市安全生产委员会，形成市政府领导、市安委办牵头、多部门联合、统一监测服务的运行机制和标准化规范体系。

（3）以创新驱动为内核，构建城市生命线科技治安"路径"。先后攻克城市相邻地下空间监测及第三方施工振动监测装备研发、高风险空间识别、跨系统风险转移和耦合灾害分析等"卡脖子"关键技术，研发出一批国内首创产品，解决了城市交叉地带、监管盲区的监测预警问题，为城市生命线安全运行提供强劲创新动力。

（4）以市场运作为抓手，夯实城市生命线产业发展"支撑"。通过市场机制的引导和推动，促进各方的合作和资源的整合，加快城市生命线工程复制推广，推动当地安全产业发展，也为其他城市在安全管理领域提供宝贵的经验和借鉴价值。

城市生命线工程安全运行监测系统通过前端传感器实现精准感知、通过监测系统实现精准分析、通过监测中心实现精准推送，反馈分析报告，明确责任主体，下达任务要求，快速响应、协同联动，构建了城市安全智慧化、全链条的管理网络，大幅度提升了城市管理效率。

城市生命线燃气安全运行监测作为"清华方案·合肥模式"实践下的重要一环，针对城市燃气安全中的监管盲区和堵点，通过多元化监测手段、风险评估和辅助决策及多部门协同管理，为城市燃气安全运行发展提供了重要保障。本章主要介绍"清华方案·合肥模式"下城市燃气生命线安全运行技术平台建设内容。

城市燃气生命线安全运行技术平台以预防燃气爆炸重大安全事故为目标，以"风险管理、关口前移"的主动式安全保障为理念，采用物联网、云计算、大数据、BIM/GIS等信息技术，通过物联网感、传、知、用的技术架构和城市生命线燃气安全技术模型，将监测数据与空间地理信息进行高度融合，深度挖掘城市燃气生命线安全工程运行规律，实现城市燃气生命线安全工程运行综合风险的及时感知、早期预测和高效处置，全面提高信息集成、综合研判和突发事件应对能力，依托监测中心，完善流程、规范和制度，有效防范燃气重特大安全事故发生，提升城市燃气生命线安全运行保障水平。

11.1　城市燃气生命线安全运行技术平台研发

城市燃气生命线安全运行技术平台研发包括需求分析、架构设计、核心功能研发等过程，可以实现对燃气管网整体监测、实时感知、早期预警和高效应对。

11.1.1　城市燃气生命线安全运行技术平台需求分析

11.1.1.1　城市燃气生命线安全运行技术平台用户需求

城市燃气生命线安全运行技术平台服务对象主要是安委会、各级安委会成员单位以及燃气企业，平台用户包括市委市政府、行业监管部门（应急管理部门、住房城乡建设、城市管理等）和燃气企业。

构建城市燃气生命线安全运行技术平台需要解决部门协作不畅、闭环管理不通、安全防线不实的问题，满足安委会多道防线防控、应急管理关口前移、行业监管风险识别动态预警、供气企业安全生产主体责任落实等需求，实现燃气生命线风险隐患评估、实时监测预警、研判分析等功能，表 11-1 为用户需求分析。

用户需求分析　　　　　　　　　　　　　　　　　　　　　表 11-1

序号	用户	诉求	服务内容
1	市级相关领导	加强燃气行业安全监管，主动掌握燃气安全耦合风险隐患，及时接收燃气监测预警，督促燃气企业及时整改与处置	实时提供城市生命线监测信息，并能最快地推送报警信息及相关的处置预案给省市相关领导；定期提供全部监测管网相邻空间的安全诊断评估报告
2	应急管理、城市管理、住房城乡建设等行业监管部门	了解燃气管网综合安全态势，分析各类耦合风险管控和隐患治理成效，实时掌握运行态势，综合研判事件发展趋势，科学高效应急	实时提供城市生命线监测信息，预测预警信息和辅助决策信息，定期提供全部监测管网的安全诊断评估报告
3	燃气企业	了解燃气管网周边危险源、防护目标，掌握管网耦合风险和隐患，有针对性开展风险分级管控和隐患治理，及时科学处置异常预警	实时提供城市生命线监测信息和燃气管网相关报警信息推送服务，并给出燃气管网安全评估报告及管网维护建议，可根据监管单位需求提供相关的数据信息和分析结果

11.1.1.2　城市燃气生命线安全运行技术平台功能需求

城市燃气生命线安全运行技术平台功能需求主要体现在如下几个方面。

1. 隐患辨识与风险评估需求

（1）综合燃气管线泄漏可能性、地上周边危险源、防护目标、人群分布、基础设施等信息，辨识燃气管线隐患，评估燃气管线风险，形成燃气管网风险一张图，对高风险区域加强巡查巡检；

（2）对燃气行业安全隐患进行科学辨识及超前预判，明确燃气行业各类安全隐患，建立安全隐患台账，并跟踪安全隐患的整改状态，辅助行业监管部门进行督促；

（3）对燃气安全进行风险评估与分级，将风险划分为"红橙黄蓝"4 个等级，绘制出风险分布电子图，掌握城市燃气安全风险的状态，实现风险的分级管控。推进事故预防科学化、信息化、标准化，实现把风险控制在隐患形成之前、把隐患消灭在事故前面。

2. 实时监测与预警需求

（1）基于城市燃气风险隐患评估结果，选取一般及以上风险地下空间预设监测点位，并采取科学的优化算法对传感器的位置和数量进行优化设计，以尽可能少的传感器反映最全面、最关键点的状态，对管网中各类连接以及相邻密闭空间的可燃气体浓度指示进行实时监控；

（2）利用收集到的监测信息进行分析处理，一旦某段管道因地质、外力等不可抗因素导致致害气体浓度达到阈值，则相关位置、浓度描述信息会立即反馈给系统的管理人员，为相关部门采取行动、控制危险源预留处置时间；

（3）基于监测结果，辅助开展管网及地下空间风险评估，为管理部门的决策提供依据。

3. 泄漏研判分析需求

（1）基于监测设备实时报警曲线信息，叠加周边燃气管线数据，分析报警原因，实现燃气沼气辨识；

（2）若为燃气泄漏报警事件，通过专业模型追溯可能的燃气泄漏源头，综合分析燃气泄漏扩散范围；

（3）建立事故后果分析模型，预测燃气泄漏可能导致的燃气安全事件，可能造成的人员伤亡、社会影响、次生衍生灾害等，动态展示可能造成的复合型灾害后果，提升应急处置的预判性，确保及时采取有效措施防止事态进一步发展，最大限度预防和减少灾害。

11.1.2　城市燃气生命线安全运行技术平台架构设计

城市燃气生命线安全运行技术平台以物联网、云计算、大数据、BIM/GIS 等信息技术为支撑，基于相关法规与标准规范、系统开发安全保障体系，采用"感、传、知、用"的总体框架设计，分为"五层两翼"。

城市燃气生命线安全运行技术平台架构如图 11-1 所示。"五层"依次为智慧物联感知层、网络传输层、数据服务层、应用系统层以及用户交互层。其中：

（1）智慧物联感知层：指分布在城市各区域的监测数据的采集，通过前端传感设备进行施工建设以及网络布点进行测点优化、数据采集，同时接入企业数据资源系统、政务资源等系统，形成遍布城市的传感接入网络，确保传感数据实时反馈至监控中心。

（2）网络传输层：采用 NB-IoT、现场总线、互联网有线与互联网专线方式，实现前端传感器采集的数据回传到中心端，燃气企业信息系统数据通过互联网 MSTP 专线接入中心端。

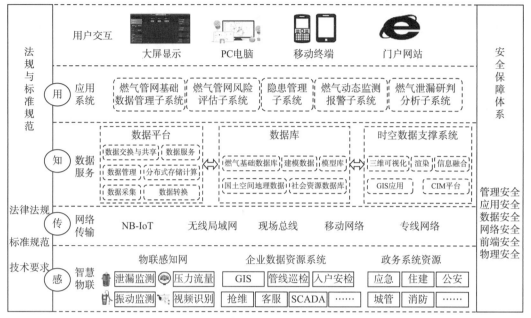

图 11-1　城市燃气生命线安全运行技术平台架构

（3）数据服务层：包括数据库、数据平台、时空数据支撑系统。整个系统中物联网数据资源通过数据采集平台进入系统，城市数据资源共享平台的相关业务部门结构化数据通过数据接口进入业务数据库，经过系统的处理，对外提供数据检索、模型算法及统计分析服务。

（4）应用系统层：在大数据服务层基础上，构建了燃气管理单元的数据管理、风险评估、隐患管理、监测报警、泄漏研判分析等功能。

（5）用户交互层：以大屏、桌面端、移动终端等形式对应用系统进行展示。

"两翼"是指遵循的法规与标准规范、安全保障体系。

（1）遵循的法规与标准规范：一是编制技术标准。印发《安徽省城市生命线安全工程建设指南（试行）》，用于指导城市生命线安全工程设计、建设、运行、维护等工作。发布实施《城市生命线工程安全运行监测技术标准》DB34/T 4021—2021，规范监测系统技术指标和运维准则。二是制订管理标准。制订《城市生命线安全工程监测预警联动响应工作机制》，明确相关部门以及管线、桥梁等权属单位的责任，提升了监测中心、权属单位、监管部门、应急部门等多部门联动的风险精准防控水平。编制《城市运行管理服务平台　运行监测指标及评价标准》CJ/T 552—2023，明确了考核评价标准，保障监测中心规范高效运行。

（2）安全保障体系：依据《信息安全技术 网络安全等级保护定级指南》GB/T 22240—2020、《信息安全技术 网络安全等级保护基本要求》GB/T 22239—2019、《信息安全技术 网络安全等级保护测评要求》GB/T 28448—2019 等标准规范，建立了完善的系统安全保障体系，确保系统管理安全、应用安全、数据安全、前端安全及物理安全。

11.1.3　城市燃气生命线安全运行技术平台核心功能

城市燃气生命线安全运行技术平台核心功能包括风险隐患管理、监测预警、研判分析等。风险隐患管理指平台首先对城市燃气管线及其与相邻地下管线存在的隐患进行辨识，然后叠加地上防护目标、危险源等周边环境信息，对这些隐患进行风险评估与等级划分，在此基础上应用城市燃气管网相邻地下空间传感器布设方法进行测点的优化布设，构建前端感知网络。监测报警指通过接收监测设备发送的报警数据，分析该起报警的危险性；并通过对监测的浓度和温度等信息进行分析，预测井下气体浓度未来变化情况和其他来源，预警燃气泄漏可燃气体爆炸。研判分析指结合风险分析结果，通过泄漏溯源模型和扩散模型分析得到泄漏点和可能发生爆炸的位置，为企业和相关政府部门应急抢险提供辅助支持，城市燃气生命线安全运行技术平台核心功能如图 11-2 所示。

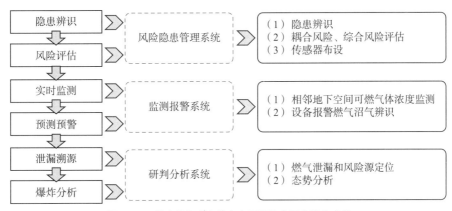

图 11-2　城市燃气生命线安全运行技术平台核心功能

11.2　城市燃气生命线前端感知网络构建

城市燃气生命线前端感知网络监测包括燃气管线相邻地下空间泄漏监测、燃气管线压力流量监测、第三方施工振动监测、视频识别等，其中最关键、覆盖范围最广的是燃气管线相邻地下空间泄漏监测。

当前，城市燃气管线相邻地下空间泄漏监测前端感知网络建设面临两大难题：

（1）燃气管线相邻地下空间存在井内易积水、湿度大、易腐蚀、通信信号弱等问题，市面上可供选择的可燃气体监测设备较少，无法适用于此类复杂地下环境特征；

（2）燃气管线周边相邻地下空间众多，典型监测点位选取困难，无法在兼顾监测有效性与成本的同时，实现大规模的工程化应用。

基于此，城市燃气生命线安全运行技术平台在构建城市燃气管线相邻地下空间泄漏监测前端感知网络时，重点开展了复杂地下环境内可燃气体前端监测设备选取及燃气管线相邻地下空间点位优化布设等工作。

11.2.1 复杂地下环境内可燃气体前端监测设备选取

1. 监测设备选取依据

根据对大量阀门井现场调研，得到井内呈现以下特征：

（1）井内易积水。燃气管线周边的地下空间多是市政窨井，这些窨井在建设过程中虽经过防水处理，但暴雨过程中大量雨水和垃圾会被冲入井内，由于防水层的影响，水难以通过井壁渗透或蒸发，使得井内长期很容易积水，井内充满积水如图 11-3 所示、井内充满垃圾如图 11-4 所示。

（2）存在大量沼气。部分排水管线或电力、通信井内由于长期不清淤或设计不合理，存在沼气。

（3）井内通信信号弱。主干道上井盖全部为铸铁井盖，对信号有很强的屏蔽。

（4）井内湿度大。现场观察到井内潮湿，打开井盖后可看到井盖上凝结大量的水珠。

对于以上特征，设备应达到以下要求：

（1）具备良好的防水能力，防护等级须达到 IPX8。

（2）壳体需达到防爆标准。沼气主要成分为甲烷，属于爆炸性气体，电子设备在爆炸性气体环境中工作须达到防爆标准。

（3）防腐要求。沼气中存在硫化氢气体，具有腐蚀性，设备长期在腐蚀性环境中工作需具备良好的防腐能力。

（4）具备良好的通信能力。目前通过专门的物联网卡或者窄带物联网（NB-IoT），可满足通信要求。

（5）具备气体干燥能力。为防止高湿空气或水蒸气对监测结果的影响，需对监测的气体进行干燥处理。

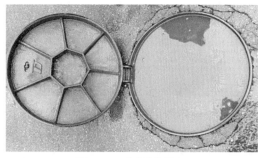

图 11-3 井内充满积水

图 11-4 井内充满垃圾

（6）传感器需防止硫化氢、水蒸气干扰。目前广泛用于可燃气体检测的传感器类型分为催化燃烧式、红外和激光三种，沼气中的硫化氢会使得催化燃烧类传感器灵敏度降低；水蒸气会吸收红外传感器发射的宽频光波，因此红外传感器在高湿度环境下检测结果会发生漂移；激光传感器是由激光器打出一束特定波长的光谱，只有甲烷能吸收该光谱，因此可以较好地避免水蒸气对检测结果的影响。

（7）我国中部及北部四季温差较大，因此传感器需尽量不受温度影响。

2. 监测设备选取

基于上述依据，城市相邻地下空间可燃气体监测设备需满足城市地下空间高湿度、高腐蚀性、易爆炸、电磁屏蔽、夏季暴雨洪涝水淹等复杂环境下的监测需求，确保可以实现长期稳定的甲烷浓度实时探测与预警。设备主要技术参数如表 11-2 所示。

设备主要技术参数　　　　　　　　　　　　　　表 11-2

指标项	指标要求
监测指标	可燃气体浓度、温度
甲烷量程	0 ~ 20%vol
传感器类型	激光传感器
分辨率	0.01%vol
温度量程	-20 ~ 60℃，误差 ±1.5℃
湿度量程	0 ~ 100%RH，误差＜5%RH
传输技术	支持 NB-IoT 通信方式
防爆类型	本安型
壳体防腐	耐硫化氢腐蚀
防水防尘等级	IP68
设备工作温度	-10 ~ 60℃
设备工作湿度	0 ~ 100%RH

11.2.2　燃气管线相邻地下空间点位优化布设功能

城市燃气管网事故多是由于燃气阀门井泄漏导致的，因此在构建城市燃气管网相邻地下空间前端感知网络时，应优先在燃气阀门井内布设可燃气体监测设备。而对于城市燃气管网相邻众多地下空间来说，需要通过点位优化布设来选取典型地下空间进行监测。

燃气管线相邻地下空间点位优化布设功能实现过程为：基于当前燃气泄漏在线监测体量大、缺乏针对性等问题，结合相关规范及指南，基于燃气管线与周边相邻管线耦合隐患辨识功能，识别燃气管线与周边相邻地下管线耦合风险点，再叠加燃气管线周边人群密集场所、危险源、防护目标等信息进行分类分级，选取一般及以上风险的耦合风险点作为监测点位，用来指导城市燃气管线相邻地下空间监测点位布设。同时基于可燃气体扩散规律，通过对风险点推荐点位综合优化，以窨井重要度进行表征，对建设范围内窨井的监测必要性进行分析，筛选合理的监测点，解决局部监测点位过密问题，实现监测点位自动化设计。监测布点选取如图 11-5 所示。在确定城市燃气管网相邻地下空间监测布点具体位置之后，按照施工规范在相应监测点位安装可燃气体智能监测装备，构建城市燃气管线泄漏相邻地下空间监测前端感知网络。

图 11-5　监测布点选取

以某市一处燃气管线与通信管线耦合隐患为例，该处耦合隐患中燃气管线材料为灰质铸铁，服役年限距今已 28 年，经评估燃气管线泄漏可能性为高泄漏可能性管段。该处耦合隐患周边存在共计 94 根相邻地下管线，且在 300m 范围内存在高社会影响敏感场所以及公园、住宅小区等众多人员聚集场所，爆炸后果严重性较高。经综合评估该燃气管线与通信管线耦合隐患等级为"较大"，因此需在通信管线上的邻近窨井内布设监测设备对该隐患进行监管，燃气管线相邻地下空间监测点位优化布设示意如图 11-6 所示。

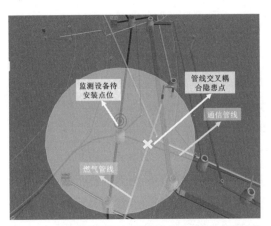

图 11-6　燃气管线相邻地下空间监测点位优化布设示意

11.3　城市燃气生命线数据服务系统

当前端物联网感知数据通过网络传输到数据平台，或企业数据资源系统、政务资源系统等通过数据接口将数据传输到数据平台后，经过数据加工处理、三维建模可视化展示，为燃气生命线系统应用功能分析提供基础数据支撑。

数据加工主要是针对区域内燃气管线相关信息以及社会资源类信息进行加工，即在获取相应数据后，经过数据分析、清洗、空间化、入库等步骤，将数据存储至数据库系统中，在进行突发事件处置的过程中可以基于现有数据进行相关分析应用。其中，燃气管线相关信息包括燃气管网基础数据、燃气管网历史维修信息、电力及通信类管网基础数据、场站基础数据、地下管网前端感知设备数据等；社会资源类信息包括地上危险源、防护目标、应急救援队伍、应急仓库、应急物资装备、医疗卫生、应急预案、事故案例、知识库、专家等信息。

三维建模主要是利用专业 BIM 软件对区域内燃气管线相关信息以及社会资源类信息进行建模，再融合各类信息、地图渲染，直观展示地下管线间纵横交错、上下起伏的空间位置关系，解决传统二维管线空间关系不明晰、显示效果不直观等问题，为城市燃气生命线系统的可视化展示及模型功能应用分析提供有效的技术服务，三维建模可视化展示如图 11-7 所示。

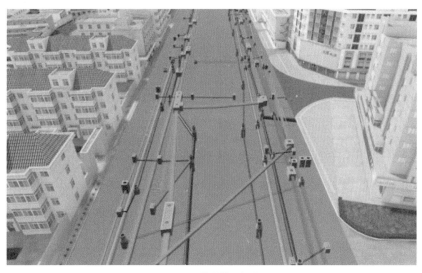

图 11-7　三维建模可视化展示

11.4　城市燃气生命线风险隐患管理系统

11.4.1　燃气生命线耦合隐患管理子系统

　　燃气生命线耦合隐患管理子系统的功能实现过程为：根据获取到的燃气管线及相邻地下管线数据，包括管线高程、物理尺寸等信息，基于《城镇燃气设计规范（2020年版）》GB 50028—2006的要求及燃气泄漏在土壤中的扩散规律，识别燃气管线与相邻地下管线间距不足、交叉穿越的耦合隐患，识别满足规范要求但具有较高燃气泄漏聚集可能性的耦合隐患；并结合GIS技术，生成燃气管线耦合隐患分布图（图11-8），通过该图可以直观了解燃气管线耦合隐患分布。城市燃气管线耦合隐患分布图可以帮助燃气企业和城市管理者充分掌握建设区域内耦合隐患的分布情况，有助于及时发现、整改燃气管线潜在风险问题，同时若发生燃气管线事故，能够快速了解事发区域的管线隐患情况，指导应急抢险工作，减少事故损失。

　　以某市一处燃气管线与通信管线耦合隐患为例，该段燃气管线与通信管线（套管）垂直交叉敷设，两者之间垂直间距0.05m，根据《城镇燃气设计规范（2020年版）》GB 50028—2006的要求，燃气管线与通信管线（套管）敷设垂直间距应不小于0.3m，此处不满足规范要求，存在燃气管线与通信管线耦合隐患，如图11-9所示。

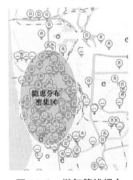

图11-8　燃气管线耦合
隐患分布

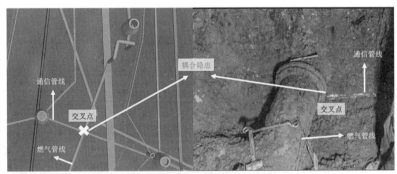

图11-9　燃气管线与通信管线耦合隐患示例

11.4.2　燃气生命线地下管线耦合风险评估子系统

　　城市燃气生命线地下管线耦合风险评估子系统的功能实现过程为：通过平台汇聚燃气管线材质、管龄、埋深、历史维修数据及其他类别埋地管线等信息，叠加地上人口密度、车流密度、周围建筑位置、危险源、防护目标等信息，基于燃气泄漏、扩散在相邻地下空间聚集、点火、爆炸等整个过程，以燃气泄漏导致地下管线爆炸事件链为指导思想，通过分析燃气泄漏可能性、燃气扩散聚集概率、相邻地下管线的易损性、爆炸后果以及应急救援能力，实现燃气管线与地下管线耦合风险评估，并利用 GIS 技术形成燃气管线与相邻地下管线耦合风险图，图中颜色由绿到红表示风险越来越高。通过分析燃气管线与相邻地下管线耦合风险四色图，城市管理者可以直观了解区域内耦合风险分布情况及风险程度，识别城市燃气管线与其他管线耦合高风险区域，以便有针对性地进行管线监管治理与规划建设，降低事故风险，保障城市的安全稳定运行。

以某市一段中压燃气管线为例，其与周边排水管线存在燃气管线与排水管线耦合风险，经评估该段燃气管线埋深不符合国家标准"埋设在机动车不可能到达的地方时，不得小于 0.3m"的要求，管线管龄达到 23 年，燃气泄漏可能性较高；此外燃气管线周边存在商业大厦、体育场馆等高社会影响敏感区域，且周边防护目标、危险源众多，爆炸后果较为严重，经综合评估该段燃气管线与排水管线耦合风险等级为"重大"，燃气生命线地下管线耦合风险评估如图 11-10 所示。

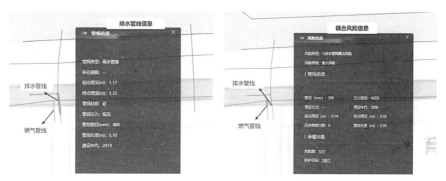

图 11-10　燃气生命线地下管线耦合风险评估

11.4.3　燃气生命线燃气管线综合风险评估子系统

燃气生命线燃气管线综合风险评估子系统的功能实现过程为：参考公共安全三角形理论，以国家 / 行业要求为基础，建立风险指标基准，建立埋地燃气管道风险评估模型，以指标相对基准偏离程度衡量燃气突发事件风险可能性大小，以事件链进行风险要素分类聚合，耦合燃气管道周边危险源防护目标、人口密度等地上、地下信息，形成以"基准－偏离"为原则、以"评估－防治"为主体的风险要素辨识、评估体系。燃气管线综合风险评估结果有相关国家标准作为依据，可以实现评估过程可追溯、评估结果有来源、防控措施有建议，达到风险—风险点—治理强关联目的，实现风险可解释、处置有抓手。结合 GIS 技术，燃气管线综合风险评估四色图可直观反映区域内燃气管线风险分布情况，识别燃气管线存在的潜在风险，帮助燃气管理者更好地针对可能导致较高风险的主要因素以及薄弱环节开展管控工作，提高城市燃气管线的安全运行水平。

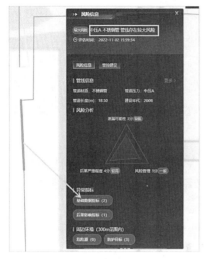

图 11-11　燃气管线风险评估展示

以某市一段中压燃气管线为例，如图 11-11 所示。经风险分析该燃气管线泄漏可能性较低、爆炸后果较严重、风险管理处于一般水平，综合评估风险等级为"较大"。通过异常指标分析，风险等级高的原因为：（1）从管道基础数据指标上看存在 2 个异常指标，即管道埋深不足，易受地面活动影响，且钢制管道服役年限已经达到 15 年，泄漏可能性较高；（2）从后果影响指标上看存在 1 个异常指标，即燃气管线周边存在医院等高社会影响敏感设施。但当前该管段并未采取管控措施，基于此提出可以采取安装管网相邻地下空间监测设备、管体修复或补强等措施。

11.5　城市燃气生命线相邻地下空间动态监测报警系统

11.5.1　燃气管网相邻地下空间动态监测报警功能

基于燃气生命线风险隐患管理系统分析结果，构建城市燃气生命线相邻地下空间监测前端感知网络后，前端感知监测数据可以实时上传至系统中。为了更加快速和准确地发现燃气泄漏，防止火灾、爆炸等突发事件的发生，结合天然气泄漏后可燃气体浓度采取不同的报警处置方式。根据燃气管网相邻地下空间动态监测报警功能，按照前端传感器传回的可燃气体浓度数值，将燃气报警分为 3 个等级：一级报警、二级报警和三级报警，分别对应报警浓度阈值为 5%vol、3%vol、1%vol。燃气生命线动态监测报警如图 11-12 所示。

图 11-12　燃气生命线动态监测报警

11.5.2　燃气管网相邻地下空间报警燃气沼气辨识功能

燃气管网相邻地下空间报警燃气沼气辨识功能实现过程为：基于沼气生成特性及燃气泄漏扩散规律，从数十个城市监测曲线数据中，提取燃气泄漏、沼气聚集事件中甲烷报警曲线差异化特征，如峰值浓度、浓度变化率、持续增长时间、均值等特征，以大量数理统计特征共同构成燃气沼气样本特征库。利用机器学习算法，对燃气沼气样本数据库中的数据进行训练，实现基于机理模型＋人工智能的燃气沼气高精确辨识，有效解决城市地下空间监测甲烷报警来源难辨识、燃气泄漏检出率低等难题。

利用相邻地下空间燃气沼气辨识功能分析监测设备报警数据，能够快速实现对浓度异常的原因定位，提高监测设备燃气泄漏检出率。同时通过对报警数据的分析，提取有关泄漏事件的特征和趋势，为预防和管理燃气泄漏提供有效参考和决策依据。系统中燃气沼气辨识分析如图 11-13 所示。

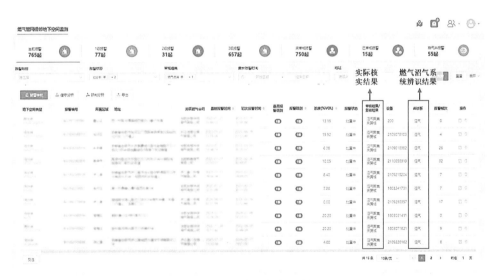

图 11-13　燃气沼气辨识分析

11.6　城市燃气生命线泄漏研判分析系统

11.6.1　燃气管线泄漏溯源功能

由于埋地燃气管线距地面具有一定距离，管道发生泄漏后泄漏气体在向上扩散的同时向四周扩散，并可在扩散范围内地下管网空间聚集燃爆，存在较大爆炸隐患。

埋地燃气管道泄漏溯源功能实现过程为：针对泄漏燃气管线难定位问题，在泄漏初始时间未知、土壤性质较难获取情况下，通过求解稳态浓度场分布，结合地下空间报警最大浓度及地下空间与周边燃气管道空间关系，反向求解周边能使地下空间达到此浓度状态的燃气管段，实现检查井报警溯源分析。进一步的，对于非带压的雨污水、暗渠、电力等连通管线报警地下空间，在土壤溯源分析周边能使其达到报警浓度燃气管线基础上，综合燃气管线与连通管线最短距离及最短距离点距报警点距离下报警时间特征值，实现针对连通管线的高泄漏燃气管段溯源排序。结合 GIS 技术，对于溯源得到的可能发生泄漏的燃气管线进行高亮展示，若其溯源管线范围内存在焊接点、连接件、三通、法兰等位置，则应标记这些位置为高泄漏点。此外若城市燃气管网相邻地下空间内安装报警设备所在检查井为燃气井，则优先排查燃气井内设施。

针对检查井溯源，利用燃气生命线真实泄漏案例进行验证，模型溯源准确率超 90%，平均误差不超过 3m。以某市一起燃气井报警事件为例，该起报警处于燃气井，经过分析得到溯源半径为 1.23m。燃气企业前往现场首先排查燃气井内设施并未发现泄漏，后对周边管道进行排查，发现报警原因为进入燃气井的燃气管道泄漏并通过套筒扩散进入燃气井发生监测设备报警，现场复核确认实际泄漏点与溯源结果偏差仅为 0.3m。通过该功能分析可以为燃气企业现场应急处置及管道抢修提供有力支撑。图 11-14 为燃气井报警现场情况。

针对燃气泄漏进入连通管线溯源，以某市通信井燃气报警事件为例进行介绍。该起泄漏事件是由于与通信管线交叉处老旧铸铁燃气管线两端连接处螺栓松动导致燃气泄漏，并不断在地下扩散至附近通信井内聚集发生监测设备报警，该事件准确溯源到了泄漏燃气管段，且该泄漏燃气管段的排序为"1"，如图 11-15 所示。

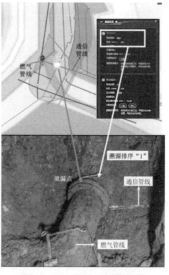

图 11-14　燃气井报警现场情况　　　　图 11-15　通信井报警溯源

11.6.2　燃气管网泄漏扩散功能

城市燃气生命线相邻地下空间动态监测发生燃气浓度报警时，其周边存在潜在泄漏燃气管网，泄漏气体可通过土壤扩散到其他地下空间，或沿报警地下空间所在非带压管道如雨污水、暗渠等扩散较远距离，一旦遇点火源发生爆炸，易导致地下空间燃爆后果发生。

泄漏扩散功能实现过程为：基于燃气管段属性，分析其泄漏稳态高浓度范围，实现土壤扩散范围分析。在此基础上对于连通管线，以报警地下空间及连通管线溯源得到燃气管线求解最近点为起点，双向求解燃气在非带压连通管道扩散范围。在得到泄漏燃气管线扩散影响范围后，结合 GIS 技术可以对影响的燃气管线及其他管线进行高亮展示，同时可查看可能影响的其他管线的具体位置、材质以及周边防护目标等信息，从而为事故应急处置中快速处置、现场警戒等提供参考。燃气管线泄漏扩散分析如图 11-16 所示。

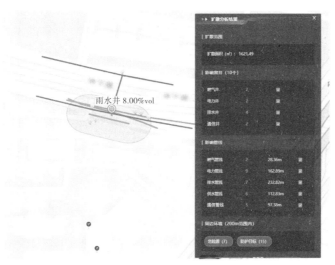

图 11-16　燃气管线泄漏扩散分析

11.6.3　燃气管线相邻地下空间爆炸分析功能

基于全尺寸地下空间爆炸实验，燃气管线相邻地下空间爆炸主要分为两类典型场景，即检查井爆炸及连通管线爆炸。检查井爆炸危害类型主要分为破片伤害、火焰伤害两类。检查井爆炸破片伤害是指爆炸造成井盖飞起，对井附近人员产生伤害；检查井爆炸火焰伤害主要是指爆炸产生的火焰作用在附近人员身上而产生的伤害类型；连通管线爆炸危害类型主要包括破片伤害、超压伤害、振动伤害三类。连通管线爆炸超压伤害是指爆炸产生的冲击波超压带来的损伤；破片伤害是指爆炸造成管道覆盖物飞起对管线附近人员产生伤害；

振动伤害是指爆炸产生的地震波对地下、地面建筑、设施的损伤；另外连通管线爆炸后果与管线埋深密切相关，当管线埋深小于安全埋深，则爆炸后果为连通管线爆炸，否则为连通管线上的检查井爆炸。根据危害最大化的原则，一般以燃气体积当量10%下的爆炸效果危害范围进行分析。

燃气管线相邻地下空间爆炸分析功能实现过程为：根据相邻地下空间类型，判断爆炸后果形式，并结合GIS技术对爆炸分析算法分析出的结果进行展示，在GIS图上直观展示爆炸分析影响的窨井、燃气管线、其他管线、周边危险源防护目标以及发生爆炸的轻伤重伤半径等关键指标，如图11-17所示。燃气企业可以根据这个结果快速锁定现场爆炸影响范围，预估燃气泄漏燃爆事故态势，及时采取有效应急抢险措施防范燃爆风险，降低燃气燃爆事故后果。

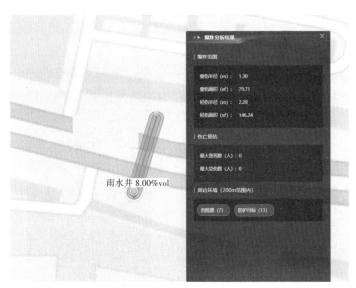

图11-17 地下空间爆炸分析

11.7 城市燃气生命线安全运行技术平台运行机制

11.7.1 燃气生命线安全运行技术平台运行框架

为保障燃气生命线安全运行技术平台正常运行，以某城市为例，成立城市安全运行管理工作领导小组，市委常委、分管副市长任领导小组组长，市城乡建设局牵头负责，市财政局、交通运输局、重点工程建设管理局、市供水、燃气、热电集团、城市安全监测运营公司等单位共同参与，分期推进城市安全运行管理平台建设运营工作。出台《地下管线管理条例》《城市生命线工程（地下管网）运行监测系统技术规范》《综合管廊信息模型应用技术规程》等文件，构建系统完善的燃气生命线安全运行技术平台监测标准体系。

同时针对城市基础设施权属复杂、多部门管理交叉、缺乏统一技术支撑等难题，探索成立统一的城市生命线安全运行监测中心，作为市级机构纳入市安全生产委员会，由市城乡建设局牵头制订城市安全监测运营机制，形成市政府统筹领导、多部门联合、统一监测服务的运行机制。通过监测中心，安全管理集成到一个平台、一张网络、一套指挥体系中，利用 $7 \times 24h$ 的监测值守和数据分析，自动将预警信息分为三、二、一级，第一时间将预警信息加推到行业主管部门和运管企业，第一时间由牵头行业部门协同抓好风险处置，形成多部门联动的新型应急处置机制，初步实现"三全""四精"，即全领域、全过程、全时段监管生命线，精准感知、精准分析、精准推送、精准处置风险隐患，多部门联合处置风险时间从过去的 24h 以上缩短到现在的 1h 以内，实现风险隐患预警与对接联动机制有机结合，让风险演变可视化，安全防控从被动应对向主动防控转变。监测运行体系如图 11-18 所示。

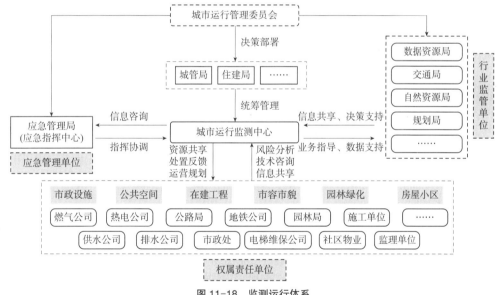

图 11-18　监测运行体系

11.7.2　燃气生命线安全运行技术平台运行服务模式

城市燃气生命线安全运行技术平台利用前端监测系统监测暗渠、箱涵、雨污水管线、电力井、燃气阀门井等地下空间内的可燃气体，通过 NB-IoT 网络传输至大数据平台，大数据平台同时还汇聚了城市地下管线信息、建构筑物信息、危险源防护目标信息、产业信息、经济信息、人口分布信息等，集合以上信息，通过云计算技术，进行多源数据分析，包括隐患辨识、风险评估、监测预警、研判分析等环节，并将相关预测预警信息发布到燃气企业、安委会、应急办等相关单位，解决城市燃气安全管理科技保障不足的问题。

　　城市燃气生命线安全运行技术平台运行服务模式如图 11-19 所示，通过智慧物联感知网络监测，在发生报警时，运用风险评估、泄漏研判分析等技术，为燃气企业实时提供风险监测预警服务、定期提供监测风险评估服务，助力燃气风险溯源定位、应急抢修支撑、次生衍生风险预警等燃气安全管理工作，同时为政府监管部门提供城市安全风险态势分布、城市安全管理辅助决策、安全风险处置技术咨询、跨行业协同处置方案等服务。

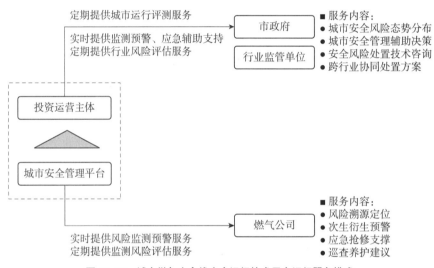

图 11-19　城市燃气生命线安全运行技术平台运行服务模式

11.7.3　监测预警与联动处置机制

　　城市燃气生命线相邻地下空间监测预警与联动处置机制实现过程为：当燃气管网相邻地下空间内可燃气体浓度超过报警阈值时，系统发出报警，此时监测值守人员会将相关信息推送给分析人员。分析人员通过相关数学模型对监测曲线变化规律及周边情况进行分析，以确定报警为燃气泄漏或沼气堆积，并将相关预警信息推送给燃气管网责任单位，由燃气管网责任单位前往现场进行复核确认，燃气管网责任单位处置完成且系统可燃气体浓度值恢复到 0 之后，报警即被解除。同时分析人员会通过相关模拟分析，对报警点进行溯源、泄漏扩散和爆炸等分析，为燃气企业等权属单位提供数据支持和决策支持。监测预警与联动处置机制流程图如图 11-20 所示。

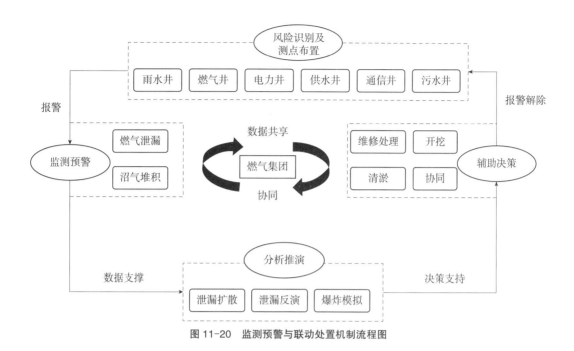

图 11-20　监测预警与联动处置机制流程图

11.8　燃气生命线安全运行技术平台监测典型案例

2023 年 4 月 9 日，城市燃气生命线安全运行技术平台发出一起三级风险预警，经核查为燃气井内放散阀漏气导致燃气泄漏。整个事件处置流程如下：

1. 监测报警

2023 年 4 月 9 日，城市燃气生命线安全运行技术平台监测中心通过监测值守发现一燃气井内可燃气体浓度值达到 13.88%vol，系统立即发出 1 级报警，燃气井报警信息如图 11-21 所示。

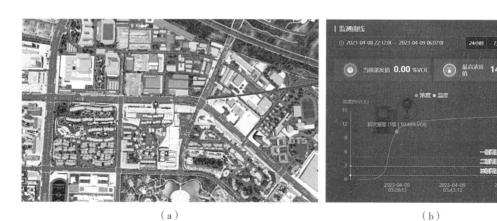

（a）　　　　　　　　　　　　　　　　（b）

图 11-21　燃气井报警信息
（a）燃气井所在位置；（b）报警曲线（处置前）

2. 燃气沼气辨识

值守人员立即展开燃气沼气辨识数据分析，发现在本起报警前，该燃气井未出现过甲烷报警，且出现甲烷报警之后，浓度上升速度很快，最大浓度接近爆炸上限，经大数据综合分析，该起甲烷报警曲线符合燃气泄漏特征，判定为疑似燃气泄漏。

3. 现场排查

监测中心立即向燃气企业发布三级风险预警，建议立即安排人员前往现场进行排查、处置，同时派遣监测中心运维人员前往现场进行复核及辅助研判工作，经现场核查确实为燃气泄漏。燃气井现场核查如图11-22所示。

4. 研判分析

在派遣运维人员的同时，值守人员对报警燃气井周边管线及地上重要设施信息进行研判分析。

（1）溯源分析：报警燃气井所在管段为中压B级的PE管道，管径为630mm，埋深约1.68m，周边存在弯头及三通管件。利用溯源分析，若该起报警为燃气泄漏，则泄漏点最可能发生位置为燃气井内，溯源分析如图11-23所示。

图 11-22　燃气井现场核查　　　　　　　图 11-23　溯源分析

（2）扩散、爆炸分析：通过爆炸及扩散模拟计算，该窨井爆炸区轻伤半径6.60m，重伤半径1.61m，燃气爆炸影响面积135.88m²，爆炸影响区域数据分析如图11-24所示；燃气扩散区域面积为463.07m²，地下管线分布及扩散模拟分析如图11-25所示。通过提供现场地下管线分布情况和扩散影响分析，可减小现场抢修处置引发的次生灾害风险。同时该燃气阀门井泄漏的位置位于某春路与某州路交叉口，周边300m范围内有4处住宅区、1所学校，1所医院以及1所教育产业园。一旦发生燃爆事故，可能会造成巨大的人员伤亡以及财产损失。

图 11-24　爆炸影响区域数据分析

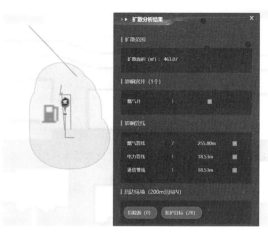

图 11-25　地下管线分布及扩散模拟分析

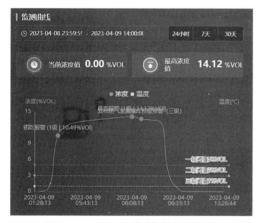

图 11-26　燃气井监测曲线（处置后）

5. 现场应急处置

　　燃气企业立即展开现场抢修工作，于 9 日 8 时左右完成阀门修复工作，同时将处置结果反馈至监测中心，监测中心通过系统观察发现可燃气体浓度已降为 0，且无上升趋势，解除三级预警。燃气井监测曲线（处置后）如图 11-26 所示。监测中心将继续对该井进行持续重点监测，提供相关技术咨询服务。

本章参考文献

[1]　袁宏永，苏国锋，陈涛，等 . 城市生命线工程安全运行共享云服务平台研发与应用 [J]. 中国科技成果，2019（7）：封 3.

[2]　王文和，刘林精，董传富，等 . 城市埋地燃气管道泄漏火灾致因耦合分析 [J]. 消防科学与技术，2019，38（3）：430-433.

[3]　杨凯；吕淑然；张远 . 城市燃气输配管网耦合风险研究现状及展望 [J]. 灾害学，2016，31（1）：223-230.

[4]　谭琼，冯国梁，袁宏永，等 . 燃气管线相邻地下空间安全监测方法及其应用研究 [J]. 安全与环境学报，2019，19（3）：902-908.

[5]　郑伟 . 燃气管线相邻地下空间可燃气体监测系统的应用 [J]. 城市燃气，2019（7）：32-37.

[6]　张倩，杨应迪 . 基于耦合理论的城市燃气管网泄漏致灾模型研究 [J]. 九江学院学报：自然科学版，2023，38（1）：45-48.

[7]　Zhengshe K，Xinming Q，Yuanzhi L，et al. Feature extraction of natural gas leakage for an intelligent warning model：A data-driven analysis and modeling[J]. Process Safety and Environmental Protection，2023，174：574-584.

［8］ 常欢、谭羽非、王雪梅 等 . 城市直埋燃气管道泄漏沿土壤扩散模拟研究 [J]. 煤气与热力，2020，40（11）：A28-A36.

［9］ 张双双，李季，袁宏永，等 . 基于遗传算法的地下燃气管道泄漏定位 [J]. 阜阳师范学院学报（自然科学版），2019，36（3）：60-65.

［10］ 程凡，付明，李垣志，等 . 土壤地下空间耦合下天然气泄漏扩散数值模拟 [J]. 科学技术与工程，2023，23（22）：9746-9753.

［11］ 罗宗林，张甜甜，谭羽非，等 . 土壤 – 大气耦合下直埋燃气管道泄漏扩散模拟 [J]. 煤气与热力，2021，41（9）：36-42.

［12］ 林仁祺，王芃，王雪梅，等 . 综合管廊内天然气泄漏扩散数值模拟 MATLAB 实现 [J]. 煤气与热力，2019，39（12）：B01-B09.

［13］ Longfei H，Xinming Q，Chimin S，et al. Large-scale experimental investigation of the effects of gas explosions in underdrains[J]. Journal of safety science and resilience，2021，2（2）：90-99.

［14］ 侯龙飞，端木维可，袁梦琦 等 . 埋地污水管线爆炸对混凝土路面破坏效果数值模拟研究 [C]. 合肥：2019 年燃气安全交流研讨会，2019.

第12章　城市燃气系统安全运行

12.1 燃气安全运行管理

燃气具有易燃易爆和有毒的特点，需要对其生产、储运、配送和使用进行严格的安全管理，减少危害人民生命和财产的事故，稳定供气，让用户用好燃气是城镇燃气企业的核心任务。燃气安全运行管理是燃气企业管理的主要组成部分，包括风险隐患管理、各级安全管理人员、安全设备与设施、安全管理的规章制度、安全生产操作规范和管理信息等。安全贯穿于从门站、储配站、调压站、输配管网到用户的生产、活动的全范围、全过程，确保城镇燃气输配系统处于安全、稳定的状态，为用户提供高质量、安全的供气服务，最大限度地提高管网输送效率，降低运行成本，延长设备设施的使用寿命。

12.1.1 燃气输配系统安全运行范围

城镇燃气系统主要包括门站、储气设施、调压设施、管道、阀室、集水井、阴极保护装置等，投入运行后进入正常的生产安全运行阶段，通过对设备设施的巡视、巡检，发现风险和隐患问题，及时采取防控和修复措施。

12.1.1.1 城市燃气输配系统术语

门站，是指燃气长输管线和城镇燃气输配系统的交接场所，由过滤、调压、计量、加臭等设施组成。根据气量情况和长输管线特点，一般门站内还设有清管球接收装置。

阀门（井）由干路阀门、调长器（补偿器）、绝缘接头（绝缘法兰）、钢塑转换接头、放散管、放散球阀、阀井（室）、井座（盖）、防水套筒等组成的阀室系统，简称阀室。

调压站，设有调压系统的建（构）筑物和附属安全装置的总称，具有调压功能，可兼具计量功能。

调压箱，设有调压装置的专用箱体，用于调节用气压力的整装设备，包括调压装置和箱体。

调压装置，由调压器及其附属设备组成，将较高燃气压力降至所需的较低压力的设备单元总称，包括调压器及其附属设备。

阴极保护装置由牺牲阳极、接线测试桩（井）、参比电极、电缆等组成的牺牲阳极阴极保护系统，或由恒电位仪、整流器、阳极地床、参比电极、测试桩、电缆等组成的外加电流阴极保护系统。

集水井设置于埋地燃气管道的低点，用于收集和排放燃气管网中冷凝水的装置或管道元件。集水井一般设置于含水量较高的人工煤气管道系统。

架空管是敷设于桁架、托架、管线桥等支撑结构的燃气管道，包括管道、补偿器、支撑结构等附属设施。

桥管是随桥梁敷设的燃气管道和设施，包括管道、补偿器和支座（架）等附属设施。

牺牲阳极是在埋地管道系统中利用原电池原理，防止金属管道腐蚀的设施，包括阳极、连接电缆、测试桩或测试井。

12.1.1.2 燃气安全运行业务内容

燃气安全运行包含的业务内容如图 12-1 所示。

12.1.2 风险隐患管理

燃气安全运行管理首要涉及风险管控和隐患管理两个方面，风险管控框图如图 12-2 所示，开展风险辨识、评估、分级和防控措施，进行生产运行巡检、巡视和监督检查，发现隐患，进行判定、分级和消除；为保证任务的高质量完成，需要提高全员安全意识，对人员进行培训；城镇燃气企业在整体规划下，明确分工，确定各部门的目标以及相应的责、权、利，在分工基础上根据反馈及时了解各种变化，进行有效综合；通过检测、监测、监督等手段及时收集、反馈各种安全生产信息，采取适当的措施和行动，动态优化调整全系统的状态，保证安全高效、稳定供气、优质服务三大目标的实现。

12.1.2.1 风险管控

安全风险指生产安全事故发生的可能性及其可能造成后果严重性的组合。可能性是指事故发生的概率，严重性是指事故的严重程度，风险 = 可能性 × 严重性。

风险分级管控和隐患排查治理双重预防机制是安全生产标准化体系的核心要素之一，已经明确写入《中华人民共和国安全生产法》中。

1. 安全风险管控

安全风险管控是通过系统辨识生产经营活动中可能存在的风险，科学分析各种风险发生的可能性，以及承受或管控风险的能力，评估风险等级，明确对策并采取相应的风险管控措施的动态管理过程。针对各类安全风险点进行全面排查、辨识，风险辨识可采用全面

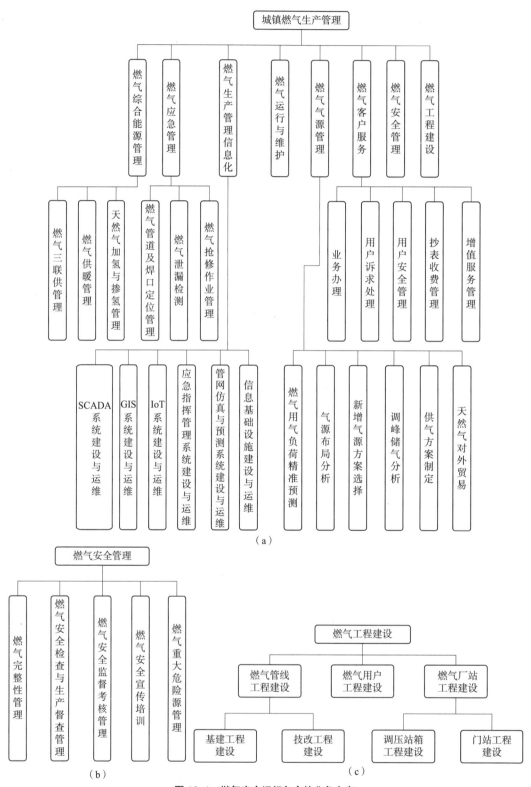

图 12-1 燃气安全运行包含的业务内容
（a）城镇燃气生产管理；（b）燃气安全管理；（c）燃气工程建设

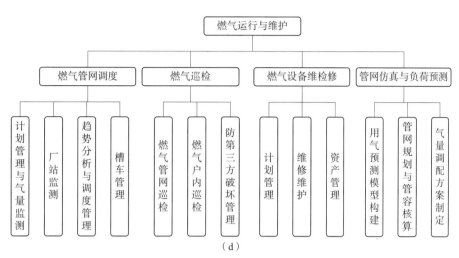

图 12-1　燃气安全运行包含的业务内容（续）
（d）燃气运行与维护

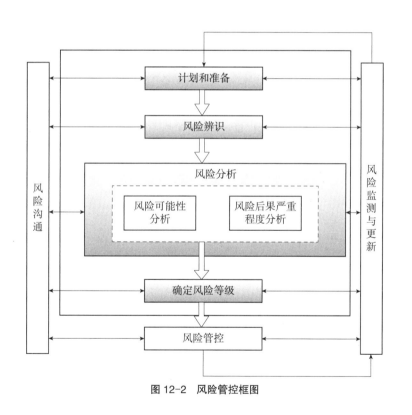

图 12-2　风险管控框图

巡检、现场观察、安全检查等方式，对风险点内存在的危险有害因素进行辨识，从不同层面、不同角度，分析、列举该风险可能发生的不利情况，明确可能导致不利事件发生的原因、薄弱环节等，确定包括风险点名称、场所位置、风险描述、可能造成的事故类型或伤害等内容，并进行必要的筛选、排除和调整，填写安全风险评估记录表，如表 12-1 所示。

安全风险评估记录表   表 12-1

编号	风险点	场所 / 位置	风险描述	可能造成的事故或伤害	风险评价		风险等级	备注
					可能性（L）	严重性（C）		

2. 安全风险分级管控

安全风险分级管控是对辨识出的安全风险进行分类梳理，对不同类别的安全风险，采用相应的风险评估方法确定风险等级，明确对应的安全风险管控措施，把可能导致的后果限制在可防、可控范围之内。

安全风险根据其可能发生的事故类型、可能造成的危害程度和影响范围，以及风险发生的可能性大小和后果严重性程度，将安全风险等级划分为重大（极高）风险、较大（高）风险、一般（中）风险和低风险四级，分别用红色、橙色、黄色、蓝色表示。

根据风险性质和当前风险管控能力，可将风险的可控性分成可消除（规避）风险、可降低风险和不可控风险。

可消除（规避）风险是指在一定的时间内，通过采取针对性措施，控制风险产生原因和后果，可以消除（或基本消除）的风险。

可降低风险是指通过实施工程措施或加强管理措施进行有效控制，进而可以把等级降低到可接受程度的风险。

不可控风险是由于风险的复杂性，无法提前采取措施消除或降低等级的风险。

安全风险评估由计划和准备、风险辨识、风险分析、风险评估、风险管控等环节组成。根据安全风险评估相关要求，可采取调查问卷和现场勘查、实地走访相结合的方式开展安全风险评估前期调研工作。调研内容包括风险评估对象的基本情况以及国内外相关事件案例分析等资料。

安全风险管控措施的选择应考虑可行性、可靠性、先进性、安全性、经济合理性、经营运行情况及可靠的技术保证和服务。安全风险管控措施主要包括（但不限于）以下三类：

（1）技术措施：包括消除或降低或隔离风险和风险点的各种硬件设施改造、技术手段与工程措施等。

（2）管理措施：包括为降低或控制风险，制订与完善相关的管理制度、政策，以及选择放弃某些可能招致风险的活动和行为从而规避风险的决策等。

（3）应急措施：是针对不可控风险（确实难以消除、难以控制或防不胜防的风险）而采取的特殊的风险管控措施。包括应急预案、演练、队伍、物资、资金、技术等各个方面的准备工作。

安全风险管控措施应动态更新，不同等级安全风险应结合实际采取一种或多种措施进行管控，对于评价出的不可接受风险，应增加补充建议措施并实施，直至风险可控。

针对不同等级的安全风险制订管控措施后，应组织对安全风险管控措施的有效性（是否能使安全风险降到可容许程度）、合理性和可操作性进行分析，确定安全风险可控性。

安全风险分级管控应遵循风险越高管控层级越高的原则，对于操作难度大、技术含量高、风险等级高、可能导致严重后果的风险应重点进行管控。

安全风险管控层级按照逐级上升原则划分，重大（极高）风险由企业级重点管控，低风险由班组级重点管控，中、高风险逐级管控，上一级负责管控的安全风险，下一级必须同时负责管控，并逐级落实具体措施。

当出现以下情况应及时开展安全风险动态评估：

（1）生产工艺流程和关键设备设施发生变更；

（2）安全风险自身发生变更；

（3）周边环境发生变更；

（4）同类型安全风险或相关行业发生事故灾难；

（5）国家、地方和行业相关法律、法规、标准和规范发生变更；

（6）重要时期、重大活动开始前。

将安全风险管理情况列入日常安全检查内容，企业各业务单元定期或不定期对业务范围内的安全风险管理情况进行检查，或交叉互检，督促开展安全风险管理工作。对检查出的未落实风险管理责任和防控措施的问题，督促整改。

12.1.2.2　隐患管理

生产安全事故隐患是指燃气企业在生产经营活动中存在的可能导致生产安全事故发生的物的危险状态、人的不安全行为和管理上的缺陷。

根据《安全生产事故隐患排查治理暂行规定》（国家安全生产监督管理总局令第 16 号）第三条：本规定所称安全生产事故隐患，是指生产经营单位违反安全生产法律、法规、规章、标准、规程和安全生产管理制度的规定，或者因其他因素在生产经营活动中存在可能导致事故发生的物的危险状态、人的不安全行为和管理上的缺陷。

根据《住房城乡建设部关于印发城镇燃气经营安全重大隐患判定标准的通知》（建城规〔2023〕4 号），城镇燃气重大事故隐患，是指燃气经营者在生产经营过程中，存在的危害程度较大、可能导致群死群伤或造成重大经济损失的事故隐患。

坚持安全第一、预防为主，建立大安全大应急框架，完善公共安全体系，推动公共安全治理模式向事前预防转型。推进安全生产风险专项整治，加强重点行业、重点领域安全监管。

要健全风险防范化解机制，坚持从源头上防范化解重大安全风险，坚持"谁运行、谁管理，谁负责"的原则。真正把问题解决在萌芽之时、成灾之前。

1. 隐患分级分类

事故隐患分为一般事故隐患和重大事故隐患。一般事故隐患是指危害和整改难度较小，发现后能够立即整改排除的隐患。重大事故隐患是指危害和整改难度较大，应当全部或者局部停产停业，并经过一定时间整改治理方能排除的隐患，或者因外部因素影响致使生产经营单位自身难以排除的隐患。

安全隐患分为Ⅰ级（重大隐患）、Ⅱ级（较大隐患）、Ⅲ级（严重隐患）、Ⅳ级（一般隐患）四个等级。一般隐患是可以马上处理就能排除的安全隐患，危害性也比较小；严重隐患指需要一段时间处理的不会造成人员死亡的隐患；较大隐患和重大隐患都是可能造成人员伤亡的隐患，重大隐患要求全部停工整治。

《住房城乡建设部关于印发城镇燃气经营安全重大隐患判定标准的通知》（建城规〔2023〕4号）规定燃气企业事故隐患按照专业管理划分为基础管理类隐患、生产运营类隐患、销售服务类隐患、工程建设类隐患、消防安全类隐患及其他类隐患共六大类隐患。

（1）燃气经营者在安全生产管理中，有下列情形之一的，判定为重大隐患：

1）未取得燃气经营许可证从事燃气经营活动；

2）未建立安全风险分级管控制度；

3）未建立事故隐患排查治理制度；

4）未制订生产安全事故应急救援预案；

5）未建立对燃气用户燃气设施的定期安全检查制度。

（2）燃气经营者在燃气厂站安全管理中，有下列情形之一的，判定为重大隐患：

1）燃气储罐未设置压力、罐容或液位显示等监测装置，或不具有超限报警功能；

2）燃气厂站内设备和管道未设置防止系统压力参数超过限值的自动切断和放散装置；

3）压缩天然气、液化天然气和液化石油气装卸系统未设置防止装卸用管拉脱的联锁保护装置；

4）燃气厂站内设置在有爆炸危险环境的电气、仪表装置，不具有与该区域爆炸危险等级相对应的防爆性能；

5）燃气厂站内可燃气体泄漏浓度可能达到爆炸下限20%的燃气设施区域内或建（构）筑物内，未设置固定式可燃气体浓度报警装置。

（3）燃气经营者在燃气管道和调压设施安全管理中，有下列情形之一的，判定为重大隐患：

1）在中压及以上地下燃气管线保护范围内，建有占压管线的建筑物、构筑物或者其他设施；

2）除确需穿过且已采取有效防护措施外，输配管道在排水管（沟）、供水管渠、热力管沟、电缆沟、城市交通隧道、城市轨道交通隧道和地下人行通道等地下构筑物内敷设；

3）调压装置未设置防止燃气出口压力超过下游压力允许值的安全保护措施。

（4）燃气经营者在气瓶安全管理中，有下列情形之一的，判定为重大隐患：

1）擅自为非自有气瓶充装燃气；

2）销售未经许可的充装单位充装的瓶装燃气；

3）销售充装单位擅自为非自有气瓶充装的瓶装燃气。

（5）燃气经营者供应不具有标准要求警示性臭味燃气的，判定为重大隐患。

（6）燃气经营者在对燃气用户进行安全检查时，发现有下列情形之一，不按规定采取书面告知用户整改等措施的，判定为重大隐患：

1）燃气相对密度大于等于 0.75 的燃气管道、调压装置和燃具等设置在地下室、半地下室、地下箱体及其他密闭地下空间内；

2）燃气引入管、立管、水平干管设置在卫生间内；

3）燃气管道及附件、燃具设置在卧室、旅馆建筑客房等人员居住和休息的房间内；

4）使用国家明令淘汰的燃气燃烧器具、连接管。

2. 风险分级管控和隐患排查治理的关系

隐患实质是不受控的第一类危险源（能量和危险物质）。隐患具有自然科学和社会学两方面属性，没有危险源就没有隐患，但危险源本身不是隐患。而第二类危险源（人、物、管理、环境）受控程度决定着事故发生可能性的大小。因此，在某种意义上，隐患有类似于风险的含义，但又不同于风险。隐患有着现实存在的外在特征。

与隐患相比，风险还有对未来的预判含义。隐患必须治理，而风险强调可控。

3. 事故隐患排查

事故隐患排查方式主要包括日常排查、专项排查和全面排查。可与安全检查相结合，与日常巡检、各项专业检测等工作以及各类安全检查同步开展。

（1）日常排查。基层单位在开展日常工作的同时进行事故隐患排查工作，排查周期应与日常运行管理要求保持一致。

（2）专项排查。针对某些特定场所、时段、特性进行专门的事故隐患排查，每一季度至少开展一次，在开展专业安全检查、季节性安全检查、重大活动及节假日前安全检查时，应同步组织开展专项事故隐患排查工作。

（3）全面排查。重点包括：

1）安全生产法律、法规、规章、标准、规程的贯彻执行情况，安全生产责任制、安全管理规章制度、岗位操作规范的建立落实情况；

2）应急救援预案制订、演练和应急救援物资、设备配备及维护情况；

3）设施、设备、装置、工具的运行状况和日常维护、保养、检验、检测情况；

4）爆破、起重吊装、危险装置设备试生产、危险场所动火作业、有毒有害及有限空间作业、重大危险源作业等危险作业的现场安全管理情况；

5）重大危险源普查建档、风险辨识、监控预警制度的建设及措施落实情况；

6）较大危险因素生产经营场所及其周边环境的排查、防范和治理情况；

7）劳动防护用品的配备、发放和佩戴使用情况；

8）从业人员接受安全教育培训、掌握安全知识和操作技能情况，特种作业人员、特种设备操作人员培训考核和持证上岗情况。

发生造成人员死亡或者重伤的生产安全事故的企业，应当立即开展全面排查。

4.隐患评估

班组、基层安全管理负责人定期对本单位事故隐患排查治理工作进行分析，在安全工作会上进行报告，并通报至全体员工。企业每季度对事故隐患排查治理工作进行分析，按照报告流程，向企业安全生产委员会报告，以会议纪要形式通报周知。重大事故隐患消除前，应向员工公示事故隐患的危害程度、影响范围和应急措施。

结合事故隐患所在设备设施的重要性、所在地区的重要性、所影响用户的重要性、危害程度、影响范围、整改难易程度等因素对一般事故隐患和重大事故隐患进行逐项综合评估。评估结果由安全管理部门汇总，并作为列入技改修理项目库或年度消隐资金计划的重要依据。

5.隐患防控与治理

事故隐患治理坚持属地安全管理责任制的原则，落实整改措施、责任人、资金、时限和预案。

对于暂时不能消除的事故隐患，应逐一制订有针对性的防控措施，在事故隐患消除前或治理过程中，制订"一对一"应急处置措施，加强监控，并将相关情况告知岗位人员和相关人员，必要时应当派员值守；事故隐患消除前或者消除过程中无法保证安全的，应当从危险区域内撤出作业人员，并疏散可能危及的其他人员，设置警戒标识，暂时停止作业或装置停止运行；对暂时难以停止使用的相关生产储存装置、设施、设备，应当加强维护和保养，防止事故发生。

应制订事故隐患治理计划，并按照计划有序开展，最终消除事故隐患。

事故隐患治理后，按事故隐患级别组织专业技术人员进行验收，填报事故隐患消除验收申请和隐患现场验收确认单，并逐级上报。

特种设备作业人员在作业过程中发现事故隐患或者其他不安全因素，应当立即终止作业，并向现场安全管理人员和单位特种设备安全管理人员报告。

特种设备发生事故，事故发生单位应当迅速采取有效措施，组织抢救，防止事故扩大，减少人员伤亡和财产损失。

12.1.3　生产作业

生产作业是指在燃气管道和设备通有可燃气体的情况下进行的有计划作业，包含带气接、切管线，切改线，降压、通气、停气，更换设备等。生产作业包括动火作业和不动火作业。动火作业指需要进行焊接、切割的带气作业。动火作业包括降压手工焊接和接切线作业、机械作业和塑料管作业；机械作业又分为开孔作业和封堵作业。不动火作业包括降压作业、停、通气作业、加（拆）盲板作业、更换设备（如阀门、补偿器）等作业。主要术语包括：

（1）降压：燃气设施进行维护和抢修时，为了操作安全和维持部分供气，将燃气压力调节至低于正常工作压力的作业。

（2）停气：在燃气供应系统中，采用关闭阀门等方法切断气源，使燃气流量为零的作业。

（3）明火：外露火焰或赤热表面。

（4）动火：在燃气设施或其他禁火区内进行焊接、切割等产生明火的作业。

（5）作业区：燃气设施在运行、维修或抢修作业时，为保证操作人员安全作业所确定的区域。

（6）警戒区：燃气设施发生事故后，已经或有可能受到影响需进行隔离控制的区域。

（7）监护：根据燃气设施维护和抢修方案，落实人员维持警戒区秩序，对施工现场进行监督、检查、评估、指挥等相关安全工作。

（8）管线外损事故：是指因施工等行为造成燃气管线及附属设施损坏，并造成一定经济损失或社会影响的事故。

（9）不停输维修：指不影响管网正常供应的维修作业，包括运压维修和降压维修。

（10）运压维修：保持管道正常运行压力的维修作业。

（11）降压维修：管段内压力降至原运行压力的 85% ~ 50%，且不影响下游管网运行的维修作业。

（12）停输维修：指停止管段输送的维修作业，包括非置换维修和置换维修。

（13）非置换维修（带气维修）：保持维修管道内处于微正压状态，不对管段进行置换的维修作业。

（14）置换维修：经空气或惰性气体置换合格后的管段的维修作业。

（15）管道增强：对缺陷管道采取补强技术的维修作业。管道增强包括堆焊／补板增强、抱箍增强、机械夹具增强、碳纤维增强等。

生产作业流程主要分为计划编报、方案准备、作业准备和作业实施四个阶段。计划编报包括计划编制时限要求、作业申请和计划编制、计划的确认和反馈、计划完成时限的要求；方案准备包括工况核实、核实受影响的用户、方案核查与编制、方案评审与审批、方案的交底和备案；作业准备包括作业信息发布、通知受影响的用户、现场核实与检查、作业审批单管理、通信设备的使用管理；作业实施包括建立作业指挥部、作业信息的沟通、作业保障、作业记录、作业终止管理等。

作业现场组织按照作业分级由属地单位成立作业指挥部，明确作业总指挥、作业副指挥、作业现场指挥和指挥部成员。指挥和现场指挥工作应由方案编制单位负责，负责配合作业的单位应指派专人进入作业指挥部参与协助指挥工作。指挥部成员需全程在指挥部参与协助指挥直至作业结束。

作业方式的选择：为提高作业安全、确保用户利益，尽可能避免对环境的影响，作业方式的选择顺序是：（1）不影响用户供应的作业；（2）机械作业；（3）降压作业；同时应遵循安全、便利、简单、可行的原则。

作业活动危险源的辨识与控制：方案编制时应辨识作业过程中的所有危险因素和制订控制风险的预防措施，并在作业过程中严格执行防范措施。特别是针对有限空间作业和带气动火作业中引起火灾爆炸、中毒和窒息等事故的危险源，应进行重点辨识和制订预防措施及应急预案，并落实医疗救护和安全准备工作。

作业信息发布：凡影响用户正常用气的作业须提前48h通知受影响用户，适时联系媒体发布公告。

作业中涉及有限空间作业和动火作业时，各单位应按照相关管理办法办理审批手续并登记。

带气接、切、改线及置换作业要求如下：

（1）带气接、切、改线及置换工程必须由经过培训的专业人员进行；

（2）所属各公司按生产作业实施要求严格执行带气接、切、改线及置换，向相关员工提供足够的培训和实际操作条件，确保其熟悉并遵守要求；各种作业操作严格按照作业指导书的要求执行。

（3）作业现场必须做好一切所需的安全预防措施，如将所有点火源移离作业区、配备足够灭火器材、适当警告牌、设置护栏等。

作业结束：作业结束的条件是方案中各项作业已经全部完成，并检查合格；指挥部确认管网工况、设备状态已经恢复到正常运行条件；各种作业记录已上报指挥部。指挥部宣布作业结束，各参与单位方可撤离。

12.1.4　泄漏管理

12.1.4.1　泄漏检测

燃气企业泄漏管理的主要目的是确保燃气管道设备的安全运行，防止燃气泄漏事故的发生。通过建立完善的泄漏管理制度、采用先进的技术手段、加强人员培训和演练等措施，确保燃气管道设备的安全运行，保障人民群众的生命财产安全。

燃气企业应建立完善的燃气泄漏管理制度，明确各级管理人员和操作人员的职责和工作程序。定期对燃气管道设备进行检查和维护，确保其正常运转。同时，对发现的泄漏点应及时进行修复。安装泄漏监测系统，通过传感器和报警装置实时监测燃气管道设备是否出现泄漏。对管理人员和操作人员进行燃气泄漏应急处理的培训和演练，提高他们的安全意识和应对能力。记录燃气泄漏事故的相关信息，及时逐级报告，并对于泄漏事故进行总结和分析，以便改进管理措施。一旦发生突发泄漏事件，应立即启动应急预案，采取堵漏处置措施，最大限度地防止泄漏扩散，图 12-3 为管网泄漏检测流程。

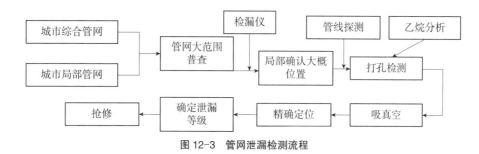

图 12-3　管网泄漏检测流程

1. 埋地管道泄漏检测

泄漏检测应根据管网设施位置、类型等配置检漏设备。埋地管道的常规泄漏检测宜按泄漏初检、泄漏判定和泄漏点定位的程序进行。管道附属设施、厂站内工艺管道、管网工艺设备的泄漏检测宜按泄漏初检和泄漏点定位的程序进行。当接到燃气泄漏报告时，可直接进行泄漏判定；当发生燃气事故时，可直接进行泄漏点定位。

埋地管道泄漏检测：

（1）宜避开风、雨、雪等恶劣天气。

（2）可采取车载检漏仪、手推车载检漏仪或手持检漏仪等检测设备进行泄漏检测，检测速度不应超过仪器的检测速度限定值，并应符合下列规定：

1）对埋设于车行道下的管道，宜采用车载仪进行快速检测，车速不宜超过 30km/h；

2）对埋设于人行道、绿地、庭院等区域的管道，宜采用手推车检漏仪或手持检漏仪进行检测，行进速度宜为 1m/s。

（3）采用仪器检测时，应沿管道走向在下列部位进行检测：

1）燃气管道附近的道路接缝、路面裂痕、土质地面或草地等；

2）燃气管道附属设施及泄漏检查孔、检查井等；

3）燃气管道附近的其他市政管道井或管沟等。

（4）在使用仪器检测的同时，应注意查找燃气异味，并应观察燃气管道周围植被、积水等环境变化情况。当发现下列情况时，应进行泄漏判定：

1）检测仪器有浓度显示；

2）空气中有异味或有气体泄出声响；

3）植被枯萎、积雪表面有黄斑、水面冒泡等。

（5）泄漏判定应判断是否为燃气泄漏及泄漏燃气的种类；经判断确认为燃气泄漏后应立即查找漏点。

（6）检测孔检测或开挖检测前应核实地下管道的详细资料，不得损坏燃气管道及其他市政设施。

（7）开挖前应根据燃气泄漏程度确定警戒区，并应设立警示标志，警戒区内应对交通采取管制措施，严禁烟火，严禁无关人员入内。

（8）开挖过程中，应随时监测周围环境的燃气浓度。

2. 管道附属设施、厂（场）站工艺管道及管网工艺设备的泄漏检测

（1）应检测法兰、焊口及螺纹等连接处，检测仪器探头应贴近被测部位。

（2）对阀门井（地下阀室）、调压室（箱）等进行泄漏检测时，检测仪器探头宜插入井盖开启孔内和调压器百叶窗内进行检测。发现下列情况时应进行泄漏点定位检测：

1）检测仪器有浓度显示；

2）空气中有异味或气体泄出声响；

3）其他异常。

（3）进入阀门井检测时应符合下列规定：

1）氧气浓度大于 19.5%；

2）可燃气体浓度小于爆炸下限的 20%；

3）一氧化碳浓度小于 $30mg/m^3$；

4）硫化氢浓度小于 $10mg/m^3$。

（4）对管道附属设施、厂站工艺管道及管网工艺设备等进行泄漏点定位检测时，可采用气泡检漏法。

（5）阀门井等地下场所内检测到有燃气浓度而未找到泄漏部位时应扩大查找范围。

（6）当检测出泄漏点时，应进行危险等级划分。检出泄漏信息点危险等级划分为Ⅰ、Ⅱ、Ⅲ三个等级，Ⅰ级又细分为Ⅰ-1、Ⅰ-2、Ⅰ-3，Ⅲ级又细分为Ⅲ-1、Ⅲ-2、Ⅲ-3，检出泄漏信息点危险等级划分应符合表 12-2 的规定。

检出泄漏信息点危险等级划分

表 12-2

危险等级	危险程度	划分条件
Ⅰ级	发现时对人身或财产危害较大，须立即进行修复	存在下列条件之一： （1）泄漏的燃气已经进入学校、医院、大型城市综合体、场馆、居民住宅等人员密集区域或重要建构筑物内； （2）泄漏的燃气已经进入一般建构筑物内，空间内的燃气浓度达到爆炸下限的 10% 及以上； （3）泄漏到地面的燃气浓度达到爆炸下限的 20% 及以上
Ⅰ-1	危险程度极高，须立即采取现场管制、人员疏散等措施，同时按应急程序向上级部门报告	（1）泄漏的燃气已经进入学校、医院、大型城市综合体、场馆、居民住宅等人员密集区域或重要建构筑物内，空间内的燃气浓度达到爆炸下限的 10% 及以上； （2）泄漏的燃气已经进入雨污水管等大空腔内，空间内的燃气浓度达到爆炸下限的 50% 及以上
Ⅰ-2	危险程度很高，须立即采取现场管制等措施，同时按应急程序向上级部门报告	（1）泄漏的燃气已经进入学校、医院、大型城市综合体、场馆、居民住宅等人员密集区域或重要建构筑物内，空间内的燃气浓度达到爆炸下限的 1%～10%； （2）泄漏的燃气已经进入雨污水管等大空腔内，空间内的燃气浓度达到爆炸下限的 20%～50%
Ⅰ-3	危险程度高，应按应急程序向上级部门报告	（1）泄漏的燃气已经进入学校、医院、大型城市综合体、场馆、居民住宅等人员密集区域或重要建构筑物内，空间内的燃气浓度达到爆炸下限的 1% 以下； （2）泄漏的燃气已经进入无人居住建构筑物内，雨污水管等大空间内的燃气浓度达到爆炸下限的 10%～20%，或一般建构筑物空间内的燃气浓度达到爆炸下限的 10% 及以上； （3）泄漏到地面的燃气浓度达到爆炸下限的 20% 及以上
Ⅱ级	发现时对人身或财产的危害较小，可制订计划及时进行修复。并应采取措施持续监测	存在下列条件之一： （1）泄漏的燃气已经进入一般建构筑物内，空间内的燃气浓度为爆炸下限的 10% 以下； （2）泄漏到地面的燃气浓度为爆炸下限的 10%～20%
Ⅲ级	发现时风险较小，并且可以在较长时间内保持安全可控的状态	泄漏到地面的燃气浓度为爆炸下限的 10% 以下
Ⅲ-1	危险程度一般，应安排修复	泄漏到地面的燃气浓度为爆炸下限的 1%～10%
Ⅲ-2	危险程度一般，应安排修复	泄漏到地面的燃气浓度为爆炸下限的 1‰～10‰
Ⅲ-3	危险程度低，可长期观察	泄漏到地面的燃气浓度为爆炸下限的 1‰ 以下

注：泄漏点等级划分参照《城镇燃气管网泄漏评估技术规程》T/CCES 24—2021。

12.1.4.2　故障、隐患响应和处置要求

燃气管网设施在运行过程中，因老旧、腐蚀、碰撞、沉降、应力变化、磨损、周围施工、占压等因素导致隐患的产生，甚至发生设备故障或管网运行事故。

（1）管网故障或隐患划分为以下类型：泄漏、占压、腐蚀、异常变形、外来施工影响、功能异常、实物信息与图档不一致、井（盖、座）问题、箱体问题。

（2）管网故障或隐患主要有以下信息来源：巡检发现，计划安排，系统监测，外来报修。

燃气管道隐患、故障的响应和处置要求应根据风险严重程度区别确定，应符合表 12-3 的要求。

燃气管道隐患、故障的响应和处置要求　　　　　　表 12-3

信息来源	故障分类		响应要求	处置要求	备注
外来报修	爆炸或燃烧	—	按企业应急事故要求响应	按企业应急事故要求处置	—
	泄漏	—			—
	其他问题	—			—
系统监测	泄漏	燃气浓度超高报警	按企业要求执行	控制现场、消除风险、制订方案及时修复	—
		燃气浓度高报警			—
		燃气浓度低报警		排查摸清情况，视情况进行处置	—
	压力异常	压力超高报警	按企业要求执行	找出问题源头，超压管道泄压，修复问题设备	—
		压力高报警			—
		压力高预警			—
		压力低预警			—
		失压报警			—
	阴极保护异常	阴极保护超高报警	按企业要求执行	找出问题源头，修复问题设备	—
		阴极保护高报警			—
		阴极保护低报警			—
巡检发现	泄漏	—	按企业应急事故要求响应	排查摸清情况，按企业应急事故要求处置	巡检人员应采取必要安全措施，向维修人员交接后方可离场
	占压	—	48h 内响应	按要求处置	巡检人员应立即告知占压方立即拆（移）除占压物，停止占压行为。交涉无果后按 2h、24h 原则逐级上报
	腐蚀	—	48h 内响应	及时处置	—
	异常变形	—	48h 内响应	及时处置	—
	外来施工影响	—	48h 内响应	及时处置	—
	功能异常	影响供应的阀门功能异常	30min 内赶赴现场	控制现场、消除风险、制订方案及时修复	—
		调压装置压力异常	按企业要求执行	控制现场、消除风险、制订方案及时修复	—
		阴极保护异常	按企业要求执行	控制现场、消除风险、制订方案及时修复	—
	实物信息与图档不一致	—	及时响应	5 个工作日内修改 GIS 信息	—
	井（盖、座）问题	井盖缺失	30min 内响应	4h 内补齐井盖	—
		其他问题	48h 内响应	及时处置	—
	调压装置箱体问题	—	48h 内响应	及时处置	—
	其他	—	48h 内响应	及时处置	—

信息来源	故障分类		响应要求	处置要求	备注
计划 安排	管道油漆	—	按计划要求	按计划要求	—
	管道计划维修	—	按计划要求	按计划要求	—
	调压器周期 保养	—	按计划要求	按计划要求	—
	其他	—	按计划要求	按计划要求	—

　　燃气管道泄漏检测记录、检测项目和检测程序的格式可参考表 12-4 及表 12-5。

燃气管道泄漏检测记录表参考格式　　　　　　　　表 12-4

编号：

所属单位			检测时间		
管道名称			检测长度		
检测起点			检测终点		
管径			压力		
检测方法			检测仪器及编号		
泄漏初检					
泄漏判定					
检测孔情况	检测孔编号	时间	浓度	时间	浓度
检测孔内浓度分析及确定具体 泄漏部位点情况					
备注					
检测人			审核人		

编号：

所属单位		检测时间	所属单位	
设备设施名称		地点		
检测方法		检测仪器 及编号		
气体浓度检测	燃气浓度： CO 浓度：	O_2 浓度： H_2S 浓度：	其他气体浓度：	

续表

泄漏情况	泄漏部位点	泄漏浓度
检测人	审核人	

检测项目和检测程序　　　　　　　　　表 12-5

检测项目		检测程序		
		泄漏初检	泄漏判定	泄漏点定位
管道	埋地	仪器检测、环境观察	气相色谱分析	仪器检测、检测孔检测或开挖检测
	架空	激光甲烷遥测		仪器检测、气泡检漏
管道附属设施、管网工艺设备、厂站内工艺管道		仪器检测、环境观察	—	气泡检漏

12.1.5　设施维修安全措施

燃气管道设施维修作业必须采取必要的安全措施，并保证安全措施有效落实。燃气管道设施维修工程安全措施应符合表 12-6 要求。

燃气管道设施维修工程安全措施　　　　　　　表 12-6

项目	具体内容
通用安全措施	燃气管道设施维修作业应分类制订施工方案和安全措施方案，并严格执行
	动火、明火作业等涉及危险作业的维修工程，应由作业单位制订专项作业方案，填写危险作业审批报告，并按程序办理危险作业审批
	应事先制订应急预案
	在作业前应检查并确保安全措施落实
	现场应设监护人员或指挥人员，严禁单兵作业
	现场应设置警戒区，严禁闲人和火种进入
	现场应配置足够的灭火器等安全消防器材
	停气维修应事前做好停气安全宣传
	进入厂站维修应办理相关证照，外来施工人员应接受必要的安全培训
	夜间施工或现实条件较差区域施工，应使用防爆照明灯具
	管道设施修复后应做好置换放散，并观测运行状态，确认现场安全后方可离场

续表

项目	具体内容
泄漏（带气）维修安全措施	严禁火种，禁止使用易产生火花的工具
	现场应使用通风机具，防止作业场所燃气集聚
	应设专人定时检测作业区（工作坑）气体状况
	应检查周边环境，防止燃气在窨井、建（构）筑物等场所集聚
	开挖作业时，根据需要办理地下管线交底手续，摸清周围管线状况
	超深工作坑、沟槽应进行可靠支撑
	工作坑应设便于抢救或逃生的通道或梯子
	管道修复后应确保管基牢固，不得松动，回填土应分层压实
井体维修安全措施	应设人员在井外监护作业
	进入井内作业前应检测可燃气体、硫化氢、氧气和一氧化碳浓度；作业中应定时检测四种气体浓度，并做好相关检测记录
	进入井内人员应设安全绳，便于应急状况下救助
	应使用可靠的通风机具
占路维修安全措施	疏导交通，防止引起交通堵塞问题
	应采取警示等措施防止行人坠入伤害，避免作业人员受外来车辆撞击伤害

12.1.6　燃气安全联防联控

　　燃气安全联防联控是一种有效的安全管理机制，可以通过信息共享、联合行动等方式，加强燃气安全监管和管理，预防和减少燃气安全事故的发生。

　　在表现形式上，协同的对象可以是人，可以是工具，可以是规则，也可以是故事，但本质上，协同的对象是知识。协同分为内部各业务的协同和外部单位的协同。与外部各单位的协同越来越重要。以下是燃气安全联防联控的一些常见做法：

1. 信息共享

　　燃气安全涉及多个部门和单位，信息共享非常重要。通过建立信息共享平台，各部门可以及时获取燃气安全相关信息，了解燃气安全状况和问题，及时采取措施进行处理。

2. 联合行动

　　针对燃气安全问题，可以采取联合行动，加强执法力度，打击违法行为。例如，联合开展燃气安全检查、处罚违规行为等。

3. 定期会议

　　可以定期召开燃气安全联防联控会议，交流燃气安全相关信息，分析问题，研究解决方案，推进燃气安全工作。

4. 培训宣传

　　通过开展燃气安全培训和宣传活动，提高公众和燃气从业人员的安全意识和技能，预防和减少燃气安全事故的发生。

燃气安全联防联控需要各部门和单位的协作和配合，建立有效的信息共享和协作机制，强化执法力度，推动燃气安全工作向更高水平发展。同时，也需要加强对燃气安全问题的监测和预警，提高应急处理能力，确保人民群众的生命财产安全。

12.1.7　监督与持续改进

安全管理部门应组织对事故隐患排查治理工作进行监督管理，定期监督检查事故隐患治理进展情况。防止事故隐患排查治理工作不到位、责任不落实的情况发生。主要围绕以下方面开展督查工作：

（1）各类生产、服务、经营业务贯彻落实国家有关安全法律法规、规章、规范以及执行单位企业安全生产规章制度情况。

（2）日常安全管理工作开展情况。主要包括：安全生产责任制制订和贯彻落实情况；安全工作计划制订、落实情况；安全会议活动开展情况；安全教育培训工作开展情况；危险源辨识及隐患排查治理情况；安全台账建立情况以及其他安全工作开展情况。

（3）安全工作部署贯彻落实情况、重点安全工作开展情况、安全会议精神传达落实情况、特殊（关键）时期安全工作开展情况等。

（4）各类现场安全管控情况。

（5）各级、各岗位人员安全职责履行情况。

（6）各类事故、突发事件调查分析以及改进落实情况。

（7）以往督查过程中发现的问题改进情况。

（8）各岗位安全生产责任制落实情况。

在生产现场以及非生产现场督查过程中发现的问题，监督人员应立即予以制止、纠正，如实填写安全检查记录。发现存在重大隐患有权责令暂停一切作业，对拒不执行停工指令的，向上级汇报并提出处罚建议。

受检单位接到检查结果后，应明确责任人，按照整改要求限期认真整改，对不能立即完成整改的问题加强管控，在期限内将整改措施和结果验证报检查单位监督组。监督方对发现的问题进行跟踪，效果验证合格后关闭整改项。

燃气安全持续改进机制是一种动态的安全管理机制，旨在通过不断发现问题、分析问题、采取措施，实现燃气安全的持续改进和提升。

在下列情形下危害记录应及时更新：

（1）新的或变更的法律法规或其他要求；

（2）操作有变化或工艺改变；

（3）有新项目、加工过程或产品；

（4）有因事故、事件或其他来源的新认识理解。

如果没有以上所描述的变化，也应定期进行评审或检查危害识别结果。以下是一些可以采取的措施：

（1）建立定期检查制度：定期对燃气设施进行检查，及时发现和排除潜在的安全隐患，确保燃气系统的安全运行。

（2）加强燃气安全信息管理：建立燃气安全信息管理系统，对燃气安全相关信息进行收集、整理、分析和利用，为燃气安全决策提供科学依据。

（3）推广应用新技术、新材料：积极推广应用新技术、新材料，提高燃气设施的安全性和可靠性，为燃气系统的安全运行提供保障。

（4）建立安全事故报告和调查制度：建立安全事故报告和调查制度，及时报告和处理燃气安全事故，深入调查和分析事故原因，制订针对性的改进措施。

（5）加强燃气安全宣传和培训：通过开展燃气安全宣传和培训活动，提高公众和燃气从业人员的安全意识和技能，使其能够正确使用燃气设备，避免出现安全事故。

（6）燃气安全持续改进机制需要建立完善的制度和管理体系，加强信息管理、技术创新和人员培训，以提高燃气系统的安全性和可靠性，为保障人民生命财产安全做出积极的贡献。

12.2　巡检运行

《城镇燃气管理条例》（2010 年 11 月 19 日中华人民共和国国务院令第 583 号公布，根据 2016 年 2 月 6 日《国务院关于修改部分行政法规的决定》修订）第十七条第 1 款规定：燃气经营者应当向燃气用户持续、稳定、安全供应符合国家质量标准的燃气，指导燃气用户安全用气、节约用气，并对燃气设施定期进行安全检查。

第十九条规定：管道燃气经营者对其供气范围内的市政燃气设施、建筑区划内业主专有部分以外的燃气设施，承担运行、维护、抢修和更新改造的责任。管道燃气经营者应当按照供气、用气合同的约定，对单位燃气用户的燃气设施承担相应的管理责任。

《城市燃气安全管理规定》第二十二条规定：城市燃气生产、储存、输配经营单位应当对燃气管线及设施定期进行检查，发现管道和设施有破损、漏气等情况时，必须及时修理或更换。

对燃气管线进行巡检是保障燃气安全的关键。定期进行巡检可以及时发现燃气管线中存在的问题，避免出现事故。巡检还可以对燃气管线进行维护保养，延长其使用寿命，减少维修费用。

　　燃气管线巡检对于保障燃气管线的安全运行、提高燃气管线效率以及降低成本都有非常重要的意义。通过落实科学的巡检方法和注意事项，能够加强对燃气管线的管理和维护，为社会和人民群众提供更为安全、优质、可靠的能源服务。

12.2.1　基本概念

　　（1）运行：从事燃气供应的专业人员，按照工艺要求和操作规程对燃气设施进行巡视、检查、检漏、操作、记录等常规工作。运行是巡视、巡检和操作的统称。

　　（2）巡视：通过工作人员眼睛、耳朵，或者高清相机等图像、声音采集设备，巡逻检查燃气设施运行状态，发现燃气设施保护范围第三方施工、占压，以及因燃气泄漏而导致的树木草皮枯死、异响等异常现象，并按要求上报的活动。

　　（3）泄漏检测：使用检测仪器确定被检对象是否有燃气泄漏，并进行泄漏点定位的活动。

　　（4）检出泄漏信息点：在地面检测到的有连续稳定的燃气浓度峰值的部位，该点不一定是管道实际泄漏点。

　　（5）巡检：通过工作人员携带的各类检测、测量设备（包括各类检漏仪、测压仪等），发现燃气设施的异常状态，并按要求上报的活动。巡检的内容应包含但不限于巡视和检漏的内容。

　　（6）维护：为保障燃气设施的正常运行，预防事故发生所进行的检查、维修、保养等工作。

　　（7）保养：为保障燃气设施的正常运行，使其处于较好运行状态而进行的清洁、检查、排污、调整等工作。

　　（8）异常上报：巡视、巡检人员在日常检查工作中发现燃气设施异常，按要求进行上报的行为。

　　（9）占压：燃气设施保护范围内上方被建构筑物占压，影响日常操作和应急抢修的状态。管道上方深根植物以及管道包裹也属于占压范畴。管道包裹指第三方施工将燃气管道或设施砌筑在地下构筑物或雨污水管道内。

12.2.2　燃气管线巡检

　　燃气管线巡检内容包括：管道泄漏、管道变形、管道锈蚀、管道破损、管道连接件松动、管道支撑失效、阀门本体松动、阀门的打开和关闭情况、仪表的准确性等。此外，应注意管道周围是否有可燃物质，防止燃气管线发生火灾。

1. 查安全保护

在安全保护的范围内是否有土壤塌陷、滑坡、下沉、人工取土、堆积垃圾或重物、种植深根植物及搭建建（构）筑物。

2. 查燃气泄漏

巡检员在巡检过程中，必须对阀门井、调压橇（箱）、与三沟（排水沟、电缆沟、暖气沟）交会处、庭院管道（特别是入户管道）及安全隐患比较严重的管段，用检漏仪进行检漏。

3. 查异常情况

巡检员在巡检过程中，发现有燃气异味、水面冒泡、树草枯萎、积雪黄斑、泄漏响声等异常情况进行检查，查明原因，及时处理（或报告公司处理）。

4. 查交叉施工

在燃气管线安全保护范围内，有施工单位进行开挖土方作业，防止第三方破坏，必须按规定办理会签手续并申请安全监护。对影响燃气管线安全运行的施工作业，应设立警示标志，并进行现场监护。

5. 查特殊管段

对穿越桥梁、公路、铁路的管段，与三沟（排水沟、电缆沟、暖气沟）交会的管段，安全隐患比较严重的管段，要重点巡检，特别在暴雨、大风、洪水等恶劣天气、灾害过后，更要加强巡线力度，并采取积极措施保护管道。

6. 查燃气设施

巡检员在巡检过程中，发现有燃气设施丢失或损坏，应及时报告修复。

7. 查违章占压

"违章占压燃气管线"行为是指私自在燃气管线上方建设建筑物、构筑物或堆放其他设施、杂物的行为，包括以下几种情况：

（1）损坏、改装、移动、拆除和覆盖燃气设施及其标志；

（2）在城市燃气管线及其附属设施上和安全保护距离内挖坑取土、修建建筑物、构筑物和堆放物；

（3）在燃气管线上堆放物品；

（4）利用和依附燃气设施拉绳挂物或进行牵拉作业；

（5）将燃气管线包封或砌入建筑物或隔墙内；

（6）违建占压燃气管线及附属设施；

（7）违建包裹燃气支线；

（8）在燃气设施附近存放易燃、易爆物品或向燃气管线及其附属设施排放腐蚀性液体、气体。

12.2.2.1 燃气管线巡检方法

燃气管线巡检一般采用人工巡检和机械巡检相结合的方式,既可以人员和设备一起巡检,也可以先用机械进行初步巡检,再由人员进行详细巡检。

燃气管线巡检频率应根据管道情况、气体压力、环境条件等因素制订,但至少应每年进行一次全面巡检,同时应定期进行局部巡检。地震、洪涝等自然灾害发生后,还应重新进行巡检,以确保燃气管线的安全运行。

1. 泄漏检测周期

燃气设施应定期进行泄漏检测,周期应符合《城镇燃气管网泄漏检测技术规程》CJJ/T 215—2014 的有关规定:

(1)聚乙烯管道和设有阴极保护的钢质管道,泄漏检测周期不应超过 1 年;

(2)铸铁管道和未设阴极保护的钢质管道,泄漏检测周期不应超过半年;

(3)管道运行时间超过设计使用年限 1/2,检测周期可适当缩短。

2. 泄漏检测应综合考虑管道材质、工作压力、使用年限、周围环境和用户性质等因素,并应满足下列要求:

(1)新建工程通气投运,应在 24h 内完成首次泄漏检测;

(2)老旧管线应当增加泄漏检测频度;

(3)漏气多发、重车占压、电气轨道沿线、立交桥附近等运行状态较差的管线应当增加泄漏检测频度;

(4)如地震、塌方、洪涝等自然灾害发生后,应立即对受影响的管线进行泄漏检测;

(5)重要地区、敏感场所燃气设施应适当提高泄漏检测频度;

(6)保障期间,保障场所周边燃气设施应加大泄漏检测频度和力度。

3. 巡检周期

(1)地下管道、阀门的巡检周期宜与其泄漏检测周期一致。

(2)架空管、桥管、立管的巡检周期不应超过半年。

(3)调压装置、阀门、牺牲阳极的巡检周期应见表 12-7。

调压装置、阀门、牺牲阳极的巡检周期   表 12-7

设施类别		压力(进口)	巡检周期(月)	
			未设置自动远传监测装置	设置自动远传监测装置
调压装置	调压站	次高压以上	≤ 1	≤ 1
	调压室	中中压	≤ 3	≤ 3
		中低压	≤ 3	≤ 6
	落地式调压柜	中中压	≤ 3	≤ 3
		中低压	≤ 3	≤ 6
	悬挂式调压箱	中低压	≤ 6	≤ 12

设施类别	压力（进口）	巡检周期（月）	
		未设置自动远传监测装置	设置自动远传监测装置
阀门	次高压以上	≤ 6	≤ 12
	中压	≤ 6	≤ 12
牺牲阳极	—	≤ 6	≤ 12

（4）重要地区、敏感场所燃气设施应适当提高巡检频次。

（5）对外来施工影响，需要加强监护、保护的燃气设施应加强巡检频次。

4. 巡视周期

（1）次高压以上管道（运行压力大于 0.4MPa）的巡视周期为 1d。

（2）次高压以上调压站的巡视周期应符合下列规定：①有人值守站巡视周期不超过 3h；②无人值守站巡视周期不超过 1d；安装有技防、安防系统的无人值守站，巡视周期可适当延长。

12.2.2.2　燃气管线巡检管理

在开始巡检之前，需要制订巡检计划。计划需要包括巡检时间、巡检人员、巡检内容等。此外，巡检计划还需要根据当地气象条件、使用人员、使用环境等因素进行调整。制订好巡检计划后，需要向相关人员进行通知，并落实各项准备工作。巡检前需要进行相关的准备工作，需要对巡检设备进行检查，确保设备正常运转。同时，还需要了解巡检区域的情况，包括管道位置、数量、状况等。为了保证巡检的顺利进行，还需要协调相关人员，避免巡检期间出现不必要的干扰。

1. 管网运行部门的职责

（1）应严格按照法律法规履行燃气设施巡线的责任；

（2）负责管道及附属设施的归口管理，确保账卡物一致；

（3）负责管道及附属设施的巡检等日常管理工作的实施，保障管道设施处于安全可控状态；

（4）科学、统筹制订作业样板，确保管网设施巡检工作符合法规和公司有关制度；

（5）巡检发现的问题或隐患，应及时处理解决；无法当场解决的，应做好问题项的记录和传递，并跟踪后续落实情况；

（6）负责协调占压管处置；

（7）负责辖区内外配合监护工程的日常巡线，确保管线安全稳定运行。

2. 人员要求

（1）巡检人员必须经过安全生产、检漏仪器、管道施工等业务的培训，并取得各管线权属单位人力资源部发放的上岗证；

（2）巡检人员必须具有熟练的管线图纸读图能力；

（3）巡检人员必须熟练操作相应的燃气检漏仪和其他巡线设备；

（4）带自动巡检设备的巡检车随车人员应掌握车辆驾驶、使用车载巡检设备及仪器、使用车载图档资料等多项技能；同时应考虑整车人员的协调互换性，满足正常工作和安全生产需要；

（5）如在巡线中发现设施管理卡的记录信息与实际情况不符，应及时更新台账信息。

3. 工具和设备要求

（1）应配置燃气管道的最新版图纸资料和燃气设施巡线作业样板；

（2）应配置与被巡检管道燃气成分相适应的燃气检漏仪；

（3）应配置必要的管子钳、扳手、手电筒等维修工具；

（4）应配置具有定位和高清摄像功能的手机；

（5）应配置必要的消防器材和通信设备；

（6）应配置必要的巡线车辆。

4. GIS 图档管理

（1）应对 GIS 图档进行动态管理，一般通气运行 1 个月内，管网运行部门应完成新建工程测绘图档的上线工作；管线拆除、废除后一个月内，应对拆除、废除管线进行标注。

（2）应加强复测工作，校核修正原有图档定位信息，不断提升地下管线信息的精准度。应结合维修、抢修、镶接、检验等输配日常业务，对"可见管"开挖点进行定位测量；应结合压力管道检验等业务，对地下管道进行"不可见管"定位测量。

5. 设施台账管理

（1）设施台账应动态管理，联动更新。应建设燃气设施管理系统，确保燃气设施信息与工程管理系统、GIS 系统、燃气设施巡线系统始终保持同步和一致。

（2）新建燃气管道工程完成通气（预拨交）后，燃气设施应按规则生成代码，并同步登录设施管理台账（或在燃气设施管理系统中生成代码），燃气设施的相关属性、信息，应与工程管理系统一致。燃气设施拆除、废除后，应及时在燃气设施管理系统（设施管理台账）中进行变更信息。

（3）新建工程完成 GIS 图档上线，则其 GIS 图档的相关设施信息应与燃气设施管理系统（设施管理台账）进行比对校核，确保两者一致，同时将代码及设施的各类属性信息同步至 GIS 系统。燃气设施拆除、废除，应及时在 GIS 系统中变更信息，同时将相关信息同步至燃气设施管理系统和燃气设施巡线系统。

6. 巡线作业样板管理

（1）巡线作业样板宜依托燃气设施巡线系统进行管理。

（2）燃气设施巡线作业样板应依据 GIS 图档进行编排。

（3）GIS 图档中新增加的燃气设施，应当同步编入所在区域的巡线作业样板；GIS 图档中废除的燃气设施，应当同步在巡线作业样板中删除。

（4）巡线作业样板的编排应与实际业务模式相适应，满足单一设施型巡线、混合设施型巡线和区域网格型巡线的要求。

（5）已办理地下管线交底的监护工程，应动态纳入巡线作业样板。

（6）巡视和巡检作业样板宜分别建立。

（7）燃气设施巡线样板应包含以下要素：①巡线类别；②样板号；③被巡线管道的地理位置及数量，有条件的可以形成样板缩略图，并装订成册；④燃气管道、设施巡线方式（人工或巡检车）。

7. 巡检结束后整理工作

在巡检结束后，需要对巡检结果进行整理。包括将发现的问题进行记录，制订相应的处理方案，并以书面形式反馈给相关人员，如有安全管理的信息系统，还需将巡检信息及时、准确录入系统中。如果发现问题较多或者问题比较严重，需要尽快处理并进行隐患排查。

8. 安全要求

（1）严禁单兵作业，并应避开不利气象条件。

（2）涉及下井、登高等危险作业的，应严格按事先批准的危险作业方案进行作业。

（3）进入调压箱（室）、阀门井等隔离区不得携带火种、非防爆型无线通信设备，未经批准不得在隔离区从事可能产生火花性质的操作。

（4）调压装置巡检后，应确认关窗锁门后方可离开。

（5）发现燃气泄漏，应采取相应的安全防护措施。必要时应划出隔离区，并设置护栏和警示标志。

12.2.2.3　燃气管线巡检具体要求

巡检过程中需要仔细观察管道的状况，发现损坏或者存在安全隐患的管道需要及时处理。巡检人员需具备相关专业知识，能够熟练操作巡检设备和工具，确保巡检的准确性和可靠性。同时，还需要对管道周围的环境进行检查，是否存在影响管道安全的因素。当天巡检完毕，应按要求填写巡检记录。如果在巡检过程中发现问题需要及时处理，处理后需要再次进行巡检，确保问题得到解决。定期进行巡检可以及时发现燃气管线中存在的问题，避免出现事故。

1. 地下管道巡检要求

地下管道巡检除包含巡视及泄漏检测，当天巡检完毕，应按要求填写巡检记录，还应包含以下内容：

（1）地下管道（非开挖穿越管道）口径、材质、埋深及敷设位置等应与 GIS 图档一致；

（2）管位上方不得有影响安全运行的固定占压物；

（3）安装示踪线的 PE 管道，应设置信号源井（桩）；

（4）定向钻穿越河道的燃气管道，在河道两岸管位上方应设置警示标志，警示标志应符合《燃气管道设施标识应用规程》DG/TJ 08—2012—2018 的有关规定。

2. 次高压以上管道（阀门）巡检要求

主要检查的燃气设施：管道、阀门和桥管。

次高压以上管道（阀门）按下列要求进行巡视：

（1）在燃气管道安全保护范围内不应有土体塌陷、滑坡、下沉等现象，管道不应裸露；

（2）未经批准不得进行爆破和取土等作业；

（3）未经批准在管道安全保护范围内不得进行沟槽、基坑、打桩等施工，不得违章搭建；

（4）未经批准在沿河、跨河、穿河、穿堤的燃气管道安全保护范围内，不得抛锚、拖锚、淘砂、挖泥或者从事其他危及燃气管道安全的作业。为防洪或者通航而采取的疏浚作业除外；

（5）禁止堆放物品或者排放腐蚀性液体或气体；

（6）管道上方不应堆积、焚烧垃圾或放置易燃易爆危险物品、种植深根植物及搭建建（构）筑物等；

（7）管道沿线不应有燃气异味、水面冒泡、树草枯萎和积雪表面有黄斑等异常现象或燃气泄出声响等；

（8）燃气管道设施各类标志不得丢失或损坏。

当天巡视完毕，应按要求填写"燃气设施巡线日报表"。

3. 架空管（桥管）巡检要求

架空管（桥管）巡检应包含巡视和泄漏检测的内容，并应符合下列要求：

（1）应检测法兰、焊口及螺纹等连接处，吸入式或扩散式检漏仪的探头应贴近被测部位；激光检漏仪应在检测有效距离内进行检测，指向光点应对准被检部位；

（2）当发现下列情况时，应进行泄漏判定：检测仪器有浓度显示；空气中有异味或有气体泄出声响；植被枯萎、积雪表面有黄斑、水面冒泡等；

（3）口径、材质以及敷设位置等应与 GIS 图档一致；

（4）架空管沿建筑物外墙设置时，建筑物外墙耐火等级不应低于二级，距门、窗的净距应满足设计规范要求；

（5）架空管（桥管）应设置必要的温度补偿和减振措施；

（6）管道本体应安装稳固，不得有凹坑、撞痕等受损情况；

（7）管道本体防腐质量应符合下列要求：

1）当出入土点管道设置套管时，套管应高出地面 20cm 以上，套管内用防腐材料填实，外露部分管道防腐层质量完好；当不设套管时，露出地面管段（20cm 以上）应按埋地管道外防腐要求进行防腐施工，管道防腐层质量完好，防腐层与钢管间无缝隙；

2）架空部分管道应漆膜厚度均匀、色泽一致、附着牢固，无流淌、污染、脱皮、气泡和漏涂等现象；

（8）架空管法兰面应垂直于管道，法兰螺孔中心应对齐，螺栓无锈蚀或缺损现象；

（9）波纹管补偿器应无异常变形、拉伸，拉杆无缺失、锈蚀现象；

（10）支座（架）应连接牢固，无锈蚀和缺失，补偿器两端应固定于同一支架上。

（11）管线桥安装质量应符合下列要求：

1）桥墩应密实平整，不得有空鼓、裂缝、倾斜等现象；

2）钢结构油漆应色泽一致、附着牢固；

3）钢索无锈蚀、损坏，且处于紧绷状态；

4）防爬刺应安装牢固，抱箍与管道间应用橡胶垫进行隔离；

5）警示牌应字体、图案醒目，指示清晰，安装牢固；

6）在可能被汽车撞击的位置，应设有防碰撞保护设施。

12.2.3　调压站（箱）巡检

12.2.3.1　调压站（箱）分级巡检

调压站（箱）巡检时应使用防爆型可燃气体检测仪器，调压站启停时应进行值守；当设备检修影响管网工况时，应提前做好调度准备；运行人员应按照本岗位职责、工作内容及工作标准开展调压站（箱）设备设施日常运行管理；运行人员负责运行情况上报，特别是对于运行过程中发现的各种隐患、违章、施工行为要及时上报至当班班长。

调压站（箱）运行按照设计压力级制、供应范围、供应季节等因素由高到低分为一至四共四个等级，即：

一级：无监控系统的次高压（含）以上调压站（箱）、中低压区域调压站、中低压区域调压箱（2000 户以上）。

二级：监控系统完好的次高压（含）以上调压站（箱）、中低压区域调压站、中低压区域调压箱（2000 户以上）；无监控系统的中低压区域调压箱（2000 户以下）。

三级：监控系统完好的中低压区域调压箱（2000 户以下）；停运的次高压（含）以上调压站（箱）、中低压区域调压站（箱）；专供锅炉或直燃机的调压箱。

四级：中低压楼栋式调压箱；停运的、专供锅炉或直燃机的调压箱。

12.2.3.2　调压站（箱）巡检管理

（1）巡检人员要求：应按作业计划或方案调派人员；持证上岗，巡视作业可单人，操作作业至少两人；身体、精神状况良好；作业人员熟知作业方案和有关要求；穿戴符合规定的防静电服、鞋，操作作业应戴手套，恶劣天气应佩戴相应防护用品。

（2）工具要求：

1）专用作业工具及黄油：改锥、活扳手、钳子、黄油、站房钥匙；

2）可燃气体检测仪：设备完好并定期校验，符合防爆要求，电源充足；

3）水柱压力表、电子测压表，完好有效；

4）机动车、非机动车：车况符合安全行驶要求，按规定检验、维护；

5）PDA手持机：完好，电源充足；

6）使用非防爆工具必须涂抹黄油。

（3）进入调压站的要求：

1）关闭非防爆通信工具设备，关闭手机等电子设备；

2）检测站内燃气浓度，可燃气体检测仪检测站内燃气浓度为0；

3）打开站内所有门窗，门窗应固定，保持站房内空气流通；

4）禁止使用非防爆设备，不应携带非防爆设备入内。

（4）站外巡检要求：

1）检查调压站周围环境，围墙无开裂，门锁锁具完好，调压站周围不应堆放易燃易爆物品；

2）检查安全提示标志牌，在醒目位置悬挂"严禁烟火""燃气设施重地"标志牌；

3）检查违章建筑、构筑物、消防通道、施工迹象等。

4）调压站安全间距内，严禁一切违章建筑、构筑物及阻塞消防通道。

（5）院外环境巡检的要求：

1）检查调压站站房安全环境，调压站站房及围墙、门窗、防护栏、栅栏牢靠，无破损、无异常现象；技防防护网设施是否完好。

2）检查院内安全环境。

3）院内不应堆放易燃易爆物品。

（6）站内巡检的要求：分为漏气检测和设备检查。

1）漏气检测：

①用可燃气体检测仪检测燃气管道、调压器、过滤器、阀门、安全设施、仪器、仪表等设备接口是否泄漏，打开站内所有门窗、检测站内燃气浓度；当可燃气体检测仪检测燃气体积浓度小于1%，方可进行检修；

②发现燃气泄漏时，应立即修复，使用非防爆型工具时，应在工具接触面涂抹黄油；

③当泄漏严重不能自行处理时，应立即通知公司调度室调派专人处理，采取强制通风措施。

禁止一切可能产生火花的行为。

2）设备检查：

①检查各设备主体、管线、连接螺栓和管线标识；要求各设备主体、管线、螺栓应无腐蚀、裂纹、变形、油漆剥落起皮、锈蚀；波纹管调长器螺母应拧紧，使拉杆处于受力状态；检查站内管道系统、地面及站体建筑是否有沉降、裂缝；

②检查室内防爆系统，防爆灯具、防爆风机、可燃气体报警装置符合安全技术要求，运转是否正常；

③检查消防器材是否齐全有效，配备数量符合消防安全规定；

④检查切断阀、安全放散阀是否完好有效，是否按期标定；

⑤检查自动压力记录仪、弹簧压力表和远传仪表工作参数值是否正常；检查弹簧压力表是否完好有效、定期校验，温度计是否完好有效；观测进出口压力，检查自动压力记录仪是否正常运转，按时效性更换压力表纸，分析压力曲线是否符合技术标准要求，定时上弦或更换电池以及及时更换笔尖或添加墨水；

⑥检查过滤器压差表，当压差到达规定检修范围时，或者指针在黄色区域内，应及时清理过滤器内积存在过滤网上的污物；

⑦检查电缆引入处是否密封良好，是否破损，现场是否有私拉乱接和电缆破损现象；检查阴极保护系统外加电流供电系统是否正常。

3）巡检结束：巡检过程中发现任何事故隐患要在5min之内上报。将工具收拾整齐，清点数量。巡检人员通过巡检记录设备上传填报当日巡线情况，有隐患问题要逐级汇报。关好门窗，锁好调压站门，撤离现场。

12.2.4　调压站巡检

（1）调压站巡检应按要求检查工艺设备运行状态和压力工况，并应符合以下要求：

1）过滤器压差应控制在工艺指标内，并对过滤器进行一次排污操作；

2）进出口温度、压力应符合工艺控制指标，出口压力应平稳；

3）切断阀阀位应处于开启位置；

4）电加热（电伴热）装置应运行正常；

5）调压器的启用、切换、调试操作按具体设备设施的操作规程执行；

6）调压器型号等应与GIS图档一致；

7）调压橇应单独设置在牢固的基础上；

8）周围不得有影响操作的障碍物；

9）砌筑结构应密实平整，不得有空鼓、裂缝等现象。

（2）箱体质量应符合下列要求：

1）箱体应完好无破损，无漏雨，门窗无损坏，支架无锈蚀；

2）箱体材料符合防火隔热要求；

3）箱体应有泄爆口，泄爆口面积应符合设计要求；

4）应有自然通风口，通风良好。

（3）钢结构质量应符合下列要求：

1）钢结构应无损伤、变形和锈蚀；

2）设备平台、栏杆、梯子、扶手等永久性安全设施应牢固无锈蚀；

3）所有构件预制应平整、无明显变形、切割边光滑、无毛刺；

4）钢结构应涂耐火橡胶漆。

（4）吊装装置质量应符合下列要求：

1）吊装装置应安装牢固，有安全限位装置；

2）横梁滑动顺畅、灵活，滑动表面应清理干净，并应涂覆润滑剂；

3）吊装装置应有制造合格证。

（5）支座和支架质量应符合下列要求：

1）支、吊架位置应正确、平整牢固，钢管与支撑面接触应良好；

2）支座和支架构造应正确，埋设平整、牢固，排列整齐，支架与设备接触应紧密。

（6）工艺管道质量应符合下列要求：

1）管道安装质量、位置应符合设计文件要求，并已验收合格；

2）安装应横平竖直，法兰连接正确，密封良好；

3）管道漆膜厚度均匀、色泽一致、附着牢固，无流淌、污染、脱皮、气泡和漏涂等现象；

4）法兰和其他连接件不应紧贴墙壁、箱体或管架；

5）管道穿墙壁、箱体、基础、地面时，应在结构内设置钢套管，管道与套管之间的间隙应采用防腐密封材料封堵；

6）保温管外观应完好无损。

（7）过滤装置质量应符合下列要求：

1）过滤器规格、型号、性能指标等应符合设计文件规定；

2）过滤器的零部件数量齐全，密封良好，安装正确；

3）过滤器表面应无划伤及外力冲击破损，涂层应完好，气流方向标识清晰；

4）安全阀、压力表、压差报警等安全附件已经校验且在有效期内；

5）快开门的联锁装置进行初步调试，灵敏可靠；

6）过滤器的操作平台与梯子安装位置合理、便于操作，平台护栏与梯子踏步连接牢固；

7）地脚螺栓安装质量合格，过滤器安装稳固。

（8）调压和计量装置质量应符合下列要求：

1）调压器及流量计安装方向箭头应与天然气的流向一致；

2）调压器各组成件、管道外涂层漆应符合要求；

3）压力表、安全阀等附件已经校验且在有效期内；

4）调压站电气工程、动力、照明工程、防雷接地工程、静电接地、自动化仪表及控制工程、消防工程、安防工程的巡检应按相应的厂站站控及仪表运维管理规定执行。

12.2.5　阀门、阀室巡检

12.2.5.1　阀门、阀井巡检要求

法兰阀门巡检，当天巡检完毕，应按要求填写巡检记录，应包含巡视和泄漏检测的内容，阀门型号、口径及敷设位置等应与 GIS 图档一致。

周围不得有影响阀门操作的障碍物并应符合下列要求：

（1）井室质量应符合下列要求：

1）井盖（座）无破损、残缺，与路面平齐无高低差，或高于绿化地面 10 ～ 20cm；

2）井体尺寸不妨碍正常下井作业；

3）井孔圆整无露筋现象，井孔位置方便阀门启闭和下井作业；

4）井壁应平整密实，无裂纹露筋现象；

5）防水套筒螺栓应处于紧固状态，橡胶圈位置正确且起到良好密封作用。

（2）主阀应竖直安装，无外力损伤，启闭顺畅，指示标记功能正常。传动装置应动作顺畅，无卡顿现象。

（3）波纹管应符合下述要求之一：

1）波纹管补偿器应无异常变形，无裂纹，螺杆两端螺母处于松弛状态，无吊装螺杆螺母缺失、断裂、锈蚀现象。

2）波纹管补偿器应无异常变形，无裂纹，螺杆两端螺母处于紧固状态，无吊装螺杆螺母缺失、断裂、锈蚀现象。

（4）绝缘装置两端应设有检查导线，绝缘性能应满足要求。

（5）放散阀应启闭灵活，设有盲板封堵，安装位置和高度应不影响放散管安装。

（6）井内管道应防腐良好，无腐蚀。

（7）当设有加油管时，加油管阀门启闭灵活，阀后应设有管塞或盲板。

12.2.5.2 阀门—PE 阀门巡检

PE 阀门巡检应包含巡视和泄漏检测的内容，并应符合下列要求：

（1）井室质量应符合下列要求：

1）井盖（座）无破损、残缺，与路面平齐无高低差，或高于绿化地面 10 ~ 20cm；

2）井孔圆整无露筋现象，井孔位置方便阀门启闭；

3）井内填砂，PE 管应不暴露空气中。

（2）主阀应竖直安装，无外力损伤，启闭顺畅，指示标记功能正常。传动装置应动作顺畅，无卡顿现象。

（3）放散阀应启闭灵活，设有盲板或管塞封堵。安装位置和高度应不影响放散管安装。

（4）当天巡检完毕，应按要求填写巡检记录。

12.2.5.3 阀门—直埋焊接阀门巡检

直埋焊接阀门巡检应包含巡视和泄漏检测的内容，并应符合下列要求：

（1）井室质量应符合下列要求：

1）井盖（座）无破损、残缺，与路面平齐无高低差，或高于绿化地面 10 ~ 20cm；

2）井孔圆整无露筋现象，井孔位置方便阀门启闭；

3）井内填砂，管道应不暴露空气中。

（2）主阀无外力损伤，指示标记功能正常。

（3）当天巡检完毕，应按要求填写巡检记录。

12.2.6 关键附属设施等巡检

12.2.6.1 加臭、加热、排污装置等巡检过程

（1）加臭装置质量应符合下列要求：

1）加臭装置规格、型号、性能指标等应符合设计规定；

2）加臭装置中的贮槽、加臭泵（若有）、电加热器、调节阀、检测仪表、信号反馈等附件安装应正确、齐全，与各个加臭点的连接应完整、密封完好；

3）压力表、液位计等安全附件应经校验且在有效期内，标定值符合设计文件要求。

（2）加热装置质量应符合下列要求：

1）加热炉的规格、型号、技术参数等指标应符合设计文件规定并应有质量合格证；

2）加热炉整体保温层及防护层应完好无损，表面平整、光滑；

3）加热炉的主体设备及配套设备、各类仪表等应安装正确；

4）压力表、安全阀安全附件已经校验且在有效期内，标定值应符合设计要求并有校验

合格铅封；

　　5）加热炉的气路系统和水路系统等管口方位、进出口压力表、流量表、温度表、自控联锁仪表等安装应符合设计文件或设备技术文件的要求；

　　6）地脚螺栓安装符合要求，设备安装牢固；

　　7）电伴热的规格、型号、技术参数等指标应符合设计文件规定，通电后发热正常。

　　（3）排污罐（集污罐）质量应符合下列要求：

　　1）排污罐设备规格、型号、性能指标等应符合设计文件规定；

　　2）排污罐的零部件数量齐全，密封良好，安装正确；

　　3）安全阀、压力表、液位计（若有）等安全附件已经校验且在有效期内；

　　4）排污罐操作平台与梯子安装位置合理、便于操作，平台护栏与梯子踏步连接牢固；

　　5）地脚螺栓安装符合要求，设备安装牢固。

12.2.6.2　户内立管巡检过程

　　（1）立管巡检应包含的内容：

　　1）立管的口径、材质、数量及敷设位置等应与 GIS 图档一致；

　　2）立管处的建筑物外墙耐火等级不应低于二级；

　　3）立管整体应横平竖直、美观；

　　4）立管设有切断阀，并有防止人为异常启闭的功能；

　　5）立管不得占压，或周围有影响操作的障碍物；

　　6）90° 大弯钢管部分防腐层应附着牢固，无破损、裂纹和锈蚀；

　　7）钢管、钢制管件应漆膜光滑平整，无气泡和剥落，无锈蚀；

　　8）波纹管补偿器变形应在控制范围内；

　　9）穿墙处管道防腐良好，无锈蚀；

　　10）支架应连接牢固，无锈蚀；

　　11）大口径立管法兰应与管道垂直，螺栓和螺母紧固，无锈蚀或缺损现象；

　　12）在可能被汽车撞击的位置，宜设有防碰撞保护设施。

　　（2）当天巡检完毕，应按要求填写巡检记录。

12.2.7　管线及附属设施巡检示例

　　表 12-8 为管线及附属设施巡检的作业内容、操作程序及要求和安全要点。

管线及附属设施巡检   表 12-8

作业程序	作业内容	操作程序及要求	安全要点
作业准备	人员要求	按作业计划要求调派人员。持证上岗，可单人巡视；身体、精神状况良好	无
	劳动保护与防护用品	穿戴符合规定的防静电服、鞋、手套，恶劣天气应佩戴相应防护用品，长发应束紧不外露，夜间在道路上作业，应穿着有反光标志的工作服	无
	工具、设备	（1）作业工具：锤子、井钩、开锁用具、安全绳、包皮布、内六角扳手； （2）检测仪器：可燃气体检测仪和四合一气体检测仪完好并定期校验，符合防爆要求，电源充足，万用表完好并定期校验，电源充足； （3）机动车、非机动车：车况符合安全行驶要求，按规定检验、维护； （4）PDA 手持机：完好，电源充足； （5）相关材料：签字笔或钢笔、管线运行图纸、《施工配合告知书》《违章通知书》《隐患告知书》等携带齐全	无
运行检查	检查管线标识钉、标志桩	无损坏、缺失，如发现遗失、损坏情况逐级上报	无
	检查管线安全距离内有无违章	无开山、爆破、钻探、打桩、修筑建（构）筑物、埋设线杆或配电箱等施工现象以及种植深根植物的现象；如有违章应与肇事单位或其上级主管部门取得联系，发纠正违章通知书，督促整改，同时按照违章案件的报送流程请执法局立案解决	无
运行检查	检查管线安全距离内土建情况	无土壤塌陷、下沉、滑坡、开挖动土；护堤、护坡、堡坎无垮塌；无堆垃圾或重物等现象。发现异常立即汇报	无
	检查管线走向沿线	（1）无燃气异味、水面冒泡、植物枯黄、积雪表面黄斑或燃气泄漏声响等异常现象；有异常现象时，对5m线内市政设施井逐一进行检测； （2）经检测发现管线有漏气现象时，除采取一定的防范措施外，应保护现场，并及时上报；如果燃气泄漏量较大，或串入其他地下设施中时，应立即采取紧急措施：圈出污染区警戒线（如着火立即拨打 119 火警电话）；掀开其他地下市政设施的井盖，进行通风或强制通风降低燃气浓度；控制现场，杜绝一切火种（包括附近建筑物内断电、熄火，车辆禁止通行）；在情况危急时，组织社会人员撤离危险区（可拨打 110 或 119，请求协助）； （3）无其他工程施工或可能造成管道及设备设施裸露、损坏、悬空等情况；如发生以上情况，采取应急措施并及时上报； （4）暴雨、大风、洪水等恶劣天气、灾害过后，全面检查穿越桥梁、公路、铁路的管段、与三沟（排水沟、电缆沟、暖气沟）交会管段、隐患较严重的管段； （5）当巡视人员与管线之间无遮挡物时巡视人员巡视轨迹与管线直线距离不得大于20m；当巡视人员与管线之间有遮挡物时，巡视人员须绕越遮挡物，到达燃气管线可视范围内进行巡线	无
	燃气设施安全距离附近有其他工程施工或准备施工	（1）应与施工单位负责人取得联系，核实工程情况； （2）告知燃气管线位置，提出安全注意事项，并填写《施工配合告知书》； （3）需要对燃气管线或设施进行防护的，按照相关规定制订保护方案，并将有关资料、配合记录存档备案。必要时，属地管理所派专人全天候负责对施工现场的燃气管线或设施进行安全监护； （4）若施工单位拒绝签署《施工配合告知书》或拒绝采取防护措施的，或已形成违章的，运行人员按照企业违章处理工作流程，向对方出具纠正违章通知书，并及时上报	无

续表

作业程序	作业内容	操作程序及要求	安全要点
运行检查	检查阴极保护装置	（1）开启测试桩井盖或外护罩（需下井检测的要检测井口燃气浓度以及井内氧含量），开启井盖注意操作安全； （2）检测测试桩：测试装置是否齐全、完好，测试中发现检测电压值超出技术标准（−1.5～−0.85V），应逐级上报； （3）记录检测数值：清晰准确； （4）恢复外护罩，盖好井盖，盖井盖时，避免井钩滑脱，人员摔伤	检测井室内有燃气浓度时，禁止直接下井，应进行通风处理；井室内氧气含量小于或等于19.5%时，禁止下井，应进行通风处理
	检查燃气闸井（含凝水器井、管线套管井、检测孔井等）	（1）检查井盖、井圈无破损、丢失，发现破损、丢失应在现场看守，并立即逐级上报； （2）检查闸井周边无塌陷，发现闸井周边有塌陷，做好记录，现场看守，立即逐级上报； （3）检查闸井安全保护范围内有无堆积物； （4）检测井盖开启孔有无燃气浓度：有燃气浓度时，应进行通风处理，并通知后续救援人员到场下井检查； （5）检查燃气闸井（含凝水器井、管线套管井、检测孔井等）井室内积水； （6）作业人员盖好井盖，盖井盖时，避免井钩滑脱，人员摔伤	
巡检结束	整理设备工具	将工具收拾整齐，清点数量，妥善保管	巡视过程中发现任何事故隐患要在5min之内上报
	填报巡线情况	巡检人员在PDA手持机上填报当日巡线情况，有隐患问题要逐级汇报	

表12-9为中低压调压站巡检作业内容、操作程序及要求和安全要点。

中低压调压站巡检 表12-9

作业程序	作业内容	操作程序及要求	安全要点
作业准备	人员要求	按作业计划或方案调派人员。持证上岗，可单人巡视；身体、精神状况良好；作业人员熟知作业方案和有关要求	无
	劳动保护与防护用品	穿戴符合规定的防静电服、鞋、手套，恶劣天气应佩戴相应防护用品	无
	工具、设备	（1）专用作业工具及黄油：螺丝刀、活扳手、钳子、黄油、站房钥匙； （2）可燃气体检测仪：完好并定期校验，符合防爆要求，电源充足； （3）水柱表、电子测压表，完好有效； （4）机动车、非机动车：车况符合安全行驶要求，按规定检验、维护； （5）PDA手持机：完好，电源充足； （6）相关材料：签字笔或钢笔、管线运行图纸、《施工配合告知书》《违章通知书》《隐患告知书》等携带齐全	使用非防爆工具必须涂抹黄油
站外巡检	检查调压站周围情况	（1）检查调压站周围环境，围墙无开裂，门锁锁具完好，调压站周围不应堆放易燃易爆物品； （2）检查安全提示标志牌，在醒目位置悬挂"严禁烟火""燃气设施重地"标志牌； （3）检查违章建筑、构筑物、消防通道、施工迹象等	调压站安全间距内，严禁一切违章建筑、构筑物及阻塞消防通道
院内巡检	院内环境	（1）检查调压站站房安全环境，调压站站房及围墙、门窗、防护栏、栅栏牢靠，无破损、无异常现象；技防防护网设施是否完好； （2）检查院内安全环境	院内不应堆放易燃易爆物品

续表

作业程序	作业内容	操作程序及要求	安全要点
站内巡检	调压站进站	（1）关闭非防爆通信工具设备，关闭手机等电子设备； （2）检测调压站站内燃气浓度，站内燃气浓度为0； （3）打开调压站门窗，门、窗应固定；保持站房内空气流通	禁止使用非防爆设备
	漏气检测	（1）用可燃气体检测仪检测燃气管线、调压器、过滤器、阀门、安全设施、仪器、仪表等设备接口是否泄漏，打开站内所有门窗、检测站内燃气浓度；可燃气体检测仪检测燃气体积浓度小于1%，方可进行检修； （2）发现燃气泄漏时，应立即修复，使用非防爆型工具时，应在工具接触面涂抹黄油； （3）当泄漏严重不能自行处理时，应立即通知公司调度室调派专人处理，采取强制通风措施	禁止一切可能产生火花的行为
	设备检查	（1）检查各设备主体、管线、连接螺栓和管线标识；要求各设备主体、管线、螺栓应无腐蚀、裂纹、变形、油漆剥落起皮、锈蚀；波纹管调长器螺母应拧紧，使拉杆处于受力状态；检查站内管道系统、地面及站体建筑是否有沉降、裂缝； （2）检查室内防爆系统，防爆灯具、防爆风机、可燃气体报警装置符合安全技术要求，运转是否正常； （3）检查消防器材是否齐全有效；配备数量符合消防安全规定； （4）检查切断阀、安全放散是否完好有效，是否按期标定； （5）检查自动压力记录仪、弹簧压力表和远传仪表工作参数值是否正常；检查弹簧压力表是否完好有效、定期校验，温度计是否完好有效；观测进出口压力，检查自动压力记录仪是否正常运转，按时效性更换压力表纸，分析压力曲线是否符合技术标准要求，定时上弦或更换电池以及及时更换笔尖或添加墨水； （6）检查过滤器压差表，当压差到达规定检修范围时，或者指针在黄色区域内，应及时清理过滤器内积存在过滤网上的污物； （7）检查电缆引入处是否密封良好，是否破损现象，现场是否有私拉乱接和电缆破损现象；检查阴极保护系统外加电流供电系统是否正常	无
巡检结束	整理设备工具	将工具收拾整齐，清点数量	无
	填报巡线情况	巡检人员在PDA手持机上填报当日巡线情况，有隐患问题要逐级汇报	巡视过程中发现任何事故隐患要在5min之内上报
	撤离现场	关好门窗，锁好调压站门	无

12.2.8　户内巡检

管道燃气用户安全巡检流程图如图12-4所示。户内巡检的技术标准参照相关管道燃气用户安全巡检技术规程执行。

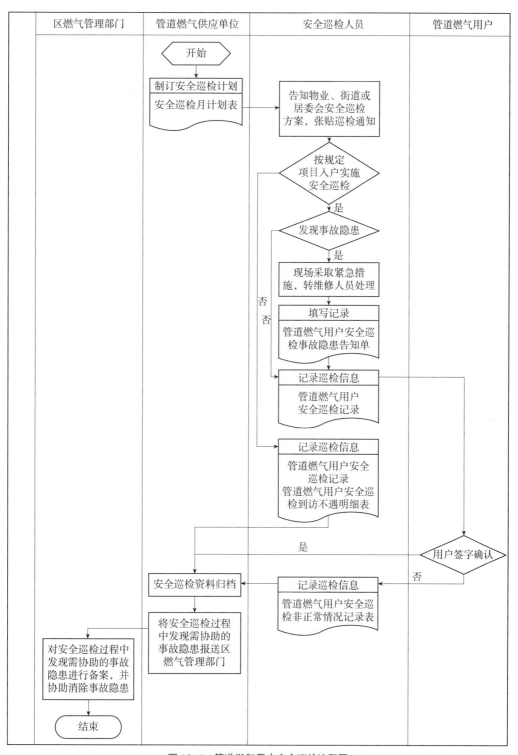

图 12-4　管道燃气用户安全巡检流程图

12.3　维护维修

维护维修是指为保障燃气设施的正常运行，预防故障、事故发生所进行的清洁、检查、动作、维修、保养等工作，包括事件性维修（简称维修）和计划性保养（简称保养）。

保养是按照国家、行业规范的要求和企业的内部规定，明确需对管网设施进行周期性、计划性清理、动作、维护、保养的作业。

维修是指管网巡线人员在巡线工作中发现管网设施处于已经或即将影响管网安全运行的不良状态，或管网状态监测系统监测到管网设施运行异常，为避免发生管网运行事故而对管网进行修理，恢复其正常状态的作业。简而言之就是主动发现的管网运行问题和智能发现的管网运行问题，通过维修方式解决。

抢修是指燃气设施正在发生危及安全的泄漏以及引起停气、中毒、火灾、爆炸等事故时，采取紧急措施的作业。通常由市联动平台、燃气热线等外部传递过来的紧急安全问题或事故，通过抢修方式解决。特殊情况，主动发现和智能发现的紧急安全问题，也应通过抢修予以快速处理。

维修方法应根据管网故障或隐患的类型、根据现场条件、严重程度等进行合理选择，根据《城镇燃气设施运行、维护和抢修安全技术规程》CJJ 51—2016，维修方法按大类、中类、小类进行分类，如表 12-10 所示。

燃气管道设施维修（抢修）方法　　　　　　　　　　　　　　表 12-10

故障类型	维修方法			使用场景
	大类	中类	小类	
泄漏	泄漏点定位	埋地管道泄漏点定位	浓度梯度定位法	埋地管道泄漏位置不明
			开挖露管定位法	
			皂液定位法	
		架空管道泄漏点定位	皂液定位法	架空管道泄漏位置不明
		立管泄漏点定位	皂液定位法	立管泄漏位置不明
		阀门泄漏点定位	皂液定位法	阀门泄漏位置不明
			开挖露管定位法	
		调压装置泄漏点定位	皂液定位法	调压装置泄漏位置不明
			开挖露管定位法	
		水井泄漏点定位	皂液定位法	水井泄漏位置不明
			开挖露管定位法	

续表

故障类型	维修方法			使用场景
	大类	中类	小类	
泄漏	不停输维修	运压维修	紧固类修复	中低压管道接口泄漏
			夹具类修复	低压管孔洞类破损
			排除积水修复	中低压管道供应不良
			紧固或更换螺栓修复	法兰、机械接口类泄漏 补偿器、套筒接口泄漏
		降压维修	特制鞍型三通堵漏修复	中压钢管孔洞类破损维修
			补焊修复	低压钢管焊缝泄漏
	停输维修	非置换维修	螺纹丝扣或密封填料修复	低压钢管螺纹丝口泄漏 法兰、机械接口类泄漏 补偿器、套筒接口泄漏
			微正压焊接修复	中压钢管孔洞类破损
			夹具类修复	中压铸铁管孔洞类破损
			换管修复	中压铸铁管孔洞类破损、PE 管各类缺陷、钢管腐蚀泄漏、钢管（绝缘管）螺纹丝口泄漏
			换阀修复	阀门泄漏
			更换阀门附属配件	阀门配件泄漏
			更换调压器附属配件	调压器配件泄漏
			更换密封件	法兰、机械接口类等泄漏
			PE 鞍型三通堵漏修复	PE 管孔洞类破损维修
		置换维修	换管修复	高中低压钢管面积类破损
			换阀修复	阀门泄漏
			更换阀门附属配件	阀门配件泄漏
	观察	—	—	微量泄漏
占压	协调	—	协调拆（移）除占压	建构筑物固定占压
				深根植物占压
				车辆等临时占压
				其他占压
			转专职部门处置	建构筑物固定占压
				深根植物占压
	停输维修	非置换维修	管道设施移位	铸铁管、PE 管、绝缘管占压
		置换维修	管道设施移位	钢管占压
腐蚀	外防腐修补（不停输维修）	—	缠绕带修补	钢管、绝缘管腐蚀
			粘弹体防腐膏修补	异形表面腐蚀
			环氧煤沥青修补	绝缘管腐蚀
			防腐漆修补	地上钢管防腐漆剥落、腐蚀
			矿质棉保护	法兰连接处腐蚀

续表

故障类型	维修方法			使用场景
	大类	中类	小类	
腐蚀	停输维修	非置换维修	换管修复	铸铁管、钢管、绝缘管腐蚀
			更换配件修复	螺栓等腐蚀
		置换维修	换管修复	钢管腐蚀
	观察	—	—	轻微腐蚀
异常变形	管道增强（不停输维修）	钢管增强	堆焊/补板	钢管、铸铁管均匀腐蚀、点腐蚀、擦伤、凿伤、疤痕、凹坑
			钢套筒焊接修复	
			机械夹具补强	
			复合纤维补强	
			环氧套筒补强	
			补焊修复	焊缝缺陷（不漏气）
		PE管增强	鞍型三通修补	PE管划痕、擦伤、凹坑等
	停输维修	非置换维修	换管修复	铸铁管、PE管、绝缘管异常拉伸、弯曲变形
			更换零件修复	补偿器等管件异常变形
			鞍型三通修补	PE管划痕、擦伤、凹坑等
		置换维修	换管修复	钢管异常拉伸、弯曲变形
	监测	—	—	土体塌陷、滑坡、下沉等
	填土	—	—	管道裸露变形
	观察	—	—	土体塌陷、滑坡、下沉等
外来施工影响	管线保护	—	阻止、报案	爆破、取土、沟槽、基坑、打桩等施工堆积、焚烧垃圾
			转监护人员处理	
功能异常	停输维修	非置换维修	换阀修复	阀门无法启闭 阀门内泄漏、关闭不严
			更换放散阀修复	放散阀功能异常
			清洁阀口维修	调压装置工作压力、关闭压力异常
			更换相关配件	调压装置工作压力、关闭压力、切断压力、放散压力、安全阀整定压力异常、阀门启闭异常等；调压站加热装置异常
			更换相关配件	阴极保护功能异常
	观察	—	—	轻微功能异常
实物信息与图档不一致	修改图档	—	修改图档	基础属性错误
				位置信息不准确
				状态属性错误

续表

故障类型	维修方法			使用场景
	大类	中类	小类	
井（盖、座）问题	井体维修	—	重砌井体	井体变形、质量问题
			更换或补齐井盖	井盖缺失、非燃气井盖等问题
			找平井盖	井盖高低差超标
			修补井体	井内积水、井体质量问题
			移除杂物	井内堆积杂物
	井体查找	—	物探、开挖查找	井体遗失
	观察	—	—	轻微质量问题 井内积水 井内堆积杂物
调压装置箱体问题	协调	—	协调	障碍物导致无法进入
			拆除障碍物	
	箱体维修	—	补齐附属设施	警示标志缺失 防碰撞装置缺失 支（座）架缺失、损坏
			基础维修	调压器基础问题
			箱体维修	箱体质量问题
			箱体更新	
			放散管维修	放散管问题
			隔离围栏维修	隔离围栏破损
	观察	—	—	轻微箱体问题
其他	其他维修	—	补齐配件	标志、防护设施损坏； 支座（架）等缺失
			填土	PE 管暴露空气中
			隔热或管沟	PE 管与热力管道间距过近
	观察	—	—	轻微问题

12.3.1　调压设施运行维护

为提高设备的使用效率和管理水平，保证燃气企业正常生产经营活动，规范和加强设备使用、维护、检修管理，调压设施的运行维护至少应符合下列规定：

（1）对现场巡视或巡检发现的调压装置及各连接部位燃气泄漏、异常喘振、压力异常波动、调压装置锈蚀、相关部位有油污、锈斑、腐蚀和损伤等现象，应及时处理。

（2）当巡视或巡检发现过滤器前后压差异常时，应及时进行排污处理，必要时清洗或更换过滤器滤芯。

（3）当巡视或巡检发现调压装置噪声超过规定限值时，应采取降噪措施。

（4）调压设施应进行分级维护保养（预防性维护）或根据定期性能检测结果采取相应维护保养措施（预测性维护）。

（5）新投入使用和维修、保养后的调压装置应进行调试，达到要求后方可投入运行；停气后重新启用的调压装置，应检查各调压器、紧急切断阀和安全放散阀的设定压力及有关技术参数，达到要求后方可投入运行。

（6）采用手动切换的调压柜（箱）使用时不应同时开启双路供气；采用自动切换的调压柜（箱）双路应同时开启，备用路的出口压力设置应略低于主路出口压力，切断压力应高于主路调压器的关闭压力，备用路的切断压力设置应略高于主路切断压力，放散压力应略低于主路切断压力。

12.3.1.1 调压装置维护保养周期

调压装置三级维护保养周期如表 12-11 所示，企业可根据国家现行标准进行对照制定相应的维护保养周期。

调压装置三级维护保养周期 表 12-11

调压装置类别	维护保养周期		
	一级维护保养	二级维护保养	三级维护保养
悬挂式调压箱	≤ 12 个月	不需要	≤ 60 个月
落地式调压柜	≤ 6 个月（6 ~ 12 个月）[①]	≤ 12 个月	≤ 48 个月
地下调压箱 地下式调压站	≤ 6 个月（6 ~ 12 个月）[①]	≤ 12 个月	≤ 48 个月
高中压站	≤ 3 个月（3 ~ 6 个月）[①]	≤ 12 个月	≤ 36 个月

①当燃气气质较差时，调压装置的维护保养周期应缩短。

12.3.1.2 调压设施维检修要求

调压设施的维检修应符合下列规定：

（1）调压设施不得随意停气进行维检修；调压设施停气和供气之前，均应予以公告或书面通知燃气用户；重新启用前，应确认相连接的下游管道严密性，做好全面技术检查，确认各项参数与原运行参数一致，方可按相应操作规程进行启用。

（2）新投入使用和维检修后重新启用的调压器、紧急切断阀和安全放散阀等，须经过合格性检测，性能参数须符合技术要求范围，经调试满足使用要求后，方可投入运行。

（3）对维检修后的高压、次高压系统应经过不得少于 24h 且不超过 1 个月的正常运行，才可转为备用状态。

12.3.1.3　维检修指导书

表 12-12 为调压器检修维护作业指导书。

调压器检修维护作业指导书

表 12-12

作业程序	作业内容	操作要求	安全要点
作业准备	人员要求	按作业计划或方案调派人员，持证上岗，至少两人，身体、精神状况良好，作业人员熟知作业计划和有关要求	无
	劳动保护与防护用品	穿戴符合规定的防静电工作服、工作鞋及个人防护用品	穿戴手套视作业步骤而定
	工具、设备	（1）应准备作业工器具：行程指示器上盖专用工具、挡圈专用工具、白蜡棒、管钳（350mm）、上盖螺母专用扳手、活扳手[12 寸（400mm）、10 寸（333mm）]、梅花扳手、十字螺丝刀、一字螺丝刀、阀头专用工具、指挥器调节专用工具、黄油、聚四氟乙烯带、毛刷、手套、包皮布、橡皮锤，核实工具设备情况； （2）可燃气体检测仪完好并定期检验，符合防爆要求，电量应充足； （3）水柱表完好无破损，液位处于 0 位； （4）防爆灯具功能完好，发光正常； （5）各种防护设施功能完好：安全帽、警示牌、警示带、反光锥桶、交通指示灯； （6）四具 5kg 干粉灭火器，消防器材按期更换，符合配置规定，完好有效	（1）遇特殊情况需携带长管式呼吸器及相应配套设备； （2）防爆风机自动挡、手动挡切换自如，均可正常操作
危险源辨识	作业区域划定	（1）作业污染区域两端应设立警示牌； （2）禁止非作业人员进入作业区； （3）夜间作业区应设置符合警示要求的灯光指示标志； （4）作业区按规定的配置要求摆放灭火器； （5）逃生、消防通道无障碍； （6）无易燃易爆物品堆积； （7）查找周边有无其他危险源如高处坠物、外露电线、尖锐物品等； （8）辨识天气状况，极端天气停止作业	无
	检测调压站（箱）内浓度	作业区域外开启可燃气体检测仪，检测站（箱）内浓度，正确使用可燃气体检测仪，如存在燃气浓度，可采取防爆风机排风，室内燃气浓度小于 1%vol 时方可入内	无
开箱作业	打开站（箱）门	打开调压站（箱）门，将调压站窗全部打开，并采取有效固定措施固定相应门、窗，禁止携带非防爆设备入内	无
	检查作业操作部位	（1）调压站（箱）各项工况，确认手轮、手柄齐全，外观良好，功能良好； （2）检查备用台工况，合格后启动备用台； （3）在过滤器排污阀及调压器后取压口处加装放散胶管，并在调压器后取压口处连接压力检测仪； （4）工具摆放整齐	（1）放散胶管需用喉箍固定，放散胶管末端应引出作业区域外固定； （2）非铜制工具涂抹黄油

续表

作业程序	作业内容	操作要求	安全要点
开箱作业	倒台操作	按照倒台作业指导书中的要求进行倒台操作	无
	拆卸行程指示器	（1）缓慢关闭检修支路进口阀门； （2）缓慢关闭检修支路出口阀门； （3）观测管道内压力，中压气体利用过滤器排污阀连接的放散胶管排气，低压部位用调压器后取压口处放散胶管排气，确保管道内中压及低压部位气体全部排空方可进行后续操作； （4）松开行程指示器保护罩； （5）使用行程指示器专用工具拆下行程指示器； （6）检查行程指示器组件螺母及保护罩是否完好； （7）检查螺丝丝扣是否完好； （8）检查主弹簧有无变形、疲劳	（1）关闭检修支路出口阀门时，应检查外网压力是否正常； （2）注意作业时，区域内环境浓度
	拆卸调压器阀头	（1）对角拧下调压器固定螺栓； （2）双手提起调压器阀头法兰，轻放在包皮布上； （3）翻转调压器阀头法兰，将阀头向下压至底部，取下阀头法兰密封垫，检查密封垫有无老化、变形、损坏； （4）双手提起阀笼将调压器阀头法兰轻放在调压器底座上； （5）对角拧上两条螺栓将阀头法兰固定在调压器上； （6）使用白蜡棒固定阀笼，使用挡圈专用工具逆时针拆下挡圈； （7）使用白蜡棒逆时针拆下阀笼； （8）使用阀头专用工具提起阀头，擦拭检查阀套； （9）检查阀头阀口处有无破损； （10）检查各部位螺纹有无损坏，安装前适量涂抹黄油； （11）检查阀头密封圈有无老化、变形、损坏； （12）检查阀笼密封垫有无老化、变形、损坏； （13）检查阀笼密封○形环，适量涂抹黄油； （14）检查挡圈、挡圈密封垫有无老化、变形、损坏	（1）进行第（2）步时必须穿戴手套，完成后摘下手套，继续操作； （2）拆卸阀头时小心不要磕碰阀口，避免划伤手部； （3）密封垫及○形环必须放置在包皮布上，保持清洁
	安装调压器阀头及行程指示器组件	（1）使用阀头专用工具将阀头安装进阀套内； （2）安装阀笼及密封垫； （3）使用白蜡棒拧紧阀笼； （4）使用挡圈专用工具安装挡圈及密封垫； （5）用活扳手松开阀头法兰固定螺栓； （6）取下调压器阀头法兰，轻放至包皮布上； （7）检查调压器阀体内部有无污物、破损； （8）拉起调压器阀杆，检查阀杆灵活度，在阀杆根部适量涂抹黄油； （9）安装调压器阀头法兰； （10）检查螺栓并适量涂抹黄油； （11）对角拧紧调压器阀头法兰固定螺栓； （12）安装行程指示器各组件，丝扣适量涂抹黄油	（1）阀头安装要求缓慢平稳，应用橡皮锤沿四角方向轻轻敲击安装； （2）安装阀笼及挡圈时力量不要太大，防止密封垫被挤出
	拆卸指挥器	（1）拆卸 P1 信号管； （2）拆卸连接调压器的 P2 信号管； （3）拆卸 P3 信号管； （4）检查信号管是否通畅； （5）检查信号管连接螺纹，并适量涂抹黄油； （6）使用双扳手拆卸过滤器保护罩； （7）使用一字螺丝刀拆下滤芯； （8）使用毛刷检查滤芯及过滤器内部有无杂物；	（1）禁止使用单扳手拆卸信号管、过滤器保护罩、指挥器上下皮膜； （2）过滤器内禁止涂抹黄油；

续表

作业程序	作业内容	操作要求	安全要点
开箱作业	拆卸指挥器	（9）使用管钳松开指挥器与调压器之间 P2 信号管调压器端的连接螺纹，取下指挥器； （10）松开指挥器调节筒保护盖，使用指挥器调节专用工具拆下指挥器弹簧压盖； （11）取出弹簧，检查弹簧有无变形，是否疲劳； （12）使用梅花扳手对角松下 8 条固定螺栓； （13）分解指挥器上盖、阀体、下盖； （14）松开下托盘固定螺母； （15）取下托盘、皮膜； （16）取下上托盘及瓦拉总成； （17）松开固定螺丝； （18）取下上托盘、皮膜、密封○形环； （19）检查皮膜有无变形、破损，应在光线良好处检查； （20）检查 P1 阀口垫是否有压痕或变形； （21）检查 P1 阀口有无损坏； （22）检查 P1 针形阀是否变形； （23）针形阀小弹簧弹性是否良好，有无变形； （24）检查 P1、P2、P3 通道是否通畅； （25）检查指挥器呼吸孔是否通畅	（3）所有指挥器零件均应放置在包皮布上
	安装指挥器	（1）安装指挥器 P1 针形阀； （2）安装上皮膜组件； （3）安装指挥器瓦拉总成； （4）安装下皮膜并固定； （5）组装指挥器上盖、阀体、下盖，对角安装 8 条螺栓； （6）安装指挥器过滤器组件； （7）检查 P2 信号管与主调压器连接处有无杂物，P2 管缠绕聚四氟乙烯带； （8）按方向组装指挥器； （9）安装 P1 信号管； （10）安装连接调压器的 P2 信号管； （11）安装 P3 信号管	（1）禁止使用单扳手安装信号管、过滤器保护罩、指挥器上下皮膜； （2）组装指挥器上下盖时应禁止碾压、拉扯皮膜； （3）安装指挥器时应将指挥器过滤器向 P1 方向安装
	设定出口压力	（1）关闭过滤器排污阀及调压器后取压口放散阀门； （2）缓慢打开检修台支路进口阀门； （3）打开调压器后取压口连接压力检测仪阀门； （4）使用压力检测仪进行内漏检测，检测合格后方可进行后续操作； （5）使用指挥器调节专用工具安装指挥器调节弹簧； （6）设定调压器出口压力为运行压力，使用压力检测仪进行关闭实验，待实验合格后方可进行后续操作； （7）打开过滤器排污阀及调压器后取压口放散阀门； （8）使用放散胶管进行置换，置换合格后方可进行后续操作； （9）置换合格后，关闭过滤器排污阀及调压器后取压口放散阀门，拆下放散胶管，并在过滤器排污阀处加装丝堵； （10）使用可燃气体检测仪对作业支路进行外漏检测，检测合格后方可进行后续操作； （11）缓慢打开支路出口阀门； （12）对外网进行微调，稳压精度不超过 ±10%	（1）关闭试验不得少于 15min； （2）关闭实验测压计读数不超过设定出口压力的 1.25 倍为合格

作业程序	作业内容	操作要求	安全要点
作业结束	检查设备、仪表	（1）检查弹簧压力表、自动记录仪数值是否符合运行压力； （2）检查调压站（箱）内各阀门启闭状态	无
	撤离现场	（1）整理工具及仪表，将现场打扫干净； （2）作业完成后，留守两名职工，观测外网压力包含一个高峰，确认设备无异常后请示上级，同意后方可撤离	清理维检修时产生的残渣污物要妥善处理

12.3.2 门站设施运行维护

12.3.2.1 计量装置运行维护

计量装置的运行维护除应符合《流量计运行维护规程》SY/T 6890—2020 的有关规定外，还应符合下列规定：

（1）对现场巡视或巡检发现的计量装置及各连接部位燃气泄漏、工作异常等现象，应及时处理；

（2）流量计运转有杂音时应停用，并及时投运备用流量计；

（3）每季度对流量计进行清洁，并检查仪表各密封面、铭牌、铅封等是否完好，有无油漆剥落、起皮、腐蚀等，接线是否老化松动；

（4）应按照检定计量规范的规定对计量装置进行检定或校准。

12.3.2.2 加臭装置运行维护

燃气加臭装置的运行维护除应符合《城镇燃气加臭技术规程》CJJ/T 148—2010 的规定外，还应符合下列规定：

（1）对加臭剂储罐、工艺装置及附件进行巡视或巡检时，发现问题应及时维修，并填写维护保养记录；

（2）加臭装置初次投入使用前或加臭泵检修后，流量计算机（修正仪）量程调整后，应对加臭剂输出量进行调整，并经试运行后方可转入正式运行或备用状态；

（3）带有备用泵的加臭装置应定期进行切换运行，每3个月不得少于1次；

（4）加臭柱塞泵应定期使用标定器进行标定，宜每3个月1次；

（5）向现场储罐补充加臭剂的过程中，应保持加臭剂原料罐与现场储罐之间密闭连接，现场储罐内排出的气体应进行吸附处理或密闭循环，加臭剂气味不得外泄；

（6）加臭剂添加量记录资料应至少保存2年；

（7）应制订加臭应急处置措施，发生加臭剂泄漏时，对泄漏的加臭剂液体及时处理。

12.3.2.3　过滤装置运行维护

过滤及清管装置运行维护至少应包括下列内容：

（1）对现场巡视或巡检发现的过滤装置及各连接部位燃气泄漏、工作异常等现象，应及时处理；对现场巡视或巡检发现的过滤装置压差超出正常工作范围时，应进行排污并清洗或更换滤芯处理；

（2）每半年应不少于 1 次检查安全附件是否完好，对过滤装置进行排污处理，必要时清洗或更换过滤器滤芯，并进行主备工艺切换；

（3）每年应检查过滤装置快开盲板密封面，清理密封槽、涂硅油脂，必要时更换密封圈，当冬季最低气温低于 0℃时，检查排污管保温层是否完好；

（4）每年应检查清管装置筒体内部的锈蚀情况、快开盲板启闭功能和密封状态，检查和记录筒体内部压力。

12.3.2.4　排污系统运行维护

站内排污系统和放散装置的运行维护至少应包括下列内容：

（1）每日检查排污池内排污管出口处是否在非排污期间有泄漏，检查池内污水液面是否超过排污管，必要时进行清理；检查池内是否有明显燃气味，是否有异物，排污系统应保持通畅，排污池应设置防护措施和警示标志；

（2）应根据日常排污量和季节因素，设置排污周期，可根据季节变化调整排污周期；

（3）当站内设有脱硫装置，且脱硫塔内有脱硫剂时，禁止带压排污操作；

（4）每季度应对站内污物进行污物组分检测，分析确定污物来源及产生的原因；

（5）每年对排污池进行 1 次清理，排污处理物宜使用污物回收装置进行收集，委托有资质的处置单位定期回收处理，并做好相应记录存档；

（6）每半年应不少于 1 次检查放散装置的通畅情况，以及放散管基础的牢固情况。

12.3.2.5　阀门维护

燃气阀门的运行维护至少应包括下列内容：

（1）应对阀门及附件进行季节性检查；

（2）应每年对阀门进行 1 次启闭操作和维护保养，无法启闭或关闭不严的阀门，应及时维修或更换；

（3）每年应进行 1 次联动测试及电动启闭试验，更换齿轮箱润滑油；

（4）带电动、气动、电液联动、气液联动执行机构的阀门，应每半年检查 1 次测试执行机构的运行状态。

12.3.2.6　站控系统运行维护

门站站控系统的运行和维护，站内报警参数的管理至少应包括下列内容：

（1）门站应建立不少于 2 级的报警信息，并设置报警信息的处置程序，及时排查和处置报警信息，报警信息和处置应进行记录；

（2）警报限值设置应根据运行参数的调整及时变更，建立报警限值的修订机制，并对警报信息进行分类管理，定期分析改进，减少重复、误报情况。

12.3.3　防腐管理

一般情况下，燃气管道多采用地下埋设和架空敷设的方法，很容易受各种因素的影响而腐蚀管道。主要有地下土壤腐蚀、化学成分腐蚀和天然气中的腐蚀成分腐蚀三种原因。如果土壤具有较高的腐蚀性，管道的外壁就很容易遭到侵蚀，从而减少管道的使用时间。另外，如果燃气管道经过长时间的腐蚀，就会增加燃气管道泄漏的可能性，严重污染大气环境，甚至还会出现火灾、爆炸等一些危害性极高的事故，严重威胁着人民生命财产安全。所以，要提高燃气管道整体的防护效果，从而确保燃气能源稳定地传输，避免发生燃气管道泄漏事故。

据统计，80% 以上的燃气泄漏是由腐蚀导致的。

12.3.3.1　管道腐蚀防护措施

1. 防腐技术发展趋势

针对城市燃气不同压力级制管网及调压站面对的腐蚀问题，逐步开展腐蚀数据深度挖掘分析、阴极保护及排流改造技术应用研究、智能化及精细化管控技术等，系统地推进腐蚀风险评判及防控技术应用，保障燃气管网安全运营。

对于社区的低压管网而言，主要面临的腐蚀问题是阴极保护系统不完善而导致泄漏事故频发。基于以上问题，首先依据社区腐蚀泄漏事故量、社区特点（社区规模、施工难易等）、管道基本信息（服役年限、壁厚等）、管道腐蚀参数（防腐层、阴极保护、杂散电流干扰等），开展腐蚀风险分级研究；其次对社区埋地管道的阴极保护电流需求值、杂散电流干扰程度做出评估，通过数值模拟软件及现场实验设计阴极保护或排流方案，并建立基于社区的标准化阴极保护设计流程；最后通过监检测技术及腐蚀控制系统，实现中低压管网的数据采集、风险评价、防控设计应用、效能评估等智能化管控。

对于部分中压、次高压及以上管道，主要面临的腐蚀控制问题是杂散电流引起的阴极保护及防腐层失效、非开挖管段腐蚀风险评估及应力腐蚀风险等问题。基于以上问题，一是开展阴极保护有效性评估、防腐层性能退化趋势研究，形成阴极保护完善、防腐层修复等关键设备及技术。二是关注非开挖穿越管段的腐蚀风险，例如定向钻管道的阴极保护及防腐层有效性评级、顶管穿越管道受杂散电流干扰的腐蚀规律及风险评价方法等，并制订合理的风险防控方案，实现管网关键节点的精细化控制。三是开展杂散电流干扰评估及防控技术研究，针对地铁及高压线产生的干扰，在现有研究基础上优化干扰参数与腐蚀速率关联，形成更加直观及精准的腐蚀风险评估方法；针对高铁电气化铁路产生的干扰，由于行业内的前期研究基础薄弱，应充分利用 24h 杂散电流监测数据，分析高铁电气化铁路的干扰规律、腐蚀规律、腐蚀机理等，并制订适用于城镇燃气的腐蚀判别指标及干扰防护措施。四是应对特殊情况下的管网风险，如沉降或振动导致的应力风险、掺氢条件下管材性能及阴极保护指标变化等，逐步开展监检测技术、规律分析及风险评价等研究。

对于调压站而言，主要面临的腐蚀问题是站外管道干扰及阴极保护不完善而导致的腐蚀泄漏风险较大。针对以上问题，未施加区域阴极保护的调压站展开腐蚀数据收集，包括杂散电流干扰、土壤腐蚀、腐蚀速率等；开展调压站管道腐蚀风险系统评估；最终针对腐蚀风险较大的调压站开展区域阴极保护设计及施工技术研究，逐步推进厂站区域阴极保护智能化监控及参数调节，城市燃气腐蚀控制规划如图 12-5 所示。

2. 防腐措施

（1）涂层防腐措施

1）煤焦油瓷漆防腐涂层

这种措施有较好的防腐性能，低廉的材料成本，能对管道起到很好的保护作用，但其对温度的要求比较高，如果温度不符合标准，就无法达成防腐效果。

2）PE 双层防腐

这种防腐具有绝缘、绝水和耐高温等多种特点，由于它的防腐材料成本比较低，这种

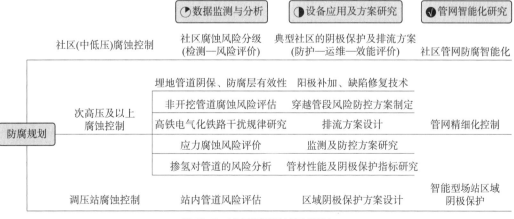

图 12-5　城市燃气腐蚀控制规划

防腐方法也存在很多问题，如果长期被紫外线照射，就会加快老化速度，这也是导致管道腐蚀的主要原因。所以，必须要根据实际的情况选择合适的防腐措施，特别要注意那些不利因素。

3）三PE防腐

三PE防腐是指挤压聚乙烯防腐层为三层结构，第一层为环氧粉末涂层，第二层为胶粘剂层，第三层为聚乙烯层，这三层结构称为三PE防腐。

这种防腐措施主要是利用环氧粉末，如果把环氧粉末涂在管道的表面上，就会起到一定的保护作用和防腐效果，三PE防腐比PE双层防腐效果更明显。与此同时，环氧粉末对环境具有较强的适应能力，所以得到了广泛应用。

（2）电保护法防腐措施

电保护法具体可以分为阴极保护和阳极保护。所谓阴极保护是指对金属管道加入定量的阴极电流，让金属管道的表面阴极化，将其称为电化学电池中的阴极，从而实现对表面的防腐。这种保护主要适用于管道处于水和土壤之中；而阳极保护跟阴极保护的原理相同，只是施加的电流不同，阳极电流会使金属的表面出现钝化现象，从而可以实现对管道的防腐。这种防腐保护主要用于燃气管道处于强酸、盐类等带来较强腐蚀性的环境下的防腐，而一般的燃气管道也不会置于这些强腐蚀的环境之下，同时阳极保护所需要耗费的成本较高，因此在实际的燃气管道防腐中一般只讨论电保护法中对管道的阴极保护。电保护法主要是针对钢管阴阳极进行的防腐保护，对钢管外加直流电源，使钢管形成阴阳两极保护，消除阴阳极差，减少对土壤电阻的依赖。

上述两种方法对于燃气管道的防腐能力都有一定的作用，但是，绝缘层防腐法仅起到一定的缓解作用，电保护法可以治本，二者都有自身优劣，所以在实际操作中将二者结合起来，可以起到更好的防腐蚀效果。

（3）非开挖探测防腐技术

随着科技的不断进步，燃气管道防腐技术除了绝缘层防腐蚀方法和电保护法之外，可以在不开挖深埋管道的情况下对钢管腐蚀情况进行探测。

这些方法有多频管中电流法、皮尔逊法、土壤腐蚀性检测、管道杂散电流检测，通过这些方式可以在燃气钢管防腐操作中有的放矢，对可能产生较强腐蚀的区域进行多重防腐，从而减少钢管腐蚀对整个管网造成的恶劣影响。

电流法和皮尔逊法主要用于非开挖燃气管道防腐层的探测，多频管中电流法多对外防腐层的整体质量进行评估，皮尔逊法则多用于对外防腐层破损进行检测和定位。

（4）耐腐蚀的管材

选择耐腐蚀的管材是最为基本的防腐技术，这同时也是从根本上提高管道防腐性，提高燃气管道使用寿命的方法。耐腐蚀的管材目前一般是指塑料管、铸铁管、玻璃钢管以及其他的非金属管道，而我国目前在非金属燃气管材的选择上主要是聚乙烯管。聚乙烯作为一种热塑性工程材料，可以实现多次的加工，同金属管材相比，聚乙烯同样具有燃气管道所要求的刚度、强度、柔韧性、抗冲击性、耐磨性以及重要的耐腐蚀性等性能，所以在聚乙烯管道的铺设中不需要防腐，这是我国目前在非金属燃气管道中应用最为广泛的管材。

（5）非金属涂层和包覆层法

这种防腐技术一般是针对地下管道而言的。由于埋地管道与土壤相接触，而土壤中所涉及的物质有很多，包括固体、气体以及液体三种形态。土壤中的水分都含有一定的矿物质盐，使土壤具备导电性而形成电解质。这种电解质会使浸没在内的金属释放正离子，从而产生电化学反应，这种电化学反应都会使处于阳极区的金属离子受到腐蚀，从而出现金属腐蚀现象。具体而言，就是通过对管道的非金属涂层和包覆层法对金属表面的绝缘处理，将电解质的土壤和管道分开，加大土壤电阻的数值，从而减小腐蚀电流，达到对管道防腐的目的。这种防腐涂料主要包括环氧煤沥青防腐层、聚乙烯防腐层、聚乙烯胶粘带防腐层以及石油沥青防腐层等。

12.3.3.2　防腐日常管理

防腐日常管理工作是一项漫长而又复杂的过程，在日常生活中，必须要加强管道防腐故障管理。在加装相关管道腐蚀处理工作的基础上，要做好相应的预防工作，严格记录管道的资料以及技术等一些相关内容，进行定期检测。检测的主要目的就是确保管道腐蚀防护的完整性，起到防护的作用，避免出现安全问题。

目前，行业内针对埋地钢质管道减缓腐蚀的主要方法是涂层和阴极保护。涂层与阴极保护联合的优越性：一是延长防腐层的保护寿命，消除破损造成穿孔的隐患；二是减小阴极保护电流的消耗；三是缩短阴极极化到保护电位的时间，使保护电位达到均匀分布，保护距离加长，是最经济有效的防腐措施。

钢质燃气管道腐蚀风险控制应根据材质类型、腐蚀来源，有效减缓措施进行针对性的风险管控，并建立腐蚀控制程序。

钢质燃气管道的外腐蚀以腐蚀防护系统完好性和环境腐蚀监控为主。（1）调整阴极保护系统防护腐蚀；（2）管体防腐层破损、焊缝补口损伤等引起的局部腐蚀以防腐层修复为主；针对杂散电流干扰引起的腐蚀，采用专项排查和综合防护方法控制；（3）针对内腐蚀，以增加内外检测、泄漏检测频率、介质腐蚀性控制等方式缓解。对于发现腐蚀但原因不明，或腐蚀需要跟踪的情况，采用在线监控方式。

钢质燃气管道防腐层发生损伤，必须进行更换或修补时，应充分考虑材料与敷设环境的适应性、与原防腐层材料的匹配性、现场沟下作业的可实施性，以及施工过程质量等因素，保证修复防腐层与原防腐层有良好的相容性，且不应低于原防腐层性能，防腐层验收应满足《埋地钢质管道腐蚀防护工程检验》GB/T 19285—2014 的要求。

燃气管道周边存在高压直流输电系统、直流牵引系统、高压交流输电系统、交流电气化铁路等杂散电流干扰源，且测试并确认对管道存在干扰和危害时，应采取与干扰程度相适应的防护措施，干扰严重或干扰状况复杂的场合可采取多种防护方式进行综合控制。

燃气管道阀门井应严防漏水、渗水，阀门井中的积水应及时排除，及时抽放燃气管道凝水缸积水，避免凝水缸受腐蚀，避免气液交界处的管道内腐蚀。

定期进行牺牲阳极巡检，检查测试装置形式、敷设位置和阳极类型等应与 GIS 图档一致，周围不得有影响操作的障碍物，测试桩应安装牢固、竖直，测试井应安装平整，接线盒中接线片、螺母等无缺失，电缆线连接牢固，牺牲阳极开路、闭路电位应正常，管道保护电流应正常，并按要求作好记录。

12.3.3.3　腐蚀控制数据管理

基于防腐层和阴极保护运维管理，收集防腐层检测数据、阴极保护检测数据、环境检测数据和抢修检测数据，包括阴极保护测试桩、恒电位仪、防腐层、土壤电阻率、杂散电流等项目的数据，如表 12-13 所示。

燃气管道腐蚀控制数据分类　　　　　　　　　　　　表 12-13

数据分类	数据名称	数据来源
管道基础数据	管道名称、管网编号、管材、管径、壁厚、服役时间、运行压力	管网建设竣工资料
防腐层数据	防腐层类型、厚度、使用年限、大修情况	管网建设竣工资料
	防腐层检测数据（防腐层电阻率和防腐层破损点）及检测报告、不同类型防腐层不同年代检测数据	防腐层检测报告
阴极保护数据	阳极类型、数量、布置	管网建设竣工资料
	管道阴极保护通/断电位、开路电位、接地电阻、输出电流、恒电位仪运行参数、阴极保护专项检测报告等	阴极保护检测报告
环境数据	土壤电阻率、氧化还原电位、pH、干扰源类型、管道直流电位（最大值、最小值、平均值）	防腐层检测报告和杂散电流检测报告
	与管道间距、排流地床类型、材质、数量、接地电阻、排流量	排流技改竣工资料
抢修数据	腐蚀泄漏时间、地点、位置（出土、底下等）、腐蚀形貌（表面粗糙或者光滑、形状、点蚀或者均匀腐蚀等）、腐蚀坑深度（或腐蚀速率）、腐蚀坑分布情况（在管道几点钟位置）	抢修报告

12.3.3.4　防腐层检测内容

防腐层检测以地面检测为主，可根据实际情况进行沿线探坑检测和周边环境检测。防腐层地面检测应检测管道防腐层破损点的位置并定位，检测计算管道防腐层绝缘面电阻。

（1）防腐层探坑检测：进行防腐层外观检查，观察防腐层外观是否出现变形、老化、破裂等现象。对防腐层黏接力检查，检查防腐层与管道之间是否有一定黏接力，或是否出现吸水或剥离现象。

（2）防腐层厚度检测：测量防腐层周圈厚度，选用仪器为涂层测厚仪。

（3）防腐层耐电电压测试：使用电火花检漏仪（或称涂层针孔检测仪）检测管道防腐层存在的缺陷。

（4）管道周边环境检测

主要检测土壤电阻率、腐蚀电流密度、平均腐蚀速率、土壤酸碱度、含水量、含盐率、氧化还原电位、管道自然电位、杂散电流。

（5）主要检测设备

如图 12-6 所示，防腐层主要检测设备有 PEARSON 法检测仪、PCM 检测仪、电火花检测仪和北斗定位设备等。

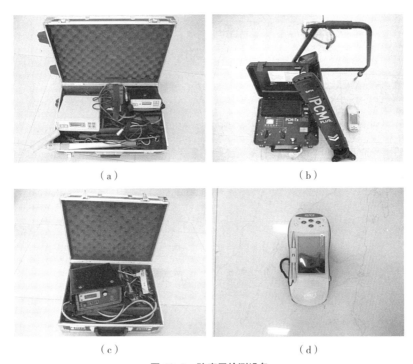

（a）　　　　　　　　　　　　　　（b）

（c）　　　　　　　　　　　　　　（d）

图 12-6　防腐层检测设备
（a）PEARSON 法检测仪；（b）PCM 检测仪；（c）电火花检测仪；（d）北斗定位设备

12.3.3.5　阴极保护检测

1. 一般规定

对燃气管道设置的阴极保护系统应定期检测，并应作好记录，检测周期及检测内容符合下列规定：

（1）牺牲阳极保护系统的检测每年不少于 2 次；

（2）电绝缘装置检测每年不少于 1 次；

（3）阴极保护电源检测每年不少于 6 次，且时间间隔不超过 3 个月；

（4）阴极保护电源输出电流、电压检测每日不少于 1 次；

（5）阴极保护极化电位应控制在 -1.25 ~ -0.85V 范围内；站场绝缘、阴极电位、沿线保护电位应每月测 1 次；管道防腐涂层、沿线自然电位应每一年检测 1 次；

（6）强制电流阴极保护系统应对管道沿线土壤电阻率、管道自然腐蚀电位、辅助阳极接地电阻、辅助阳极埋设点的土壤电阻率、绝缘装置的绝缘性能、管道保护电位、管道保护电流、电源输出电流、电压的参数进行测试；

（7）牺牲阳极阴极保护系统应对阳极开路电位、阳极闭路电位、管道保护电压、管道开路电位、单支阳极输出电流、组合阳极联合输出电流、单支阳极接地电阻、组合阳极接地电阻、埋设点的土壤电阻率等参数进行测试；

（8）阴极保护失效区域应进行重点检测，出现管道与其他金属构筑物搭接、绝缘失效、阳极地床故障、管道防腐层漏点、套管防腐层漏点、套管绝缘失效等故障时及时排除；

（9）检测单位应通过沿线每公里埋设电位测试桩，测量所辖管线的保护电位，测量时应携带便携式硫酸铜参比电极。当管道对长效参比电位测量值不正常时，利用便携式硫酸铜参比电极复测，仍有问题则需采用密间隔电位测试或直流电位梯度测试方法查找原因。对于采用牺牲阳极阴极保护的管道，除测量管道保护电位的同时，还应测量牺牲阳极的输出电流。由于管道涂层电阻率较高，管道极易遭受雷电感应，雷电、阴雨天严禁开展任何现场测试。

2. 系统维护

（1）电气设备的检查每周不得少于 1 次，有下列内容：检查各电气设备电路接触的牢固性，安装的正确性，元件是否有机械障碍。检查阴极保护站的电源导线，以及接至阳极地床、通电点的导线是否完好，接头是否牢固，保证完好，正常运行。

（2）阴极保护设施的日常维护。

（3）恒电位仪的维护。

（4）硫酸铜电极的维护。

（5）测试桩的维护。

（6）绝缘接头的维护。

（7）阳极地床的维护。

3. 主要检测设备

如图 12-7 所示，阴极保护检测装置有万用表、CIPS 检测仪和北斗定位仪、参比电极。

12.3.3.6　土壤腐蚀影响因素检测

1. 影响因素分类

由于土壤具有多相性和不均匀性，并且具有很多微孔可以渗透水及气体，因此不同土

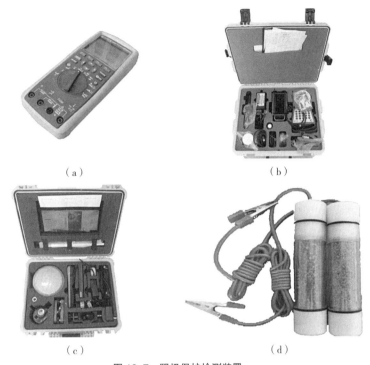

图 12-7　阴极保护检测装置

（a）万用表；（b）CIPS 检测仪；（c）北斗定位仪；（d）参比电极

壤具有不同的腐蚀性，又由于土壤具有相对的稳定性，使得土壤腐蚀和其他电化学腐蚀过程不同。

（1）土壤性质。土壤的孔隙度、含水量、电阻率、pH 以及含盐量等对土壤的腐蚀性有极大影响。

（2）杂散电流的影响。电车、电气化铁路、以接地为回路的输配电系统、电解装置等，在其规定的电路中流动的电流，其中一部分自回路中流出，导入大地、水等环境中，形成了杂散电流。当环境中存在埋地管线或金属构筑物时，杂散电流的一部分又可能流入、流出埋地管线或金属构筑物，产生干扰腐蚀。根据腐蚀干扰源的不同，可分为直流干扰和交流干扰。杂散电流腐蚀程度，要比一般的土壤腐蚀剧烈得多。

（3）土壤中的微生物的影响。硫酸盐还原菌生存在土壤中是一种厌氧菌，它参加电极反应，将可溶的硫酸盐转化为硫化氢，加速了腐蚀速度。

（4）温度影响。温度对腐蚀速度有很大影响，一般来讲，温度每升高 20℃，腐蚀速度加快 1 倍。

2.环境检测内容

土壤环境因素应包括下列内容：

（1）土壤环境的腐蚀性；

（2）管道钢在土壤中的腐蚀速率；

（3）管道相邻的金属构筑物状况及其与管道的相互影响；

（4）对管道产生干扰的杂散电流源及其影响程度。

3. 主要检测设备

如图 12-8 所示，环境检测所用到的主要设备有土壤腐蚀速率综合测试仪、杂散电流测试仪、摇表和 pH 计等。

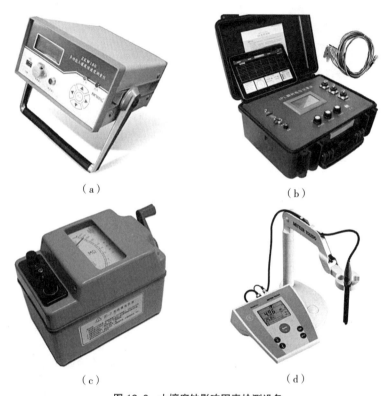

（a）   （b）

（c）   （d）

图 12-8　土壤腐蚀影响因素检测设备
（a）土壤腐蚀速率综合测试仪；（b）杂散电流测试仪；（c）摇表；（d）pH 计

12.3.3.7　杂散电流对阴极保护系统的影响

阴极保护系统以外的电流为杂散电流。如：直流电气化铁路、阴极保护系统及其他直流电源附近的管道就会受到杂散电流的影响。

1. 杂散电流的影响

杂散电流分直流和交流两种。杂散电流会对管道造成腐蚀，称为杂散电流腐蚀或干扰腐蚀。其腐蚀情况如下：

（1）当管道靠近其他管道的阴极保护站的辅助阳极时，电流在靠近辅助阳极处进入未被保护的管道，而在较远的地方流出，这样泄放点处便产生腐蚀。由于阴极保护站的辅助阳极仅占据了管道的一段位置，因此大多数管道就成了泄流点，受到阳极干扰腐蚀。据统计，100～200m 长的外加电流阳极装置，可产生相当广泛的电压峰，在距离阳极 100m 处，相对零位大地还存在 4% 的阳极电位，这会对未保护管道产生相当大的干扰。

（2）在阴极保护的管道附近的土壤电位较其他地区为低时，其他管道若经过该地区，则有电流从远端流入管道，而从这里流出，发生阴极干扰腐蚀。

（3）当一条管道靠近一个阴极保护站的阳极附近后，又经过阴极附近，处于这种情况，一是在阳极区附近获得电流，在某一部位泄放造成腐蚀；二是在远端拾取电流，在交点处泄放，而引起腐蚀。

（4）直流杂散电流的干扰腐蚀与杂散电流的电流强度成正比，即杂散电流的强度越大，引起的金属腐蚀就越严重。

（5）杂散电流的干扰腐蚀还会在阴极区引起析氢破坏，使管道外防腐层遭到破坏。

2. 杂散电流排流

杂散电流排流工作是十分重要和专业的一项工作。在采取相应排流措施前应做如下工作：

（1）测量干扰源；

（2）测量本地区土壤腐蚀情况；

（3）管地电位及其分布；

（4）流入、流出管道的干扰电流的大小和部位。

由于多数管道还未投入运行，因此杂散电流对管道的影响还是未知数，这就需要阴极保护施工单位具有丰富的经验和理论基础，要对现场情况进行调查，特别是管道投入运行后的调查。

3. 排流措施不当

如果排流措施不当会产生如下问题：

（1）排流不当将干扰危害转移，引起其他管道的腐蚀；

（2）排流点的选择是否正确，往往会影响排流效果；

（3）排流后，管道电位超过最大保护电位引起过保护或使保护电流损失引起管道腐蚀；

（4）对现场干扰情况不清楚，容易选择排流方法不当；

（5）排流工程运行后还应保证阴极保护的电位要求，需进行跟踪测试，如排流不当或跟踪测试服务不到位都会影响管道的正常运行。

综上所述，无论什么类型的干扰，任何用于减少干扰影响的方法，其结果都很难达到理想的程度，因此，排除杂散电流干扰的方法选择、参数设定、施工的严密性、排流装置的安全性、可靠性都会直接影响排流效果。选择专业的施工队伍、性能可靠的产品、优良的售后服务和技术支持至关重要。

12.3.3.8 防止地铁杂散电流腐蚀措施

地铁建设技术缺陷和绝缘装置老化，在地铁运行期间会产生杂散电流影响周边埋地钢制燃气管道。全国范围因杂散电流腐蚀造成埋地钢质管道腐蚀穿孔泄漏事故时有发生。有效措施包括：

（1）采用去除 IR 的管道极化电位作分析与评价（如测试片断电法）；

（2）极化电位平均值正向偏移时重点关注、安装绝缘法兰，使用牺牲阳极时可在流入区域牺牲阳极点上安装单向排流装置；

（3）极化电位平均值负向偏移时，不引起析氢反应；

（4）需要与地铁公司携手，努力做好防止地铁杂散电流腐蚀工作。

编制形成地铁杂散电流腐蚀干扰评定指标和方法，采取强制排流措施，设置远传监控，定期开展管道杂散电流干扰检测。建议地铁方面优化绝缘节导通设计和加强保护性钢轨电位限制器 OVPD 监控。

三条对策：（1）采用 PE 管，加强外防腐检测；（2）增加绝缘接头牺牲阳极在线检测；（3）加强级外防腐，异形管件采用粘弹体包覆，增设绝缘法兰绝缘接头，动态检测，安装二极管排流。

三点建议：（1）制订杂散电流排流回收方案；（2）轨交管线分享数据；（3）加强轨道排流减少杂散电流。

12.3.3.9 抢修检测内容

在因腐蚀破坏进行抢修抢险过程中，防腐专业管理单位应测试管线周边的土壤环境、防腐层情况、管体情况。并填写《抢修抢险现场管线状况调查表》。

对周边环境的检测：（1）土壤电阻率；（2）管道自然电位（或保护电位）；（3）杂散电流。

对防腐层的检测：（1）防腐层外观检查；（2）防腐层厚度；（3）防腐层粘结性检查；（4）对因腐蚀造成的管道泄漏，防腐专业管理单位在抢修后 5 个工作日内对泄漏地点附近 500m 内管道进行防腐层破损点检测。

对管体的检测：（1）管体厚度；（2）管体腐蚀坑形状、分布和腐蚀产物确定；（3）管体腐蚀坑大小和深度。

腐蚀抢修检测设备如图 12-9 所示，抢修检测设备主要有万用表、涂层测厚仪、金属测厚仪和北斗定位仪等。

12.3.3.10 防腐检测操作规程示例

根据《埋地钢质管道检测作业指导书》，防腐检测作业的作业程序、作业内容、操作程

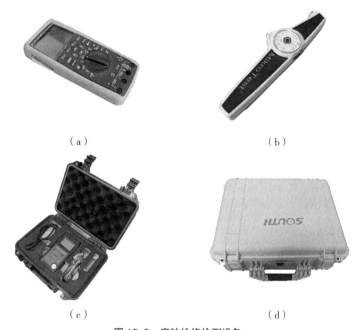

（a）　　　　　　　　　　　　　　（b）

（c）　　　　　　　　　　　　　　（d）

图 12-9　腐蚀抢修检测设备

（a）万用表；（b）涂层测厚仪；（c）金属测厚仪；（d）北斗定位仪

序及要求如表 12-14 所示。

防腐检测作业的作业程序、作业内容、操作程序及要求　　　　　　　　　表 12-14

作业 程序	作业内容	操作程序及要求
作业 准备	劳动防护 用品	穿戴符合规定的防静电服、鞋，操作作业应戴安全帽，恶劣天气应佩戴相应防护用品
	检测设备	防腐层地面检测仪、ZC-8 摇表、便携式 $Cu/CuSO_4$ 参比电极、数字万用表、铂金电极、CR-7 原位极化仪、防腐层测厚仪、电火花仪、金属测厚仪等
作业 中	管线前期 调研	（1）管线背景资料的收集，包括输送介质、运行压力级制、管线长度、管径、防腐层类型、投产年限、管线抢修事故情况等管线基础资料。 （2）现场采线，根据提供的管线图纸了解所检测管线的范围，并掌握范围内管线所有设施的情况，包括阀井、阴极保护测试桩、抽水缸、引入口及绝缘接头等
	架设检测 仪器	（1）发射机的连接：将发射机的输出线插入发射机后面的输出插座，输出线另一端接到被测管线的阀井、阴极保护测试桩、抽水缸、引入口或露出地面的管道上等处，另两根接地线夹在接地棒上，打入地下 1m 左右。 （2）在管道阀井、阴极保护测试桩、抽水缸、引入口或露出地面的管道等处架设信号前，应进行打磨使其露出金属光泽，并将输出线上的吸铁石吸附在管道上

续表

作业程序	作业内容	操作程序及要求
作业中	检测	（1）调整探头方向，使之与探杆垂直。将探杆上的连接器插入探管仪右侧的探头插孔中，按下仪器的"开"键，显示窗口中显示电池电压和测量信号值。 （2）管线定位方式的选择，按下模式键，定位方式三角指示灯在峰值法和零峰值法之间切换，根据需要选择一种定位方式。 （3）灵敏度的调节：在探测过程的一开始，一般选择低灵敏度进行探测。按下波段键，使灵敏度三角指向"低"，通过增益调节来提高或降低接收信号的强弱，使接收信号在500～800mV之间。如果在"低"挡，增益调节已调到最高而信号还不能达到要求时，则可选择灵敏度的"高"挡来检测。 （4）检测人员根据现场实际情况采集电位衰减数值，并记录。 （5）防腐层破损点的精确定位。 1）探管人员必须准确走在管道的正上方，以保证信号数据的采集准确。 2）采用横向法确定防腐层破损点的位置，再利用纵向法、等距回零法、固定电位比较法进行验证。 （6）检测人员携带检漏仪走在管线上方，当相邻采集点的电位衰减小于300mV时，检漏仪未发出报警声音，即可判断该段管线未发现防腐层破损点。当相邻采集点的电位衰减大于或等于300mV时，检漏仪发出报警声音，经核实后，即可判断该段管线有防腐层破损点。在现场利用参照物、喷漆、皮尺测量距离等相结合进行标注。在管线示意图上进行标注并将防腐层破损点的准确位置记录在《燃气管线防腐层破损点检测调查表》中。 （7）检测人员在检测过程中执行企业管网运行、维护、检修安全操作规程中"管道表面涂层检测安全操作规程"的要求
	土壤电阻率（等距法）	（1）用接地电阻仪测量土壤电阻率，检测后将数据填入《燃气管线腐蚀状况调查表》《土壤环境检测调查表》中。 （2）从地表至深度为 a 的平均土壤电阻率，四极法测试。图12-10中四个电极布置在一条直线上，间距 a 代表测试深度，电极入土深度应小于 $a/20$
	杂散电流测试	（1）采用便携式 $Cu/CuSO_4$ 参比电极、数字万用表测量土壤杂散电流。检测后将数据填入《燃气管线腐蚀状况调查表》《土壤环境检测调查表》中。 （2）参比电极埋地后，应浇水使其与土壤充分导通。 （3）参比电极稳定5min后，开始测量电位读数。 （4）每隔5min测取一次读数，最少测量3组数据，取最大值。 （5）当周边杂散电流干扰较大或干扰情况较为复杂时，可采取24h杂散电流监测的方式对管线周边杂散电流干扰波动情况进行采集
	土壤氧化还原电位测试	（1）采用铂金电极、SCE电极、氧化-还原电位测定仪测量土壤氧化还原电位。检测后将数据填入《燃气管线腐蚀状况调查表》中。 （2）先将5支铂电极分别插入待测土壤中，平衡1h后，铂电极接正极，插在附近土壤中的SCE接负极。 （3）打开仪器，在毫伏挡进行测定，读取数据，作好记录。 （4）氧化还原电位＝测量值＋参比电极电位值
	原位极化测试	（1）利用CR-7型原位极化仪检测腐蚀电流密度和平均腐蚀速率。检测后将数据填入《燃气管线腐蚀状况调查表》中。 （2）仪器的安装：用USB连接线将CR-7型原位极化仪与计算机相连，USB连接扁头接计算机的USB接口，方头接CR-7型原位极化仪后面板的插孔。将探头插入管道周围的土壤中。 （3）电极的连接：打开CR-7型原位极化仪的开关，并在计算机中运行原位极化程序，在计算机录入相应的探坑编号，探坑位置等相关的信息。待极化结束后，将相关检测数据填入《燃气管线腐蚀状况调查表》中

作业程序	作业内容	操作程序及要求
	土壤取样测试	土壤的 pH、土壤含水及含盐量等参数通过现场取土样，送实验室分析的方法取得，取样点为平均每公里 2 处，每处按管道的上、下部各取一样。具体取样方法执行实验室相关规范。实验室分析测试结束后获取检测报告
	阴极保护系统检测	包括测试桩法及密间隔电位法对管线阴极保护情况进行检测
	开挖检测探坑	（1）检测探坑的大小要视管道的大小而定，探坑处要露出管道 2 ～ 3m，且管底要距探坑底部 0.5m 以上。 （2）检测探坑的土方开挖执行企业工程施工安全操作规程中的"人工挖土、土方开挖技术安全操作规程"的要求
作业中	探坑检测	（1）防腐层厚度检测：利用防腐层测厚仪对探坑内防腐层进行厚度测试，每个坑不得少于三组数据，每组数据分上、下及侧面三个检测点进行。检测后将数据填入《燃气管线腐蚀状况调查表》中。 （2）防腐层耐电电压检测：首先用电火花仪对坑内管道用 1.5kV 电压进行扫描，其漏点超过 3 处确定其耐电电压为 1.5kV，如少于 3 处将仪器的放电电压调至 5kV，发现一处漏点确定其耐电电压为 5kV，如无漏点确定其耐电电压为合格。检测后将数据填入《燃气管线腐蚀状况调查表》中。 （3）管体检测：包括腐蚀产物分布、成分及腐蚀形态判断、腐蚀坑深测量、管体剩余壁厚测量等。 1）管体腐蚀形态评定： ①首先剥开外防腐层，其长度不小于 1m，并采用目测方式对腐蚀产物进行判别。将观察结果填入《燃气管线腐蚀状况调查表》中。 ②将露出的管体部分进行清洗。用目测方法确定其腐蚀形态，从而确定其为何种类型的腐蚀，并对其分布进行描述。腐蚀形态分为点蚀、均匀腐蚀及麻坑腐蚀等三种。将检测结果填入《燃气管线腐蚀状况调查表》中。 ③利用针入法对点蚀的坑深进行测量并对数量进行统计。 ④利用超声波金属测厚仪对管道的剩余壁厚进行测量，使用方法为直接读数法。每个探坑进行检测的数据不少于 5 组。每组分别对管顶、管底及"4、8"点四个测试点进行测试，统计其各部位的剩余壁厚及最小厚度。并将检测数据填入《燃气管线腐蚀状况调查表》中。 2）管地电位的测量：采用便携式 $Cu/CuSO_4$ 参比电极、数字万用表测量管地电位。检测后将数据填入《燃气管线腐蚀状况调查表》中。 3）拍摄：每个探坑拍摄。 ①拍摄开挖管段整体防腐层状况。 ②若存在防腐层破损点，清晰表现破损点形态（多处破损点应拍摄多张）。 ③去除防腐层后，拍摄管段整体。 ④若存在腐蚀现象，清晰拍摄腐蚀坑形态、腐蚀产物等（多处腐蚀痕迹应拍摄多张）
作业结束	防腐回填	（1）防腐补口。检测工作结束后，应对开挖点防腐层进行补口修复，补口操作方式执行《钢制管道防腐补口作业指导书》。 （2）土方回填。检测探坑的土方回填按照企业工程施工安全操作规程中的"人工回填土安全操作规程"的要求

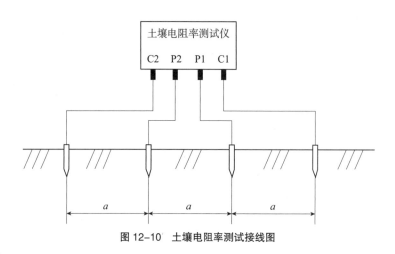

图 12-10 土壤电阻率测试接线图

12.3.4 第三方破坏

《城镇燃气管理条例》第三十七条规定：新建、扩建、改建建设工程，不得影响燃气设施安全。建设单位在开工前，应当查明建设工程施工范围内地下燃气管线的相关情况；燃气管理部门以及其他有关部门和单位应当及时提供相关资料。建设工程施工范围内有地下燃气管线等重要燃气设施的，建设单位应当会同施工单位与管道燃气经营者共同制订燃气设施保护方案。建设单位、施工单位应当采取相应的安全保护措施，确保燃气设施运行安全；管道燃气经营者应当派专业人员进行现场指导。法律、法规另有规定的，依照有关法律、法规的规定执行。

12.3.4.1 市政工程配合

接到市政工程配合指令后，应立即与市政工程建设单位取得联系，确定市政工程性质、工程建设方式、施工影响范围、工期进度等信息及配合需求。

（1）参加市政工程配合会议，建立三级对接机制、明确双方组织机构。整理并分发市政工程配合会议纪要；

（2）组织市政工程配合单位对燃气设施的数据进行核查，并做好管线警示标识；

（3）应提供市政工程建设单位燃气设施的坐标点、高程、压力、管径、管材、防腐、实际运营等情况；

（4）在市政工程配合过程中，依据实际情况进行综合分析调整日常巡视计划，如有需要应现场值守；

（5）在施工范围内涉及燃气管网设施应设置明显的警示标识（如自喷漆、警示牌、标识牌等），并以文字、影像、示意图等方式作好相应记录；

（6）协助建设方对核实的数据结果进行现场确认，填写市政工程配合记录，与建设单位、施工单位签署施工配合单，互留电话，且需确保联系方式 24h 畅通；

（7）如施工性质、区域、进度或施工单位变更时需提前 24h 通知市政工程配合人员，市政工程配合人员需立即落实各项变更情况，如施工单位变更的，需重新及时建立对接；

（8）如在施工配合区域内进行定向钻、钻孔、打桩、与燃气设施并行或交叉的施工，需提前 24h 通知市政工程配合人员，作业期间需现场监护；

（9）参加市政工程配合方案协调会，确定市政工程配合方案。配合方案应包括：

1）市政工程配合工作信息来源；

2）参会通知、会议签到、会议纪要等文件材料；

3）市政工程配合工作说明；

4）建设单位《燃气设施专项保护方案》《应急抢险预案》；

5）《市政工程配合记录表》《施工配合告知单》《市政工程配合方案》《应急抢险预案》；

6）市政工程配合中的宣传教育，在市政工程配合中的质量、安全的技术要求；

7）施工单位编制《燃气设施专项保护方案》；

8）编制《应急抢险预案》。

12.3.4.2　施工破坏信息报送

施工破坏信息报送：建设（施工）单位对燃气管线造成外力破坏的，属地单位到达现场后，应根据信息报送流程立即将现场详细情况送至属地公司，当班调度向企业、当地管委燃气办和城管执法部门举报并 2h 内提交施工配合举报报告，根据施工破坏情况，一旦发生应急抢险的，须根据企业《突发事件应急救援预案》中的相关应急处置流程进行操作。

12.3.4.3　施工工艺相关的保护要求

1. 沟槽施工与燃气管线的安全间距要求

（1）沟槽的深度与中、低压燃气管道的安全间距的比例不应超过 1∶1，与次高压燃气管道的安全间距的比例不应超过 1∶1.5。如遇特殊情况并采取妥善有效的保护措施，并经监护人员认可，可以适量缩小比例。（2）无论处于作业状态还是滞留状态，挖掘机、压装机械与大型施工机械必须与燃气管道保持 2m 以上的间距。

2. 沟槽围护要求

在燃气管道安全保护范围、安全控制范围内开挖沟槽施工，当沟槽深度（1.0m＜沟槽深度＜2.0m），应采用围檩撑，并间隔钢板桩支撑点；沟槽深度（2.0m≤沟槽深度＜3.0m），应采用满膛钢板桩支撑；沟槽深度（≥3.0m），应采用咬口板桩支撑。

3. 沟槽降水要求

在燃气管道安全保护范围、安全控制范围内进行沟槽降水，应加强沟槽维护，注意降水方式，并定期观察槽边土体状况。发现异常情况应立即停止降水，必要时采取加强防护措施。

4. 基坑施工与管线保护

基坑施工时必须对周边燃气管道进行保护，应根据基坑的类型、级别采取必要的防护措施。

（1）无支护基坑，其特点是：基础埋设不深，施工期较短，挖基坑时不影响邻近建筑物的安全。地下水位低于基底，或者渗透量小，不影响坑壁稳定性。主要形式为无支护基坑的坑壁形式分为垂直坑壁、斜坡和阶梯形坑壁以及变坡度坑壁。

（2）有支护基坑，其特点是：基坑壁土质不稳定，并且有地下水的影响。放坡土方开挖工程量过大不经济。容易受到施工场地或邻近建筑物限制，不能采用放坡开挖。

5. 基坑的分级

主要从其分级和支护形式两方面介绍。其中：

（1）基坑分级

基坑主要分为 4 级。

1）一级深基坑，其特点是：重要工程或支护结构做主体结构的一部分，开挖深度大于10m，与邻近建筑物、重要设施的距离在开挖深度以内的基坑，基坑范围内有历史文物、近代优秀建筑、重要管线等需要严加保护的基坑。

2）二级深基坑，其特点是：介于一级基坑、三级以外的基坑。

3）三级深基坑，其特点是：开挖深度大于 5m、小于 7m 且周围环境无特殊要求的基坑。

4）三级浅基坑，其特点是：开挖深度小于 5m 且周围环境无特殊要求的基坑。

（2）基坑的支护形式

基坑深度超过 5m 时应进行专项支护设计。基坑支护形式为：

1）基坑级别为浅基坑，支护形式：锚拉支撑、斜柱支撑、连续式垂直支撑、间断式水平支撑、断续式水平支撑、短柱横隔式支撑、临时挡土墙支撑。

2）基坑级别为深基坑，支护形式：土钉墙支护、钢板桩支护、水泥土墙支护、排桩内支撑支护、排桩土层锚杆支护、挡土灌注排桩、地下连续墙支护。

基坑施工时坑边荷载的高度不应超过 1.5m，距离应大于 1.2m。基坑施工与燃气管线的安全间距比例不应超过 1：1.2。基坑施工时应对周边燃气管线进行沉降监测。

6. 桩基础施工与管线保护

桩基础施工时必须对安全保护范围、安全控制范围内燃气管道进行保护，应根据桩基础施工对周边土体的扰动程度，采取必要的防护措施。

7. 爆破与管线保护

爆破作业时必须对周边燃气管线进行保护，应根据爆破方案和建筑物下座率，采取必要的防护措施。根据实际经验，建筑物下座率应控制在 0.2 倍建筑物高度以内。

爆破作业时，周边燃气管线的保护应符合爆破作业燃气管线保护要求：

管线与建筑物的净距离（大于下座率），保护要求：用 ≥ 20mm 的钢板（或用过道板）覆盖在燃气管位上，在钢板上覆盖 50cm 的缓冲层（袋装砂或袋装软土等）。

管线与建筑物的净距离（小于下座率），保护要求：影响管线必须搬迁，移出爆破区域外。

8. 盾构施工与管线保护

盾构施工应根据盾构与燃气管线的垂直距离、水平距离采取必要的防护措施。盾构施工时应控制掘进速率，避免周边管线产生异常位移。盾构施工时应对周边燃气管线进行沉降监测。

9. 桥梁施工与管线保护

桥梁施工时严禁将燃气管道埋设在挡土墙内，管道与挡土墙的间距应大于 2m。不得将燃气管道埋设在桥堍位置。

10. 承台施工与管线保护

承台施工时严禁燃气管道穿越承台，燃气管道与承台的净距离必须保证在 1m 以上。承台开挖深度与燃气管道的安全距离的比例不应超过 1 ∶ 1。

12.3.4.4　分级监护

地下管线应根据燃气管线重要性和管道外损风险等因素进行分级监护。

1. 地下管线监护分级标准

燃气管道设施重要性评价应根据燃气管道设施压力、口径、供应用户的规模和重要性等因素进行综合评价。燃气管道设施重要性评价分为 4 个等级：

等级 1，其分级属性为：次高压管线、调压站，口径大于或等于 500mm 中压管线，任务保障期间涉及供气保障的燃气管线，涉及大用户供气保障的燃气管线，涉及 10000 户以上居民供气的燃气管线。

等级 2，其分级属性为：口径大于或等于 200mm、小于 500mm 的中压管线，口径大于或等于 300mm 低压管线，涉及学校、医院、养老院、政府机关供气保障的燃气管线，涉及 3000 ～ 10000 户居民供气的燃气管线。

等级 3，其分级属性为：口径小于 200mm 的中压管线。

等级 4，其分级属性为：口径小于 300mm 的低压管线。

2. 燃气管道设施外损风险评价

应根据安全保护范围、安全控制范围内，第三方施工可能对燃气管道设施造成损坏的风险大小等因素进行综合评价。燃气管道设施外损风险评价分为 4 个等级：

等级 1，其分级属性为：在燃气设施安全保护范围内敷设管道，从事打桩、挖掘、顶进作业等。在燃气设施安全控制范围内进行深基坑、大口径（口径大于或等于 1000mm）掘进、爆破作业等施工。在燃气设施安全控制范围内长距离（100m 以上）定向穿越施工。

等级 2，其分级属性为：与运行中的燃气管线存在相交情况的施工。在燃气设施安全控制范围内建造建筑物或者构筑物，从事打桩、挖掘、顶进作业。在燃气铸铁管道安全控制范围内敷设管道，从事打桩、挖掘、顶进作业等动土施工。在燃气设施安全控制范围外但可能对管线造成影响的深基坑施工、爆破作业等。

等级 3，其分级属性为：在燃气钢管、PE 管道安全控制范围内敷设管道，从事打桩、挖掘、顶进作业等动土施工。路面铣刨、加罩和开道口等不涉及道路基础层且燃气管线在安全深度以内的施工。

等级 4，其分级属性为：对燃气管线无影响的第三方施工。一般指施工范围水平或垂直在安全控制范围以外的施工工程。

3. 燃气地下管线监护等级评价

管线监护等级应根据燃气管道设施重要性等级和外损风险等级进行综合评价评定，从高至低分为四级，1 级最高。原则上管线监护等级评定后，不能随意降级。确需降低监护级别的，需由权属单位的相关部门负责人审批后方可相应降级。

4. 监护周期确定

燃气地下管线监护（巡线）应根据监护评价结果确定监护周期。

监护评价等级 1，监护（巡线）周期：不少于每天 2 次。

监护评价等级 2，监护（巡线）周期：不少于每天 1 次。

监护评价等级 3，监护（巡线）周期：不少于每周 2 次。

监护评价等级 4，监护（巡线）周期：不少于每周 1 次。

除按监护评价等级确定的周期落实监护外，当施工单位根据现场施工情况电话通知监护时，监护人员必须及时到场监护，必要时向上级申请增派人员加强监护或延长监护时间。

12.3.5 燃气管道更新

燃气管道更新是一个复杂的过程，需要考虑各种因素，包括管道材质、尺寸、使用年限、腐蚀情况等。以下是一些常见的燃气管道更新方法：

更换全新管道：这种方法适用于严重损坏或老化无法修复的管道。更换全新管道是最彻底的方法，但也是成本最高的一种。

修复旧管道：对于仍能使用的旧管道，可以通过内衬修复或更换部分管道的方法来恢复其功能。这些方法可以在不需要完全更换管道的情况下恢复管道的功能，成本相对较低。

升级管道材料：一些旧管道可能由于材质不佳或制造工艺落后而出现问题。通过更换更高质量的管道材料，可以提高管道的使用寿命和可靠性。

加强管道保护：对于暴露在室外的管道，可以通过增加保温材料、涂覆防腐涂层等方法来保护管道，减少腐蚀和损坏。

在进行燃气管道更新时，需要考虑到各种因素，包括成本、时间、安全等。同时，更新过程中需要遵循相关的安全规定和技术标准，确保施工质量和安全。在完成更新后，还需要进行严格的检查和测试，以确保新管道的安全性和可靠性。

《国务院办公厅关于印发城市燃气管道等老化更新改造实施方案（2022—2025 年）的通知》（国办发〔2022〕22 号）指出，城市（含县城，下同）燃气管道等老化更新改造是重要民生工程和发展工程，有利于维护人民群众生命财产安全，有利于维护城市安全运行，有利于促进有效投资、扩大国内需求，对推动城市更新、满足人民群众美好生活需要具有十分重要的意义。

12.3.5.1　燃气管道更新原则

（1）市政管道与庭院管道。全部灰口铸铁管道；不满足安全运行要求的球墨铸铁管道；运行年限满 20 年，经评估存在安全隐患的钢质管道、聚乙烯（PE）管道；运行年限不足 20 年，存在安全隐患，经评估无法通过落实管控措施保障安全的钢质管道、聚乙烯（PE）管道；存在被建构筑物占压等风险的管道。

（2）立管（含引入管、水平干管）。运行年限满 20 年，经评估存在安全隐患的立管；运行年限不足 20 年，存在安全隐患，经评估无法通过落实管控措施保障安全的立管。

（3）厂站和设施。存在超设计运行年限、安全间距不足、临近人员密集区域、地质灾害风险隐患大等问题，经评估不满足安全运行要求的厂站和设施。

（4）用户设施。居民用户的橡胶软管、需加装的安全装置等；工商业等用户存在安全隐患的管道和设施。

12.3.5.2　燃气管道非开挖管道修复技术

1. 基本原理

燃气管道非开挖管道修复是指在对旧管道内壁进行预处理后，置入新的内衬，以解决管道腐蚀、泄漏、破损等缺陷，并延长其使用寿命的施工方法。既可进行整体修复，也可进行局部修复。

燃气管道非开挖修复技术在国外兴起较早，修复方法多达百余种，主要方法有：插管法、改进插管法、管片法、螺旋缠绕法、CIPP 法、喷涂法等。按管道结构更新程度分为：结构性修复、半结构性修复、功能性修复；按原管道内壁与内衬管外壁的结合方式，管道修复分为：间隙式修复、紧贴式修复、粘贴式修复；按修复后管道功能或要求（压力、流量）是否提升，管道修复分为：升级式修复、非升级式修复。

2. 主要燃气管道非开挖修复工法

我国城镇燃气管道的非开挖修复始于20世纪90年代中期，随着我国城镇化建设快速发展和超年限管道的增加，燃气管道的非开挖修复技术备受重视，虽起步较晚但发展迅速。

城镇燃气管道有以下特点：多为环状、枝状，阀门、三通及凝水缸等管件密布、管道变径较普通；由于投资来源复杂，设计、施工、验收标准往往参差不齐；周边环境复杂，环境的改变有时为突变，杂散电流干扰很普遍且严重；日常管理侧重于巡线检漏，即使发现问题，涉及市政管理多方面，处理复杂，隐患往往无法及时消除。

因此，大部分非开挖修复技术不适用于老旧燃气管道的修复，目前主要应用于燃气管道修复的非开挖技术：

（1）裂管法（Pipe Bursting）是以待更换的在役管道为导向，用裂管器将在役管道切开或胀裂，使其胀扩，同时将PE管拉入在役管道的修复工艺。图12-11为裂管法示意图。

（2）插管法（Slip Lining）是采用牵拉或顶推的方式在旧管内置入直径稍小的内衬管，并向旧管和内衬管之间的环向间隙灌注浆液的管道修复方法。图12-12为插管法示意图。

（3）折叠管内衬法（"Fold-and-Form" Lining）是在将内衬管置入旧管之前，先使折叠变形，置入旧管之后再使其恢复原状，以达到新管和旧管之间的紧密贴合修复方法。图12-13为管道折叠示意图。

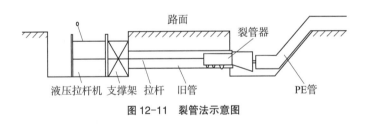

图12-11 裂管法示意图

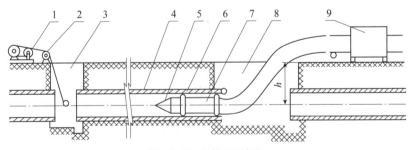

图12-12 插管法示意图

1—卷扬牵引机组；2—定滑轮；3—接收坑；4—原管道；5—牵引头；6—PE管保护环；
7—PE管；8—工作坑；9—PE管焊接操作箱

（4）翻转内衬法（Cured-in-Place Pipe，CIPP）是将浸渍树脂的纤维增强软管或编织软管通过翻转的方式置入旧管道内，使带有树脂胶粘剂的一面面对旧管的内壁，并被紧贴在管壁上，然后在常温下使树脂固化形成管道内衬，该方法示意图如图 12-14 所示。

图 12-13　管道折叠示意图　　　　　　　　　　图 12-14　翻转内衬法示意图

上述工法的主要技术参数如表 12-15 所示。

燃气管道非开挖修复工艺参数对比表　　　　　　　　　　　　表 12-15

	插管法	裂管法	折叠管内衬法	翻转内衬法
修复管道材质	钢、铸铁、PE、PVC、水泥	钢、铸铁、PE、水泥	钢、铸铁、PE、水泥	钢、铸铁、PVC、水泥
修复类型	结构性修复	结构性修复	非结构性修复	非结构性修复
修复管径（mm）	$DN80 \sim DN600$	$DN100 \sim DN400$	$DN100 \sim DN400$	$DN100 \sim DN1000$
修复后输送能力	小一级	可提升	减损 20%	无减损
清理技术	机械拉膛清理	不需	机械拉膛清理	高压水清理→喷砂清理
一次施工长度（m）	≤ 300	≤ 100	≤ 300	≤ 400
过弯能力	无	无	无	连续 90° 弯头
修复施工环境温度（℃）	5 ~ 30	5 ~ 30	5 ~ 30	0 ~ 35
修复后运行压力（MPa）	≤ 0.4	≤ 0.4	≤ 0.4	≤ 3.0
占用场地	100m² 以内	30m² 以内	100m² 以上	30m² 以内

3. 燃气管道非开挖修复技术应用情况

经过 20 多年的研发，我国燃气管道修复技术取得很大的进步，随着技术进步、成本降低，燃气管道非开挖修复技术应用越来越广、工程量越来越大（图 12-15），其中裂管法由于自身特点，工程量较少。

关于城镇燃气管道的特点，上文已经说明了，表 12-16 为燃气管道非开挖修复技术主要工艺优缺点对比表。

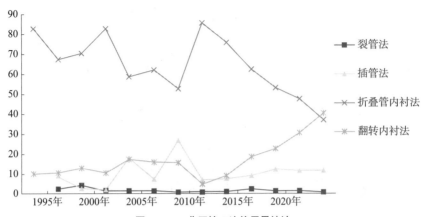

图 12-15 非开挖工法使用量统计

燃气管道非开挖修复技术主要工艺优缺点对比表　　　　　　　　　　表 12-16

	裂管法	插管法	折叠管内衬法	翻转内衬法
优势	(1) 允许使用大一级管道替换原有管道; (2) 不需管道清理	(1) 内衬管不依赖原有管道密封性; (2) 可修复较长直管段的管道; (3) 所需设备较少	(1) 维持管网的容量; (2) 可修复较长直管段的管道	(1) 可修复高压管道; (2) 保持管道容量; (3) 可修复带弯头的管道
劣势	(1) 对周边土壤振动较大,原管道碎片对其他设施和建筑物存在风险; (2) 原管道碎片对新更换管道产生破坏风险高; (3) 弯头处需挖坑; (4) 分支需要通过开孔后再连接; (5) 单段修复距离较短	(1) 减少管道容量; (2) 需清理和检查原管道; (3) 弯头处需挖坑; (4) 分支需要通过开孔后再连接; (5) 定位燃气泄漏点困难	(1) 内衬管与原管道间燃气密封性可能存在问题; (2) 需清理和检查原管道; (3) 依赖原管道力学性能; (4) 弯头处需挖坑; (5) 分支需要通过开孔后再连接; (6) 定位燃气泄漏点困难	(1) 需严格清理和检查原管道; (2) 依赖原管道力学性能

目前,主要的燃气管道修复工艺已经成熟,并且有完善的施工和验收标准体系,已经成功修复了近千公里隐患管道。

4. 燃气管道非开挖修复新技术

目前大多数非开挖修复技术只适用于针对钢制、铸铁等金属燃气管道,而适合于 PE 管的修复技术目前在国内较少。国内燃气行业的 PE 管使用量还是较大的,随着管道寿命的逐渐临近,大量的 PE 管道也就面临与钢制管道同样的修复需求。因此,双层覆膜技术应运而生。双层覆膜内衬技术施工示意图如图 12-16 所示,双

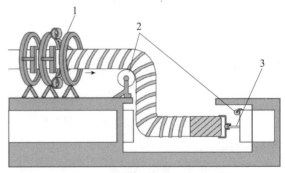

图 12-16　双层覆膜内衬技术施工示意图
1—压"U"设备;2—滑轮;3—万向节牵引力

层覆膜技术工艺参数如表 12-17 所示。

双侧覆膜工艺施工原理：将衬材压成 U 形牵引穿入待修复管道，加压复原后，法兰连接内衬和原有管线，以达到修复目的。

工艺施工流程包括：开挖、支护、管道清理、工作段衬材安装、工作段连接、压力测试、保护套管安装、回填恢复等。

双层覆膜技术工艺参数　　　　　　　　　　　表 12-17

修复管径	$DN80 \sim DN400$
修复压力	1.6MPa
材料材质	聚氨酯 / 聚乙烯（双面膜） 高抗涤纶复丝纱（织物）
材料厚度	约 5mm
管段连接	SaniGrip® 设备（法兰、其他保护件等）
其他特点	单段修复距离长（700m）、有一定过弯能力（45°）

（1）工艺流程

1）开挖、支护：其工作场景如图 12-17 所示。

2）管道清理：其工作步骤如图 12-18 所示。

（a）　　　　　（b）　　　　　（c）　　　　　（d）

图 12-18　管道清理工作步骤

图 12-17　开挖、支护工作场景　　（a）海绵球通球；（b）高压水清理；（c）钢刷拉镗清理；（d）钢挂拉镗清理

3）工作段衬材安装：工作段衬材安装步骤如图 12-19 所示。

4）工作段衬材连接：工作段衬材连接如图 12-20 所示。

5）压力试验。

压力试验：严密性和强度试验的手段，图 12-21 为压力测试设备连接方式。

6）保护套管安装。

在中间工作坑安装保护套管，安装保护套管如图 12-22 所示。

7）回填恢复。

（2）工程案例：泉州某燃气管道非开挖修复的双层覆膜内衬技术工程，其工程概况如表 12-18 所示。工程现场如图 12-23 所示。

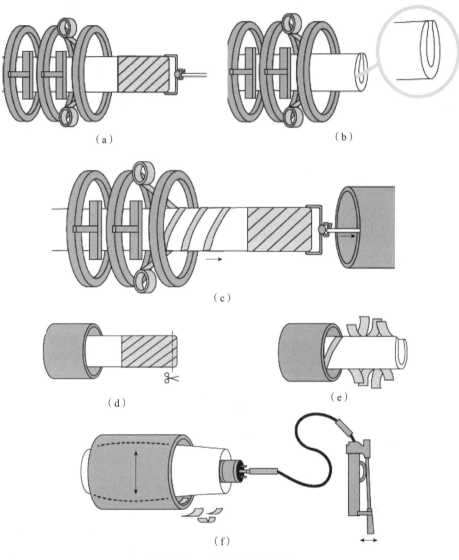

图 12-19　工作段衬材安装步骤

（a）将衬材压成"U"形，连接绞盘；（b）将衬材牵引通过待修复管道；（c）衬材拉入管道；（d）拆除管口密封；
（e）拆除固定胶带；（f）放入球囊，加工复原

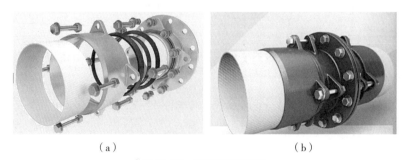

图 12-20　工作段衬材连接

（a）衬材连接卡具；（b）卡具间法兰连接

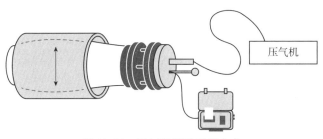

图 12-21　压力测试设备连接方式　　　　图 12-22　安装保护套管

工程概况　　　　　　　　　　表 12-18

项目	内容
建设时间	2004 年
设计规格	*DN*400
设计压力	0.4MPa
输送介质	天然气
母管管材	钢骨架聚乙烯塑料复合管材（SPE）
改造长度	720m
改造说明	该管段由于原有 SPE 管材问题，导致热熔接口处漏气。管段所处位置为交通干道，开挖修复拆迁量大、施工困难、造价高昂，因此需采用非开挖技术修复。管段为 PE 管，管段存在多个 45°弯头，因此采用插入法或折叠管内衬法需要在弯头处开挖工作坑，加大施工难度，且插入新 PE 管会降低介质流量；由于母管为 PE 材质，翻转内衬法胶粘剂无法粘结；因此，选用法兰连接的双层覆膜技术修复

图 12-23　双层覆膜技术工程现场

12.4　液化石油气安全运行要点

12.4.1　液化石油气安全运行

液化石油气安全运行内容主要包括以下几个方面：

（1）确保液化石油气钢瓶经过技术监督部门检验合格，确保液化石油气钢瓶的正确使用和安全存放。

（2）液化石油气钢瓶不能存放在卧室、地下室内，要远离明火和高温，气瓶应直立放稳、放平。

（3）连接钢瓶与灶具的胶管两端必须用喉箍箍紧，燃气灶摆成水平状，钢瓶与灶具外侧的距离不得小于0.5m，胶管长度不得超过2m。

（4）燃气灶具点火时，应先打开钢瓶上的角阀，再点燃灶具。使用完毕后，应关闭燃气灶具和液化石油气钢瓶角阀。

（5）当换气时，装卸调压器要仔细检查调压器前端的密封胶圈，否则不可使用，安装调压器时，应拧紧调压器手轮，并应打开钢瓶角阀检查接口是否漏气。

（6）液化石油气灶具使用时，应有人照看，避免沸汤、沸水浇灭灶火或被风吹灭灶火，造成液化石油气泄漏。

（7）液化石油气钢瓶因瓶内液体减少，压力小，火焰不旺时切勿用火烤或加热液化石油气钢瓶。

（8）燃气泄漏遇到明火时，会引发火灾或爆炸，应该立即停用，关闭阀门，打开门窗通风，切勿触动电话或使用明火。

12.4.2　液化石油气安全检查

液化石油气安全检查内容主要包括以下几个方面：

（1）气瓶是否"一瓶一码"，产权单位与灌装单位是否一致。

（2）是否向未签订《供气合同》的用户提供瓶装燃气服务。

（3）软管是否长于2m或短于0.5m，胶管间是否留有连接件。

（4）燃气器具与气瓶间距是否小于1.5m。

（5）软管是否老化或破损。

（6）燃气软管是否穿墙或埋地（必要时穿墙时，是否加装套管保护）。

（7）是否使用不合格的燃气器具、燃气胶管或减压阀。

（8）是否使用已达到报废年限的燃气器具、燃气胶管或减压阀。

（9）炉具是否为液化石油气专用。

（10）是否与管道燃气混用。

（11）燃气器具附近是否存放或使用易燃、易爆等危险物品；餐饮企业瓶库是否有挡鼠板及换气扇。

（12）液化石油气钢瓶是否放置于密闭、狭小空间内；是否倒置、倾倒使用钢瓶。

12.4.3　液化石油气瓶装供应站运行

《城镇燃气设施运行、维护和抢修安全技术规程》CJJ 51—2016 中第 7.4【瓶装供应站和瓶组气化站】液化石油气瓶装供应站的安全管理应符合下列规定：

（1）空瓶、实瓶应按指定区域分区存放，并应设置标志。瓶库内不得存放其他物品，漏气瓶或其他不合格气瓶应及时处理，不得在站内存放。

（2）气瓶应直立码放且不得超过两层，50kg 规格的气瓶应单层码放，并应留有不小于 0.8m 的通道。

（3）气瓶应周转使用，实瓶存放不宜超过 1 个月。

12.4.4　液化石油气运输安全

液化石油气运输安全的要求和措施包括不限于：

（1）运输工具必须符合国家和劳动部门的有关规定，液化石油气运输车的压力安全阀、紧急切断阀、防静电接地链等安全附件必须齐全、符合安全技术要求，并应在运输途中经常检查，保持灵敏可靠。

（2）液化石油气运输车辆必须配置符合规定的防火帽和消防器材，以及两具以上 5kg 以上的干粉灭火器或 3kg 以上 1211 灭火器。

（3）运输液化石油气的车辆应配置两具以上 5kg 以上的干粉灭火器或 3kg 以上 1211 灭火器。

（4）装卸液化石油气前，应先开启瓶口阀，用压力较低的气体吹除管路内的空气，再向液化石油气罐注入蒸气或氮气。

（5）装卸液化石油气时，必须先开启放散管，用蒸气或氮气置换后，方可装卸。

运输液化石油气的车辆必须配有押运人员，并且不得与其他货物混载，运输途中不得停留。

（6）汽车槽车运输液化石油气前应认真检查车况，不得携带其他易燃、易爆物品。途中通过立交桥、涵洞、隧道等重要的公路交通设施，应注意标高，限速行驶，不得停留；进入城市郊区应按当地公安机关规定的行车时间、行车路线限速行驶，不得通过重要的公共场所和闹市。

（7）如遇雷雨天、液压异常、附近着火，以及其他威胁装卸安全的因素，汽车槽车应停止装卸作业。

（8）卸液后，车辆应停放在专用的汽车槽车库房内，不得在其他场所随意停放。

在液化石油气的运输过程中，必须严格遵守国家和劳动部门的有关规定，采取有效的安全措施，确保运输的安全和可靠性。

12.5　人工煤气安全运行要点

由于人工煤气具有易燃、易爆和毒性等三大危害特性，容易发生火灾、爆炸和中毒事故，是工厂的重大危险源和污染源之一。为了保证人工煤气（以下简称煤气）设施安全运行和职工生命健康，必须对其进行严格的安全管理。

12.5.1　煤气安全制度

（1）煤气设备、设施明确管理区域，建立与健全煤气安全生产责任制；

（2）煤气安全标准化作业建设、指导书；

（3）煤气设备、设施要有完整的设备、技术档案管理制度；

（4）对各种主要的煤气设备、阀门、放散管、管道支架等进行编号管理，在煤气管理室挂有煤气工艺流程图，并标明设备及附属设施的编号；

（5）对从事煤气工作人员进行安全知识教育和技术操作培训，并经考试合格后方准独立工作，对职工操作技能定期复试；

（6）煤气设施的操作人员定期进行体检，并作好记录，不符合要求的不得从事煤气作业；

（7）对煤气工艺设备、设施进行日常的、定期的和系统的安全检查和评价；

（8）煤气的危险源分级管理和控制；

（9）安全阀、防爆阀等应定期进行检查、校验；反映、显示和控制系统运行安全状况必要设施的各种仪表、信号及报警、自控装置应定期校验，保证灵敏准确；

（10）对煤气危险区的危险物质浓度定期进行测定；

（11）煤气设备动火作业，要有安全措施和动火许可证。

每个生产、供应和使用煤气的企业，必须设有由企业安全管理部门领导的煤气防护站或煤气防护组，经常组织检查煤气设备及其使用情况，协助组织煤气中毒、着火、爆炸事故的抢救和救护，审查和监护各种带煤气作业，以及制止违反煤气安全规程的危险工作等。

《工业企业煤气安全规程》GB 6222—2005规定：煤气防护站应设有煤气急救专用电话；防护站应设有化验室、氧气充填室、教育室、救护设备储存室和修理室等，并配有氧气呼吸器、通风式防毒面具、氧气泵、自动苏生器、隔离式自救器、担架、各种有毒气体分析仪、防爆测定仪以及供煤气危险作业和抢救的其他设施等。

12.5.2　煤气设备与管道附属设施安全要求

1. 燃烧装置

煤气的燃烧装置，通常称为煤气火嘴。煤气与空气的混合速度是决定燃烧速度、温度与火焰性质的主要因素。为防止煤气燃烧时回火、脱火等发生事故时，避免事故的发生和扩大，《工业企业煤气安全规程》GB 6222—2005 规定：当燃烧装置采用强制送风的燃烧嘴时，煤气支管上应安装逆止装置或自动隔断阀，在空气管道上应设泄爆膜；燃烧装置的煤气、空气管道应安装低压报警装置；空气管道的末端应设有放散管，放散管应引到厂房外。

2. 隔断装置

煤气隔断装置是重要的生产装置，也是重要的安全装置。对煤气管道用的隔断装置的基本要求如下所述。

（1）安全可靠。生产操作中需要关闭时能保证严密不漏气；检修时切断煤气来源；没有漏入停气一侧的可能性。

（2）操作灵活。煤气切断装置应能快速完成开、关动作，适应生产变化的要求。

（3）便于控制。能适应远程、集中自动化控制操作的要求。

（4）经久耐用。配合煤气管道使用的煤气切断装置必须考虑耐磨损、耐腐蚀，保证较长的使用寿命。

（5）维修方便。隔断装置的密封、润滑材料和易损件应能在煤气正常输送中进行检修，日常维护中便于检查，能采取预防或补救措施。

（6）避免干扰。其开关操作不妨碍周围环境，也不因外来因素干扰而无法进行操作或功能失效。

常用隔断装置有：插板、闸阀、密封蝶阀、水封、眼镜阀、扇形阀、旋塞、盲板。

（1）插板。插板是可靠的隔断装置。现用插板已将原来的硬密封改为胶衬软密封的电动叶形插板和密封预压式插板。

安装的插板、管道底部离地面的净空距：金属密封面的插板不小于 8m，非金属密封面的插板不小于 6m，在煤气不易扩散地区需适当加高，封闭式插板的安设高度可适当降低。

（2）闸阀。闸阀是使用较为广泛的切断装置，但因严密性差，必须与水封或盲板联合使用，或与眼镜阀联合使用，才可以成为安全可靠的切断装置。

所用闸阀的耐压强度应超过煤气总体试验的要求；煤气管道使用的明杆闸阀，其手轮上应有"开"或"关"的字样和箭头，螺杆上应有保护套。安装闸阀时，应重新按出厂技术要求进行严密性试验，合格后才能安装。

（3）密封蝶阀。密封蝶阀不能作为可靠的隔断装置，只有和水封、插板、眼镜阀等并用时才是可靠的隔断装置。

密封蝶阀的公称压力应高于煤气总体严密性试验压力；单向流动的密封蝶阀，在安装时应注意使煤气的流动方向与阀体上的箭头方向一致；轴头上应有开、关程度的标志。

（4）水封。因水封制作、操作和维护较简便、投资少而得到较为普遍的应用。

水封只有装在其他隔断装置之后并用时，才是可靠的隔断装置。水封的有效高度为煤气计算压力加500mm。水封的给水管上应设U形给水封和逆止阀。煤气管道直径较大的水封，可就地设泵给水，水封应在5～15min内灌满。禁止将排水管、满流管直接插入下水道，水封下部侧壁上应安设放散管、吹扫用的进气头和取样管。

（5）其他切断装置。眼镜阀应安装在厂房外，不宜单独使用，应设在密封蝶阀或闸阀后面。

旋塞一般用于需要快速隔断的支管上，其头部应有明显的开关标志。用于焦炉的交换旋塞和调节旋塞应用20kPa的压缩空气进行严密性试验，经30min后压力降不超过500Pa为合格。试验时，用全开和全关两种状态试验。

盲板主要适用于煤气设施检修或扩建蔓延的部位。盲板应用钢板制成并无砂眼，两面光滑，边缘无毛刺；盲板厚度按使用目的经计算后确定；堵盲板的地方应有撑铁，便于撑开。

3. 放散装置

放散管可分为吹扫煤气放散管和调压煤气放散管。

吹扫煤气放散管是煤气设备和管道置换时的吹刷装置，其作用是使煤气设备和管道内部不存在煤气与空气（氧）的混合爆炸性气体。在煤气设备和管道的最高处、煤气管道以及卧式设备的末端、煤气设备和管道隔断装置前等均应安设吹扫用的煤气放散管。放散管口必须高出煤气管道、设备和走台4m，离地面不小于10m。放散管的阀门前应有做爆炸试验用的取样管。放散管口应采取防雨、防堵塞措施。煤气设施的放散管不能共用。禁止在厂房内或向厂房内放散煤气。

调压煤气放散管应安装在净煤气管道上，并设有点火装置和灭火设施。其管口高度应高出周围建筑物，距地面不小于30m，山区可适当加高；所放散煤气必须点燃。

4. 冷凝水排水器

目前，工厂副产煤气大多采用湿式净化工艺，煤气管道输送的是水蒸气饱和的煤气，还含有煤气流携带的机械水，以及酚、氰、萘、油雾等杂质和固体尘粒，因此在管道输送过程中产生大量的冷凝液。冷凝液较多时，造成煤气压力异常波动，甚至会造成输送停止等严重后果。特别是焦炉煤气中萘是冷凝液中主要的凝聚物，在输送过程中，萘结晶后与焦油蒸气形成稠度大的胶体粘贴在管壁，降低煤气流通面积，甚至会堵塞管道。因此，每200～250m的间距应设置一个排水器，排水器水封的有效高度为煤气计算压力加500mm。

煤气管道冷凝液的排放，应考虑到冷凝液所含有害成分的危害。焦炉煤气冷凝液中含有挥发酚、硫化物、氰化物、苯等有害物质，因此其排放必须符合国家有关的职业安全健康和环境保护有关的法律法规和标准的要求。另外，冷凝液中的溶解气体，排放时随压力降低会释放出来，其中一氧化碳、硫化氢、氨、苯、甲苯和酚等，经呼吸道会造成中毒；苯、酚易被皮肤吸收；二氧化碳、甲烷和乙烯等易滞留在不通风处，使人窒息；局部还可能达到爆炸范围，有引起着火、爆炸的危险。因此，煤气管道排污区域应视为煤气危险区域来管理，其排放不得与生活下水道相连通，并限制在就地或有限范围内集中处理。

《工业企业煤气安全规程》GB 6222—2005 规定：排水器设在露天的，在寒冷地区应有防冻措施，对于室内的应有良好的自然通风。排水器应设有清扫孔和放水的闸阀或旋塞；每只排水器均应设检查管头；溢流管口应设漏斗；排水管应设闸阀或旋塞；两条或两条以上的煤气管道及同一煤气管道隔断装置的两侧，宜单独设置排水器，如设同一排水器，其水封有效高度按最高压力计算。

5. 补偿器

煤气管道补偿可采用自然补偿和补偿器补偿。

自然补偿如采用 L 形、Z 形等布置形式，管道可在固定点区段内自由变形，受部分半铰接支架约束，采用近似悬臂架或摇摆支架。

补偿器有波形、鼓形、方形、填料形等。补偿器安装时应进行冷紧，以便发挥补偿器的作用，减少管道安装补偿器数量。

补偿器宜选用耐腐蚀材料制造。带填料的补偿器，需有调整填料紧密程度的压环；补偿器内及煤气管道表面应经过加工，厂房内不得使用带填料的补偿器。

6. 泄爆阀

泄爆阀是煤气、空气系统运行重要的安全设施。泄爆阀安装在煤气设备易发生爆炸的部位；泄爆阀应保持严密，泄爆膜的设计应经过计算；泄爆阀端部不应正对建筑物的门窗。

7. 其他

（1）蒸气管、氮气管。煤气设备及管道在停送煤气时需用蒸气和氮气置换煤气或空气、在短时间内保持煤气正压力、用蒸气扫除萘、焦油等沉积物时应安装蒸气管或氮气管接头。

蒸气管或氮气管接头应安装在煤气管道的上面或侧面，管接头上应安装旋塞或闸阀；为防止煤气串入蒸气或氮气管内，只有在通蒸气或氮气时才能把蒸气管或氮气管与煤气管道连通，停用时必须断开或堵盲板。

（2）管道标志和警告牌。厂区主要煤气管道应标有明显的煤气流向和种类的标志。所有可能泄漏煤气的地方均应挂有提醒人们注意的警告标志。

（3）梯子、平台。煤气设施的人孔、阀门、仪表等经常有人操作的部位，均应设置固定平台。平台、栏杆和走梯的设计应遵守《固定式钢梯及平台安全要求 第 1 部分：钢直梯》

GB 4053.1—2009、《固定式钢梯及平台安全要求 第 2 部分：钢斜梯》GB 4053.2—2009、《固定式钢梯及平台安全要求 第 3 部分：工业防护栏杆及钢平台》GB 4053.3—2009 的有关规定。

（4）人孔、手孔。在闸阀后、较低的管段、膨胀器或蝶阀组附近、设备顶部和底部、煤气设备和管道需经常入内检查的地方，均应设置人孔。人孔直径应不小于 600mm，直径小于 600mm 的煤气管道设手孔时，其直径与管道直径相同。人孔盖上应根据需要安设吹扫管头。

12.6 小结

本章就城镇燃气系统安全运行管理的风险、隐患的分级分类内容，人员管理，巡检和设备维护的操作规程，以及防腐、第三方破坏、管线修复等涉及安全管理的全过程进行了详细的介绍，同时加入了液化石油气和人工煤气安全运行的要点，作为多种类气源企业开展相关工作的参考依据。

燃气企业的安全运行管理是保障燃气安全供应的重要环节，需要建立完善的安全管理制度：包括燃气安全供应、燃气设施维护、事故应急处理等方面的制度，并确保制度的贯彻执行。

加强燃气设施的检测和维护：燃气设施是燃气安全供应的基础，燃气企业应加强燃气设施的检测和维护，定期进行巡检和检修，及时发现和处理设施故障和隐患。

培训和选拔合格的操作人员：燃气操作人员是保障燃气安全供应的关键，燃气企业应加强操作人员的培训和选拔，确保操作人员具备必要的专业知识和技能，能够正确、安全地操作燃气设施。

落实安全防护措施：燃气企业应落实安全防护措施，包括安装燃气报警器、配置消防器材、设置安全警示标志等，以保障燃气设施的安全运行和操作人员的安全。

开展安全检查和评估：燃气企业应定期开展安全检查和评估，对燃气设施、操作人员等进行检查和评估，及时发现和处理安全隐患，确保燃气安全供应。

总之，燃气企业的安全运行管理需要从制度建设、设施检测和维护、人员培训和选拔、安全防护措施落实、质量监控、应急处理机制建立、安全检查和评估等方面入手，全面提升燃气安全供应水平。

着重强调：《城镇燃气管理条例》第四十一条规定，燃气经营者应当建立健全燃气安全评估和风险管理体系，发现燃气安全事故隐患的，应当及时采取措施消除隐患。燃气管理部门以及其他有关部门和单位应当根据各自职责，对燃气经营、燃气使用的安全状况等进行监督检查，发现燃气安全事故隐患的，应当通知燃气经营者、燃气用户及时采取措施消除隐患；不及时消除隐患可能严重威胁公共安全的，燃气管理部门以及其他有关部门和单位应当依法采取措施，及时组织消除隐患，有关单位和个人应当予以配合。

第十七条第 1 款规定：燃气经营者应当向燃气用户持续、稳定、安全供应符合国家质量标准的燃气，指导燃气用户安全用气、节约用气，并对燃气设施定期进行安全检查。

第三十五条规定：燃气经营者应当按照国家有关工程建设标准和安全生产管理的规定，设置燃气设施防腐、绝缘、防雷、降压、隔离等保护装置和安全警示标志，定期进行巡线、检测、维修和维护，确保燃气设施的安全运行。

本章参考文献

[1]　国家市场监督管理总局，国家标准化管理委员会. 职业健康安全管理体系 要求及使用指南：GB/T 45001—2020[S]. 北京：中国标准出版社，2020.

[2]　全国人民代表大会常务委员会. 中华人民共和国安全生产法（2021 年修订）[Z]. 北京：全国人民代表大会常务委员会，2021-06-10.

[3]　国家安全生产监督管理总局. 安全生产事故隐患排查治理暂行规定：安全监管总局令第 16 号 [Z]. 北京：国家安全生产监督管理总局，2007-12-28.

[4]　住房城乡建设部. 住房城乡建设部关于印发城镇燃气经营安全重大隐患判定标准的通知：建城规〔2023〕4号 [S]. 北京：住房城乡建设部，2023-09-21.

[5]　北京市人民代表大会常务委员会. 北京市燃气管理条例（2020 年修订）[Z]. 北京：北京市人民代表大会常务委员会，2020-09-25.

[6]　上海市人民代表大会常务委员会. 上海市燃气管理条例（2016 修订版）[Z]. 上海：上海市人民代表大会常务委员会，2016-06-23.

[7]　中华人民共和国住房和城乡建设部 中华人民共和国国家质量监督检验检疫总局. 城镇燃气工程基本术语标准：GB/T 50680—2012[S]. 北京：中国建筑工业出版社，2012.

[8]　中华人民共和国住房和城乡建设部. 城镇燃气管网泄漏检测技术规程：CJJ/T 215—2014[S]. 北京：中国建筑工业出版社，2016.

[9]　中华人民共和国住房和城乡建设部. 城镇燃气设施运行、维护和抢修安全技术规程：CJJ 51—2016[S]. 北京：中国建筑工业出版社，2016.

[10] 中华人民共和国国务院. 城镇燃气管理条例：国务院令第 583 号公布根据 2016 年 2 月 6 日《国务院关于修改部分行政法规的决定》修订 [Z]. 北京：国务院，2016-02-06.

[11] 中华人民共和国建设部，中华人民共和国劳动部，中华人民共和国公安部. 城市燃气安全管理规定 [Z]. 北京：建设部、劳动部、公安部令第 10 号发布，1991-03-30.

[12] 中华人民共和国住房和城乡建设部. 城镇燃气埋地钢质管道腐蚀控制技术规程：CJJ 95—2013[S]. 北京：中国建筑工业出版社，2014.

[13] 中华人民共和国国家质量监督检验检疫总局，中国国家标准化管理委员会. 埋地钢质管道阴极保护技术规范：GB/T 21448—2017[S]. 北京：中国建筑工业出版社，2017

[14]　国家市场监督管理总局 国家标准化管理委员会. 埋地钢质管道阴极保护参数测量方法：GB/T 21246—2020[S]. 北京：中国标准出版社，2020.

[15] 中华人民共和国住房和城乡建设部. 城镇燃气管道非开挖修复更新工程技术规程：CJJ/T 147—2010[S]. 北京：中国建筑工业出版社，2011.

[16] 国家安全生产监督管理局. 工业企业煤气安全规程：GB 6222—2005[S]. 北京：中国标准出版社，2006.

第 13 章　城市燃气突发事件应急处置

燃气供应系统是城市生命线工程，对于城市燃气行业，建立健全各种预警和应急机制，提高应对突发事件和风险的能力，采取科学有效的应急处置技术和方法，才能应对突发事件。当事故发生时，采取紧急、有效的应急处置措施，是减少人员伤亡、减轻经济损失的最佳选择。

　　本章根据国家安全生产和应急管理政策、城市燃气行业规范法规探讨燃气突发事件应急处置任务及流程、应急响应任务与协调处置原则、应急处置专业技术措施与实践，旨在明确燃气经营企业应急响应的任务及要求，介绍应急处置技术及应急供气的经验与实践，为燃气行业科学应急提供参考。

13.1　燃气突发事件应急处置任务及基本流程

13.1.1　事故应急管理各阶段任务

　　事故应急管理包括预防、预备、响应和恢复四个阶段，如图 13-1 所示，这四个阶段循环往复，每个阶段有不同的任务和要求。

1. 预防

　　预防是指在事故之前，采取措施，防止发生意外事件，避免应急行动。

　　预防工作是长期任务，包括制定安全法律法规、安全规划、安全技术标准和规范、强化安全管理措施，对员工、管理者进行安全相关的培训，对社区民众进行安全宣传与教育等。

　　在生产经营活动中，预防应贯穿在日常的生产活动中，必须坚持"安全第一、预防为主、综合治理"的方针，防范风险隐患上升为事故。

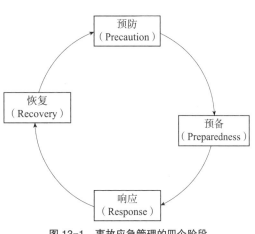

图 13-1　事故应急管理的四个阶段

对于燃气经营企业，通过日常的运行、维护、维修和更新改造等工作，保证燃气系统及设施的正常运行，是预防事故发生的重要手段。

2. 预备

预备又称准备，是在突发事件发生前进行的工作；主要包括建立应急响应系统，整合应急队伍及装备、物资，并使其处于良好的状态，制订应急预案，定期进行应急演练，提高应急响应能力；能够随时准备应对突发事件，开展应急处置。

应急准备应包括针对可能发生的各类事故，为迅速、科学、有序地开展应急行动而预先进行的思想准备、组织准备、物资准备及信息网络系统。

3. 响应

响应又称反应，是在突发事件发生后，有关组织或人员快速采取的应对行动。

响应的目的是通过发挥预警、疏散、应急处置、搜寻和营救并提供避难场所和医疗服务等紧急事务功能，控制事态，将事故造成的人员伤亡、财产损失和环境破坏的后果降到最低。

对于不同的行业和机构，根据其职能，应急响应的具体任务会有所不同。一些突发事件可能还需要多部门协同响应。

燃气行业应急响应的任务主要包括：组织应急队伍，使用专业的技术装备，运用专业的技术技能，对燃气系统实施有效的控制；阻止燃气泄漏，防止着火爆炸，及时修复损坏的管道和设备设施，减少人员伤亡和财产损失。

4. 恢复

恢复工作应在事故处置后尽快开始，它的首要任务是使事故影响的生产系统或地区恢复基本的功能与服务；然后继续工作，使受影响的区域恢复到正常状态。

恢复工作包括事故损失评估、清理废墟、食品供应、提供避难场所和其他装备。长期恢复工作则包括生产系统及厂区重建、社区的再发展以及实施安全减灾计划等。恢复工作基本完成以后，即进入新的预防阶段。

对于燃气行业，在突发事件应急处置结束后，城市燃气主管部门应立即组织相关企业对受突发事件影响损毁破坏的设备和设施进行修复或重建，并争取在最短时间内恢复生产、供应，防止产生新的灾害。恢复工作还包括涉事区域全面的安全检查、修复后的测试、恢复供气等。

按照《中华人民共和国安全生产法》（以下简称：《安全生产法》）提出的"安全第一，预防为主，综合治理"的方针，在生产实践活动中，"预防"事故的发生，避免突发事件是应急行动重中之重的工作。但当发生突发事件时，快速启动应急"响应"，科学应对，有效处置，可以达到减少人员伤亡、减轻事故后果的目的。因此，对于应急处置工作，要给予足够的重视。

13.1.2　应急处置政策要求与优先原则

1. 应急处置政策要求

应急处置各项工作均应依法依规，遵守国家相关政策要求；各部门、单位按照职能分工，承担相应的应急任务。

（1）突发事件应对法

《中华人民共和国突发事件应对法》（以下简称：《突发事件应对法》）中将突发事件划分为自然灾害、事故灾难、公共卫生事件和社会安全事件四大类。按照其社会危害程度、影响范围等因素，自然灾害、事故灾难、公共卫生事件分为特别重大、重大、较大和一般四个等级。

突发事件发生后，政府和相关单位、部门应在第一时间组织开展应急处置和救援工作，控制事态，采取应急处置措施，努力减轻事件造成的人员伤亡和财产损失，消除损害；突发事件的威胁和危害基本得到控制或者消除后，还应当及时组织开展事后恢复与重建工作，尽快恢复生产、生活、工作和社会秩序。

《突发事件应对法》中对燃气行业提出的具体要求包括：

1）突发事件发生后，应迅速控制危险源，标明危险区域，封锁危险场所，划定警戒区，实行交通管制以及其他控制措施；采取其他防止危害扩大的必要措施；立即抢修被损坏的供气等公共设施；保障燃料等基本生活必需品的供应；

2）社会安全事件发生后，应对特定区域内的燃料、燃气供应进行控制。

（2）城镇燃气管理条例

《城镇燃气管理条例》（2010 年 11 月 19 日中华人民共和国国务院令第 583 号公布，根据 2016 年 2 月 6 日《国务院关于修改部分行政法规的决定》修订）中规定，管道燃气经营者对其供气范围内的市政燃气设施、建筑区划内业主专有部分以外的燃气设施，承担运行、维护、抢修和更新改造的责任。因突发事件影响供气的，应当采取紧急措施并及时通知燃气用户。

燃气安全事故发生后，燃气管理部门、安全生产监督管理部门和公安机关消防机构等有关部门和单位，应当根据各自职责，立即采取措施防止事故扩大；燃气经营者应当立即按照本单位燃气安全事故应急预案启动应急响应，组织抢险、抢修。

在应急响应中，当有多种措施可供选择时，应选择有利于最大限度地保护公民权益的措施。

2. 突发事件应急响应优先原则

突发事件的应急响应、应急行动应遵循优先原则，即人员的生命安全优先、防止事故扩展优先、保护环境优先。

（1）生命至上、人员安全优先原则

《安全生产法》规定，安全生产工作应当以人为本，坚持人民至上、生命至上，把保护人民生命安全摆在首位。

生产经营单位的应急行动要遵循员工、应急响应人员和民众的生命安全优先原则；所有的应急响应要科学合理，应急措施应保障现场人员安全；员工和应急响应人员应注意自救互救，合理避险。

生产经营单位的主要负责人和安全生产管理人员必须具备与本单位所从事的生产经营活动相应的安全生产知识和管理能力。应急指挥人员不得违章指挥和强令他人冒险作业。

（2）控制事态、防止事故扩展优先原则

事故应急响应行动的根本目的是防止事态扩大，努力减轻事故后果，减少人员伤亡和财产损失。因此，应急行动应以控制事态、防止事故扩展为优先原则。

对于燃气行业，事故处置应以对燃气设施实施有效控制，采取措施防止发生次生灾害，将事故损失降到最低为标准。

（3）保护环境优先原则

一些突发事件，可能造成能量或有毒有害物质意外释放，污染环境。因此，在应急行动中应坚持保护周边环境优先原则，避免在事故处置中对环境造成破坏。

燃气泄漏或燃烧事故一般不会造成环境污染，事故处置中仍然要注意对周边环境的保护。

13.1.3　应急响应任务

当发生与燃气厂站、管道设施或用户相关的突发事件时，各部门单位应当根据各自职责，快速应对；燃气供应单位应承担信息报告、先期处置和保障供应等职责。

燃气突发事件应急响应的任务主要包括：

1. 信息收集与报告、指令传递、消息发布等

燃气供应单位应当迅速收集突发事件相关信息，调取设计、运行、维护等方面的技术资料；按照程序要求向燃气行业主管、应急管理、公安消防等管理机构通告或报告；事故报告应当及时、准确、完整，任何单位和个人对事故不得迟报、漏报、谎报或者瞒报；保证信息及沟通渠道通畅，应急指令的传递顺利；协同安排媒体应对，适时安排信息发布。

2. 事态研判与应急处置决策

针对突发事件，事发单位应迅速启动应急响应，视事态的性质和程度，做出预防和处置的措施和建议，并进入相应防范级别的应急状态。燃气经营者应组织专业管理与技术人员，对事态的性质和严重程度迅速做出初始判断；燃气供应单位应当根据已有信息、指令，综合实际情况，做出研判；依据已有的应急预案，做出应急处置的决策，努力减少事故造成的危害后果。

3. 划定警戒区域，提出疏散要求

燃气经营单位遇突发事件，应指派应急人员，迅速到达现场，核实情况；在燃气泄漏的现场，应根据现场的燃气浓度、周边环境、风速风向等因素，隔离事故现场，确认危险区域的范围及边界，划定警戒区；预测事故发展趋势以及可能造成的危害，提出人员疏散要求并报告现场应急指挥人员；协助政府及相关部门，通知可能受到事故影响的单位和人员采取紧急避险措施，实施或协助交通与道路管控，协助组织现场无关人员的撤离。

4. 应急处置与修复

燃气经营单位应迅速启动应急响应，采取技术措施，对管辖的燃气管道及设施、燃气气源实施有效管控；配合消防等部门对燃气泄漏、火灾、爆炸等进行处置；迅速修复损坏的燃气管道及设施；采取必要措施，防止事故危害扩大和次生、衍生灾害的发生；燃气经营单位根据实际情况和本单位的应急能力，可以请求邻近或其他专业的应急救援队伍参加应急处置；燃气供应单位无法保障正常供应燃气，严重影响公共利益的，燃气行政管理部门应当采取必要的措施，保障燃气安全供应；根据需要，可以采取法律、法规规定的其他应急救援措施。

在事故抢修过程结束后，应组织落实对抢修环境的恢复，尽量减少对当地生态环境的影响；对抢修施工现场的污染源进行清理，避免造成对周围环境的次生污染。

5. 与相关部门配合，保护现场、留存证据

政府相关部门应当根据事件等级，按照应急预案和各自职责与业务范围，密切配合，做好燃气安全突发事件的指挥、处置工作；涉及入户抢险处置作业的，还可能需要社区物业等单位配合；燃气经营单位应根据需要，向参加救援处置的应急队伍提供必要的技术资料、信息和处置方法，协同完成应急任务。在应急处置中，应注意维护事故现场秩序，保护事故现场和相关证据；对涉事的技术资料、巡检维修记录等应及时留存备查。

13.1.4 应急响应基本流程

燃气突发事件应急响应基本流程图如图 13-2 所示。

1. 突发事件应急响应的起始

突发事件应急响应的起始点通常为"事件报告"和"相关部门指令"两类：在突发事件发生以后，如果无人报告，应急队伍不会做出任何响应。当接到"事件报告"开始，应急队伍应在"第一时间"作出响应；在某些情况下，当"相关部门指令"发出后，不管是否发生了燃气事故，燃气经营单位也必须按照上级要求做出预警或应急响应准备。应急队

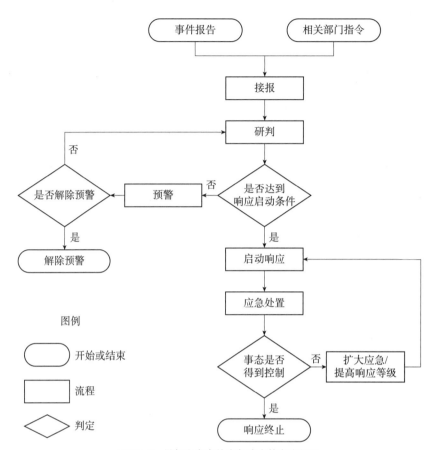

图 13-2 燃气突发事件应急响应基本流程图

伍的响应速度及水平应记录并考量。

事件信息来源可以包括：

（1）社会各界通过燃气经营单位设置并向社会公布的24h应急值守电话，报告突发事件相关信息；

（2）燃气经营单位通过城市管网监控系统随时监测分析所辖站点、管道运行状态，并收集报告报警信息；

（3）燃气经营单位运行维护人员通过巡检，发现异常并报警；

（4）政府有关部门通过专用信息通道，向燃气经营单位发布报警、预警信息；

（5）通过其他各种渠道，转达、传递到燃气经营单位的报警信息。

2. 预警

"预警"是应急响应准备的状态之一，应纳入应急响应流程。在"预警"过程中，应随时观察、补充新的信息，根据事态发展、指令或实际情况，判断是否可以结束预警或进入应急响应状态。

3. 事态控制情况判断

在应急处置过程中应随时对"事态是否得到控制"进行判断。当"事态未得到有效控制",需要新的应急队伍参加应急响应时,应"扩大应急",通知相关单位或部门参与应急处置;需要在本单位内部提高应急响应等级时,应进入"升级响应"状态,并迅速启动新的"应急响应"。

4. 应急处置

"应急处置"是燃气突发事件应急响应中的重要环节。应急处置的原则包括在确保安全的前提下开展应急处置工作,组织应急人员进行燃气浓度检测及环境监测、危险区域的划定封锁、危险源控制等;必要时通知并配合属地政府及相关部门,提出受影响人员的疏散与交通管制要求,采取有效的技术措施,防止事态扩大。应按照应急预案要求,落实抢修和控制事态发展的安全技术措施,杜绝违章指挥、违章作业。针对不同事件的"应急处置"措施应在预案或现场处置方案中作出具体规定。

5. 响应终止

"响应终止"的条件应清晰明确,应根据应急处置实际情况,在确定事态已经得到有效控制、危险解除后才能宣布"响应终止"。应急预案中应明确规定,哪些指挥人员可以对不同级别的事件宣布"响应终止"。

依照国家及地方的相关规定,突发事件发生到应急处置结束,全过程应进行信息报告、公开及相关消息发布,要做到实事求是、客观公正、内容翔实、及时准确。

应急响应结束后,燃气经营单位应对燃气供应系统及环境进行恢复;对事件原因和应急响应过程进行分析、总结;对应急救援能力与装备等进行评估,整理、留存事件文档、资料等。

13.1.5　突发事件的分级标准

《突发事件应对法》中规定,按照事件造成的社会危害程度、影响范围等因素,将突发事件分为特别重大、重大、较大和一般四个等级。

国家对突发事件分级的依据是事件造成的后果;对于生产安全事故,可以据此对涉事单位和相关人员做出处罚决定。在国家突发事件等级划分的标准基础上,一些省市和行业,会结合当地实际情况或行业特点,制订本地区或本行业的突发事件分级标准,方便在实际中执行。

对于燃气经营单位,非常现实的一个问题是:燃气突发事件发生后,初始阶段信息量有限,人员伤亡及财产损失情况无法统计、知晓。在不能准确确定突发事件等级的情况下,需要根据已知的、不完全信息,对事件的危害后果和紧急程度作初步研判,从而决定应急资源投入的强度，快速做出应急响应决策，进行应对和处置，以达到控制事态、控制燃气设施，减少人员伤亡、减轻事故后果的目的。

燃气经营单位突发事件的初始分级，是根据对燃气突发异常情况和可能后果的判断，为了快速、准确、科学应对突发事件，编制的应急决策参考；其编制目的和依据与国家和地方突发事件分级有本质的不同。

燃气突发事件结束后，仍然要根据其造成的实际损失及影响，按照国家和地方的相关规定进行事件的最终定级。

2023 年 6 月 21 日，宁夏回族自治区银川市某烧烤店发生燃气爆炸事故。据官方统计，事故共造成 38 人伤亡，其中 31 人经抢救无效死亡、7 人受伤，事故定性为"特别重大事故"。

1. 某市燃气突发事件分级标准

对于燃气供应系统，衡量事故后果的严重程度时，还应考虑是否影响用户正常供气和事件造成的社会影响等。

某市燃气突发事件应急预案中给出的城市燃气突发事件分级标准是：

城市燃气事故按其可控性、严重程度和影响范围，分为四个级别：特别重大城市燃气事故（Ⅰ级）、重大城市燃气事故（Ⅱ级）、较大城市燃气事故（Ⅲ级）、一般城市燃气事故（Ⅳ级）。

1）特别重大城市燃气事故（Ⅰ级）：造成 30 人以上死亡，或造成 3 万户以上城市用户连续停止供气 24h 以上的。

2）重大城市燃气事故（Ⅱ级）：造成 10 ~ 30 人死亡，或造成 1 万户以上 3 万户以下城市用户连续停止供气 24h 以上的。

3）较大城市燃气事故（Ⅲ级）：造成 3 ~ 10 人死亡，或造成 5000 户以上 1 万户以下城市用户连续停止供气 24h 以上的。

4）一般城市燃气事故（Ⅳ级）：造成 1 ~ 3 人死亡，或造成 5000 户以下城市用户连续停止供气 24h 以上的。

2. 燃气经营单位突发事件初始分级

对于燃气经营单位，发生燃气突发事件后，应依据初始情况对事件做初步分级，并启动相应级别的应急响应。事件的初始分级是根据最初报告和可能得到的有限信息作出的判断结果，主要用于指导突发事件的分级应对。

燃气经营单位可以参照国家与地方相关文件，依据企业运行管理和应急经验，根据突发事件初始信息，推断、预测突发事件可能造成的危害程度、可控性和社会影响范围等因素进行燃气突发事件初始分级。

燃气突发事件初始分级可以分为四级：Ⅰ级：特别重大燃气突发事件；Ⅱ级：重大燃气突发事件；Ⅲ级：一般燃气突发事件；Ⅳ级：普通燃气突发事件。

某燃气企业突发事件初始分级及分级条件如表 13-1 所示。

燃气企业突发事件初始分级及分级条件　　　　　　表 13-1

事件级别	Ⅰ级（特别重大燃气突发事件）	Ⅱ级（重大燃气突发事件）	Ⅲ级（一般燃气突发事件）	Ⅳ级（普通燃气突发事件）
分级条件	供气系统发生突发事件，造成2万户（含）以上居民停止供气	居民用户停气数量在1万（含）至2万户（不含）；高等院校的公共食堂连续停气24h（含）以上	居民用户停气数量在300户（含）至1万户（不含）以下	居民用户停气数量在300户（不含）以下
	发生死亡3人（含）以上；重伤10人（含）以上；死、重伤10人（含）以上的事件	发生死亡3人（不含）以下；重伤3人以上、10人（不含）以下的案件	发生重伤3人以下的事件	发生人员轻伤，无人员重伤的事件
	城市气源或供气系统中燃气组分发生变化导致无法满足终端用户设备正常使用的	管网大面积超压运行，造成大量的管网或用户设施故障、漏气	中压（含）以下燃气供应系统、用户设施发生燃气泄漏，引发中毒、火灾、爆炸事件，能够通过启动属地燃气企业应急预案及时处置，且在事发时和处置过程中没有危及用户安全，没有造成人身伤亡和较大社会影响	各级燃气供应系统经检测发生燃气泄漏，但未发生中毒、火灾、爆炸事件，能够通过启动属地燃气企业应急预案及时处置，且在事发时和处置过程中没有危及用户安全，没有造成人身伤害和较大社会影响
	因上游供气系统出现问题造成全市供气异常，导致市政府启动应急供应预案	造成夏季供电高峰期的燃气电厂停气和供暖期间各大燃气电厂、集中供热厂停气的事件	供暖期间造成居民供暖锅炉停气，或大范围分散供暖用户停气，形成较大供热事件	在燃气企业日常生产运营中自主发现和处置，且在事发时和处置过程中没有危及用户安全，没有造成人身伤害和较大社会影响
	天然气城市门站及高压B（含）以上级别的供气系统，天然气储配站、液化天然气或压缩天然气厂站、发生火灾、爆炸或发生燃气泄漏严重影响燃气供应及危及公共安全	次高压（含）以上级别的天然气供应系统，发生燃气火灾、爆炸或发生的燃气泄漏严重影响局部地区燃气供应并危及公共安全	—	—
	燃气突发事件造成铁路、高速公路运输长时间中断，或造成供电、通信、供水、供热系统无法正常运转，使城市基础设施受到大面积影响	在城市交通干道和大型公共建筑等城市重点防火单位和地区，发生因燃气泄漏导致的火灾、爆炸，造成人员伤亡，交通中断的事故	—	—
	—	供气系统发生异常导致局部地区超压运行或供气紧张，达到事故预警分级所规定的警报等级	—	—
	—	次生灾害造成其他市政设施局部瘫痪	—	—

事件级别	Ⅰ级（特别重大燃气突发事件）	Ⅱ级（重大燃气突发事件）	Ⅲ级（一般燃气突发事件）	Ⅳ级（普通燃气突发事件）
分级条件	—	事件发生在特殊或重要时间、重要地点，可能造成重大影响	—	—
	—	监控系统瘫痪短期内无法恢复，导致无法正常监控供气系统运行	—	—
升级条件	（1）在重大活动、节日期间，对所发生的各级突发事件可以根据当时的情况自动或指定升级； （2）遇有已经引起社会高度关注或可能造成重大影响的，各级突发事件的响应可指定升级； （3）当发生重大伤亡及财产、经济损失时，应按照国家有关规定的处理程序执行			

13.1.6　应急响应级别及触发条件

燃气经营单位根据突发事件初始分级，应迅速调集应急资源，收集信息，做出应急响应决策。

1. 应急响应分级

按照燃气突发事件初始分级，根据事件初始阶段得到的信息，对照燃气突发事件应急响应的触发条件，可以分级启动应急响应，组织应急力量，快速开展应急处置。

燃气经营单位的应急响应级别可以按照对应事件初始分级划分为四个等级，由高到低依次分为一级至四级。

考虑燃气易燃易爆的特性，本着对社会负责的精神，为了达到更好的应急处置效果，减轻事故损失，一般燃气经营单位会提高响应等级，即对于四级的普通燃气突发事件，采用三级应急响应；对二级以上的燃气突发事件，均采用一级应急响应。

某燃气经营单位制订的应急响应级别和应急策略计划如下：

一级响应：是指突发事件已经或可能影响的用户数量大，对社会造成危害程度高，对所辖燃气系统造成严重影响；已知或可能造成人员伤亡的突发事件；通常需要政府相关部门统一组织协调，调动内外部各方力量和资源进行协同应急处置；

二级响应：是指突发事件已经或可能影响了较大量用户用气，对社会造成的危害程度较高；已知或可能造成人员受伤的突发事件；需要由燃气经营单位统一组织协调，调动内部或协作单位各方力量和资源进行应急处置；

三级响应：是指在经营单位所管辖的某一区域范围内发生的，事件对部分用户有一定影响，对社会有一定危害的突发事件；需要调动内部区域应急资源处置解决；

四级响应：是指在企业基层站点所辖区范围内发生，对用户影响程度较低的事件，预计调动站、所、点内部资源即可处置解决。

2. 应急响应升级

针对特殊地点或时间发生的燃气突发事件，根据"人民至上、生命至上"的原则，应急指挥或领导小组综合已知信息，科学研判，可以做出适当提高或降低应急响应等级的决定；随着突发事件处置过程中相关信息的补充和现场情况的变化，也可以随时调整、提高应急响应级别；必要时还需要扩大应急响应范围，请求专业应急救援队伍参与应急处置，以保证应急处置的效果。

燃气突发事件应急响应级别及触发、升级条件如表 13-2 所示。

燃气突发事件应急响应级别及触发、升级条件　　　　　　　表 13-2

响应级别	一级	二级	三级	四级
触发条件	现场有大量或较大范围的燃气泄漏，有继续扩大或发生次生灾害的可能，且发生在重要路段或已造成道路中断	现场有大范围的燃气泄漏，有继续扩大或发生次生灾害的可能，且发生地点包括：（1）重要路段且造成部分断路或限行；（2）重要用户且有人员疏散	现场有局部的燃气泄漏，且发生在如下地点之一的：（1）重要路段但未造成断路或限行；（2）非重要路段但造成部分断路或限行；（3）重要用户但未造成疏散；（4）非重要用户但造成大范围人员疏散	现场有局部的燃气泄漏，且发生在下列地点之一：（1）非重要路段且未造成断路或限行；（2）非重要用户且未造成人员疏散
	现场已经发生着火及爆炸，且发生在重要路段的	现场发生着火或爆炸，且发生在以下地点之一：（1）非重要路段；（2）重要用户；（3）非重要用户户内且有重大损毁及大规模人员疏散	现场发生着火或爆炸，且发生在非重要用户户内但无重大损毁	—
	现场发生着火燃烧，且发生在重要路段	现场发生着火燃烧，且发生在非重要路段	现场发生着火燃烧，且发生在重要用户户内	现场发生着火燃烧，且发生在非重要用户户内
	现场发生因施工、塌方等导致次高压及以上的管道漏气，且发生在以下地点之一：（1）重要路段且造成断路；（2）重要用户且造成大规模人员疏散	现场发生因施工、塌方等导致次高压及以上的管道漏气，且发生在以下地点之一：（1）重要路段且造成部分断路或限行；（2）重要用户且造成部分人员疏散	现场发生因施工、塌方等导致次高压及以上管道变形或中低压管道漏气，且发生在以下地点之一：（1）非重要路段但造成部分断路或限行；（2）非重要用户但造成部分人员疏散	现场发生因施工、塌方等导致中低压管道露出或变形，且发生在以下地点之一：（1）非重要路段且未造成断路或限行；（2）非重要用户且未造成人员疏散
	因燃气泄漏或爆燃造成1人以上（含）死亡或3人（含）以上受伤的	因燃气泄漏或爆燃造成1人（含）以上3人（不含）以下受伤的	—	—
	事件造成居民用户停气在3万户（含）以上的	事件造成热电厂停气或居民用户停气在1万户（含）以上的	事件造成区域锅炉房停气或居民用户停气数量在300户（含）以上1万户（不含）以下的	居民用户停气数量在300户（不含）以下的
	市委、市政府领导到场的	市委办局（含）以上领导到场的	区委办局（含）以上领导到场的	—
	—	当次高压及以上管线出现较大流量异常时	当中压管线出现较大流量异常时	当管道出现流量异常时

续表

响应级别	一级	二级	三级	四级
升级条件	（1）当事件发生在节日期间或其他需要特别预警的时间段时，在原有响应级别的基础上提升一个响应等级； （2）若接警及指挥人员第一时间无法准确判断响应级别时，可按已知条件先行启动响应级别，待应急抢修人员到场后再次进行研判，根据现场环境及事态发展可以调整响应级别； （3）启动某级别响应时，应做好高一级别响应准备，以备响应级别调整的需求			

注：1. 重要路段是指：铁路、轨道交通、高速公路、城镇主干道、环线主路、立交桥、交通枢纽及重要用户周边道路等；

2. 重要用户是指：不可中断用户、重要机构、人员密集单位（如医院、学校、托幼园所、商场、体育场馆、文物古建等）；

3. 当事件发生在居民用户户内时，需酌情判断维修与应急。若用户燃气表前阀门可控，则应尽量维修；若不可控，则考虑按应急处理。

13.1.7 应急处置现场区域划分及要求

依据安全理论，以危险场所为核心，依据危险性大小，其周边区域可以划分为危险区、过渡区和安全区。其中，危险区是指危险性较大的、需要严格控制的区域，只有进行现场操作处置的人员和必要的工具设备才能在该区域停留。过渡区是指仍然有一定的危险性，但危险性相对较小的区域；后备的操作处置人员及物资装备等可以在该区域作准备；当现场指挥人员需要观察现场情况并发布、传达指令时，也可以位于过渡区域，但应注意安全。如果现场指挥人员有其他方式观察和了解情况，传递信息并发布指令时，指挥部可以设置在过渡区以外。根据距离防护原理，过渡区以外，远离危险区的区域是相对安全的，可以称为安全区。

《城镇燃气设施运行、维护和抢修安全技术规程》CJJ 51—2016 术语中规定：

作业区（Operation area）是指：燃气设施在运行、维修或抢修作业时，为保证操作人员正常作业所确定的区域。

警戒区（Outpost area）是指：燃气设施发生事故后，已经或有可能受到影响需进行隔离控制的区域。

作业区、警戒区、安全区区域划分示意图如图 13-3 所示。

1. 作业区（危险区）的划分及要求

通常情况下，许多行业在进行运行、维修或抢修作业时，作业区都是具有一定危险性的区域。燃气行业

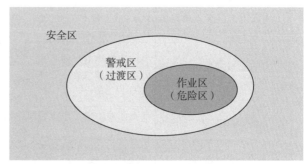

图 13-3　作业区、警戒区、安全区区域划分示意图

作业区的划定，应以操作人员能够在该区域内完成运行、维修或抢修的相关作业为准；作业区内除作业人员、监护人员以外，现场不参与操作的人员均应远离；无关人员未经许可，不得进入作业区；作业区应放置作业必要的工具设备与装备物资。

在燃气泄漏事件现场，作业区的边界不以燃气浓度为标准划定，而是以保证能够进行抢修处置作业为准。

对于天然气泄漏事件现场，当作业区内燃气浓度超过爆炸下限的 20% 时，不得进行动火作业；必须进行强制通风，至燃气浓度在爆炸下限 20% 以下时，方可进行动火作业。

对于 LNG 大量泄漏的事故现场，应停止一切作业。

《燃气工程项目规范》GB 55009—2021 中的相关强制性条文包括：操作或抢修作业应标示出作业区域，并应在区域边界设置护栏和警示标志；操作或抢修人员作业应穿戴防静电工作服及其他防护用具，不应在作业区域内穿脱和摘戴作业防护用具；操作或抢修作业区域内不得携带手机、火柴或打火机等火种，不得穿着容易产生火花的服装；在可能泄漏燃气的作业过程中，应有专人监护，不得单独操作。

根据《安全生产法》第五十七条规定，从业人员在作业过程中，应当严格落实岗位安全责任，遵守本单位的安全生产规章制度和操作规程，服从管理，正确佩戴和使用劳动防护用品。

对于有限空间作业，在开展前，必须进行有限空间作业审批和现场安全交底，未经作业审批和安全交底的，严禁擅自开展有限空间作业；必须落实"先通风、后检测、再作业"的安全规程，科学准确进行上、中、下三点位置气体检测，有限空间内气体浓度不合格的，严禁进入有限空间；必须为从业人员配备气体检测设备、呼吸防护用品、通风照明通信设备、应急救援装备等安全防护设备设施，并确保设备性能完好有效，严禁无防护保护条件下开展有限空间作业；必须安排有资质的监护人员全程持续监护地下有限空间作业，其他类型有限空间作业必须安排安全管理人员在有限空间外全程持续监护，严禁无监护情况下开展有限空间作业；有限空间作业出现异常情况必须紧急撤离作业人员，严禁在不具备安全条件的情况下实施救援。

2. 警戒区（过渡区）的划分及要求

警戒区是危险区与安全区的过渡区域。由于这个区域仍然有一定的危险性，无关人员仍然不得进入；已经在该区域的人员应根据现场实际情况，撤离或疏散。在应急抢修现场，抢修人员的第二梯队、后备人员与设备物资，可以在过渡区域待命；现场应急指挥部也可以设置在警戒区内便于观察现场情况并发布指令的地方，但要确保自身安全；当有其他手段可以观察现场并发布指令、传递信息时，现场应急指挥部可以设置在安全区域，不受外界干扰的地方。

对于燃气泄漏的现场，警戒区的外围边界，可以按燃气爆炸下限的 20%，并预判进一步泄漏的可能、当时的气候气象条件及周边人员密集情况等，综合划定警戒外围边界线，确保警戒线以外的区域基本安全。警戒区内如果有可能受到突发事件影响的人员，燃气供应单位应根据燃气泄漏情况，通知相关单位或部门，提出疏散要求。

3. 安全区的划定及要求

安全区是指相对安全的区域，燃气突发事件现场的安全区是指警戒区以外的区域。但应注意，随着突发事件的发展，周边环境条件的变化，初始判断为安全区域的地方也可能有危险。因此，对于无关人员、不参加应急处置或操作的员工，均应远离危险区域。在有危险的环境中，不聚集、不围观，也是保证安全的有效措施。

4. 燃气突发事件现场应急响应人员的基本要求

（1）应急响应人员

1）判断风向并将应急抢险车辆停放在上风向的安全区域；

2）严格控制火种，并从上风向谨慎靠近事件地点；

3）携带保护自身安全的装备，如：防爆对讲机、气体检测仪、防爆手电等；

4）进入燃气泄漏或疑似泄漏区域，必须穿好防静电防护服，佩戴防护装备；

5）当气体检测显示有危害时，必须佩戴呼吸器进入工作区域；

6）当佩戴自给式呼吸装置进入呼吸不安全区时，在区域外必须有佩戴类似装备的监护人员；

7）必须首先辨认危险源，避免危及自身、他人和周边公众安全的行动或行为，并将安全状况和处置措施及时报给现场应急指挥员；

8）无法即时处置但又对生命健康产生直接危害的作业必须及时停止。

（2）现场应急指挥员

1）确保应急响应人员和事故区域周边人员的安全，如果应急抢险作业对生命和健康会造成直接威胁时要立即停止作业，疏散人员至安全区域；

2）确保事故现场所有危险因素均已分析并采取针对性的合理有效措施；

3）在保证应急响应人员安全的前提下，制订应急处置方案，确定提醒应急响应人员需要疏散的警告方法及紧急集合地点和疏散路线。

13.1.8 燃气突发事件协同处置

在突发事件应急处置现场，可能需要多部门、多单位配合进行工作。相关各方应根据国家法律法规规定和各自的专业职责，发挥各自优势、分工合作，协同应对突发事件。

1. 协同处置做法

美国公用设施有限公司（UCI）与当地消防局、警察局等，研究提出了各方协同工作的基本要求包括：

（1）消防局定期对 UCI 应急处置人员进行培训，提高响应单位之间的配合程度；

（2）UCI 对消防局人员进行正确操控燃气阀门等专业技术培训，提供扳手，使消防员可以在紧急情况下，操作较小的埋地入户管线阀门，切断燃气供应，实现快速应急处置；

（3）消防局在对燃气味道或泄漏报告作出响应时，根据现场情况，实施以下措施：1）通知 UCI 并保持通信联系；2）疏散人群；3）使用可燃气体检测仪查找漏气点（消防人员配备了燃气浓度检测仪并能够初步查找泄漏点）；4）对积聚燃气的建筑物进行通风；

（4）UCI 对消防局、警察局人员进行"第一响应人"的培训，使其了解燃气及事故相关特性，能够对燃气事故做出快速、专业的响应；

（5）住房管理署有专门的"疏散用户"的规程，用在突发事件中，科学有序地疏散人员，减少伤亡；在住有残障人士（可能使用轮椅等辅助用品的）、家中有吸氧设备的居民住宅窗户和大门上贴特殊标识，以备紧急情况下处置时参考，采取特殊救援措施。

相关各方根据各自职责范围，提前协商，相互培训交流，共同应对突发事件，以达到减少人员伤亡、减轻财产损失，控制事态的目的。

2. 协同应对天然气爆炸案例

2019 年 1 月 12 日，法国巴黎市中心商业街发生天然气爆炸事故。事故造成一条街道内许多商铺、居民住宅受损，2 名消防员殉职、10 人重伤、三十几人轻伤，爆炸事故现场照片如图 13-4 所示。

现场处置及勘察、调查表明，该起事故可以排除恐怖袭击，最终确认与燃气泄漏有关，相关部门按照意外事故进行调查处理。

据多家媒体报道，在这起事故的应急处置过程中，各部门职责与任务包括：

（1）在发生爆炸着火并排除恐怖袭击后，初步判断可能与燃气或电力供应有关。于是，200 多名消防员、几十名警察与天然气公司、电力公司人员紧急赶到现场处置；设置了安全警戒线，无关人员不得进入事故现场。

（2）消防员进行灭火的同时，搜救受困人员，并对受伤人员进行紧急抢救；在现场发生第二次爆炸时，建筑物中执行搜救任务的两名消防员殉职。

（3）警察负责维持现场秩序，保护现场。

（4）天然气公司、电力公司接到通知后，到达现场，分别对各自管辖的设备设施进行检查、控制，查找问题，进行修复。

（5）巴黎急救中心出动了 3 架直升机，在事故现场附近的歌剧院广场降停，将受伤

图 13-4　法国巴黎天然气爆炸事故现场照片

人员送到巴黎各大医院进行急救。

（6）巴黎第九区政府设立了专门的受害人员接待处，提供心理医生，帮助人们平复情绪，还有相关人员帮助受害者办理各种保险索赔等方面的咨询。

（7）法国内政部长当天上午很快抵达现场视察，并对媒体发表讲话。

（8）巴黎检察院已经立案进行调查，同时委托巴黎大区司法警察大队对爆炸起因进行全面调查，警方技术人员已经抵达现场。

在这起事故中，政府、消防、检察院、警察、医疗、天然气公司、电力公司等，各司其职，共同完成事故应对和事故调查、取证；政府官员到达事故现场，并及时回答媒体关注问题。

13.2　应急抢修处置技术

针对城市燃气供应系统的事故，可以采用的应急处置及修复方法主要分为三类：

1. 传统的停气修复方法

停气修复是在切断事故点的燃气供气后，针对损坏部位进行更换或修补的方法。一般需要在系统停气后用惰性气体（氮气 N_2）进行置换，确保系统内不会形成燃气与空气混合的爆炸性气体时再进行修复。修复完成后，还需要用惰性气体置换掉系统内的空气，然后再用燃气置换惰性气体。

这种修复方法的特点是：处置过程耗费时间长，需要消耗一定量的惰性气体，修复前后都要放散一些燃气；一般情况下，下游用户会被迫停气；若要保障下游用气，需要采取临时性供气措施。

2. 降压抢修方法

降压处置是将系统内燃气压力降至 800Pa 以下，系统内无混合气体（含氧量小于 1%）时进行修复的方法。

这种修复方法适用于管道设备泄漏点呈点状、条状、不规则状态、管道断裂或变形的修复。降压修复时燃气系统不完全停输，可以保证下游有一定的燃气供给；修复过程中燃气系统保持微正压状态，空气不会进入燃气系统；修复以后控制系统缓慢升压即可恢复供气；减少了修复前后的置换过程，节省总体的修复时间；修复处置始终为带气作业，应采取必要的安全措施。

3. 带压抢修方法

带压抢修是当燃气系统内压力小于或等于 0.4MPa（一般情况下），管内无混合气体（含氧量小于 1%）时，可以采取的修复方法。

这种修复方法适用于燃气系统的接口或管道、部件局部损坏，不需要拆卸，可以实施外部修补的情况，比如补焊、封堵、加管箍等。修复过程可以最大限度地保证下游用气，但应有技术手段保证修复过程的安全，防止焊接中"烧穿"等问题的出现。修复前后不需要置换；但修复过程中安全风险大，技术水平要求高，修复后的局部应满足系统强度要求；必要时可以在应急抢修后安排计划性维修或局部更换。

在实际操作中，应根据燃气系统的损坏情况，科学合理地选择应急处置技术和方法，快速有效地控制事态。

13.2.1　泄漏点定位与泄漏抢修

能量意外释放是事故的重要原因之一。对于燃气行业，燃气泄漏到空气中会挥发、扩散，与空气混合形成爆炸性气体；在压力较高时，燃气将会从管道设备中高速喷射出来并迅速扩散。若形成的气团或蒸气云没有遇到火源，则随后会逐渐扩散，压力及浓度降低，危害性会下降；但如果泄漏的燃气被引燃，则会发生火灾、爆炸事故。

液化天然气为低温液态，大量泄漏时会快速吸热、气化，泄漏现场需要专业化应对、处置。液化石油气发生泄漏时，蒸气云会贴近地面聚集，不易挥发，极易被地面火源引燃。大量液态液化石油气泄漏时，急剧气化过程中还会形成局部低温状态，造成人员冻伤或设备、阀门关闭失灵。

城市燃气供应系统工艺连续性强，自动化程度高，技术复杂，设备种类繁多，管道设备分布范围广。如果发生破坏性的泄漏，或引起火灾、爆炸事故，可能迫使供应系统中断运行，造成人员伤亡、财产损失或供应中断。

1. 泄漏点定位

当发生燃气泄漏时，快速查找、准确确定泄漏点，有助于控制事态，减少事故损失。

在设备操作或施工开挖过程中造成的瞬间破坏，通常会导致高速率的泄漏，有明显的损坏痕迹，基本可以快速确定泄漏点位置；而腐蚀、疲劳产生孔洞或裂纹，通常以较小的泄漏速率开始，发现和检测泄漏难度较大。

（1）燃气厂站、调压站（箱）、露天或架空管道设施泄漏点查找

燃气厂站重要位置应设置固定式燃气浓度检测仪、低温监测装置等，与生产监测控制系统联动，当发生燃气泄漏时可以报警。运行及查找泄漏点时，可以人工手持检测仪沿燃气设施仪表的法兰、接口，设备本体等部位检查泄漏情况。

对于燃气调压站，在打开调压站房门时应立即进行室内燃气浓度检测；站内燃气设施、设备本体及仪表接头或螺纹连接等处，可以用手持燃气浓度检测仪检查有无泄漏。

对于燃气调压箱，可以先在箱外排气孔及缝隙处检查有无燃气泄漏，然后打开调压箱，用手持检测仪沿法兰、设备本体及仪表接头连接处等检查泄漏情况。如果在调压箱外已经发现有泄漏，则应小心开门动作，避免产生火花引发事故。

架空燃气管道可以用手持燃气浓度检测仪，借助简单工具，沿管道检测有无泄漏。

激光检测仪等新型设备，可以在较远距离、有玻璃阻挡的情况下实施燃气浓度检测。

（2）埋地管道泄漏定位

对泄漏点准确定位一直是行业关注的热点问题。随着 SCADA 系统的不断完善和计算机泄漏检测软件的开发，检漏定位技术逐渐成为 SCADA 系统的一部分。实际工作中，燃气管道泄漏检测方法单独使用都有一定的缺陷，往往多种方法同时使用，互相修正，以达到最佳效果。

地下燃气管道泄漏定位的一般程序是：全面检测→重点排查检测→管道及周边情况分析→地表打孔检测→推断泄漏点→开挖确认。

1）燃气管道泄漏情况的全面检测

全面检测分为人工巡检和设备（仪器）检测两种形式。

人工巡检依靠员工巡线管道，通过看、闻、听或其他方式，依靠感知和经验，判断是否有泄漏发生。主要是沿管线查看有无明显燃气泄漏的声音或味道、河湖水面是否有冒泡，管道沿线树草有无枯萎等异常现象。这种方法不能对管线进行连续检测，泄漏量小、巡检周期中间的泄漏都不易被发现。

仪器检测法是采用带有燃气浓度检测仪的车辆对埋地管道进行检测，车辆在地面以一定速度沿管路行进，检测仪器的采样吸气口采集地表附近燃气浓度；检测数据经后台记录处理后，给出管道沿线燃气浓度分布情况。这种方式可以在较短时间内完成大量检测任务，可以避免在没有管道的地方进行无意义的检测；同时，检测仪器精度高，吸气口紧贴地面，可以检测到地面附近的微量燃气；只要地下燃气管道有泄漏，燃气逸出地面即会被检出。

检测车辆应限定行进速度，为保证检测结果的准确，一般需要反复检测三次以上，并对检测结果做处理，给出检测结论。

有统计资料显示，基于检测车的泄漏定位可以发现 75% 的泄漏，定位误差约 40m。

探测球法管道内检测是利用超声技术或漏磁技术采集数据，并将置入管线内的探测球采集到的数据保存在内置存储器中进行事后分析，以判断管道是否被腐蚀、穿孔等。该方法检测准确、精度较高，但探测只能间断进行，且易发生堵塞、停运等事故，而且检测成本较高。

敷设在套管中的燃气管段，可以根据安装在套管上的检漏管检测是否泄漏；泄漏情况应根据实际情况综合判断。

定期对运行中的燃气管道进行泄漏检测，有利于防止事故的发生，提高燃气供应的保障能力。

2）重点排查检测

初步检测或其他方式发现疑似泄漏时，即应针对重点部位做进一步排查。

通常采用燃气嗅敏仪，沿管线轴向地表或从管线两侧各 5m 范围内其他设施的井室、地沟等地下构筑物，以及小区内的热力管沟、人防通风口等处进行燃气浓度检测。根据检测结果，筛查可能存在漏气的区域。

受管道敷设环境、管道埋深及泄漏量大小、可修复条件等因素的影响，排查检测可能持续较长时间。在疑似泄漏但没有确定泄漏点之前，加密巡检和持续监测是必要且有效的方法。

3）管道及周边情况分析

对疑似有泄漏的管道，依据管道技术档案、巡检记录、维修记录等，对可能的泄漏点附近的地下管沟、沟槽及孔洞情况进行分析，排查其他管道设施施工、维修影响，有助于确认燃气管道损坏、气体泄漏与扩散情况。

埋地燃气管道发生泄漏时，燃气进入周边的无压管道、管沟及沟槽，可能会很快扩散到较远的距离。

4）泄漏点地表打孔检测

地面钻孔检测是目前地下燃气管道泄漏点确认的常规手段。

有实验证明，检测泄漏时打孔最有效的位置是在管道沿线的正上方；不同情况下的打孔采样策略优化也有相关研究。

具体操作时，现场可使用仪器再次确认燃气管线的位置、走向、埋深、有无套管或管沟等；科学确定打孔的位置和数量；钻孔机的打孔深度应超过道路表面的硬化层，同时应注意避让电缆或其他管线；检查孔的间距一般为 5m 左右，打孔的范围应涵盖整个泄漏扩散区域，直至最外侧的检测孔内燃气浓度为 0 为止；在高度疑似泄漏点附近，也可以用十字打孔法进行检测。

打孔过程中可以边打孔边检测，以便尽早确定泄漏点位置。根据需要和可能，选择可以放置在小孔中，持续检测燃气浓度的小型检测装置，可以呈现多个小孔中同一时间的燃气浓度，比较处理后，更容易推断出泄漏点的位置。

在打孔检测时，如果发现小孔中燃气浓度过高时，需要进行抽真空处理。或经一定时间燃气浓度消散后，再检测确定泄漏点位置。

5）推断泄漏点

在目前的实践中，根据地下燃气浓度的检测结果推断泄漏点，通常是由有经验的专业技术人员通过直观分析来完成。

随着检测技术及设备、数据处理技术的开发应用，将燃气浓度检测数据代入已有的燃气泄漏扩散模型，进行推演、计算，可以更科学地定位泄漏点。相关研究与实践很多，可以作为参考。

6）开挖确认

在预判管道泄漏的位置进行开挖，找到泄漏点，才能最终完成泄漏点定位，展开修复工作。

对初步确定的燃气泄漏点进行开挖，开挖作业坑时要挖到管底；钢管要剥开防腐层，确认泄漏点位置。

开挖作业时，应对作业现场的燃气或一氧化碳的浓度进行连续监测。当环境中燃气浓度或一氧化碳浓度超过规定值时，应进行强制通风，在浓度降低至允许值以下后方可继续操作。

2. 泄漏抢修

燃气管道设施泄漏的抢修宜在降压或停气后进行。当泄漏点附近燃气浓度未降至爆炸下限的20%以下时，作业现场不得进行动火作业，警戒区内不得使用非防爆型的设备及仪器、仪表等。抢修时，与作业点相关的控制阀门应有专人值守，并应监视管道内的燃气压力。带气作业过程中，应采取防爆和防中毒措施，并不得产生火花。

当抢修中暂时无法消除漏气现象或不能切断气源时，应对事故风险做出判断，做好现场的安全防护、隔离疏散等，寻求系统上游可能的控制点，采取有效控制措施后再实施作业。

抢修作业过程中，操作人员应针对燃气特性及状态，采取相应的防护措施；在液化天然气或液化石油气发生大量泄漏时，应防止低温环境造成人员冻伤。

带压封堵、带气作业、动火作业等均应符合相关技术要求。

（1）天然气和人工煤气厂站泄漏的抢修

1）液化天然气储罐进、出液管道发生少量泄漏时，可根据现场情况采取措施消除泄漏。当泄漏不能消除时，应关闭相关阀门，并应将管道内液化天然气进行放散（或通过火炬燃烧掉），待管道恢复至常温后，再进行维修。维修后可利用干燥氮气进行检查，确认没有泄漏方可投入运行。

当液化天然气大量泄漏时，应立即启动全站紧急切断装置，并应停止站区全部作业。可使用泡沫发生设备对泄漏出的液态液化天然气进行表面泡沫覆盖，并应设置警戒范围，快速撤离疏散人员，待液化天然气全部气化扩散后，再进行检修。

液态液化天然气泄漏着火后，不得用水灭火。当液化天然气泄漏着火区域周边设施受到火焰灼热威胁时，应对未着火的储罐、设备和管道进行隔热、喷淋降温处理。

2）当压缩天然气站出现大量泄漏时，应立即启动全站紧急切断装置，并应停止站区全部作业、设置安全警戒线、采取有效措施控制泄漏点，消除泄漏。

当压缩天然气站泄漏并引发火灾时，除控制火势，对泄漏点进行抢修作业外，还应对未着火的其他设备和容器进行隔热、喷淋降温处理。

3）低压储气柜泄漏抢修时宜使用燃气浓度检测仪或采用检漏液、嗅觉、听觉查找泄漏点；根据泄漏部位及泄漏量大小，采用相应的方法堵漏；当发生大量泄漏造成储气柜快速下降时，应立即打开进口阀门、关闭出口阀门，用补充气量的方法减缓储气柜下降速度。

4）压缩机房、烃泵房发生燃气泄漏时，应立即切断气源和动力电源，并应开启室内防爆风机；符合操作条件时，针对泄漏损坏的部件设备进行维修或更换。

5）调压站、调压箱发生燃气泄漏时，应立即关闭泄漏点前后的阀门，打开门窗或开启防爆风机；符合操作条件时，针对泄漏损坏的部件设备进行维修或更换。

（2）液化石油气厂站及设施的抢修

1）液化石油气泄漏时，应采取有效措施防止液化石油气在低洼处或其他地下设施内积聚。

2）液化石油气储罐第一道液相阀门之后的液相管道及阀门出现大量泄漏时，应立即将上游的液相控制阀门紧急切断；可使用消防水枪驱散泄漏部位及周边的液化石油气，降低现场的液化石油气浓度。

3）储罐第一道液相阀门的阀体或法兰出现大量泄漏时，应进行有效控制；当现场条件许可时，可以直接使用阀门、法兰抱箍或者用包扎气带包扎、注胶等方法控制泄漏；同时，应采取倒罐措施，将事故罐的液态液化石油气转移至其他储罐；当现场条件无法直接使用抱箍、包扎气带、注胶等控制泄漏时，宜采取向储罐底部注水的方法。

4）液化石油气管道泄漏抢修时，还应备有干粉灭火器等有效的消防器材。应根据现场情况采取有效方法消除泄漏，当泄漏的液化石油气不易控制时，可采用消防水枪喷冲稀释。

（3）燃气管道泄漏的抢修

发现管线有漏气现象时，除采取一定的防范措施外，应保护现场，并及时上报。如果燃气泄漏量较大，或窜入其他地下设施中时，应立即采取紧急措施：根据空气中燃气浓度，划定警戒线；如已经着火，应立即拨打火警电话；掀开其他地下市政设施的井盖，进行通风或强制通风，降低燃气浓度；控制现场，杜绝一切火种，包括附近建筑物内断电、熄火、车辆禁止通行等；根据泄漏情况，提出社会人员撤离、疏散的要求。

1）地下燃气管道泄漏开挖作业时，抢修人员应慎重确定开挖点；应对周围建（构）筑物的燃气浓度进行检测和监测；当发现漏出的燃气已渗入周围建（构）筑物时，应根据事故情况及时疏散建（构）筑物内人员并驱散聚积的燃气；应对作业现场的燃气及一氧化碳等有害气体的浓度持续进行监测。当环境中燃气浓度超过爆炸下限的 20% 或一氧化碳浓度超过规定值时，应进行强制通风，在浓度降低至允许值以下后方可作业；应根据地质情况和开挖深度确定作业坑的坡度和支撑方式，并应设专人监护。

2）钢质管道泄漏点进行焊接处理后，应对焊缝进行内部质量和外观检查；抢修作业后，应对防腐层进行修复，并应达到原管道防腐层等级；当采用阻气袋阻断气源时，应将管道内的燃气压力降至阻气袋有效阻断工作压力以下；阻气袋应采用专用气源工具或设施进行充压，充气压力应在阻气袋允许充压范围内。

3）聚乙烯管道发生断管、开裂等意外损坏时，抢修作业中应采取措施防止静电的产生和聚积；应在采取有效措施阻断气源后进行抢修；进行聚乙烯管道焊接抢修作业时，如果环境温度低于−5℃或风力大于5级时，应采取防风保温措施；使用夹管器夹扁后的管道应复原并标注位置；夹扁过的地方可以加装专用加固件；管道上同一个位置不得夹2次。

（4）燃气用户室内泄漏的抢修

1）在接到报告或指令后，应立即派人到现场；抢修人员进入事故现场前，应检测环境燃气浓度，判断是否可以进入。

2）如果可能，立即切断或控制气源、消除火种，在安全的地方切断电源，开门窗通风并驱散室内聚集的燃气；查找、判断泄漏点，修复并消除隐患。

3）作业时，应避免由于抢修造成其他部位燃气泄漏，并应采取防爆措施，严禁产生火花；修复供气后，应进行全面复查，确认问题已经解决并安全后，抢修人员方可撤离。

4）严禁用明火查漏，当未查清泄漏点时，抢修人员不得撤离现场，并应采取安全措施，直至隐患消除。

5）在抢修作业现场，不得接听和拨打电话，移动电话应处于关闭状态。

3. 泄漏分级

根据燃气泄漏量的大小，采取不同的应对措施，科学处置应对，才能保证安全。不是所有的泄漏都需要立即处置。

美国气体管道技术委员会（GPTC）在《配气管道完整性管理计划指南》中描述的燃气泄漏分级标准是：

一级泄漏：发生泄漏，需要立即维修或持续行动，直到情况不再危险；例如：当可燃气体或任何气体的浓度，检测值达到其爆炸下限的80%时，应列为一级泄漏；建议的行动包括：实施应急计划和其他潜在措施，包括重新安排交通路线和通知警察及消防部门；

二级泄漏：检测到的泄漏不会即刻发生危险，但在未来可能会造成危害；例如：在冻结或不利土壤条件下的泄漏，可能会迁移到建筑外墙附近的泄漏，任何可能导致在密闭空间中可燃气体浓度会达到爆炸下限20%～80%的泄漏，均可以列为二级泄漏；如果潜在危险很高，在一个日历年内或更早的时间安排计划进行维修修复，是具有合理性的；

三级泄漏：检测到的泄漏是非危险性的，可以"合理预期并保持无害"；例如：任何导致密闭空间内可燃气体浓度低于爆炸下限20%的泄漏，可以列为三级泄漏。建议的处置措施包括在下一个运行维护周期时再次观察，或在报告数据后的15个月内重新评估泄漏情况，直到不再有泄漏迹象为止。

13.2.2　紧急切断

城市燃气系统在关键和必要的位置，应设置紧急切断装置。在突发异常或事故时，紧急切断装置能够快速作出反应、迅速切断燃气供给，减少能量意外释放，减轻事故后果，避免事故或危险扩大。

1. 燃气系统紧急切断主要形式

燃气系统紧急切断主要有三种形式：

（1）联锁自动紧急切断

燃气紧急切断装置一般采用电磁阀，与燃气泄漏报警、管道压力监测、储罐液位监测或消防等智能报警系统联锁，当检测到超限等异常情况时，自动切断燃气供应。这类紧急切断的特点是，异常情况下自动切断，重启时需要人工操作。

（2）人为遥控紧急切断

在燃气厂站重要区域、储罐进出口管道等处，设置可以遥控的启闭阀门，结合生产控制系统，可实现在事故工况下，远距离关闭阀门，切断燃气供应。这类切断装置的特点是，人员不必进入危险区域，可以有效减少人员伤亡。

（3）现场人工快速切断

在生产场所及燃气用户的关键部位，设置快速关断阀门，遇异常或事故时，可以现场操作，快速关闭阀门，切断燃气气源。这类快速切断装置需要选用可以方便操作的快速关断阀门，比如 90° 开关的旋塞阀。

根据燃气供应系统的工艺特点，充分利用好紧急切断，可以有效控制事态。

2. 紧急切断装置的设置要求

根据《燃气工程项目规范》GB 55009—2021，燃气供应系统应具备在事故工况下能及时切断的功能，紧急切断装置的设置要求包括：

（1）燃气厂站应根据应急需要并结合工艺条件设置全站紧急停车切断系统，当全站紧急停车切断故障处理完成后，紧急停车切断装置应采用人工方式进行现场重新复位启动；

（2）燃气厂站内设备和管道应按防止系统压力参数超过限值的要求设置自动切断和放散装置；

（3）进出燃气厂站的燃气管道应设置切断阀门；

（4）液化天然气和液化石油气储罐的液相进出管应设置与储罐液位控制联锁的紧急切断阀；

（5）燃气储罐的进出口管道应采取有效的防沉降和抗震措施，并应设置切断装置；

（6）调压站、调压箱、专用调压装置的室外或箱体外进口管道上应设置切断阀门；高压及高压以上的调压站、调压箱、专用调压装置的室外或箱体外出口管道上应设置切断

阀门。阀门至调压站、调压箱、专用调压装置的室外或箱体外的距离应满足应急操作的要求;

(7)输配管道上的切断阀门应根据管道敷设条件,按检修调试方便、及时有效控制事故的原则设置;

(8)用户燃气管道在燃气引入管、用户调压器和燃气表前、燃具前,放散管起点等部位应设置手动快速切断阀门;

(9)高层建筑的家庭用户,当建筑高度大于100m时,用气场所应设置燃气泄漏报警装置,并应在燃气引入管处设置紧急自动切断装置;

(10)家庭用户管道应设置当管道压力低于限定值或连接灶具管道的流量高于限定值时,能够切断向灶具供气的安全装置;

(11)商业用户的燃具或用气设备应设置在通风良好、符合安全使用条件且便于维护操作的场所,并应设置燃气泄漏报警和切断等安全装置;

(12)商业燃具应设置熄火保护装置。

城市燃气系统紧急切断装置的选择和使用还应注意以下问题:

(1)紧急切断阀应根据燃气系统特点,选择外壳承压好、材料耐低温、响应时间短、关闭可靠的设备。

(2)燃气紧急切断阀与系统运行中调节流量的阀门不可相互替代;紧急切断阀只有开、闭两种状态。

(3)紧急切断阀应具有强振动或断电时自动关阀的功能,确保在异常情况下能够主动有效地切断燃气供给。

(4)切断阀紧急关闭后,再次启动时,必须有专业人员到达现场,确认异常情况已经处理,泄漏及危险情况消除后,才能手动重启。

(5)日常应定期对紧急切断阀进行检查和维护,确保其可靠性。

3. 紧急切断的几种工况

燃气供应系统和用户设备,可能进行紧急切断的工作状况包括:

(1)燃气泄漏紧急切断

一般为燃气浓度检测仪或泄漏报警装置与紧急切断阀组合,当在环境中监测到燃气浓度达到报警或限定值时,报警装置在声光报警的同时,控制紧急切断阀,切断燃气供给,燃气管道得以自动关闭。这种组合通常设置在生产场所和用户户内。

(2)液位超限紧急切断

液态燃气的储罐应设置最高液位和最低液位监测控制装置,当储罐中液位达到上限控制点时,应快速切断液体管道进口阀门;当储罐中液位达到下限控制点时,应及时切断出口管道阀门;以保证储罐中液位不超标,不被抽空。

（3）低温环境紧急切断

在液化天然气厂站，当设备设施周围环境中检测到明显的低温时，应考虑液化天然气发生泄漏的可能，必要时应启动紧急切断，防止事态扩大。

（4）调压器超压切断

为了防止调压器损坏，进口高压侧燃气进入出口低压侧管道，引发事故，可以在调压器出口处增设压力监控设施，当下游压力上升到规定值时，立即自动切断供气，保护下游管道设备不被损坏。

（5）重要场所遥控关断

燃气重要厂站进出口管道、液态燃气储罐进出口管道、液化石油气储罐排污管上应设置遥控切断装置，当发生事故时，能够遥控迅速切断燃气，方便控制处置。

（6）燃烧设备熄火及缺氧保护关断

在民用及商业燃烧设备上设置火焰熄灭及环境缺氧时，自动切断燃气供给，可以防止燃烧器火焰意外熄灭造成燃气泄漏，防止氧气不足造成燃烧不完全，生成一氧化碳，引发事故。

为满足不同需求，燃气紧急切断阀产品种类繁多，不同的阀门发挥不同的作用，应根据需要，选择适用、合格的产品。

4. 燃气用户多功能紧急切断

智能燃气表、自闭阀是安装在用户燃气管道上的多功能安全装置，在管道超压、欠压、过流及泄漏的情况下，可以主动感知并切断燃气供给。

自闭阀利用空气动力学、磁力学、流体力学原理，持续监测管道内的燃气压力及流量，感知异常后快速切断燃气气路；使用过程中，不通电、不消耗额外的能源，日常免维护；是主动防止事故的本质安全型产品。

如果供气异常等原因造成用户管道超压，可能导致燃具连接软管脱落、户内管道连接处漏气，自闭阀感知管道超压后可以自动切断气源。室外燃气管道停气、维修等可能造成用户处供气压力不足，燃具不能正常工作，自闭阀感知欠压也能主动切断气源，预防事故发生。燃具连接软管老化、脱落、外力破坏等造成漏气，是燃气用户事故的主要原因；当软管脱落、损坏，管道出现过流现象时，自闭阀可以感知流量异常，切断气源。

某燃气管道自闭阀及工作状态如图13-5所示。当自闭阀接通开启后，正常情况下是处于"通气状态"的；当自闭阀处于"关闭状态"或"超压关闭状态"时，燃气系统自动切断供气；用户应自行检查或请专业技术人员检查燃气系统，处置异常和问题；在确保异常或问题得到妥善解决后方可恢复通气。

图 13-5　燃气管道自闭阀及工作状态
（a）上拉通气；（b）通气状态；（c）关闭状态；（d）超压关闭状态

13.2.3　带压封堵

随着城镇化进程加快，城市规模不断扩大，作为城市的重要配套设施，燃气管网的建设进度也随之提速，例如新旧管道的接驳、老旧管网的改造、配合其他市政工程的管网改造、燃气泄漏抢修维修等工程会在燃气企业工程总量中占据越来越大的比重。燃气管道带压封堵技术，是指利用专用机具在有压力的燃气管道上加工出孔洞，从开孔处将封堵头送入并密封管道，从而阻止管道内介质流动的作业；操作过程中应没有或只有少量的燃气外泄。带压封堵是在保证安全的前提下，快速、有效实施燃气管道维抢修的关键技术。

城市燃气管网施工维修方式包括以下几方面。

13.2.3.1　停输（停气）施工维修方式

停输（停气）施工维修方式是城市燃气企业多年前采用的施工技术，即在管道需要进行新接支路、改造、维修、抢修等施工之前，先关闭被施工管段两端的阀门，将管道内残余的气体放散、吹扫，再对其进行断管、焊接等动火操作。在 20 世纪 90 年代城市燃气尚处在起步阶段时，遇到新旧管道接驳、管网改造、维抢修等工程时，尚可使用停气降压的方法实现，那时用户少、停气影响基本不大，做好相关停复气施工方案后也不会产生过大的安全隐患及能源浪费，这种施工方式弊端颇多，在当今社会已明显制约了城市燃气管网建设的发展，在大中型城市中显得尤其严重，因为大中城市的燃气用户多且用量大、管网公里数长且复杂、城市发展快、市政工程量大且集中等。所以，"带压封堵"等不停气施工方式已经获得各大城市燃气企业的认可与青睐，其在新时代燃气管网运营维护领域已经发挥出了显著而重要的作用。

经与 50 余家国内城市燃气企业相关技术人员调研交流可知，原有的停气施工方式主要有以下弊端：停气后妨碍该停气管段内的用户正常用气，造成不良社会影响；停气施工须在夜间等用气低峰段进行，工人易疲劳产生隐患；施工方案及预案复杂，牵扯相关部门众多，人力物力耗费大；停气导致天然气的大量放散，加大供销差，造成能源浪费和环境污染；停气施工须确保管道内残余天然气符合动火切割管道的安全要求，有时较难控制，如发生意外，则会产生严重的安全事故；恢复供气也是较大难题，需要做大量的检查验收工作，否则也会产生安全隐患。

13.2.3.2　带压封堵维修方式

带压封堵维修方式主要由配套管件和成套专用设备组成，按照既定工艺和安全操作规程，实现对燃气管道的各类不停输施工的目的，带压封堵工艺流程图如图 13-6 所示。

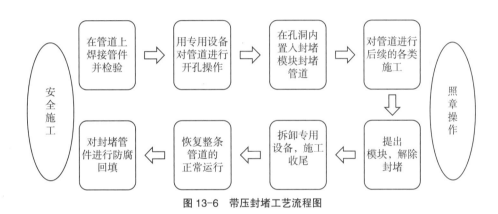

图 13-6　带压封堵工艺流程图

上述工艺流程为基础操作，可根据不同的管道施工目的进行个性化的设计，故管道不停输施工自成技术体系，为城市燃气管网建设提供了整体解决方案。采用带压封堵的施工方式，可彻底解决停气施工的弊端和问题，大大提升城市燃气管网建设水平，对比原有的停气施工方式，具有颠覆性的创新和优势：

（1）不因各类、多种目的的管道施工而给用户造成停气的影响，实现了市政燃气企业不间断供气的承诺；

（2）对比停气施工，带压封堵维修方式在使用过程中可达到 100% 封堵无泄漏，安全施工得到了有效保障；

（3）起到了节能减排、保护环境的作用，一是响应了国家"碳达峰""碳中和"目标，二是符合国家最新的天然气（甲烷）减排要求；

（4）施工时间灵活，无需像停气施工那样只能在夜间用气低谷段进行，节省人力物力成本，同时也省去了繁杂的停复气工作程序；

（5）当今城市飞速发展，使用带压封堵维修方式，加快了地下市政管道的改造进程，对其他市政工程（例如地铁工程）、城市更新工程都起到了巨大的配合推动作用；

（6）带压封堵维修方式还可应用在地下燃气管道抢修工程中，为城市公共安全保驾护航。

13.2.3.3　带压封堵工程应用

带压封堵工程的部分典型应用，以济南市公明公司技术装备为例。在运行压力4.0MPa下，可实现大管径不停输、不降压的城市燃气管道带气封堵、接线和通径开孔作业。实例如下：

1. 两个封堵器的管道不停输加装阀门操作

在运行管道上使用两个封堵器，对管道不停输加装阀门的应用，如图13-7所示。

2. 封堵器与带压连接器配合使用

封堵器与带压连接器配合使用，实现管道不停输改线及废除，如图13-8所示。

3. 四个封堵器与旁通的主干管道切改线操作

使用四个封堵与旁通，对主干道燃气管道进行长距离、原运行压力下的不停输切改线施工，如图13-9所示。

图13-7　两个封堵器加装阀门施工

图13-8　不停输改线或废除施工

（a）

（b）

图13-9　运行管道不停输切改线施工
（a）切线施工现场；（b）切线施工近景

4. 泄漏管道不停输快速封堵操作

对泄漏管道进行不停输快速封堵，实现快速抢修维修，如图 13-10 所示。

5. 城市高压燃气管道不停输改造操作

在城市供气主干管的高压力、大管径输气管道改造工程中使用封堵技术，可不停输实现改造目的，避免城市大范围停气，城市高压燃气管道不停输改造施工现场如图 13-11 所示。

图 13-10　泄漏管道不停输快速封堵　　　　图 13-11　城市高压燃气管道不停输改造施工现场

13.2.4　带气作业

带气作业就是将新建燃气管道与正在使用的燃气管道在不停止气源输送条件下相互连接。因为要在使用的燃气管道上切割和焊接或钻孔，所以是一项危险作业。施工时，要制订周密的带气作业方案、掌握带气作业方法、熟悉危险作业的一般安全技术。

13.2.4.1　带气作业方法

常用的带气作业方法有以下两种：

（1）降压接管方法（简称：降压法），即把原有燃气管道先做降压或者停气处理，再人工从旧管道上切割出一个孔洞，最后将新管道焊接在孔洞处，此法优点是：可保证得到所需要的燃气流通截面；缺点是：工序较复杂，作业人员较多，影响用户正常使用等。

（2）不降压接管法（简称：不降压法），即原有燃气管道内的燃气压力不降低，先将新旧管道通过特制管件焊接连接在一起，再采用专用开孔机通过管件内部在管道上钻出一孔洞，从而与新建燃气管接通，又称带压连接法。此法的优缺点与前者正相反，不能得到所需要的燃气断面，但工序简单，作业人员少，不影响用户正常使用。目前随着技术进步，不降压法可实现全通径的燃气流通截面开孔，但是为了保证管道强度，其开孔直径一般小于管道直径尺寸。

降压接管法由于缺点较多，且不太适应新时期城市燃气管网建设以及社会发展的需求，故已被各大燃气企业逐渐淘汰，而带压接管法因其不影响用户正常用气、节能减排、保障施工和供气安全、社会效益高等优势被广泛推广应用。

13.2.4.2　带气作业方案

各种压力的燃气管道进行带气作业时，均需制订周密的带气接线方案。

1. 制订带气接线方案的原则

制订带气接线方案的目的是安全地实现新建管线的通气与置换，因此，接线方案应以"四防"为原则。

（1）防止原有燃气管道内进入空气（降压法尤其注意）；

（2）防止作业人员烧伤、中毒或窒息；

（3）防止作业场所着火、爆炸；

（4）新建管道内的空气未吹扫干净时，防止对新建管道的任何部位进行带火（或可能出现火花）的作业，严禁用户点火用气（降压法尤其注意）。

"四防"应贯彻到接线施工的始终，并涉及接线所影响的各部（岗）位。

2. 带气接线方案的主要内容

（1）说明带气接线的必要性，及其对用户或其他方面的影响。

（2）介绍新、旧管线的技术状况，例如，输气压力、敷设方式、管道材质、管径及长度、附属设备的数量及位置、沿途用户分布等。

（3）新旧管线上放散管的数量、位置和管径应在图纸上标明。

（4）选择接线方法，设计接管工艺。降压接线法工艺简单，成本低，但影响用户供气；带压接线法工艺复杂，成本高，但安全性好，用户影响范围小，可用于不能降压的高、中压等不同压力级制的管道。

（5）交通运输，车辆的安排，每个作业班组使用哪辆车以及指挥车、急救车、消防车等的配置。

（6）安全注意事项：对作业人员的安全要求，安全防护用品的使用要求，出现意外的应急措施，对现场安全员的具体要求等。

（7）组织：在方案中要明确现场指挥，调压站和管线上各降压点的负责人，每个作业点的作业班长，每班配备的人数，为应急而准备的预备人员，以及以上各点的安全员，电话或报话机的通信联络员。

（8）作业时间：作业的年月日，从几点到几点，作业（包括降压时间）共用多长时间，对于停气、降压范围内的工业、公共建筑用气单位和民用户要事先通知，做好停气准备。要规定作业步骤和每一步所用的时间，以确保按时完成预定的任务，并及时向用户恢复供气。

（9）现场管理：占用农田、挖掘道路断绝交通、使用临时电源等的安排和联系相关单位。

（10）生活安排：大型作业往往是十几乃至二十几个小时的连续作业，现场的饮水、饭食供应、防暑降温、防寒御寒等也要考虑到位。

降压带气作业工作流程如图 13-12 所示。

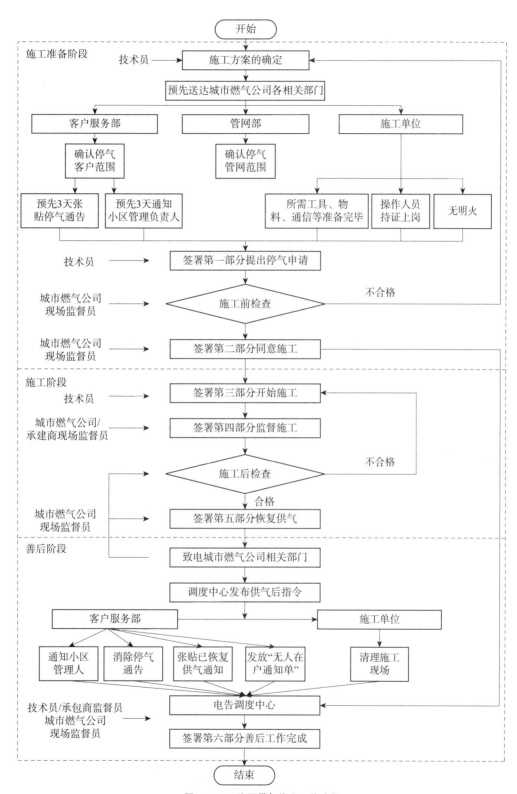

图 13-12　降压带气作业工作流程

13.2.5 异形套筒与智慧套筒修复技术

由于管道敷设的特殊性，土壤腐蚀、山体滑坡、外力损伤等自然原因及人类生产活动因素会在一定程度上造成管道缺陷，特别是各种大口径管弯曲处管道更易因施工不便和应力集中而发生管壁缺陷。若不对管道缺陷进行及时修复，则可能会导致管道事故的发生。

13.2.5.1 钢制套筒注环氧补强技术概述

国内外针对大变形点或大面积腐蚀点，主要采用堆焊补板、B 型套筒、复合材料、钢制环氧套筒修复的技术。其中，堆焊补板和 B 型套筒修复技术在管道上新引入了各种直焊缝和环角焊缝，而在弯管处对焊接工艺要求更高，且易发生焊接应力集中，在防止焊穿与焊接质量之间不易达到平衡，并且现在管道所用的高等级钢可焊性呈下降趋势，现场动焊还需控制焊接产生氢脆、冷脆、氢致裂纹等风险；碳纤维、玻璃纤维及芳纶纤维等复合材料修复技术对管体有一定的补强作用，但是受限于材料本身的强度及采用的粘浸胶的防腐性能，应用效果并不理想。钢制套筒注环氧补强技术是针对压力管道缺陷研发的一种不动火施焊的处置技术，其耐久性经历了多年实际考验。

目前钢制套筒注环氧补强技术在国外应用较多，起源于英国燃气（British Gas）公司，我国自 2005 年开始自行研发，其主要技术特点是：套筒夹具具有与管道相当的弹性模量（杨氏模量），夹具注入的环氧树脂浇注料是液态无溶剂 100% 体积固含量改性料，固化过程体积不收缩不膨胀，满足密闭环境固化的要求，液态树脂具有较好的流动性，能迅速充满各种异形空间，固化后的树脂具有极高的韧性和粘接力，整体补强结构能够与管道协同变形，同时能够极好地传递缺陷点机械应力。管道内腐蚀是不可控制的，当管道发生腐蚀穿孔时，由于夹具是压力元件，能够承受一定的内压，这是钢制套筒注环氧补强突出的一个特点。

通过对比，钢制套筒注环氧补强技术具有如下优点：无须减压或停输；作业安全，可根据管道内压状况进行焊接或非焊接补强；作业时间短，采用高压无气注料设备，最快每分钟可注入 10kg 环氧树脂；施工效率高，夹具注环氧补强操作仅需 3 ~ 4h；永久性补强，补强后缺陷点将获得极高的耐压强度和稳定的力学性能；方案合理，注料密实，采用高压无气注料设备，尽可能地避免了气泡的混入，环氧注料从夹具最下端位置开始，有效排空了夹具与管体之间的空气，使得管体、树脂和夹具结合在了一体，整体补强结构能够与管道协同变形，同时能够极好地传递缺陷点机械应力；环境适应性强，在 −50 ~ 50℃环境下均可顺利施工。

13.2.5.2 大口径弯管道缺陷修复应用实践

1. 大口径弯管道缺陷变形情况

某储运公司输气管道内检测中发现，ϕ711mm 管道弯管处管体存在严重腐蚀缺陷，如

图 13-13 所示，存在极大的安全隐患，必须尽快进行补强修复处理。

2. 修复方案制订

针对该弯管道腐蚀缺陷，计划采用一套长 1.5m、内径 761mm 与管道弯曲度相近的弯曲钢制套筒进行修复，如图 13-14 所示，因为弯管处有一定曲率，弯曲钢制套筒内径要比直管钢制套筒内径大，弯曲钢制套筒规格按照承压 10MPa 设计，设计计算主要采用《输气管道工程设计规范》GB 50251—2015、《压力容器 [合订本]》GB/T 150.1 ～ GB 150.4—2011，同时参照 ASME G31.8 等标准。

图 13-13　管道腐蚀缺陷

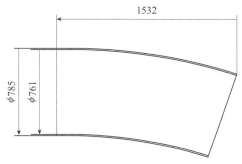

图 13-14　弯曲钢制套筒示意图

3. 修复工艺

（1）弯管管道表面处理

首先去除缺陷部位防腐层，去除过程中应避免伤及管道，采用电动角磨机去除修复段的原环氧粉末涂层，清除过程中不应损伤金属管体，清除防腐层后，对弯曲钢管金属表面及弯曲钢制套筒夹具内外表面进行喷砂处理，达到《涂覆涂料前钢材表面处理 表面清洁度的目视评定 第 1 部分：未涂覆过的钢材表面和全面清除原有涂层后的钢材表面的锈蚀等级和处理等级》GB/T 8923.1—2011 规定的 Sa2.5 级，两侧各 10cm 宽度的原管道防腐层也要喷砂至粗糙。

（2）弯曲钢制套筒安装与密封

弯曲钢制套筒安装过程中注意对管道和光缆的保护，如图 13-15 所示，注意弯曲钢制套筒的固定，安装完成后用橡胶密封带对弯曲钢制套筒夹具两端进行密封。

（3）环氧树脂注入

连接注入泵与注入胶管，连接弯曲钢制套筒夹具注入口和注入胶管，打开注入阀门，如图 13-16 所示，环氧树脂和固化剂混合搅拌，混合比例按环氧树脂使用要求严格配比。

将环氧树脂注入弯曲钢制套筒夹具内，要保证注入过程的连续性。观察排气口，当排气口全部都有环氧树脂流出时，立即停泵，待环氧树脂利用自身重力排空并填充缝隙，3min 后重新注入，要保证排空口有一定的流出量，此时停止注入，关闭注入阀门，注入完毕。

（4）外防腐

将调配好的无溶剂液态环氧树脂涂料在弯曲钢制套筒夹具和剥离防腐层的钢管上涂 2 遍，第 1 遍表干后可涂第 2 遍，总厚度不得小于 800μm，涂层实干后对涂层外部进行粘弹

图 13-15　钢制套筒安装　　　　图 13-16　注入环氧树脂　　　图 13-17　无溶剂液态环氧树脂涂装

体、光固化带的防腐层安装，无溶剂液态环氧树脂涂装如图 13-17 所示。

4. 质量检测

（1）外观检测

环氧注胶料固化后拆除两端的密封带，可清晰地检查到注胶层无缝隙和气泡等缺陷，经检查两侧区域均无缝隙和气泡等缺陷。

（2）电火花检漏

粘弹体安装完毕后进行电火花检漏，检漏电压 15kV，检测无漏点。

该修复技术已经在多家天然气管道公司得到了广泛应用，已完成近千处各种类型缺陷的不停输修复，推进了我国管道不停输修复技术的应用。

13.2.5.3　管体缺陷智慧套筒修复装备

针对油气管道微泄漏及渗漏情况，具备快速堵漏修复功能和泄漏信号在线监测功能的外包式管件——智慧套筒，是基于弹性力学、厚壁圆筒理论及小波分析方法，提出的智能套筒应力、应变、位移分量表达式和信号降噪技术，通过内部布设 4 个高精度振弦式传感器，实现管道本体应力应变的在线精准监测。

低黏度、高渗透性环氧树脂材料，环氧树脂注入系统及注入工艺流程，可实现管体缺陷修复操作时间控制在 90min 内。智慧套筒修复应用如图 13-18 所示。

13.2.5.4　结论

钢制套筒注环氧补强技术开发与应用的结论如下：

（1）环氧夹具能够充分限制穿孔缺陷的泄漏，当完好管段达到流变应力时，缺陷处的环氧强度仍然满足要求。

（2）注入液态环氧填充剂的指标性能，环氧收缩率、粘接强度、剪切强度、抗压强度、压缩变形率、抗 2.5 度弯曲性（-18℃ ±3℃）等性能优异。

（3）通过技术应用，环氧套筒弯管修复工艺中，钢制套筒内填充的环氧树脂使管道缺陷点的应力应变得到有效释放，钢制套筒增加了管道整体的承压能力，修复后的管体承压

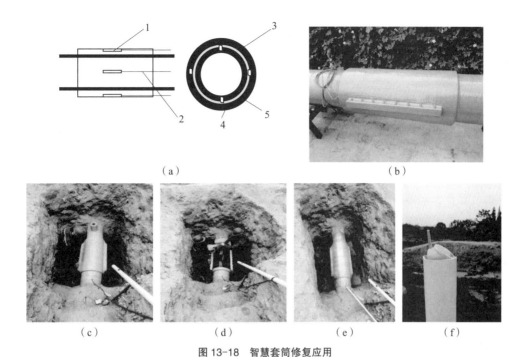

图 13-18　智慧套筒修复应用

1- 振弦应变计（含温度）；2- 应变计导线；3- 套筒；4- 管道；5- 环氧树脂

（a）智能套筒修复装备示意图；（b）智能套筒修复装备实物图；（c）智能套筒修复现场安装图 1；
（d）智能套筒修复现场安装图 2；（e）智能套筒修复现场安装图 3；（f）智能套筒修复现场安装图 4

能力完全能满足管道运行的要求。

（4）智慧套筒修复技术，套筒内部内置高精度传感器和芯片结构，实时监测管道修复效果，同时监测外部地质应力及灾害风险情况，实现灾害情况下管道修复点风险的精准评价。

（5）该技术适用于大口径高压油气管道的不停输修复，可以有效克服弯矩对管体应力的影响，实现管道安全运行。

13.2.6　恢复供气

燃气输配管道和设备维抢修完成以后，恢复供气过程是有一定危险的。特别是停气修复后，再次通入燃气时，可能遇到燃气与空气混合，形成爆炸性气体的过程，因此，恢复供气必须认真对待。

13.2.6.1　恢复供气的条件

在维抢修作业完成后，应全方位检查并确认安全后方可恢复供气。

（1）在发生燃气泄漏，对管道和设备进行修复后，应对现场周边夹层、窨井、烟道、地下管线和建（构）筑物等场所的残存燃气进行全面检查，确认已无爆炸风险；

（2）当发生调压装置出口压力超过下游燃气设施设计压力的事故后，应对超压影响区域内的燃气设施进行全面检查，确认管道、设备及接口处没有破坏、泄漏；

（3）燃气用户户内管道设施修复以后，要对户内燃气管道设施进行全面检查，确认无泄漏，燃气设施运行正常，环境燃气浓度检测为零；

（4）当事故隐患未查清或隐患未消除时，抢修人员不得撤离现场，并应采取安全措施，不得盲目恢复供气。

13.2.6.2　恢复供气中的置换作业

燃气管道及设施在停气维抢修以后，恢复供气和使用时应进行置换作业，以便将管道和设备中的空气置换为燃气。燃气管道设施置换合格恢复通气前，应进行全面检查，符合运行要求后，方可恢复通气。

常用的置换方法有直接置换和间接置换两种；燃气设施宜采用间接置换法进行置换，当置换作业条件受限时也可采用直接置换法进行置换。

1. 直接置换

恢复供气中的直接置换，是指采用燃气置换管道和设施中空气的过程，也称"气推气"置换法。这种方法是直接让燃气缓慢地进入管网替换出空气，从而达到置换目的。因为在置换过程中，管道里必然要出现燃气与空气的混合气体，并且要经历爆炸极限范围。这种方法的特点是操作简单，经济性好，但操作过程中有一定的危险性。

对于天然气系统，打开天然气总阀开始送气时，可通过可燃气体报警器检测放散处可燃气体浓度，以确定是否达到预定的置换标准。放散口燃气达到一定浓度时，报警器即报警；此时，关闭放散阀，置换宣告结束。

天然气的爆炸极限为 5%～15%，考虑置换过程中天然气与空气混合的不均匀性，天然气含量为 45% 以下均应视为危险区间，遇火源可能发生爆炸。

具体操作过程中，置换现场必须严格控制火源和可燃气体的流速，并采取有效的安全措施，确保置换过程的安全。

恢复供气中，直接置换方法适用于 0.02MPa 以下压力级制燃气管道。

恢复供气前应对用户设施进行置换，置换作业应符合安全和相关操作规定。

2. 间接置换

恢复供气中的间接置换，是指采用惰性气体或水置换燃气管道及设施中的空气后，再用燃气置换掉其中的惰性气体或水的过程。

这种方法操作复杂、过程繁琐；要反复进行两次换气，需要准备和耗用大量惰性气体；换气时间长，工作量大，费用较高，经济性差；但置换过程中可以确保可燃气体不会与空气接触，不形成爆炸性气体。因此，燃气行业普遍采用这种可靠性好、安全系数高的间接置换方法。

3. 惰性气体置换法

置换过程中，先用惰性气体置换掉管道设备中的空气，再用燃气置换管道里的惰性气体。即把惰性气体作为置换中间介质。对于燃气行业，"惰性气体"是指既不可燃又不助燃的无毒气体，比如氮气（N_2）、二氧化碳（CO_2）、烟气等。

具体操作过程是，先将惰性气体缓慢充入燃气管道或设备中，待惰性气体压力到一定程度，惰性气体的浓度达到预定的置换标准，确定已将管道设备中的空气置换出为止；然后再以燃气充入管道设备，同样加压到一定程度置换出惰性气体，从而完成置换流程。

采用惰性气体置换空气时，氧浓度的测定值应小于 2%；采用燃气置换惰性气体时，燃气浓度测定值应大于 85%。采用液氮气化气体进行置换时，氮气温度不得低于 5℃。

液化天然气储罐及管道检修前后应采用干燥氮气进行置换，不得采用充水置换的方式。在检修后投入使用前还应进行预冷试验，预冷试验时储罐及管道中不应含有水分及杂质。

高压或次高压设备及 0.75MPa 以上压力级制燃气管道，进行拆装维护保养后，宜采用惰性气体进行间接置换。

压缩机检修完毕重新启动前应进行间接置换，置换合格后方可开机。

13.2.6.3　用户停气抢修后的恢复供气

受突发事件影响而停气的燃气用户，在恢复供气时应参照通气操作规程作业，确保安全。

恢复供气前，应利用各种通信、告知手段，将通气安排有效地通知到用户。

户内作业环境应保持良好自然通风；控制火源、电源，尽量移除易燃易爆物品；光照不足环境作业时，采用防爆照明灯具；确保燃气浓度达到爆炸下限的 20% 以下，方可进行作业。除作业、监护人员以外，无关人员应离开现场。

进行管道设备严密性试验，检查用户管道和设备有无泄漏、损坏。

通气置换时，依次、缓慢开启燃气引入口阀门、表前阀门，稳定后缓慢开启表后阀门，在户内燃气管道末端、灶具的燃气出口处，用胶管引至室外进行放散，并注意风向。

开启燃气燃烧器具，进行点火试验，确认火焰燃烧正常稳定；锅炉、直燃机等大型燃气设备的调试应由厂家完成。

确认供气正常，无燃气泄漏后，方可结束作业。

13.2.6.4　修复后持续检测

为了保证燃气管道设施的安全，在抢修作业完成以后，还应对修复点进行一定时间的持续监测，以确保修复成功，没有新的隐患和问题。

燃气管道、设施泄漏点修复以后，维抢修人员应确认已经发现的泄漏点修复完成；应检测现场环境燃气浓度，低于爆炸下限的 20% 并持续下降为合格；否则必须持续检测，继续查找新的泄漏点。

　　室外燃气管网抢修作业结束后，每天对泄漏部位及周边环境进行燃气浓度检测，持续 3 天，确认无燃气泄漏为合格。

　　市政道路下的管道泄漏情况应安排对所在地同期建设的管道进行检测。居住小区内地下管道发生泄漏以后，除对同期建设的管线进行检测外，还应对小区内所有地下管道安排检测。

　　燃气调压箱修复后，持续监测 3 天，并分析调压器工况至正常。

13.3　应急供气技术装置

　　随着城市燃气的快速发展，城镇燃气供应已经成为和电力、自来水、互联网、集中供热等同等重要城市保障设施，无论是自然灾害还是各种事故造成的燃气管网、设施破坏，均可能造成突发停气，不但给城镇居民生产生活带来极大不便，还会给部分特殊燃气工业用户带来巨大损失，甚至给燃气系统的运行安全造成极大隐患。保证城镇燃气系统的连续正常供应，不仅是民生问题、经济问题，也是安全问题和城市营商环境问题。应急供气因此成为保障城镇正常安全使用燃气的重要环节。

13.3.1　应急供气的发展历程

　　城镇应急供气走过了从无到有，从简单拼凑到规范标准的演化过程。2018 年之前我国城市应急供气多为简单拼装的临时设备，此类设备缺乏系统设计，工艺和安全均无足够保障，气化供气量受环境影响波动较大，且运行一段时间需要停止供气进行除霜作业。最主要是无法满足较大规模的连续应急供应场景。早期应急供气装置如图 13-19 所示。

（a）　　　　　　　　　　　　　　　　　　　　　（b）

图 13-19　早期燃气应急供气装置
（a）橇装式空温应急气化装置；（b）移动式空温应急气化装置

近年来，我国城镇燃气应急供气系统得到行业主管部门、运营企业和设备研发制造企业的高度重视。各地纷纷出台包括应急供气的燃气应急安全预案，设备厂家研发出更加专业安全的应急供气设备，同时应急供气相关规范也得以推出，例如：《城镇液化天然气（LNG）气化供气装置》GB/T 38530—2020 和《液化天然气应急气化技术规程》T/CAS 571—2022，为城镇燃气应急保供提供了体系化的保障。尤其是《液化天然气应急气化技术规程》T/CAS 571—2022 详细规定了 LNG 储量范围、供气能力范围、LNG 槽车与设备对接方式、安全间距、安全维护和运行时间上限等核心参数，为天然气应急供应提供很好的依据。新型燃气应急供应装置如图 13-20 所示。

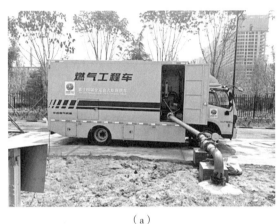

（a）　　　　　　　　　　　　　　　　　（b）

图 13-20　新型燃气应急供应装置
（a）特种车整体加热式应急供应装置；（b）移动式整体加热式应急供应装置

13.3.2　应急供气技术装置分类

目前我国城镇燃气使用的气源绝大部分为天然气，天然气管道辐射不到的地方通常采用液化石油气，另外还有少部分城镇采用人工煤气。因此应急供气装置也对应目前城镇的燃气种类分为三类，即：天然气应急供气装置、液化石油气应急供气装置和人工煤气应急供气装置。

每一种应急供气装置又分为：工艺部分、原料气供应部分和数据采集远传部分，原料气的选择直接影响工艺系统和整体应急系统的运行状态。

13.3.3　天然气应急供气装置

目前我国绝大部分城镇燃气采用天然气供应，因此，针对天然气的应急供气就是最主要最常用的应急供气场景，需要加以详细介绍。

原料气的选择，针对天然气应急供气最常用的是液化天然气 LNG 和压缩天然气 CNG（由于 LNG 和 CNG 获取非常方便，因此不再推荐采用系统更复杂，适配性更差的 SNG 液化石油气掺混空气代天然气系统的方案）。由于 LNG 具有较大的储运密度，因此对于应急供气流量较大、供气时间较长的应急场景通常选择 LNG 作为原料气源。当然有些场景需要结合当地资源条件选择原料气源。

13.3.3.1　液化天然气（LNG）应急供气装置

1. LNG 瓶组式应急供气装置

LNG 瓶组式应急供气装置依据供气流量和持续供气时间需要，可以是单只瓶或多只瓶组构成（需要汇流排），气化装置通常采用空温式气化模式，整体装置结构简单，应用效果好，LNG 瓶组式应急供气装置如图 13-21 所示。

2. 小型 LNG 储罐式应急供气装置

小型 LNG 储罐式应急供气装置在行业中通常叫"快易冷"或"速易冷"，是一种简易集成式的供气装置，该装置将 LNG 存储和气化集中为一体，结构更为紧凑，如图 13-22 所示。运行中需要给小型 LNG 储罐进行充装作业。

图 13-21　LNG 瓶组式应急供气装置　　　　图 13-22　LNG 存储和气化一体装置

3. LNG 大型储罐应急供气装置

此装置特点是采用 $20m^3$ 以下的 LNG 储罐作为储存设备，方便吊装和储液，按照《城镇液化天然气（LNG）气化供气装置》GB/T 38530—2020 规定，无需设置消防水池和喷淋设施，因此，可方便用于应急供气，LNG 储罐应急供气装置如图 13-23 所示。

4. 强制气化型 LNG 应急供气橇

强制气化型 LNG 应急供气橇是一种为应急供气而设计开发的专业应急供气设备，如图 13-24 所示，此设备有以下特点：

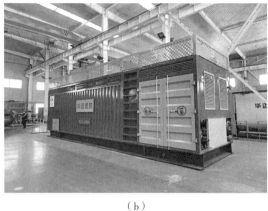

（a）　　　　　　　　　　　　　　　　　（b）

图 13-23　LNG 储罐应急供气装置

（a）固定式 LNG 储罐应急供应装置；（b）固定式整体加热应急供应装置

（a）　　　　　　　　　　　（b）　　　　　　　　　　　（c）

（d）　　　　　　　　　　　（e）　　　　　　　　　　　（f）

图 13-24　LNG 应急供气撬装设备

（a）LNG 应急供气撬装设备：500m³/h；（b）LNG 应急供气撬装设备：1000m³/h；
（c）LNG 应急供气撬装设备：3000m³/h；（d）LNG 应急供气撬装设备：5000m³/h；
（e）LNG 应急供气撬装设备：10000m³/h；（f）LNG 应急供气撬装设备：20000m³/h

（1）气化流量覆盖范围广，可达 300 ~ 20000m³/h。

（2）工艺集成度高、设备体积小，由于采用强制气化方式，设备体积相当于空温式气化方式的 1/10 以下。卸车、调压、计量、加臭等功能被集成在一个集装箱内，设备高度集成，方便吊装运输。

（3）整体防爆结构没有安全隐患，加热单元、控制单元、数据采集传输单元均采用防爆设计，加热燃烧器设置在防爆箱内，吸入的空气和排放的烟气均通过阻火器与外部隔绝。

使该装置可以在Ⅱ类防爆区域内使用。

（4）气化过程采用间接气化方式，首先需要加热水，水再与LNG换热气化，工艺过程温和稳定，不受环境条件影响，气化流量稳定持续。

（5）整套装置无需外供能源，通常大流量LNG强制气化需要外供锅炉热水、蒸汽或提供大功率电力，该装置利用系统自身的天然气作为加热气源，大大简化系统配置，具有简洁、安全、高效的特点。

（6）普通供气压力为0.6MPa以内，大于此压力时需要配置增压泵解决。

5. 强制气化LNG应急供气车

强制气化LNG应急供气车是可移动式应急供气装置。该装置依托于强制LNG气化橇演变而来，供气量在300～10000m³/h之间。小型拖挂式移动供气车供气量为300～500m³/h；自行式应急供气车供气量为3000m³/h，此车为工业信息化部备案的特种车辆，可以直接上牌照运营；大型拖挂式移动供气车供气量可达5000～10000m³/h。各种规格的LNG供气车辆如图13-25所示。

13.3.3.2 压缩天然气（CNG）应急供气装置

由于CNG气源供应相对比较方便，用CNG作为气源进行应急供气也是一种较为常见

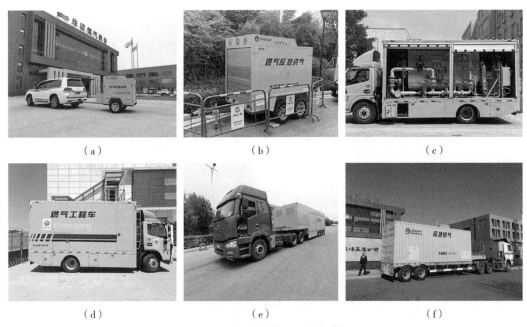

（a）   （b）   （c）

（d）   （e）   （f）

图 13-25 各种规格的 LNG 供气车辆
（a）LNG 移动应急供气橇装设备：300m³/h；（b）LNG 移动应急供气橇装设备：500m³/h；
（c）LNG 移动应急供气橇装设备：1000m³/h；（d）LNG 移动应急供气橇装设备：3000m³/h；
（e）LNG 移动应急供气橇装设备：5000m³/h；（f）LNG 移动应急供气橇装设备：10000m³/h

的方法。CNG 应急供气需要将高压的 CNG 进行换热、减压、计量、加臭、自控及数据采集远传等，过去换热通常采用电换热、热水换热或蒸汽换热，无论是大功率电力还是外供热水、蒸汽，都会给应急系统带来对外界条件的重大依赖，很难实现快速灵活的现实应急需求。近年来随着应急供气设备的快速发展，已经实现将换热、减压、计量、加臭及自控等功能集成于一体的防爆型 CNG 应急供气装置。流量范围是 $100 \sim 7000\text{m}^3/\text{h}$。该装置特点是：

（1）所有 CNG 减压供气的工艺高度集成在一个集装箱内，极大适应了应急供气的核心需求；

（2）采用整体防爆的自加热方式，自行供给减压过程吸收的热量，无需外部给装置供能，简化了装置的复杂程度，并提升了安全裕度；

（3）可设置行走机构，随时可以通过牵引车快速达到应急供气现场；

（4）设置辅助卸车功能，有效解决 CNG 槽车内余气，能将 CNG 槽车内压力卸放至管道压力，有效提升 CNG 运输效率；

（5）工艺系统分为两级减压，符合相关规范要求，并具备自动控制、安全联锁和数据采集传输等功能。

不同规模的 CNG 应急供气装置如图 13-26 所示。

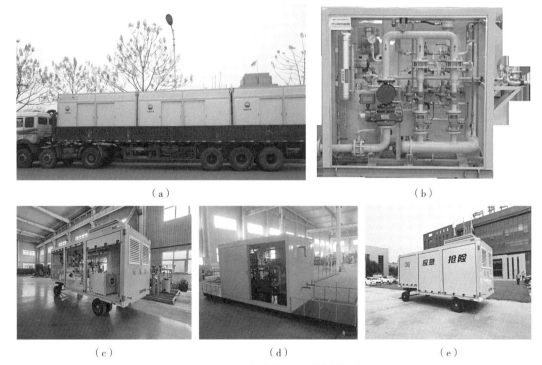

（a）　　　　　　　　　　　　　　　　　　（b）

（c）　　　　　　　　　　　（d）　　　　　　　　　　　（e）

图 13-26　不同规模的 CNG 应急供气装置
（a）CNG 移动应急供气橇装设备：$300\text{m}^3/\text{h}$；（b）CNG 移动应急供气橇装设备：$500\text{m}^3/\text{h}$；（c）CNG 移动应急供气橇装设备：$1000\text{m}^3/\text{h}$；（d）CNG 移动应急供气橇装设备：$3000\text{m}^3/\text{h}$；（e）CNG 移动应急供气橇装设备：$5000\text{m}^3/\text{h}$

13.3.4　液化石油气（LPG）应急供气装置

由于目前国内采用液化石油气管道供应的场景已经比较少见，通常的应用场景为居民、餐饮及部分工业用户，这类场景的供气均为独立系统，因此，液化石油气应急供气装置目前的应用场景较少。对于小型餐饮的液化石油气应急供气装置可采用 LPG 瓶组气化橇；而对于规模较大的液化石油气工业用户或区域液化石油气管输系统的应急供气装置，可采用强制气化 LNG 应急供气橇或强制气化 LNG 应急供气车，这两种装置可以气化 LNG，也可以气化 LPG（1000m³/h 的 LNG 气化能力可以气化 LPG 约 800kg/h）。气源的供应可以是 LPG 瓶组、小型储罐或 LPG 槽车。

LPG 强制气化应急供气装置如图 13-27 所示。

（a）　　　　　　　　　　　　　　　　　　（b）

图 13-27　LPG 强制气化应急供气装置
（a）LPG 移动应急供气橇装设备：3000m³/h；（b）LPG 移动应急供气橇装设备：5000m³/h

13.3.5　人工煤气应急供气装置

城镇燃气使用人工煤气的高峰虽然已经过去，但是国内还有一些城市采用人工煤气作为主气源，因此，人工煤气的应急供气装置还有一定的需求。

人工煤气的应急供气装置通常采用天然气掺混空气的工艺方式，天然气可以是 LNG 或 CNG，通过气化或减压达到设定压力（如果有管道天然气工艺更为简单）；空气采用空气压缩机、冷干机和过滤器获得，空气和天然气按照设定比例（通常是 50% ∶ 50%）通过自动掺混装置配制可替代人工煤气的混合气体，从而达到应急供气的目的。由于该装置需要天然气和压缩空气，因此，此装置分几个单元组合而成，相对比较复杂。

另外，规范要求，掺混气中燃气占比应大于爆炸上限的 2 倍以上；对于天然气，爆炸

上限为 15%；掺混气中天然气应占 30%
以上，空气不应超过 70%。应急供气中，
一般天然气、空气比例各占 50%，距爆
炸极限的允许范围（空气占比极限 70%）
比较接近，装置的安全保障非常重要，
且初次调试一定要专业人员来操作，值
守人员通过培训考核合格后方可上岗。

　　人工煤气应急供气装置如图 13-28
所示。

图 13-28　人工煤气应急供气装置

13.4　本章小结

　　突发事件的应急处置需要科学、规范、高效、有序；城市燃气行业需要依法依规，做
好燃气突发事件的应对。本章围绕城市燃气突发事件应急处置主要探讨了以下问题：

　　（1）明确了突发事件应急处置的政策要求，应急处置中生命优先原则；燃气突发事件
应急响应任务、基本流程；突发事件的国家、地方分级标准；燃气经营单位在突发事件初
始阶段做出的分级判断标准、应急响应级别及触发条件；应急处置现场区域划分和要求；
通过实际事故案例，讨论了多部门如何协同处置燃气突发事件。

　　（2）介绍了燃气行业专业化、成熟的应急抢修处置技术，包括泄漏点定位与厂站、管
道等不同泄漏的抢修规定，事故故障紧急切断，带压封堵与带气作业技术与应用，智慧套
筒修复技术以及恢复供气过程的重要要求。

　　（3）介绍了不同气源及供气规模的应急供气技术装置与应用情况。

本章参考文献

[1]　詹淑慧，杨光，高顺利 . 城镇燃气安全管理 [M]. 2 版 . 北京：中国建筑工业出版社，2018.
[2]　罗云，许铭 . 现代安全管理 [M]. 3 版 . 北京：化学工业出版社，2017.
[3]　全国人民代表大会常务委员会 . 中华人民共和国安全生产法 [Z]. 北京：全国人民代表大会常务委员会，
　　　2021-06-10.
[4]　全国人民代表大会常务委员会 . 中华人民共和国突发事件应对法 [Z]. 北京：全国人民代表大会常务委员会，
　　　2007-08-30.
[5]　中华人民共和国国务院 . 城镇燃气管理条例：中华人民共和国国务院令第 583 号公布根据 2016 年 2 月 6
　　　日《国务院关于修改部分行政法规的决定》修订 [Z]. 北京：国务院，2016-02-06.
[6]　Peng Xu，Shuhui Zhan. Safety Management for the City Gas Industry：Theory and Practice in China[M].

Cambridge：Cambridge Scholars Publishing，2022.

[7] 许彤，高顺利 . 城镇燃气设施运行维护抢险技术与管理 [M]. 重庆：重庆大学出版社，2013.

[8] 中华人民共和国住房和城乡建设部 . 城镇燃气设施运行、维护和抢修安全技术规程：CJJ 51—2016[S]. 北京：中国建筑工业出版社，2016.

[9] 住房和城乡建设部标准定额研究所 .《燃气工程项目规范》GB 55009 实施指南 [M]. 北京：中国建筑工业出版社，2022.

[10] 江斌 . 城市燃气管网应急响应辅助救援系统研究 [D]. 沈阳：沈阳航空航天大学，2016.

[11] Hou Z, Yuan X. Leakage locating and sampling optimization of small-rate leakage on medium-and-low-pressure unground natural gas pipelines[J]. Journal of Natural Gas Science and Engineering，2021，94：104112.

[12] American Gas Association. Guide for gas transmission and distribution piping systems：GPTC Z380.1—2009 [S]. Washington DC：US-ANSI，2009.

[13] 董绍华，魏振红，葛艾天，等 . 油气管道抢修夹具及其使用方法：ZL 200910093913.1 [P]. 2009-09-30.

[14] 惠文颖，牛健壮，胡江锋，等 . 复合材料修复管体缺陷的影响因素 [J]. 油气储运，2017，36（7）：805-810.

[15] 陆军 . 油气输送管道补强修复新技术 [J]. 石油和化工设备，2015，18（1）：67-70.

[16] 陈安琦，马卫锋，任俊杰，等 . 高钢级管道环焊缝缺陷修复问题初探 [J]. 天然气与石油，2017，35（5）：12-17.

第 14 章

城市燃气安全应急保障体系

为了充分发挥政府应急管理体制的优势，进一步完善城市燃气安全应急能力体系建设，本章结合国内外应急能力建设的经验，分析提高燃气安全应急能力建设的原则和途径。重点讨论政府、企业两个层级的燃气应急救援队伍、装备、应急信息传递与沟通、应急管理组织机构和管理制度等方面的需求，提出有针对性的应急保障体系建设方案和优化路径。

本章内容可作为城市应急体系建设和城市燃气安全应急处置工作的参考资料。

14.1　城市燃气事故紧急状况的特征和应急保障体系的建立

燃气事故紧急状况通常包括天然气管道泄漏、燃爆和一氧化碳中毒等情况，其后果可能对公众的安全、健康、财产以及基础设施造成破坏。这些燃气事故紧急状况具有突发性、意外性和后果严重性特点。为有效应对这些紧急情况，需要建立综合的应急保障体系，以提高响应效率、降低人身伤亡和财产损失，并确保城市基础设施的快速恢复。

本节将讨论城市燃气事故紧急状况的特征，包括天然气泄漏、燃爆、一氧化碳中毒及燃气供应中断情况下，不同紧急状况的处置流程，构建与之相适应的应急保障体系的核心内容。

14.1.1　燃气泄漏状态下的主要特征

天然气管道破裂、漏气或第三方损坏可能导致天然气泄漏。液化石油气储罐、钢瓶、管道的破损也会造成液化石油气泄漏。由于燃气的易燃、易爆属性，泄漏状态存在燃气爆炸风险。泄漏的燃气可以在空气中形成可燃气体云团，遇到火源或火花，可引爆导致火灾或爆炸。

甲烷是天然气的主要成分，是一种无色、无味、无臭的气体，在泄漏情况下通常不易被察觉，增加了潜在的危险性。在应急工作中快速确定泄漏气体属性至关重要，它决定后续应急工作的开展方向和深度。

天然气具有高度可燃性，在密闭空间中只需达到特定的浓度范围（在空气中天然气浓度达到 5% ~ 15% 时）就能够形成具有爆炸特性的混合气体。当这样的混合气体与火源或火花接触时，可能引发火灾或爆炸。天然气的这一特性，导致在天然气泄漏初期就具有爆炸风险。因此在天然气泄漏处置工作中，迅速疏散周围人员是首要前期处置工作。

天然气的相对密度在 0.68 ~ 0.75 之间，相对于空气较轻，具有快速飘散的特点。这意味着在室内发生天然气泄漏的情况下，天然气会集聚在顶棚等高处。而在室外泄漏时，它可以迅速上升到大气中，减少了地面上天然气的浓度。利用天然气的高扩散性，使得天然气的浓度在短时间内迅速降低，进而降低燃气燃爆风险。但这一特性也使检测和定位燃气泄漏点变得比较困难。

天然气泄漏时会带走周围环境的热量，导致附近区域温度降低。这种低温效应可能对周围设备和材料造成低温损害，这一特性同时也可以作为天然气泄漏的指示标记。

综上所述，天然气泄漏是一种具有很大潜在危险性的紧急情况，发生时需要及时检测、报警和处理，以确保公众安全和防止火灾或爆炸事件的发生。由于天然气无色、无味的特性，需要特殊的气体浓度检测设备来检测天然气的泄漏。预防和应对天然气泄漏是城市燃气安全管理的重要组成部分。

14.1.2　燃气爆燃状态的主要特征

燃气燃爆是由于燃气（如天然气或液化石油气）泄漏并与空气中的氧气形成可燃气体混合物后，受到火源或火花的引爆而引发的爆炸。这种爆炸通常伴随巨大的火球和冲击波，造成瞬间的破坏力。燃气燃爆中心的火焰温度可达 1000℃，能够立即引燃周围的物体，导致火灾的蔓延，尤其是在通风条件良好的情况下，这使得火灾能够快速扩散到周围区域。燃气燃爆事件的爆炸通常属于低音速爆炸，产生冲击波和压力波，冲击波压力可达到 2MPa，这将导致建筑物的崩塌和人员伤亡。爆炸冲击波对燃气设施的气密性也会产生不利影响，形成燃气泄漏导致火灾。从实际案例可以看出，冲击波后果通常非常严重，需要紧急救援和灭火工作。

14.1.3　一氧化碳中毒

燃气具在燃烧时需要消耗大量的空气，例如天然气的理论空气量约为 $9.52m^3/m^3$，液化石油气的理论空气量约为 $28.56m^3/m^3$。在空气供应不足或燃烧器不符合标准的情况下，燃气燃烧产生的烟气中会含有一定浓度的一氧化碳（CO）。人员长时间暴露在高浓度的 CO 环境中，可能导致中毒、意识丧失甚至死亡。

燃气中的杂质（如 H_2S 等酸性气体）、不适当的燃烧温度、不合理的燃烧器设计、堵塞燃气通道和喷嘴也可以干扰燃烧过程，导致不完全燃烧和 CO 的生成。

为了避免燃气燃烧产生 CO，应确保所有燃气设备由合格的专业人员进行安装，并符合国家相关法规要求。应定期维护燃烧设备，确保燃气燃烧器具（如燃气炉、燃气采暖热水炉、燃气热水器等）接受专业检查和维护，预防燃烧器喷嘴故障或堵塞，减少 CO 的生成。

确保燃气燃烧器具周围有足够的通风，保证燃气燃烧器具的通风口或进气口畅通，确保足够的氧气供应，是重要的预防措施。必要时应安装强制通风换气设备以保证空气供应。

在有人居住和商业场所，特别是在靠近燃气燃烧设备的区域应安装 CO 浓度检测仪器，可以及早检测环境中的 CO 浓度进行警报，以便采取必要的安全措施。

14.1.4　燃气供应不足或中断

由于自然灾害以及突发燃气事故的影响，大范围的燃气供应中断可能会对重要工业企业和居民造成严重影响，可能导致医疗设施、护理机构和老年人护理中心的供气问题，影响患者和居民的健康状况。而对于冶金、陶瓷、化工等燃气不可中断企业可能带来重大经济损失。在北方冬季，由于大量采用燃气供暖，大范围、长时间的燃气供应中断会对社会稳定产生负面效应。

因此当发生大范围燃气供应中断时，燃气企业应迅速通知受影响的居民和企业，说明中断的原因、范围和预计恢复供应的时间。当地政府和应急管理机构应发布紧急通知，以便广泛传达有关燃气中断的信息。事态严重时应设置临时应急设施，对于那些无法在家中正常烹饪的用户，提供热餐和食品救济。

燃气企业应制订专项应急预案，内容应包括应急气源储备、停气顺序措施、行业协作方案等。一旦供应中断的问题得到解决，燃气企业应确保恢复供应过程顺利进行，包括检查和测试燃气管道系统，以确保安全。

在大范围燃气供应中断的情况下，紧急应对和合作是处置关键。紧急状况下可能需要大规模的紧急响应和恢复工作，包括应急气源在内的多种应急资源和人员需要调动，政府、社区和燃气企业需要协同工作，方可确保受影响单位得到必要支持。处置过程中应考虑采取适当措施来保障燃气安全和满足基本需求，如启动快速供气设备、小区调压设备预装应急接口等。

14.1.5　燃气紧急状况下的应急处置与保障体系

（1）当发生燃气泄漏时，用户、社区、燃气企业人员首要任务是将泄漏区域人员立即撤离危险区域，保障生命安全是第一要务。一旦撤离，不要返回危险区域，除非得到相关部门的许可。多起案例证明，不要先去尝试查找燃气泄漏源，因为这可能会引发火灾或爆炸。在怀疑有燃气泄漏时，绝对禁止使用明火、电器设备、打开或关闭开关、敲打物体、打电话等可能产生火花的行为。可以尝试关闭燃气阀门，但应谨慎操作。如果不确定如何关闭阀门，不要强行尝试，应等待燃气企业专业人员检测和修复泄漏。一旦专业人员抵达现场，应遵循他们的建议和指示，专业人员会负责处理泄漏问题，并确保安全恢复供应。当室内发生燃气泄漏时，打开窗户和门增加通风，尽量排出泄漏的燃气。

为了应对燃气泄漏事故，需要建立一个综合的应急保障措施，以确保燃气泄漏紧急情况下各单位及时响应和有效管理。具体措施包括：1）完整的燃气设施保护宣传资料和多种形式的宣传活动；2）以燃气企业为核心的燃气专业应急救援队伍和泄漏封堵装备；3）以社区为主的有效通信系统；4）完善的应急预案。

（2）当发生燃气燃爆事故时，由于燃气爆燃事故是最严重的紧急情况，需要迅速采取应急行动以确保人员的生命安全和减少财产损失。燃爆事故多为突发事件，应急准备时间极短，因此需要完善的应急处置措施并辅以长期的应急演练。燃气燃爆事故发生后，首要工作是将事故区域人员立即撤离危险区域，不要试图扑灭火源或靠近可能存在的危险区域，尽可能远离事故地点，等待救援人员的到来。安全区域通常被定义为事故现场上风侧50 ～ 100m 范围之外。事故现场人员应立即拨打紧急电话（火警电话、医疗救援电话或应急电话），通知相关部门发生了燃爆事故，并提供事故详细位置和情况描述。

燃爆事故发生后，由于建筑、设施发生垮塌，会对人员快速撤离产生影响，现场人员应互相合作，协助其他受影响的人员，尤其是需要特殊照顾的老年人、儿童和残疾人士迅速撤离事故现场。同时建立警戒线实行交通管制，开辟交通绿色通道，引导医疗、消防人员快速入场，对受伤人员开展紧急救治。街、镇属地政府应配合公安人员对事故区域进行保护，确保居民财产安全，并为事故调查提供有利环境。

燃气燃爆事故可能造成部分燃气设施损坏而引发燃气泄漏，故所有燃气泄漏的处置措施同样适用于燃气燃爆事故的处置（参照第（1）点）。

由于燃气燃爆事故具有突发、严重、紧急的属性，需要建立一个快速、高效的应急保障措施，以确保燃爆紧急情况下各单位及时响应和有效管理。由于属地政府的现场管辖优势，应优先建立街、镇应急保障措施，具体措施包括：1）以街、镇政府为主导的燃气燃爆专项预案；2）以社区为主的消防前期处置队伍；3）燃气燃爆事故安全宣传资料和专项宣传活动；4）高效的消防联动机制；5）快速医疗救治通道；6）提供燃爆事故处置后勤、物资、资金保障；7）专业燃气检查装备。

（3）当发生一氧化碳中毒时，由于此种情况同样是一种高危状况，其后果可能导致严重的健康问题甚至死亡，因此现场如果怀疑出现一氧化碳中毒，应立即将受害人从有毒环境移出，并将其置于新鲜空气中。如果有氧气瓶或氧气面罩可用，将会极大帮助患者吸入新鲜氧气脱离危险。同时应尽快将受害人送往医院接受进一步的医疗救援和治疗，这是最重要的应急处置措施。如有可能，医院的高压氧舱、给氧疗法、血气分析等都是必要的医疗措施。应当注意，在提供氧气的同时，不能离开受害人，应监控他们的呼吸和心跳，等待进一步的医疗救援。

一氧化碳中毒作为一种高危状况，同样需要建立一个快速、高效的应急保障措施。由于其应急过程中对医疗专业的独特需求，应优先建立医疗应急保障体系，具体措施包括：1）快速医疗救治通道；2）以社区为主的医疗卫生平台（氧气瓶、氧气袋）；3）一氧化碳中毒事故安全宣传资料和专项宣传活动；4）以街、镇政府为主导的一氧化碳中毒专项预案。

（4）长时间、大面积燃气供应不足或中断的紧急状况，主要考虑应对自然灾害产生的燃气供应不足。对于由于地震、海啸、洪水、极寒等自然灾害引起的长时间燃气供应不足或中断，需要建立一个快速、高效的应急保障措施。核心内容是建立完善的燃气应急储备系统和协调机制。而自然灾害对燃气设施本体安全的影响，将其列入燃气设施保护方案。当由于燃气设施事故引发燃气供应不足或中断，持续时间不超过72h，将其定义为短期应急，可以通过紧急抢修、应急气源"点供"等方式解决。具体措施包括：1）多级应急储备气源；2）停供气企业顺序及方案；3）快速应急供气装置；4）以市、区政府为主导的燃气供应专项预案；5）燃气设施保护方案。

以上内容是处置各类紧急状态所需的应急保障措施概要，具体内容在后续章节详述。

14.2　城市燃气应急保障体系

城市燃气应急保障体系是城市应急管理保障体系中的一部分。其组成因城市的燃气设施、服务对象、应急需求和资源供应而有所不同。其核心目标是确保在城市发生燃气紧急状态时能够迅速响应、协调资源和开展救援工作，以最大限度地减少风险、保护公众生命和财产安全。城市应急管理部门需要与相关机构、燃气企业、社区进行密切合作，建立紧密的合作关系。同时制订应急保障法规，以确保城市燃气设施和供应安全。

本节着重讨论如何建立政府、企业两级保障体系，使其在燃气应急处置工作中能够有机衔接。同时结合国内外城市应急管理的研究成果，探讨城市燃气安全应急保障体系中的物资供应保障、应急队伍建设、应急资金筹措、应急技术开发、应急保障管理等工作的特点。

14.2.1　应急保障体系理论研究

为应对火山、地震等自然灾害对公民生命、国民经济、国家安全的影响，欧美、日本等国家十分重视应急保障体系的研究。早在1995年"阪神大地震"期间，日本政府就已经意识到传统的应急救援管理体系存在严重的不足，尤其是要重视和推进社会应急物资体系的建设。经过多年的研究和建设，日本现在已经形成了由一级广域应急物资据点（国家储备）和二级地域应急物资据点（城市储备）构成的多级应急保障体系。

日本应急保障管理的特点之一是引入供应链管理的理念和方法，实行推式供应和拉式供应相结合的应急物资供应管理模式。该模式的运作原则是在突发事件发生初期的前 3d，主要依赖地方政府（城市级别）的储备物资展开自救。一般在各地应急物资仓储设施中，均保有 3d 左右的库存物资，以满足灾害发生初期的短暂需求。灾后 4 ~ 7d 所需物资，由中央政府（国家级别）基于对灾情的分析判断确定，不必等待地方政府的精准需求信息就直接采取推式物资供应。灾害发生 7d 后，在准确掌握受灾地物资需求信息基础上，再由推式供应转变为拉式供应。这种应急物资供应管理模式的难点在于，如何实现推式供应和拉式供应的无缝衔接，保障在应急物资仓储设施、物资输送方式、作业人员的专业能力、需求预测、受灾地物资供应以及信息共享等方面的合理配置和高效运作。

与日本相比较，欧美学者关于应急保障的研究主要集中在国际人道主义救援活动中的物流供应链管理，具体包括全球人道主义危机中的物资救援、供应链断链时的风险管理以及绩效管理等方面。尤其注重研究如何在救援活动中构建跨组织的高效协同机制，提升人道主义物资供应链的救援效果。

近年来我国学者在应急物资保障理论的研究方面也取得诸多成果，应急物流研究的成果主要集中于应急物资系统建设、设施选址和配送、应急物资的需求预测与分配等方面。对应急物流中的军民协同机制展开研究，提出在应急物流领域实现"军地一体化"的对策思路。以自组织理论为支撑，分析应急物流自组织协作保障机制的构建策略研究。

同我国以技术应用和策略为主的应急物流研究相比较，国外的应急物流研究有一个共同特征，即将供应链的管理思想和协同机制引入到应急物资组织与管理。欧美国家的应急物流研究主要针对国际性战乱、自然灾害中的人道主义物流救援；日本的应急物资管理研究更注重构建一个社会化的应急物流体系，通过政府、企业、社会组织之间的高效协同机制，加强应急物流体系的支援能力建设。对我国来讲，日本的研究成果和应用经验更具有研究和借鉴价值。

14.2.2　政府、企业两级燃气应急保障体系的构建

结合不同燃气事故紧急状态下的应急需求，构建应对自然灾害、燃气燃爆事故、一氧化碳中毒、大面积燃气供应中断等紧急事件的政府级保障体系。同时建立应对燃气泄漏、短期燃气供应应急等紧急事件的企业级保障体系。

目前应急管理部门负责城市突发事件的应急保障工作，是政府级保障体系的执行机构。该部门中设立了具体负责应急保障工作的职位，负责协调和管理紧急情况下的资源调动和

响应，并对企业、社区应急保障工作进行指导和监督。

企业级保障体系主要由燃气企业负责建设和管理，包括专业应急资源的管理，如专业燃气泄漏封堵公司、带压不停输施工、低温储罐泄漏修复等组织机构。企业级保障体系的日常工作由负责应急管理的负责人承担，应急救援时由企业主要负责人决策实施。

燃气应急保障体系推荐缔结各种官民应急物资合作协定，将民间物流设施纳入应急物流体系中。特别是在应急物资采购、储存、运输方面，鼓励签订官民应急物流合作协议，并将物流体系编制到燃气应急预案当中。

14.2.3　燃气安全应急物资保障清单

燃气应急物资是指在事故发生前用于控制事故发生，或事故发生后用于疏散、抢救、抢险等应急救援的工具、物品、药品、设备、器材、装备等相关物资，它是突发事故应急救援和处置的重要物质支撑。应急物资保障清单应根据具体应急情景和风险评估来确定，满足应急物资具有全面、适应性强、数量充足、质量可靠、易于获取的需求，并与各专项燃气应急培训和演练活动相结合，确保应急物资保障能力满足紧急事件的需求，最大限度地减少应急响应过程中物资短缺和供应困难现象。

应急物资清单应覆盖各方面需求，应考虑儿童、老年人、残障人士等特殊群体。

清单中所列物资应考虑到紧急情况下交通和物流的限制，应建立备选供应渠道和应急物资储备中心，确保物资的及时供应。

清单中的物资数量应根据燃气风险等级、涉及人口数量和需求预测等进行合理评估。物资储备，最好能够支持72h或更长时间的自给自足。

燃气企业应急物资清单如表14-1所示。

燃气企业应急物资清单表　　　　　　　　　　　　　　　　　　表14-1

功能类别	物资名称
警戒疏散	警示线、警戒标志、应急灯、路障锥、扩音器等
抢险抢修	快速封堵器、封堵带、泄漏监测仪、截断工具、排水设备、灭火器、常用配件等
夜间照明	防爆照明灯、移动照明车、高能见度标志、反光马甲等
通信联络	应急车、通信工具、卫星电话、便携电脑、备用电池等
安全防护	通风设备、防护服、防护手套、防毒面具、防滑鞋、安全靴等
医疗用品	急救包、药物、消毒剂、健康监测设备等
生活用品	食品、饮用水、卫生用品、取暖用品等

14.2.4　燃气应急物资采购、储存、调配管理

14.2.4.1　采购

燃气应急物资应根据市、企两级应急物资保障体系分别采购。应制订详尽应急物资采购方案。采购方案由燃气应急管理部门和燃气企业联合编制，经专家审查纳入采购计划。采购方案的编制遵循均衡利库、打捆采购、突出专业、性价比高的原则。同时，建立优化采购渠道，规范采购行为，严格质量管理，确保物资正常供应。对供应充足、物流迅速的应急物资鼓励采用合同采购、协议采购等虚拟模式，节约采购资金。采购物资由采购需求部门进行验收，验收合格后存放至指定地点。

14.2.4.2　储存

燃气应急物资储存管理包括物资的验收入库、保管保养、领退物资、账册单据管理、物资盘点和仓库安全等方面的管理，应建设智能化的物资储存管理系统。

不允许未验收的应急物资入库。一般性应急物资验收由库管员会同采购员和政府、企业代表共同进行物资验收。

验收合格的物资需办理签收、登卡、记账、上架等入库手续。不合格物资采购员要准时退调。

物资保管要做到库容洁净、标记鲜亮、规格不串、材质不混。保养要做到定期检查，定期维护保养，防止逾期变质。

应急物资领用前应提交领料单，在特殊状况下（如燃气设施抢修）可直接领用，但在领取后补办相关手续。

库存燃气应急设备不准拆零领用，如领用物资有缺陷可办理退还手续，将物资送还仓库，库房管理人员应主动进行物资调换，并查明缘由，追究相应的责任人。

14.2.4.3　燃气应急物资需求评估与调配

燃气应急物资的调配需要科学的需求评估、合理的规划、高效的物资运输配送、协调监控等环节配合。通过有效的调配计划，最大限度地满足燃气紧急情况下的救援需求，保障人员的生命安全和救援工作的顺利进行。

快速收集事故发生地区的数据信息，如人口统计数据、气象信息、地理信息、医疗设施信息、协作机构情况、物资储存地点、交通运输保障等数据，为应急物资需求评估打下坚实的数据基础。

燃气应急物资需求评估是确定应急所需物资和资源的关键工作。在快速收集事故发生地区的数据基础上，明确紧急情况或灾害类型、确定应急需求、制订应急计划、准备调配

清单是最基本的应急需求评估流程。按照上一节所述不同燃气应急状况的应急处置需求，应急物资调配包括食品、水、医疗用品、通信设备、消防器材、救援工具、临时供电、燃气封堵设备等物资装备。

根据燃气应急物资需求评估和物资储备情况，参考应急物资的种类、数量、运输能力、交通情况等因素，合理安排物资的调拨和运输路线。在物资调配过程中，及时、准确地记录物资的进出、分配情况以及接收方的需求和使用情况。同时启动跟踪和监控机制，及时了解物资的使用情况和接收方的反馈，确保物资能够安全、快速地运输和配送到目的地。

燃气应急物资调配通常需要多个部门、组织和机构的协作和合作，建立有效的沟通与协调机制，推动物资运输组织加强物流配送管理信息化、智能化建设，促进信息共享和资源互助，合理选择运输方式，达到提高应急物资调配效能的目的。

14.2.4.4　燃气应急物资智能管理平台

建立城市燃气应急物资智能管理平台是提高城市燃气应急管理效力的重要手段，依靠传感器和监测设备、物联网技术实时获取物资保障信息，例如库存水平、交通状况、灾害情况、气象数据、人口统计数据，同时通过集成各种数据源，利用机器学习、数据分析等智能算法和分析工具，实现进行需求评估、优化物资调配和识别潜在的风险，利用数据分析成果提供实时的应急决策支持。

有关应急保障管理平台建设的细节，将在下节详细描述。

14.2.5　专业燃气应急团队建设

专业燃气应急团队是指具备高效应急救援能力、能够处置管道天然气、压缩天然气、液化天然气和液化石油气泄漏等燃气突发事件的团队，其成员通常包括燃气企业人员、安全专家、紧急抢险人员、医疗人员、专家组（法律顾问、公共关系专家和环境专家等其他支持人员）。

在燃气突发事件的处理中，应急人力资源的配置也异常重要。一支专业化、训练有素的突发事件应急专业人才队伍，对于快速有效地处理突发事件可以起到关键的作用。虽然专业消防人员是处置燃气突发事件的骨干和突击力量，但是仍然需要各种专业人才紧密配合。

14.2.5.1　团队建设基本要求

专业燃气应急管理人才大致可分为五个主要类型。

高级决策型人才：这类人才是燃气应急管理中最高层次的人才，即高级管理人员（政府人员），一般须具备对燃气突发事件的全面把控能力，对事态发展趋势有超常的预测能力，临危不惧、处乱不惊的心理素质，熟悉燃气事件的产生、发展、影响及化解方法，能在燃气紧急事态发展的不同阶段做出相应对策的能力。

执行指挥型人才：这类人才是燃气紧急事件现场处置的指挥官，主要由企业高级管理人员担任。要求具有较强的领悟力、贯彻力、协同能力。专业背景深厚，把握准确，决策果断，能领悟决策层的精神，并将其很好地贯彻下去，根据燃气紧急事态发展迅速、果断地制订出可操作性强的行动计划。

操作型人才：这类人才是现场处理燃气突发事件的专业技术人才，即行动实施人员，如消防员、燃气工程师、警察、医护人员、工程技术人员等。这类操作型人才需要有快速反应能力、强大的协同性和整合现场各种资源的能力。

监督指导型人才：在燃气应急管理中，需要有人专门对整个事件的处理过程进行记录和跟踪报告，加强处理的透明度并对事件的起因、处理过程、损失额度和善后情况进行评估。这类监督型人才要求具备很强的专业背景、动态跟踪能力、整体评估能力和政策把握能力。

信息技术型人才：这类人才是应急团队中的"千里眼""顺风耳"。他们担负燃气应急管理的预警工作，其主要任务是及时、准确、全面搜集各方信息，而且要不停地更新和反馈。在现代应急管理中，信息员的作用越来越重要。

14.2.5.2　专业救援能力要求与配置

燃气应急指挥人员应满足：具有 5 年及以上的应急工作经历，须经燃气及应急救援相关专业培训并考核合格；熟练掌握燃气应急理论及相关设施特点、常见故障、事故及应对措施。

对于现场应急值守、现场处置、应急保障人员应满足：具有 2 年及以上燃气或应急救援相关工作经历，熟练掌握燃气安全相关专业知识，熟悉燃气相关事故危害及防护知识，经过燃气应急救援相关专业培训并考核合格。对于从事特种作业、特种设备作业的特殊岗位人员应按照有关规定，取得相应的上岗资格。

专业燃气应急救援团队建设应根据其所服务区域的燃气突发事件类型和风险特点进行配备。人员数量及站点应合理规划和布局。政府在建立市（区）专业燃气应急救援团队时，应整合区域内现有救援队伍和资源，专业燃气应急救援团队人员、装备物资和基础设施，满足处置区域内发生较大燃气事故的能力。

专业燃气应急救援团队机构设置应满足承担应急值守、调度指挥、装备物资管理、技术培训、应急抢险、后勤保障等职责。驻点或站点应满足 24h 应急值守需要，值班电话不应少于 2 部；专业燃气应急救援团队在接到报警或指令后应能够快速集结出动，根据事件类型携带相应物资、装备 10min 内出动，30min 到达现场，且在到达现场后能高效有序地开展应急救援工作。

专业燃气应急救援团队应把专家库纳入团队建设，以便在应急救援时获得专家的快速决策支持。专家库由燃气、消防、特种作业、有限空间、应急管理等领域的专家组成。

14.2.5.3　综合性应急救援队伍建设

随着城市基础设施建设的复杂性不断提高，燃气应急队伍建设需要由单一性质突发事件处置向综合突发事件处置发展。

《突发事件应对法》规定："县级以上人民政府应当整合应急资源，建立或者确定综合性应急救援队伍。"综合性应急救援队伍能实现一队多能，同时促进专业救援队伍与兼职救援队伍有机结合。综合应急队伍不但是一支具有特色专长的专业救援队，突出其在各自专业领域里的优势，同时锻造其多种应急救援能力。在燃气突发事件的处置过程中，以消防专业队伍为主力，其他部门专业性队伍为补充。综合性应急救援队伍为总预备队，兼职救援队伍为外围，逐渐建设成为全社会参与的综合性应急救援队伍。

在综合性应急救援队伍建设中，秉持政府扶植企业特别是大型国有企业的专业救援队，鼓励以志愿者为主体的兼职应急救援队伍发展。完善综合应急队伍建设的配套制度，如应急救援队伍的行业标准，包括综合性专业救援队伍的认定或建设标准，企业救援队伍参与突发事件处置的准入标准等。完善应急救援队伍的培训演练、考核评估制度，建立应急救援队伍的联合培训与演练机制，实现不同应急救援队伍之间在应急状态下的协同和联动。同时建立应急救援队伍的补偿机制，包括企业、志愿者等救援力量在参与应急处置后获得补偿的渠道和标准也是综合性应急救援队伍建设的重要内容。

14.2.6　应急资金与后勤保障

应急资金和其他实物型的应急资源都是应急保障不可或缺的重要组成部分。此节所讨论的应急资金，主要从财政、金融、保险和企业四个角度考虑应急资金的来源。由于这四类资金来源不同，时效性和分配方式各有特色，同时，资金的提供主体和受益者有着很大差异，如燃气企业的应急资金多用于燃气设施的维护、修复、替换或升级燃气设施，以及应对突发事件造成的用户损害。政府提供的紧急应急资金，多用于支持公共安全和应急响应，这些资金多用于购买民生保障设备、食品、公共设施修复等。保险资金主要偿付企业、用户的财产损失、责任赔偿和其他相关费用。金融机构提供的基金或紧急贷款，多用于为应急物资、燃料、食品、设施修复等提供短期资金支持。在某些情况下，一些非政府组织和慈善机构也可能提供资金，以支持灾害和紧急情况的应急响应，这些资金多用于援助和恢复工作。

14.2.6.1　应急资金保障

1. 财政应急资金保障

预备费作为公共财政应急处置过程中重要的财力支撑，是财政应急资金的重要保障。改革开放以来，我国财政体制由国家财政向公共财政转变。应对突发事件、化解社会风险是公共财政的重要职能。特别是在重大突发事件发生时，往往会对财政运行产生巨大的冲击。因此，需要在公共财政框架内，建立健全应对重大突发事件的应急财政机制，将财政应对机制管理列入日常财政管理的议事日程，一旦出现公共危机，财政应对机制便可马上投入运行。同时广泛开辟应急收入来源及资金筹资渠道，编制应急预算，把应对机制使用财政资金执行权限列入财经法律法规之中。

2. 金融业应急资金保障

金融是政府应急反应机制的一种重要资金补充，银行等金融机构通过应急贷款等方式，在地方政府及重点企事业单位发生燃气突发事件时，能够成为各级政府和财政建设应急反应机制的补充，并形成与政府应急体系相配合的联动机制。金融应急资金能够弥补单纯依靠财政拨款调物的不足。通过应急贷款等方式，可以有力改善政府应急资金拨付程序繁琐、拨款缓慢的现象。

3. 保险应急资金保障

国内外应急实践证明，发挥保险所具备的风险控制、经济补偿和社会管理以及对社会风险意识的培养和教育功能，是应对事故风险和开展事故保险的有效途径。保险机构根据多年积累的燃气风险损失、行业分布、区域分布等数据，研究有针对性的减险措施，帮助燃气企业防范事故风险，发挥保险业在应对重大燃气风险中特有的防险减损功能。保险业在应对燃气突发事件中，应将事故补偿机制纳入到安全生产法中，制订燃气行业的意外、财产保险缴费率，实现省级统筹，提高燃气企业抗风险的经济能力。

4. 企业应急资金保障

燃气企业需要为应对突发事件和保障燃气供应连续性筹措应急保障资金。燃气企业应将应急保障资金纳入年度预算中，形成专项应急资金，专用于应急响应和事故恢复。目前一些燃气企业的成功做法，是将主营收入的一部分利润纳入这个基金。这个专项基金用于修复、替换设备以及应急响应培训、事故处置和赔偿。通过风险评估来选择适当的保险产品，购买商业保险覆盖燃气设施损失、责任赔偿等费用。

14.2.6.2　后勤保障

燃气事故救援现场的后勤保障工作极其重要，燃气事故突发性比较高，所以后勤保障工作所面对的问题也相对比较复杂。例如，应急部门接到燃气事故通知直到燃气事故得到控制，不确定性因素较多，只要有一项处置出现问题，就可能直接给救援工作带来不利的影响。

燃气事故应急后勤保障主要包括应急装备保障、医疗保障、生活保障、数据管理和技术支持保障等工作。政府、燃气企业是燃气安全应急后勤保障工作的两大主体，负责具体协调、组织和实施工作。

1. 应急装备保障

燃气应急装备保障对于燃气事故处置现场的后勤保障工作至关重要，直接决定燃气救援的最终效果。燃气应急装备保障所面对的问题比较复杂，由于燃气事故易燃易爆的特殊性，很多救援设备无法第一时间进入救援现场。就我国燃气专项应急装备的整体发展而言，目前燃气应急装备的整体配备还存在一定的问题。尤其是县、市基层燃气企业和社会应急机构，专业应急装备配置比较匮乏。就燃气封堵泄漏装备的配置而言，很多燃气企业的装备配置相对比较简单，大多数企业只配备了燃气施工维修装备，部分企业配备了综合抢险车辆，很难形成一个抢险体系。例如，在一些燃气厂站、储罐泄漏应急抢险过程中，缺少先进、高效的应急装备，一旦发生燃气储罐、高压管道泄漏事故，燃气救援队伍受限于装备，很难开展封堵救援，影响了救援工作的开展。

燃气应急装备保障主要包含：（1）消防类装备（如消防器材、救护器材、防护器材、侦检器材、破拆器材、照明器材、通信器材）；（2）应急抢险装备，如便携汽油（柴油）泵、便携汽油（柴油）电焊机、气动隔膜泵、带压开孔设备、带压堵漏设备、专用卡具；（3）仪器、仪表类（包括生命探测仪、烟雾成像仪、热成像仪、可燃气体报警仪、有毒有害气体报警仪、可燃气体报警仪（便携））；（4）防洪抢险类（包括救生器材、抢险机具（铁锹、水桶、潜水泵、柴油发电机、柴油机驱动泵、汽油机驱动泵、应急灯、运输车辆、编织袋、草袋、砂石袋、铅丝、毡布））；（5）环境保护类（包括吸油棉（毡）、砂袋、环境检测设备）；（6）职业防护类（包括常规医疗器械、药品、作业场所应急检测车等）。

燃气应急装备保障的另一要求是提高设备管理能力。燃气救援设备就是救援人员的武器，其性能直接影响救援工作的质量，因此在设备采购开始时，就要对设备的各项性能、工艺、质量保证体系进行严格的评估，确保应急装备产品质量能够满足需求。应急抢险单位应当定期检测、维护应急救援设备、设施，使其处于良好状态，确保正常使用。同时需要建立应急设备维护制度，通过与设备厂家的沟通，对每件应急装备的性能做到烂熟于心，这样在设备出现问题时才能以最快的速度进行解决，为应急抢险提供保障。

2. 医疗保障

由于燃气应急抢险工作的特殊性，很容易造成人员的伤亡。尤其基层救援人员包括部分消防人员，在面对燃气燃爆情况时，并不能独自承担起医疗保障任务，通常需要专业医护人员配合进行医疗保障。由于燃气燃爆事故的突发性，不能确保医护人员每次都能第一时间赶到现场。有鉴于此，应急抢险人员加强医疗技能学习，在救援现场出现伤员时，可第一时间进行治疗。在医护人员不在场的情况下，由具备相关知识、技能的应急救援人员开展治疗，确保伤员得到及时的治疗。因此，在燃气事故救援现场的后勤保障中，要根据不同的燃爆事故类型、救援时间的不同、治疗人员到场时间等因素制订出相对应的医疗方案。同时要将医疗救护工作纳入燃气事故现场救援整体工作中，进行有针对性的训练。使所有救援人员都要掌握一定的自救技能，最大限度地保护救援人员的生命安全。

3. 生活保障

就燃气救援人员的抢险工作而言，很多情况下都是在户外开展救援，这就对后勤部门的野战保障能力提出了更高的要求。目前很多燃气应急抢险部门在这方面还有待提高，野外炊事用具、装备配备不足，炊事员缺乏，没有形成有效的野外炊事保障体系。因此在燃气应急救援后勤保障体系中，应将抢险人员的"生活舱"建设，纳入后勤保障系统。除必要的野战炊事保障之外，临时休息场所（如临时帐篷、带有冷暖供应的休息集装箱等）也要作为后勤保障的必需设施。

4. 数据管理和技术支持保障

由于燃气事故抢险的高危性和快速性的特点，应急抢险工作的信息传送、数据管理、技术保障成为应急处置的关键要素。在执行大型的燃气救援任务时，由于有多个救援单位同时开展救援，不同救援队伍之间的装备不同，会导致应急信息传递的滞后和干扰，对现场救援的快速开展带来不良影响。

随着信息化技术的不断发展，新型通信保障技术、智能抢险装备、无人机、机器人在应急抢险中不断涌现。图传系统、应急救援指挥系统、电视电话会议系统、智能监控管理、移动卫星通信系统、音视频管理平台、语音组网平台、一体化办公平台、抢险工作管理系统等信息化设备在应急抢险中被普遍使用。在现代应急管理中，后勤保障中的应急信息化通信能力应能够满足"组成网、随人走，不中断、联得上，看得见、听得清，能图传、能分析"的要求。

燃气应急信息化保障工作不但需要技术装备的配置和集成，同时需要一支专业的队伍来操作管理。在日常保障工作中，大力培养具有实战经验的信息化技术人员，制订专门的保障政策，健全培养机制，立足于应急信息化装备，聘请专家、厂家人员讲授培训，与地方高等院校、专业培训机构相结合，开展多种培训方式，提高信息化作业人员的整体素质。围绕应急抢险中"直调直报、前突通信、指挥体系和现场通信保障"等重点，练单兵、练班组，强化合成训练，达到人员与装备的完美结合。

14.2.7　燃气应急保障的动态管理

为了更好地应对燃气突发事件，降低由此事故带来的损失，燃气紧急状态处置机构除了要能进行基本的应急保障工作以外，还要能针对频繁变化的突发事件现状，进行连续的、动态的应急管理。在此单元中从动态应急保障管理的相关概念入手，介绍动态应急保障管理的主要内容，以博弈论为基础论述如何在动态应急保障工作中临机决策。

14.2.7.1 燃气应急保障的"静态"与"动态"

在燃气应急保障工作过程中，燃气突发事件发生之前我们所做的应急保障计划、组织机构、指挥调度、物流控制等管理活动都属于"静态"管理。在实际的燃气突发事件处置中，应急保障管理与静态管理不同，应急保障管理与现场实际突发事件紧密相关。燃气突发事件出现后，事件的表现形式及特征随时间的推移不断变化，这就要求对事件的现状以及事件造成的各种影响进行整理分析，对事件未来的发展趋势进行预测，并根据分析结果对各种保障措施做出相应的决策。其涉及燃气突发事件的动态分类分级、事件的动态评估、资源的动态调度等一系列行动。因此，如果说静态应急保障管理是处置突发事件的基础框架，则动态应急保障管理就应该是建立在这种框架之上的、直接以解决现实燃气突发事件为导向的策略体系。它具有连续性、实时性、动态性的特征，要求用系统的、动态的方法进行应急保障事态评估和控制，减少应急处置过程中的不确定性，是一个"动态"管理过程。

14.2.7.2 燃气突发事件的动态分类分级

当应急管理部门面对实际的燃气突发事件时，动态分类、分级是关乎应对决策准确与否的重要因素。特别是燃气突发事件的分级问题，是应急保障、物资调运的重要影响要素。如前章节所述，城市燃气事故特征可分为天然气泄漏、燃爆、一氧化碳中毒及燃气供应中断等主要类型。而对每一类燃气突发事件按照其波及的范围、持续时间、产生危害程度进行连续的、动态的判断和确认，又可以形成多个级别（我国采用4级划分体系）。由于不同类型的燃气突发事件自身发生机理不同，其处置过程也截然不同。为了有效地应对燃气突发事件，通常在应急预案中有一个初步的判断，明确突发事件的类型与级别，以此来完成应急处置预案，例如，燃气泄漏与燃爆的处置预案是完全不同的。另外，即使是同种类型的突发事件，级别不同，需要采取的措施也不尽相同。例如，同样是燃气泄漏事件，高压燃气管道泄漏与中低压燃气管道泄漏两者的处置过程完全不同。因此只有对突发事件进行了恰当的分类分级，在应急保障过程中才知道应该投入哪类资源及物资装备和多少人力进行救援，在事故后期处置、恢复重建中应给予多大的支持力度。

应急处置机构也需要对燃气突发事件进行动态分类分级。燃气突发事件随着应急处置的结果会发生转变，应急处置和保障措施亦需要动态调整。例如，燃气管网泄漏处置过程中，一旦处置措施不当，会发生燃爆火灾事故。此时，燃气处置措施将发生本质变化，由泄漏封堵处置向灭火、医疗抢救处置转变。而对应的应急保障措施也将由封堵器材、野外施工供应保障，向消防灭火、医疗救治、疏散安置等措施转化。例如，城市燃气主供管道发生泄漏抢险，随着处置结果和时间的变化，由燃气泄漏向大面积燃气供应中断转变，在应急处置过程中也需要及时调整应急保障物资。

14.2.7.3　燃气应急保障中的动态信息管理

燃气应急信息管理包括信息搜集和信息传递两个过程，燃气突发事件的突出特点在于其突发性和信息的高度缺失性，信息的缺失给应急保障管理带来很大困难。如果燃气突发事件处置过程中获得的信息不充分，信息加工不完善，就很难做出有效的应急保障决策和行动方案，势必造成应急资源和时间的浪费。例如，在某市燃气管道泄漏封堵抢险过程中，对抢险的燃气管道埋深和土壤状况信息收集不足，抢险中发现，施工现场地质为回填砂土，由于管道埋深将近 3m，抢险过程中为保证安全必须采取沟槽支护保护。而施工物资中没有携带沟槽支护设备，致使此次燃气事故处置时间延长了 6h，带来极大负面影响。

从上例可见，信息收集极其重要。由于信息收集的主要来源是突发事件的受影响者，如事件的受害者、燃气企业管理人员、进行应急管理的其他政府成员和受到事件影响的利益相关者等，因此，在突发事件开始阶段，燃气企业人员还没有到达事故现场，只能依靠事件的受害者提供的信息为依据。由于受害者在这个阶段的心情一般会非常紧张，对突发事件情景的反应和描述容易出现偏差，会夸大那些让他们感触最深的内容，而忽略掉很多对于事件定性有重要影响的细节问题。因此，在燃气突发事件搜集信息时，应通过不断地提问以及筛选过滤无用和有误的信息，综合多方相关者提供的信息，仔细审验，再对事件做出初步判断。

随着事件受害者撤离现场，现场由应急管理人员、燃气企业人员控制时，应急信息的收集主要就由应急专家和专业处置人员进行。通过现场勘查对事件本身的深入了解，他们搜集的信息会变得更加客观、全面。这一信息管理的动态过程，会对应急保障计划的实施带来重要影响。

信息传递的动态管理是指燃气突发事件处置人员在收集到信息之后，对信息进行综合加工处理，形成突发事件的全面认识，将信息传递给相关人员实现信息共享。信息传递的及时性和准确性对于决策者掌握燃气突发事件发展状态，并据此动态调整应急保障方案具有极其重要的作用。

14.2.7.4　应急保障的临机决策

燃气突发事件的一大特点就是难以预测。特别是燃气燃爆事故发生的时间、地点、影响范围往往很难事前定位。因此，在短时间内，应急处置人员无法获取足够的信息来制订应对燃气突发事件的完美对策。而应急预案又具有一般性和常规性，在此预案上的常规决策必然存在没有考虑到的意外情况而造成应急处置混乱或错误。这种局限性造成现场应急处置人员的被动和慌乱，进而引起上级部门的错误信息通报或通报延误，又进一步造成高层领导的困惑和信息障碍，使得指挥和决策出现失误的可能性大大提高。因此，当出现燃气突发意外事件时，突发事件的影响和处置，对现场应急人员有着很高的要求，需要综合考虑大量的事件信息、燃气处置知识以及处置对象信息，及时制订出合理的应急方案。这需要现场指挥员临机应变，及时调整应急处置策略，快速生成一个新的燃气应急处置方案并部署执行。这种在有限的时间内临机生成应急保障方案的动态应急处置方式，就是临机决策。

决策者的知识、经验积累是临机决策的必备前提，决策者的精神特质往往对临机决策的成功率有着重要影响。临机决策的条件主要依靠决策者对应急预案的深入理解。编制优秀的应急预案是辅助决策者进行临机决策、制订应急策略赢得宝贵时间的重要前提。同时，决策者对现实案例的学习、理解，在一定程度上弥补了预案缺陷留下的空白。通过对案例记录的具体环境、发展演变过程、处置流程以及处置经验的总结，为临机决策提供了必要的基础准备。对法律法规熟悉掌握，也为决策者提供决策信息和应急处置提供了参考标准。

临机决策者的成功离不开以下几项原则。

（1）决策速度高于决策质量。燃气突发事件的突发性和现场信息缺失性的特征，使得应对时间对于挽救损失而言具有极其重要的作用。它不允许决策者只考虑决策效果而忽略时间约束。如不能及时做出应急部署，贻误战机，即使决策再正确，决策质量再高，在生命与时间赛跑的处置现场也无任何意义。决策速度本身就是衡量决策质量的一个重要因素。

（2）应急信息的收集是制胜关键。应急预案库、现实案例、知识经验积累、专业技能素质以及燃气突发事件现场环境，都是进行临机决策不可或缺的信息来源。这些信息收集得越丰富，就越有利于决策者制订准确的应急临机决策方案。

（3）临机决策能力是成功的保证。实践证明那些能够从混乱无序的应急场景中敏锐地把握到秩序和规律的决策者，以及具有丰富知识经验积累的相关领域专家，往往能够做出高质量的临机决策。

燃气突发事件的应急管理要求决策者不断培养和提高自身的调查研究能力、信息捕捉能力、发现问题能力、综合判断能力以及科学预测能力，从而提升临机决策的质量。

14.3　燃气应急保障智能化管理平台

随着应急管理理论和实践的深入发展，我国已建立起多种应急综合管理平台，特别是在自然灾害救援、消防灭火、疫情控制等方面，应急管理平台建设从质量和智能化水平方面大幅提高。这些应急管理平台起到了信息共享、多部门联动的作用，但在决策辅助方面还有很大的局限性。而且这些应急管理平台还不够实现多部门智能联动，系统多停留在信息传递的功能上。信息更重要的价值还没有被深度挖掘和充分利用。另外，在城市应急管理平台中，燃气专项应急处置没有在系统中体现，只是把燃气燃爆事故纳入消防火灾事故管理中。因此，需要建立更加专业、更加科学的应急管理平台，开发包含多类型燃气突发事件的新型应急管理模型，可以提高应急处置决策的准确性和有效性，同时提高应急管理的效率和效益。

对于我国的应急管理部门，除了要建立起一套相对完整的应急管理体系之外，更多的工作是放在对各类可能的燃气突发事件的深层机理的理解和把握上，随之针对不同类型的燃气突发事件，快速集成各类资源，形成高效的应急保障策略和操作方法，并付诸实施。本节着重探讨在燃气突发事件中应急保障管理平台的发展趋势，从体系框架、平台功能组成、智能化发展三个方面进行简单的评述，最后构建出一个以数据挖掘和知识发现系统为核心技术的应急保障平台架构。

14.3.1　应急保障信息化平台的体系结构

图 14-1 给出了应急保障管理体系集成模块组成结构图。在这个结构图中，应急保障管理体系包括了诸多不同功能模块。其中有的模块属于应急保障工作的实体模块，即现实应急保障工作中，有实在的对象与之相应；而有的模块则属于软模块，需要进行研究和探索。

（1）资源支持模块。资源支持模块，包括人力资源、物资资源和心理资源。心理上的关怀与抚慰是现代应急管理的一个重要特色。专业心理医生和其他心理从业人士就是构成这类特殊资源的主要成分。

（2）制度环境模块。制度环境模块包含了法律、规章和文化等部分。

（3）机构关系模块。目前，国家已经建立起一套完整的应急机制，包含了多个不同级别机构，这里给出了不同机构之间的关系，包括层级关系机构、平行机构以及一些临时需要定义职能和关系的机构。应急保障不仅仅是政府的计划和行动，同时也是一项社会性行动，必须取得全民各级组织机构的支持和参与。

（4）基础概念模块。燃气突发事件和应用管理的基本概念要进行重新定义，包括分类、内涵和外延等。

（5）功能设计模块。应急保障管理体系，最核心的功能是指挥调配功能，其次还有支持功能和面向具体应用的功能，如物流监管功能。

（6）资金模块。资金保障模块包括用于应急处置资金的筹措和使用。图 14-1 中列出了应急资金的三个主要来源，财政、保险和金融机构。

（7）机理分析模块。准确认识突发事件和应急保障管理的机理，是成功进行应急保障的基础。此模块针对不同类型的燃气突发事件，识别其内在的规律性，并根据这些规律性做出具体的保障措施。

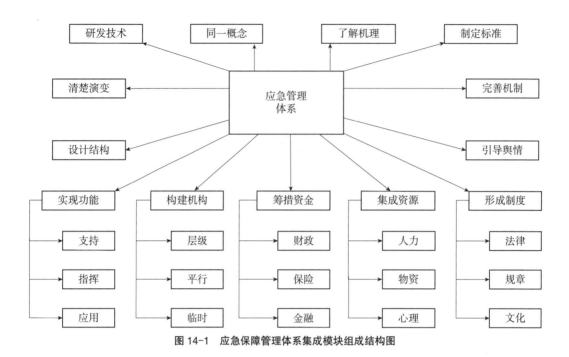

图 14-1　应急保障管理体系集成模块组成结构图

（8）技术支撑模块。在应急保障管理体系中，技术的作用是不可忽略的，尤其是信息获取和处理技术。除此以外，运输技术、监测技术以及一些特定突发事件的专用技术，都是技术支撑模块的重要内容。

（9）应急标准模块，该模块包含技术标准和管理标准。前者定义了技术之间的无缝接口，而后者保证了管理逻辑上的一致性。

（10）标准结构模块。应急保障体系中存在不同类型的标准结构，需要对标准进行统一化设计，以取得最好的累加效果，这是应急保障管理成功的关键要素。

（11）应急机制模块。在应急保障管理中，促使机构和各结构模块得以运行的是机制，机制包括运行机制、评价机制、监督机制和终止机制等，这些机制需要在不断的实践中完善。

（12）舆情引导模块。突发事件发生后，公众会受到广泛的负面影响，产生恐慌等心理和相应的非理性行为。除了受事故影响的人群之外，其他受影响的人群也会因为这些心理和行为加重这场灾难，于是舆情分析就成为应急保障管理系统中必不可少的部分。

（13）演变过程模块。演变过程模块包括突发事件及应急从前到后，从过去到现在的演变，只有了解更多的案例才能使应急管理者了解本质，从而取得更好的应急保障效果。

14.3.2　应急保障信息化平台的功能模块

应急保障信息化管理平台是一个具有自动化调配和协调的管理系统，它利用信息化技术和协调机制，对应急资源进行有效地调配和管理，提高应急保障的效率和准确性，最大限度地利用和配置可用资源，满足应急处置需求并降低事故风险。平台借助信息化技术和智能算法，将资源调配的过程自动化，通过实时分析监测数据、预警信息和历史数据，智能地决策和分配应急资源。平台同时搭建协同合作机制模块，能够促进相关部门、机构和个人之间的信息共享和协作。这一功能包括了通信模块的搭建、共享平台的建立以及制订有效的协调流程，确保不同资源之间的协同响应。在当今的应急保障平台系统中，通过实时监测和数据采集技术，收集分析应急现场的相关数据（如环境参数、传感器数据或预警信息），利用数据分析和挖掘技术，为应急保障决策提供支持和预测能力，为资源调配和协调提供科学依据。

　　应急保障信息化平台包含了多个不同层次模块，如指挥场所和移动平台层，属于物理场所基础支撑系统，运行过程中为应急通信系统、计算机网络系统、数据的交换及共享系统、视频会议系统、影像接入系统等模块提供支撑。数据仓库、模型库、预案库、知识库、案例库、文档库、基础信息数据库、空间信息数据库、事件信息数据库组成的数据库系统等是应急保障平台的信息中心，为平台进行事态分析、物资、人员调动提供数据服务。应用系统是应急保障平台的业务主体，包括综合保障管理、风险识别、评价与分析、预测预警辅助方案生成、指挥调度、应急保障、应急评估、模拟演练等模块。应急保障信息需要从多维度的现场应急设备获取，如应急现场 PDA、手机、短信、电话、影音设备等。

　　信息化平台中，信息被分成五类，基础信息、突发事件动态信息、决策信息、现场应急处置信息、评估信息。这几类信息按照时间先后顺序进入信息处理流程。在信息收集、信息传递过程中间，经常存在信息扭曲现象，需要进行信息的恢复、信息集成、信息加工，因此需要建立一个统一标准和格式的信息平台，如图 14-2 所示。

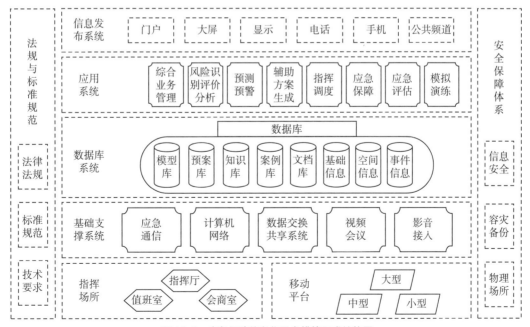

图 14-2　应急保障信息化平台模块组成结构图

14.3.3　构建智能应急保障信息化平台

智能应急是在应急管理信息化建设的基础上，进一步融合5G、工业互联网、人工智能及大数据和云计算等先进技术，向数字化转型、智能化升级，提高应急管理的科学化、专业化、智能化、精细化水平的过程。

智能应急保障信息化平台是城市"智慧应急"的组成部分。所谓"智慧应急"是指大数据、云计算、人工智能等先进信息技术与应急管理业务进行深度融合后形成的新业务形态，将"两个至上""两个根本"作为应急管理信息化工作的出发点和落脚点，以提高应急管理的科学化、专业化、智能化、精细化水平为目的，以提高监测预警、监管执法、辅助指挥决策、救援实战、社会动员五大能力为重点，形成以信息化防范化解重大安全风险、有效应对各类灾害事故的典型模式。

智能应急保障信息化平台的各模块功能拓展包括：（1）数据采集模块在应急保障信息化平台中扮演关键的角色，包括从地理信息系统（GIS）数据、气象数据、人员位置信息、通信数据等信息源收集实时、关键数据。数据采集模块的技术关键是将各种接口与不同类型的设备和系统数据进行集成。（2）实时监测与分析模块通过对采集到的实时数据进行监测和分析，识别潜在的紧急事件、异常情况和发展趋势。模块的智能技术拓展在机器学习和数据分析算法，以便更准确地预测和响应不同的燃气紧急情况。（3）智能决策支持模块在实时监测和分析结果支撑下提供智能保障决策。包括保障预案、资源调度计划。该模块的拓展依靠集成人工智能（AI）和决策树理论等技术，提高保障方案的智能性和准确性。（4）应急资源管理模块通过管理和跟踪应急响应过程中的各种资源，包括人员、车辆、设备、物资的实时情况，进行资源分配和调度，确保资源得到最优利用。（5）通信与协作模块依靠消息传递、语音通话、视频会议、集成社交媒体监测，以了解公众的应急信息和反馈。（6）用户身份与权限管理的智能化拓展，确保只有经授权的人员可以访问敏感信息，同时保障系统的安全性。（7）将地理信息系统（GIS）集成整合到平台中，提供地图展示和空间分析功能。这将有助于更好地了解事故区域的地理特征、资源分布，支持决策者的地理感知。（8）智能应急预案模块的技术拓展，在于将应急预案和管理智能化存储在模块中。该模块支持根据实时应急情况动态调整和优化应急保障计划。（9）报告与分析模块的智能化发展，在于及时生成应急响应报告和分析结果，这有助于形成更加完备的历史记录，供未来事故预测和预案改进使用。（10）安全性与可用性模块智能化，包括数据加密、访问控制、安全审计等功能，通过冗余和备份机制防范硬件故障。

这些智能组成部分相互协作，构成了一个智能化、全面的应急保障平台，使平台能够更好地处理复杂多变的应急情境，同时提供更加智能、迅速、高效的应急响应和管理能力。

14.4　现代应急管理中应急保障系统的建设方向

现代应急管理抛弃了单灾种强调政府为主导应急力量的理念，注重减缓、准备、响应、恢复各个阶段首尾闭合的应急保障活动，整合政府、企业、社会组织和公民个人力量统筹应对，强调全主体参与，全风险管理的现代应急保障理念。本节以美国政府在近代应急管理过程中建设应急保障系统的经验，探讨我国建设现代应急保障系统的方向和步骤。

14.4.1　现代应急保障管理概念

应急保障管理是对资源和责任的组织和管理，针对突发事件的各个方面，特别是预警、响应及早期恢复阶段。现代应急保障体系通常由若干有关事物或某些意识互相联系的组织而构成的一个整体。从一定意义上讲，应急保障管理体系的现代化构建是对在预警、响应和早期恢复阶段，所涉及的资源、责任等一系列管理问题的总体谋划和重新设计。

现代应急保障体系理念起源于 20 世纪 70 年代末期三哩岛核事故后，以美国政府为代表的一些西方发达国家及时总结灾难后的教训，完善其应急保障体系，重构全国应急保障体系。特别是在"9·11"恐怖袭击后，美国出台了《国土安全法》，加强了国土全域安全防卫保障工作。

14.4.2　现代应急保障建设目标——全民应急保障体系

14.4.2.1　"全社会参与"（Whole of Community）理念

"全社会参与"理念认为"公众越了解他们的社区，公众就能更好地了解他们的真实生活中所面临的安全问题，继而能够帮助他们更好地开展与应急管理有关的活动。"

"全社会参与"的理念实际上是政府从应急管理的最基础方面来思考加强应急管理工作。美国在《全国应急准备系统》中明确界定了"全社会参与"概念的两个内涵。"全社会参与是指一种包括居民、应急管理实际工作者、组织和社区领导者，以及政府官员能够共同理解和评估各自社区的需求，并决定用最好的方法来组织和保护他们财产、能力和兴趣的方式"。

14.4.2.2　全民应急保障工作战略和目标

美国《全国应急准备系统》是一个旨在建立一种整体性的、全国的、以能力为基础的保障模式。同时，也阐明了美国应急保障工作的基本策略，并强调"我们的全国准备是所

有各级政府，私营和非营利部门以及公民个人的共同责任"。在此基础上，美国政府在全国
应急保障工作中又确立了以下具体目标：（1）防范、避免或阻止各种威胁或实际恐怖活动；
（2）通过保护美国的利益、信仰和生活方式，保护其公民、居民、来访者和资产不受威胁
和灾害的影响；（3）通过减轻未来灾害影响以减少生命和财产的损失；（4）灾害发生后能快
速应对、挽救生命、保护财产和环境，并满足基本的人类生存需求；（5）及时恢复、加强和
重建受巨灾影响的基础设施、房屋和可持续的经济，以及健康、社会、文化、历史和环境。
需要注意的是，美国政府已经把全国应急保障工作纳入整个国家的安全战略中，成为巩固
美国国家总体安全的一项基本战略。

美国对全国保障目标、全国保障系统、全国保障报告等做出了具体部署和安排，加强
保障工作成为应急管理体系重构的基本导向，并有了明确的要求和考核的指标，主要体现
在以下3个方面：（1）把实现全国保障目标作为整个应急管理体系建设的重心。要求国土安
全部部长在指令发布后的180d内，应该向总统递交全国保障目标。（2）明确提出了全国应
急保障系统。全国保障系统是设计来帮助指导各层级政府、非营利部门和公众来建设和维
持全国保障目标中列出的能力。（3）明确提出全国保障报告。《全国应急准备报告》概括实
现目标中所规定的建设、支持和提供核心能力的进度。要求美国国土安全部部长每年应提
交根据全国保障目标制订的全国准备报告，该报告在各联邦部门、各州准备报告的基础上
完成，并对准备的情况进行量化分析。

14.4.2.3 应急保障管理框架的整体设计

美国政府把应急保障体系设计作为一项战略工程，以推动应急保障工作逐步向累进、
闭合式的循环过程发展。美国应急保障管理工作的整体制度设计体现在6个方面：

（1）美国政府把风险分析与评估作为应急管理准备工作的逻辑前提和基础；

（2）根据风险分析与评估的结果确定制订战略、规划和预案；

（3）在战略、规划与预案中，构建适应其目标的管理组织结构，匹配与之相适应的资
源，以便履行自身的职责；

（4）在此基础上，开展应急管理培训工作，围绕应急管理实际需求，使相关的应急管
理人员都必须达到地方、部落、州、联邦或专业领域的资格和能力标准；

（5）在演练中测试预案、组织、配备、培训等环节效果；

（6）所有地方、部落、州和联邦政府部门应该制订改进计划，评估演练工作，总结经
验教训，进一步提升应急保障工作。

美国在加强应急保障工作的同时，把全国保障工作，真正融汇到了国家大安全战略中，
实现了应急管理体系与美国国家安全体系的更好整合。

14.4.2.4　立法——构建规范性、指导性和支撑性的文件体系和实施步骤

《全国应急准备系统》出台后，美国政府发布了一系列应急管理的重要文件，并对已有的应急管理的重要文件进行了重新审定或更新，使应急管理的工作文件体系更加清晰、翔实，更符合加强全国应急保障和提升核心能力的需要，具体体现在以下方面：

（1）制订完成了《全国准备目标》《全国准备系统》两份核心文件，明确界定了新的核心能力，以及建立能力的方法和途径，同时每年发布《全国准备报告》；

（2）重新审视了《全国响应框架》，将其分解、充实并调整为《全国预防框架》《全国保护框架》《全国减缓框架》《全国响应框架》《全国恢复框架》5 个框架（Framework），更加明确了公民、社区、民间机构、地方政府、联邦政府部门、总统等在这一领域的职责；

（3）新制订了《跨机构减缓计划》《跨机构响应计划》《跨机构恢复框架》等文件，以促进跨机构之间的合作和协调；

（4）出台和更新了一批支撑性文件，进一步审查和完善了综合准备指南的一系列文件，比如，指导如何制作应急预案的《综合准备指南 101（2.0 版本）》（CPG 101 Version2.0）；指导如何开展风险分析与评估的《综合准备指南 201》；指导如何开展信息传递和资源整合的《综合准备指南 502》等文件。

14.4.3　现代应急保障的"核心能力"建设

截至 2014 年 7 月 30 日，美国联邦政府已经基本完成了此次应急管理体系的重构。从实际的结果来看，加强保障工作是此次应急管理体系重构的基本导向，推进"核心能力"建设是此次美国应急管理体系重构的核心内容。

美国政府把"能力"（Capability）作为建构应急保障管理体系的一个核心术语。"能力是指提供了从特定情况下的一个或多个关键任务绩效到绩效目标领域中的实现一种使命或功能的途径"。美国联邦政府在 2011 年发布的《全国准备目标》中明确指出，目标中所包含的"核心能力"是成功的关键因素，这些"核心能力"之间相互高度依赖，要求美国政府使用既有网络和活动，加强培训和演练，促进应急保障工作创新，并确保行政、财政和后勤保障系统各就各位，以对这些目标能力提供强有力支持；同时，"核心能力"可以为美国应急保障时的资源分配提供指导；为当前和将来的年度预算计划和决策，以及资源分配方案提供支撑，并有助于掌握全国应急保障的进展。

美国把 37 项"目标能力"进一步精简为 31 项"核心能力"，其中包含计划、公共信息和预警、协调等三项通用任务能力，还包含在预防、保护、减缓、响应、恢复等领域的具体能力：（1）预防领域，包括取证与归因、情报与信息共享、封锁与中断、监控、搜索与侦测等；（2）保护领域，包括进入控制和身份确认、网络安全情报和信息共享、封锁与中断、

物理保护措施、保护项目和活动的风险管理、监控、搜索和侦测、供应完整性和安全等；（3）减缓领域，包括社区减灾、长期脆弱性减灾、风险和抗逆力评估、威胁和危害确认等；（4）响应领域，包括关键交通，环境响应，健康和安全，遗体处理服务，基础设施系统，大规模人员照顾服务，大规模搜索和救援行动，现场安全和保护，操作沟通，公共、私人服务和资源，公共健康和医疗服务，情势评估等；（5）恢复领域，包括经济恢复、健康和社会服务、住房、基础设施系统、自然和文化资源等。

美国政府非常重视应急管理体系的规范性和标准化建设，针对"核心能力"，将其进行了量化分析和评估，从而能够更规范、更直观、更客观地了解各州、各联邦部门应急准备的实际情况。

14.4.4　借鉴国外应急保障管理经验，构建我国新型应急保障管理体系

新型应急保障管理体系需要树立科学化、规范化、标准化的管理理念，采用持续性管理（BCM）理念和做法，加快研发突发事件风险分析和评估、脆弱性分析等技术工具，确保各地、各部门、各领域应急保障管理工作的有效开展；同时进一步研究和强化应急管理决策咨询、绩效评估、民间组织和志愿者、资源保障、能力建设、应急管理人员培训、应急管理科技支撑等其他相匹配的制度设计，加强应急准备工作。

结合我国面临的实际应急管理情况，充分借鉴国外应急保障管理体系的经验，研究和准确界定应急保障管理工作性质和边界，研究国内应急保障管理的实际需求，把握国际应急管理工作发展趋势，加强我国应急保障管理的一体化、规范化、标准化、科学化建设是当今我国应急管理体系建设的主要工作。应急保障体系构建内容包括：（1）以总体国家安全观为指导，加强应急管理体制的整体设计，建立或指定应急管理的最高领导机构，加强应急管理体系的平灾结合、平战结合的制度设计，最大限度地整合和优化利用应急资源；（2）加强风险分析与评估工作，研究把风险分析与评估工作作为应急管理机构的一项重要职能，提升情报信息整合分析、研判能力；（3）加强应急服务研究，把应急服务作为政府社会管理与公共服务的一项重要职能，促进基本应急服务的均等化；（4）建立针对重特大突发事件的、规范化的初期快速响应制度；（5）加快研究突发事件现场指挥系统的标准化建设；（6）逐步建立预防与准备、监测与预警、应急处置、恢复与重建等各环节的工作指南体系。通过不断研究改进，加快推进我国应急管理工作的规范化和科学化进程。

本章参考文献

［1］　李南 . 日本应急物流体系建设及对我国的启示 [J]. 中国流通经济，2023，37（6）：27-39.

［2］　高建成 . 城市突发公共事件应急管理平台研究 [J]. 幸福生活指南，2023（33）：82-84.

［3］　王铭雨 . 消防灭火应急救援现场后勤保障工作的一些思考 [J]. 科技创新导报，2021，18（26）：195-198.

［4］　陈安，陈宁，倪慧荟等 . 现代应急管理理论与方法 [M]. 北京：科学出版社，2009.

［5］　游志斌，薛澜 . 美国应急管理体系重构新趋向：全国准备与核心能力 [J]. 国家行政学院学报，2015（3）：118-122.

［6］　刘唤宇 . 从传统治理到现代"智"理——"智慧应急"试点建设情况综述（上）[J]. 吉林劳动保护，2022（3）：36-38.

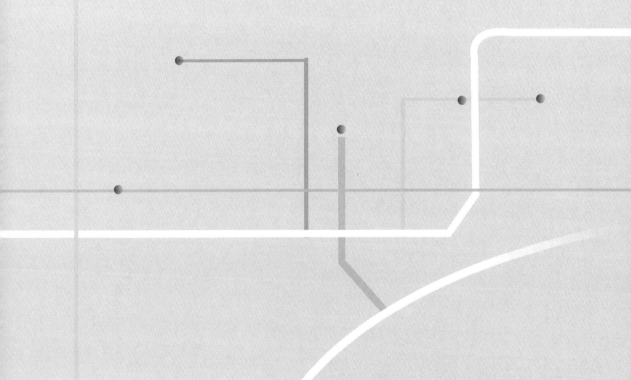

第 15 章　城市燃气安全法规与制度

城市燃气作为经济社会发展的重要能源和城市基础设施，在促进经济发展、改善大气环境、提高人民生活质量等方面发挥着重要作用。近年来，城市燃气行业安全事故频发，重大事故时有发生，对人民群众生命财产安全与社会稳定造成不良影响，城市燃气行业需要进一步加强安全生产管理，健全完善安全监管体系。本章重点介绍城市燃气安全相关法律法规、标准规范、管理制度以及行政监管等内容。

15.1　城市燃气安全相关法律法规

城市燃气相关法律法规体系是指以《城镇燃气管理条例》等法规和有关燃气管理、燃气生产、燃气供应与使用、燃气设施保护等方面的法律、行政规章、地方性法规以及规章、规范性文件等形成的不同层次、不同等级、不同方面的有机结合体，我国城市燃气相关法律法规体系可以分为四个层次：燃气法律、燃气行政法规、燃气行政规章和燃气地方性法规、规章。

15.1.1　燃气相关法律

涉及燃气的相关法律主要有《中华人民共和国建筑法》《中华人民共和国安全生产法》《中华人民共和国石油天然气管道保护法》《中华人民共和国突发事件应对法》《中华人民共和国刑法》《中华人民共和国行政许可法》《中华人民共和国环境保护法》《中华人民共和国土地管理法》《中华人民共和国城乡规划法》《中华人民共和国治安处罚法》《中华人民共和国特种设备安全法》《中华人民共和国消防法》《中华人民共和国道路交通安全法》等，专项的燃气法尚属空缺。

15.1.2　燃气行政法规

《城镇燃气管理条例》是为了加强燃气管理，保障燃气供应，促进燃气事业健康发展，维护燃气经营者和燃气用户的合法权益，保障公民生命、财产安全和公共安全，保证我国和谐稳定而制定的法规，《城镇燃气管理条例》于 2010 年 11 月 19 日中华人民共和国国务院令第 583 号公布根据 2016 年 2 月 6 日《国务院关于修改部分行政法规的决定》修订，共八章，五十五条，主要内容有：总则、燃气发展规划与应急保障、燃气经营与服务、燃气使用、燃气设施保护、燃气安全事故预防与处理、法律责任、附则。

此外，国务院颁布的《建设工程质量管理条例》《建设工程安全生产管理条例》《建设工程勘察设计管理条例》《特种设备安全监察条例》《危险化学品安全管理条例》《生产安全事故应急条例》《生产安全事故报告和调查处理条例》《中华人民共和国道路运输条例》《国内水路运输管理条例》《国务院关于特大安全事故行政责任追究的规定》，以及各省市和地方的燃气管理条例等也涉及燃气管理的相关内容。

15.1.3　燃气行政规章

燃气行政规章包括国务院燃气管理部门颁布的规章和省、自治区、直辖市人民政府制定的规章，燃气规章有依法授权制定和依职权制定两大类，依法制定的燃气规章是燃气法体系的重要组成部分。

《燃气经营许可管理办法》是为规范燃气经营许可行为，加强燃气经营许可管理，根据《城镇燃气管理条例》制定的管理办法，2014 年 11 月 19 日由住房和城乡建设部发布。为贯彻落实《国务院关于在全国推开"证照分离"改革的通知》（国发〔2018〕35 号）、《国务院办公厅关于做好证明事项清理工作的通知》（国办发〔2018〕47 号）精神，进一步做好燃气安全管理工作，2019 年 3 月 11 日，住房和城乡建设部发布《住房城乡建设部关于修改燃气经营许可管理办法的通知》（建城规〔2019〕2 号），修改《燃气经营许可管理办法》部分条款，本办法对燃气经营许可的申请、受理、审查批准、证件核发以及相关的监督管理等行为作出了明确规定。

《燃气经营企业从业人员专业培训考核管理办法》（建城〔2014〕167 号）为规范燃气经营许可行为，做好燃气经营企业从业人员的专业培训考核工作，根据《城镇燃气管理条例》的有关规定，制定的管理办法，2014 年 11 月 19 日由住房和城乡建设部发布，本办法所指燃气从业人员包括企业主要负责人，安全生产管理人员，运行、维护和抢修人员。

《市政公用事业特许经营管理办法》（建设部令第 126 号）是为了加快推进市政公用事业市场化，规范市政公用事业特许经营活动，加强市场监管，保障社会公共利益和公共安全，促进市政公用事业健康发展，根据国家有关法律、法规而制定的管理办法，经第 29 次部常务会议讨论通过，自 2004 年 5 月 1 日起施行。本管理办法对城市供气等特许经营权的获取、特许经营协议、企业责任等作出了明确规定。

《建筑业企业资质管理规定》是为了加强对建筑活动的监督管理，维护公共利益和规范建筑市场秩序，保证建设工程质量安全，促进建筑业的健康发展，根据《中华人民共和国建筑法》《中华人民共和国行政许可法》《建设工程质量管理条例》《建设工程安全生产管理条例》等法律、行政法规而制定的管理规定，经第 20 次部常务会议通过，自 2015 年 3 月 3 日起施行。2018 年根据《住房城乡建设部关于修改〈建筑业企业资质管理规定〉等部门规章的决定》进行了修改。《建筑业企业资质管理规定》分为总则、申请与许可、延续与变更、监督管理、法律责任、附则共六章、四十二条内容，其中对城镇燃气工程施工企业的资质审批，以及燃气燃烧器具安装、维修企业资质审批等进行了规定。

《住宅室内装饰装修管理办法》为加强住宅室内装饰装修管理，保证装饰装修工程质量和安全，维护公共安全和公众利益，根据有关法律、法规而制定的管理办法，经第 53 次部常务会议讨论通过，自 2002 年 5 月 1 日起施行，2011 年 1 月 26 日公布实施的《住房和城乡建设部关于废止和修改部分规章的决定》对该办法进行了修改。《住宅室内装饰装修管理办法》分为总则、一般规定、开工申报与监督、委托与承接、室内环境质量、竣工验收与保修、法律责任和附则共八章、四十八条内容，其中对室内装修过程中的燃气管道设施安全作出了相应的规定。

此外，国家发展和改革委员会发布的《政府制定价格听证办法》《政府制定价格成本监审办法》《政府制定价格行为规则》等，国家市场监督管理总局发布的《禁止滥用市场支配地位行为的规定》《禁止垄断协议规定》等，以及应急管理部发布的《建设项目安全设施"三同时"监督管理办法》《生产安全事故预案管理办法》《生产安全事故罚款处罚规定》《安全生产违法行为行政处罚办法》等也涉及燃气管理的相关内容。

15.1.4　燃气地方性法规、规章

地方性法规和地方政府规章都是中国特色社会主义法律体系的组成部分，是对法律、行政法规的必要补充，用好地方性法规和地方政府规章，发挥各自优势，可以使立法的目的性、针对性、时效性、操作性更强，立法成本和施行效果的性价比也会更高。

近年来，各省、自治区直辖市针对本地区在实施国家燃气法律、法规中遇到的问题，尤其是针对燃气管理、生产、安全、设施保护和打击盗窃燃气违法行为的新情况、新问题，纷纷出台地方性法规和地方政府规章，完善了我国燃气法律体系。这些地方性法规和规章是我国燃气法律法规体系中最具活力的重要部分，如《北京市燃气管理条例》《上海市燃气管理条例》《天津市燃气管理条例》《广州市燃气管理办法》《上海市燃气管道设施保护办法》《云南省燃气管理办法》等地方性法规、规章，对促进本地区燃气事业的发展发挥了很大的作用，引领当地改革和经济社会发展。

15.2 城市燃气行业相关技术标准

《中华人民共和国标准化法》规定标准是指农业、工业、服务业以及社会事业等领域需要统一的技术要求。2021 年 10 月中共中央　国务院印发的《国家标准化发展纲要》指出，标准是经济活动和社会发展的技术支撑，是国家基础性制度的重要方面，提出"到 2035 年，结构优化、先进合理、国际兼容的标准体系更加健全"的发展目标。

标准体系是在一定范围内的标准按其内在联系形成的科学有机整体，具有目的性、层次性、协调性、配套性、动态性等特性，标准化工作是促进经济社会健全发展和推进国家治理体系、治理能力现代化的重要手段。标准体系的建立有助于提升产品和服务质量，促进科学技术进步，保障人身健康和生命财产安全，维护国家安全、生态环境安全，提高经济社会发展水平。我国城市燃气行业相关技术标准可分为工程建设标准和产品标准，按标准的使用范围和共性程度，标准可以分成三个层次，即基础标准、通用标准和专用标准，标准体系如图 15-1 所示。

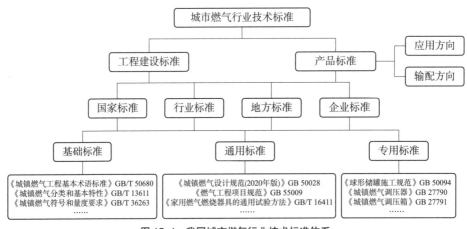

图 15-1　我国城市燃气行业技术标准体系

15.2.1　城市燃气行业工程建设标准

工程建设标准是指为在工程建设领域内获得最佳秩序，对各类建设工程的勘探、规划、设计、施工、验收、运营、管理、维护、加固、拆除等活动和结果需要协调统一的事项所制定的共同的、重复使用的技术依据和准则。

我国城市燃气行业工程建设标准中《燃气工程项目规范》GB 55009—2021 为综合性标准，是现行的全文强制性标准，于 2022 年 1 月 1 日正式施行，与之同时现行城镇燃气工程建设标准中的强制性条款将全部废止，包含强制性条款的现行城镇燃气工程建设标准将全部转化为推荐性标准，形成以《城镇燃气管理条例》为引领，以《燃气工程项目规范》GB 55009—2021 为目标，以城镇燃气推荐性技术标准为支撑的我国燃气领域技术法规与技术标准相结合的体系。

城市燃气工程建设标准中基础标准包括术语、符号、分类、气质、图形和标志等，如《城镇燃气工程基本术语标准》GB/T 50680—2012、《城镇燃气符号和量度要求》GB/T 36263—2018 等；通用标准是指针对各类燃气工程制定的覆盖面较大的共性标准，如《城镇燃气设计规范（2020 年版）》GB 50028—2006、《压缩天然气供应站设计规范》GB 51102—2016 等；专用标准是指针对某一类燃气工程制定的内容较单一、覆盖面较窄的标准，如《球形储罐施工规范》GB 50094—2010、《火灾自动报警系统设计规范》GB 50116—2013 等。

15.2.2　城市燃气行业产品标准

产品标准是指为保证产品的适用性，对产品必须达到的某些或全部功能要求所制定的标准，产品标准的技术内容是由产品本身的特点决定的，对两个方面的内容做出统一规定：一是产品的品种，需要对产品的种类及其参数系列等做出统一规定；二是产品的质量，应该对产品的主要质量要素（项目）做出合理的规定，同时对这些质量要素的检测（即试验方法）以及对产品是否合格的规定（即检验规则），对产品从生产到使用的中转过程中的质量保证要求，即标志、包装、运输、贮存也要做出统一规定。产品标准的技术要素主要是产品分类、要求、试验方法、检验规则、包装、标志、运输、贮存和质量证明书等内容。

燃气产品标准可分成燃气应用和燃气输配方向，燃气应用方向的产品标准是指以燃气为燃料的相关产品的技术标准，如《燃气采暖热水炉》GB 25034—2020、《家用燃气快速热水器》GB 6932—2015、《家用燃气灶具》GB 16410—2020 等，输配方向的产品标准是指燃气输配系统相关产品的技术标准，如《城镇燃气调压器》GB 27790—2020、《城镇燃气调压箱》GB 27791—2020、《城镇燃气输配系统用安全切断阀》GB/T 41315—2022 等。

15.2.3　城市燃气行业主要标准汇总

为预防和减少燃气安全事故，我国针对城市燃气工程，在其设计、工程施工与验收、运维管理等方面制定了相关规范标准，同时对家用燃气燃烧器具、输配类产品也制定了相关技术标准，逐步健全了我国城市燃气行业的标准体系，目前涉及城市燃气的主要技术标准有 182 项，其中国家标准 126 项、行业标准 34 项、团体标准 22 项，具体见附录 15-1 城市燃气行业主要标准规范。

15.3　城市燃气安全相关管理制度

15.3.1　燃气工程建设安全管理制度

燃气工程具有作业人员素质不稳定、受外部环境影响因素多、设备设施投入量大、生产周期长等特点，工程现场存在各类安全事故潜在的不安全因素，安全生产难度大。制度建设是做好一切的基础工作特别是安全工作，建立和不断完善安全管理制度体系，切实将各项安全管理制度落实到建设生产中，是实现安全生产管理目标的重要手段。通过建立健全燃气工程安全生产管理制度，规范燃气建设工程的建设行为，提升燃气工程安全生产水平。

《中华人民共和国建筑法》《中华人民共和国安全生产法》《安全生产许可证条例》《建设工程安全生产管理条例》《建筑施工企业安全生产许可证管理规定》等与建设工程有关的法律法规和部门规章，对政府部门、有关企业及相关人员的建设工程安全生产和管理行为进行了全面的规范，确立了一系列建设工程安全生产管理制度。

燃气工程是建设工程的重要组成部分，适用于所有建设工程管理的法规。其与燃气工程安全生产相关的管理制度，主要包括：施工企业安全许可制度、施工企业安全教育与培训管理制度、安全生产责任制度、安全技术交底制度、安全检查制度、生产安全事故应急救援制度、施工现场消防安全责任制度、特种作业人员持证上岗制度、意外伤害保险制度等。各制度具体内容，不再赘述。

15.3.2　燃气经营者安全运营管理制度

保障燃气安全，制度建设是关键。燃气经营者必须依法建立健全安全管理制度和企业内部管理制度，燃气经营者对安全生产负有主要责任。其中安全管理制度包括安全管理责任制、岗位责任制、抢险抢修制度、对用户的安全用气指导与检查制度、安全管理网络等；内部管理制度有企业章程、生产管理制度、财务管理制度、人员管理制度、工资制度、服务规范等。这两类制度的主要目的是确保燃气经营者能够履行安全供气和规范服务的职责，能够切实承担法定的民事责任和法律责任，遇到事故能够及时抢险抢修，最终确保燃气安全。

15.3.2.1　安全管理制度

1. 安全管理责任制

燃气经营者必须依法建立安全管理责任制度和安全管理网络，确保燃气安全。

燃气安全管理责任制是指为确保燃气安全而建立的有关管理责任的制度，包括企业负责人应当承担的安全管理责任，安全管理人员应当承担的安全管理责任，岗位操作人员应当承担的安全责任，抢险抢修人员、抄表人员、检查人员等应当承担的责任等。其内容应当包括安全管理、资金投入、监督检查、操作规范、隐患清除、事故处理、运行记录等。

安全管理网络是一种覆盖经营活动的所有环节，包含所有经营活动过程和人员的网络化管理模式，从经营企业管理人员、技术人员、岗位操作人员，到用户都被赋予安全管理的责任，从燃气经营者的储配站、输配管网、各种调压站（箱）、阀门，到用户内设施、器具都纳入安全管理的范畴。

燃气经营者的主要负责人是安全生产的第一责任人。任何燃气经营者都必须建立、健全安全生产责任制，健全从主要负责人、分管负责人、中层管理人员直到一线操作人员的安全管理网络，层层分解安全责任，一级抓一级，层层抓落实，只有这样，才能尽可能避免、消除安全隐患。

2. 日常巡查和定期检查制度

燃气安全日常巡查和定期检查制度是保障燃气安全的最有效的制度。燃气经营者对燃气设施进行日常巡回检查，是多年来管理规范的燃气经营者总结出来的一条安全管理的经验；有些燃气经营者疏于检查或者不实行日常检查，是造成安全事故的重要因素。因此，一些地方性法规规定了燃气经营者必须对燃气设施的运行状况实行日常巡查，日常巡查的时间、次数由各企业根据实际工作确定。

近几年来，随着管道燃气的发展，管道燃气用户大幅度增加，因用户缺乏安全意识、设施老化陈旧、更新不及时、使用不合格的燃气器具及其零配件等造成的安全事故时有发生。为堵住这一管理上的漏洞，一些地方性法规赋予燃气经营者对用户安全用气进行定期检查的责任和义务，各有关企业可根据用户燃气设施运行和安全用气的情况，确定定期检查的时间间隔，但根据当前燃气设施的运行状况，一般每年检查次数为一至两次。

燃气经营者进行的安全巡查和定期检查都要作出相应的记录，发现安全隐患的，要下达隐患整改通知书，由责任人签字，限期进行整改。为保证燃气用户的合法权益不受侵害，燃气经营者的巡查人员入户检查时，应当主动出示有效证件。有效证件是指根据国家和省级燃气行业职业技能培训的有关规定，燃气经营者的检查人员经燃气管理部门组织培训考核，考核合格者由省级燃气管理部门颁发的证件。

15.3.2.2 从业人员资格和培训制度

《中华人民共和国安全生产法》对燃气企业的管理人员和特种作业人员培训作出了规定，一些地方法规依据《中华人民共和国安全生产法》对从业人员的资格提出了更具体的要求。同时，根据《城镇燃气管理条例》的有关规定，住房和城乡建设部制定了《燃气经营企业从业人员专业培训考核管理办法》（建城〔2014〕167号），以规范燃气经营许可行为，做好燃气经营企业从业人员的专业培训考核工作。

燃气经营者从事安全管理、作业和抢险抢修的人员，应当按照国家和地方有关规定接受培训，经考核合格，取得相应资格后，方可从事相应的安全管理或者作业活动。

"企业的主要负责人、安全生产管理人员以及运行、维护和抢修人员经专业培训并考核合格"是对燃气经营者管理、技术和操作人员资格条件的规定。"主要负责人"是指燃气企业法定代表人、董事长、总经理，"安全生产管理人员"是指负责安全运行的企业经理、副经理和负责安全管理的部门负责人和管理人员，"运行、维护和抢修人员"是指负责燃气设施设备运行、维护和燃气设施设备故障或者事故抢险抢修的管理和一线操作人员。上述人员应当依据《燃气经营企业从业人员专业培训考核管理办法》有关规定，进行相应的燃气专业管理技能和操作技能培训，经燃气管理部门会同有关部门依法考核，考核合格后方可持证上岗。专业培训可以采取企业培训和社会机构培训相结合的方式。社会培训机构应当具备必要的燃气专业培训能力，并经省级以上燃气管理部门备案。省级以上燃气管理部门可以编写培训大纲，规定培训内容、考核方式方法和有关要求并组织实施。

15.3.2.3 用户安全用气宣传制度

城市燃气是公用事业，燃气经营者必须履行普遍服务的义务，《城镇燃气管理条例》中明确提出，县级以上人民政府有关部门应当建立健全燃气安全监督管理制度，宣传普及燃气法律、法规和安全知识，提高全民的燃气安全意识。此外，有些地方性法规对此也作出了规定。如《江苏省燃气管理条例》第二十八条规定，省燃气主管部门应当会同相关部门制定供用气合同示范文本，并向社会公布。管道和瓶装燃气经营者应当与用户签订供用气合同，明确双方的权利义务。瓶装燃气经营者应当明确告知用户需具备的安全用气条件，用户应当对符合安全用气条件作出承诺。燃气经营者应当遵守相关服务标准和规范，公布并履行服务承诺，提高服务水平。《山东省燃气管理条例》第二十三条规定，燃气经营企业应当向用户公布并履行服务承诺，提高服务水平。燃气经营企业应当制订用户安全用气规则，向用户发放安全用气手册，并安排专职人员对用户进行燃气安全使用教育、解答用户咨询。为切实增强燃气经营者的服务意识，提高服务水平和服务质量，教育指导用户安全用气，安全宣传制度应包含用户宣传计划、专题、内容、方式、周期、组织等事项。安全用气宣传内容至少应有下述内容：（1）安全使用燃气的基本知识；（2）正确使用燃气器具的方法；（3）应急处置的联系方式；（4）防范和处置燃气事故的措施；（5）保护燃气设施的义务等内容。

15.3.2.4　燃气质量检测制度

目前，城市使用的燃气通常为天然气、液化石油气和人工煤气；有些地方也使用地下矿井煤炭气化气、工业余气或者其他复合气体燃料，其成分复杂，质量难免产生波动。而燃气质量涉及用户切身利益和安全，实践证明燃气质量不达标极易导致燃气事故的发生。《中华人民共和国产品质量法》第三十四条规定，销售者应当采取措施，保证销售产品的质量。燃气经营者经营燃气产品，要对产品质量负责，对用户负责。确保向用户供应符合国家标准的燃气产品，是燃气经营者应履行的义务。燃气质量包括燃气组分、热值、压力、加臭等指标，我国已对城镇燃气质量标准作出了明确规定。这里的国家标准是指《城镇燃气设计规范（2020年版）》GB 50028—2006和《天然气》GB 17820—2018等。对于没有国家标准的新型复合气体燃料要经过省燃气管理部门会同省质量技术监督、公安消防机构审查同意。燃气经营者应建立健全燃气质量检测制度，采取自行质量检测或请具有专业资质的检测机构进行质量检测等方式，对所供燃气进行质量检测，保证燃气质量符合国家标准。

同时县级以上地方人民政府质量监督、工商行政管理、燃气管理等部门应当按照职责分工，依法加强对燃气质量的监督检查，确保燃气经营者认真履行此项制度。

此外，燃气经营者还应建立燃气安全风险评价制度和燃气事故应急救援预案制度等一系列与燃气安全经营有关的制度。

15.4　城市燃气安全行政监管

各级政府高度重视燃气规划建设管理和安全监管，不断加强行业法制建设，完善各项管理制度、健全技术规范，强化行政执法，以推进燃气安全监管的法制化、规范化、科学化。

15.4.1　城市燃气安全监管内容

《城镇燃气管理条例》第二条规定，城镇燃气发展规划与应急保障、燃气经营与服务、燃气使用、燃气设施保护、燃气安全事故预防与处理及相关管理活动，适用本条例。天然气、液化石油气的生产和进口，城市门站以外的天然气管道输送，燃气作为工业生产原料的使用，沼气、秸秆气的生产和使用，不适用本条例。本条例所称燃气，是指作为燃料使用并符合一定要求的气体燃料，包括天然气（含煤层气）、液化石油气和人工煤气等。

15.4.1.1　燃气发展规划与应急保障

（1）燃气发展规划编制与实施

《中华人民共和国城乡规划法》和《城镇燃气管理条例》对燃气发展规划的编制实施和主要内容作出了明确规定，燃气发展规划属于城乡总体规划的专项规划范畴，国家住房和城乡建设主管部门，省（直辖市、自治区）、设区的市、县市燃气管理部门都要会同规划等有关部门组织编制燃气发展规划，地方燃气发展规划需报当地人民政府批准，由燃气管理部门组织实施。

《城镇燃气管理条例》第八条规定，国务院建设主管部门应当会同国务院有关部门，依据国民经济和社会发展规划、土地利用总体规划、城乡规划以及能源规划，结合全国燃气资源总量平衡情况，组织编制全国燃气发展规划并组织实施。县级以上地方人民政府燃气管理部门应当会同有关部门，依据国民经济和社会发展规划、土地利用总体规划、城乡规划、能源规划以及上一级燃气发展规划，组织编制本行政区域的燃气发展规划，报本级人民政府批准后组织实施，并报上一级人民政府燃气管理部门备案。第九条规定，燃气发展规划的内容应当包括：燃气气源、燃气种类、燃气供应方式和规模、燃气设施布局和建设时序、燃气设施建设用地、燃气设施保护范围、燃气供应保障措施和安全保障措施等。第十二条第1款规定，县级以上地方人民政府应当建立健全燃气应急储备制度，组织编制燃气应急预案，采取综合措施提高燃气应急保障能力。

（2）燃气工程建设

《中华人民共和国城乡规划法》《中华人民共和国建筑法》和《建设工程质量管理条例》对燃气工程建设全过程有明确的、完整的管理规定。

《中华人民共和国城乡规划法》第四十条规定，在城市、镇规划区内进行建筑物、构筑物、道路、管线和其他工程建设的，建设单位或者个人应当向城市、县人民政府城乡规划主管部门或者省、自治区、直辖市人民政府确定的镇人民政府申请办理建设工程规划许可证。申请办理建设工程规划许可证，应当提交使用土地的有关证明文件、建设工程设计方案等材料。需要建设单位编制修建性详细规划的建设项目，还应当提交修建性详细规划。对符合控制性详细规划和规划条件的，由城市、县人民政府城乡规划主管部门或者省、自治区、直辖市人民政府确定的镇人民政府核发建设工程规划许可证。城市、县人民政府城乡规划主管部门或者省、自治区、直辖市人民政府确定的镇人民政府应当依法将经审定的修建性详细规划、建设工程设计方案的总平面图予以公布。

《中华人民共和国建筑法》第七条规定，建筑工程开工前，建设单位应当按照国家有关规定向工程所在地县级以上人民政府建设行政主管部门申请领取施工许可证；但是，国务院建设行政主管部门确定的限额以下的小型工程除外。按照国务院规定的权限和程序批准开工报告的建筑工程，不再领取施工许可证。第八条规定，申请领取施工许可证，应当具备下列条件：（一）已经办理该建筑工程用地批准手续；（二）依法应当办理建设工程规划许可证的，已经取得建设工程规划许可证；（三）需要拆迁的，其拆迁进度符合施工要求；（四）已经确定建筑施工企业；（五）有满足施工需要的资金安排、施工图纸及技术资料；（六）有保证工程质量和安全的具体措施。建设行政主管部门应当自收到申请之日起七日内，对符合条件的申请颁发施工许可证。

《建设工程质量管理条例》第四条规定，县级以上人民政府建设行政主管部门和其他有关部门应当加强对建设工程质量的监督管理；第五条规定，从事建设工程活动，必须严格执行基本建设程序，坚持先勘察、后设计、再施工的原则。县级以上人民政府及其有关部门不得超越权限审批建设项目或者擅自简化基本建设程序。

燃气工程监管的主要职责和程序如下：

（1）燃气主管部门的审查。对燃气发展规划范围内的燃气设施建设工程，城乡规划主管部门在依法核发选址意见书时，应当就燃气设施建设是否符合燃气发展规划征求燃气管理部门的意见；不需要核发选址意见书的，城乡规划主管部门在依法核发建设用地规划许可证或者乡村建设规划许可证时，应当就燃气设施建设是否符合燃气发展规划征求燃气管理部门的意见。

（2）规划选址。城乡规划部门依据城乡总体规划和详细规划等文件，对工程项目进行审批；审批后的燃气工程建设单位要聘请具备资质资格的勘察、设计、施工、监理、检测等单位进行工程设计、施工和建设监理。

（3）施工许可和质量监督。建设主管部门依法对符合建设条件的工程建设单位和施工单位颁发施工许可证；同时，建设单位和施工单位还要依法到当地工程质量监督机构办理监督手续，实施工程质量监督。

（4）工程竣工验收和备案。燃气设施建设工程竣工后，建设单位应当依法组织竣工验收，并自竣工验收合格之日起 15 日内，将竣工验收情况报燃气管理部门备案。

15.4.1.2　燃气经营与服务

燃气经营许可是燃气管理部门实施市场准入管理和安全管理的重要手段。经营燃气的企业必须经过燃气管理部门许可，并取得燃气管理部门颁发的燃气经营许可证后，方可从事燃气经营活动。燃气管理部门在实施经营许可时应当按照国家和地方规定的程序和权限进行审批。有关企业依据法规和标准规定对燃气安全负责，负责对相关设施设备包括各种储存输配设施、居民用户设施的运行、维护和抢险抢修。

《城镇燃气管理条例》对燃气经营企业提出要求，满足条件后发放经营许可证书，此外还规定了燃气经营者提供的服务范围。具体条款包括第十五条规定，国家对燃气经营实行许可证制度。从事燃气经营活动的企业，应当具备下列条件：（一）符合燃气发展规划要求；（二）有符合国家标准的燃气气源和燃气设施；（三）企业的主要负责人、安全生产管理人员以及运行、维护和抢修人员经专业培训并考核合格；（四）法律、法规规定的其他条件。符合前款规定条件的，由县级以上地方人民政府燃气管理部门核发燃气经营许可证。第十七条规定，燃气经营者应当向燃气用户持续、稳定、安全供应符合国家质量标准的燃气，指导燃气用户安全用气、节约用气，并对燃气设施定期进行安全检查。燃气经营者应当公示业务流程、服务承诺、收费标准和服务热线等信息，并按照国家燃气服务标准提供服务。

《燃气经营许可管理办法》是为规范燃气经营许可行为，加强燃气经营许可管理，根据《城镇燃气管理条例》制定的管理办法，本办法对城镇燃气经营许可的申请、受理、审查批准、证件核发以及相关的监督管理等行为作出了明确规定。第三条规定，住房和城乡建设部指导全国燃气经营许可管理工作。县级以上地方人民政府燃气管理部门负责本行政区域内的燃气经营许可管理工作。第四条第1款规定，燃气经营许可证由县级以上地方人民政府燃气管理部门核发，具体发证部门根据省级地方性法规、省级人民政府规章或决定确定。当前，政府严格了管道燃气、瓶装液化石油气的经营许可审批，由地级市及以上燃气主管部门核发燃气经营许可证。

《燃气经营企业从业人员专业培训考核管理办法》为规范燃气经营许可行为，做好燃气经营企业从业人员的专业培训考核工作，根据《城镇燃气管理条例》的有关规定，制定的管理办法，对企业主要负责人，安全生产管理人员，运行、维护和抢修人员等燃气从业人员的专业培训考核内容作出了明确规定。第三条规定，住房城乡建设部指导全国燃气从业人员专业培训考核工作。负责组织编制全国燃气经营企业主要负责人，安全生产管理人员以及燃气输配场站工、液化石油气库站工、压缩天然气场站工、液化天然气储运工、汽车加气站操作工、燃气管网工、燃气用户检修工等运行、维护和抢修人员的职业标准、专业培训大纲和教材；建立全国统一的专业考核题库。省级人民政府燃气管理部门负责本行政区域燃气从业人员专业培训考核工作。负责编制本行政区域燃气从业人员继续教育教材，编制本行政区域其他运行、维护和抢修人员专业培训大纲和教材，建立本行政区域其他运行、维护和抢修人员专业考核题库，并报住房城乡建设部备案。县级以上地方人民政府燃气管理部门负责监督管理本行政区域燃气从业人员继续教育工作。城市燃气行业协会协助同级燃气管理部门，做好燃气从业人员专业培训考核和继续教育工作，加强行业燃气从业人员自律管理。

15.4.1.3　燃气使用

（1）燃气燃烧器具

根据《城镇燃气管理条例》《建筑业企业资质管理规定》等有关规定，从事燃气燃烧器具安装维修企业应当按照其拥有的注册资本、专业技术人员、技术装备和已完成的工程业绩等条件申请资质，经审查合格，取得相应企业资质证书后，方可在资质许可的范围内从事燃气燃烧器具安装、维修活动。

《城镇燃气管理条例》对燃气燃烧器具的生产及销售单位作出规定，第三十一条规定，燃气管理部门应当向社会公布本行政区域内的燃气种类和气质成分等信息。燃气燃烧器具生产单位应当在燃气燃烧器具上明确标识所适应的燃气种类。第三十二条规定，燃气燃烧器具生产单位、销售单位应当设立或者委托设立售后服务站点，配备经考核合格的燃气燃烧器具安装、维修人员，负责售后的安装、维修服务。燃气燃烧器具的安装、维修，应当符合国家有关标准。

《建筑业企业资质管理规定》第十一条规定，下列建筑业企业资质，由企业工商注册所在地设区的市人民政府住房城乡建设主管部门许可：（一）施工总承包资质序列三级资质（不含铁路、通信工程施工总承包三级资质）；（二）专业承包资质序列三级资质（不含铁路方面专业承包资质）及预拌混凝土、模板脚手架专业承包资质；（三）施工劳务资质；（四）燃气燃烧器具安装、维修企业资质。

（2）特种设备

《中华人民共和国特种设备安全法》《特种设备安全监察条例》等对特种设备的生产、使用、检验检测及其监督检查等作出了明确的规定。

《中华人民共和国特种设备安全法》第二条规定，特种设备的生产（包括设计、制造、安装、改造、修理）、经营、使用、检验、检测和特种设备安全的监督管理，适用本法。本法所称特种设备，是指对人身和财产安全有较大危险性的锅炉、压力容器（含气瓶）、压力管道、电梯、起重机械、客运索道、大型游乐设施、场（厂）内专用机动车辆，以及法律、行政法规规定适用本法的其他特种设备。国家对特种设备实行目录管理。特种设备目录由国务院负责特种设备安全监督管理的部门制定，报国务院批准后执行。第三十三条规定，特种设备使用单位应当在特种设备投入使用前或者投入使用后三十日内，向负责特种设备安全监督管理的部门办理使用登记，取得使用登记证书。登记标志应当置于该特种设备的显著位置。第四十九条规定，移动式压力容器、气瓶充装单位，应当具备下列条件，并经负责特种设备安全监督管理的部门许可，方可从事充装活动：（一）有与充装和管理相适应的管理人员和技术人员；（二）有与充装和管理相适应的充装设备、检测手段、场地厂房、器具、安全设施；（三）有健全的充装管理制度、责任制度、处理措施。充装单位应当建立充装前后的检查、记录制度，禁止对不符合安全技术规范要求的移动式压力容器和气瓶进行充装。气瓶充装单位应当向气体使用者提供符合安全技术规范要求的气瓶，对气体使用者进行气瓶安全使用指导，并按照安全技术规范的要求办理气瓶使用登记，及时申报定期检验。

《特种设备安全监察条例》第四条规定，国务院特种设备安全监督管理部门负责全国特种设备的安全监察工作，县以上地方负责特种设备安全监督管理的部门对本行政区域内特种设备实施安全监察。第五条规定，特种设备生产、使用单位和特种设备检验检测机构，应当接受特种设备安全监督管理部门依法进行的特种设备安全监察。第七条规定，县级以上地方人民政府应当督促、支持特种设备安全监督管理部门依法履行安全监察职责，对特种设备安全监察中存在的重大问题及时予以协调、解决。

15.4.1.4　燃气设施保护

《城镇燃气管理条例》明确了燃气设施的含义：是指人工煤气生产厂、燃气储配站、门站、气化站、混气站、加气站、灌装站、供应站、调压站、市政燃气管网等的总称，包括市政燃气设施、建筑区划内业主专有部分以外的燃气设施以及户内燃气设施等。第三十三条规定，县级以上地方人民政府燃气管理部门应当会同城乡规划等有关部门按照国家有关标准和规定划定燃气设施保护范围，并向社会公布。在燃气设施保护范围内，禁止从事下列危及燃气设施安全的活动：（一）建设占压地下燃气管线的建筑物、构筑物或者其他设施；（二）进行爆破、取土等作业或者动用明火；（三）倾倒、排放腐蚀性物质；（四）放置易燃易爆危险物品或者种植深根植物；（五）其他危及燃气设施安全的活动。

15.4.1.5　燃气安全事故预防与处理

1. 燃气安全综合监督管理

《中华人民共和国安全生产法》第十条规定，国务院应急管理部门依照本法，对全国安全生产工作实施综合监督管理；县级以上地方各级人民政府应急管理部门依照本法，对本行政区域内安全生产工作实施综合监督管理。国务院交通运输、住房和城乡建设、水利、民航等有关部门依照本法和其他有关法律、行政法规的规定，在各自的职责范围内对有关行业、领域的安全生产工作实施监督管理；县级以上地方各级人民政府有关部门依照本法和其他有关法律、法规的规定，在各自的职责范围内对有关行业、领域的安全生产工作实施监督管理。对新兴行业、领域的安全生产监督管理职责不明确的，由县级以上地方各级人民政府按照业务相近的原则确定监督管理部门。应急管理部门和对有关行业、领域的安全生产工作实施监督管理的部门，统称负有安全生产监督管理职责的部门。负有安全生产监督管理职责的部门应当相互配合、齐抓共管、信息共享、资源共用，依法加强安全生产监督管理工作。

《危险化学品安全管理条例》第九十七条规定，监控化学品、属于危险化学品的药品和农药的安全管理，依照本条例的规定执行；法律、行政法规另有规定的，依照其规定。法律、行政法规对燃气的安全管理另有规定的，依照其规定。

2. 燃气安全评估和风险管理

《中华人民共和国安全生产法》第二十五条规定，生产经营单位的安全生产管理机构以及安全生产管理人员履行下列职责：（一）组织或者参与拟订本单位安全生产规章制度、操作规程和生产安全事故应急救援预案；（二）组织或者参与本单位安全生产教育和培训，如实记录安全生产教育和培训情况；（三）组织开展危险源辨识和评估，督促落实本单位重大危险源的安全管理措施；（四）组织或者参与本单位应急救援演练；（五）检查本单位的安全生产状况，及时排查生产安全事故隐患，提出改进安全生产管理的建议；（六）制止和纠正违章指挥、强令冒险作业、违反操作规程的行为；（七）督促落实本单位安全生产整改措施。生产经营单位可以设置专职安全生产分管负责人，协助本单位主要负责人履行安全生产管理职责。

《城镇燃气管理条例》第四十一条规定，燃气经营者应当建立健全燃气安全评估和风险管理体系，发现燃气安全事故隐患的，应当及时采取措施消除隐患。燃气管理部门以及其他有关部门和单位应当根据各自职责，对燃气经营、燃气使用的安全状况等进行监督检查，发现燃气安全事故隐患的，应当通知燃气经营者、燃气用户及时采取措施消除隐患；不及时消除隐患可能严重威胁公共安全的，燃气管理部门以及其他有关部门和单位应当依法采取措施，及时组织消除隐患，有关单位和个人应当予以配合。

3. 燃气事故调查

《城镇燃气管理条例》第四十三条规定，燃气安全事故经调查确定为责任事故的，应当查明原因、明确责任，并依法予以追究。对燃气生产安全事故，依照有关生产安全事故报告和调查处理的法律、行政法规的规定报告和调查处理。

城市燃气事故分为生产安全事故和居民用户事故，其调查处理适用不同的法规和方法。

（1）生产安全事故

对于生产安全事故的调查处理，采用《中华人民共和国安全生产法》和《生产安全事故报告和调查处理条例》《生产安全事故罚款处罚规定》等有关规定。

《中华人民共和国安全生产法》第十六条规定，国家实行生产安全事故责任追究制度，依照本法和有关法律、法规的规定，追究生产安全事故责任单位和责任人员的法律责任。第八十六条规定，事故调查处理应当按照科学严谨、依法依规、实事求是、注重实效的原则，及时、准确地查清事故原因，查明事故性质和责任，评估应急处置工作，总结事故教训，提出整改措施，并对事故责任单位和人员提出处理建议。事故调查报告应当依法及时向社会公布。事故调查和处理的具体办法由国务院制定。事故发生单位应当及时全面落实整改措施，负有安全生产监督管理职责的部门应当加强监督检查。负责事故调查处理的国务院有关部门和地方人民政府应当在批复事故调查报告后一年内，组织有关部门对事故整改和防范措施落实情况进行评估，并及时向社会公开评估结果；对不履行职责导致事故整改和防范措施没有落实的有关单位和人员，应当按照有关规定追究责任。

《生产安全事故报告和调查处理条例》对事故报告、事故调查、事故处理和法律责任等作出了明确规定。第二条规定，生产经营活动中发生的造成人身伤亡或者直接经济损失的生产安全事故的报告和调查处理，适用本条例；环境污染事故、核设施事故、国防科研生产事故的报告和调查处理不适用本条例。第五条规定，县级以上人民政府应当依照本条例的规定，严格履行职责，及时、准确地完成事故调查处理工作。事故发生地有关地方人民政府应当支持、配合上级人民政府或者有关部门的事故调查处理工作，并提供必要的便利条件。参加事故调查处理的部门和单位应当互相配合，提高事故调查处理工作的效率。

《生产安全事故罚款处罚规定》于 2023 年 12 月 25 日应急管理部第 32 次部务会议审议通过，自 2024 年 3 月 1 日起实施。第一条规定，为防止和减少生产安全事故，严格追究生产安全事故发生单位及其有关责任人员的法律责任，正确适用事故罚款的行政处罚，依照《中华人民共和国行政处罚法》《中华人民共和国安全生产法》《生产安全事故报告和调查处理条例》等规定，制定本规定。第二条规定，应急管理部门和矿山安全监察机构对生产安全事故发生单位及其主要负责人、其他负责人、安全生产管理人员以及直接负责的主管人员、其他直接责任人员等有关责任人员依照《中华人民共和国安全生产法》和《生产安全事故报告和调查处理条例》实施罚款的行政处罚，适用本规定。

（2）居民用户事故

对于居民室内发生的燃气事故，属于民法调整的范畴，部分地方法规对调查处理的责任主体和程序做了一些规定，如《山东省消防条例》第六十四条规定，公安机关消防机构在火灾调查中发现下列情形，除依法应当由县级以上人民政府负责调查的以外，依照法定处理权限，移送有关部门进行调查处理和事故统计：（六）因燃气事故引发的火灾，移送燃气主管部门。

4. 应急处置管理

《中华人民共和国安全生产法》《中华人民共和国突发事件应对法》《城镇燃气管理条例》《生产安全事故应急条例》等对事故发生后的应急处置作出了明确的规定。

《中华人民共和国安全生产法》第七十九条规定，国务院应急管理部门牵头建立全国统一的生产安全事故应急救援信息系统，国务院交通运输、住房和城乡建设、水利、民航等有关部门和县级以上地方人民政府建立健全相关行业、领域、地区的生产安全事故应急救援信息系统，实现互联互通、信息共享，通过推行网上安全信息采集、安全监管和监测预警，提升监管的精准化、智能化水平。第八十条规定，县级以上地方各级人民政府应当组织有关部门制定本行政区域内生产安全事故应急救援预案，建立应急救援体系。乡镇人民政府和街道办事处，以及开发区、工业园区、港区、风景区等应当制定相应的生产安全事故应急救援预案，协助人民政府有关部门或者按照授权依法履行生产安全事故应急救援工作职责。第八十一条规定，生产经营单位应当制定本单位生产安全事故应急救援预案，与所在地县级以上地方人民政府组织制定的生产安全事故应急救援预案相衔接，并定期组织演练。

《中华人民共和国突发事件应对法》第十六条规定，国家建立统一指挥、专常兼备、反应灵敏、上下联动的应急管理体制和综合协调、分类管理、分级负责、属地管理为主的工作体系。第十七条规定，县级人民政府对本行政区域内突发事件的应对管理工作负责。突发事件发生后，发生地县级人民政府应当立即采取措施控制事态发展，组织开展应急救援和处置工作，并立即向上一级人民政府报告，必要时可以越级上报，具备条件的，应当进行网络直报或者自动速报。突发事件发生地县级人民政府不能消除或者不能有效控制突发事件引起的严重社会危害的，应当及时向上级人民政府报告。上级人民政府应当及时采取措施，统一领导应急处置工作。法律、行政法规规定由国务院有关部门对突发事件应对管理工作负责的，从其规定；地方人民政府应当积极配合并提供必要的支持。

《城镇燃气管理条例》第四十二条规定，燃气安全事故发生后，燃气经营者应当立即启动本单位燃气安全事故应急预案，组织抢险、抢修。燃气安全事故发生后，燃气管理部门、安全生产监督管理部门和公安机关消防机构等有关部门和单位，应当根据各自职责，立即采取措施防止事故扩大，根据有关情况启动燃气安全事故应急预案。

《生产安全事故应急条例》第三条规定，国务院统一领导全国的生产安全事故应急工作，县级以上地方人民政府统一领导本行政区域内的生产安全事故应急工作。生产安全事故应急工作涉及两个以上行政区域的，由有关行政区域共同的上一级人民政府负责，或者由各有关行政区域的上一级人民政府共同负责。县级以上人民政府应急管理部门和其他对有关行业、领域的安全生产工作实施监督管理的部门在各自职责范围内，做好有关行业、领域的生产安全事故应急工作。县级以上人民政府应急管理部门指导、协调本级人民政府其他负有安全生产监督管理职责的部门和下级人民政府的生产安全事故应急工作。乡、镇人民政府以及街道办事处等地方人民政府派出机关应当协助上级人民政府有关部门依法履行生产安全事故应急工作职责。

15.4.2　城市燃气安全监管主体和职责

基于 2020 年 11 月中共中央办公厅发布的《"三定"规定制定和实施办法》，简称"三定方案"，以及各有关部门和单位的安全生产工作职责清单等，确定与城市燃气安全相关部门，同时按照《中华人民共和国安全生产法》提出的"三管三必须"原则，即"管行业必须管安全、管业务必须管安全、管生产经营必须管安全"，确定相关部门的职责主要如下。

1. 燃气行业主管部门

《城镇燃气管理条例》第五条规定，国务院建设主管部门负责全国的燃气管理工作。县级以上地方人民政府燃气管理部门负责本行政区域内的燃气管理工作。县级以上人民政府其他有关部门依照本条例和其他有关法律、法规的规定，在各自职责范围内负责有关燃气管理工作。按照"三定方案"，住房和城乡建设部作为全国燃气行业的主管部门，承担规范住房和城乡建设管理秩序的责任，承担建立科学规范的工程建设标准体系的责任，监督管理建筑市场、规范市场各方主体行为，承担建筑工程质量安全监管的责任等，具体负责城市燃气行业发展规划的编制，制定和发布相关技术标准，指导全国建筑活动，拟订燃气工程质量、安全生产和竣工验收备案的政策、规章制度并监督执行，组织或参与工程重大质量、安全事故的调查处理等。地方燃气主管部门负责本行政区域内的相关工作。

燃气行业主管部门主管燃气经营企业。

2. 应急管理部门

原国家安全生产监督管理总局为主管全国安全生产综合监督管理的部门，2018年3月第十三届全国人民代表大会第一次会议批准了《国务院机构改革方案》，组建应急管理部，不再保留国家安全生产监督管理总局。按照"三定方案"，应急管理部门主要负责组织编制应急总体预案和规划，指导各部门应对突发事件工作，统筹应急力量和物资储备并在救灾时统一调度，指导安全生产类应急救援，负责安全生产综合监督管理等工作。应急管理部门主管城镇燃气上游燃气生产企业，比如门站以前的天然气、液化气上游接收站等。

3. 市场监管部门

主要负责市场综合监督管理，组织市场监管综合执法工作，规范和维护市场秩序，负责燃气具产品质量安全、特种设备安全监管，统一管理计量标准、检验检测、认证认可工作，对燃气质量、燃气器具销售市场监管，以及对充装企业许可及充装行为监管等工作，具体包括燃气锅炉、压力容器、压力管道、钢瓶的安全监察，燃气、燃气设施及燃气器具、计量器具的计量检定、质量检验和监督等。

4. 发展改革部门

主要负责组织实施国民经济和社会发展战略、中长期规划和年度计划，提出加快建设现代化经济体系、推动高质量发展的总体目标、重大任务以及相关政策，指导推进和综合协调经济体制改革有关工作，提出相关改革建议等，具体承担着燃气工程项目的规划、立项核准或备案，实施城市燃气价格监管等。

5. 消防部门

主要负责指导编制消防规划并监督实施，依法行使消防安全综合监管职能，组织指导消防宣传教育工作，具体承担着燃气工程建设项目的消防审查，包括燃气工程项目的安全间距、消防设施的安全技术审查，对城市燃气经营企业及场站消防设备的监督检查，对用气端的用气环境进行监管，尤其是消防制度、消防设施、出入通道等用气环境。

6. 交通运输部门

主要负责道路、水路运输市场监管，组织制定道路、水路运输有关政策、准入制度、技术标准和运营规范并监督实施，具体承担液化石油气、天然气等道路运输许可证的许可监管等。

7. 公安部门

主要负责预防、制止和侦查与燃气相关的违法犯罪活动，具体包括对非法经营燃气的"黑窝点"、对非法充装和销售的"黑气瓶"等进行查处等。

8. 商务部门

是餐饮等企业的主管部门，主要负责对餐饮企业建立安全生产管理制度进行监管，督促餐饮企业执行安全生产法律法规等，具体包括对从业人员开展瓶装液化石油气安全、消防安全常识和应急处置技能培训情况进行督促指导，督促使用瓶装液化石油气的餐饮企业加强安全管理，落实安全防范措施等。

此外，还有一些燃气行业的自律性社团组织，包括国家和地方的燃气协会，其对协助行业主管部门加强管理、监督企业依法经营、促进行业规范标准的制定实施、提升燃气安全水平发挥着重要作用。

为落实国务院"放管服"改革精神，优化便民服务，完善燃气行业监管体系，引领燃气行业健康规范发展，城市燃气安全监管主体还包括一些中介机构，主要有安全评价机构、环境影响评价机构、工程咨询机构、特种设备检验检测机构等，对燃气设施包括工程等进行安全评价，出具环境影响评价报告、燃气工程可行性研究和结论、特种设备检验报告和登记文件、质量检测合格文件等。

本章附录 15-1　城市燃气行业主要标准规范

城市燃气行业主要标准规范　　　　　　　　　　　　　　附表 15.1-1

序号	标准编号	标准名称
1	GB 50028—2006	《城镇燃气设计规范（2020 年版）》
2	GB 50032—2003	《室外给水排水和燃气热力工程抗震设计规范》
3	GB 50058—2014	《爆炸危险环境电力装置设计规范》
4	GB 50074—2014	《石油库设计规范》
5	GB 50084—2017	《自动喷水灭火系统设计规范》
6	GB 50094—2010	《球形储罐施工规范》

序号	标准编号	标准名称
7	GB 50116—2013	《火灾自动报警系统设计规范》
8	GB 50126—2008	《工业设备及管道绝热工程施工规范》
9	GB 50156—2021	《汽车加油加气加氢站技术标准》
10	GB 50166—2019	《火灾自动报警系统施工及验收标准》
11	GB 50183—2015	《石油天然气工程设计防火规范》
12	GB 50184—2011	《工业金属管道工程施工质量验收规范》
13	GB 50195—2013	《发生炉煤气站设计规范》
14	GB 50219—2014	《水喷雾灭火系统技术规范》
15	GB 50235—2010	《工业金属管道工程施工规范》
16	GB 50236—2011	《现场设备、工业管道焊接工程施工规范》
17	GB 50251—2015	《输气管道工程设计规范》
18	GB 50253—2014	《输油管道工程设计规范》
19	GB 50261—2017	《自动喷水灭火系统施工及验收规范》
20	GB 50264—2013	《工业设备及管道绝热工程设计规范》
21	GB 50275—2010	《风机、压缩机、泵安装工程施工及验收规范》
22	GB 50289—2016	《城市工程管线综合规划规范》
23	GB 50316—2000	《工业金属管道设计规范（2008 年版）》
24	GB 50351—2014	《储罐区防火堤设计规范》
25	GB 50369—2014	《油气长输管道工程施工及验收规范》
26	GB/T 50459—2017	《油气输送管道跨越工程设计标准》
27	GB/T 50493—2019	《石油化工可燃气体和有毒气体检测报警设计标准》
28	GB/T 50680—2012	《城镇燃气工程基本术语标准》
29	GB/T 50811—2012	《燃气系统运行安全评价标准》
30	GB 50838—2015	《城市综合管廊工程技术规范》
31	GB/T 51063—2014	《大中型沼气工程技术规范》
32	GB/T 51098—2015	《城镇燃气规划规范》
33	GB 51102—2016	《压缩天然气供应站设计规范》
34	GB 51131—2016	《燃气冷热电联供工程技术规范》
35	GB 51142—2015	《液化石油气供应工程设计规范》
36	GB/T 51455—2023	《城镇燃气输配工程施工及验收标准》
37	GB 51208—2016	《人工制气厂站设计规范》
38	GB 55009—2021	《燃气工程项目规范》
39	GB/T 803—2008	《空气中可燃气体爆炸指数测定方法》
40	GB/T 3091—2015	《低压流体输送用焊接钢管》
41	GB/T 5310—2017	《高压锅炉用无缝钢管》
42	GB 6222—2005	《工业企业煤气安全规程》
43	GB 6932—2015	《家用燃气快速热水器》
44	GB/T 6968—2019	《膜式燃气表》

续表

序号	标准编号	标准名称
45	GB/T 9711—2017	《石油天然气工业管线输送系统用钢管》
46	GB/T 10410—2008	《人工煤气和液化石油气常量组分气相色谱分析法》
47	GB 11174—2011	《液化石油气》
48	GB/T 12206—2006	《城镇燃气热值和相对密度测定方法》
49	GB/T 12208—2008	《人工煤气组分与杂质含量测定方法》
50	GB/T 13610—2020	《天然气的组成分析 气相色谱法》
51	GB/T 13611—2018	《城镇燃气分类和基本特性》
52	GB/T 13612—2006	《人工煤气》
53	GB/T 15558.2—2023	《燃气用埋地聚乙烯（PE）管道系统 第 2 部分：管件》
54	GB 16410—2020	《家用燃气灶具》
55	GB/T 16411—2023	《家用燃气燃烧器具的通用试验方法》
56	GB 16808—2008	《可燃气体报警控制器》
57	GB 16914—2023	《燃气燃烧器具安全技术条件》
58	GB 17820—2018	《天然气》
59	GB 17905—2008	《家用燃气燃烧器具安全管理规则》
60	GB 18047—2017	《车用压缩天然气》
61	GB 18111—2021	《燃气容积式热水器》
62	GB/T 18603—2023	《天然气计量系统技术要求》
63	GB/T 20368—2021	《液化天然气（LNG）生产、储存和装运》
64	GB 20665—2015	《家用燃气快速热水器和燃气采暖热水炉能效限定值及能效等级》
65	GB/T 20801.1—2020	《压力管道规范 工业管道 第 1 部分：总则》
66	GB/T 20801.2—2020	《压力管道规范 工业管道 第 2 部分：材料》
67	GB/T 20801.3—2020	《压力管道规范 工业管道 第 3 部分：设计和计算》
68	GB/T 20801.4—2020	《压力管道规范 工业管道 第 4 部分：制作与安装》
69	GB/T 20801.5—2020	《压力管道规范 工业管道 第 5 部分：检验与试验》
70	GB/T 20801.6—2020	《压力管道规范 工业管道 第 6 部分：安全防护》
71	GB/T 21448—2017	《埋地钢质管道阴极保护技术规范》
72	GB 25034—2020	《燃气采暖热水炉》
73	GB/T 25035—2010	《城镇燃气用二甲醚》
74	GB/T 25503—2024	《城镇燃气燃烧器具销售和售后服务要求》
75	GB/T 26002—2010	《燃气输送用不锈钢波纹软管及管件》
76	GB/T 26255—2022	《燃气用聚乙烯（PE）管道系统的钢塑转换管件》
77	GB/T 28885—2012	《燃气服务导则》
78	GB 29410—2012	《家用二甲醚燃气灶》
79	GB 29550—2013	《民用建筑燃气安全技术条件》
80	GB 29993—2013	《家用燃气用橡胶和塑料软管及软管组合件技术条件和评价方法》
81	GB 30531—2014	《商用燃气灶具能效限定值及能效等级》
82	GB/T 30597—2014	《燃气燃烧器和燃烧器具用安全和控制装置通用要求》

续表

序号	标准编号	标准名称
83	GB 30720—2014	《家用燃气灶具能效限定值及能效等级》
84	GB/T 31911—2015	《燃气燃烧器具排放物测定方法》
85	GB/T 32434—2015	《塑料管材和管件 燃气和给水输配系统用聚乙烯（PE）管材及管件的热熔对接程序》
86	GB/T 34004—2017	《家用和小型餐饮厨房用燃气报警器及传感器》
87	GB/T 34537—2017	《车用压缩氢气天然气混合燃气》
88	GB/T 35073—2018	《燃气燃烧器节能等级评价方法》
89	GB/T 35075—2018	《燃气燃烧器节能试验规则》
90	GB/T 35529—2017	《城镇燃气调压器用橡胶膜片》
91	GB 35848—2024	《商用燃气燃烧器具》
92	GB/T 36039—2018	《燃气电站天然气系统安全生产管理规范》
93	GB/T 36051—2018	《燃气过滤器》
94	GB/T 36242—2018	《燃气流量计体积修正仪》
95	GB/T 36263—2018	《城镇燃气符号和量度要求》
96	GB/T 36503—2018	《燃气燃烧器具质量检验与等级评定》
97	GB/T 37580—2019	《聚乙烯（PE）埋地燃气管道腐蚀控制工程全生命周期要求》
98	GB/T 37992—2019	《燃气燃烧器和燃烧器具用安全和控制装置 特殊要求 自动截止阀的阀门检验系统》
99	GB/T 38289—2019	《城市燃气设施运行安全信息分类与基本要求》
100	GB/T 38350—2019	《带辅助能源的住宅燃气采暖热水器具》
101	GB/T 38390—2019	《燃气燃烧器和燃烧器具用安全和控制装置 特殊要求 压力传感装置》
102	GB/T 38442—2020	《家用燃气燃烧器具结构通则》
103	GB/T 39485—2020	《燃气燃烧器和燃烧器具用安全和控制装置 特殊要求 手动燃气阀》
104	GB/T 39488—2020	《燃气燃烧器和燃烧器具用安全和控制装置 特殊要求 电子式燃气与空气比例控制系统》
105	GB/T 39493—2020	《燃气燃烧器和燃烧器具用安全和控制装置 特殊要求 压力调节装置》
106	GB/T 38522—2020	《户外燃气燃烧器具》
107	GB/T 38595—2020	《燃气燃烧器和燃烧器具用安全和控制装置 特殊要求 机械式温度控制装置》
108	GB/T 38603—2020	《燃气燃烧器和燃烧器具用安全和控制装置 特殊要求 电子控制器》
109	GB/T 38693—2020	《燃气燃烧器和燃烧器具用安全和控制装置 特殊要求 热电式熄火保护装置》
110	GB/T 38756—2020	《燃气燃烧器和燃烧器具用安全和控制装置 特殊要求 点火装置》
111	GB/T 38942—2020	《压力管道规范 公用管道》
112	GB/T 39841—2021	《超声波燃气表》
113	GB/T 40370—2021	《燃气－蒸汽联合循环热电联产能耗指标计算方法》
114	GB/T 41248—2022	《燃气计量系统》
115	GB/T 41315—2022	《城镇燃气输配系统用安全切断阀》
116	GB 41317—2024	《燃气用具连接用不锈钢波纹软管》

续表

序号	标准编号	标准名称
117	GB/T 41320—2022	《非家用燃气取暖器》
118	GB/T 41664—2022	《低 NOx 燃油燃气燃烧器评价方法与试验规则》
119	GB/T 41816—2022	《物联网 面向智能燃气表应用的物联网系统技术规范》
120	GB/T 42169—2022	《绿色产品评价 家用燃气用具》
121	GB/T 42368—2023	《高温高压条件下可燃气体（蒸气）爆炸极限测定方法》
122	GB/T 42541—2023	《燃气管道涂覆钢管》
123	GB 44016—2024	《电磁式燃气紧急切断阀》
124	GB 44017—2024	《燃气用具连接用金属包覆软管》
125	GB 44023—2024	《燃气用具连接内用橡胶复合软管》
126	GB 4706.94—2008	《家用和类似用途电器的安全 带有电气连接的使用燃气、燃油和固体燃料器具的特殊要求》
127	CJJ 51—2016	《城镇燃气设施运行、维护和抢修安全技术规程》
128	CJJ 63—2018	《聚乙烯燃气管道工程技术标准》
129	CJJ 94—2009	《城镇燃气室内工程施工与质量验收规范》
130	CJJ 95—2013	《城镇燃气埋地钢质管道腐蚀控制技术规程》
131	CJJ/T 130—2009	《燃气工程制图标准》
132	CJJ/T 146—2011	《城镇燃气报警控制系统技术规程》
133	CJJ/T 148—2010	《城镇燃气加臭技术规程》
134	CJJ/T 153—2010	《城镇燃气标志标准》
135	CJJ/T 215—2014	《城镇燃气管网泄漏检测技术规程》
136	CJJ/T 250—2016	《城镇燃气管道穿跨越工程技术规程》
137	CJJ/T 259—2016	《城镇燃气自动化系统技术规范》
138	CJJ/T 268—2017	《城镇燃气工程智能化技术规范》
139	CJ/T 341—2010	《混空轻烃燃气》
140	JTS 165—5—2021	《液化天然气码头设计规范》
141	QX/T109—2021	《城镇燃气雷电防护技术规范》
142	SY/T 0076—2023	《天然气脱水设计规范》
143	SY/T 0088—2016	《钢质储罐罐底外壁阴极保护技术标准》
144	SY/T 0315—2013	《钢质管道熔结环氧粉末外涂层技术规范》
145	SY/T 0379—2013	《埋地钢质管道煤焦油瓷漆外防腐层技术规范》
146	SY/T 0414—2017	《钢质管道聚烯烃胶粘带防腐层技术标准》
147	SY/T 0420—1997	《埋地钢质管道石油沥青防腐层技术标准》
148	SY/T 0442—2018	《钢质管道熔结环氧粉末内防腐层技术标准》
149	SY/T 0447—2014	《埋地钢质管道环氧煤沥青防腐层技术标准》
150	SY/T 0510—2017	《钢制对焊管件规范》
151	SY/T 0516—2016	《绝缘接头与绝缘法兰技术规范》
152	SY/T 0608—2014	《大型焊接低压储罐的设计与建造》
153	SY/T 0609—2016	《优质钢制对焊管件规范》

续表

序号	标准编号	标准名称
154	SY/T 5257—2012	《油气输送用钢制感应加热弯管》
155	SY/T 5922—2012	《天然气管道运行规范》
156	SY/T 6064—2017	《油气管道线路标识设置技术规范》
157	SY/T 6567—2016	《天然气输送管道系统经济运行规范》
158	SY/T 6711—2014	《液化天然气接收站技术规范》
159	TSG D0001—2009	《压力管道安全技术监察规程—工业管道》
160	TSG D2002—2006	《燃气用聚乙烯管道焊接技术规则》
161	T/CECS 215—2017	《燃气采暖热水炉应用技术规程》
162	T/CECS 518—2018	《城镇燃气用二甲醚应用技术规程》
163	T/CECS 519—2018	《燃气取暖器应用技术规程》
164	T/CECS 633—2019	《燃气用户工程不锈钢波纹软管技术规程》
165	T/CECS 905—2021	《管道燃气自闭阀应用技术规程》
166	T/CECS 927—2021	《小型燃气调压箱应用技术规程》
167	T/CECS 936—2021	《燃气环压连接薄壁不锈钢管道技术规程》
168	T/CECS 1174—2022	《家用和商用燃气衣物烘干机应用技术规程》
169	T/CECS 1346—2023	《直埋式城镇燃气调压箱应用技术规程》
170	T/CECS 1573—2024	《建筑用装配式预制燃气管道应用技术规程》
171	T/CECS 1607—2024	《燃气热水炉集成模块应用技术规程》
172	T/CECS 10007—2018	《燃气采暖热水炉及热水器用燃烧器》
173	T/CECS 10012—2019	《燃气采暖热水炉及热水器用水路组件》
174	T/CECS 10105—2020	《商用燃气全预混冷凝热水炉》
175	T/CECS 10127—2021	《燃气燃烧器具用风机》
176	T/CECS 10131—2021	《中小型餐饮场所厨房用燃气安全监控装置》
177	T/CECS 10165—2021	《直埋式城镇燃气调压箱》
178	T/CECS 10177—2022	《燃气用具连接用不锈钢波纹软管认证要求》
179	T/CECS 10178—2022	《燃气用埋地聚乙烯管材、管件认证要求》
180	T/CECS 10221—2022	《家用和商用燃气衣物烘干机》
181	T/CECS 10241—2022	《绿色建材评价 冷凝式燃气热水炉》
182	T/CECS 10376—2024	《燃气燃烧器具安全风险评估》

本章参考文献

[1] 田申. 城镇燃气法规理论与实践 [M]. 重庆：重庆大学出版社，2012.

[2] 支晓晔，高顺利. 城镇燃气安全技术与管理 [M]. 重庆：重庆大学出版社，2014.

[3] 住房和城乡建设部标准定额司. 工程建设标准编制指南 [M]. 北京：中国建筑工业出版社，2009.

[4] 国家标准技术审查部. 标准研制与审查 [M]. 北京：中国标准出版社，2013.

[5] 丁乐扬. 浅谈工程建设标准与产品标准的关系 [J]. 标准化论坛，2015（11）：18-21.

[6] 渠艳红. WTO/TBT 协定和我国城镇燃气产品标准体系 [C]// 中国土木工程学会燃气分会应用专业委员会 2007 年年会论文集，2007.